2011 年在台南三抱竹考古工作站

2011 年与台湾“中央研究院”院士、历史语言所副所长臧振华、研究员李匡悌在一起

2002 年在新竹清华大学讲课

1998 年与日本学者真锅义孝（右 1）及学生在青海考察

1998 年在广西邕宁整理顶蛳山人骨材料

1997 年在香港马湾岛发掘工地

1999 年研究和复原马湾岛人骨

90 年代以来多次访问日本并参加日本土井浜遗址博物馆举办的学术研讨会

1990 年与日本著名人类学家山口敏在一起

1995 年与日本土井浜遗址博物馆馆长松下孝幸和山东考古所研究员罗勋章在一起

1993 年赴澳大利亚新英格兰大学进行学术交流与皮特·布朗（Peter Brown）教授在一起

1996 年应美国宾夕法尼亚大学梅维恒（Victor H. Mair）教授邀请参加“中亚东部古代民族和文化”国际研讨会，在会上做了“新疆古代种族研究”的报告。图为和与会者在一起

1996 年参加“中亚东部古代民族和文化”国际研讨会，会后赴华盛顿和纽约参观。图为在华盛顿参观史密斯研究院

复旦大学现代人类学教育部重点实验室学术著作

韩康信人类学文选

韩康信 著

科学出版社
北 京

内 容 简 介

本文选选录作者的一部分人类学论文，其中有河南、山东、江苏、福建、甘肃、青海等地新石器、铜器及铁器时代墓地出土人类遗骸的骨骼人类学研究报告，几篇综述分析论文。研究重点是用生物测量学方法评估中国古代居民的种族类型，探索中国不同历史时期人群之间的种族关系及历史背景，还包括古墓地人口的性别及死亡年龄分布特点，骨骼的病理创伤和某些特殊风俗的考察记录。

本书对人类学、考古学、民族史学、古病理与古人口学及民俗史学的研究人员都是非常有益的参考资料。

图书在版编目(CIP)数据

韩康信人类学文选/韩康信著. —北京：科学出版社，2017.6

ISBN 978-7-03-053103-2

Ⅰ. ①韩…　Ⅱ. ①韩…　Ⅲ. ①人类学—文集　Ⅳ. ①Q98-53

中国版本图书馆 CIP 数据核字(2017)第 126191 号

责任编辑：谭宏宇

责任印制：韩　芳 / 封面设计：殷　靓

科学出版社 出版

北京东黄城根北街 16 号

邮政编码：100717

http：//www.sciencep.com

南京展望文化发展有限公司排版

虎彩印艺股份有限公司印刷

科学出版社发行　各地新华书店经销

*

2017 年 6 月第　一　版　开本：787×1092　1/16

2018 年 4 月第二次印刷　印张：30 3/4　插页：3

字数：698 000

定价：280.00 元

我的人类学学术生涯

自　序

录入本文选的论文(或报告)是体质人类学(Physical Anthropology)的研究成果。研究对象是新石器时代和历史时期考古墓地出土的人类骨骼,所采用的研究方法与人骨形态学和测量学密不可分。这是一门比较冷僻的学科,但要从事这个领域的研究需要具备一定的专业知识和工作技能。长期以来这门学科并不太受到重视,但作为与田野考古密切相关的基础研究、特别是面对考古遗址出土大量古代人类遗骸的现实,这种研究绝对是不应缺少的。

对古代人骨的鉴定和研究可能提供某些重要的人类本身及社会行为方面的信息。如对新石器及以晚时代人骨的种族形态变异方向的调查,可了解现代各民族的种族属性及其来源;对古代(特别是大型完整的)墓地出土的人骨做系统的性别年龄鉴定,则可对古代居民的寿命、死亡年龄的分布乃至婚姻以及家族或氏族生活的某些规则和制度进行合理的推测;对骨骼病理及营养状况的考察不仅能提供某些重要的古代疾病及其特征方面的资料,而且可以推测这些疾病对古代人类健康的危害和对社会的影响;从古代居民骨骼上鉴别出某些异常变形和损伤,这可与史前居民某些特殊习俗联系起来。对骨骼上常出现的各种创伤的观测也可了解史前人类致伤的原因。

我走上这条研究道路纯属偶然。1957 年中学毕业本想学医,无意中看到一份有关人类学专业的介绍,说这个专业与医学关系密切、又高于医学,于是把第一志愿改成人类学。原想只有 10 个名额可能考不上,结果被录取了,就这样我走进了上海复旦大学生物系人类学专业。其实,这个专业就是体质人类学专业。在改革开放已近四十年的今天大家都已知道,在欧美一些国家的综合性大学里都设有人类学系,其下一般分体质人类学、考古学、民族学、语言学等专业。这些专业虽都与“人”有关,但它们各自的研究对象、所要解决的问题以及研究方法等都有所不同。20 世纪 40 年代末至 50 年代初(乃至更早),在我国的浙江大学和其他一些大学也曾设立有人类学系但在后来进行的院系调整中都被取消了。新中国成立初期我们在科学教育方面全盘学习苏联,把体质人类学放到生物系、把考古学放到历史系等做法都与此有关。

当时复旦大学生物系的系主任是著名的遗传学家谈家祯先生,人类学教研室主任是堪称中国体质人类学开山泰斗的吴定良先生,他留学英国和瑞士获得人类学和统计学博士学位,于 1935 年回国,先后在一些大学任教,抗日战争时期任职于中央研究院历史语言所，吴汝康和颜訚都曾在其手下工作过。1946年在浙江大学创建了人类学系和人类学研究所，并在1948年当选为原中央研究院院士。

在校期间除学习理科的基础课程外，也学习了人体解剖学、古人类学、人种学、人体形态学、人体测量学、统计学、民族志学和第四纪地质学等，期间还到杭州和北京周口店做地质和田野发掘实习。1962年毕业，与其他三位同窗被分配到北京中国科学院古脊椎动物与古人类研究所。当时我所在的古人类研究室的主任是闻名中外的、北京猿人第一个头盖骨发现者裴文中先生，具体指导和管理我们的是研究室副主任吴汝康先生。吴先生1940年毕业于中央大学生物系，先后在中央研究院历史语言所、贵州大学从事人类学的科研与教学工作。1946至1949年赴美在圣路易斯华盛顿大学学习，先后获得硕士和博士学位。1949年回国先在大连医学院任教，1956年正式调入中科院古脊椎动物与古人类研究所。他对新进所的年轻人要求很严，一方面抓外语（当时我们都学俄语）学习，给我们指定俄语专业书进行翻译训练，还要求自学英语。此外要求识别各种动物化石、学习化石修理技术和制作资料卡片等。这一阶段的培训、特别是俄语专业书籍的翻译对我后来研究新疆的人骨材料助益匪浅。

在古脊椎动物与古人类研究所的十一年间，虽经历了“四清运动”和“文化大革命”，失去了不少宝贵的时光，但在科研方面还是做了一些工作、有一定的收获。主要有两个方面：一是1970～1973年三次赴湖北西部山区考察，追踪并找到了广西以外的巨猿化石产地，摸清了它们生存的地质时代并找到了与其共生的早期人类化石；二是1968年在当时号召“抓革命、促生产”的形势下，所革委会指令我负责1966年发现的北京猿人头骨的研究。化石是在裴文中主持发掘下发现的，包括1件几乎完整的额骨，连有部分顶骨、左侧蝶骨大翼的上缘以及鼻根部和1件颅骨由枕麟的右半及与其相连的部分顶骨所组成。两件头骨骨片出自同一自然层，相距不到1 m，从其大小和粗壮程度看二者应该同属一个个体。因为历史原因，当时裴文中已被剥夺了研究权，但他提示我们去找20世纪30年代与这2件头骨骨片相距不远同一层位发现的2块称作5号头骨的骨片，结果证明这4件头骨骨片同属一个个体，将它们拼接在一起这才有了我们今天的北京猿人第6个头盖骨。

1972年国家文物局在故宫武英殿举办了全国“文化大革命”期间出土的文物展，这个展览实际上是后来出国展的一个预展。当时古脊椎所派我去参展，参展的主要文物就是上述北京猿人的第6个头盖骨。参加这个展览的人员大多来自全国各地的考古和文博单位，他们对旧石器考古和古人类方面的情况都比较陌生，要我介绍一些有关方面的知识。在我做了一些介绍后，他们都说以后发现了人骨就找我，这为我后来的研究扩展了材料的来源，特别是西北地区的材料基本上都是来自考古所以外的单位。在此回顾我的研究生涯之际，我要对考古所野外工作的同志以及其他支持和帮助过我的单位和个人表达深深的敬意和感谢！

1970年中国社会科学院考古研究所的颜訚先生病逝，1973年我被调入该所工作直到1995年退休（后返聘4年）。颜訚先生1934年毕业于华西大学医牙学院，20世纪40年代也在吴定良手下工作过。新中国成立初期授教于四川成都华西医学院，1957年调至北京中国科学院古脊椎动物与古人类研究所，后于1960年又调至中国社会科学院考古研究所专门从事新石器时代及其后的人骨研究直到逝世。

通过几十年来对新石器时代和历史时期考古遗址出土的大量人骨的研究主要有下列几点体会：

一、根据对黄河流域新石器时代人骨的研究，我认为把大汶口文化和仰韶文化的居民视为不同种族类型的结论是不妥当的。

二、通过对安阳殷墟中小墓和祭祀坑人骨的研究，我认为殷商时期的人民以蒙古人种的东亚类型为主要成分，还包括北亚类和南亚类。与殷商居民中包含三大人种五个类型的看法不同；另外，在对甘肃、青海人骨的研究中发现藏族、至少其东藏人民的骨骼类型与青海青铜时代人群之间有密切关系，这与藏族成分同印欧人种关系密切的看法有所不同。

三、通过对山东地区周、汉代人骨与日本西部弥生时代人骨的比较，我认为二者皆可归入东亚类群而他们与日本绳文人之间差异明显。推测日本弥生人有中国大陆沿海的种族背景。

四、通过对新疆和黄河流域大量古代人骨的种族调查发现，两者在古代种族背景方面有着明显的差异，至少在秦、汉以前新疆境内的西方人种成分较多，东方人种成分相对较少和零散。西方人种中也非单一来源，至少有古欧洲和地中海东支两类。

五、对西北地区古人骨的研究表明，至少在新石器或青铜器时代，已存在东亚和北亚类型的居民，之后二者有差异"模糊"或混合的现象。在长江以南发现的古代人类的遗骸虽较少，但多少能看出带有某些类似南亚类型的特点。

六、根据一些地区发现的"人为拔牙"方面的研究，了解到中国境内的古代拔牙风俗可追溯到新石器时代，而且随着时代有向不同方向流动的现象、直到残留在个别现代少数民族中。

七、对部分古墓地的人骨进行了古病理和创伤的调查，这些调查包括：口腔疾病、脊椎骨退行性病变、关节病、眼窝筛等。在宁夏和新疆的古人骨中各发现1例多发性骨髓癌病变的样本。

八、在青海、山东等多处遗址中发现了古老的钻孔术。其中一类为治疗性的开颅手术，另一类是生者为辟邪而从死者头部截取骨片，可称之为辟邪术。其时代可追溯到新石器时代。

本文选共录入25篇论文（或报告），均为本文选作者第一署名者。文集后附有全部著作目录，如有需要可从中查找。此文选出版得到复旦大学现代人类学实验室的资助，在此特别要感谢复旦大学副校长金力院士和谭婧泽博士的大力支持和帮助。

韩康信

2016年5月18日于北京

目录 | Contents

中国新石器时代居民种系研究

中国是一个地域辽阔人口众多、由多民族组成的国家。从人类种族衍生的角度来看，十三亿人口中除少数边缘省区的一些少数民族具有某些非蒙古人种成分的因素外，绝大多数属于蒙古人种支系的不同地域变异类型。这种情况究竟是怎样形成的？他们之间的相互关系如何？他们各自在形成近代概念的中国人的起源和组成中占有何种地位？这些问题实际上是继人类起源问题之后的另一个问题的一部分，即近代种族的起源和发展研究。本来，这些问题并不单指某个国家或某个有限地区的，种族（人种）的发生和演变是属于世界性的现象。但要阐明这个问题，又必须依靠不同国家或不同地区的学者对各自国家和地区的人类学材料进行不懈的研究。在某种程度上，这个问题的研究比早期人类起源问题更为复杂和困难。与世界上其他地区相比，中国有其特殊的条件，即有丰富的从地下出土的人类学材料。从时代的连续性来讲，除了已经发现体质发展上处在不同阶段的古人类化石外，还在不同地区考古发掘出成批的新石器时代及历史时期的人骨材料，对这些材料的研究越来越说明，亚洲大陆尤其是中国大陆是蒙古人种发祥和演变的重要地区。因此，在研究中国文明的起源和发展的同时，解决中国境内的种族特别是蒙古人种的起源和分化及其后来的扩张问题具有重要的意义。而深入研究新石器时代人类遗骸是探索和证明这个问题最重要和直接的环节。

关于中国旧石器时代古人类化石的发现与研究，将在《中国考古学・旧石器时代卷》里叙述。在本章中，只就新石器时代考古发掘出土人骨资料的研究作扼要的记述和讨论。有越来越多的证据表明，中国境内新石器时代居民的种族与这个地区的旧石器时代人类之间存在着种族系统学上的联系，尤其在旧石器时代中、晚期的材料中，已经出现某些可以感知的、程度不等的人类种族分化的趋势。因此有必要从种族形态学方面首先记述和讨论这些资料。

第一节　中国境内发现的与蒙古人种起源有关的早晚期智人化石的研究

首先从旧石器时代古人类化石的研究提出中国境内现代智人种起源假设的是德国学者魏敦瑞（F. Weidenreich）。他在研究了从北京周口店发现的中国猿人和山顶洞人化石以后，提出了由周口店的猿人演化为蒙古人种的观点[1]。后来，美国的孔恩（C. S. Coon）也持相似的看法[2]。他们做这种推测的根据是，在周口店的北京猿人头骨和牙齿上发现有某些与现代蒙古人种之间可能存在遗传连续性的特征，如猿人的下颌骨其舌面出现下颌圆枕，耳道上存在异常骨疣（又叫耳圆枕），上门齿舌面呈铲形，颅骨额、顶部正中央有矢状脊及其两侧平凹的矢状旁凹，顶、枕骨之间出现镶嵌骨，颧骨颧面和额蝶突方向明显朝前方，圆钝的眶下缘，鼻额缝和额颌缝相连续的形状较近水平走向，肱骨上的三角肌粗隆非常粗壮，股骨矢状方向极为扁平等等。虽经历了几十万年的漫长时间，这些特征仍然一直延续到包括现代华北人在内的蒙古人种之中。

但是，魏敦瑞认为从周口店发现的3具完整的山顶洞人头骨，则分别代表了很不相同的种族类型，即第101号老年男性头骨具有原始蒙古人种兼有西方旧石器时代晚期的欧罗巴人种特征，第102和第103号两具女性头骨则分别代表了太平洋岛屿中的美拉尼西亚人种和北极地区的爱斯基摩（现在一般改称因纽特）人种[3]。这就是说，在华北的同一个旧石器时代晚期的洞穴居民中，出现了三大人种因素的成分。他还认为这些山顶洞人不代表中国人的直裔祖先，他们是从外地迁移来、遭到当地土著居民的攻击而绝灭[4]。受魏敦瑞的影响，中外学者有一度信从其说或作某种变相说法的，如胡顿（E. A. Hooton）的阿伊努人种说[5]，费尔塞维斯（W. A. Fairservis）的高加索人种说[6]。中国学者李济持山顶洞人的尼格罗-澳大利亚人种混合说，主张在远古的中国居民中存在大量的美拉尼西亚-澳大利亚人种成分[7]。苏联学者切博克萨罗夫（HH. Чебоксаров）则认为山顶洞人有弱的人种分化性质而兼有明显的多形性，并已经能够从中发现一些时代更晚近的在东亚和南亚广泛分布的太平洋蒙古人种的特征[8]。

应该指出，以上学者的各种观点，是在并未经过对山顶洞人化石资料的深入研究后得出的。即使魏敦瑞本人对山顶洞人化石的研究也只是一个简报性质的报告。直到20世纪60年代，吴新智将山顶洞人的种属问题重新做了细微的核查和研究。他认为这3具山顶洞人头骨都具有共同的蒙古人种特征而代表原始蒙古人种，与现代中国人、爱斯基摩人和美洲印第安人都比较接近，表明当时蒙古人种仍在形成之中，但还有一些形态细节尚未充分形成[9]。赵一清则根据某些观察和测量数据的比较研究，也提出过两具山顶洞人女性头骨应属蒙古人种的看法[10]。目前在国内对吴新智的研究还没有提出过异议，因而在引用山顶洞人种属问题时一般都沿用他的看法，把山顶洞人当作华北地区原始蒙古人种的代表。

在中国南方发现而能够作种属研究的晚期智人中，当属在广西柳州通天岩发现的柳江人头骨化石。由于保存了除下颌外的几乎完整的头骨，可供详细的种族形态学的观察与测量，对研究中国华南晚更新世古代人的种族特征有重要的意义。据吴汝康的研究，柳江人头骨上有如下一些特征的组合：一种显示比现代人头骨原始的性质，如中颅略长的颅型，前囟点位置远比现代人靠后，上面低而宽，眶型宽矮，这些是世界上各地发现的晚期智人化石共有的特征。又根据头骨的形态特征，从测得的颅盖骨指数和前囟位指数、前囟角和额角大小等判断，认为柳江人为现代智人类型的早期代表（即指晚期智人的早期代表），比周口店的山顶洞人和四川资阳人为原始。此外，柳江人头骨上还显示出一系列大人种性质：如头骨属中颅型，颧骨较大而前突，鼻骨低而宽，鼻梁稍凹，鼻棘很小，缺乏明显的犬齿窝，中等的上齿槽突颌，上门齿舌面仍可辨别有铲形等蒙古人种特征。因此认为，柳江人也是正在形成中的蒙古人种的一种早期类型[11]。

对于柳江人头骨的种属地位，国内外学者也曾表示了某些不尽一致的看法。如美国的斯图尔特（T. D. Stewart）认为，在具有低的颅穹顶及眉脊、鼻和腭等形态特征上，柳江人头骨表现出"澳大利亚人种"特征[12]。苏联学者雅基莫夫（B. Якимов）也认为柳江人头骨的一系列测量值决定它处于蒙古人种和尼格罗-澳大利亚人种之间的过渡地位[13]。切博克萨罗夫（HH. Чебоксаров）则认为柳江人头骨同蒙古人种的古代和现代南方地区类型特别接近。他在比较了柳江人和山顶洞人头骨之后推测，在中国南方的旧石器时代晚期，存在头、面部尺寸更小，形态更纤细和阔鼻性质更明显的人种类型，与华北的类型有区别。因此推测，在旧石器时代晚期太平洋蒙古人种可能有两个组群，即在地理和形态上向大陆蒙古人种过渡的东亚组群和连接蒙古人种同澳大利亚人种的南亚组群。他还认为柳江人化石的发现证明了一种假设，即旧石器时代晚期在中国南方存在蒙古人种与澳大利亚人种之间的过渡类型，而蒙古人种和澳大利亚人种可能都是从人类原始居住地区东半部的最初的智人起源的。他还认为，对吴汝康提出的柳江人是在中国南方形成的蒙古人种最早代表的意见，只能有条件地接受，即不能说柳江人代表了所有蒙古人种的最早代表，而只能说代表蒙古人种的太平洋支系，这个支系中向澳大利亚人种过度的南方诸类型，的确可能是在旧石器时代晚期之初在东亚大陆地区的印度北部和中国南部范围内形成的[14]。

中国学者中，对柳江人化石的研究作出某些评论的是颜訚。他在比较了柳江人和山顶洞人头骨的形态特征后，指出柳江人的形态发展更接近蒙古人种的某些南亚类型，柳江人和山顶洞人虽同属蒙古人种的形成阶段，但柳江人在形成阶段上较山顶洞人有进一步发展，如柳江人的眉弓与山顶洞人的比较不那么突出，头形变短，鼻根趋于低矮，额部倾斜程度减小，颧宽、额宽变短，这些特征都更接近现代蒙古人种。但柳江人的鼻根指数较低，接近于蒙古人种的下限，属于尼格罗-澳大利亚人种的范围之内，垂直颅面指数也较低。以上的一些特征比较接近某些南亚蒙古人种。他还根据柳江人的颅盖骨指数比山顶洞人高，额倾斜度比山顶洞人小以及眉弓发达程度、颧弓大小和骨骼粗硕程度的比较，认为山顶洞人比柳江人还要原始一些[15]。这个看法与吴汝康认为柳江人在形态发展阶段上比山顶洞人更原始的见解相悖。

由上可知，在人类学者中对柳江人的小种属倾向及其与山顶洞人相比的形态发展差异的解释上，存在一些不同的认识。我们不妨承认柳江人头骨比山顶洞人具有更明显的倾向南亚蒙古人种的性质。如果这种判断可信，那么柳江人和山顶洞人之间的形态差异可能说明，中国南方和北方的晚期智人在各自形成蒙古人种体质特征的过程中，已经明显存在异形现象[16]。

在中国发现的其他晚期智人化石虽还有多处，如四川的资阳人、广西的麒麟山人、内蒙的河套人、辽宁的建平人、云南的丽江人及台湾的左镇人等，但化石都十分零碎，有的还缺少可信的时代证据，系统分类也可能还有问题，因而对种属特点的研究意义不大。其中资阳人化石也仅保留了脑颅部分和一块上腭片，面部的其他部分残缺。虽然按习惯把它也列入晚期智人化石之中，但对它的小种属特征并不清楚。现在一般依然把资阳人作为在中国华南发现的旧石器时代晚期的原始代表蒙古人种之一[17]。也有人把资阳人列入中石器时代和太平洋蒙古人种的南亚组群[18]。

由于最近新的古人类化石的发现，有关原始蒙古人种形成时间的讨论已经不限于晚期智人化石。如在陕西大荔县发现的一具保存相当完整的早期智人头骨化石，对追溯蒙古人种起源有重要的价值。由于颅、面部保存都相当完好，有利于观察和测量一些细部特征。据吴新智的研究，这具头骨的主要特点与其他国外发现的早期智人相似，一部分性状又与北京周口店的直立人接近。尤其值得注意的是大荔人头骨的前额部存在矢状脊，其上面部扁平度较大，颧颌角转角处有一较明显的转折，颧骨额突外侧面较朝前方等特征，与其他地区早期智人不同而更接近蒙古人种[19]。

在辽宁金牛山发现的经黏合保存相当完好的头骨化石也可能属早期智人类型。在这具头骨的额部也存在较明显的矢状脊，鼻额缝与额颌缝的连接近于水平的浅弧形，颧骨面也较朝前方，鼻骨侧面角接近直角等，与大荔人类似但与西方同类早期智人特征不同[20]。在山西发现的许家窑人化石只有一些颅骨碎片，其上门齿具有铲形特点，被看作是现代蒙古人种中普遍存在的遗传性特征[21]。

广东发现的马坝人头骨化石可能与大荔人的时代接近或稍晚。从头骨的形态和测量判断，被归入中国华南发现的早期智人类型[22]。又据最近的研究，马坝人头骨的脑量比大荔人更大，颅形变短，骨壁和眉脊厚度变薄，眶上沟深度比大荔人进步等，认为马坝人应属早期智人类型中较晚的代表。同时又指出马坝人颧骨额蝶突的前外侧面更朝前方，鼻骨侧面角接近直角，眉间点与额颧眶点连线更近冠状面(以上特征表示有更扁平的面)，鼻额缝和额颌缝的连接成浅弧形等特征，而将它归入与西方早期智人演化趋势不相同的中国古人类进化系列之中[23]。

根据以上在中国发现的早期智人化石的研究表明，一方面它们表现出与同一地理区域的直立人保持着许多相近的特征，另一方面也证明，在中国华北和南方的广大地区，不仅存在如山顶洞人、柳江人等原始蒙古人种多形或地区差异的代表，而且还存在过比它们更早的向蒙古人种方向起步的形态演变类型，这对蒙古人种起源于东亚直立人提供了新的证据[24]。

第二节　新石器时代人骨的发现和研究

一　黄河上游地区

20 世纪 20 年代中后期，加拿大学者布达生(D. Black)曾根据瑞典学者安特生(J. G. Andersson)从甘肃、河南史前遗址收集的人骨材料进行过种族人类学的研究。1925 年，步达生最初发表了甘肃史前人种简报。在这个简报中，对出自甘肃史前遗址的古人头骨的形态特点做了初步的记述。这些人骨大致包括 84 个个体，按安特生当时的考古分期，包括沙井、寺洼、辛店、马厂及所谓仰韶文化 5 个时期的材料，大部分(74 个个体)出自甘肃境内，少部分(10 个个体)出自河南。据步达生的观察，在这些头骨中，鼻下窝经常出现，眉间和眉弓一般弱或中等，鼻骨长，但鼻根以下一般窄而低矮，颧骨突出而大，额眶偏差角比较小，男性枕外隆突通常很发达和常呈钩形。这些特征在现代蒙古人种头骨上容易见到。但在这篇报道中，他还指出有 3 具头骨(2 具他称之为仰韶期的，1 具谓之马厂期的)同其他多数头骨的特点有些不同,即鼻根点以下部分的鼻骨突度不如大多数头骨的低窄,额眶差别角较大(反映面部扁平度较小)等。因此他怀疑这3具头骨与其他多数头骨相比属于不同的人种。同时,他也注意到这3具头骨在一般形态上与其他头骨的相似性,因而未作明确的种属归属,只说在未找到他们与其他人种的明确关系以前,暂名为"X"派头骨[25]。1928年,步达生的《甘肃河南晚石器时代及甘肃史前后期之人类头骨与现代华北人及其他人种之比较》专著发表。在这个报告中,他用头骨测量数据的统计学方法详细比较和分析了头骨的种系纯度,并与其他人种头骨的测量数据作了一系列的比较。最后得出的几个主要结论是:甘肃史前居民具有典型东方人特征(Oriental characters),其体质与现代华北人有许多共性,因而称他们是"原中国人"(Proto-Chinese);在这些人骨中,新石器时代晚期的材料与现代华北人头骨的接近程度较远一些,而各史前文化后期的标本同现代华北人的接近程度更大;新石器时代的头骨在一些性质上与东部的西藏人类型(Khams Tibetan type)有相当接近的关系,而居于现代华北人和西藏人之间的地位。他还特别表示,对所谓的"X"派头骨经过同一大组现代华北人头骨比较之后,它们不能很清楚地代表其他人种的支派,而仅仅是新石器时代晚期人种的变异而已[26]。这样,步达生自己否定了他原先对这3具头骨可能属于非蒙古人种(即高加索人种)的看法。

步达生的研究结果至今仍被国内外一些学者所引用。但时至今日,由于甘青地区考古的大量新发现,证明安特生当时对这个地区文化时代的划分有许多错误,因而人骨材料的来源和所属文化的序列及性质上存在一些疑问。例如,新的考古资料可能表明,在安特生收集的甘肃头骨中,没有实际的仰韶文化材料,被他列入新石器时代的骨骼可能属于马家窑文化,而其他的甘肃头骨在年代学上已越过了新石器时代而大致与殷、周时期相当。从河南出土的头骨也可能与仰韶文化不相关,甚至可能包含有现代的材料[27]。尽管在步达生研究的人骨中,存在文化编年的不明确性,并混有少量河南的材料,但所有新石器时代组都具有很大的同种性质是明显的,具有显著的太平洋蒙古人种东亚类型的代表性特点。如面部扁平,鼻骨突度弱,有很大的颅高,狭而高的面及狭的鼻形等。而且在这些古代华北人头骨之间相互差异很小,这些差异又可以用相隔几千年中形成的时代变异来解释。例如这些古代华北的头骨比现代华北人具有某些更长的颅形或更小的颅指数,更宽的额,相对低矮呈角形轮廓的眼眶等古老特征[28]。

以后在甘青地区虽进行了许多考古发掘,但收集和研究过的新石器时代人骨并不多。见报告的有甘肃宁定县(今广河县)阳洼湾齐家文化的两具头骨、青海乐都柳湾和民和阳山两个墓地的人骨材料、宁夏海原的一批新石器时代晚期人骨。

颜訚对甘肃宁定阳洼湾两具齐家文化头骨的观察结果,认为与蒙古人种的现代华北人和甘肃其他还要早一些的新石器时代人头骨具有共性[29]。

乐都柳湾墓地虽发掘千余座墓葬,但人骨保存不好严重朽蚀,总共采集到较完整和残破头骨45例。其中属半山类型的2例,马厂类型的36例,齐家文化的7例。据报告这3个文化遗存的人骨在性质上没有明显的差异,可归属于相同的体质类型。因此,可将这3个文化遗存的人骨合并起来与其周邻地区古代人骨做小的群组比较。这组头骨非测量特征的观察结果是:男性颅形偏长,以椭圆形和圆形颅占大多数,颅顶缝比较简单,枕外隆突欠发达,眶形以眶角圆钝的椭圆形和圆形眶居多,梨状孔下缘以钝型和鼻前窝型出现率较高，鼻前棘小，犬齿窝弱，鼻根凹不发达，有相当数量的头骨上出现矢状脊和半数以上的下颌具有下颌圆枕。女性头骨的基本形态与男性相近，仅颅形稍短，梨状孔下缘更多为锐型，矢状脊和下颌圆枕的出现少于男性。与现代地域类群相比，柳湾的新石器时代居群与现代蒙古人种东亚类群比较接近，也与现代华北人类型较接近；与其他新石器时代居群比较，与甘肃史前新石器时代组以及杨家洼的齐家文化头骨的关系更接近一些，但与黄河中、下游的新石器时代居群之间存在一定的差异[30]。

青海民和阳山墓地人骨的保存状态也很差。在发掘的200余座墓葬中，只提供了11具保存较好的头骨。这些人骨的年代相当于半山期。据报告，这组头骨的描述形态特征可能概述为：颅形以较长的卵圆形和椭圆形为主，额坡度明显低斜的类型少，狭额—中额形，颅顶缝基本上呈简单型，部分出现较弱的矢状脊，眉弓突度不强烈，眉间突度以中等以下为主，鼻根凹陷线平，鼻骨突度弱，梨状孔下缘多见婴儿型和部分为鼻前窝型，鼻棘小，犬齿窝欠发达，颧骨转折较陡直，面部水平扁平度较大，矢状方向突度弱，有较明显的上齿槽突颌，面形以狭面类型最具代表性，眶形多见眶角圆钝的类型，眶口平面与眼耳平面的关系以后斜型居多，鼻形以中—狭鼻类居多，腭形短阔，有近一半以上出现大小不等的下颌圆枕。以上一系列特征不仅在一般亚洲蒙古人种中常见，而且像颅形偏长—长狭面—中狭鼻形这样的综合特征，更多见于现代华北的蒙古人种。测量特征也证明，民和阳山的居群与甘青地区其他古代居群和现代华北人之间存在更明显的接近，同属蒙古人种的东亚类群[31]。

从宁夏海原菜园村新石器时代墓地也采集到一批人骨，但骨骼保存状态差，朽蚀和残断比较严重，能够用于观察研究的仅有6具较为完整的头骨。尽管如此，由于过去对宁夏地区的古代人骨从未有人研究，而其地理位置又属于北亚和东亚种族类型的接触地带，因而揭示这个地区新石器时代居民的性质特点，对了解与其周近地区古代种族人类学环境之关系仍十分重要。据本作者观察，他们的某些综合特征是：男性头骨的眉弓比较显著但还不属于粗壮的类型，眉间突度也不强烈，鼻根凹陷不深。此外，这批头骨的鼻骨突度比较低矮，鼻前棘不发达，同时结合宽大突出的颧骨，浅平的犬齿窝和圆钝的眼眶，明显的面部扁平性质及多见下颌圆枕等。头骨脑颅形状是偏长的中颅型结合高颅型和狭颅型，面部形状是狭面型并兼有轻度阔鼻倾向。这样的形态类型显示与古代和现代华北类型有明显的共性。这一点从头骨的测量特征上表现得更清楚，如以头骨的长、宽、高计算的颅型指数为中颅型-高颅型-狭颅型相结合，额坡度角度很大显示有陡直的额，面指数归入狭面型，鼻额角所示有大的面部扁平度，眶指数显示中眶型，鼻指数属较阔的中鼻型，鼻根指数表示低的鼻骨突度等，与代表东亚类的中国华北的居群很相符，而与北亚类和东北亚类的差异很明显。与周围的古代组相比，也与甘、青地区新石器——青铜时代居群之间表现出一般的接近关系，尤其与甘肃的组群之间存在更密切的形态学联系[32]。相反，海原新石器居群与同地域（如宁夏固原彭堡墓地）青铜时代居群之间表现出形态学的不连续性[33]。这为该地区古代居民的种族交流或替代提出了新的问题。

二　黄河中游地区

黄河中游地区已经发表的新石器时代人骨，主要集中在陕西境内的西安半坡、宝鸡北首岭、华县元君庙、华阴横阵、临潼姜寨5个仰韶墓地的材料。此外在陕西西乡何家湾仰韶文化墓地也对零星的人骨进行过考察。河南陕县庙底沟二期文化的一批人骨也已报道过。

半坡的人骨保存较完整可供观察的只有3具头骨，其余都很不完整。据颜訚等报告，半坡头骨具有明显蒙古人种形态特点，即颅形以卵圆形为多，颅顶缝简单，眉弓弱，眶形圆钝，梨状孔下缘较多鼻前窝型，鼻棘低矮，颧骨转角欠圆钝，犬齿窝不明显等。报告进一步从测量的数据比较中，讨论了半坡新石器时代居民的性质特点。据多种颅、面部特征项目的比较，认为其中只有少数与蒙古人种的现代华北人接近，多数与现代华南组和印度尼西亚组接近。如果结合颅指数接近阔颅型，鼻指数接近阔鼻型，眶指数接近低眶及突颌等性质考虑，半坡组与现代华南和南亚居民接近的较多，与现代华北组接近的较少。与古代组相比，半坡组与甘肃史前组在头型和眶型上存在明显区别，与北亚的西伯利亚贝加尔湖新石器时代组也相差较远，但与南亚印度支那新石器组比较接近[34]。

颜訚等对宝鸡北首岭新石器时代人骨的研究结果大致与半坡的相同，其可供观测的完整头骨16具，加上不完整或只能做少数测量的23具，合计39具。据报告，这批头骨的形态特征是头形以椭圆与五角形的占多数，颅顶缝极简单或比较简单，眉弓弱不及眶缘二分之一，眶形圆钝呈四边形，梨状孔下缘以婴儿型与鼻前窝型出现率较高，鼻棘低矮，颧形深而宽，转角处欠圆钝，犬齿窝不明显或弱。这些特征表明他们属于蒙古人种。报告还认为在某些头骨上额部明显倾斜，上腭显著突出和具有显著突起的眉弓等，这些特征可能带有尼格罗-澳大利亚的性质或属于新石器时代人的原始特征。据一系列测量特征的比较，报告对小人种的结论是：颅高属于高头型，面部中等宽，依照苏联文献的分类可归入亚细亚蒙古人种的太平洋支。与新石器时代的蒙古人种比较，基本上与半坡组接近，较接近南方的印支那组而与北方的贝加尔湖新石器A组相去较远。同时，与甘肃河南新石器组比较，其相差的程度不如贝加尔湖新石器组，但亦不近于印度支那新石器组。结合宝鸡新石器组的较低的上面高、宽的鼻指数、突的颌等性质来看，则与甘肃河南新石器组相去较远，而与印度支那组较为接近。但是，宽的鼻指数和突的颌，可能是属于在新石器时代尚未分化的原始性质，或某种人种的特征。与近代蒙古各小人种系比较，与太平洋支的南亚人种系、远东蒙古人种系接近。其接近的程度以南亚人种系为较多。与蒙古人种大陆支的中亚细亚系相去较远。

华县元君庙材料中，可供观测或只能做部分观测的完整和不完整头骨只有20个个体。据颜訚报告，这批头骨的颅顶缝极简单和比较简单，眉弓弱，眶形圆钝或呈四边形，梨状孔下缘鼻前窝型出现率较高，鼻棘低矮，颧形深而宽，转角处欠圆钝，犬齿窝弱或不明显。这些特征被认为是属于蒙古人种的。而某些头骨上眉弓显著和突出的上颌齿槽，被归属该组人骨较为突出的形态[36]。对种族或组群关系的比较分析，大致指出以下几点。

(1) 根据以上观察特征和某些测量的分析，华县人骨可归入亚洲蒙古人种的太平洋支。

(2) 与新石器时代蒙古人种比较，基本上与半坡、宝鸡组接近。与甘肃河南组及南方的印度支那组比较接近，而与贝加尔湖A组相去较远。

(3) 与近代蒙古人种小人种系比较，与太平洋支的南亚人种系、太平洋支与大陆支的过渡型远东蒙古人种系接近，其接近程度以南亚系与远东系为较多，而与大陆支的中亚细亚系相去较远。

(4) 据测量特征显著性测定，华县组与宝鸡组在重要的体质特征上差异不显著，因而这两组基本上属于同一个类型，但与甘肃河南组之间因差异显著而不属于同一类型。差异的原因则可能在甘肃河南组的人骨中包含了一些时代较晚的材料，因而影响了材料的时代性。

(5) 报告推测在新石器时代，可能蒙古人种的主支在黄河流域的中游(陕西、甘肃)一带尚未分化或形成若干种系。完成分化和形成种系可能是在较新石器时代为晚的时期。

华阴横阵人骨中可供观测的完整头骨也不多。头骨的形态特征与上述几个仰韶文化的头骨组群大致相似，也显示简单的颅顶缝，欠发达的眉弓，圆钝的眶形，梨状孔下缘较多的鼻前窝型，颧骨深而宽，低矮的鼻前棘，弱的犬齿窝和铲形门齿等。据测量特征的比较，华阴横阵的头骨与地理位置和文化时代皆接近的宝鸡北首岭的头骨非常接近，因而两者属于相同的人种类型。与中国东南沿海的福建闽侯昙石山新石器时代头骨之间存在一定程度的差异，与贝加尔湖新石器时代头骨的区别也非常明显[37]。

姜寨墓地收藏的人骨有两个报告发表。其中，对姜寨一期(仰韶文化半坡类型)人骨的研究认为，可供观察和测量的8具头骨，总的形态特征是中颅型，额部较宽而陡直，较宽的中部面宽，较大的上面扁平度，中颌型的突颌度，中眶型眼眶和较宽的鼻等。并指认这些特征与亚洲蒙古人种的远东人种较为接近。与其他新石器时代人骨比较，在一些重要体质特征上多与仰韶文化的人骨居群相近，如头指数、头长高指数、鼻指数、鼻根指数、颧上颌角、鼻角等与宝鸡组接近；头宽高指数、眶指数、齿槽面角、鼻颧角等与半坡组接近。相反，与大汶口文化、昙石山文化各组人骨壁较疏远[38]。姜寨二期(仰韶文化史家类型)墓葬人骨可供观测的头骨23具。对这批头骨的形态特点的归纳大致如姜寨一期的头骨。与新石器时代各组比较，姜寨二期组与庙底沟和华县组、宝鸡组相接近，与山东的新石器时代组比较疏远[39]。但报告中对它与半坡组关系最远没有做出适当的解释。与姜寨一期的关系也未说明。

西乡何家湾的新石器时代人骨只有4具头骨。地处秦岭以南的汉水上游地区，属于仰韶文化半坡类型。据鉴定，指出以下几点[40]。

(1) 在何家湾头骨上仍然存在常见于黄河中游新石器时代蒙古人种头骨的一般综合特征，如卵圆形颅，眉弓和眉间突度不强烈，鼻根部平浅，颅顶缝很简单，圆钝眼眶，梨状孔下缘出现鼻前窝型，鼻棘不发达，鼻骨突度弱，犬齿窝浅—中，颧骨发达，鼻额颌缝多弧形等。

(2) 但在何家湾的4具头骨中，存在某种不同的形态偏离倾向，即其中的两具头骨(M60、M66)相对于另两具(M99、M104)颅形更短化，面形更低宽。而后两具颅形很长狭，结合更高狭的面型。但在其他一些重要的面部特征上，这4具头骨仍表现出一般的相似性，如皆中眶型，多阔鼻倾向，鼻突度都很弱，都有大或较大的面部扁平度，齿槽突颌明显等。因此，对这种个体之间颅型的差异解释为某种同质异形较为合适。

(3) 根据若干主要颅、面部测量特征的比较，何家湾的头骨与关中地区仰韶文化头骨之间表现出普遍的相似性。如平均颅形为中颅型和高颅型结合的中—狭面型，鼻突度弱，都具有阔鼻倾向，齿槽突颌，上面水平扁平度大，矢向突度为中颌型等。其间的差异仅在颁形上可能偏长一些，鼻突度更弱，眶形偏高等。因此将何家湾头骨在种系形态学上与关中地区仰韶文化头骨视为同种类型比较适宜。

（4）据以上初步结果，大致可以认为生息于秦岭南北的仰韶文化居民不仅在彼此文化内涵上有明确的共性，而且在小的种族居群关系上也属同种系类型。至于其间的某些形态偏离的原因，或可能出于统计抽样的缺陷而表现出随意的偏差，或可能与各自的不同生态自然环境有联系。这个问题尚待发现更多材料进行调查。

从河南陕县庙底沟二期文化墓葬中也采集到一批人骨。按文化性质，庙底沟二期属于河南龙山时期文化早期或具有仰韶文化到龙山文化的过渡性质。可供观测的共 20 具头骨。这批头骨的一般的形态观察特征与上述仰韶文化的头骨相近，如简单的颅顶缝，弱的眉弓，圆钝的眶形，梨状孔下缘多鼻前窝型和人型，鼻前棘不发达，浅的犬齿窝，深而宽的颧形和铲形门齿等。根据测量特征的生物统计学比较结果则有以下几点。

（1）在有人种鉴别意义的头骨测量和指数项目的比较上，庙底沟组群与现代亚洲蒙古人种中的远东人种存在较多接近的关系。

（2）用组差显著性测定方法考察，庙底沟组与华县组、宝鸡组之间的差异小于同西夏侯组和大汶口组之间的差异。

（3）用组间差异范围与各新石器时代组的比较，庙底沟组与黄河中、下游的新石器时代各组（仰韶和大汶口文化各组）的组差较小而互相接近，与印度支那、贝加尔湖的南亚和北亚新石器组之间的组差比较大而疏远。

（4）种族亲缘系数的计算比较也证明，庙底沟组与仰韶文化及大汶口文化各组之间密切联系，其密切程度又大于现代华北和华南组之间。

综合上述比较结果，可以认为庙底沟二期文化居群的性质特征与现代的远东人种较为趋近，与仰韶和大汶口文化居群之间的关系更为密切。但在接近南亚人种的程度上，似又不及仰韶文化各组。这种情况可能一方面反映了庙底沟二期和仰韶文化居群在体质上的同质性，同时也反映了黄河中、下游新石器时代祖先在种族溯源上的密切关系[41]。

据以上对黄河中游新石器时代人骨的研究，总的看来，彼此之间性质上的共性较为明显。但不同学者对他们的小种族性质，意见并不一致。例如有的学者认为仰韶文化居民在体质上接近南亚类型（半坡、宝鸡、华县）[42]，有的认为接近远东类型（姜寨一期、庙底沟二期）[43]。在仰韶文化居民与黄河下游大汶口文化居民之间是异类型还是同质型等问题上，也存在不同认识[44]。关于这方面的研究有学者专文进行过讨论[45]。

三　黄河下游地区

这个地区大体上指山东、苏北一带大汶口、龙山文化分布地区。由于这个地区的新石器时代文化在时代上与黄河中游渭河流域仰韶文化同样古老，而文化的内涵和居民的风俗习惯乃至地理生态环境，却与仰韶文化分布地区有明显区别，因而从人类学上研究这一地区新石器时代居民的种族环境，成为引人瞩目的问题之一。最早，经颜訚研究的有两批材料：一批是 1959 年从山东宁阳与泰安之间的大汶口畔墓地采集的 34 具头骨；另一批是 1962—1963 年在山东曲阜西夏侯墓地采集的 17 具头骨。颜訚在这两批材料的研究中，除着重考察了这些人骨的种属特性之外，还记述了头骨的畸形与拔牙风俗存在的证据。

颜訚对大汶口人骨的种族形态特征是这样记述的：颅顶缝简单，眶型圆钝，梨状孔下缘为心形与鼻前窝型，鼻棘低矮(Broca Ⅰ型占多数)，颧形深而宽，犬齿窝弱，铲形门齿等具有肯定的蒙古大人种特征。但他又说，眉弓强度达眶缘中点的占多数(男性)，鼻孔下缘在男性中鼻前沟型与婴儿型占相当部分，女性的婴儿型也有相当部分；颧型轻度的深而宽，转角处圆钝，犬齿窝中等。这些形态可能归入尼格罗-澳大利亚人种的形态内容中。根据测量特征的比较，颜訚认为大汶口人骨虽基本上属于蒙古大人种，但又说无一个近代蒙古人种的代表(华南人、华北人、西藏人、爱斯基摩人、蒙古人、印度尼西亚人)与大汶口人接近。与新石器时代各组群(华县、宝鸡、半坡、甘肃河南、中南半岛、贝加尔湖A、贝加尔湖全部)的比较也大致相近，即只有少部分的特征与大汶口接近。相反，他认为除受头骨畸形影响测量项目外，大汶口组基本与波利尼西亚各组群相近。又据在波利尼西亚居群中的夏威夷、关岛人中盛行头部人工畸形和拔牙的习俗，与大汶口的同类风俗相似，因而更认为大汶口人种与波利尼西亚人种的接近[46]。

颜訚对西夏侯人骨的研究结果与大汶口人骨的研究大致相同，即有大体上相似的蒙古大人种的特征，而且与大汶口组群在绝大部分形态特征上是相同的。用显著差异的统计学测验也证明，西夏侯与大汶口之间并不存在显著差异而是相近。但与仰韶文化的华县组之间存在不同程度的显著差异。与波利尼西亚组群相比较，西夏侯和大汶口组群与其接近，华县组则不接近。因此，西夏侯和大汶口组群皆属于波利尼西亚人种类型[47]。

对于颜訚的上述结论，曾有文专门予以评析，并提出了与颜文相反的结果[48]。对此将在后面予以讨论。

山东邹县野店新石器时代遗址出土有不很完整的12具头骨，文化上属大汶口文化较晚期。据报告，野店人骨的体质类型与同地区的大汶口、西夏侯的同属一个类型，但在种属上认为与中国现代的华南人接近[49]。

其他与此相关的还有山东广饶付家大汶口文化和江苏邳县大墩子新石器时代人骨材料。

广饶付家遗址的材料共观测了20具大汶口文化中、晚期的头骨。据观察，这些头骨一般的形态与大汶口、西夏侯的有许多相似点，如自然颅形可能多近卵圆形，但由于枕部畸形的影响，都出现较多的楔形颅，头骨不对称的变形较普遍，都有简单形式的颅顶缝；眉弓突度都较弱，少见强烈粗壮的类型，眶角多圆钝型，鼻棘都不发达，犬齿窝多浅型；畸形颅较普遍且都属简单的枕部扁平型。唯在付家的人头骨上没有发现拔牙现象。从测量特征的比较，付家的头骨与同文化的大汶口、西夏侯的变形颅组群，在一般的脑颅形式上有明显的共性。这种共性在面部测量上更为明显，如额部向后上倾斜程度都在中—直型之间，都有很宽的中面宽，绝对和相对面高皆属高狭面型，面部水平方向扁平度都大，都具有中等高的眶型，鼻型都在中鼻范围变异。主要差异仅在面部矢状方向突度和鼻突度上比大汶口组群的更弱一些。因此，广饶的大汶口文化居民头骨形态特点与鲁中南地区大汶口文化居民的头骨之间存在明显的同质性，证明他们在体质上属于相同的种系类型[50]。

邳县大墩子新石器时代墓地中虽然采集到一大批人骨，但保存情况很差，可以说几乎无一具保存完整的头骨而大都采集的是下颌骨。据对百余具下颌骨的研究，仍然可以看出从种系性质及风俗习惯上(枕部畸形、拔牙和口颊含石球)与山东大汶口文化居民是相近的[51]。

以上几个地点的人骨大致属于这个地区的大汶口文化系统。其后，这个地区龙山文化的人骨发现和研究的很少，只有山东诸城呈子二期墓葬出土为数不多的人骨有过报告。比较完整的头骨5具，但这几具头骨的颅形皆呈正常的自然状态而未有如早期大汶口文化时期普遍的畸形颅出现。其形态观察特征的一般组合仍然是：以卵圆形颅为主，额倾斜坡度中—直型，眉弓和眉间突度不特别强烈粗壮，鼻根凹陷浅，凹形鼻梁，鼻骨凸度小，梨状孔下缘为钝型和鼻前窝型，鼻棘不发达，犬齿窝弱—中等，颧骨宽大而突起，眶形圆钝，上门齿多铲形，眶口平面与眼耳平面相交为后斜型等。显然这样一些性状的基本组合与大汶口文化期的人骨是相同的，主要区别正如前述，畸形颅与正常颅形的区别是由于文化因素造成的。根据颅、面部测量特征所示，呈子二期的综合形态类型与大汶口、西夏侯的形态类型之间也显示出相当明显的一致性，即大体上都是中颅、高颅、狭颅和狭额的脑颅类型，中面或接近狭面型，中鼻型和低矮的鼻突度结合中眶型，中—平颌和齿槽突度中—突颌型，短齿槽型等面颅类型。与大汶口、西夏侯组群较明显的差异是，在面部水平方向突度比它们更强烈一些，鼻突度比大汶口稍低，绝对颅高不如西夏侯的高等。但这些差异都未超出大汶口和西夏两组之间的组差幅度而无类型学的价值。因此，呈子二期头骨的体质类型与大汶口文化期的头骨具有明显的同种系性质。关于呈子二期头骨形态类型与现代蒙古人种不同类型之间的关系，用形态距离综合测定的方法证明，与代表东亚（即远东）的现代中国人组群最为接近，但没有表现出与华北或华南中国人组的特别强烈的偏离倾向，仅在面部形态上与华北的头骨类型有些接近。由上推测，这个地区从大汶口文化到龙山文化在体质人类学上是连续的关系而不具有人种类型的取代性质[52]。

四　长江中下游地区

这个地区报道的新石器时代人骨的有南京北阴阳营、上海青浦崧泽、浙江余姚河姆渡、河南淅川下王岗、湖北房县七里河等几个地点。此外从江苏高邮龙虬庄和金坛三星村两处新石器时代遗址也收集到保存较好的人骨。但总的来讲，这个地区人骨在地层中保存的情况较差，发表的材料也比较零碎。

南京北阴阳营新石器时代晚期人骨保存状态很差。经吴定良研究的材料仅限于下颌骨。据观察，这些下颌骨具有明显的蒙古人种性质。对某些下颌上测量特征的比较表明，与当地近代人的下颌形态比较接近，与安阳殷代人的距离稍远。据此推测，南北两地区的体质分型在3 000多年前就已经存在[53]。

上海崧泽新石器时代墓葬1960年、1961年发掘出土的人骨材料，只报道过4具残破的头骨和几件下颌骨。这些骨骼被认为有南亚蒙古人种的特征[54]。但报告缺乏对形态特征和测量资料的比较分析，主要原因是这人骨中没有保存完整的面骨。

长江下游时代最早的一组人骨是从浙江余姚河姆渡遗址的第3文化层中采集到的，但可供观察和研究的只有2具较完整的头骨。据研究河姆渡头骨的前囟位置、头骨额部发达和更高的颅高等表明，他们是比旧石器晚期的柳江人和山顶洞人更进步的现代人类型。但从其具有发达的颧骨，更扁平的上面部，面高增大以及具有更高的颅高等方面来看，又表现出他们在蒙古人种特点的发展上比柳江人更为明显。根据头骨的形态和测量特点，河姆渡头骨一方面存在一系列明显的蒙古人种性质，另一方面又有一些类似接近尼格罗-澳大利亚人种的特征。特别是在长的颅型上，他与纬度更南德福建闽侯昙石山、广东佛山河宕和广西桂林甑皮岩等新石器时代人的头骨相似[55]。

对长江汉水流域房县七里河新石器时代人骨的初步报告认为，该类人骨与仰韶文化宝鸡组和现代蒙古族头骨的性质关系密切[56]。但从发表的一部分测量数据看，七里河的头骨形态可能与现代蒙古族的头骨有明显的区别，即后者一般具有很宽而低矮的脑颅，很宽很高的面，上面指数和垂直颅面指数也都很大等。七里河的头骨显然与上述特征的组合特点有所区别，因此，七里河新石器时代头骨大概与现代大陆蒙古人种的北亚类型并不接近[57]。

淅川下王岗新石器时代墓地的人骨收集的较多。据报告，这批人骨的时代包括仰韶、屈家岭、龙山、二里头文化和西周，其中以仰韶文化的最多。据称：可供部分测量和观察的标本中有72个个体的头骨。但报告没有明确交代用来测量比较的头骨所属的具体文化、时代，只笼统地标以“新石器时代组”。报告只是说明本组居民的特征主要依据仰韶文化所含的人骨进行描述和讨论。报告所综述的下王岗头骨的形态，只是简单的颅顶缝、眉弓不发达，眶形圆钝，鼻前棘低矮，梨状孔下缘多为鼻前窝型，犬齿窝较浅，上门齿呈铲形及下颌圆枕出现率较高等显示蒙古人种的特征。据测量特征的综合结果是颅形较短、较宽和较高，额宽中等，额鳞较向后倾斜，面部中等高，面宽中等，整个面部较平直，眼眶偏低，鼻高中等偏高，鼻宽较宽等。与现代蒙古人种的地域类群相比，报告认为与南亚类型较接近；与新石器时代类群相比，认为与黄河下游的新石器时代居群比较接近而同属一个种族类型；与现代中国类群相比，认为与华中近代组比较接近，因而推测现代华中地区的居民与新石器时代江汉流域的居民有密切的血统关系，而这种血统关系是受来自华北地区古代居民向南迁移的直接影响。并认为下王岗和宝鸡新石器时代居民也受来自华北地区古老居民的直接影响[58]。

另一个重要发现是在江苏高邮龙虬庄新石器时代的墓地。收集到一批可供观察和研究的人骨，其中包括24具为较完整的头骨。据研究，在这批头骨上仍表现出与其他新石器时代居群(主要指华北地区)基本相似的综合形态特征。用测量特征所做的形态差异的多变量及聚类分析表明，龙虬庄新石器时代居群与黄河中下游的新石器时代居群之间具有明显的同种系性质，而且与仰韶文化居群之间可能有某种较为趋近的现象，与大汶口文化居群之间的偏离也不强烈。相反，与华南的新石器时代族群之间存在的疏远更为明显，与日本新石器时代居群之间的差异更为强烈[59]。

顺便指出，最近从金坛市三星村新石器时代墓地中也收集到一大批有价值的人骨。而过去在长江南岸地区极少收集到新石器时代的人骨。通过对三星村人骨的考察研究，对中国江南新石器时代居群与华北地区居群之间的性质提供了人类学关系的重要资料[60]。

五　华南地区

华南地区新石器时代人骨的收集和经正式研究的材料不多，主要有以下几组。

从闽侯昙石山遗址采集的人骨中，只有9具头骨可供观测。据形态和测量的比较都表明，他们与现代蒙古人种的东亚(远东)和南亚人种类型比较接近。但在一些重要项目如上面高和面指数、鼻指数、眶指数、垂直颅面指数和鼻颧角、齿槽突颌等面部特征上，更多接近南亚类型。但与现代南亚人种头骨的主要区别是，昙石山头骨的颅形较长，后者颅形较短。与华北各新石器时代组群之间相比较，只与仰韶文化族群略微接近。而昙石山的长颅化结合低的上面和很阔的鼻形等特点，与南亚的新石器组群更接近，与仰韶文化各组的中等长颅型和较高的上面存在区别。因而昙石山组群在接近南亚人种特征的组合上，与颜訚所指仰韶文化族群接近南亚人种的形态内容上不完全相同，或者说昙石山组群比仰韶文化组群有更多的接近南亚人种的性质[61]。

另外一组较为重要的人骨材料是从广东佛山河宕新石器时代晚期墓地中采集到的。人骨保存状态比较差，能粘补复原进行观察和测量的只有 8 具。虽然如此，但其地理位置是目前已发表的新石器时代人骨中所处纬度最低的，因而对其种族特征的了解无疑令人瞩目。据观察这组人骨在形态上仍呈现某些明确的蒙古人种特点，如颧骨比较宽大，颧骨后缘结节比较发达，鼻骨低平，鼻根浅平，眶角圆钝，眶口平面纵轴与眼耳平面组成锐角（即后斜型），犬齿窝浅平，梨状孔下缘形态较多见鼻前窝型，鼻棘小，腭短宽，铲形门齿等。但同时具有长狭颅型，颅高明显大于颅宽，上面低矮，齿槽突颌，短宽的鼻骨，阔鼻型等在南亚和太平洋种族中较常见的特征。而河宕头骨长而狭的颅型，与短而宽颅型的蒙古人种头骨也有区别，与美拉尼西亚人种的长颅特点相近。但另一方面，前述一些可以确认的蒙古人种形态特征，又使河宕头骨同太平洋尼格罗人种（如美拉尼西亚人）的头骨有区别。总之，从纯形态学的视角来看，也可以说河宕头骨与太平洋尼格罗人种头骨之间的相似程度，大于他们同典型蒙古人种头骨的相似程度。因此建议把他们定为蒙古人种特征弱化的南部古代边缘类型[62]。类似的骨骼形态现象实际上也早已出现在晚更新世柳江人头骨化石上。如吴汝康研究柳江人头骨时已指出过，在柳江人化石上一方面存在明显的蒙古人种性质，同时兼有一些与尼格罗-澳大利亚人种相似的特点[63]。因此可以说，分布于中国南方的古代蒙古人种居民与赤道人种相似的性质比北方的古代蒙古人种居民更明显。

零星的人骨出自广东增城金兰寺新石器时代墓葬，报告中仅记述了两具不完整的头骨。据描述，两具头骨的颅骨缝简单，眉弓弱，颧骨缘结节发达，鼻根不凹陷，短齿槽，阔腭，低的鼻棘，齿槽突颌及铲形门齿等蒙古人种特点。梨状孔下缘呈婴儿型，与昙石山组部分头骨接近，也可能是由于混杂了尼格罗-澳大利亚人种成分，或由于例数太少而表现的偶然性[64]。

还有比较重要的广西桂林甑皮岩洞穴遗址采集的人骨，只有 10 具不很完整的头骨。据报告，这些人骨有一些接近南亚人种的性质，但比现代南亚种族有更小的颅指数，较大的面宽和鼻宽等差异，报告还认为这组头骨的测量值与仰韶文化的半坡组比较接近，与大汶口组群的接近程度要小一些[65]。实际上，这个组的颅面形态类型与华南的新石器时代头骨有更多的一致性。

第三节 对居民体质形态类型和种族演变的讨论

从以上对中国旧石器时代晚期特别是对新石器人骨种系特点研究的综述分区介绍中，一个明显的情况是材料分布的不平衡性。有的地区如东北、西南地区还几乎是空白，有的如长江中下游地区和东南沿海地区虽做过某些研究，但拥有的材料仍较单薄。另一个情况是已经报告的若干地点的人骨材料中，可供观察和测量的完整头骨尚嫌不足，是统计学上典型的小数例。而且各地点人骨的时代也早晚不齐甚至相差达几千年。特别是材料取样较少，对各地点人骨组群在形态测量学上的统计均势，与实际情况之间很可能存在距离，因而在使用各种数理方法分析组群之间关系时，难以完全克服某些误导因素。在这样的条件下，要对中国新石器时代人骨的形态资料和种系特点及个地区小人口群之间关系进行系统分析是比较困难的。因此，下边的讨论和分析只能是初步的。

一　旧石器时代人类遗骸形态特点与蒙古人种起源问题

在前述第一节中已经较扼要记述了中国旧石器时代人类化石与蒙古人种起源相关的研究，归纳不同学者的意见，认为在更新世的晚期智人化石上，已经在形态学上存在明显的地方差异。即使在同一洞穴里发现的 3 具山顶洞人头骨上，在总的人种分化性质不特别强烈的情况下，也存在较大的个体多形现象。有些学者将山顶洞人头骨形态更多地与现代华北人种、极区蒙古人种和美洲印第安人种相对比，并且指出山顶洞人头骨都具有明显的蒙古人种特征而归于原始蒙古人种类型[66]。如果这个判断是可以接受的，那么可以说，在这些头骨上已经能够发现太平洋蒙古人种东亚代表或东北亚代表的特点。而在中国华南地区发现的柳江人头骨，尽管不同学者对其种属有某些不同的提法，但一般地都指出了这具头骨的某些类似南亚或赤道热带地区的形态特点。这证明在中国南方的旧石器时代晚期已经存在与华北大致同期的居民有区别的体质类型。因此可以设想，当时在中国境内的所谓原始蒙古人种居群中，至少已出现蒙古人种的两个类型，即在地理上和形态学上向太平洋蒙古人种过渡的东亚类群以及联系蒙古人种和澳大利亚人种的南亚类群。这说明在蒙古人种发展的早期阶段(即所谓原始蒙古人种阶段，也有人称作为形成中的蒙古人种)已经存在多形态的变异。而这种地理的多态变异可能就是后来形成中国境内新石器时代及其后不同蒙古人种类型的主要基础。

考古学中有关中国的所谓中石器时代还很不清楚，可能指称属于这个时期的人骨发现很少。或许从内蒙古扎赉诺尔发现的头骨可能属于这个时期。这个头骨具有明显的低颅性质，它可能与现代北亚的大陆蒙古人种类型接近[67]。也有人把四川资阳人头骨归入中石器时代，并与蒙古人种的南方类型相比，认为具有一些澳大利亚人种特征[68]。尽管对这两个地点的化石时代仍有争议，但可以设想，在中国大陆的旧石器时代晚期到中石器时代，已经出现了蒙古人种的现代各类型的居群。这些居群在现代中国不同地区各族人民中以不同的形式和组成出现。

但是，中国境内蒙古人种的地域多型的发生，显然要追溯到蒙古人种起源问题(参见本章第一节)。从中国乃至亚洲地区的古人类化石的发现和研究来看，向蒙古人种方向的发展很可能进一步追踪到同地区的早期智人甚至更早的直立人时期。如前所述，在中国发现的中更新世末期到晚更新世初期的早期智人化石的体质形态上，除了与西方同期智人的相似特点外，还存在一些与西方同类智人不相同而具有种属发展意义的特点，这些特点同时又和同地域直立人之间存在可以追踪的系统发生关系。如大荔人、金牛山人、许家窑人及南方的马坝人等化石便是这种早期智人的代表，在这些化石上已经有某些向蒙古人种方向演变的性状出现。这种体质形态发展趋势，反映了中国发现的从直立人至早期智人在探索蒙古人种始源问题上有特殊重要的意义，也有利于最初魏敦瑞提出的现代蒙古人种起源于北京周口店直立人类的观点[69]。不过当时魏氏提出这个观点时，还缺乏可将两者连接起来的化石证据。南亚的古人类化石的形态研究，似也证明同地域直立人向现代智人类演化的路线。这和西方学者中曾依据西亚和欧洲的古人类化石提出的现代智人起源的"置换说"(或"替代说")不符。也和近年有学者以现代人线粒体DNA的测定提出现代智人种起源于非洲之说不符。有人称这种现代智人多地域起源说为"连续说"，以与上述的"置换说"相对应。

最近，有些学者根据牙齿人类学的调查，对蒙古人种起源问题提出了一些新的看法。其中，以美国学者透纳(C. G. Turner)为代表。他根据亚洲东部和东南亚人的牙齿形态结构变异的调查(如铲型齿和双铲型齿，臼齿第六尖和三齿根的出现等)，认为在这个广泛区域内，存在两种齿型特征的组合，即南亚的巽他齿型(Sundadonty)和北亚的中国齿型(Sinodanty)，前者整个来说，齿型显得比较简单和不太特化，后者则显得强化和复杂化，是由前者演化而来[70]。这些研究结果，也使一些学者认为南亚的巽他陆地(Sundaland)被看成是亚洲及太平洋人群的扩散中心[71]。换句话说，亚洲北部牙齿形态特化的蒙古人种是由南亚的齿型不特化的人群演变而来。目前，用透纳的理论研究人群之间演变关系者相当热烈，如印第安人的齿型近于中国型，因而支持他们起源于北亚地区[72]；日本绳文人则近巽他齿系，证明与南亚起源有关。西日本弥生人和古坟人则近中国齿系，与绳文人起源不相同等[73]。甚至把这种推演方式运用到旧石器时代人化石上，如指认中国的山顶洞人齿系为中国型的，日本冲绳的港川人是巽他型的[74]。区分齿型的依据主要是对各个特征的群体出现率的统计，若仅以个别旧石器化石人骨的观察进行推测显然是不充分的。然而要最终证明透纳的理论，调查旧石器时代人群的牙齿又是必须的。

二　新石器时代人骨的形态变异与种族特点的讨论

在这里评述这个问题比较困难，主要原因是除了材料代表的地域有很大的局限性。除了每个地点人骨观测的标本在数量上代表的群体性不够外，还有一个原因是不同学者在研究比较方法上的不同而导致不同的种属概念。再就是考古文化的多样性与居民的种属关系问题。就前边记述的中国新石器时代人骨种系研究情况来看，最重要的问题之一是黄河中游的仰韶文化居民种系与黄河下游的大汶口文化居民的种系及两者之间的关系。

如前介绍，颜訚在研究了陕西的半坡、宝鸡、华县的仰韶文化人骨后，最重要的结论是这些遗址的居民与南亚人种接近，由此在有的考古论著中甚至提出仰韶文化居民是从南方迁移来的说法[75]。颜訚的结论曾一度被中外学者沿用，并影响了后人的研究。但随着对中原地区新石器时代人骨研究的增加，对他的研究结果也提出了不同的看法。例如对河南庙底沟二期人骨的研究，一方面指出他们与仰韶文化的人骨在性质上的基本连续，同时又指出他们与颜訚"与南亚人种接近"的结论不同，而是比较接近蒙古人种的东亚(远东)支系[76]。对陕西临潼姜寨一期及横阵人骨的研究，也提出了与东亚支系接近的观点[77]。这就涉及仰韶文化居民或黄河中游新石器时代居群究竟是南亚系的还是东亚系的，或者既有南亚系也有东亚系的，对此本作者曾专文进行过讨论。本文作者首先对仰韶文化5个地点6组(半坡、宝鸡、华县、姜寨一期、姜寨二期、横阵)的人骨测量资料，通过生物统计变量度的估计，指出他们在颅骨形态学和测量特征上表现出的同质性比他们之间的变异性更为明显。因此可将他们归并为一大组进行比较研究。另一方面，仰韶文化各组材料之间、特别是在面部的测量特征上，也存在着某种程度的组间差异，但这些差异的性质还难以从种族体质发展或生态环境适应的角度来说明其类型学的价值。很可能，这些差异只表明是在一个局部地理人群之间的族群内部变异的性质或只具有异形倾向。

对颜誾指称的仰韶文化人骨的南亚人种性质的特征(主要表现在阔鼻倾向和眶形较趋矮)，更合理的解释是在这些头骨上还没有完全失去旧石器时代人类祖先类型的某些古老性，或者属于人种上尚未十分分化的原始性质。而这些特征一般来说，在现代同地区居民的头骨上已经弱化或消失。另一方面，仰韶文化头骨的形态除了上述某些古老特征外，基本上一般地更接近现代蒙古人种的东亚(或远东)类群而不是接近南亚类。从这个意义上，因此把仰韶文化居民的体质类型看成比旧石器晚期的形态更为直接的现代中国人尤其是华北人的原形是可取的[78]。

关于大汶口文化居民的种系和仰韶文化居民之间的关系，如前所述颜誾认为与太平洋岛屿的波利尼西亚人种接近，与仰韶文化居民属于不同的体质类型[79]。也有人认为他们与中国华南人接近[80]。对此，本文作者等曾专文讨论了大汶口文化人骨的种属特点。虽然这个讨论利用了颜誾发表的资料，但采用了更为细密的量化比较的方法，得出了与颜文几乎相反的结论，即大汶口文化居民的头骨与波利尼西亚人种的头骨无论在测量还是形态观察特征上关系都比较疏远；相比之下，与仰韶文化居民的头骨之间有较密切联系。因此提出，地处黄河中、下游的新石器时代居民尽管在其文化内涵和习俗上存在明显区别，但在体质的差异或多形程度上未必超越同质类型的范围[81]。对大汶口、西夏侯、华县、波利尼西亚等组群进行形态距离的比较也表明，不能证实大汶口文化居民与波利尼西亚人同种系而与仰韶文化居民异种系的结论。相反，提出了大汶口文化和仰韶文化居民之间在体质上的关系比他们各自同波利尼西亚人种之间关系更为密切的看法，证明大汶口文化和仰韶文化居民的同质性更强，与波利尼西亚人的异质性更明显[82]。并且，无论大汶口还是仰韶文化居民在性质上与蒙古人种的东亚类更为接近的可能性也更大[83]。而他们之间的组间差异则缺乏明确的方向性，可能只具有同地区组群内变异的性质，而不能把它们扩大为种族类型的区别。因此，有人根据大汶口文化居民头骨形态接近南亚类型特点，推测于公元前4000年末到3000年初，某种南蒙古人种集团沿太平洋沿岸由南向北推进，认为可能向北方迁移的青莲岗文化居民是南岛人(Austranesians)的说法是可疑的[84]。

陈铁梅也采用多变量分析核验了颜誾对大汶口文化居民的种属问题。从陈文用均值聚类方法制作的聚类谱系图和主成分分析的散点分布图来看，都明显分为两个类群，即大汶口文化的组群与仰韶文化的组群为一类，波利尼西亚人种的组群为另一类，而且在这两个类群之间的形态距离也明显很大。为校核这两种方法的可信性，陈文又以颅骨测量的前7项(利用的信息量达到96%)主成分用特征值为权的方法绘制的谱系图，也获得了相同的结果[85]。因此，用多变量统计方法得出的结论与前述的研究结果一样，即大汶口文化居民与仰韶文化居民应该同属蒙古人种的东亚类，他们的头骨形态特征与波利尼西亚人种类型之间存在显著的差异。

需要讨论的另一个问题是黄河中、下游地区新石器时代人种与上游甘青地区史前人种的关系。据步达生的研究，甘肃史前人种与现代华北人有许多相似，因而称这种类型为“原中国人”(proto-Chinese)[86]。但与黄河中、下游的相比，甘肃史前组群的颅形更狭长，面更狭，鼻形也更狭。换句话说，更狭长的中颅型-狭面型-狭鼻型相结合，使甘肃史前组群表现出与现代华北的类型更为接近。对这种形态差异曾有一些不同的说明。例如有的学者认为甘肃史前居民的头骨形态显示比渭河流域史前居民有更低狭的面、更小的突颌、低的眼眶、鼻形更狭、鼻骨突度更大等差异，可能是由于中国西北地区混入了欧洲人种引起的，而这些欧洲人种于公元前 3000 年曾广泛分布在南西伯利亚和中央亚洲，也不排除某种古代印欧人种居民的渗入。有的学者则认为与甘肃史前文化相联系的人类头骨的许多特点，可以用在甘肃地区保存着美洲人种特征来解释，因为这种特征也为现代东藏和喜马拉雅山藏民、汉人和其他中国西部民族的人种类型所代表[88]。这种解释似乎解决了甘肃史前居民的人种属性问题，但是美洲印第安人祖先向美洲大陆迁徙的时间是发生在更新世晚期，两者之间有无可能归于相同的性质，目前尚无专门的论证。还有一种解释是甘肃史前期的头骨之所以比较更接近现代华北人，很可能是这些人骨所代表的实际时代比较晚[89]，或者怀疑在这些材料中混有近代的材料[90]。

但经过对这些材料的调查分析，即便有少量晚近材料的混入，也不会对某些面部的重要测量产生明显的影响。因此，应该承认黄河上游和中、下游之间的形态偏离在新石器时代就已经存在，这也是在黄河流域新石器时代居民中存在形态多形的一个证据。但这种多形的差异并不如现代亚洲蒙古人种不同地域类型(如东亚和北亚、东北亚、南亚类)之间那样明确，而仍然更多地表现出与同地域蒙古人种类型(东亚类)的接近[91]。因而还没有证据证明这种多形化现象源于外来大人种因素的混杂。而且，迄今为止从地下出土的中国古人类学材料中，至少在新石器时代以及更早的地层中，还没有发现可以使人确信的具备明确西方人种特征的人类遗骸。西方人种及文化向东与中原地区的扩张和交流可能是在更晚的时期才发生的[92]。

再一个需要讨论的问题是，颜訚所指仰韶文化的人骨近于南亚支系，以及中国华南一带发现的新石器时代人骨也表现出与南亚类相近的特点，这两者的关系又是怎么样？对此本作者在综合分析了中国南北方的人骨形态资料后指出，两者之间的形态学内涵并不相同，因为在南方新石器时代的头骨上所呈现出来的、与赤道人种相似的性状组合与其北方的同类有相当明显的差异。即后者这种差异在形态学上一般表现为如面部低宽、阔鼻、齿槽突颌及低眶等综合特征，比北方仰韶文化头骨的所谓“南亚人种”特征更为强烈而普遍。而且，这些特征又一般与普遍长狭颅型共同出现。这和仰韶文化头骨以普遍更短化的颅型配合有更高面之间存在明显区别，而且这些区别显然具有比旧石器时代晚期人类北南方向的异形具有更明显的地域性意义。换句话说，这些新石器时代南北种族类型是旧石器时代地域异形的进一步现代地域化，因而具有类型学的意义。但是，中国南方的新石器时代人骨除了表现出某些接近赤道人种或太平洋尼格罗人种的特征外，另一方面仍具有可以感知和测定的某些近于现代蒙古人种的特征。而这种似乎“兼有”两大人种特征的现象，实际上在旧石器晚期华南类型的头骨上已经出现。因此，很可能这时旧石器时代南方蒙古人种体质形态演变过程中出现的多形现象的继续，而不是太平洋尼格罗人种成分曾经在新石器时代便已广泛分布于中国南方大陆的证据[93]。

为了从总体上估计中国新石器时代居民各组之间在体质特征上的量化关系，利用15项颅、面部主要测量特征，对21个出自不同地点的新石器时代各组进行形态的聚类分析，可以指出以下几点。

(1) 从形态距离所示的量化数据来看，中国新石器时代各组之间彼此距离很小的不多，这种情况或许说明，中国不同地区新石器时代居群之间有较宽松的形态变异。

(2) 在形态距离量值4.0以下的聚类谱系图上，大致分为两个亚群即中国西北地区三组(青海柳湾、阳山和宁夏海原)为一亚群，其余黄河中、下游和华南的18个组为另一亚群。

(3) 后一个18组的亚群中，其左侧的11个组(形态距离小于2.5)主要包括了黄河中、下游的组，在这些组中又显示出组间偏离不大的两个更小的次亚群，而且在这两个次亚群中，又都各自包含有黄河中、下游的组。这种现象除非另有原因，便可能提示在黄河中、下游新石器时代居群之间的形态学差异不大而可归于同类种族群。

如将上述21个组的单组间聚类分析合并为以地区族群(分为黄河中游、下游、江淮地区及华南4个地区)进行同样的形态距离的聚类分析，比较明显的感知是无论黄河中、下游还是江淮地区的新石器时代居群之间有比较接近的形态学联系。相反，它们又共同地与华南地区的新石器时代居群之间保持更大的距离。这种现象说明，中国的新石器时代居民之间也已大致存在北、南方向上的形态偏离。

三　新石器时代人骨形态的变异方向

如前述，中国不同地区新石器时代人骨的形态变异趋势是存在区别的。首先较为明显的是南北方向上的不同。归纳起来，在华北地区主要是中颅型与高颅型(Mesocrany-hypsicrany)结合高狭面型(Lepteny)，与现代的蒙古人种东亚类型比较趋近。在华南地区，则一般多长狭颅型与低阔面型及阔鼻型相配合(Dolichoctany-Acroctany, Meso-Euryeny)，与现代南亚蒙古人种类的变异趋近。这种形态学的南北分离趋势，也反映在以数理统计方法估计形态距离的分析上。如用颅面部测量特征进行的聚类分析(Cluster analysis)，中国新石器时代人群也呈现南、北"二分"趋势[94]。大概归纳起来是：

北部类型——据现有的人骨材料，大致分布于黄河流域和长江以北。与南部类群相比，主要是颅形趋短(Mesocrany)，趋高(Hypsicrany)(高颅特点特别强烈)，面型变高变狭(Meso-lepteny)，面部水平方向扁平度有些增大，鼻根突度略有些升高，身高也比南方类群更高。这个类群的变异趋势显然使他们一般地与蒙古人种地域类群的东亚类(远东类)比较一致。

南部类型——材料主要分布于中国南部沿海地区(浙江、福建、广东、广西)。与北方类群相比，一般具有较长化的颅型(Meso-dolichocrany)，偏低矮的面型，其面部扁平度略趋弱化，鼻根突度更为低平，阔鼻性质更为强烈，身高也低一些。这些变异方向使他们比北方的同类更接近分布于热带地区的蒙古人种南亚类。

这种新石器时代骨骼形态学的北、南"分离"趋势，也和现代中国人体质特征的分化趋势基本相符。如选用41组现代中国人头面部软组织非测量特征及测量特征的多元统计分析表明，大致分为长江以北的北部类群和长江以南的南部类群[95]。这种现代中国人南——北分离现象也得到现代中国人血液中Gm因子分析结果的支持[96]。对中国新石器时代和现代居民颅骨测量性状的时代变化和地理变异进行了统计分析，其主要结果是：中国新石器时代和现代人头骨之间在主要测量特征上存在相当明显的时代变化，即头骨有变小的趋势。此外，无论在新石器时代还是现在，北方的居民比南方的居民有更大的上面高、鼻高和眶高。这说明：无论相隔几千年的北方和南方居民都沿着共同的形态演变方向变化，同时保持了原有的地理差异[97]。这种形态变异方向，实际上提出了这样一个问题，即在新石器时代和现代的南北异形，何以保持相类似的形态学内涵？何以从新石器时代到现代保持了原有地域差异的平行变化？一个可能表面的解释是：在这个地区有变化不大、相似的生态环境适应。另一个更深层的原因是，他们可能源于相对稳定的种族环境或生殖隔离，反映了这个地区具有古老的种族演变历史。否则很难用单纯的种族替换假说做解释。实际上，正如已经指出的，中国新石器时代和现代人的北、南方向的形态偏离，至少在同地域的旧石器时代中、晚期的人类化石上就已经存在。而这种形态的偏离最为可能植根于更古老的早期智人乃至直立人时期。

四　新石器时代人骨的形态学研究与中国人起源问题

应该说明，这里所谓中国人起源指的是中国人形质的起源。由于近代概念中的中国人绝大多数是属于蒙古人种系统的居民，因此要研究中国人起源的中心问题之一，就是研究现代智人种的蒙古人种分支是何时和如何出现的。另一个中心问题，就是研究蒙古人种在何时和如何进一步发生地域化而导致能够承认是现代中国人体质的原型。但中国人的概念即便限定为体质人类学的也显得泛化。因为在现代中国人中不仅有蒙古人种成分，也可能参与了非蒙古人种因素，后者显然有不同的种族来源。因此，这里又只限指组成中国人最大量的主体种族的形成，而不包括较晚近渗入的非蒙古人种来源，尽管后者无疑也是现代中国人的组成部分。

关于蒙古人种分支的发生，正如前文已阐述的，其原形已经在中国大陆更新世晚期的古人类化石上体现出来。有学者指称他们为“原始蒙古人种”(Proto-Mongoloid)，或意指蒙古人种在形成之中，因此也称为“形成中的蒙古人种”。又据后来更多智人和直立人化石的发现，某些与现代蒙古人种头骨相类似的形态特征的演化，可以追踪到这个地区的早期智人甚至直立人阶段[99]。从这个意义上，现代中国人形质的来源显然与这种深厚的种族生源有密切关系。

但是，中国人形质的起源，或限指现代中国人主体种族类型的形成大致是在何时何地区发生的？据一般对蒙古人种的地域分类，比较明确的是现代中国人最集中的主体与亚洲蒙古人种的东亚(或远东)类最为接近。而据新石器时代人骨形态学的研究，蒙古人种东亚类的原始性质已经体现在中国的新石器时代人骨上。因为从整体上来讲，无论是在黄河上游还是中游直至下游以及江淮地区的新石器时代人骨，在形态学上已经比较明显地趋近现代的东亚类。从这个意义上讲，把他们的体质类型看成比旧石器时代晚期的类型更为直接的现代中国人，尤其是华北人的原形是可取的[100]。实际上这种新石器时代人骨形态接近现代东亚类的趋势,在同地域青铜时代人骨的形态上表现得更为明显。而且在这一后续时期的人骨上,蒙古人种的地域类群已经明显存在。因此,就现代中国人体质属性的起源而言,至少与蒙古人种东亚类群的形成历史同样古老。有理由推测,这样的人类学特征大约出现于距今18 000—7 000年的旧石器时代晚期到新石器时代的黄河流域。美国学者豪威尔斯(Howells)也有过类似的观点。他在用自己的分析方法比较之后,甚至认为新石器时代的华北居民同现代中国人没有明显区别,因而提议把他们当成"第一批中国人"(First Chinese)。他还指出两者之间的内部变异小,在起源上没有同其北方的群体混合的迹象。相反,他们更可能是由朝鲜人和日本人的共同支干中分出来的一个分支[101]。实际上最早提出类似观点的应该追溯到步达生。他在研究了甘肃、河南的史前人骨后,认为有许多特征和现代华北人的相似,因而提出了他们是"原中国人"(Proto-Chinese)这个词汇[102]。

上述中国人形质的起源主要涉及的地域是地理上的华北或黄河流域。这个地区的古代居民从新石器时代、铜器时代直至近代种族的同质性(Homogeneity)比较明显。此外,还应该讨论中国南方居民种族的起源问题。前面已经指出,现代中国人在体质上大致有南北偏离或"二分"的趋势[103]。据A、B、O血型系统的P、q、r基因频率,Gm系统的单倍型基因分布及B和A组的转铁蛋白浓度等特征的调查,现代华北人与华南人之间确实也存在着差异。即华北人同藏族、东北人、朝鲜人及相当程度上同日本人显示更多的相似性;而华南人则显示出与华南的傣人(Thai)、南亚人(Austroasiatic)和南岛人(Austronesian)以及维达人(Viets)、印度支那人印度尼西亚人和菲律宾人甚至在某种程度上同太平洋的种族的相似性。中国的这种南北人种分界现象(沿黄河——长江分水岭),也大致和大陆动物带(Holavctic)与印度-马来动物地理区划相符合。这种巧合可能不是偶然的,最可能的解释是在华北和华南的人群之间具有很古老的形态—生理差异的起源[104]。显然,这种南北形态生理分离的根源,无疑可以追溯到中国南北新石器时代、甚至旧石器时代晚期的人类学资料中,特别是在华南的新石器时代人骨形态上表现得很明显[105]。据此设想,所谓中国人的起源还应该包括接近南亚型的新石器时代原形。他们虽然在形质的来源上具有各自古老的原形,但他们代表了中国大陆最主要人口的种族来源和组成。遗憾的是目前有关中国南方的早期人类学材料特别是新石器时代早期的发现和研究还很少。

第四节　新石器时代人骨的特异现象

新石器时代人骨上发现的几种特异习俗在中国新石器时代居民中可能存在与信仰等有关的各种风俗习惯,其中有些可能成为氏族社会的例行行为。它们大都已消失在历史的长河之中,一部分尚能根据考古发掘遗迹现象进行复原,或根据现代民族学和文献资料的记载进行推演。但也有某些直接的证据被幸运地保存下来。如果实施这种风俗的文化行为影响到人体骨器官,只要考古发掘者在清理人骨架时细心注意,并不难获得这样直接的证据。

从清理新石器时代人骨中发现了一些特异现象，如生前拔牙、脑颅改形及口颊含石球引起的颊齿异常磨蚀等。值得注意的是，这几种异常现象的地理和文化的分布，都发现在相同或相近的文化分布带，特别集中在中国东部大汶口文化分布地区，其次则深入到内陆的汉水流域和东南沿海地区的一些新石器时代居民中。其中，以拔牙证据的报告较多，对山东泰安大汶口、曲阜西夏侯新石器时代墓地人骨的拔牙观察最早，以后陆续在其他许多地点有新的拔牙资料发现，并对这些资料进行了初步的综合研究。脑颅变形资料也是在大汶口居民的头骨上辨认出来的[106]。颊齿异常磨蚀材料则首先是在山东王因和苏北大墩子人骨上指认出来的[107]。

一　缺齿与拔牙

缺齿的原因可能是多种多样的，如齿病脱落、偶然碰伤脱落、先天缺齿等。但如果发现某些特定齿种普遍缺少，则可能就是人为拔牙了。目前发现有拔牙现象的新石器时代遗址分布相当广泛，以山东、苏北一带最具普遍性。如山东泰安大汶口、曲阜西夏侯、胶县三里河以及江苏邳县大墩子等。此外在长江下游的常州圩墩、上海崧泽，闽江流域福建闽侯县石山。珠江三角洲的广东佛山河宕和增城金兰寺，汉水流域的河南淅川下王岗、湖北房县七里河，以及安徽亳县富庄等新石器时代遗址中也有发现。从时代上来讲，中国拔牙风习的出现可上溯到近 7 000 年前的新石器时代。流传的范围包括黄河下游、长江中、下游和珠江下游，涉及大汶口、屈家岭、马家浜、良渚等文化和华南的一些新石器时代晚期文化分布地区。因此，拔牙风习在历史上无疑是今日中华民族祖先的一部分曾经施行过的一种古老风俗。据目前的资料，拔牙风俗最早可追踪到大汶口文化的早期居民或更早的北辛文化居民中，而且在大汶口文化分布地带的发现最为集中。因此其发生地大致在今黄河下游和长江中、下游之间的山东、苏北的大汶口文化分布的地区。以后可能向西南方向流传到江汉地区的屈家岭文化居民，并一直残留到近代云、贵、川地区的某些少数民族中（如僚、仡佬族）。向南经浙、闽、粤沿海地区流传到珠江流域，并可能在不晚于早商时期由大陆沿海传入澎湖、台湾海岛地区[108]。

对新石器时代考古遗址拔牙材料的调查表明，最早也最普遍的拔牙齿种是同时拔除一对上颌侧门齿（第二切齿 $2I^2$ 型），其他齿种的拔除很少。如常州圩墩的新石器时代居民盛行拔除或左或右的上第一和第二门齿（$I^1 I^2$ 型）。还可以举出其他可能成型的拔牙形式，如 $2I^2 \cdot 2C^1$ 型，但其普遍程度都不及 $2I^2$ 型。拔除齿种的组合范围除个别遗址和个别例子外，一般都严格限定在上颌前部齿种（门齿和犬齿）。据对许多遗址拔牙年龄的调查，施行拔牙的年龄在 14—15 岁左右的性成熟期。因此，推测拔牙风俗最初兴起的意义，大概与性成熟或个体发育进入成年时的某种风习（如取得成婚资格或成丁资格）有关。这种风俗也可能是在摆脱血亲婚配的性关系向族外婚配的转变中产生的[108]。

从中国考古遗址中发现的拔牙材料还在不断增加，拔牙的形式也呈现出越来越复杂的趋势。例如，从安徽亳县富庄新石器时代人骨上所记录的至少有 4 种不同组合的拔牙形式，即一种是上下 8 个门齿全部拔除（$2I^1 \cdot 2I^2/2I_1^1 \cdot 2I_2$ 型），也是最多的一种；另一种是只拔除一对上侧门齿（$2I^2$ 型）；第三种是拔除上颌全部 4 个门齿和 2 个犬齿（$2I^1 \cdot 2I^2 \cdot 2C^1$ 型）；第四种是拔除全部上门齿和犬齿外，还加拔一对下侧门齿（$2I^1 \cdot 2I^2 \cdot 2C^1/2I_2$）。

这样多样化的拔牙形式是富庄新石器时代居民拔牙风俗的一个特点，尤其盛行拔下牙的风气，这在中国已发现的资料中还是很少见的[109]。从文化内涵来讲，富庄遗址具有大汶口文化的特点，从地理位置来讲，正好处在山东大汶口文化繁荣地区和汉水流域新石器时代遗址之间的过渡地带。富庄的这种多变拔牙形态可能具有晚期衍生的性质，不同的拔除形式是否有不同的含义，仍需要进一步的调查研究。

二 头骨枕部畸形

非病理的人为因素使头部有意改变形状也是一种古老的风俗。据说这种使头部改形的证据，早在中国旧石器时代晚期人的头骨上就已发现，如北京周口店山顶洞人 102 号女性头骨上可能存在幼年缠头造成的变形[110]。在可能属中石器时代的内蒙古扎赉诺尔人头骨上也被指出过类似的变形[111]。在吉林前郭县采集到的一具新石器时代头骨上也发现过所谓的环形畸形[112]。但这些证据都还是孤证，是否出自普遍的风俗习惯还有待更多的证据。在这里记述的是在时代和地理分布上与拔牙风俗平行、分布于中国东部新石器时代居民中比较普遍的脑颅枕部畸形现象。据现在的发现，这种畸形仅限于使后枕部明显变平(俗称“扁头”)，其后果是导致颅的高度比自然生长的明显升高，颅的宽度也明显增宽。造成这种畸形的原因可能是使幼儿长时间枕卧于硬的枕物，或在额、枕部用夹板紧缠造成的[113]。也是现已发现的变形颅风俗中，形态改变比较简单的一种类型。这样的畸形颅在山东—苏北一带的大汶口文化分布的地区比较普遍，如山东泰安大汶口、兖州王因、曲阜西夏侯、胶县三里河、诸城呈子、邹县野店及江苏邳县大墩子，还见于常州圩墩等遗址[114]。据称，出自河南淅川下王岗新石器时代的个别头骨上也发现有类似的畸形[115]。在远至广东增城金兰寺的一具新石器时代的头骨上，也有这类枕部变形现象。有趣的是，在这个地点也出现了拔去一对上侧门齿的风习[116]。

有学者曾对泰安和曲阜大汶口文化居民的畸形颅做过较详细的观察和测量比较，认为大汶口文化居民头骨的畸形与正常组相比，额部基本未受影响。造成畸形的受压区主要在后枕部，也可能上延到人字缝区或比此更高一些。因此属于畸形颅分类中的枕型。这是所有畸形颅中比较简单的一种，可能是无意，也可能是有意造成[117]。但不难发现的是，这些头骨中有相当的个体的枕部畸形表现出左右不对称现象。这也可能说明，导致大汶口文化居民枕部畸形因素的某种随意性，未必是为了诸如美观之类的因素而使用了一定的技术或某种器械有意改变头部生长的方向，更可能是由于某种特别的生活习惯(如长时间使幼儿头部固定在较硬的枕物上)所引起的无意变形。

三 口颊含球

这种情况目前只在大汶口文化一部分居民的骨骼上有所发现[118]。一般来说，咀嚼磨蚀主要发生在齿冠咬合面上。但在邳县大墩子新石器时代的一件上下颌上，发现在其颊齿的颊侧存在显著的弧形磨蚀面。再后在兖州王因新石器时代的 1 具人骨的口颊近处发现有石英岩制的小型石球，同时还观察到这具人骨的颊齿齿冠外侧存在有磨蚀面。这说明这种异常位置的磨蚀是出自高硬度的石球摩擦。在随后的调查中也证实这类小石球出土的位置大多在口颊附近、而只有少数位置有所移动。由此推测，这些磨蚀面是由于口颊中的石球长时间与臼齿外侧接触摩擦形成。摩擦严重地影响到齿根和齿槽骨部分,甚至颊齿齿列(主要在第一、二臼齿)被挤向舌侧,齿槽骨萎缩,直至引起严重齿病而导致牙齿脱落。由于不同个体在口颊中含球时间长短不同,留下的颊齿外侧磨蚀痕迹的显著程度也不同。含球时间短促的则不一定留下明显的摩擦痕迹,因而这种习俗的实际存在率难以统计。球以石质的多(主要是硬度很高的石英岩),也发现个别陶质球。球的直径约1.5—2.0厘米不等。有此种习俗的个体在其左右两边的臼齿颊面上往往同时存在磨蚀面,但只发现过1枚石球,可以想见石球是经常在口腔里左右转动。但在大多数留有石球磨蚀痕迹个体的墓葬中,没有发现石球随葬,因此估计石球和埋葬习俗之间没有必然的联系。从王因大汶口文化早期墓葬的情况来看,这种习俗多数与女性个体伴随。何时出现这种含球习俗还不清楚。从王因遗址的现场发掘了解到,含球者年龄最小的只有6岁左右,这可能暗示始于幼年。这种习俗出现的概率未能确切统计,但从墓葬出土石球(或陶球)的数量大大少于死者的个体数来判断,实际持有此风俗的个体只占很小的比例[118]。这与普遍的拔牙风俗似有不同。目前发现有此习俗的遗址有山东王因、野店和苏北大墩子等,实际的分布范围是否更大仍有待调查。也有人认为这种习俗与幼童换牙时期须口含硬物以巩固牙床有关,并推测记载中古人含珠、含玉之类的葬俗就是新石器时代这种含球风俗的遗风[119]。总之,目前对此种风俗的缘起还提不出合理的解释,它更可能是在史前时期就逐渐失传了的一种风习。

值得注意的是以上三种从骨骼鉴定辨别出来的风俗,在出现的时间、文化性质及其地理分布方面,都明显存在平行或共生的关系,有时就在同一个体的头骨上可以发现这一组习俗共存。详细占有这些古代居民的民俗资料,对了解中国东南部史前居民的起源或迁徙交往是很有意义的。与此相对,在仰韶文化分布的古代居民中还未发现任何这方面的资料。

第五节　新石器时代人口中的性别结构和死亡年龄分布

从新石器时代遗址中出土人骨的鉴定,可以得到研究这个时期古人口学问题的重要资料。例如对人骨的性别、年龄个体认定,可以对新石器时代墓地人口的性别构成、死亡年龄分布和大致的平均寿命等做出估计。这些都属于古人口学中的重要问题,并可以从一个侧面了解新石器时代居民的生活状况。目前,中国古人口学的研究还主要限于简单的性别、年龄的统计调查,这样的资料主要散落在单个墓地的人骨研究报告中,而其中的一部分人骨个体数究其性质仅属统计学的小数例,不能代表这个墓地的人口群。以此作出的判断可信度不高。表1中,列出了24个新石器时代墓地人口的死亡年龄分布情况和大致的性别构成,它们大致代表黄河上游(青海柳湾和阳山、宁夏海原3组)、中游(陕西龙岗寺、何家湾、姜寨、元君庙、白家及河南庙底沟二期6组)、下游(山东王因、西夏侯、大汶口、广饶、三里河、呈子、陵阳河和江苏大墩子8组)和大致的黄淮江淮地区(河南下王岗、湖北雕龙碑、安徽尉迟寺、江苏龙虬庄和三星村5组)、华南地区(浙江河姆渡、广东河宕2组),

表 1　中国新石器时代至铁器时代遗址人口

时代	区域	地点 \ 性别 / 年龄期	男性								
			未成年	青年	壮年	中年	老年	成年	合计	未成年	青年
新石器时代	黄河上游	青海柳湾（半山、马厂、齐家）	4 (2.5)	9 (5.6)	45 (28.0)	67 (41.6)	19 (11.8)	17 (10.6)	161	2 (1.8)	18 (16.4)
		青海阳山（半山、马厂）	2 (3.3)	11 (18.0)	13 (21.3)	19 (31.1)	11 (18.0)	5 (8.2)	61	6 (9.7)	1 (1.6)
		宁夏海原	1 (2.7)	11 (29.7)	8 (21.6)	13 (35.1)	0 (0.0)	4 (10.8)	37	0 (0.0)	2 (25.0)
		合　计	7 (2.7)	31 (12.0)	66 (25.5)	99 (38.2)	30 (11.6)	26 (10.0)	259	8 (4.4)	21 (11.7)
	黄河中游	陕西龙岗寺（半坡）	1 (1.1)	10 (11.1)	34 (37.8)	35 (38.9)	2 (2.2)	8 (8.9)	90	1 (2.1)	8 (17.0)
		陕西何家湾（半坡）	0 (0.0)	3 (8.8)	10 (29.4)	17 (50.0)	0 (0.0)	4 (11.8)	34	0 (0.0)	0 (0.0)
		陕西姜寨（一、二期）	0 (0.0)	0 (0.0)	8 (42.1)	10 (52.6)	1 (5.3)	0 (0.0)	19	0 (0.0)	8 (42.1)
		陕西华县	0 (0.0)	2 (9.1)	12 (54.5)	8 (36.4)	0 (0.0)	0 (0.0)	22	0 (0.0)	0 (0.0)
		陕西白家	0 (0.0)	1 (6.3)	1 (6.3)	8 (50.0)	2 (12.5)	4 (25.0)	16	0 (0.0)	0 (20.0)
		河南庙底沟（二期）	0 (0.0)	0 (0.0)	5 (18.5)	20 (74.1)	2 (7.4)	0 (0.0)	27	0 (0.0)	0 (0.0)
		合　计	1 (0.5)	16 (7.7)	70 (33.7)	98 (47.1)	7 (3.4)	16 (7.7)	208	1 (1.0)	18 (17.5)
	黄河下游	山东王因（大汶口）	14 (2.2)	47 (7.2)	208 (32.0)	225 (34.6)	11 (1.7)	146 (22.4)	651	8 (2.8)	42 (14.6)
		山东西夏侯（大汶口）	0 (0.0)	1 (9.1)	3 (27.3)	7 (63.6)	0 (0.0)	0 (0.0)	11	1 (10.0)	1 (10.0)
		山东大汶口	0 (0.0)	4 (11.4)	10 (28.6)	16 (45.7)	1 (2.9)	4 (11.4)	35	0 (0.0)	5 (22.7)
		山东广饶（付家、五村）	1 (1.3)	23 (21.5)	20 (25.6)	7 (9.0)	0 (0.0)	27 (39.6)	78	2 (3.1)	18 (28.1)
		山东三里河（大汶口、龙山）	1 (1.2)	9 (10.6)	32 (37.6)	26 (30.6)	13 (15.3)	4 (4.7)	85	1 (1.3)	4 (5.3)
		山东呈子（大汶口、龙山）	1 (2.9)	3 (8.8)	10 (29.4)	19 (55.9)	0 (0.0)	1 (2.9)	34	0 (0.0)	2 (11.8)
		山东陵阳河（大汶口）	0 (0.0)	2 (9.1)	4 (18.2)	8 (36.4)	0 (0.0)	8 (36.4)	22	0 (0.0)	1 (25.0)
		江苏大墩子	0 (0.0)	8 (7.5)	32 (29.9)	53 (49.5)	14 (13.1)	0 (0.0)	107	0 (0.0)	13 (16.0)
		合　计	17 (1.7)	97 (9.5)	319 (31.2)	361 (35.3)	39 (3.8)	190 (18.6)	1 023	12 (2.1)	86 (15.3)

死亡年龄分布与频率

女性					性别不明							总计
壮年	中年	老年	成年	合计	未成年	青年	壮年	中年	老年	成年	合计	
24 (21.8)	39 (35.5)	11 (10.0)	16 (14.5)	110	33	7	6	10	2	6	64	335
16 (25.8)	26 (41.9)	13 (21.0)	0 (0.0)	62	29	3	1	0	3	0	36	159
2 (25.0)	3 (37.5)	0 (0.0)	1 (12.5)	8	8	1	0	0	0	2	11	56
42 (23.3)	68 (37.8)	24 (13.3)	17 (9.4)	180	70	11	7	10	5	8	111	550
24 (51.1)	7 (14.9)	0 (0.0)	7 (14.9)	47	21	8	29	23	3	17	101	238
3 (25.0)	7 (58.3)	0 (0.0)	2 (16.7)	12	11	4	4	16	0	4	39	85
6 (31.6)	5 (26.3)	0 (0.0)	0 (0.0)	19	0	0	0	0	0	0	0	38
3 (75.0)	1 (25.0)	0 (0.0)	0 (0.0)	4	0	0	0	0	0	0	0	26
4 (40.0)	2 (20.0)	1 (10.0)	1 (10.0)	10	6	0	0	0	0	3	9	35
3 (27.3)	8 (72.7)	0 (0.0)	0 (0.0)	11	0	0	0	0	0	0	0	38
43 (41.7)	30 (29.1)	1 (1.0)	10 (9.7)	103	38	12	33	39	3	24	149	460
89 (30.9)	88 (30.6)	9 (3.1)	52 (18.1)	288	56	14	10	4	0	38	122	1 061
5 (50.0)	3 (30.0)	0 (0.0)	0 (0.0)	10	4	0	0	0	0	0	4	25
8 (36.4)	8 (36.4)	1 (4.5)	0 (0.0)	22	6	0	0	0	0	5	11	68
25 (39.1)	8 (12.5)	0 (0.0)	11 (17.2)	64	48	15	4	2	0	37	106	248
27 (35.5)	29 (38.2)	14 (18.4)	1 (1.3)	76	12	0	0	0	0	0	12	173
6 (35.3)	7 (41.2)	0 (0.0)	2 (11.8)	17	1	0	0	0	0	0	1	52
1 (25.0)	0 (0.0)	1 (25.0)	1 (25.0)	4	0	0	0	0	1	3	4	30
21 (25.9)	24 (29.6)	23 (28.4)	0 (0.0)	81	0	0	0	0	0	0	0	188
182 (32.4)	167 (29.7)	48 (8.5)	67 (11.9)	562	133	29	12	6	1	83	264	1 849

时代	区域	地点 \ 年龄期 \ 性别	男性								
			未成年	青年	壮年	中年	老年	成年	合计	未成年	青年
新石器时代	黄河上游	河南下王岗	0 (0.0)	16 (7.7)	60 (29.0)	90 (43.5)	41 (19.8)	0 (0.0)	207	0 (0.0)	26 (32.9)
		湖北雕龙碑	2 (6.7)	9 (30.0)	8 (26.7)	4 (13.3)	0 (0.0)	7 (23.3)	30	0 (0.0)	2 (16.7)
		安徽尉迟寺	3 (6.5)	7 (15.2)	15 (32.6)	14 (30.4)	0 (0.0)	7 (15.2)	46	0 (0.0)	5 (29.4)
		江苏龙虬庄	4 (2.2)	57 (31.8)	56 (31.3)	16 (8.9)	1 (0.6)	45 (25.1)	179	2 (2.1)	28 (29.5)
		江苏三星村	12 (6.2)	30 (15.4)	56 (28.7)	53 (27.2)	5 (2.6)	39 (20.0)	195	8 (8.2)	23 (23.5)
		合计	21 (3.2)	119 (18.1)	195 (29.7)	177 (26.9)	47 (7.2)	98 (14.9)	657	10 (3.3)	84 (27.9)
	华南地区	浙江河姆渡	0 (0.0)	1 (5.3)	8 (42.1)	6 (31.6)	0 (0.0)	4 (21.1)	19	0 (0.0)	2 (5.4)
		广东河宕	3 (50.0)	0 (0.0)	2 (33.3)	1 (16.7)	0 (0.0)	0 (0.0)	6	3 (75.0)	0 (0.0)
		合计	3 (12.0)	1 (4.0)	10 (40.0)	7 (28.0)	0 (0.0)	4 (16.0)	25	3 (7.3)	2 (4.9)
		总计	49 (2.3)	264 (12.2)	660 (30.4)	742 (34.2)	123 (5.7)	334 (15.4)	2 172	34 (2.9)	211 (17.8)

时代	地点 \ 年龄期 \ 性别	男性								
		未成年	青年	壮年	中年	老年	成年	合计	未成年	青年
青铜时代与铁器时代	安阳殷墟	4 (4.2)	17 (18.0)	28 (29.4)	35 (37.0)	7 (7.4)	4 (4.2)	95	2 (4.7)	13 (30.2)
	山西上马	5 (0.9)	43 (7.9)	91 (16.6)	330 (60.2)	72 (13.1)	7 (1.3)	548	6 (1.2)	104 (21.4)
	内蒙古大甸子	52 (17.5)	59 (19.6)	74 (27.9)	85 (28.6)	21 (7.1)	6 (2.0)	297	39 (13.6)	67 (23.4)
	黑龙江平洋	4 (3.0)	19 (14.1)	18 (13.3)	62 (45.9)	3 (2.2)	29 (21.5)	135	6 (5.9)	34 (33.3)
	山东临淄	8 (3.0)	32 (12.0)	51 (19.0)	84 (31.5)	8 (3.0)	84 (31.5)	267	3 (2.3)	31 (23.7)
	甘肃火烧沟	10 (8.4)	24 (20.2)	30 (25.2)	42 (35.3)	6 (5.0)	7 (5.9)	119	6 (5.6)	25 (23.4)
	青海上孙家	17 (7.9)	28 (13.1)	72 (33.6)	78 (36.4)	9 (4.2)	10 (4.7)	214	10 (4.8)	40 (19.2)
	总计	100 (6.0)	222 (13.3)	364 (21.7)	716 (42.7)	126 (7.5)	147 (8.8)	1 675	72 (5.3)	314 (23.0)

续 表

女性					性别不明							总计
壮年	中年	老年	成年	合计	未成年	青年	壮年	中年	老年	成年	合计	
23 (29.1)	22 (27.8)	8 (10.1)	0 (0.0)	79	0	0	0	0	0	0	0	286
4 (33.3)	3 (25.0)	0 (0.0)	3 (25.0)	12	38	0	1	0	0	9	48	90
7 (41.2)	3 (17.6)	0 (0.0)	2 (11.8)	17	76	1	0	1	0	4	82	145
28 (29.5)	8 (8.4)	5 (5.3)	24 (35.5)	95	20	12	3	4	3	7	49	323
26 (26.5)	16 (16.3)	8 (8.2)	17 (17.3)	98	55	14	2	0	1	21	83	376
88 (29.2)	52 (17.3)	21 (7.0)	46 (15.3)	301	185	17	6	5	4	41	258	1 216
7 (18.9)	13 (35.1)	12 (32.4)	3 (8.1)	37	10	0	0	0	0	1	11	67
1 (25.0)	0 (0.0)	0 (0.0)	0 (0.0)	4	2	0	0	0	0	0	12	12
8 (19.5)	13 (31.7)	12 (29.3)	3 (7.3)	41	12	0	0	0	0	1	13	79
363 (30.6)	330 (27.8)	106 (8.9)	143 (12.0)	1 118	436	69	60	60	13	152	795	4 154

女性					性别不明							总计
壮年	中年	老年	成年	合计	未成年	青年	壮年	中年	老年	成年	合计	
16 (37.2)	11 (25.6)	0 (0.0)	1 (2.3)	43	16	5	9	3	0	1	34	172
125 (25.9)	193 (39.7)	51 (10.5)	7 (1.4)	486	13	4	0	2	2	4	25	1 059
65 (22.7)	74 (28.9)	35 (12.2)	6 (2.0)	286	72	2	0	4	0	0	78	661
10 (9.8)	30 (29.4)	7 (6.9)	15 (14.7)	102	44	0	0	2	0	6	52	289
23 (17.6)	34 (26.0)	3 (2.3)	37 (28.2)	131	7	10	3	6	0	12	38	436
35 (32.7)	27 (25.2)	7 (6.5)	7 (6.5)	107	27	1	2	1	0	0	31	257
73 (35.1)	57 (27.4)	15 (7.2)	13 (6.3)	208	29	0	0	0	0	4	33	455
347 (25.5)	426 (31.3)	118 (8.7)	86 (6.3)	1 303	208	22	14	18	2	27	291	3 329

并可作某种地区比较。但由于主、客观的原因，一个完整墓地人口的实际年龄构成及性别比例，与人骨鉴定报告所示之间无疑存在程度不等的距离。例如：许多墓地人骨鉴定数只代表该墓地的一小部分人口而不是全墓地人口；即便一个较完整的墓地人口，由于各种原因（如男女两性或不同年龄等级个体，不一定按实际概率被埋葬；人骨保存或采集的不同都影响鉴定结果；不同鉴定者掌握人骨鉴定标准的熟练程度不同等），在鉴定结果与实际情况之间也会造成差距。从这个角度讲，表中所示各墓地的人口性别与年龄分布的统计数字，在某种程度上只能是示意性的。从人口统计学的要求来说，也只能假定这些墓地的死者在某个时间同时死亡，而实际上一个墓地的人口是相继死亡的、他们的死亡往往持续了很长时间、可能是几百年甚至上千年。即便如此，从表中的数字统计仍可指出中国新石器时代人口构成中某些重要现象。如中国新石器时代人口死亡年龄的高峰期大致在24—56岁之间的壮年—中年期，而中年期死亡的比例又高一些（这可能是统计中的中年期年龄跨度更大之故）。相反，进入老年期的比例很小，与现代人老年期高死亡率的情况形成明显的反差。这反映了史前时期居民的低寿命，而且不论是在黄河上、中、下游还是江淮地区，这种低寿命现象都是共同的。因此，从某种意义上讲史前人类在人口压力下，从狩猎的自然经济向农耕经济转变以寻求食物条件的改善，也并没有导致人的寿命大幅度提高。有学者指出，在农耕文化开始阶段广阔的地区范围内，死亡率上升且死亡年龄也降低[120]。有迹象表明，这种状况甚至进入更晚的历史时期也未得到根本的改变。直至近代，人类的寿命才大幅度提高。显然，人的寿命除了遗传因素外，与生活和劳作条件的改善、食物质量的提高及食物结构的变化，以及医疗卫生状况的改善等综合因素密切相关。

另一个可指出的现象是女性在青年期死亡的比例比同期男性的高。这种现象在上述不同地区的人口中也基本上是相同的。这或许与史前时期原始的分娩条件容易感染妇女病及难产等致死因素有关。

值得注意的是新石器时代墓地人口中，未成年个体所占的比例明显偏高（12.5%），而且还是在幼儿个体骨骼比成年骨骼保存更差、更难采集的情况下出现的。对于未成年的高死亡率，有的学者偏爱用溺婴风俗来解释[121]。但未成年特别是幼儿的高死亡率，并非用单一的风俗习惯来说明。事实上，原始民族儿童死亡率高的真正原因通常除被遗弃外，更多的情况是与整个生活环境艰辛、母亲难于精心照顾以及饮食不周等诸种因素，导致幼儿体质虚弱更容易染上疾病有关[122]。

应该考虑，实际未成年个体死亡比例要比表2中所列的平均比例高。这可从湖北雕龙碑和安徽尉迟寺两处墓地人口中未成年个体所占比例之高得到暗示。如雕龙碑墓地未成年个体占44.4%，尉迟寺则更高竟达54.5%。这样的未成年死亡比例显然与这两处遗址中盛行瓮棺葬有关[123]。新石器时代广大地区死亡儿童普遍采用瓮棺埋葬，相对更能保存和采集到未成年、特别是幼儿的骨质。但在不实行瓮棺葬的墓地中，即便有幼儿埋葬却可能由于其骨质比成年人更易朽碎而难以保存。从表3所示，这两个墓地未成年个体死亡年龄段来看，其共同现象为：一个刚出生不久的幼婴（如小于半岁）占了相当的比例，二是大多数死于6岁以前，三是6岁以后死亡率减小。这种情况若与现代人相比，新石器时代低龄的幼儿死亡率高，而现代人的低龄幼儿死亡率低。

表 2　新石器至铁器时代墓地人骨中的未成年个体比例

墓地＼未成年数	未成年数	鉴定个体总数	未成年占比例(%)	墓地＼未成年数	未成年数	鉴定个体总数	未成年占比例(%)
青海柳湾	39	335	11.6	湖北雕龙碑	40	90	44.4
青海阳山	37	159	23.3	安徽尉迟寺	79	145	54.4
宁夏海原	9	56	16.1	江苏龙虬庄	26	323	8.0
陕西龙岗寺	23	238	9.7	江苏三星村	75	376	19.9
陕西何家湾	11	85	12.9	安阳殷墟	22	172	12.8
山东王因	78	1 061	7.4	山西侯马上马	24	1 059	2.3
山东大汶口	6	68	8.8	内蒙古大甸子	163	661	24.7
山东广饶	51	248	20.6	黑龙江平洋	54	289	18.7
山东三里河	14	173	8.1	山东临淄	18	436	4.1
山东呈子	2	52	3.8	甘肃火烧沟	43	257	16.7
江苏大墩子	0	188	0.0	青海上孙家	56	455	12.3
河南下王岗	0	286	0.0				

表 3　雕龙碑、尉迟寺遗址未成年死亡年龄分布

未成年年龄期(岁)		<0.5	0.5—3.0	3.0—6.0	6.0—12.0	12.6—14.0	只明未成年	合　计
湖北雕龙碑	例数	11	8	13	3	2	3	40*
		29.7	21.6	35.1	3.0	5.4	—	
安徽尉迟寺	例数	25	33	13	7	1	—	79
		31.6	41.8	16.5	8.9	1.3	—	

说明：* 在计算百分比时，雕龙碑中 3 个“只明未成年”个体未计入。

中国新石器时代各墓地的人骨性别比例情况列于表 4 中。一般来说，根据现代人类社会人口的许多统计资料表明，男女性别比例接近 1∶1，即男女个体接近相等。这是由人类生理遗传机制决定的，因为人类的生殖细胞是由身体细胞减数分裂、保持男性 X 精子与 Y 精子数严格相等，在自然受精过程中，这两种精子被卵子接受的机会大致相等。但是从表中对各地墓地人口的统计来看，一个直观的感觉是：除了少数遗址的性别结构接近 1∶1 外，大多数表现出男性明显多于女性，有些遗址的这种性别不平衡显得特别强烈。但这种由人骨鉴定得到的性别比例是否能真实反映该墓地的实际的性别人口结构呢？因为在死者被埋葬、遗骸被保存和对人骨作性别判定的过程中，都有发生性比歧变的可能。这包括：某个原始氏族或部落的人们死后，男女两性被埋葬在同一墓地中的机会是否相等？在死者被掩埋的几千年时间里，他们的尸骨是否被同等地保存了下来？在保存下来的氏族墓地人骨中，被选来做人骨性别判定的骨性标准是否客观公平？陈铁梅曾专文分析过上述问题。他认为：在原始时期从事艰苦的野外劳作下，新石器时代的女性骨骼比现代女性更为粗壮，因而把新石器时代女性骨骼鉴定为男性的可能性更大。此外，由于骨骼的化学组成和物理性质随年龄而有变化。青年个体的骨骼中钙含量低，在地层

表 4　新石器至铁器时代墓地人骨的性别比例

墓地＼性别	男性和可能男性	女性和可能女性	性别未明	男女个体比例
青海柳湾	161	110	64	1.46
青海阳山	61	62	36	0.98
宁夏海原	37	8	11	4.63
陕西龙岗寺	90	47	101	1.91
陕西何家湾	34	12	39	2.83
山东西夏侯	11	10	4	1.10
山东大汶口	35	22	11	1.59
山东广饶(付家、五村)	78	64	106	1.22
山东三里河(大汶口、龙山)	85	76	12	1.12
山东呈子(大汶口、龙山)	34	17	1	2.00
山东陵阳河(大汶口)	22	4	4	5.50
江苏大墩子	107	81	0	1.32
河南下王岗	207	79	0	2.62
湖北雕龙碑	30	12	48	2.50
安徽尉迟寺	46	17	82	2.71
江苏龙虬庄	179	95	49	1.88
陕西姜寨(一、二期)	19	19	0	1.00
陕西华县	22	4	0	5.50
陕西白家	16	10	9	1.60
河南庙底沟(二期)	27	11	0	2.45
山东王因	651	288	122	2.26
江苏三星村	195	98	83	1.99
浙江河姆渡	19	37	11	0.51
广东河宕	6	4	2	1.50
安阳殷墟	95	43	34	2.21
山西上马	548	486	25	1.13
内蒙古大甸子	297	286	78	1.04
黑龙江平洋	135	102	52	1.32
山东临淄	267	131	38	2.04
甘肃火烧沟	119	107	31	1.11
青海上孙家	214	208	33	1.03

中的保存情况不如其后年龄段的骨骼。而人骨死亡的年龄分布表明，新石器时代女性在青年期的死亡率明显高于同年龄段的男性。这种情况似乎也促使男性尸骨比女性更易保存至今。这个因素也与新石器时代墓地中男性人骨明显偏多有一定关系。另外，二次葬习俗的施行也可以引起男性数量的明显增高。因此，不能把墓地人骨性别比例鉴定结果与该墓地原始人口的实际性别构成简单地等同起来。但在统计分析的基础上，仍然可以认为至少在中国中原地区成年人口的性别比例上，存在某种男多于女的异常。对这种现象的解释倾向于存在溺女婴的习俗，以控制人口过速增长。

对于上述解释，还需要从人骨鉴定本身作更多地考虑。即使是骨骼鉴定的专业学者，在实际的鉴定操作过程中，由于人骨大多保存不好、常常是残破不堪，缺失可供性别估计的关键部位，还有骨骼上的性别特征在不同年龄、不同部位的骨骼上所发育的程度不同等原因，也容易产生某种系统误差。例如，对未成年、特别是幼年个体，表现比较粗大的常估计为男性，而对那些表现不极端的常不予定性，这就导致了在性别鉴定的统计中增大了男性的比例。对于一些接近成年的个体也有类似的处理，因为这部分个体的性别标志也大都不特别强烈。如果在只有肢骨做性别鉴定的主要依据时，常常会把那些粗、长的归入男性，而把那些较纤细的常做不明性别的成年个体处理。这样，一些人骨鉴定操作过程中的系统误差，对男性个体的统计显然更为有利。这也是导致性比例歧变不可忽视的因素。如果把以上的各种因素都考虑进去，则可能减少歧变的程度。这个问题还有待进一步研究。

参考文献

[1] Weidenreich F. The skull of *Sinanthropus pekinensi*: a comparative study on a primitive hominid skull. *Palaeontologia Sinica new* Ser. D, No. 10, 1943

Weidenreich F. Apes, Giants and Man. Chicago. III: University of Chicago Press, 1946

[2] Coon C S. The origin of races. New York: Knopf. 1962

[3] Weidenreich F. On the earliest representatives of modern mankind recovered on the soil of East Asia. *Peking Natural History Bulletin* 13(3): 161-74, 1939

[4] Ibid.

[5] Hooton, Earmest A. Up from the Ape. New York: Macmillan. 1937

[6] Fairservis, Walter A. The Origins of Oriental Civilization. New York: New American Library. 1959

[7] 李济：《中国文明的开始》，台湾商务印书馆，1970 年。

[8] Крюков М В, М В Софронов и Н Н Чебоксаров. Древние Китайцы: проблемы этногенеза. Москва. 1978

[9] 吴新智：《山顶洞人的种族问题》，《古脊椎动物与古人类》第 2 卷第 3 期，1960 年。

[10] 赵一清：《山顶洞人二女性种族属源问题的研究》，《古脊椎动物与古人类》第 3 卷第 1 期，1961 年。

[11] 吴汝康：《广西柳江发现的人类化石》，《古脊椎动物与古人类》第 1 卷第 3 期，1959 年。

[12] Stewart TD. A physical anthropologist's view of the Peopling of the New World. *Southwestern. Journal of Anthropology*, 16(3): 259-73, 1960

[13] Якимов ВП. Основые направления адаптивной радиации высцих обезьян в конце Третичного и начале Четвертичного периода. Современная Антропология, Труды Московского общества истытателей природы. Т. 14. 1946

[14] Чебоксаров НН. Этническая Антропология Китая. Издательство《НАУКА》, Главная Редакция

Восточной Литературы. Москва, 1982
[15] 颜訚:《从人类学上观察中国旧石器时代晚期与新石器时代的关系》,《考古》1965 年第 10 期。
[16] 韩康信、潘其风:《中国古代人种成分研究》,《考古学报》1984 年第 2 期。
[17] 裴文中、吴汝康:《资阳人》,科学出版社,1957 年。
[18] 同[14]。
[19] 吴新智:《陕西大荔县发现的早期智人古老类型的一个完好头骨》,《中国科学》1981 年第 2 期。
[20] 吴汝康、吴新智、张森水主编:《中国远古人类》,科学出版社,1989 年。
[21] 贾兰坡、卫奇、李超荣:《许家窑旧石器时代文化遗址 1976 年发掘报告》,《古脊椎动物与古人类》第 17 卷第 4 期,1979 年。
[22] 吴汝康、彭如策:《广东韶关马坝发现的早期古人类类型人类化石》,《古脊椎动物与古人类》第 1 卷第 4 期,1959 年。
[23] 吴新智:《马坝人在人类进化中的位置》,《纪念马坝人化石发现三十周年文集》,文物出版社,1988 年。
[24] 同[16]。
[25] Black D. A note on the physical characters of the prehistoric Kansu race. *Memoirs of the Geological Survey of China* ser. A, 5: 52 - 6. 1925
[26] Black D. A study of Gansu and Honan Aeneolithic skulls and specimens from later kansu prehistoric sites in comparison with north China and other recent crania. *Paleontologia Sinica* ser D, V. 6, Fasc. 1, Peiping: Geological Survey of China. 1928
[27] A. 杨建芳:《略论仰韶文化和马家窑文化的分期》,《考古学报》1962 年第 1 期。
B. 同[8]。
[28] 同[8]。
[29] 颜訚:《甘肃齐家文化墓葬中头骨的初步研究》,《考古学报》第九册,1955 年。
[30] 潘其风、韩康信:《柳湾墓地的人骨研究》,《青海柳湾》附录一,文物出版社,1984 年。
[31] 韩康信:《青海民和阳山墓地人骨》,《民和阳山》附录一,文物出版社,1990 年。
[32] 韩康信:《宁夏海原菜园新石器时代人骨的性别年龄鉴定与体质类型》,《中国考古学论丛——中国社会科学院考古研究所建所 40 年纪念》,科学出版社,1993 年;又载《宁夏菜园》附录二,文物出版社,1963 年。
[33] 韩康信:《宁夏固原彭堡于家庄墓地人骨种系特点之研究》,《考古学报》1995 年第 1 期。
[34] 颜訚、吴新智、刘昌芝、顾玉珉:《西安半坡人骨的研究》,《考古》1960 年第 9 期;又载《西安半坡》附录一,文物出版社,1963 年。
[35] 颜訚、刘昌芝、顾玉珉:《宝鸡新石器时代人骨的研究报告》,《古脊椎动物与古人类》第 2 卷第 1 期,1960 年;又载《宝鸡北首岭》附录一,文物出版社,1983 年。
[36] 颜訚:《华县新石器时代人骨的研究》,《考古学报》1962 年第 2 期;又载《元君庙仰韶墓地》附录四,文物出版社,1983 年。
[37] 中国社会科学院考古研究所体质人类学组:《陕西华阴横阵的仰韶文化人骨》,《考古》1977 年第 4 期。
[38] 夏元敏、巩启明、高强、周春茂:《临潼姜寨第一期文化墓葬人骨研究》,《史前研究》1983 年第 2 期;又载《姜寨》附录一,文物出版社,1988 年。
[39] 巩启明、高强、周春茂、王志俊:《姜寨二期文化墓葬人骨研究》,《姜寨——新石器时代遗址发掘报告》附录二,文物出版社,1988 年。
[40] 韩康信:《西乡何家湾仰韶文化居民头骨》,《陕南考古报告集》附录一,三秦出版社,1994 年。
[41] 韩康信、潘其风:《庙底沟二期文化人骨的研究》,《考古学报》1979 年第 2 期。
[42] 同[34]、[35]、[36]。
[43] A 同[30]。

B 同[38]。
C 同[41]。
[44] A 颜訚：《大汶口新石器时代人骨的研究报告》，《考古学报》1972 年第 1 期；《西夏侯新石器时代人骨的研究》，《考古学报》1973 年第 2 期。
B 韩康信、潘其风：《大汶口文化居民的种属问题》，《考古学报》1980 年第 3 期。
[45] 同[44B]。
[46] 同[44A]。
[47] 同[44A]。
[48] 同[44B]。
[49] 张振标：《从野店人骨论山东三组新石器时代居民的种族类型》，《古脊椎动物与古人类》第 18 卷第 1 期，1980 年。
[50] 韩康信、常兴照：《广饶古墓出土人类学材料的观察与研究》，《海岱考古》第一辑，山东大学出版社，1989 年。
[51] 韩康信、陆庆五、张振标：《江苏邳县大墩子新石器时代人骨的研究》，《考古学报》1974 年第 2 期。
[52] 韩康信：《山东诸城呈子新石器时代人骨》，《考古》1990 年第 7 期。
[53] 吴定良：《南京北阴阳营新石器时代晚期人类遗骸(下颌骨)的研究》，《古脊椎动物与古人类》第 3 卷第 1 期，1961 年。当时把北阴阳营遗址的年代推定较晚，参见原书第五章第三节。
[54] A 黄象洪：《上海崧泽新石器时代人骨初步研究》，《北京猿人第一个头盖骨发现 50 周年纪念会论文汇编》，1979 年。
B 黄象洪、曹克清：《崧泽遗址中的人类和动物遗骸》，《崧泽》附录一，文物出版社，1987 年。
[55] 韩康信、潘其风：《河姆渡新石器时代人骨的观察与研究》，《人类学学报》第 2 卷第 2 期，1983 年。
[56] 吴海涛、张昌贤：《湖北省房县七里河新石器时代人骨的研究报告》，《北京猿人第一个头盖骨发现 50 周年纪念会论文汇编》，1979 年。
[57] 同[16]。
[58] 张振标、陈德珍：《下王岗新石器时代居民的种族类型》，《史前研究》1984 年第 1 期；又载《淅川下王岗》附录一，文物出版社，1989 年。
[59] 韩康信：《龙虬庄遗址新石器时代人骨研究》，《龙虬庄——江淮东部新石器时代遗址发掘报告》，科学出版社，1999 年。
[60] 韩康信：《金坛三星村新石器时代人骨研究》。《东南文化》2003 年第 9 期。
[61] 韩康信、张振标、曾凡：《闽侯昙石山遗址的人骨》，《考古学报》1976 年第 1 期。
[62] 韩康信、潘其风：《广东佛山河宕新石器时代晚期墓葬人骨》，《人类学学报》第 1 卷第 1 期，1982 年。
[63] 同[11]。
[64] 吴新智：《广东增城金兰寺遗址新石器时代人类头骨》，《古脊椎动物与古人类》第 16 卷第 3 期，1978 年。
[65] 张银运、王令红、董兴仁：《广西桂林甑皮岩新石器时代人类头骨》，《古脊椎动物与古人类》第 15 卷第 1 期，1977 年。
[66] 同[9]。
[67] A. 赤掘英三：《北满ジアライノールの新资料》，《人类学杂志》1939 年第 3 期。
B. 远藤隆次：《ジアライノール人骨について》，《科学》1949 年第 9 期。
C. 同[16]。
[68] 同[14]。
[69] 吴新智：《中国远古人类的进化》，《人类学学报》第 9 卷第 4 期，1990 年。
[70] A Tunner C G II. Late Pleistocene and Holocene Population History of East Asia Based on Dental variation. *American Journal of Physical Anthropolog* 73(3)：305－21，1987

B Tunner C G II. Teeth and Prehistory in Asia. *Scientific American* 260(2): 88 - 91, 94 - 6, 1989

C Tunner CG II. Major Features of Sundadonty and Sinodonty, including Suggestions about East Asian Microevolution, Population History, and Late Pleistocene Relationships with Australian Aboriginals. *American Journal of Physical Anthropology* 82(3): 295 - 317, 1990

[71] A Birdsell J B. The recalibration of a Paradigm for the First Peopling of Greater Australia. In Allen J, Golson J and Jones R (eds). *Sunda* and *Sahul*. London: Academic Press, 113 - 68, 1977

B Bowler J. Recent Developments in Reconstructing late Quaternary Environments in Australia. In R L. kirk and A. G. Thome (eds). The Origin of the Australians. Canberra: Australian Institute of Aboriginal Studies. 55 - 77, 1976

C Brace C L and Hinton R J. Oceanic Tooth-Size Variation as Reflection of Biological and Culture Mixing. *Current Anthropology* 22, 549 - 569, 1981

D Chappell JMA. Aspects of late Quaternary Paleogeography of the Australian — East Indonesian Region. In R L Kiek and A G Thome (eds). The origin of Australians. Camberra: Australian Instituta of Aboriginal Studies. 11 - 22, 1976

E Howells WW. Phisical Variation and History in Melanesia and Australia. *American Journal of Physical Anthropology* 45(3): 641 - 9, 1976

F Riesenfeld A. Shovel-shaped Incisors and a Few Other Dental Features among Native Peoples of the Pacific. *American Journal of Physical Anthropology* 14(3): 505 - 21, 1956

G Simmons RT. A Report on Blood Group Genetical Surveys in Eastern Asia, Indonesia, Melanesia, Micronesia Polynesia and Australia in the Study of Man. *Anthropos* 51: 500 - 12, 1956

H Simmons RT. Blood Group Genes in Polynesians and Comparisons with Other Pacific Peoples. *Oceania* 32: 198 - 210, 1962

I Turner CG II. Dental evidence on the origins of the Ainuand Japanese. *Science* 193: 911 - 913, 1976

J Turner CG II. Dental Anthropological Indications of Agriculture among the Jomon people of central Japan. *American Journal of Physical Anthropology* 51(4): 619 - 635, 1979

K Turner CG II. Late Pleistocene and Holocene Population History of East Asia Based on Dental variation. *American Journal of Physical Anthropology* 73(3): 305 - 321, 1987

[72] A 同[71]

B Turner CG II. Teeth and Prehistory in Asia. *Scientific American* 260(2): 88 - 91; 94 - 96, 1989

C Turner CGII. Major Feature of Sundadonty and Sinodonty, including Suggestions about East Asian Microevolution, Population History, and Late Pleistocene Relationship with Australian Aboriginals. *American Journal of Physical Anthropology* 82(3): 295 - 317, 1990

[73] A Hanihara K. Dentition of the Ainu and the Australian Aborigines. In Dalhberg AA and Graber TM (eds). Orofacial Growth and Development. The Hague: Mouton Publishers 195 - 200, 1977

B Hanihara K et al. Affinities of Dental Characteristics in the Okinawa Islanders. *Journal of the Anthropological Society of Nippon* 82(1): 75 - 82, 1974

C Tunner CG II. Dental evidence on the origins of the Ainuand Japanese. *Science* 193, 911 - 913, 1976

D Tunner CG II. Dental Anthropological Indications of Agriculture among the Jomon people of central Japan. *American Journal of Physical Anthropology* 51(4): 619 - 635, 1979

E Tunner CG II. Sundadonty and Sinodonty in Japan: The Dental Basis for a Dual Origin Hypothesis for the Peopling of the Japanese Islands. In Hanihara K. (ed). Japanese as a

Member of the Asian and Pacific Populations. International Research Center for Japanese Studies. 96－112，1991

F Hanihara K. The origin and Microevolution of Ainu as Viewed from Detition: The basic Population in East Asia，Ⅷ. *Journal of Anthropological Society of Nippon* 99(3)：345－361，1991a

G Hanihara K. Detition of Nansei Islanders and Peopling of the Japanese Archipelago-the Basic Population in East Asia，IX. *Journal of Anthropological Society of Nippon* 99(3)：399－410，1991b

[74] Hanihara K et al. Affinities of Dental Characteristics in the Okinawa Islanders. *Journal of Anthropological Society of Nippon* 82(1)：75－82，1974

[75] 中国科学院考古研究所、半坡博物馆：《西安半坡》，文物出版社，1963年。

[76] 同[41]。

[77] 同[38]、[37]。

[78] 韩康信：《仰韶新石器时代人类学材料种系特征研究中的几个问题》，《史前研究》1988年辑刊。

[79] 同[44A]。

[80] 同[49]。

[81] 同[79B]。

[82] 同[78]。

[83] 同[78]、[44B]。

[84] 同[14]。

[85] 陈铁梅：《中国古代居民颅骨的聚类分析和主成分分析》，《江汉考古》1991年第4期。

[86] 同[26]。

[87] A Дебец ГФ. О положении палеолитического ребенка из пещеры Тешик-таш в системе ископаемых форм человека. Москва，1947；Палеоантропология СССР. Труды Института Этнографии АН СССР 1948 т. IV。B 同[8]。

[88] 同[8]。

[89] 王令红：《中国新石器时代和现代居民的时代变化和地理变异——颅骨测量形状的统计分析》，《人类学学报》5卷3期，1986年。

[90] 中国科学院考古研究所河南调查团：《河南渑池的史前遗址》，科学通报2卷9期，1951年。

[91] 同[78]。

[92] 韩康信：《中国新石器时代种族人类学研究》，《中国原始文化论集》，文物出版社，1989年；《关于乌孙、月氏的种属》，《西域史论丛》第三辑，新疆人民出版社，1990年。

[93] 同[78]。

[94] 张振标：《中国新石器时代居民体质特征类型初探》，《古脊椎动物与古人类》20卷1期，1982年。

[95] 张振标：《现代中国人体质特征及其类型的分析》，《人类学学报》7卷4期，1988年。

[96] 赵桐茂、张工梁、朱永明、郑素琴、刘鼎元、陈琪、章霞：《免疫球蛋白同种异型Gm因子在四十个国人群中的分布》，《人类学学报》第6卷第1期，1987年。

[97] 同[89]。

[98] 同[9]、[11]。

[99] A Weidenreich F. *The Skull of Sinanthropus Pekinensis: a Comparative Study on a Primitive Hominid Skull* (*Palaeontologia Sinica new* ser. D, no. 10) Pehpei, Chungking: Geological Survey of China. 1943

B Weidenreich, F. *Apes, Giants and Man*. Chicago, III. University of Chicago Press. 1946

C 吴新智：《陕西大荔县发现的早期智人古老类型的一个完好头骨》，《中国科学》1981年第2期。

[100] 同[78]。
[101] Howells WW. Origins of the Chinese People: Interpretation of the Recent Evidence. In Keightly, D. (ed), The Origin of Chinese Civilization. Berkeley, Calif.: University of California Press. pp. 207－320, 1983.
[102] 同[26]。
[103] A 同[95]。
B 同[96]。
C 同[89]。
[104] Чебоксаров НН. Этническая Антропология Китая. Издательство《НАУКА》, Главная Редакция Восточной Литературы, Москва, 1982.
[105] A 同[16]。
B 韩康信:《中国新石器时代种族人类学研究》,《中国原始文化论集》,文物出版社,1989 年。
[106] A 韩康信、潘其风:《中国拔牙风俗的源流及其意义》,《考古》1981 年第 1 期。
B 同[44A]。
C 同[51]。
[107] 韩康信、潘其风:《大墩子和王因新石器时代人类颌骨的异常变形》,《考古》1980 年第 2 期。
[108] 同[106A]。
[109] 韩康信:《亳县富庄新石器时代墓葬人骨的观察》,《安徽省考古学会会刊》第六辑,1982 年。
[110] Weidenreich F. On the Earliest Representatives of Modern Mankind Recovered on the Soil of East Asia. *Peking Natural History Bulletin* 13(3): 74－161, 1939
[111] 同[67]。
[112] 张振标、尤玉柱:《中国史前人类的一风俗——有意识的改形颅骨》,《史前研究》1985 年第 3 期。
[113] Brothwell Don R. Digging up Bones: the Excavation, Treatment and Study of the Human Skeletal Remains. London: British Museum (Natural History). 1963
[114] 同[44A]、[49]、[106]、[52]。
[115] 张振标、陈德珍:《下王岗新石器时代居民的种族类型》,《史前研究》1984 年第 1 期。
[116] 同[64]。
[117] 同[44A]。
[118] 韩康信、潘其风:《大墩子和王因新石器时代人类颌骨的异常变形》,《考古》1980 年第 2 期。
[119] 萧兵:《新石器时代"含球"习俗小考》,《文博通讯》总第 34 期,1980 年。
[120] [美] 马克 N 科恩(彭景元译):《古病理学和史前经济的变化》,《考古学的历史。理论。实践》,中州古籍出版社,1996 年。
[121] A 王仁湘:《中国新石器时代人口性别构成再研究》,《考古求知集》。中国社会科学出版社,1996 年。
B 陈铁梅:《中国新石器墓葬成年人骨性比异常的问题》,《考古学报》1990 年第 4 期。
[122] 亚.莫.卡尔——桑德斯:《人口问题——人类进化研究》,商务印书馆,1983 年。[Carr-Saunders A M. The Population Problem: a Study in Human Evolution. Oxford: Clarendon Press, 1922]
[123] A 张君、韩康信:《尉迟寺新石器时代墓地人骨的观察与鉴定》,《人类学学报》1998 年第 1 期;又载《蒙城尉迟寺》附录一,科学出版社,2000 年。
B 张君:《湖北枣阳市雕龙碑新石器时代人骨分析报告》,《考古》1998 年第 2 期。
[124] 同[121]。

(原文发表于《中国考古学・新石器时代卷(第八章)》,
中国社会科学出版社,2010 年)

中国夏、商、周时期人骨种族特征之研究

史记编年中的夏、商、周"三代"时期大致和考古文化的青铜至早期铁器时代相当。在民族史的研究上，这一时期正是华夏民族形成的重要时期，也是其后汉族主干形成的重要基础。司马迁在《史记》中就曾有夏、商、周都是黄帝子孙的"三代同源"的观点，但未曾交代这三代之间明确的关系[1]。近代对华夏民族的形成及其相互关系的研究，大多偏重于文献的考证，而且至今存在诸多争议。如有学者认为，华夏民族成形于夏代，夏、商、周三代之民族共同体实际上只有一个即华夏族，根本不存在夏、商、周三个不同的民族共同体[2]。与此相反，有的学者认为在中国的中原地区曾分别形成过夏、商民族及蛮、夷、戎、狄等各族，直到周民族形成以后，在春秋民族大融合时期才有华夏民族的形成[3]，如此等等。值得一提的是，有些外国学者在中国民族的起源上，一度纷扬过西源之说。如中国人起源的所谓埃及说、巴比伦说、中亚说、印度说、北美说、土耳其说等等，伴之而来的自然是西来说[4]。这些带有明显民族偏见的说法也曾一度在某些国内学者中引起过波澜。但这些早期的西来说自20世纪50年代以后，随着中国考古学资料的积累，已经给予了基本的否定。但这种否定又多少带有情绪化和简单化的倾向，强调中国文化的土著性而忽视西方文化对中国文化可能产生的某些重要影响。实际上，在讨论上述问题时，无论是夏、商、周三代同源说还是中国文化西来说，都还有一个这些文化载体本身的问题，即中国人形成的种族生物学性质和环境以及种族形成的历史问题。对这个问题从文献的探查或考古遗存的研究是一个方面，但可能提供的往往是某种间接性质的证据。最具直接的办法是开展对这一时期考古遗址中发掘采集的人类遗骸进行人类学特别是种族人类学的专门调查。如与中国人形成至关重要的夏、商、周时期的种族形态学特点及其可能的种族组成性质，特别是直接与这三代文化遗址相关的人骨的种族特征及他们与其早先的同地域或其周邻地区古代和现代人之间的体质人类学关系等。这样的调查可能会给华夏系民族形成的历史提供种族生物学的背景资料，也对中国自石器时代以后的华夏系乃至汉民族主体及其他非华夏或非汉民族之间相互融合的了解会有所裨益。本文主要记述夏、商、周时期的一些有关古代人骨的种族人类学方面的研究，对于"三代"材料缺乏的地区，只引用了某些时代较早或更晚的资料。

需要指出，在记述和引用这两方面的资料时，显然存在的困难是目前已经发现和研究过的夏、商、周三代时期的人骨无论在数量还是地点的分布上都还很少，地理分布也不均匀，黄河流域稍好，华南地区则几乎是空白。而且在以往的研究中，主要偏重不同地点人骨之间的组群关系，很少或不重视种群内种族形成的变异性质。在研究方法上，停留于一

般的形态观察与测量的比较，缺少用其他互相独立的方法互相核查研究的结果。从另一方面来讲，骨骼人类学的调查不同于考古文化和民族属性的研究，它们之间不可能做简单的对等关系的联系，这是基于学科性质和方法的不同。本文按目前研究所能做到的主要是根据某些夏、商、周三代时期相关的人骨材料提供这一时期的种族性质或对种族组成的估计，这对合理了解中国古代文化及民族共同体的形成有重要的参考价值。

一、黄河中游夏、商周时期人骨的研究

1. 可能与夏址或夏代纪年相近的人骨形态特征

应该首先说明，目前由于对夏址及其文化和编年问题尚在学术争论之中，因此还难以提供明确无误的有关夏族的人类学资料。可能提示的有山西襄汾陶寺墓地采集的人骨，有人认为该遗址应该涉入夏代纪年。且该遗址位居晋南地区、也即文献记录中的“夏墟”之地，因此有学者推测其为夏人的文化遗迹。也有人认为可归入新石器时代。这个墓地的人骨还没有正式报告，仅据潘其风在一篇文章中提到的印象，认为该遗址人骨的“人种类型似不单纯，但大部分颅骨的形态特征大体上表现为具有偏长的中颅型结合较高的颅高，面高中等、面宽的绝对值较大、眶型和鼻型中等等特征，与现代东亚蒙古人种接近的成分居多”。从潘文提到的某些多项测量的形态距离结果来看，陶寺组与安阳殷墟的人骨之间表现出一般的接近关系[⑤]。

2. 殷墟遗址人骨的种系研究

从河南安阳殷墟发掘和采集的人骨由于数量丰富、遗址性质明确而最具重要意义。其中包括两批性质不同的人骨：一批是于上个世纪二三十年代从分布于殷王陵墓区的大批祭祀坑里收集的头骨，由于坑中只埋入头颅部分，因而又称人头祭祀坑，是殷人为祭祀其祖先斩杀战俘或奴隶的头颅集中埋葬形成的。这些头骨现被收藏在台湾中研院史语所，约有400具[⑥]。另一批是20世纪50年代以后，从殷墟范围分布的中小墓中陆续发掘收集的头骨，数量虽不过百具，但由于代表的是当地殷商居民而更具重要性[⑦]。对这两批材料的研究，大致可见殷人种族性质及其组成情况。

(1) 殷墟祭祀坑头骨的种属

这是于1928—1937年间从围绕侯家庄殷王陵附近的大量祭祀坑中收集的一大批人骨。当时的中研院史语所曾专门设立了体质人类学组并邀请留英归来的生物人类学家吴定良主持研究。但由于某些原因，吴氏于1947年离开史语所时没有提供研究报告，只留下了部分项目的头骨测量数据。后来，考古学家李济利用这部分数据进行了统计学分析，用英文发表了《安阳侯家庄商代颅骨的某些测量特征》一文，指出了两个主要结论：一是这些殷代头骨的颅高比较高，与我国甘肃河南史前人种和现代华北人的同类特征相似而具有“东方人”性质；二是这些殷代头骨的某些测定值的变异度颇大，超过了现代已知的同种系头骨组的变异，因而推测在这些头骨中应该包含有异种系成分[⑧]。与李济大致同时，美国的一位人种学家C. S. Coon在他1954年出版的《The Story of Man》一书中也提到了对殷墟祭祀坑种族的印象，他认为其中存在类似白种、黄种或黄白混血人种成分[⑨]。Coon还在他1964年发表的另一篇文章中重申了他的看法，认为其中可能有中颅型较长的现代华北人类型、头骨粗壮而面部短阔的蒙古人类型和两具北欧人的头骨[⑩]。继此后，

台湾史语所的杨希枚在接受了吴定良未完成的课题后，与其助手花费了多年的时间，对收藏的398具头骨重新进行了大量的观察和测量，并于1966年在台用英文发表了《河南殷墟头骨的测量和形态观察》的简报[11]。继后于1970年又发表了《河南安阳殷墟墓葬中人体骨骼的整理和研究》[12]。杨氏认为在这一大组头骨中，可划分出五个种族类型：

第一种为古典蒙古人种类型，其形态与现代布里亚特人(Briats)和楚克奇人(Chukchi)头骨相似。这样的头骨约有80具，占全部头骨数量的35.6%。

第二种为太平洋尼格罗人种类型(Pacificc Neggroid)，与现代巴布亚人(Papuan)和美拉尼西亚人(Melanesian)的头骨相似，约有38具，占16.9%。

第三种为数量很少的高加索人种类型，与现代英国人的头骨相似，只分出2具，占0.9%。

第四种为爱斯基摩人种类型，约有55具，占24.4%。

第五种为一些所谓"小头小脸"的头骨，杨氏曾怀疑他们与波利尼西亚人(Polynesian)的头骨相似，但后来又怀疑他们是前四种类型中的女性头骨，有50具，占22.2%。

杨氏对这些头骨种族组成进行的归纳是主要包括北亚蒙古人种，其次为太平洋尼格罗人种和为数最少的高加索人种成分。据此，杨氏主张殷墟祭祀坑人骨的种族成分是异种系的(Heterogeneous)，支持李济和Coon的异种系观点[13]。但是，杨氏主张的异种系成分与Coon之间并不完全相同，如Coon所指的蒙古人种现代华北型在杨氏的种系分类中完全不存在，相反，增加了相当比例的太平洋尼格罗人种成分。而后者在Coon的分类中则不见。

与以上三位学者的异种系观点相反，美国的牙齿人类学者根据牙齿形态学特征建立的系统类型与种族演化关系，认为殷代祭祀坑人骨的齿系近似现代华北人的，因而他们均起源于华北的蒙古人种[14]。另一位美国人类学家W. W. Howells也曾测量过收藏在台湾的40具祭祀坑的头骨，在对测得的数据进行数理统计分析后，认为这些青铜时代的头骨与中国新石器时代和现代华北人的头骨之间没有重要的差异，殷代人应属于蒙古人种。同时也注意到了在这些头骨中可能存在某些其他种群的成分[15]。此外，在中国学者中，如台湾史语所的许泽民、林纯玉、臧振华等则分别根据这些祭祀坑头骨的颅顶间骨出现情况、颅容量的大小以及铲形门齿出现的频率，证明殷墟祭祀坑的头骨除了一般指出的蒙古人种的性质外，没有提出能够支持异种系观点的证据。

近年来，我们结合殷墟中小墓人骨的研究对杨希枚发表的分类测量资料进行了再分析，并对杨氏的种族分类方案提出了修改意见[16]。这些意见简述如下：

① 杨氏的第一种类型(即古典蒙古人种)可能是由一些类似现代蒙古人种的北亚类为主要成分。他们的综合特征是头骨低而短宽，颊骨发达，面部平而宽，鼻骨扁平，鼻形较狭窄等。与杨氏所指的典型的蒙古人种大致相符。

② 杨氏的第二种类型(即太平洋尼格罗人种)的头骨虽表现出某些与赤道人种相近的特征，如头骨狭长、短面、有很阔的鼻形等。但与太平洋尼格罗人种的头骨相比，还存在一些比较明显的差异，如有发达的颧骨和较宽而扁平的面，低矮的鼻骨和短阔的齿槽弓等。因此，这组头骨与蒙古人种的南方变种接近的可能性更大。

③ 杨氏的第三种类型(即高加索人种)虽只挑选出两具头骨，但它们无论在一般形态

上还是测量特征上都与我国西北地区的史前与现代华北人的人骨有许多共性，如颅形中等长或长，颅高很高，面部相对较窄而高，也较扁平等。因而他们在形态上近于蒙古人种东亚类型比近于高加索人种的可能性更大。

④ 杨氏的第四种类型(即爱斯基摩人)的人骨则与蒙古人种的东亚类型很相似，他们与爱斯基摩人头骨的差异要比杨氏想像的明显得多。

⑤ 杨氏的第五种类型(即“小头小脸”型的头骨)则很可能是类似杨氏第四种类型的偏小的头骨中被分割出来的仍属男性的一组头骨。

⑥ 用数理统计方法测定单组间形态远近关系的比较表明，杨氏的第三、四、五种类型的头骨组之间彼此相当接近。因此他们皆可能为近于东亚类的头骨。按杨氏的分类数字，这样的头骨约有 107 具，占整个五类统计总数的 47.5%。

⑦ 按照上述的修正和归并，在这一大组祭祀坑的头骨中，他们更可能代表了同一个大人种(蒙古种)但包含了现代东亚、北亚和南亚类的一大组男性头骨，其中又以东亚类成分占优势。

另外，我们也曾对杨希枚五个形态分类组的头骨测量数据进行了更为严密的多变量分析(聚类分析和主成分分析)[17]。其结果表明，杨氏的第一种类型与布里亚特、蒙古、埃文克等现代北亚类组成一类。杨氏的第二种类型则不与太平洋尼格罗的新不列颠组相聚。杨氏的第三种类型也不与北欧的三个英国组相聚，却与优势的第四和第五种类型以及代表殷代中小墓的平民组先行聚集，之后他们全部与代表现代东亚类的中国东北、华北和朝鲜等组先行聚集，显示了他们与东亚类接近的性质。主成分分析的结果也得到与聚类分析相同的结果。还有，陈铁梅也利用相似的方法做过同类分析，其结果与我们对祭祀坑头骨种系分析的意见相同[18]。

前面指出，我们对祭祀坑头骨中以东亚类居优的意见与前述美国 Coon 的华北人类型之说是近似的，但在杨氏的分类中全然不见这个类型。如何解释这种分歧？比较容易设想的是，殷人在其四邻方国的征战中虏获了不同来源的异族战俘，但首先要征服或虏获的是与其最邻近的族类。虽说殷人与这些族类可能属于不同族系，但在体质上极可能是同类或彼此很接近。因此在殷墟祭祀坑人骨中有较多的东亚类成分可能是更为合理的。相反，全然不见东亚类成分倒是奇怪的。

(2) 殷墟中小墓人骨的种系

中国上古时期民族史上的一个重要问题是殷人文化及其种族起源的问题，对于起源问题，我们无法从对于来源复杂的祭祀坑人骨的研究中获得明确答案。要阐明这一点最直接的莫过于研究殷王族大墓主人遗骸的种属特点。遗憾的是能说明具有王族身份的大型墓主人的遗骸至今一无所获。对此，李济曾依靠发掘到的少数殷代人面刻像的容貌特点，提出殷代王族在体质上可能与北方蒙古人种类型相近的见解[19]。我们则从殷墟中小墓人骨的研究中进行了初步探索。这些中小墓的分布距离殷代王陵区较远，大多有葬具，单人深埋。其中有些有少量或较多量的随葬品，有的还有青铜礼器和殉人随葬，而有的既无葬具又无器物。从这些埋葬情况来看，这些中小墓主人的社会身份与祭祀坑中的被斩首者不同，他们应该大多属殷代平民或自由民，有一定人身自由，与被虏获的战俘或沦为奴隶者有所区别。而其中随葬器物比较丰富者甚或有殉人者很可能在社会地位上比一般自由民更接近殷王族阶层或本身就是其中的成员[20]。因此，了解这部分人骨材料的种属性质有助于探索殷商民族本身的种族组成和起源问题。

据我们对殷代中小墓头骨测量特征的统计学分析，其变异度大体上没有明显超出同种系水平。在主要的脑颅部和面部的测量项目上，中小墓组与祭祀坑组在平均值上差别很小，除颅周长比后者略大以外，其他大部分项目的测量都相当一致。这种情况可能理解为在这两组不同身份的头骨中，体质上相同或彼此接近的类型占优势。与现代亚洲各蒙古人种类型的头骨比较，中小墓头骨的一般性质与东亚蒙古人种类型比较接近。但同时还指出，其中一部分头骨的某些特征与北亚蒙古人种相近或显示为混合的特征。如面宽很宽、颅高不高等。这部分头骨一般也显得更为粗壮，全系男性个体。经查对考古发掘记录，这些人中多数有较丰富的随葬品甚或有青铜器或铅器不等。墓葬形制也较一般小墓大，往往有棺椁。因此推测这些具有北方蒙古人种混合特征者很可能就代表了殷商王族的种族形态[21]。这种从人骨上的推测和李济根据人面刻像提出的假定是很接近的。但这毕竟不是最直接的证据，还有待今后新的发现和研究。

总之，按目前对殷墟祭祀坑和中小墓人骨种系的研究还存在某些争议，但从中也不难设想，在我国华北平原至少在殷商时期就已经存在体质特征不尽相同的民族支系互相接触、碰撞或汇集的情况。而原始的殷商时期的居民虽有一个基本的种族类型，但不可避免地或至少部分地受周围异种族类的融合和基因交流的影响。然而这种融合和交流的种族环境也基本上是在蒙古人种的不同地区居群之间发生和进行的，还没有足够的证据证明其他非蒙古人种居群的民族在其中起了多少显著的作用。其次，在这些殷商时期的蒙古人种居群中，东亚类居群占有优势地位。这样的种族环境必然与其后汉民族乃至现代华北人的种族形成有直接关系。同时也必然影响了殷商王朝的历史和文化。

3. 陕西、山西周代的人骨

这个地区已经研究的周代墓地的人骨报告还很少，值得一提的有两个地点的材料。即陕西凤翔南指挥西村和山西侯马上马周代墓地人骨的研究。

据考古学者报道，凤翔南指挥西村遗址的时代为先周中期至西周中期。从这个遗址采集的人骨数量不太多，有报告认为其测量特征的比较显示出与东亚类的接近。但在某些特征上如低面、阔鼻等又近于南亚类的特征[22]。但从发表的测量数据来看，凤翔这批周代人骨的趋中类型是中颅型—高颅型—狭面型相结合，这样的综合特征特别与现代东亚类更为接近，也与殷墟头骨的综合特征没有基本的不同，因此很难说他们是南亚类的居群。

根据考古发掘报告，山西侯马上马墓地当属西周晚—春秋战国时期的遗存，从中收集的人骨数量相当多、保存也较好。其时代虽较晚，但由于地处黄河中游、毗邻史记中的夏墟之地，因此对这个遗址人骨种属特征及其与夏商两代居群之间的种族关系的了解依然十分重要。据潘其风的初步报告，在这个遗址的人骨中，形质的共性比较明显，为同种系的居群。种族类型学的分析则认为其成分主要与东亚类接近，但又说也包含有某些北亚类和南亚类因素[23]。就东亚类为主和有某些北亚类因素而言，可知这一地区周代居民的种族组成与其邻近的夏、商、周遗址的居群之间也没有基本的不同。

二、东北地区“三代”时期人骨的研究

这个地区较为重要的是夏家店上下层文化人骨的考察。如赤峰红山后、夏家店、宁城南山根等墓地的上层文化墓地人骨和敖汉旗大甸子夏家店下层文化墓地人骨。前者一般显示的综合特征是偏长的颅型—狭颅型—狭面型及面部扁平度也较大等，明显具有与东亚类群接近的性质或亦有某种与北亚类群相似的混合性质[24]。这些人骨主要分布在现在的内蒙东部地区。

大致与上述地点同一地理区的内蒙敖汉旗大甸子墓地的人骨比较丰富、时代也较早，属夏家店下层文化，大致相当史记编年的夏末商初或距今约 3 600 年前左右。据潘其风报告，在大甸子头骨中存在着两种形态偏离类型。其中第一种类型的综合特征是中长颅—高颅—狭颅—狭长面—中鼻—中眶等。这样的组合特点也是近于东亚类的。第二种类型的综合特征是短颅—高颅—中颅，面部较阔和较扁平，偏低的中眶和偏阔鼻型相结合，潘文认为这一类型既与东亚类也与北亚类相接近。因此推测，第一种类型可能与中原地区的人有较接近的关系，第二种类型可能与长城及东北地区的前期居民相关[25]。

但潘文的上述分析，显然是在对头骨先行主观分类的基础上得出的。从发表的各组颅面部的测量数据看(潘文表十一)，除了脑颅、主要是颅长和颅宽以及与它们相关的颅形指数有明显的差异外，其他特征、特别是各分组的面部测量与指数之间的差异仍相当小。而脑颅的差异显然与变形颅的存在有关，而面型上的一致性更可能反映出这组头骨明显的同质性。

吉林西团山及骚达沟遗址的人骨不多。原曾认为西团山人骨的形态特征与通古斯族的近似[26]。但这个结论主要建立在个别头骨测量项目的绝对值的比较上。实际这些头骨的长高指数和宽高指数分别属于高颅型和中颅型，与头骨低而宽的通古斯族颅型有明显的差别。结合其他特征，西团山头骨具有东亚和北亚蒙古人种相混合的特征。骚达沟的人骨被认为与西团山的基本同类[27]。

从沈阳郑家洼子出土的两具头骨，来自公元前六至五世纪的古墓中。这两具头骨具有很大的水平直径，颅形短，面部很平，颅高也很高。可能有东亚和北亚蒙古人种相混合的特征[28]。

黑龙江泰来平洋墓地的人骨时代较晚，大致在春秋晚期至战国。原报告指出，这些人骨的蒙古人种特征很明显，同时也认为存在有两种不同的变异类型。即一类与东北亚蒙古人种相近，同时兼有北亚蒙古人种的因素；另一类也与东北亚蒙古人种相近，同时伴有某些东亚蒙古人种的因素。但又指出，平洋人骨的形态类型较近东亚蒙古人种，而在头骨的一些绝对大小的量度上，似与北亚蒙古人种接近，因此提出兼有这两类蒙古人种特征的意见[29]。

三、西北地区青铜—早期铁器时代人骨

本节中所指西北的地区主要指甘青地区和宁夏回族自治区。大致和“三代”同时或略早，或略晚的有人骨报告的遗址有青海柳湾、李家山、阿哈特拉山，甘肃的杨洼湾、酒泉干骨崖、玉门火烧沟及宁夏的固原彭堡等。这个地区虽与黄河中游夏、商、周三代的代表地

区偏离，但对了解这个地区古代居民的种族属性及其组成与中原“三代”居民之间的关系和影响是十分重要的。

青海乐都柳湾遗址的人骨，时代包括马家窑文化的半山—马厂时期及齐家文化时期。据报告，这些不同时期的人骨在体质上彼此相近而无明显差异。其综合形态特征为中—长的颅型—狭颅型—高颅型—高狭面型—中鼻型—中眶型—平颌型—中等齿槽突颌等。这样的综合特征也基本上是东亚种族类型的。

青海湟中李家山下西河墓地的人骨在时代上可能稍晚于齐家文化，代表了青海青铜时代的遗存。这批人骨仍显示明确的蒙古人种性质，其综合的形态是中长颅型结合中—正颅型和中狭的颅型，额坡度中等，具有高而宽的面，面部扁平度强烈，矢向突出属平颌型，中眶型，中—狭鼻型，鼻骨突度中等，鼻根突度弱，腭形短宽型。总的来说，下西河头骨在形态学上与现代东亚类较为接近，特别是与其中的东部藏族（B型）的头骨之间非常相近。这样的类型主要特点是蒙古人种典型特点相对较弱而不特别特化。此外，在总共25具头骨中有一具颅型明显短宽和颅高低化，面部也特别扁平和鼻形狭窄等与北亚蒙古人种很接近。说明在这具遗址的居民中可能有北方蒙古人种成分的影响[30]。

甘肃杨洼湾墓葬中收集的两具头骨属齐家文化期。这两具头骨的中颅型特点结合了高面、中狭鼻性质，大致也代表了近于东亚蒙古人种的形态[31]。

位于甘肃酒泉干骨崖墓地的人骨大致属于中原地区的夏代至夏商之际或考古学四坝文化的中后期。其一般的形态特点是有较大的眶高、鼻高、上面高、颅高及中等颅长等，同样显示与东亚类的接近。其中的个别头骨也具有明显北亚类的特点[32]。与干骨崖遗址属同一地区的玉门火烧沟墓地也曾出土大量人骨，其文化时代与干骨崖基本相同。正式研究报告尚未发表。但在某些文章中已多次使用了这组头骨的测量数据。从这些测量数据看，火烧沟的一般颅面形态是中颅型—高颅型—近狭面型—中鼻型—中眶型等相结合。因此推测其主要成分当近于东亚类[33]。

宁夏固原于家庄彭堡墓地建立的时代稍晚于上述几个遗址，大约相当于春秋晚期或战国早期。从这个墓地出土的人骨虽不多（8具），但都表现出典型的蒙古人种性质。如颅高不高，颅型短宽，中—狭面型，面部扁平度很强烈，鼻突度不大，中—狭鼻型与中—高眶型，前额坡度也比较后斜等。这样的组合特征与以中长与高颅相结合、狭面型及额坡度较直等的东亚蒙古人种头骨类型之间存在明显的形态偏离而最近于蒙古人种的北亚类。而且与同地区的（如海原）新石器时代晚期人类的形态类型也明显不同，后者较近东亚类[34]。

四、黄河下游周、汉代人骨

这个地区报告相当“三代”人骨的研究不多。比较重要的是山东临淄的时代较晚的周汉代墓葬人骨。由于研究结果具代表性，因此仍列入记述。

关于山东临淄地区的人骨是从该地区辛店村范围的大量周代和汉代墓葬中采集的。据报告，这一大批人骨的综合形态类型与现代东亚类蒙古人种的变异方向相符合，与南亚和北亚类蒙古人种的变异趋势有明显的偏离，尤其与北亚类的差别更大。其组合特征也基本上是中颅型—高颅型—狭颅型—中面型—中眶型—中鼻型等。这样的综合特征显然与东亚类居群相近[35]。

另一批亦属临淄地区的后李官村遗址的人骨也大体上显示出与辛店村人骨相近的特征。其时代为周代时期。这些人骨虽不多(17 具头骨),但他们综合的特点是中颅型—高颅型—中狭颅型与狭面型—中、阔鼻型相结合,额坡度也较直,鼻骨突度弱,低—中眶型,腭短宽型等。大体上也体现着现代蒙古人种东亚类的特点[36]。值得注意的是这一地区的周汉代人骨的上述综合形态类型与日本古代居民形态类型之间的关系。据我们用多种不同形态量化的比较研究证明,西部日本弥生时代人类与临淄周汉代人具有相近的种族形态学基础,因而他们在种族人类学上应该同属蒙古人种的东亚类。因而推测他们在东亚大陆应有共同祖源[37]。

五、华南地区新石器时代晚期人骨

由于在中国南部至今缺乏对夏、商、周时代人骨的收集与研究,在本节中只能简略记述比“三代”时期稍早的新石器时代晚期人骨的种属特点。即便如此这方面材料也很少,只能包括福建闽侯昙石山及广东佛山河宕两处。这两处考古遗址的文化性质虽属新石器时代,但其绝对年龄距中原地区夏、商代不远。

从福建闽侯昙石山遗址采集可供计测的头骨只有 9 具。据形态和测量特征的比较,这些头骨的综合形态与现代蒙古人种的东亚类和南亚类比较接近。而且在有些重要计测项目上,如上面高和面指数,鼻形指数、眶指数、垂直颅面指数和鼻颧角及齿槽突颌等面部特征上更多接近南亚人种类型。长颅型与短面及阔鼻等特征的结合上,与南亚的新石器时代头骨更接近,与黄河中游的仰韶新石器时代的中颅和较高的上面相结合的形态类型之间存在明显的形态距离[38]。

从广东佛山河宕新石器时代晚期墓地收集可用的人骨也不多。这些头骨的某些特征如长狭颅、颅高明显大于颅宽、上面低矮、明显齿槽突颌、短宽的鼻骨、明显的阔鼻型等特征与南亚和太平洋种族中的同类特征比较相近。但同时具有颧骨比较宽大、颧骨缘结节比较发达、鼻骨低平、上门齿铲形等类似蒙古人种特点。因此,我们认为它们可能代表蒙古人种弱化的边缘类型[39]。

六、新疆地区古代人骨的种系

在种族人类学关系上,新疆是东西方人种在欧亚大陆接触交错地带的一部分,也是古代“丝绸之路”通向中亚的重要地区。因此,利用从考古遗址中发掘出土的人骨进行种系特征的调查来阐明这个地区的古代居民的种族组成及其与周邻地区古代居民之间的种系关系十分重要。过去涉及这个领域的研究很少,材料也比较零碎。直到最近一些年来。才由中国学者对新疆出土的多处古代人骨进行了规模较大的考察和研究。其时代最早的大约距今 3 800 年前(大致相当于夏代纪年之内),最晚的距今约 1 800 年前(大约相当于东汉纪年)。涉及地点有位于孔雀河下游的古墓沟墓地,天山阿拉沟墓地和静察吾乎沟墓地,哈密柳树泉焉不拉克墓地,天山阿拉沟墓地、洛浦山普拉墓地、塔吉克香宝宝墓地、伊犁河上游昭苏土墩墓墓地及楼兰遗址墓地等。

(1) 古墓沟墓地人骨

这个墓地位于孔雀河下游北岸沙丘上，距罗布泊西约 70 公里，年代测定大约为 3 800 年前。据笔者研究，这批头骨(共 18 具)的综合形态特点是多长狭颅型，面部相对低宽，鼻骨突起强烈，眉脊和眉间突度很强烈，同时具有低眶和阔鼻倾向。面部水平方向突出较明显，矢向突出不强烈，颅顶轮廓在顶孔—人字点区常现扁平等。总的来看，这组头骨的西方高加索人种特征很明显。同时如低矮而宽的面、眉弓、眉间及鼻突起强烈、颅形长狭、眶型偏低、阔鼻及额坡度较多后斜型等又表现出某种古老性质。因而称之为“原始欧洲人”(Proto-European)类型。在种系上，他们与南西伯利亚、哈萨克斯坦、中亚甚至伏尔加河下游草原地区的铜器时代头骨的形态比较接近[40]。

(2) 焉不拉克墓地人骨

这个墓地位于哈密地区距柳树泉不远的焉不拉克土岗上。墓地建立的时代距今约 3 100—2 500 年。根据对 28 具头骨的观察和测量，其中具有明显东方蒙古人种特征的约 21 具，可能归入西方高加索人种的 8 具。前者的代表性特征是长颅化，兼有某些低颅倾向，显示出某种不特别分化的蒙古人种性质。这种特点使这部分头骨与现代东部藏族的头骨相接近。后者之高加索人种头骨则在形态和测量特征上与前述古墓沟墓地的头骨有些接近。因此，这个墓地的人口中是东西方人种可能各以相当比例共存的一个例子。又据考古学者，从这个墓地出土彩陶的形态特点与甘青地区青铜时代的陶器器形比较相似[41]。

(3) 天山阿拉沟墓地人骨

这个墓地位于吐鲁番盆地边缘的阿拉沟地区。有三种不同形制的墓葬，但人骨采自其中时代较早的用大砾石围砌成圆穴的丛葬墓，距今约 2 700—2 000 年。在考察和测量的 58 具头骨中，具有西方高加索人种形态的约占 85%，但其中可能存在不同支系的成分，即一部分是长狭颅的与地中海东支类型接近，另一部分则系头型短化并残留有某种古老特征而与帕米尔—费尔干类型相近。还有一部分则似介于这两者之间或具有两个类型的混合特征。因此认为这种同一墓地人骨中，不同种族类型的形态偏向很可能是在该地区发生过两种不同高加索人种支系混杂的证据[42]。

在这个墓地另一种数量相对少的蒙古人种支系的头骨中，可能存在短颅化的与大陆蒙古人种接近的头骨，也可能含有某种与中—长颅化的东亚蒙古人种接近的头骨[43]。

(4) 洛浦山普拉墓人骨

这个墓地位于塔克拉玛干沙漠西南缘，人骨采自大型丛葬墓，墓葬的时代大约距今 2 200 年。见报告的有 59 具头骨，原报告者将这批人骨鉴定为“具有大蒙古人种大部分特征，但也有欧罗巴人种一些较明显的特征”[44]。但据笔者重新对原报告资料的分析结果，认为洛浦山普拉墓头骨一般表现出长狭颅和狭面相结合，面部水平方向强烈突出，鼻骨突起明显，眶型较高及狭鼻等性质而具有高加索人种的地中海东支类型的风格[45]。

(5) 塔吉克香宝宝墓地人骨

此墓地位于新疆最西部的帕米尔高原。年代测定约距今 2 800—2 500 年。骨骼保存很差，只提供了一具不完整的头骨。从这具头骨仍可记录到某些西方高加索人种的特点，即强烈突起的鼻骨，狭小的颧骨及面部水平突出强烈等特征。从一些细节特征，如额坡度陡直、眉弓和眉间突起不特别强烈、较高眶型、鼻骨强烈突出与狭鼻，面部水平方向强烈突出和狭面相结合等，也和现代地中海东支类型比较接近[46]。

(6) 昭苏土墩墓人骨

这类土墩墓分布于昭苏地区的夏台、波马等地。年代测定距今约 2 400—1 800 年。据提供的 13 具头骨的研究，这批头骨的基本成分为短颅型高加索人种，他们中的男性头骨多数比较粗大，额坡度倾斜中等，眉弓粗壮，眉间突度强烈，鼻根凹深陷，有较高和中等宽的面，面部水平方向突出中等，多数低眶型，鼻骨则强烈突出，鼻棘也颇发达，中阔鼻型等。总的来看，他们与高加索人种特征不特别强烈的短颅型帕米尔—费尔干类型接近。其中有一具头骨似与前亚型较相似。只有两具头骨的蒙古人种特征比较明显，但也可能是两个人种的混杂类型。就这批头骨中的高加索人种头骨来讲，他们与长狭颅的地中海人种类型明显不同[47]。

(7) 楼兰遗址人骨

出土人骨的墓葬位于著名的古楼兰城址东部的高台地上。随葬品中有许多汉代文化特点的中原器物。年代测定大约距今 1 800 年前。提供研究的只有 6 具头骨。其中 5 具高加索人种的特征很明显。一般特征是长狭颅与狭面相结合，鼻骨突起特别强烈，颜面在水平方向突出也十分强烈，但矢向突出不明显，眶型趋高。这些综合特征也表现出与地中海东支种族头骨的接近。只有 1 具头骨显示出明确的蒙古人种性质，具有高而宽的面，鼻骨突起弱，面部扁平，颅形明显短化，颅高也不很高等，与前面所述的 5 具头骨在形态方面的区别很明显[48]。

(8) 和静察吾乎沟四号墓地人骨

此墓地位于和静北哈拉毛墩察吾乎沟的戈壁上。人骨是从该墓地的圆形竖穴石砌墓中采集的。年代距今约 2 500—2 000 年前。对其中的 83 具头骨的考察与测定，其代表性特征为长—中颅型结合高颅及狭颅型，狭—中面型，垂直颅面比例不高，普遍中—低眶型和中鼻型，鼻根突度强烈，面部水平突度大于中等，矢向突度平颌型，上齿槽突度不明显。这样一些特征明显与高加索人种有更多联系。用多变量计算方法分析，四号墓地人骨的基本属性大体与同地域的原始欧洲人类型较为接近(如孔雀河古墓沟墓地人骨)，但又有某些向“近代型”形态方向发展的趋势，如头骨规模有些小化，面型趋高和狭化，额坡度直化，面部矢向突度减弱等。推测两者之间的这种偏离不大可能受非高加索人种的影响，而可能是自然衍变的结果[49]。

(9) 和静察吾乎沟三号墓地人骨

此墓地距上述四号墓地几公里。人骨是从长方形竖穴土坑墓和洞室墓(与四号墓地不同)中采集的。年代晚于四号墓地，约距今 2 000 年。共 11 具头骨，其综合形态为中颅型结合高颅型和狭颅型，多狭额型，垂直颅面比例中等，多狭面型—中鼻型，鼻根突度中等，多中眶型，面部水平突度较强烈，矢向突出平颌。与四号墓地人骨表现出某些差异，如三号墓地头骨总体上有些短颅化和高颅化，狭颅特点更为明显，垂直颅面比例增加，额型趋狭，眶型趋高，鼻根突度有些弱化和更为狭面化。这样的变异方向使三号墓地人骨的高加索人种特点有些弱化而可能有某种轻度蒙古人种的混杂因素。在这批人骨中还发现有缠头习俗引起的环状畸形颅(圆锥形颅)，这样的变形颅和前苏联学者所指称的中亚、天山—阿莱和哈萨克斯坦的所谓"匈奴"头骨中的变形颇是同样的。因此也是新疆古代人中与其周邻互相交流、渗透而产生影响的一个重要例证[50]。

七、夏、商、周华夏系民族形成期的种族环境

关于中国各地区大致和夏、商、周三代相当时期(有的晚到汉代)遗址出土人骨的种属特征的探查研究已如上面第一至第六节所述。这些资料虽涉及中国内地的广阔范围,但明显的不足是由于大多数遗址中人骨的收集相当零碎,每个时代的人骨收集的地点也很少,在大片的地区内往往仅有一两个地点而留大量空白的地区,在人骨的鉴定与研究方面也是详略不一,在方法上还存在某些主观因素,对同一人骨的种属组成也存在诸多意见。例如什么叫"同质性"和"异种系"? 在人骨的观测方面,就目前所用的方法在多大程度上能够证实混血或混合的特征等等,实际上都是语焉不详和有待讨论和研究的。因此利用现有人骨研究资料来系统全面阐述中国古代各族群之间的种族关系及其起源仍有很大的困难。在本节中所能做到的仅是根据已研究过的各个遗址人骨的形态学特征及可能的种属性质,来讨论小人口群之间的关系,至于对每个遗址人骨中详细的种属组成,只有部分的资料可以引用,大部分资料不能涉及这个问题。下面的认识就是在这种基础上提出来的。

1. 华夏民族之种族属性及其组成

表一将已发表的中国内地各地大致为"三代"或比其稍早或稍晚时期人骨的种属类型,大致按原作者的意见简列出来。

表一 夏、商、周三代时期各遗址人骨的种族属性

(包括比"三代"稍晚的时期)

分布地区	人骨出土遗址	种族属性	时代	备注
夏、商、周遗址	山西襄汾陶寺	大部分头骨接近东亚类,但似不单纯	晚期进入夏代纪年	遗址在夏墟之地
	安阳殷墟祭祀坑	主要近东亚类,部分近北亚和南亚类	商文化期(晚)	殷墟王陵区
	安阳殷墟中小墓	大部分东亚类,少部有某些北亚类特征	商文化期(晚)	距殷墟王陵较近的族墓地
	陕西凤翔南指挥西村	与东亚类相近,某些特征类似南亚类	先商中期—西周中期	
	山西侯马上马	同种系,主要近东亚类,可能包含某些南、北亚类	西周晚期—春秋战国	
东北地区遗址	内蒙赤峰红山后	与东亚类接近,或有某些北亚类特征	夏家店上层文化期	
	内蒙夏家店	与东亚类接近,或有某些北亚类特征	夏家店上层文化期	
	内蒙宁城南山根	与东亚类接近,或有某些北亚类特征	夏家店上层文化期	
	内蒙敖汉旗大甸子	第一种类型近东亚类,第二类近东北亚类	夏家店下层文化(夏末商初)	两种类型实际上在面型上相当一致
	吉林西团山	具有东亚和北亚类混合特征		
	吉林骚达沟	同西团山		
	辽宁沈阳郑家洼子	同西团山		
	黑龙江泰来平洋	东北亚与北亚类混合和东北亚与东亚类混合	春秋晚期—战国时期	

续 表

分布地区	人骨出土遗址	种 族 属 性	时 代	备 注
西北地区遗址	青海乐都柳湾	与东亚类接近	齐家文化期	
	青海湟中李家山	与东亚类特别与东部藏族形态接近，个别近北亚类	卡约文化期	
	甘肃杨洼湾	与东亚华北人接近	齐家文化期	
	甘肃酒泉干骨崖	主体与东亚类接近，个别近北亚类	四坝文化期	
	宁夏固原彭堡	与北亚类接近	春秋晚期或战国早期	
黄河下游遗址	山东临淄辛店	与东亚类接近，与西日本弥生人同类型	周—汉代	
	山东临淄后李	与东亚类接近	周代	
华南遗址	福建闽侯昙石山	与南亚类接近	新石器时代晚期	
	广东佛山河宕	与南亚类接近	新石器时代晚期	
新疆地区遗址	孔雀河古墓沟	与高加索古欧洲人类型接近	铜器时代晚期	
	哈密焉不拉克	主要与东亚类接近，少部分为高加索人种	西周至战国	
	天山托克逊阿拉沟	主要与地中海东支和帕米尔—费尔干相近，少量蒙古人种	春秋晚期	
	洛浦山普拉	与地中海东支种族较近	前汉	
	塔吉克香宝宝	与地中海东支种族较近	春秋战国	
	昭苏夏台、波马	与帕米尔—费尔干类型接近，少量蒙古种	大致相当汉代	
	楼兰城郊	主要近地中海东支类，少量蒙古种	汉代晚期	
	和静察吾乎沟四号墓	“现代型”高加索种	春秋战国至汉	
	和静察吾乎沟三号墓	高加索种，帕米尔—费尔干类	大致相当汉代	有变形颅

首先值得重视的是黄河中游与夏、商、周遗址直接或可能相关地点人骨的种属鉴定，无论与夏纪年接近或相关的山西陶寺、殷商时期的安阳殷墟还是进入周代的陕西凤翔以及山西上马等遗址，其人骨的基本形态特征共同地显示出与现代蒙古人种的东亚类的接近，而且都是以主要形式出现的。其中，安阳殷墟祭祀坑人骨中的类型显得比其他地点的更复杂一些。其主要原因应归之于这些死者为殷人与其周围邻国的异族征战时的俘获者。其中不乏与殷人体质相异的成分。如殷人征伐的领域可远达河套地区，而这些地区正可能分布与北亚蒙古人种相类似的族类。还可能征伐至江南地区，与该地区可能分布的近于南亚蒙古人种族类相接触。尽管这种接触以战争的形式出现于中原的殷商遗址中(民族之间的接触与交往乃至相互影响，仅是一个方面)，但至少这个例子暗示中原地区并非不受任何其他族系(体质上也可能不同)的影响。这种情况使我们有理由设想，中国中原地区夏、商、周三代华夏系民族共同体的形成有一个共同种族的生物学背景，还没有任

何充分的证据证明这个民族共同体的体质属性受到过西方种族遗传交流的重大影响。但不排除受周邻族类(他们在体质上可能不同类,但并非西来的种族)的影响。这一点可以从其他周围地区出土人骨的种族认定资料上明显感觉出来。

2. 周邻地区的种族环境

这里所指周邻地区是指与上述黄河中游的夏、商、周三代遗址相周邻的地区而言。包括我国东北、西北、东部沿海、华南及新疆几个地区。在每个地区出土的大致与"三代"时期相当或稍早、稍晚的人骨地点多少不均。但多少能够从已发表的资料中了解这些周邻地区的种族环境及其与"三代"遗址分布地区的种族关系。

东北的人骨资料出自内蒙古东部、吉林、辽宁及黑龙江等地区。其中,除内蒙古大甸子的时代稍早(夏末商初)外,其他地点大多较此稍晚(春秋战国)。尽管如此,我们从中可能看到的种族环境是除了黑龙江平洋的被认为主要东北亚类的混合成分外,其余地点基本上仍系与东亚类接近或有某些北亚类的混合特征。这样的种族性质与"三代"遗址分布地区的没有本质不同,或最多说,这个地区或许受北亚类的影响较前者明显一些。

西北地区主要指青海、甘肃和宁夏三个内陆地区。其中,除了宁夏彭堡的时代稍晚(春秋战国)之外,其他四个地点的时代大致都在或接近中原"三代"时期的范围,而且除宁夏彭堡的以外,其余的甘青地区的都显示与东亚类的接近,其中有的与东亚类的华北人接近,有的与东亚类的东藏类型接近,北亚类的影响似乎仅以个别出现,它们与现代的蒙古人类型头骨很相似,这或许暗示着后来北亚类对该地区特别是对黄河中游地区的扩展和影响。

黄河下游的沿海省区只有山东两个地点的材料为代表,其时代稍晚。他们的体质特征相当明显地暗示出与东亚类的接近,没有发现其他支系成分的重大影响。而且它们还表现出与黄河中游商周时期人骨很接近。有趣的是还与日本西部弥生时代人骨之间存在很密切的同质性。因而认为日本西部弥生人可能是黄河中下游东亚类古代种族向海外扩展的一支。

华南地区几乎没有相当"三代"时期人骨的报告。只能以仅有的福建昙石山和广东河宕两个新石器时代晚期的材料作代表。按它们的绝对年代,距"三代"期不远或就在其间。如果它们的种族类型同它们稍晚的居民之间没有实际的差异的话,那么它们与黄河流域的代表之间存在相当明显的区别。即它们与蒙古人种的南亚类的接近更为明显,但由于这个广大地区所研究的人骨太少,这样的成分在多大程度或规模上影响华夏系民族共同体的形成还不好估计。但有一点是可以肯定的,即这样的成分在殷墟祭祀坑的种属成分中已有反映。因而也是值得注意的。

以上黄河流域及其邻近地区古代人骨种族属性的变异分布也反映在图一和图二上。这是将 26 组大致从青铜至铁器时代人骨组的测量数据加以整理,并采用多变量数理统计中的主成分分析法绘制的二维平面位置图。从图上各组所在位置可能概述出这个地区种族形态学的分布趋势(详细原理从略)。图一是用 13 项测量特征制作的,在第一主成分(PC1 轴)方向上可以大略看出有三个类群的分布,即在左边以 22 和 23 组(福建昙石山和广东河宕两组)为代表的类群和最右边的较为密布的 6、7、10、11、16、18、20、21、24、25、26 各组(内蒙完工、扎赉诺尔、山嘴子、毛庆沟、吉林西团山、宁夏彭堡、青海阿哈特拉山、李家

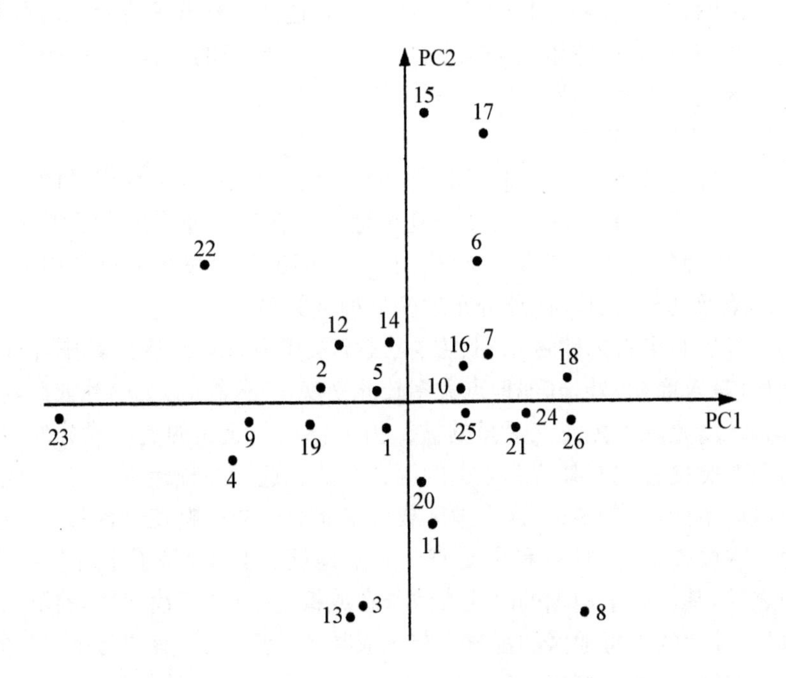

图一　中国青铜—铁器时代各组13项头骨测量特征的主成分分析图

1. 临淄组　2. 安阳组　3. 蔚县组　4. 凤翔组　5. 上马组　6. 完工组　7. 扎赉诺尔组　8. 南杨家营组　9. 赤峰·宁城组　10. 山嘴子组　11. 毛庆沟组　12. 商丘组　13. 后李组　14. 弥生组　15. 庙后山组　16. 西团山组　17. 平洋组　18. 彭堡组　19. 火烧沟组　20. 阿哈特拉山组　21. 李家山组　22. 昙石山组　23. 河岩组　24. 神木合组　25. 神木甲组　26. 神木乙组

山、陕西神木等组)。在这两者之间较为密布的是以1、2、4、5、9、12、14、19各组为代表的类群(山东临淄、安阳殷墟、陕西凤翔、山西上马、内蒙赤峰宁城、河南商丘、西日本弥生、甘肃火烧沟等组)。其中以福建昙石山和广东河宕两组为代表的在头骨形态上较接近于南亚类。最右边的类群中,基本上是以东亚类和北亚类混合或主要是北亚类的。在这两者之间的类群,基本上代表了黄河中下游的近于东亚类的。但这种分类主要是以头骨测量的绝对值大小作出的,如果利用各种代表颅面形态类型的指数项目作同样的分析是否能得到相同的结果?图二便是选用了7项这样的指数特征作出的各组形态分布图,从各组散点位置的排列来看,主要是在第一主成分(PC1轴)方向上拉开了距离。大致来说,在PC1轴的最左边为昙石山和河宕两个华南组(19、20)。以PC1轴为界,其左边为完工、扎赉诺尔、南杨家营子、西团山、彭堡、山嘴子、阿哈特拉山、李家山、神木等组。也基本上代表了北亚类或有北亚类混合特征的类群。但它们的分布有些松散。在这两个分布群之间则是一个排列非常紧密的集合群,包括殷墟中小墓、蔚县、凤翔、上马、后李、商丘、火烧沟、临淄、平洋、西日本弥生等组。这些组的主体显然最与东亚类的接近。它们排列如此密集,正暗示它们在形态学上有很深刻的同质性。这一分析与前边用绝对测量项目所做的分析基本相符,只是三类集团的分布相对比较松散,少数组明显离散而不规律。后者虽个别组也离散,但不特别强烈[51]。

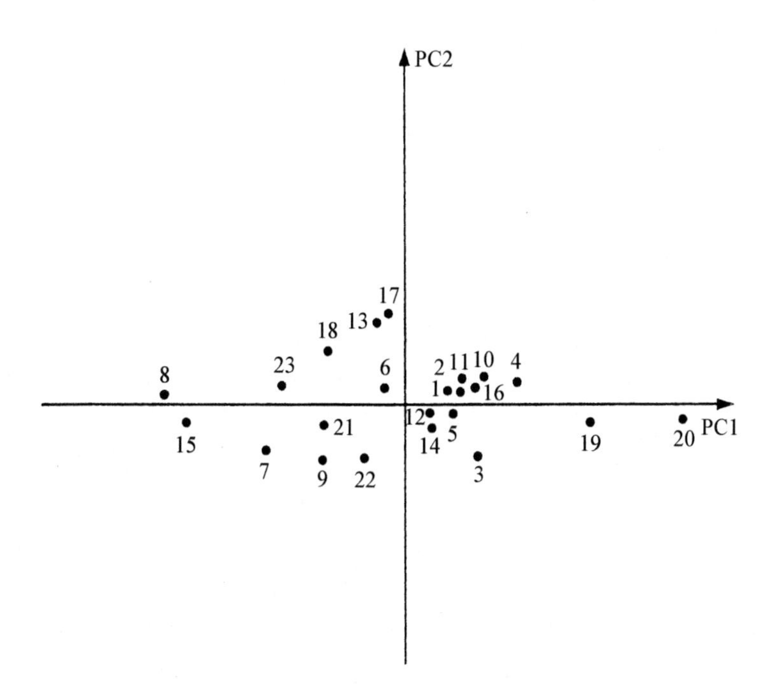

图二 中国青铜—铁器时代各组7项颅面形态类型指的主要成分分析图

1. 临淄组 2. 安阳组 3. 蔚县组 4. 凤翔组 5. 上马组 6. 完工组 7. 扎赉诺尔组 8. 南杨家营组 9. 山嘴子组 10. 商丘组 11. 后李组 12. 弥生组 13. 西团山组 14. 平洋组 15. 彭堡组 16. 火烧沟组 17. 阿哈特拉组 18. 李家山组 19. 昙石山组 20. 河宕组 21. 神木合组 22. 神木甲组 23. 神木乙组

与以上地区相比,广大的新疆地区的人骨材料则呈现出相当复杂的种族现象,从距今约3 800年以前的铜器时代至距今1 800年前的汉代,先后出现过不同的西方高加索人种成分。如中长颅—低宽面的古欧洲人类型,长狭颅—狭面的地中海东支类型及短宽颅的帕米尔—费尔干类型等。如不计时代早晚和地区的分布,总体来讲,这些西方高加索人种成分占有新疆古代居民的大部分,而且其东进的前缘似达哈密地区。相对而言,东方蒙古人种成分以群体的出现与东藏的类型比较接近。有趣的是在这个遗址中还出现有部分明显的高加索人种的成分。因而哈密遗址可视为东西方种族共生的一个例子。其他地点的人骨中虽也有某些蒙古人种成分出现,但都显得比较零散。总的估计,在秦汉以前,新疆这个地区主要是西方高加索人种居民不断移居,其人口规模和迁入时间层次及种族成分也不尽相同。而东方蒙古人种成分的西进的规模在秦汉以后才逐渐扩大,这已是有史记载的匈奴、蒙古人和突厥人几次向西扩展的浪潮了[52]。

总之,无论从中原地区夏、商、周遗址人骨种系特征的研究还是从其周邻地区的种族环境来看,黄河流域"三代"民族共同体有一个以东亚类蒙古人种为主体的种族群。这个群体部分地受到其北方的北亚类和其南的南亚类的影响。很可能这些部分的影响在以后更为扩大并参与进来。西方高加索人种成分虽在"三代"时期已明显出现于新疆地区,但他们似乎还没有以群体迁移的形式进入河西走廊以东的地区。因此,在华夏系民族共同体的种族组成中，西方种族的影响即便存在也是难以显现的。从这个角度来说，过去西方学者的那种“中国人种西来说”是没有根据的。但也不能无视至少在商、周乃至秦汉期间西方种族在新疆地区的出现以及他们可能带来的文化影响。这种影响实际上比我们想像得要大，但目前这方面的研究还是相当薄弱的，我们期待今后会有更多古人类学材料的发现。

3. 华夏民族人种属性与新石器时代和现代中国人的关系

关于中国新石器时代种属问题，笔者着重讨论过黄河流域新石器时代不同居群之间种族形态学的关系以及华北和华南新石器时代人骨种属特征的变异方向。大致来说，黄河流域上、中、下游新石器时代的人骨虽有某些多形现象，如中游的仰韶时期的人骨上尚存留某种古老性质，上游的似更近现代华北人类型，下游的似有些更宽面的倾向等。但总的来讲，这种多形现象主要还属蒙古人种东亚类群内变异的性质，反映了黄河流域居民种族的同质性。但是研究表明，在黄河流域和华南地区新石器时代人骨之间存在明显的地域类群之间的差异，即黄河流域居群更近东亚类，华南出土的人骨则明显呈现出近于南亚类的特点，因而在类型学意义上，两者有区别。这种种族特征的变异趋势，显然和前述夏、商、周三代时期人骨的总体变异方向之间是基本相像的。换句话说，现代中国人的解剖学特征到夏、商、周三代时期已经成形，而且可以追溯到中国现代民族人类学的资料中，如据许多人类学者的调查和研究，在中国华北居群相邻地区的现代居民中存在多种体质类型的成分，其中最主要而占人口也最多的是种族分型中的现代华北类型。这种类型的分布中心也主要在黄河流域。此外，部分的是大陆蒙古人种类型(北亚类型)及朝鲜—满洲类型，前者大致在蒙古高原，其集中地区显然位于西伯利亚和内外蒙地区；后者大致集中在东北地区。而这样的分布关系，与夏、商、周三代人骨上呈现的种族形态学资料之间的关系相当密切。有理由设想，黄河流域“三代”时期多集中反映出近于东亚类的性质与现代该地区的华北人类型的集中散布应有密切的演变关系。在东北地区“三代”人骨中的某种北亚类的混合性质主要在短颅化倾向上，这实际上可能与该地区现代居民中的短颅化的朝鲜—满洲类型相联系。西北地区“三代”人骨基本上属东亚类但其中不乏与现代藏族(东北地区)的体质类型相当一致的情况。后者在体质形态学上虽与现代华北人之间有许多共性，但他们(主要指东藏地区的类型)的种族溯源很可能与几千年前便已分布于西北地区的卡约文化居民有密切关系。因为他们在体质人类学上属于蒙古人种特征不特别强烈的类型[53]。华南地区“三代”时期人骨几乎是空白，仅从这个地区的新石器时代晚期的人骨来看，有一些明显近于热带人种的形态特征，这也和一些现代南亚类种族多分布在该地区的事实大致相符。总之，按现有的骨骼人类学资料，现代中国人在种族人类学上的基本格局在新石器时代便已形成，“三代”时期似更为明晰。

值得重视的是新疆这一广漠地区古代居民的种属及其来源问题。据人骨资料，“三代”时期在新疆腹地已经出现了西方高加索人种成分，而且西方人种进入这个地区的活动至少在秦汉以前没有停息过。而东方种族的进入，相对较弱，这种种族交错无疑对后来新疆境内居民的种族组成格局有重大的影响。但从骨骼的种族形态学调查看，西方种族群体的进入活动大致限制于新疆和甘肃的交界处。尽管从古代史料的记载上，曾提及可能具有西方种族特征的居民活动于甘肃河西走廊地区，但至今无论在考古学还是人类学上都没有取得过充分的证据[54]。因此有理由设想，这一地区有过一个自然地相对短期的“种族隔离带”。西方种族的进入似乎没有对中原地区（包括甘肃地区）的种族构成重大影响。但他们后来又确实参与到了我国西北地区（主要指新疆地区）古代民族的组成之中，其影响是不能低估的。

4. 黄河流域古代居民头骨形态特征的微进化问题

过去，对中国人起源问题多从古人类化石或骨骼形态学方面进行考察，但研究重点在早期的古人类学方面，提出了中国境内的古人类从旧石器时代早期的直立人到现代的蒙古人种之间存在连续演化的学说[55]。最近，有的中国学者根据古人类化石和古人骨的测量特征时代变化的计算，指出从早期智人直到现代人头骨特征的变化上存在不连续性以及在中国南北两大地区古人类头骨特征的时代变化上呈现差异，推测现在的南、北中国人可能分别由各自地区的早期智人平行演化而来，它们分别归属南部蒙古人种和北部蒙古人种类型，并且这两个类型将随时代的变化而逐渐趋同[56]。但是，鉴于中国境内发现的旧石器时代古人类化石如此稀少和残碎不全，用数理统计方法来讨论旧石器时代人类和现代中国人之间的关系实属无奈，其可信度有待以后的证明。

新石器时代以后，这种人类学材料的匮乏状态有所改观，尽管从每个地点收集的测量数据常超不过统计学上的小数例，但地点的增加提供了更多的数据而更接近统计学的要求。因而作群体的研究相对比较可信。

本节着重介绍黄河流域及其邻近地区从新石器时代—青铜时代—现代颅骨形态测量学上的微进化观察，对比材料主要集中在黄河流域的 14 个新石器时代组、17 个铜器（部分铁器）时代组和 13 个现代组[57]。在考察这个三个时代组在颅骨特征的微进化计量时，采用了计算时代变化比例的方法作为评估的参考依据[58]：

$$时代变化比例(\%)=(M1-M2)/M1\times 100$$

M1 和 M2 代表甲、乙两组测量特征的平均值，比例（%）得负值表示该测量特征数值增大，得正值则相反。在表二中分别列出了三个时代组各项测量特征的平均值和例数，同时列出了新石器时代与铜器时代之间，新石器时代与现代之间以及铜器时代与现代之间的时代变化比例。据表中数字，可以指出如下一些微变化趋势：

表二　中国新石器、铜器和现代头骨测量综合平均值和时代变化比例（%）

马丁号	测量名称	新石器时代（15）※	铜—铁器时代（17）※	现代（14）※	新石器时代—铜器时代	新石器时代—现代	铜器时代—现代
1	颅　长	181.2(153)	181.6(845)	179.4(540)	−0.22	0.99	1.21
8	颅　宽	141.6(141)	141.5(825)	139.4(539)	0.07	1.55	1.48
17	颅　高	141.6(108)	139.3(692)	137.3(461)	1.52	1.14	−0.39
8∶1	颅指数	78.7(136)	77.5(798)	77.8(540)	1.62	3.04	1.44
17∶1	颅长高指数	79.0(102)	77.9(666)	76.4(468)	1.39	4.30	1.93
17∶8	颅宽高指数	99.7(96)	99.2(654)	98.5(468)	0.50	1.20	0.71
5	颅基底长	103.5(112)	99.8(681)	100.0(178)	3.57	3.38	−0.20

续 表

马丁号	测量名称	新石器时代(15)※	铜—铁器时代(17)※	现代(14)※	新石器时代—铜器时代	新石器时代—现代	铜器时代—现代
40	面基底长	100.9(95)	97.7(606)	95.6(162)	3.17	5.25	2.15
40∶5	面突度指数	97.3(92)	96.0(611)	95.8(303)	1.34	1.54	0.21
52	眶 高	33.8(121)	32.3(794)	35.7(166)	4.44	−5.62	−10.53
51	眶 宽	43.3(125)	42.1(791)	43.2(154)	2.77	0.23	−2.61
52∶51	眶指数	78.4(116)	79.5(781)	82.6(230)	−1.40	−5.36	−3.90
54	鼻 宽	27.4(139)	27.0(790)	25.8(290)	1.46	5.84	4.44
55	鼻 高	53.4(139)	53.8(794)	54.4(292)	−0.75	1.87	−1.12
54∶55	鼻指数	51.4(126)	50.4(764)	47.2(493)	1.95	8.17	6.35
48	上面高	75.1(127)	73.7(758)	74.6(510)	1.86	0.67	−1.22
45	颧 宽	137.8(90)	136.4(677)	134.3(515)	1.02	2.54	1.54
48∶45	上面指数	54.5(81)	54.0(614)	55.7(510)	0.92	−2.20	−3.15
9	最小额宽	92.8(163)	91.8(841)	91.3(510)	1.08	1.62	0.54
72	全面角	84.6(107)	84.6(669)	83.9(345)	0.00	0.83	0.83
77	鼻颧角	146.4(126)	145.0(484)	145.5(150)	0.96	0.41	0.34

1）据三个主要脑颅直径(1、8、17)，从新石器时代经铜器时代到现代，其绝对尺寸的变化不强烈，但仍可以感觉到有些缩小。而且这种缩小的比例在铜器时代—现代之间比新石器时代—铜器时代之间更明显一些。从三个基本的颅形指数(8∶1,17∶1,17∶8)的变化来看，从新石器时代—铜器时代仅有不太明显的缩小，而且从铜器时代—现代之间也基本上没有明显的变化。这种情况说明，在这个广漠地区，从新石器时代到现代人之间，没有短颅化现象发生。这或许说明，黄河流域古代居民的短颅化发生在比这更早的时期，以后停滞了。与此相伴，在脑颅的相对高度上(17∶1)，从新石器时代—铜器时代—现代存在逐渐降低的趋势，这可能和颅高的逐渐变低有关。还应该指出，无论在绝对颅高和相对颅高上，新石器时代组的高颅特征最为强烈，虽然后来随时代有些缩小，但仍没有失去高颅特征。因此，至少在这个地区的高颅特性在新石器时代业已形成，随后这种特征仅稍有弱化。

2）颅基底长(5)和面基底长(40)，无论在新石新器时代、铜器时代还是现代组，都是颅基底长大于面基底长的特点未变。此外，这两项长度特征自新石器时代以后有一般的变小趋势，而且这种趋主要发生在新石器时代—铜器时代之间。由这两项直径组成的面突度指数(40∶5)也存在逐渐变小趋势，而且同样在新石器时代—铜器时代之间的趋小幅度稍大于铜器时代—现代之间。这种微变化现象一方面可能与整体头骨趋小的变化有关，同时与齿槽在矢状方向突度的某些收缩相关，不过从测量数字的总体平均变化趋势来看，从新石器时代到现代的收缩程度不强烈。

3）据不同时期的眶高(52)测定，似乎从新石器时代—铜器时代有较明显的降低，但铜器时代—现代之间又更明显回升而超过了新石器时代组的高度。眶宽(51)也有类似的时代变化,即从新石器时代—铜器时代有较明显的变狭,但从铜器时代—现代又趋变宽,仅其变化幅度不如眶高强烈。又据相对眶高测定(52∶51),从新石器时代以后有总体增高趋势,但增高幅度似在铜器时代—现代之间更为强烈。这种高眶化趋势,也可能作为这个地区颅骨形态变异方向之一。

4) 据鼻部的形态测量,鼻宽(54)也随时间趋狭,其明显的狭化也主要发生在铜器时代—现代之间。鼻高的变化(55)则稍相反,从新石器时代略趋增高,在铜器时代—现代之间的增高幅度稍大一些,但整个增高幅度都不大。与此相应,鼻指数(54∶55)也在新石器时代以后有变狭之势,而且这一变化也更强地发生在铜器时代—现代之间。因此,鼻形的相对狭化也是这一地区的形态微进化表现之一。

5) 据面部形态测量,上面高度(48)从新石器时代—铜器时代之间有些降低。以后到现代又稍趋增高。但整个变化幅度不大。颧宽(45)则从新石器时代到现代有变狭之势,又似乎在铜器时代—现代之间略微明显一些。面部形态指数(48∶45)则从新石器时代—铜器时代基本上变化不大,也只是在铜器时代—现代之间有较明显的狭化趋势。

6) 前额宽度(9)在新石器时代最宽,到铜器时代和现代有些微缩狭,但狭化的幅度不明显。

7) 面部矢状方向和水平方向突度(72、77)从新石器时代到现代的变化很小,即这两项特征在角度的量度上没有本质的改变。

从以上主要颅面测量特征的时态变化比例的量度比较来看,对中国黄河流域(除本义的黄河流域外,还包括其他西北和东北的部分地区)古代人颅骨形态特征的微进化方向归纳为如下几点:

1) 从新石器时代到现代,脑颅有某些缩小趋势,但这种趋势并未伴随短颅化的出现,而是同时保持相对高颅性质不变。从新石器时代到现代,脑颅的缩小似乎在铜器时代—现代之间较为明显。

2) 眶形的相对增高,面形和鼻形的狭化三者相伴随出现。而且这种变化也是在铜器时代—现代之间发生得更清楚一些。

3) 额部、面部的矢向和水平突度上则从新石器时代到现代大致保持稳定或变化很小。

4) 唯在颅、面部基部长度的缩小可能主要发生在新石器时代—铜器时代之间。

由上可见,从新石器时代以后中国古代居民的颅骨形态学特征在新石器时代—铜器时代之间的变化很小而保持了相对稳定。但在某些特征如眶形、鼻形和面形上的微小变化,似乎在铜器时代—现代之间仍在继续。据此可能有理由设想,中国人(至少指黄河流域的中国人)的原型在新石器时代已经基本稳定,但随后,向这一地区现代中国人颅骨形态学的微进化并未终止。

至于中国其他地区特别是广大的南部地区的微形态演化是否遵循与北部地区相似的规律,由于这些地区骨骼测量资料的十分贫乏,还不能作出适当的分析和比较,还有待今后人类学资料的不断积累。

注 释

① 徐杰舜:《汉民族发展史》,6—14 页,四川民族出版社,1992 年。

② 谢维扬:《论华夏族的形成》,《社会科学战线》1982 年 3 期;《华夏族形成问题初论》,《研究生论文选集·中国历史分册》,江苏古籍出版社,1984 年。

田继周:《夏代的民族和民族的关系》,《民族研究》1985 年 3 期。

邹君孟:《华夏族起源考论》,《华南师大学报》1985 年 1 期(以上转引自①)。

③ 徐杰舜:《试论古代周民族的形成》,《浙江师范学院学报》1984 年 2 期;《汉民族发展史》,13 页,四川民族出版社,1992 年(以上转引自①)。

④ 徐杰舜:《汉民族发展史》,6—7 页,四川民族出版社,1992 年;林惠祥:《中国民族史》上册,商务印书馆,1936 年;郭维屏:《中国民族史》,上海亚细亚书局,1935 年;李亚农:《西周与东周》,上海人民出版社,1956 年;岑仲勉:《汉族一部分西来之初步考证》,《两周文史论丛》,商务印书馆,1958 年(以上转引自①)。

⑤ 潘其风:《我国青铜时代居民人种类型的分布和演变趋势》,《庆祝苏秉琦考古五十五年论文集》,249—304 页,文物出版社,1989 年。

⑥ 杨希枚:《河南安阳殷墟墓葬中人骨的整理和研究》,《安阳殷墟头骨研究》,21—49 页,文物出版社,1985 年。

⑦ 韩康信、潘其风:《安阳殷墟中小墓人骨的研究》,《安阳殷墟头骨研究》,50—79 页,文物出版社,1985 年。

⑧ Li Chi: Notes on some metrical characters of calvaria of the Shang Dynasty excavated from Houchiachuang, Anyang.《安阳殷墟头骨研究》,139—148 页,文物出版社,1985 年。

⑨ Coon, C. S., The Story of Man. New York, Alfred A. Knopf, 1954, pp. 331-332.

⑩ Coon, C. S., Living Races of Man. New York, Alfred A. Knopf, 1965, pp. 120-125.

⑪ 杨希枚:《河南殷墟头骨的测量和形态观察》,《中国东亚学术研究计划委员会年报》1966 年 5 期(英文)。

⑫ 同⑥。

⑬ 杨希枚:《卅年来关于殷墟头骨及殷代民族种系的研究》,《安阳殷墟头骨研究》,6—20 页,文物出版社,1985 年。

⑭ Turner Ⅱ, C. G., Dental evidence on the origins of the Ainu and Japanese. Science, Vol. 193, pp. 911-913, 1976; Additional features of Ainu dentition. American Journal of Physical Anthropology, Vol. 46, pp. 13-24, 1977; Sinodonty and Sundadonty: A dental anthropological view of Mongoloid microevolution, origin and dispearsal into the Pacific Basin, Siberia, and the Americas. Symposium on late Pleistocene and early Holocene cultural relation between Asia and America, XIV Pacific Science Congress, Khabarovsk, USSR, 1979. Dental anthropological indications of agriculture among the Jomon people of central Japan. American Journal of Physical Anthropology, Vol. 51, pp. 619-636, 1979.

⑮ Howells, W. W., Origins of the Chinese people: Interpretations of the recent evidence (copy). Peabody Museum Harvard University, 1979.

⑯ 韩康信、潘其风:《殷代人种问题考察》,《历史研究》1980 年 2 期。

⑰ 韩康信、郑晓瑛:《殷墟祭祀坑人骨种系多变量分析》,《考古》1992 年 10 期。

⑱ 陈铁梅:《我国古代居民颅骨的聚类分析与主成分分析》,《江汉考古》1991 年 4 期。

⑲ 李济：《安阳的发现对谱写中国可考历史新的篇章的重要性》，《李济考古学论文选集》，789—795页，文物出版社，1990年。
⑳ 同⑦。
㉑ 同⑦。
㉒ 焦南峰等：《凤翔都指挥西村周墓人骨的测量与观察》，《考古与文物》1985年3期。
㉓ 潘其风：《上马墓地出土人骨的初步研究》，《上马墓地》附录，398—483页，文物出版社，1994年。
㉔ 考古所体质人类学组：《赤峰、宁城夏家店上层文化人骨研究》，《考古学报》1975年2期。
㉕ 潘其风：《大甸子墓葬出土人骨的研究》，《大甸子》附录一，224—322页，科学出版社，1996年。
㉖ 贾兰坡、颜訚：《西团山人骨的研究报告》，《考古学报》1963年2期。
㉗ 潘其风、韩康信：《吉林骚达沟石棺墓人骨的研究》，《考古》1985年10期。
㉘ 韩康信：《沈阳郑家洼子的两具青铜时代人骨》，《考古学报》1975年1期。
㉙ 潘其风：《平洋墓葬人骨的研究》，《平洋墓葬》附录一，文物出版社，1990年。
㉚ 张君：《青海李家山卡约文化墓地人骨种系研究》，《考古学报》1993年3期。
㉛ 颜訚：《甘肃齐家文化墓葬中头骨的初步研究》，《考古学报》1955年9册。
㉜ 郑晓瑛：《甘肃酒泉青铜时代人类头骨种系类型的研究》，《人类学学报》1993年4期。
㉝ 韩康信、潘其风：《古代中国人种成分研究》，《考古学报》1984年2期。
㉞ 韩康信：《宁夏彭堡于家庄墓地人骨种系特点之研究》，《考古学报》1995年1期。
㉟ 韩康信：《山东临淄周—汉代头骨体质特征研究与西日本弥生时代人骨比较》，《探索渡来系弥生人大陆区域的源流》，112—158页，山东省文物考古研究所、土井浜遗址人类学博物馆发行，2000年。
㊱ 张雅君：《山东临淄后李官周代墓葬人骨研究》，《探索渡来系弥生人大陆区域的源流》，164—171页，山东省文物考古研究所、土井浜遗址人类学博物馆发行，2000年。
㊲ 同㉟。
㊳ 韩康信、张振标、曾凡：《闽侯县石山遗址的人骨》，《考古学报》1976年1期。
㊴ 韩康信、潘其风：《广东佛山河宕新石器时代晚期墓葬人骨》，《人类学学报》1982年1期。
㊵ 韩康信：《新疆孔雀河古墓沟墓地人骨研究》，《考古学报》1986年3期。
㊶ 韩康信：《新疆哈密焉不拉克古墓人骨种系成分之研究》，《考古学报》1990年3期。
㊷ 韩康信：《丝绸之路古代居民种族人类学研究》，71—175页，新疆人民出版社，1994年。
㊸ 同㊷。
㊹ 邵兴周等：《洛浦县山普拉出土颅骨的初步研究》，《人类学学报》1988年1期。
㊺ 韩康信、左崇新：《新疆洛浦桑普拉古代丛墓葬头骨的研究与复原》，《考古与文物》1987年5期；韩康信：《新疆洛浦桑普拉古墓头骨的种系问题》，《人类学学报》1988年3期。
㊻ 韩康信：《塔吉克县香宝宝古墓出土人头骨》，《新疆文物》1987年1期。
㊼ 韩康信、潘其风：《新疆昭苏土墩墓古人类学材料的研究》，《考古学报》1987年4期。
㊽ 韩康信：《新疆楼兰城郊古墓人骨人类学特征的研究》，《人类学学报》1986年3期。
㊾ 韩康信、张君、赵凌霞：《新疆和静察吾乎沟三号和四号墓地人骨种系特征研究》，《演化的证实——纪念杨钟健百年诞辰论文集》，23—38页，海洋出版社，1997年。
㊿ 同㊾。
51 此主成分分析谱系图由韩康信、张君制作。
52 韩康信：《新疆古代居民的种族人类学研究和维吾尔族的体质特点》，《西域研究》1991年2期。
53 同㉚。
54 韩康信、潘其风：《关于乌孙、月氏的种属》，《西域史论丛》第3辑，1990年。
55 Wolpoff, M. N., Wu Zinzhi, Thorne, A. G., Modern Homo sapiens origins: A general theory of

hominid evolution involving the fossil evidence from East Asia. In：Smith F. H.，Spenser F eds. The Origins of Modern Humans：A World Humans：A World Survey of the Fossil Evidence，New York：Alan R. Liss Inc.，1984，411－483；吴新智：《中国人类化石研究对古人类学的贡献》，《第四纪研究》1999年2期。

㊻ 张振标：《中国人类颅骨特征的微观演化及现代中国人的起源》，《演化的实证——纪念杨钟健教授百年诞辰论文集》，7—31页，海洋出版社，1997年。

㊼ 综合的14个新石器时代组是青海乐都柳湾、民和阳山，陕西宝鸡、华县、横阵，西安半坡和临潼姜寨，宁夏海原，河南庙底沟二期，山东泰安大汶口、曲阜西夏侯、兖州主因、诸城呈子、邹县野店等。综合的17个铜—铁器时代组分别来自青海乐都柳湾、湟中李家山、循化阿哈特拉山，甘肃玉门火烧沟、酒泉干骨崖，陕西凤翔，宁夏固原彭堡，河南商丘、安阳殷墟中小墓和祭祀坑，山西侯马上马，山东临淄辛店和后李官村，内蒙敖汉旗大甸子，辽宁本溪和黑龙江泰来平洋等。13个现代中国人组则引自切薄克萨罗夫的《中国民族人类学——现代居民的种族形态学》，科学出版社，1982年（俄文）；步达生的《甘肃河南晚石器时代及甘肃史前后期之人类头骨与现代华北及其他人种之比较》，《古生物志》丁种第6号第一册，1928年；G. M. Morant的《A first study of the Tibetan skull》，《Biometrika》Vol. 14，193－260，1923。其中包括9个华北组，3个东北组和藏族B组的数据。

㊽ Frayer，D. W.，Biological and Cultural Change in European from late Pleistocene and Early Holocene. In：The origin of Modern Humans（PH Smith，F Spencer des）. New York：Alan R. Liss，Inc. 1984，211－250.

（原文发表于《新世纪的中国考古学——王仲殊先生八十华诞纪念论文集》，科学出版社，2005年）

中国境内考古发现的西方人种成分

一说起"中国文化西来说"便常伴随与"中国人种西来说"之联想。这种学术上的讨论从十七世纪引发至今已经长达三个多世纪。从最初的主要依据语言文字及神话传说提出来的西来说到依考古发现的西来说直到最近的古人类学和分子遗传学的参与，在学术界一直持续不断，在支持者和反对者之间的争论有时还颇为剧烈。这种情况在中国的学术界也有强烈的反映。

本文并非详论中国文化及人种的西来说，而是想对以往历史上的西来说以及近来的类似学说作一概要的回顾，并且从笔者自己从事的对中国境内古代人类遗骸的种族鉴定积累的资料来审视究竟在中国的古代有没有西方人种成分的出现及他们有没有影响中国人种族的组成。这或许对有趣于中西文化或种族交流的学者提供另类视角的参考，因为过去的争论主要是从文化层面上的，很少从古代人自身的种族特征上来讨论这个问题。

对于早期依语言文字及传说为主提出中国文化及种族起源的形形色色的假说，有的学者称之为"旧西来说"。而对后来从考古学的发现提出来的假说则称之为"新西来说"[1]。从分子遗传学的测定提出的中国人起源于西方的学说则是最近二十年开始的。本文中对这些假说逐一扼要记述，其后介绍对中国古代人遗骸中发现的西方人种成分的研究及对各种西来说的简要评述。

一、"旧西来说"

这种称谓主要指十七世纪开始的时间较早主要依据语言文字及神话传说提出来的中国文化和种族西来的各种假设。主要有如下几种：

(一) 巴比伦说

这是形形色色西来说中一度影响比较大的一种，是法国人 T. de. Lacouperie(拉克伯里)所著 Western Origin of the Early Chinese Civilization (早期中国文明西方起源)(1894)中提出来的[1]。他认为中国人来源于巴比伦，中国的黄帝即是于公元前 2282 年率 Bak(巴克)族东迁的酋长 Nakhunte(奈洪特)，中国的神农氏即 Sargon(沙公)，苍颉是 Dunhit(但吉)，会造鸟兽形文字。他率领东迁的巴克人就是中国人。据称汉人的文字与巴比伦的楔形文字相似，一年分四季和十二个月及定闰月之法及五日累积法金木水火土等历法也相似。此说一开并风靡一时。其实法国人 E. Biot(比尔特)在其《周礼导言》(1851)中便主张巴比伦说[2]。还有 J. Chalmers(查默斯)(1866) 在其 The Origin of the Chinese(中国人的起源)及 J. Edkins(埃金斯)(1871)的 China's Place in Philology: an Attempt to Show that the Languages of Europe and Asia have a Common Orign (中国在语言学上的地位一试图展示欧洲和亚洲语言具有共同的起源）都把包括汉语在内的亚洲语言来源于美索不达米亚—亚美尼亚地区[3][4]。类似的说法还可列举如法国人 M. G. Pauthier（波西尔）等将汉字与楔形文字相比较，主张中国与巴比伦的文明之间存在亲缘关系[5]。日本的白河次郎与国府种德合著的“《支那文明史》”(1899)亦步其尘，列举大量中国与巴比伦在文字、信仰、传说等方面相类似，支持拉克伯里的中国文明和中国人的西方起源说[6]。从此说的也不乏中国人，如蒋智由在其《中国人种考》中设令中国的种族当属迦勒底之阿加逖人种[7]。还有刘师培的《思祖国篇、华夏篇、国土原始论》[8]，丁谦的《中国人种从来考，穆天子传地理考证》[9]，章太炎的《检论序种姓》[10]，黄节的《种源论》[11]等等。丁谦和黄节皆以为“巴克”即“盘石”之转音，称“盘石”为最早迁来的中国人的祖先。章太炎则称“加尔特亚盖古所调葛天”。英国牛津大学的 C. J. Ball(. 鲍尔)在 Chinese and Sumerian（中国人和苏美尔人）(1913)中将中国和苏美尔文字比较之后也得出同样的结论[12]。

不过对此说持批评和反对的也不乏其人。法国的 Chavannes(沙畹)便从语言学上指出熊黄帝说之谬误[13]。前述英国人鲍尔虽主张中国与苏美尔的文字有共同之说，但也认为他们仍有各自的独立[12]。德国人 Hirth(夏德)的《中国太古史》也不赞成巴比伦说[14]。中国的缪凤林在其《中国民族由来说》中也竭力批评此说在地理、人种、年代及古文物方面的谬误[15]。

(二) 埃及说

此说出现得比“巴比伦说”还要早。最初由德国人 A. Kircher(基尔彻)(1654)在 Cedipi Aegyptiaci(埃及迷解)中提及[16]。后在 China Illustrata(中国图解）一书中专门讨论中国文字和埃及文字的异同，认为两者的象形文字类似。由此认为中国人的祖先为埃及人的一支。法国的 Huet(休特)(1716)除了文字又考察风俗上的异同，也主张中国人起源于埃及。他说“……然印度与埃及商业之相当既有古代史为之证明，则当吾人读史时不能不信中国与印度两民族虽非全属埃及之苗裔，至少其大部分心属埃及人。”又说“在两群人侵印度之埃及人中，中国人尤堪注意。中国人对于本族之感觉极灵，其习惯与埃及人极其符合，其正体与便体两种文字，甚至语言，信轮回之说，养黄牛之习，亦复相似。而尤足以使予惊叹者，则中国人反对外国商人之入国，始终不变是也，此与斯特拉波(Strabon)所述古代埃及人之态度竟完全无异”[17]。另一位法国人 M. de. Guijnes(德基涅)在《论中国为埃及之殖民地》一书中说，“吾于是深信中国之文字、法律、政体、君主，甚至于政府中大臣及全部帝国均源自埃及。而所谓《中国古代史》实及埃及史，弈诸中国史之首而已”[18]。另外十八世纪的法国人 de Mairan(美朗)和英国的 Warburton(华白敦)、Needham(尼德汉姆)也亦持埃及说。英国人 G. Wilkinson(威尔金生)(1834)甚至根据在第伯斯(Thebes)的埃及古墓中出土的中国瓷瓶支持中国文化出自埃及。

反对此说的也有人在，如法国的 Corrdeius de Pauw(得波)、Votlaire(伏尔泰)等[19]。

(三) 印度说

法国的 A. de Gobineau(戈比诺)(1853)首先著文主张中国人之始祖盘古属于白种的印欧族人，原由印度迁来。他认为“一切均足以证明《摩奴法典》所言之无误，而且因此足以证明中国文化实由印度英雄时代后一种民族——即白色雅利安种之首陀罗人传入之。

而中国神话中之盘古实即此印度民族迁之中国河南之酋长，或诸酋长中之一。或即白色人种之人格化，正与前此一群印度人之迁入尼罗河上流同"[20]。据说戈比诺是一位主张种族不平等的种族主义者，凡事皆扬白种人或抑其他人种。

（四）中亚细亚说

此说与中亚的 Anau 及 Merv 古遗址的发现有关联。英国的 Ball（波尔）、美国的 P. Pumpelly（庞伯里）和 E. F. Williams.（威廉斯）据此推论，人类应该发源于中亚细亚，后来这个地区变干旱而分成东西两支迁移：一支入巴比伦，另一支入中国。美国的 W. D. Mathew（马休）也支持中亚细高原为人类的发祥地。持此说的还有英国的汉学家 J. Legge（莱格）、十八世纪的法国人 S. Bailly（贝利）[21]。十世纪后期的俄国人 B. 瓦西利耶夫和 C. 格奥尔吉耶夫斯基等[23]。地质学家李希霍芬（F. Richthofen）也力推新疆的塔里木盆地是中国汉人的发祥地[24]。

（五）蒙古利亚说

美国人 R. C. Andrew（安德鲁）及 H. F. Osborn（奥斯本）1922 年在蒙古探险寻找人类遗迹。后著 Mongolia Might be the Homo of Primitive Man（蒙古或为人类发祥地），认为蒙古利亚高原是世界古动物的发生地，因而也可能是人类的发祥地。曾探险五次，但未获得人类遗骸。因而此说亦无确实证据[25]。

（六）"印度支那"说

此说的代表人物是 P. Wieger（威格），他指称中国人出自缅甸，经由 Bhamo（八莫）、Momein（莫迈英）、大理、洞庭湖而至中原地区。此说后来自动放弃[26]。

（七）新疆说

此说是曾在中国从事地质工作的德国人 F. Richthofen（李希霍芬）提出来的。他认为中国人出自中国的土耳其斯坦（ChineseTurkestan）（即新疆）。此说的依据是《北史》中记述于阗人"貌不似胡颇类华夏，而其西部的人或"深目高鼻"，或"青眼赤须"，因而中国人是由于阗东来的人民[27]。

（八）甘肃说

这是日本鸟居龙藏之说，他认为在甘肃古有一族，尊上帝敬祖宗，应是汉人的祖先，后向东迁移，同化了原居民族[28]。

（九）本土起源说

此说与前述的各种西来说相对立。首先由法国人 Leon Rossomy（罗苏密）提出来的。英国人 G. Ross（罗斯）在其 The Origin Of Chinese Peoples，（中国人之起源）（1961）中亦持此说。威廉则称"中华民族发生于中国本部，此说为多数著名学者所主张"[28]。英国的 John Ross（罗素）也认为"中国文化乃欧洲以外完全独立发展的"。他批评了所有依文字相似而建立的中国文化西来假说，试图证明中国文化的土著性，不承认汉人有所谓的移民时代，他甚至认为中国文化与其他文化的相似因素可能是受中国文化影响的结果[29]。Wells（韦尔斯）则在《世界史纲》中声称，"中国文化似为自然发生而受过他助"。文化与种族相联系，以上之说近于民族土著说。金兆梓的《中国人种及文化之由来》便详论了这种观点。

（十）评述

从以上形形色色的西来说来看，主创者中有的是传布西方宗教的传教师，他们的见闻和主观臆想形成了中国文化及至中国的人种都是西来的依据。不过还有更多的西方学者是出于对中国的兴趣，提出了他们的见解，其依据主要是在文字、语言、神话传说甚至在生活风俗等方面的主观解读和联想，并且有意无意宣扬西方中心论思想来阐述中国文化及民族的西方起源观点。基本上缺乏考古学和人类学上的实物证据。其中也有个别的崇尚唯扬白人的种族主义学者，他们倡导中国文化及种族西来之说难免为西方列强的殖民扩张相伴随。

此外，各种西来说从一开始便把文化和种族的传播联系在一起的。其理论基础是由西向东的单向传播理论。这种传播理论不仅盛极当时，同时促使许多西方学者在中国寻找与欧亚大陆西方文化相接近的东西来解释中国文化及种族起源于西方的某个文化圈。他们把人类的文化和种族关系看成过于浅层次的东西并作出简单化的解释。

对于各种西来说的出现也难免伴随有相应的批评或反对，有的由于说而无据甚至自行消失或被弃之。如对"巴比伦"假说，正如前已指出遭到了法国人 Chavannes（沙畹）、英国人 C. J. Ball（波尔）、德国的 Hirth（夏德）对 T. de. Lacouperie（拉克伯里）的批评。还有十九世纪初，J. Klaproth（克拉普罗特）就指出，对中国的象形文字是腓尼基字母组合字之说被严肃的学者所推翻[30]。历史学家马克思·米勒（1893）也指出中国的文字起源与巴比伦无关。他认为巴比伦的塞姆支克族使用的楔形文字是由苏美尔人（Sumerian）和阿卡德人（Accadian）发明的，但这两个种族均非塞姆支克种族。中国人从什么时候借用它并不明确，中国文字与巴比伦文字之间的关系也不清楚。因此这是个未解决的问题[31]。德国的 F. Hirth（夏德）在其《中国上古史》中驳斥拉克伯里假说牵强附会，不足置信[32]。中国人中何炳松和缪凤林的批评最强烈。何氏把这一假说讥讽为"西洋新撰之山海经"，缪氏在其《中国民族由来考》中则从人种的差别、年代之差距、文物的相异及立证的不明等方面进行了批驳。何炳松在批评基尔什尔的埃及说时称"其中国学问甚为浅陋，且亦博而不精，盖一长于神思而拙于考订之人也"[33]。法国学者 N. Freret 也力驳埃及说[34]。法国思想家伏尔泰认为"就吾人所知者而论，中国人似非埃及之苗裔，正如其非大不列颠之苗裔……中国人容貌、习惯、语言、文字、风俗等，实无一来自古代埃及。中国人决不知有所谓割势之礼；亦不知埃及之神祇；更不知爱西斯之神秘"。中国文化本土起源说也属于反对西来说之列[35]。

这场持续多年的中国文化和种族起源的争论无论是西源假说还是本土论都缺乏实证而陷于浅层的讨论。有人说争论的双方都乏考古发现的实物依据，是一场无结果的争论。如何炳松所言，"关于中华民族起源问题，吾人既无考古学上发见为推理之根据，则无论何种学说均属可能，而同时亦无论何种学说均属臆造，盖不从质入手，徒从文字功夫所谓故纸堆中讨生活也，虽立场极其动人，初于史学无补乎"。他又说"假使吾国考古学上发掘之事业不举，则吾国民族起源之问题即将永无解决之期，而吾人亦唯有自安愚鲁之一法。盖中华民族之起源问题本属未有文字以前之历史上问题；而中国未有文字以前之过去情形，则至今尚未经考古学家之探究者也"[36]。美国的 B. Laufer（劳佛尔）也认为要增进对中国古史的认识"唯一的希望在于铁铲而已"[37]。

前已指出，各种中国文化西来或外来说实际上都包括文化载体的人种或民族的西来说或外来说。虽说各种西来说至少有一些文化上的浅层讨论，但人种学方面的讨论皆泛泛或全然臆测性的推理。人们的思维还停留在文化的相似必定出自某些有共同祖源的相同种族背景这样简单推理上。其实人类不同地区或不同民族的文化在其发生学上虽可能彼此存在某种或短或长时空上的联系，但它们之间又可以存在各自独立的发展规律。这涉及文化的传播与种族或民族的迁移，不同地区文化上的某些趋同现象与人群的种族或民族关系等复杂的理论解释。而早期的诸多西来说的研究在这些方面都未能深入。因此这方面的研究还是只能谓之于初期阶段。

二、"新西来说"

（一）考古发现为基础的"西来说"

这一说派的理据特点主要是建立在考古学上的发现来支持的中国文化和种族的西来说。主要代表人物是瑞典的 C. G. Anderson（安特生）和 O. Zdansky（师丹斯基）。他们在中国的河南发现了仰韶文化遗址及在辽宁沙锅屯和甘肃的几个史前遗址。安特生认为中国的史前陶器与西方的相类似。其中尤以仰韶彩陶器上的图形与中亚的安诺文化的最多相似点。因此认为不仅是制陶技术，而且其他文化或种族特性亦由西方输入中国(《中华远古之文化》[1923][38])。英国伦敦博物院的 R. L. Hobson（郝勃森）亦持中国的彩陶文化是由西部巴比伦输入的观点。安特生还推论，中国民族或系在新疆或其附近时，受西方影响而开化，后来东移到中原。瑞典的 Karlgren（卡尔格伦）则根据安特生在中国的考古发现，认为中国的彩陶文化受西方的影响先居住甘肃而后转向河南的。而彩陶的制作者是"非中国民族之民而或为一种土耳其族"[39]。有人称此为另一个西来说——"土耳其说"。不过同是瑞典的步达生对甘肃、河南彩陶文化古人骨的研究，认为是原中国人(Proto-Chinese)，因而在人类学上未获土耳其种的证明[40][41]。

由于安特生等人的假说是在考古的发现与比对上提出来的，与以往其他西来说不同，而且被许多人寄望于考古是更为有理据的。因此学者中纷纷引用，影响更大。有人据此称之为"新西来说"而与前期的种种旧西来说相区隔，如此又掀起了新一轮的西来说。伯克斯登并曾扬言，"那是非常可能的，即不仅西方文明，甚至西方的体质也曾影响古代中国民族"。

在此有必要提及安特生对仰韶文化来源问题的认知过程。他曾征询过英国考古学家 R. L. Hobson（郝伯森）和德国考古学家 H. Schmidt（施密特）对仰韶彩陶与西亚与欧洲彩陶关系的意见。郝氏在观察了仰韶陶片和安诺及特里波列的彩陶纹式后得出的结论是"红陶器带黑色彩纹，显与近东石器时代诸址所发现者，同属一类"。又从时代上来讲，巴比伦的彩陶年代最早，所以流传的方向是从巴比伦向其他地方。仰韶遗址无金属器具出现，对照有金属器的夏文化纪年，仰韶文化不会晚于公元前 2000—1500 年，但不早于巴比伦的年代。因此彩陶应从中东由西向东传播，在传播过程中应该在新疆地区留下痕迹[42]。

施密特是参与中亚安诺遗址发掘的考古学家，他给安特生的答复很谨慎。他认为"仰韶与安诺两处陶器相同之点并不充分。欲详为比较，除花纹式样外，如制造之技术，所用之彩色及表面磨光程度，亦均须注意"。施氏还认为中亚和仰韶遗址的年代还不完全清楚，难以作中西方的比较。而陶器花纹式样未必能定为某种文化之特征，要作整体考察方能作为根据[43]。

这些意见显然与郝伯森的不同，虽没有直言否定郝氏和安氏的看法，但指出这个问题需要作更周全的研究。安特生很看重郝伯森和施密特的意见。他说“无论如何，得郝、施二专家之品评，足证仰韶遗址实有研究之价值。仰韶与近东各地之交通，暂可作一假定之理想。再按事实研究，以肯定或否定也”。但他又说，“吾人就考古学上证之，亦谓此著彩之陶器，当由西东来非由东西去也。使他日可证明制陶器之术来白西方，则其他文化或种族之特性，亦可由此输入”。因此认为“因仰韶遗址之发现使中国文化西来说又复有希望以事实证明之”[44]。

（二）安特生认识上的某些变化

以上是安特生1923年前的认知。后来他花了约两年左右的时间调查了甘肃、青海地区的史前遗存。由于甘、青地区也有精美的彩陶，促使他去相信李希霍芬的中国文化起源于新疆的假说。他说“由地理环境上之分析，确示新疆为吾人最后决仰韶问题之地也。因吾人于此可以识别一种蒙古利亚民族（即黄色人种）当新石器时代曾受西方文化之影响，亦或受西方人种之影响，生息繁衍，渐至务农。文明固而大进，是为中国历史上文化之始。然此种文化之发源地，非于新疆详加研究，不能判定。但就河南采集所得，颇觉此种文化之行程，实可由中亚细亚经南山及北山间之孔道东南而达于黄河河谷，以至现代甘肃之兰州”。他甚至说，“数种事实，如遗址所示，为农业民族所居，文化层中有猪骨之发现及埋葬之俗，与仰韶村及中国历史上者相符。凡此皆所以示该文化（即在甘肃）之主人翁，为中国历史以前之中国人种也。此种文化于中国本部之西北隅特为发达，其杂有西方文化之表征，似更于吾人以想象之根据，即中国人种最早之进化，当在亚细亚之里部，略如中国新疆或其全部邻近之处”[45]。

然而瑞典学者B. Kalgren（高本汉）严厉批评了安特生的新疆假说。他认为考古学上的发现与安氏的假说不符。诺果新疆是中国文化的起源地，那么在甘肃的史前文化的各种因素应该比在河南有更充分的表现。但实际情况是在甘肃的所谓仰韶文化中，对中国文化有代表性特征的鼎、鬲及王援戈等罕见。甘肃地区的石刃骨刀等在河南遗址里也不见。而且甘肃的彩陶与河南的彩陶并不完全相同。因此高本汉认为这些现象以中国本土文化接受了来白西方的影响是更好的解释。以彩陶为代表的西方文化最后被鼎鬲为代表的中国本土文化所同化。并认为传播彩陶文化者是居住在甘肃的土耳其族[46]。

另一位瑞典考古学家T. J. Arne（阿恩）在对仰韶的彩陶进行了研究之后，不仅以为彩陶是西来的，而且河南仰韶出土的鼎、鬲、小尖底瓶、石环、贝环等遗物也是西方起源的。真正属于中国的东西仅很少一部分。他虽然承认仰韶文化是中国人的史前文化，但又认为在新石器时代末期，以彩陶和红铜为代表的西方文化对中国原来的本土文化产生了深刻的影响，而这种文化的传播者是一种短颅的南印度的日耳曼民族。因此他最后的结论是“要之，安特生博士所发现，不消除东西文化之独立，而确定李希霍芬氏中华民族西来之旧说也”[47]。

安特生在考虑了上述学者的意见之后，对中国史前文化的起源的假说比此前有一些改变，即他承认以鬲为代表的文化广见于河南的遗址而不见于甘肃。因此鬲是中国文化的代表发源于陕、豫、晋交界地区，是由东向西传播的。否定了前此整个中国史前文化的新疆起源说。另一方面安氏依然坚持彩陶文化的源头在近东，彩陶制作技术先传到甘肃再传到河南，与原有文化发生了融合。总之，尽管安特生与以上多位学者在具体的认识之间还有某些支节上的分歧，但他们对彩陶文化代表的中国新石器时代晚期文化由西向东的传播是共同的。即在新石器时代晚期，有一支以彩陶文化为代表的农业人群移民到黄河流域，并融汇到当地原有的文化之中形成中国的史前文化[48]。不过安特生未像高本汉和阿恩那样，他的推论主要涉及的是文化层面的传播而未具体涉及种族的迁移关系。于后者安氏原期望由人类学的研究来解决。

（三）步达生的人类学研究与考古“西来说”不合

关于这一点，应该提及安特生在中国考古发掘时从河南仰韶和甘肃史前及辽宁沙锅屯等古代墓地中收集的人骨。他把这些人骨交由当时在北京协和医学院工作的解剖和人类学教授 D. Black（步达生）进行种族鉴定研究。据步达生的报告，这些人骨出自甘肃的沙井、寺洼、辛店、马厂及仰韶五个文化期以及河南的仰韶期。全部人骨个体约 84 个（男 64，女 20）。实际能用于测量的则少于这个数字（约 57 个，其中男性 42，女性 15）。1925 年步达生在安特生的催问下曾先写了个短报（《甘肃史前人种》，1925）。他指出在这些头骨中常见的一系列形态见于现代蒙古人种。但同时指出有三具头骨（两个出白仰韶期，另一个是马厂期）同其他多数头骨有不相同的特征，即鼻根点以下部分不如大多数头骨的低窄，额眶差别角较大，因此他怀疑这三具头骨与其他多数头骨属于不同人种成分。不过他同时也注意到这三具头骨在一般形态上的相似性。因此他只说在“未找见他们与其他人种的明确关系之前，我暂名为‘X’派[49]。事隔约三年后，步达生对这批人骨的专题研究报告发表[《甘肃河南晚石器时代及甘肃史前后期之人类头骨与现代华北人及其他人种之比较》（1928）]。在这个报告中，他在详细测量统计并与其他人种的头骨作了一系列比对之后得出的主要结论是甘肃史前居民具有典型的东方人种特征（Oriental Characters）；甘肃史前人的体质与现代华北人有许多相似性，因而称他们是“原中国人”（Proto-Chinese）；甘肃新石器晚期的居民与现代华北居民的接近程度较远，而史前后期的居民同现代华北人的接近程度较大；甘肃史前居民的头骨与西藏 Khams 人的头骨也相当接近而居现代华北人和西藏人之间的地位。在这个报告中他还特地表示他在简报中的所谓 “X 派”头骨在经过同一大组现代华北人头骨的比较之后，它们不能很清楚地代表其他人种的支派而“仅仅是新石器晚期时代人种的变异而已”。这样他自己否定了原先对三具“X 派”头骨可能属于其他人种的怀疑[50]。不过从步氏最初简报中对“X 派”头骨有别于其他头骨的特征来看，着重在鼻骨欠扁平，鼻根压缩及额眶偏差角等西方人种头骨上容易看到的特征上。因此合理地推测他曾希冀于这几具头骨可能是西方高加索人种的成分。这或许是受当时中国文化及至人种西来说的影响有关。不过他最终客观地报告了研究的结果，将它们都归属于东方人种的种族而没有将它们从这批人骨中硬性割裂出一个西方人种的支派来。由此可见，步达生的研究结果在种族人类学上未支持依据文化西来说而推演出来的各种种族的西来说。也就是与安特生等的中国彩陶文化西来之说并不一致。而安氏本人对步达生的研究结果并未有文字表示异议或安氏是接受了步氏的结果的。这或许也可以说，安氏后来承认仰韶文化是中国人的史前史的影响因素之一。

（四）安特生晚期认识似未了

从安特生对中国史前文化的认知来讲，其晚年是有些变化的。例如 1937 在其《中国史前史研究》中对甘肃史前文化六阶段的编年作了修改，但由于将年代后移，使马厂期以后的文化都包括在中原地区的历史时期之内。这一改动已经不可能将它们看成是中国史前文化的前身。又发现马厂彩陶与近东的特里波列彩陶虽相似，但又处在衰退期。而新疆发现的几处彩陶与马厂彩陶有些相似，但与河南仰韶的彩陶缺少关系。因此种种，安特生最后的感觉按当时已经拥有的考古材料去解决中国彩陶文化的起源问题还为时过早。

（五）评述

从早期的依据语言文字和传说甚至生活风俗之类的中国文化和种族西来说到依考古发掘材料为基础提出的西来说应该客观地讲是走向了一个新的领域，也是一个进步。也是与学者中以为只有考古的实际材料才能解决问题的理念密切相关。同时安特生从中国的考古发现主张仰韶彩陶文化西来的假说一经提出便开展新一轮的对中国史前文化起源问题的争论十分热烈的原因之一。

安特生的中国彩陶文化乃至人种的西来假设最初是建立在中亚和仰韶彩陶的某些图形上类似案例的基础上的。由此引出的西来思维也一度被一些学者认为是更为有力。但这种以考古学为证的假说在学术界同样引来了不少争议。其中尤其施密特对中亚和中国彩陶之间的关系采取了相反的态度。在安特生和阿恩、高本汉、郝伯森等人之间也有些歧见，不过他们都主张一个共同的看法即在新石器时代晚期有一支能制作彩陶的农业人口由西向东进入中国黄河流域，或与黄河的原有文化汇合形成中国的史前文化。这种观点并长期影响着国内外学术界对中国史前文化乃至种族来源的研究。有的学者甚至说安特生的考古发现结束了中国文明是绝对土生土长的教条。不过无论是早期的旧西来说还是考古发现的新西来说，都与西方习惯盛行的文化与种族单向传播理论有密切关系。在这种传播理论的影响下，许多考古学家都热衷于在中国寻找与西边文化相类似的考古材料。这种情况客观上促生了一批中国的考古学者和考古学在中国的勃兴。

关于考古学的西来假说在西方的学术界虽有不同的发声，但一般更容易被接受。在中国的学人中也有不乏跟踪符和者，如章鸿钊并同意汉人是从西亚迁来的。他也承认在黄河流域存在固有文化，同时又支持仰韶文化的西来之说[51]。其他的中国学者中特别是后来进入考古领域的早期学者如李济、梁思永等当时还没有达到对此假说的明确支持和反对。而是从考古学上对这种假说提出了一些疑点。如仰韶和西阴村的陶器在制作技术上明显超越中亚及近东的同类产品，因此根据目前的材料断定中国的彩陶起源于西方还无十分可信证据[52]。梁思永认为西阴村和安诺彩陶之间虽有若干联系，但这种联系的程度大为减少[53]。因此两者彩陶之间的真实意义迄今不易解决。倒是有一位外国的考古学家 H. Frankfurt（法兰克佛）曾明确表示中国的彩陶文化有其独立发明的可能[54]。因此彩陶的发生可能在多地起源的。这种文化上的趋同发生并不仅见，也是对考古文化的认同与否有一个另类视角。

从安特生最初考古西来说的提出到后来的不那么肯定或提出某些修改意见的犹豫反映了当时在考古学上的中西比对材料的不那么充分。特别是缺乏比新石器时代晚期更早的文化的发现以及文化编年学上比对的粗糙和强调文化的个案因素的联系而缺乏综合多面的分析。这些都反映了其时对中国史前文化研究尚处在起始的阶段。即便是对此说的批评者也受材料的限制，更着重于提出疑点或在方法论上提出质疑。只是到二十世纪三十年代以后特别是近半个多世纪以来中国考古学的大量发现和积累，加上测年学技术的进步才对中国文化起源的研究才比安特生时期逐渐清晰起来。这应该是中国的考古学界面临的一项重大课题。特别是上世纪 20—30 年代，李济等一群中国的考古学家发现的商代文化实在是一个灿烂的文明。于是有许多人以为代表了中国文明的诞生。不过殷墟的文化就其发达而言，显然已经是高度发展的文明。如果把它看成是中国文明的开始就如传说中的老子一生下来便长有胡子。于是有些学者又以为中国文明是西来的，是把近东两河流域的成熟文明照搬到中国来。这是一个用最简单的办法来解释中国文明起源这一复杂的问题的例子[55]。

李济在其《中国文明的开始》(1970)中，在充分地分析了殷墟文化在中国文明起源问题的重要性之后，认为"……殷商的文化是一个多方面的综合体，融汇了很多不同文化源流。殷代文化之基础深植于甚早的史前时期；稻米文明的发展及附着于此一文明之文化整体，说明了殷商帝国之经济基础是东亚典型的，并且就地发展起来的"[56]。不过他也指出殷代文化发生的基本问题和至今仍未明了的先殷时代的中国文字的演变有密切关系。这还有待更多地区的考古发掘才能"……获致商朝文化发生基本问题之最后答案"[56]。夏鼐在其《中国文明的起源》(1985)中也指出以商文明在发达的冶铸青铜技术及铜器上的纹饰，甲骨文字的结构特点，陶器的型制与花纹，玉器的制法与纹饰等等都有其个性和特殊的风格特征。因此可以证明"中国文明是独自发生、发展，而并非外来的"。"从最新发现的中国新石器时代的各种文化的分布地区，及其相互关系与发展过程，也可以看出中国文明的产生，主要是由于本身的发展；但是这并不排斥在发展过程中有时可能加上一些外来的因素、外来的影响。根据考古学的证据，中国虽然并不是完全同外界隔离，但是中国文明还是在中国土地上土生土长的"。他还认为中国文明的起源问题"应该由考古学研究来解决，因为这一历史阶段正在文字萌芽和初创的时代。纵使有文字记载，也不一定能保存下来，所以这只好主要地依靠考古学的实物资料来作证"[56]。安特生在上世纪二十年代以近代考古学的引入开始的对中国史前文化包括人种起源的研究应该客观地说从学科的方法论上另辟了一个新的途径。

三、古人类学上的"西来说"

以上种种中国文化及种族的西来假说主要是从古代甚至现代人的非物质(语言、文字、传说)和物质遗存(考古发掘品)的层面上讨论的。这儿古人类学上的西来假说则是从古人类化石的发现与研究过程中提出来的。从时间上来讲，主要是指解剖学上的现代人的起源与扩展到现代各地区种族的，包括现代中国人的起源问题，属于体质人类学的领域。

这首先要提及上世纪 20—30 年代在中国的北京周口店猿人化石及其文化遗存的发现。其中尤以美国犹太裔人类学家魏敦瑞(F. Weidenreich)对猿人化石作了详细的解割学研究。他提出在这些远古人类化石的形态上存在一系列与现代蒙古人种之间有联系的特征[57]。虽然这两者之间相隔了几十万年，而且当时还无中间环节的古人类化石的发现，但他的这个观点后来有意无意地促成了现代的蒙古人种起源于亚洲猿人(直立人)的观念。有的更直白地认为北京猿人就是现代中国人的祖先。不过魏敦瑞也制造了一点麻烦，即同在周口店山顶洞发现的三具旧石器时代晚期的智人头骨被他指派为三个不同种族，即一男性老人头骨为有一些欧洲人种特征的原始蒙古人种，另两个女性人骨分别指出有美拉尼西亚人种和爱斯基摩人种特征[58]。如果魏敦瑞的研究被认可，则在万年以前的华北的一个洞穴"家族"中存在三个不同种族的来源。魏氏的这一研究引起的一个揣测之一便是山顶洞人是不是现代中国人的祖先。据魏氏本人的看法是如果两万年前现代中国人的祖先已经存在的话，他们决不可能以周口店山顶洞为代表。他在北京博物学会会志(Bulletin of Natural Society of Peking)上发表论文结论中是这样解释的"说到中国人(如果允许以这个名词做人种名称的话)的原始，周口店所发现的骨骼，无法给予任何启示。虽然如此，任何人不能断言中国人在旧石器时代的晚期尚未存在，因为美拉尼西亚人种和爱斯基摩人种已有存在的证据了。也许周口店那一家人是别处移居来的，被原住在该地的人所攻击消灭了。这些原住人才是中国人的代表"[59]。但这些原住中国人是何等种族，魏敦瑞并未说明。美国的 E. A. Hooton 虽大致赞同魏敦瑞的意见，但他对魏氏所言的原始蒙古人种"看来多少类似具有古代澳洲人种特征的原始欧洲白人，并且其头骨几乎与近代的蝦夷人的头骨相同……"。他还从中国的山海经中寻找毛民的故事，并有意将他们引向周口店山顶洞人的后裔[60]。李济则认为至少晚至九世纪，或更晚一些，在中国的南部仍有小黑人存在。以为法国考古学家在越南史前遗址所发现的前美拉尼西亚人种的人头骨也证实了这一点。他还指出在中国的古代铜器花纹中也存在酷似美拉尼西亚人种外貌的人面。并以此支持魏敦瑞对山顶洞人的研究结果[61]。

但是到了新石器时代，如前文中交待，步达生以为甘肃、河南史前人种与现代华北人有许多共性而称之为原中国人(Proto-Chinese)。那么这种新石器时代的原中国人和魏敦瑞所指多种族的山顶洞人之间的关系中间相隔了万年之多，其间的环节至今已然不清楚。对这个问题，李济以为魏敦瑞在周口店猿人、河套人及铜器时代华北人以及现代的爱斯基摩人和中国人都有高频率的上门齿铲形的存在而未间断过。因此"中国人的祖先和蒙古人种有密切的关系，似已不成问题了；而且以现有的证据而论，蒙古人种起源于乌拉山东部"[62]。

对于魏敦瑞的山顶洞人种属问题的后续研究讨论虽还可举出一些，但作为专题研究的并不多。较为重要的是二十世纪六十年代中国学者吴新智对山顶洞人化石的重新研究，他认为山顶洞的三具头骨并不如魏敦瑞所说的那样，实际上有许多共同特征，所以它们应该属于同一个种族。反之它们与白种人及黑种人之间的差异更加显著，因此把他们归属于早期黄种人比较合适。而且认为山顶洞人与现代中国人、爱斯基摩人和美洲印第安人特别接近[63]。如此，实际上将中国人的起源与周口店猿人和山顶洞人连接起来。最近一些年来出现的并且争论颇烈的所谓现代人起源的多地区起源说立论的依据中便包括了中国古人类化石上的从猿人到早期和晚期智人上存在所谓的连续性特征，因而证明亚洲的现代人(包括中国人)是由亚洲的猿人进化而来。不过在中国境内猿人进化到现代智人过程中存在部分外来因素的杂交，关于这方面的论文有多篇[64]。

对应于这种多地区起源说的是现代人起源于单一地区之说，这个问题在古人类学上自十九世纪就有人提出来了。当时对欧洲发现的尼安德特人是不是智人的祖先或是欧洲人的祖先便产生过争论。一种观点认为尼-安德特人是由猿人发展到现代智人的中间环节。另一种观点认为现代人是由尼安德特人以前的智人发展而来，因为与尼人大致同时的更进步的智人化石在亚洲西部后来又在非洲发现。由此主张现代智人起源于西亚或非洲地区，当他们向东迁移时便取代了当地的人类，因而又称为替代说。不过无论是多地起源说还是单地起源说，由于古人类学材料主要是在往往破碎而不完整的个体的形态记录，缺乏群体性变异的量化统计概念。因此这场争论在古人类学上并没有统一的结论。而有趣的是这一古人类学上的争论在近些年由于分子遗传学家的参与又一次激化起来。

四、分子遗传学“西来说”的兴起

这一假说突兴起于上世纪八十年代晚期，是由美国的遗传学家 R. L. Cann（卡恩）和 M. Stoneking（斯通金）在英国的《自然》杂志上发表的一篇论文引起的（1987）。他们利用现代不同人种胎盘细胞的线粒体脱氧核糖核酸（mtDNA）的研究，认为黑种人的 DNA 变异大于其他人种，而发生的变异越多，反映积累这些变异所需的时间也越长。假定 DNA 变异产生的速率固定不变，那么可以推测黑种人的历史应该比其他人种的更为古老，根据计算，大约为 20 万年。由此推测，世界上其他人种都是由 20 万年前的黑种人祖先衍变而来。由于 mtDNA 是代表母性遗传的，因此这一假说被形容为“非洲夏娃说”[65]。此后的遗传学成果尽管在现代人祖先在走出非洲的年代测算上并不完全一致，有时差别还相当大，但在非洲起源问题上没有改变。而中国的遗传学家由复旦大学金力主持，有中科院云南动物所，中国国家人类基因组南方中心及中国医科院昆明医学生物所等参与的学者通过由 19 个核苷酸多态位点组成的 Y 染色体单位型在全国 22 个省市汉族人群中的分布研究，认为中国南北人群的 Y 染色体单倍型组成上有较大的差异，南方人群的多态性明显高于北方人群，而北方人群的单倍型仅包含南方人群的一部分，其中 H7、H10 和 H12 单倍型只出现于南方人群。这与中国南北少数民族人群间的差异相符合。这个结果显示，不仅中国的现代人起源于非洲（其路线是经地中海沿岸到东南亚，然后进入中国），而且由南向北迁移逐渐遍布整个中国。同时测算出现代人祖先进入中国的时间大约在 2 万—6 万年之间[66]。按这一假设，原住中国大陆的古人类已经消失而对现代中国人的形成没有遗传贡献。这显然与前叙的现代人的多地区起源说和中国的古人类至少从猿人开始的连续演化到现代中国人之说相悖。而且这一研究是用父系遗传的 Y 染色体作成的，与母系遗传的 mtDNA 测定的结果基本相同。

对以上分子遗传学研究也引发了一些古人类学家的反弹。如主张中国古人类连续演化和支持现代人多地区起源说的吴新智认为根据现代人的 DNA 所做分析毕竟数量很少；对 1987 年美国学者用 mtDNA 分析提出的非洲夏娃假说也有一些遗传学家不予支持和质疑，对现代人非洲祖先的年代计算结果不相同等。根据古人类化石证据，最早的非洲人走出非洲的时间大约在 200 万年前。他认为由化石证据梳理的轮廓大体上不会太错。相反 DNA 的分析数量很少，以此推测整个人类的进化和人群的迁移并不精确，还有许多不确定性。中国的古人类也不可能在 6 万年前的冰川时期全被冻死而绝灭。这也和古动物及旧石器时代文化的研究不相符合[67]。

应该指出，以上分子遗传学上的现代人由西向东和他们从中国的南方向北方的迁移说与前文中列举的各种西来说特别是考古学上的西来假设在研究的学科领域上及时间层次上完全不相同的，后者主要是从东西方人群的古代文化和精神层面上的研究，而前者是人群自身的生物遗传学层面的测试。但缩小到中国人的起源上它们无疑又是息息相关的。因此本文也把它列为新一类的西来说。但它检验来自世界各地现代人 mtDNA 类型发现都起源于较晚的年代，没有发现古老的类型。这种情况在解释人群的迁移时便容易陷入用新来者完全替代古老人群来解释。但这种替代又究竟如何发生的，这又是不容易回答确切的问题。同时，古人类学上的多地区起源说主要的依据是同一地区不同时期的古人类化石在形态学上存在连续性特征的理由上。对于哪些形态上差异比较大的又以存在不同地区人群间的部分杂交来解释。但是由于目前古人类学研究的特点，一方面人类头骨化石保存的不易完整且数量也很少，性状特征主要依靠解剖学的描述而缺少量化的记录，特别是化石的个性特征能否充分代表群体的综合特征和这些特征与遗传的关系并不都十分清楚。这是古人类学上尚难充分克服的困难。尽管专业学者对自己的判断十分自信，但这个问题也绝非短时便能彻底解决的问题，尚需后继者更多的努力。

五、对中国文化及人种“西来说”的几点评述

从早期的种种西来说到后来的古人类学和分子生物学的西来假说的过往历史来看，似乎对这些假设的褒贬提出几点浅见。

（一）首先从早期的或主要不是依考古材料的各种西来说。总的来讲，它们的着眼点都是从语言、文字和传说角度立据的。由此判定中国文化和种族起源于西方的假说都借助于传播理论的解释。由于分析的依据相当表面和不失粗疏，其推论免不了具有主观臆断之嫌。因此尽管其中的一些西来说如埃及说和巴比伦说曾经风靡一时，但同时也伴随了强烈的疑惑、反对甚至不屑一顾的声音。最后逐渐消声到不为人足道。不过在这些早期西来说的倡导或支持者中，除了个别的种族主义者唯西方为优者外，大多属于对中国的史前史有兴趣但同时带有程度不等的有意无意的欧洲或西方中心论历史观的影响也应该是事实。因此将原本对中国文化和种族起源这样复杂的问题用由西向东的扩展与传播来解释并不奇怪。不过也正如此，在客观上引起人们更多关注中国的历史，促发了对中国史前史的研究。

（二）早期的西来说从一开始把文化的联系和种族的迁移紧密联系起来，也就是把源于西方的文化由西向东的传播到中国和这些文化载体即种族或民族简单地等同起来，完全缺乏对这些相关种族或民族的人类解剖学方面的比较和研究。尽管这样的研究如前所说已不能受后人的重视，但其影响并非全然消失。最近笔者在书店里购到题名《向东向东再向东》（青海人民出版社，2004）的著书。该书作者把《圣经》作为一本王室族谱的历史文本，阐述中配夏、商、周三代人类同源背景的特殊形成途径，即夏后朝由亚伯拉罕后妃夏甲（Hagar）在大约 4 000 年前建立；殷由红色的以扫与其妻简狄（Judith）在大约 3 800 年前建立；周就是“Jew”（犹太人）的“但”家族支系建立的。而黄帝可能是 3 700 年前统治古埃及的约瑟，其伯母为简狄。如此说来，中国的夏、商、周文明及其种族皆来源于西方，中国人与犹太人同宗同源，是古埃及人与闪族的后代。该书的作者认为这就是“中华民族的源头”，是作者对《圣经》的“解读和感悟”[68]。这使我们想起 1914 年的一本小册子，是专门阐述世界的创造和中国人起源问题的。作者的企图是把中国的古代先王的远古神话传说

与圣经故事联系在一起，排列了从亚当起的人类世系表，把圣经上的人名（亚当、该隐、诺亚、闪、以诺等）分别与中国的皇、黄帝、女娲、神农、伏羲等联系起来，并且加以论证和涉及洪水时代和诺亚后人的迁移。这类著说在20世纪初的中国学者中并非仅有，是利用西方神学来解释中国人起源的最简便的方法而已。

（三）安特生在中国的考古发现正是早期西来说已趋弱化时，他的仰韶彩陶文化甚至种族可能源于中亚之说尤如一针强心剂，在考古学上又掀起新一轮的中国文化及民族西来的讨论。不过安特生本人后来对此有些转意或犹豫。这反映在他于1931年出版的《黄土的女儿》一书中[69]。如对仰韶彩陶安特生只说与近东与欧洲史前彩陶相似，而对甘肃的彩陶也只说与苏俄南部铜石并用时代的彩陶类似。不过当时早于仰韶的彩陶遗址还几无发现，所以仍维持彩陶西来的假说。但由于1928年步达生发表了河南、甘肃史前人骨的研究报告，提出了他们在体质上明显代表一种东方人种，且与现代华北人有许多相似性，因此称他们为原中国人（Proto-Chinese）。这使安特生认识到他所研究的甘肃、河南的考古文化都是中国人的史前遗存。1937年安氏又发表了《中国史前史研究》[70]，他在此著中指出在河南及甘肃的仰韶时代，没有任何证据表明有另外的种族参加了陶器的制作，精美的彩陶以及其他陶器，说明早在仰韶初期，中国人就是陶器的主人。因此安特生晚年对仰韶文化和民族西来的假说至少已经抱有怀疑甚至否定的态度。总之，安特生是考古学西来说的始作俑者，同时又随考古材料新的认知对此前的认识有所客观的反思和修缮，因而又不是对西来说的顽固支持者。这一点尤如他的同胞步达生。最初步氏曾指出在甘肃、河南古人骨中疑惑有少数几具头骨具有某些类似高加索人种倾向的特征，但在他详细测量研究和比对之后最终改变了原来的看法，认为这些可疑的西方因素如同一个种族群中的个体变异而已，并指称他们都是原中国人[71]。这个人类学的研究结果显然与仰韶彩陶文化与种族都来自中亚之假说不合而影响了安特生。由此可见，无论是安特生还是步达生在自己的研究对象和领域里都属于学术性的探讨，不能简单地将他们的研究批判为西方的文化侵蚀服务。如果说考古学的西来说有什么问题，恰如中国的考古学家夏鼐所说，他们是"用最简单的办法来解决中国文明起源这样一个复杂问题"[72]。

（四）将古人类学和分子生物学中的中国人起源问题列在本文编拟的西来说中似有些勉强。因为这里涉及的有不同时间层次的假说。即通常所说的人类起源说和现代人起源说。人类起源于非洲还是亚洲在历史上有过多次摆动，目前由于在亚洲还未发现比猿人（直立人）更古老的人类化石，相反在非洲相继发现有南方古猿和能人化石，因而持非洲起源说占有优势。不过其起源的时间早在700万—300万年之前。他们走出非洲的时间大约在200万—100万年之前，是人类第一次向世界其他地区的扩散。现代人起源的假说则主要是在古人类学和分子遗传学家之间展开的一场争论。就一些古人类学家而言，所谓解剖学上的现代人（包括中国人）是由不同地区的古人（至少从直立人开始）各自连续演化而来。他们作出这样的判断主要依据各地区的古人类化石上存在所谓的连续性形态特征，在中国这种连续性可以追踪到上百万年前的直立人（即猿人）。对这一化石人类学假设提出挑战是一些遗传学家，他们根据人类遗传物质（mtDNA，Y染色体）的测验分析，认为全世界的现代人是由非洲走出来分布到世界各地（包括中国）完全取代了第一次时代更早（约在200万—100万年前）走出非洲而分布各地的古人类。应该指出，即便用遗传学上测定的现代人起源在时间上与前述考古学上的所谓西来说相差很大。前者测算的结果至少在几万年前,后者讨论的是不到一万年甚或几千年前的事。但从现代种族的起源上两者又不是毫无关联的。此外,古人类学家在研究的方法论上主要是形态学的考察,遗传学家则依靠母系和父系遗传物质的测算,并不考虑人类学上是否存在种族形态特征的连续性,因而目前还不能将两种不同学科的研究结果及它们之间的差异提供一个合理的解释。

六、中国境内出土古人骨中有没有西方起源的种族因素

应该说明,以上所言种种文化西来说和伴随而来的种族或民族的西来说实际上都是从文化层面上所作的简单化的推论,缺乏任何人类学(或人种学)自身的研究。在仅有的中国发掘出土的史前人骨的人类学研究与当时依考古器物发现提出的西来假说也完全不合,证明中国仰韶文化的主人属于东方的蒙古人种支系。但这样的人类学材料毕竟为数甚少,对古代的"中国人"中究竟有没有西方起源的种族因素这样的问题还难有明确的回答。本文下边就时序更晚的新石器时代以后古人骨的种族形态生物测量学调查来探讨这个问题,因为这方面的人骨材料后来有大量的发现与研究。

(一)黄河流域的古代种族

如前述,这个地区古人骨的最早研究仅有步达生的报告,结果显示与遗址文化比对的西来假设正好相反。不过所报告的河南、甘肃材料全部才 70 具头骨,能否代表整个黄河流域依然有疑问。这方面的工作继步达生之后由中国学者颜訚研究了几批不同地点的材料,包括甘肃杨洼湾的齐家文化的两具头骨[73],陕西的半坡[74]、华县[75]、宝鸡[76]和山东大汶口[77]、西夏侯[78]等地点的新石器时代头骨。此后主要由本文作者等的工作就更多了,按地点有陕西横阵[79]、姜寨[80];河南庙底沟[81];青海民和阳山[82]、乐都柳湾[83];宁夏海原[84];山东诸城[85]、广饶[86]、衮州[87]、邹县[88];河南淅川下王岗[89];江苏金坛三星村[90]、高邮龙虬庄[91]等大量新石器时代人骨。时代稍晚的青铜时代—铁器时代人骨是甘肃玉门火烧沟[92]、酒泉干骨崖[93]、永昌三角城[94];青海大通上孙家寨[95]、湟中李家山[96]、循化阿哈特拉山[97];陕西凤翔[98];宁夏固原彭堡[99];山西侯马上马[100];河南安阳殷墟[101][102];山东临淄[103]等。而这样大范围和数量极为丰富的人骨在形态学上所提出的黄河流域新石器—铁器时代居民无例外地代表了蒙古人种的特性,其中大多代表蒙古人种东亚支系,少部代表北亚支系。这种情况表明,步达生对仰韶文化人骨的结果有普遍的意义,也代表黄河上中下游的古代人民共有的一级大人种属性。换句话说,在黄河流域的古代人中并不见明确的西方人种成分。这至少在秦汉以前便是如此。

(二)新疆境内的古代种族

但上述的种族分布情况由河西地区进入中国边陲的新疆地区发生了很大的改变。本文作者自上世纪七十年代开始有多次机会介入了对考古出土的新疆古代人骨的种族形态测量学的研究,关注点主要在新疆的古代居民中究竟有没有西方起源的种族成分。这项工作直到最近还在持续。就已经完成并陆续发表的报告来看,新疆古代居民的种族成分显示出复杂的情况。

首先从已经收集到的资料,最早对新疆古人骨上关注其种族属性者并有报告的已经

有几位，如英国人 A. Keith（1929），德国人 Carl-Herman Hjortsjo 和 Ander Walander（1924）及俄国人 A. N. Iuzefovich（1949）。

A. Keith 报告的材料是 A. Stein 第三次（1913—1915）在中亚探险时从新疆塔克拉玛干沙漠东北区四个地点采集的 5 具人头骨。他认为这几具头骨在形态上具有蒙古人种和高加索人种之间的特点，而这种居间的特点并非由人种混杂即由自然演化形成的。这些头骨所属时代据称是在公元前几个世纪范围内，但每个地点的时代也不尽相同。他将这些头骨称之楼兰型（Lou-lan type）[104]。

Carl-Herman Hjortsjo 和 Ander Walader 报告的材料是 Seven Herdins 于 1928 年和 1934 年在新疆考察时，从罗布泊（Lop-nor）及其邻近的四个地点取走的 11 具人头骨，其时代也比较晚大约在公元之交到公元后的几个世纪里。他们把这些头骨按形态分为三种，即有较明显的诺的克（Nordic）人种（与 A. Keith 的楼兰型相近）；另一种是以中国人特征占优势的中间型；第三种是阿尔宾（Alpine）人种[105]。

A. N. Iuzefovich 报告的是从罗布泊周边地区收集的称其为古突厥（Turk）人的 4 具头骨。时代估计为公元后的五—六世纪。他认为这些头骨都具有蒙古人种性质，但未指认它们属于蒙古人种的何种类型[106]。

应该指出，以上西方学者报告的新疆古代人骨都出自西方探险家之手，都是未经正式的考古发掘取走的采集品。采集地点分散在九个地点但头骨则只有 20 具，因而基本上代表了难以成组的个案标本。人骨代表的时代缺乏考古学的精确认定，按其所言大概在汉代以后。在人骨的种族认定上也存在明显的主观性，如从一具头骨上辨别出 3—4 个人种的混合，这似乎超出了骨骼形态学研究的客观性之外。尽管如此，从这些学者的研究中透露出在中国的新疆地区汉代前后的时间里存在西方高加索人种成分和某些蒙古利亚人种成分。或许这些骨学的研究其时毕竟很冷僻，因而并未如考古学上的西来说那样受到关注。

新疆古人骨的鉴定与研究受到关注主要是从上世纪七十年代开始的。而且首先和新疆的考古发掘并从中出土越来越多的古人遗骸密切相关，为人类学上研究它们的种族特点提供了丰富的材料。就笔者承担并已发表的材料列单如下[107]：

地　点	文化时代（碳素年代）	测量头骨数	作　者
孔雀河古墓沟	铜器时代（约 3 800 年前）	男 11，女 7	韩康信（1986）
哈密焉不拉克	铁器时代早（约 3 000 年前）	男 19，女 10	韩康信（1990）
托克逊阿拉沟	铁器时代（约 2 700—2 000 年前）	男 33，女 25	韩康信（1993）
楼兰东郊	铁器时代（约 1 800 年前）	男 3，女 2	韩康信（1 986）
洛浦山普拉	铁器时代（约 2 200 年前）	男 26，女 33	韩康信（1987，1988）
塔吉克香宝宝	铁器时代（约 2 800—2 500 年前）	男 1，女 0	韩康信（1987）
伊犁河昭苏	铁器时代（约 2 000 年前）	男 7，女 6	韩康信、潘其风（1987）
和静察吾乎沟Ⅳ	铜—铁器时代（约 3 000—2 400 年前）	男 50，女 27	韩康信等（1999）
和静察吾乎沟Ⅲ	铁器时代（约 2 400 年前）	男 9，女 0	韩康信（1999）
善鄯洋海	铜铁器时代（约 3 000—2 000 年前）	男 179，女 168，未 42	韩康信等（待出版）

以上人骨出土地点大致分布在新疆的南、北段上，整体年代范围在距今 3 800—1 800 年之间，约相当黄河流域历史编年的夏、商、周至汉代。观察和测量的头骨总数达 658 具。顺便指出，在上述的人骨中缺乏石器时代的材料，这是因为迄今为止的新疆考古中尚没有发现具有可信地层依据的新、旧石器时代的遗址和人骨。倒是过去有的被称为新石器时代的遗址后来的发掘证明，其时代比原来设想的晚了许多[108]。多年前在帕米尔地区发现的被指称是五万年前的一具头骨实际上是脱了地层的采集品。因此在石器时代的新疆境内究竟有否原始人类棲居过依然是个有待调查和寻觅的问题。如果其时有人居住过，那么他们属于何种种系的人口则是个待解开的一个谜。不过从中亚(包括哈萨克斯坦)和南西伯利亚的新石器—铜器时代人类的种族出现资料来看(这方面前苏联人类学家做过大量的工作)，大致在中亚两河流域(阿姆河—锡尔河)以北(可直到伏尔加河流域)主要分布了原始欧洲人类型(Proto-European race)的居民，两河流域以南主要分布了地中海人种的居民(Mediterranean race)。仅在个别地点发现有所谓的热带人种成分[109]。据此推测，新疆境内以后如果发现新石器时代人类遗骸，则其种族形态学上大概也会反映类似的种族背景。目前我们还没有证据将新疆地区归入现代人独立起源的地方。

如果根据如上所列新疆境内哪些铜器时代—铁器时代人类遗骸的种族形态学研究来看，可以指出新疆的古代居民种族成分并不单一。可以根据头骨的形态测量资料，在以上十个古代墓地出土的头骨中可以区分出至少三个(或也可能四个)形态偏离的高加索人种成分，即一种是颅形偏长结合面部高度因子(如面高、眶高和鼻高)比较低矮且面部不很窄的类型。这种特征的组合或可与前述中亚地区的原始欧洲人类型相比拟。其代表性遗址为孔雀河下游的古墓沟墓地。另一种是颅形也长化，但面部高度因子相对趋高，面宽偏狭化，这样的形态组合或可与中亚的地中海人种特别是东地中海种族的头骨相近。这种类型成分出现的地点以西疆的塔吉克香宝宝和洛浦山普拉墓地有代表性，同时在阿拉沟及楼兰墓地中也有部分出现。第三种是脑颅显著短化，但同时其面部高度仍保持趋低的性质。这种短颅化高加索种是中亚铁器时代出现的主要成分之一，以昭苏土墩墓和阿拉沟的部分头骨为代表。苏联学者将这类短颅化高加索种称之为中亚两河类型或帕米尔-费尔干类型。或许可能还有另一类，他们的头骨也较偏长，但面部高度因子有增高趋势，但面宽和鼻宽相对有些狭化，整体头骨略有缩小。与前面的短颅型头骨相比，它们似乎稍近有古老性状的高加索种成分，但又有某些“现代型”的性状。这类头骨最具代表性的是和静察吾乎沟Ⅳ号墓地及哈密焉不拉克的 C 组头骨[110]。

就以上几种高加索种成分的时代来讲，原欧洲人类型的出现似乎最早，大约在 3 800 年前；长颅地中海类型稍晚，大约在 2 800—2 000 年前；短颅两河型的偏晚，大约在 2 200—1 800 年前。所谓“现代型”的则在 3 000—2 400 年前。

在新疆境内出土的古人骨中除了以上的高加索人种成分外，还有没有其他人种成分存在呢？就现有的材料来看，答案是肯定的。不过从一个墓地出土的头骨中以蒙古人种形态占优势的目前还只有哈密的焉不拉克墓地，其时代可早到 3 000 年前。比此更早的古墓沟人骨中暂时没有发现蒙古人种成分。其他时代更晚的如阿拉沟、昭苏和楼兰墓地人骨中虽也发现从形态学上可归入蒙古种或可能介于两个大人种之间的混杂成分都以个别或零星个案出现。在收集人骨比较多的山普拉、察吾乎沟Ⅱ—Ⅴ号墓地中也未见可以确认的与蒙古人种相类似的成分。仅在察吾乎沟相当汉代的晚期墓葬人骨中感觉有些头骨的高加索人种性状弱化，但他们的基本成分仍和高加索种更多联系。笔者有一个简单的统计，如不计察吾乎沟、洋海的头骨，在其他七处墓地的总共186具头骨中，形态上与高加索种接近的约占80%，属于蒙古种系或混杂型的仅占20%。如将察吾乎沟的人骨也计算在内，则高加索种的比例更大。从这些人骨所代表的时序来讲，蒙古种系类的最早的只有东疆地区的焉不拉克一处，其他墓地的蒙古人种成分的时代都较晚（大致在春秋—汉代之间），而且呈显零星状态出现。由此推测，至少在秦汉以前，在新疆境内占居的人口中，西方来源的高加索人种成分占有明显的优势，他们在新疆境内出现的时间也可能更早一些[111]。这种人种成分复杂的现象大致在洋海墓地的近500具，头骨中也有所反映：即洋海的头骨的主要成分与西方人种相近，只是在晚期的成分中有些东方的成分参与（约占24.3%），而且后者显示与黄河流域的古代人的头骨更密切。在显示与西方人种的成分中，又近于东地中海人群的约占33.3%，近于原欧人种的约占66.7%，还有一部分可能是混杂的类型[112]。

又如前述，新疆境内出土的高加索人种头骨中存在明显的异型现象或可以暗示他们来源方向的不同。如有些具有古老性状的长颅化高加索种成分在大约3 800年前便入居孔雀河流城，并在那儿留下了形制特别的墓地标志。这些居民在形态上可能与分布在中亚、哈萨克斯坦、南西伯利亚甚至更西部的伏尔加河流域的同期人民之间存在较多的共性，在人种起源上他们或可能与东欧的旧石器时代的克罗马农人（Cro-Magnon Man）类型的晚期智人有更直接的联系。这种晚期智人的非常完整的头骨在顿河流域的沃罗涅什旧石器晚期遗址中发现，这具头骨的原始性主要在面部高度因子上非常低矮。这种性质在孔雀河的头骨上不同程度的普遍保存着。而颅形长结合较狭化的面和高度因子明显增高的成分在公元前几个世纪和公元之交前后出现于新疆的多个墓地，他们的来源方向可能是从中亚地区迁入新疆境内的，而且由西向东有的甚至到达了罗布泊地区。这一推测可依塔什库尔干的香宝宝、洛浦山普拉、米兰、楼兰等古墓出土头骨的形态特征都较近地中海东支类型连接起来，而且这些墓地的时间梯度上也显示由西向东的递减趋势。这一类型的成分有些还在天山地区的阿拉沟墓地中出现，这或可假定他们的一部分也可能沿塔里木盆地的北线进入天山地区。此外，在新疆西部的中亚地区的所谓古代塞克人墓葬中也有时代大约公元前六世纪的类似地中海人种的头骨发现。据称距今6 000—5 000年的土库曼安诺的铜石时代人骨也属这个类型，前苏联人类学家将它们归入南欧人种的地中海东支类群。如果这些中亚和新疆的人类学材料的连接是可以确立的话，那么有理由推测从中亚向新疆境内的通达与这些古代地中海人群越过帕米尔高原向东的推进运动有关[113]。

关于以短颅型为主的高加索人种成分还不多，主要出现在伊犁河流域的昭苏和天山地区的一部分阿拉沟的墓葬中。而这样的短颅化类群在中亚和哈萨克斯坦的所谓塞克-乌孙时期的墓葬中也普遍存在。出现的时间较晚大约在距今2 700—1 500年之间。在更早的新石器时代——铜器时代，这种类型在中亚地区似乎尚未出现。关于这种短颅型成分的形成还不太清楚。苏联学者中有的认为是由原欧洲人类型短颅化而来，并认为在这个短颅化过程中发生了某种至今还不清楚的蒙古人种因素的轻度沉积"；也有人以为是由原欧洲人种与地中海人种的混杂形成的[114]。

在这里应该特别提及前苏联的人类学家长期大量的古人类学调查研究工作。他们将中亚和哈萨克斯坦的新石器时代到铜器时代人骨的综合特征归结为两个基本的种族类型即原欧洲人种族和地中海(东支)种族,前者主要分布在哈萨克斯坦并向东伸向南西伯利亚地区。后者主要分布在土库曼、乌兹别克、塔吉克、吉尔吉斯等中亚地区。人类学材料的这种地理分布形势使我们联想到新疆境内这两类成分的来源之间存在密切的联系。而中亚和哈萨克斯坦的短颅高加索种成分(苏联学者有的称之为中亚两河类型,也有叫帕米尔—费尔干类型)主要在铁器时代才出现。与他们紧邻的新疆境内的同类的来源也应该与他们之间存在共同的起源才是比较合理的。由上可知,新疆境内古代居民的三个基本的高加索人种成分的来源并最可能与中亚、哈萨克斯坦、南西伯利亚的基本成分具有共同的种族背景而不是各自独立起源的。在他们出现的时间上也存在大致的先后关系。由此推测,至少在公元前十个世纪后,具有西方种族背景的人民从不同方向(主要从西边和北边)逐渐东进而入居新疆境内。考虑到此时东方的蒙古种成分出现不多,因此西方种族东进新疆的规模和速度明显比东方人的西进新疆的规模和速度强烈得多。而东方人种成分的规模更大的向西发展应该更晚,其中会涉及匈奴、突厥和蒙古人的多次西进浪潮,这些都可从历史记载中得到验证[115]。

又如前已交待,包括河西地区在内的黄河流域从新石器时代—铁器时代(大致在秦汉以前)的种族分布基本上都是东方的蒙古种系的成分。由此合理的推想,至少在 秦汉以前,西方的高加索种成分暂时没有形成有规模的进入黄河的农业地区而与后者的人民之间有过一个相对的种族的“隔离”。

在这里特别提及一项由上海复旦大学现代人类学研究中心古 DNA 实验室所做的中国古代人骨的 mtDNA 多态性研究。该研究收集了新疆且末加瓦艾日克、哈密五堡、和静、阿克苏拜城及新疆以东的甘肃玉门火烧沟、青海上孙家、宁夏中卫—中宁、陕西扶风周原、临潼、山西襄汾陶寺、侯马上马等 20 个地点的铜器时代—铁器时代的人骨材料,总共 373 个样品中提取出 167 个体的可测定的古 DNA 样品。对这些样品的分析结果指出,中国西北地区古代遗址个体 mtDNA 的种属类型及其分布表现出同体质人类学研究较为一致的结论:即在新疆地区青铜时代就存在有典型的欧亚西部成分,并且出现欧亚东、西部成分共存的现象。而新疆以东地区,在秦汉时期以前并未出现典型的欧亚西部成分,然而秦汉以来部分墓葬中出现了少量欧亚西部成分,提示在此之前可能已经出现了欧亚东部和西部人群的交流,并对后来的西北人群的遗传组成产生了影响。新疆以东西北地区的考古学、体质人类学和古代 DNA 研究结果均表明,一直到汉代,这一地区并未出现大规模的欧亚西部人种特征[116]。这一 mtDNA 的研究结果就其遗传学上东西人群的分布差异及其在我国西北地区可能存在过基因交流的地理分布的推测,显然支持骨骼人类学上判断的东西方种族的分布、交叉乃至时限上的估计。可惜这一研究没有发表。因此在研究古代人群或种族的迁移和扩散这样的问题时,使用不同学科各自独立的技术路线和方法来获得合理的解释可能是更有说服力的。

(三) 在黄河流域发现的西方族源的墓葬

除以上秦汉以前中国新疆境内存在大量西方种族成分以外,在骨骼人类学上还有一些西方种族涉入中国西北地区的证据发现。这方面的人类学材料目前积累的还不多,而且不像新疆那样，多以个案发现为主。就笔者多年工作中鉴定出来的材料主要出自陕西、宁夏、山西等。这些材料虽然比较零碎，但对探讨古代中国西方种族的涉入历史有重要的价值。下边具体介绍这些材料。

1. 西安北周安伽墓[117]

据考古报告，安伽墓属北周时期的墓葬(公元579年)，从墓葬结构来讲已经有明显的“中土化”特点。但墓中的雕刻仍保留有强烈的中亚及至祆教的风格。因此考古学者断定死者祖系来自中亚的“昭武九姓”之一的粟特人。墓中人骨架虽已扰乱，但保存有非常完整的头骨及颅后骨。墓主头骨不长(中颅型)，其鼻骨强烈突起和明显上仰，面部水平方向突出也明显强烈，矢状方向突出弱属平颌型。这样的性状组合在高加索人种头骨上更为常见，与鼻骨平扁和面部扁平度很大的蒙古人种头骨之间形成明显反差。因此，考古和文献的分析与推测又增加了人类学鉴定的支持。

据墓志：“(安伽)父突建，冠军将军，眉州刺史(安伽)逐除同州萨保，俄除大都督”。安伽母为“杜氏，昌松县君”。从这些墓志来看，至少安伽之父辈已经来到现在的甘肃并可能与杜姓的汉女为婚。如是则安伽本人实为混血种。但如人骨鉴定所示，仍保持形态学上明显的高加索人种特征。

安伽父亲曾任“冠军将军”和“眉州刺史”。安伽本人则担任过“同州萨堡”及“大都督”之职，前者是中国皇朝任命的管理来中国进行贸易的胡商及定居内地的各种外来人员及祭祀宗教活动，大都督则可能为军中的一个实职。由此可见，中亚的粟特人已经有相当的人口从事或定居于皇都或就近皇都地区了。而且这些西系的人与中原汉人通婚也是可以想见的事实。

2. 宁夏固原史道洛墓[118]

这是夫妇合葬墓，考古学家也推定墓主属中亚昭武九姓之人(公元655年)，时间上比安伽墓稍晚。墓葬形制也具有中土化特点，但墓葬被严重盗扰。人骨也保存质地很差且极残碎。幸史道洛本人的头骨虽因朽蚀压塌，但其面部尚存大半。所见鼻骨残余根部比较突出，面部扁平度弱，颊骨也小，似乎显示出非蒙古种的特征。

在固原的考古发掘中，此前先后挖掘过史姓墓七座，史道洛墓是第八座。因此这是史姓的家族墓地。这显示粟特人的聚族而居的习俗。史道洛之妻康氏出身于萨马尔罕，也是中亚昭武九姓的康国人后裔。至少史道洛与其妻属九姓的内部联姻。这种内部相互通婚的现象在昭武九姓人之间相当普遍，与非胡间的婚姻为次要形式也可能存在。

3. 宁夏固原九龙山和南塘墓地[119]

这是一些平民墓葬，是为修筑公路而发掘的。笔者在协助鉴定出土人骨时又发现了几具非蒙古利亚系的头骨。一般地说，这些头骨的鼻骨都几无例外地强烈隆起和上仰，面部扁平度弱而显示强烈的立体感，其鼻下棘也发达，鼻根凹陷深，多角形眶。据记录，这样的头骨有9具(5男、4女)，它们分别出自6座墓葬。其中有3座是男女合葬。这些墓葬的时代被指定为隋唐时期。随葬品不多。其中一具男性头骨上发掘有金箔制的头饰，其纹式显有中亚祆教的特点。这个考古学的发现与笔者鉴定的高加索种特征相符合。笔者共测量了这个墓地的全部出土头骨(北朝和隋唐时期的)共44个，而上述9个非蒙古种头骨就占了其中的20%。这种比例似乎暗示在固原这个地区移居的西方种族成分已经有相当一部分。值得注意的是在笔者鉴定的同一墓地的汉代人骨中却没有发现一例这类头骨。或可由此设想,至少固原地区的具有西方种族特征的人民迁居这个地区主要在汉代以后发生的。在此前即便有人迁入也可能是稀少的。

4. 宁夏吴忠唐代平民墓[120]

近年宁夏考古所发掘队为配合建筑工地在市区范围里挖掘了大量唐代平民墓葬。人骨虽保存不太好,但也收集了一批较完整的头骨。笔者虽没有从中发现尤如固原的西方种族的头骨,但发现从墓葬里出土的人佣中有形象逼真的胡人佣。反映宁夏的当地人完全熟知这些胡人的形象。

5. 山西太原虞弘墓[121]

据墓志,此墓是隋代开皇年间建造的(开皇十二年)。其墓葬结构,石椁及其上的雕刻等都保留了某些强烈的中、西亚风格。遗憾的是由于墓葬被严重盗扰,人骨保存很差且缺乏完整头骨。因此无法从人类学上作出种族的认定。笔者主要从石椁上大量人物雕像头部的写实特点如强烈突出的鼻部和面部显著前突,其中有许多呈鹰钩形鼻及发达的面须及人像雕刻的西方风格(几乎全都以侧面视角的"横头"来表示面部的,这种艺术表达方法在西亚甚至埃及古代壁画中屡见不鲜。有人称之为意象图)等,以为墓主人具有西方种族情节。吉林大学对虞弘夫妇的残骨进行了 mtDNA 的提取和多态分析,认为虞弘的 mtDNA 序列具有欧洲序列特征,而虞弘夫人的 mtDNA 序列同时具有亚洲和欧洲序列。这个测试,似乎支持虞弘本人的西方起源[122],但对其夫人的种族背景究竟是亚洲还是欧洲或是欧亚混合之结果提供了不那么肯定的结果。

6. 其他的考古学证据

除以上西方种族成分发现于汉代以后中国西北地区的人类学和考古学证据之外,还有一些据称是中亚粟特人的考古遗存。如山东青州傅家墓(公元 573 年)、西安史君墓(公元 579 年)、甘肃天水石马坪墓(隋唐时期)、安阳粟特人石棺墓(北齐时期)及现保存在日本滋贺 Miho 博物馆的山西石棺屏风(北齐时期)等。从发现的文献上的考证,粟特人至少从北朝时期涉入中国的西域及至黄河流域并形成聚落形态生活很普遍。其迁移及至聚落的历史显然不只经历了几十代人。其中有的曾是中亚的游牧人,有的是商贸传媒者。他们来到黄河文化的分布带,其自身的文化特性虽有些弱化或融于汉人文化,但似并没有从此消失。他们对中原的中古时期的文化势必有过相当的影响[123]。

考古和人类学的发现证明,在中国古代西域(新疆)和西北地区的居民中存在西源种族成分。对古人骨骸的遗传学鉴定(古 DNA)也支持这一点。

在古代居民的种族成分和组成上,新疆是一个特殊的地区。现有的人类学材料证明,至少在这个地区的青铜时代便有某些古老性状的原欧洲人的人民已经入居新疆的腹地。而青铜时代晚——铁器时代,西源种族入居新疆的数量和规模似更为增大,他们中的一部分可能来自中亚和西亚的地中海东支居民。在与此稍晚的时代,也出现了短颅的高加索种成分。相比之下,在这些时间段里,具有东方蒙古种形貌的居民出现得虽也较早(青铜时代晚期),但总体来讲都比较少而且零碎状态。新疆的这种西源种族成分的出现状态与中亚和哈萨克斯坦等地区的古代种族的出现和分布之间存在密切的联系。

黄河流域的古代人民在种族的组成上不同于古代的新疆地区,他们从形态学上代表了蒙古人种的支系。因而在种族人类学上与新疆地区之间存在相对“隔离”。

在黄河流域的西北地区也发现人类学和考古学上与西方起源有关的古代墓葬。但就现有的记录，这些发现基本上是属于汉代以后稍晚的遗存。其中的一些据墓志等被考古学者认定为中亚粟特人的。

这些西源的人民在新疆及西北地区的出现，合理的地理顺序是先从新疆的西部中亚、哈萨克斯坦及至北边的南西伯利亚不同方向的进入，然后由新疆境内向黄河流域的迁进。这种迁移应是多次陆续且经历了多代人的时间。

本节只是从已有的人类学材料来证实西源种族的人民向西域和黄河流域的渗入。这方面的调查和研究还仅仅是开始，有许多迁移的细节如确切的时间层次，迁入人口的数量和规模及速度等都不清楚。还有这些西方种族迁入所带来的文化的影响等。这属于考古学和史学家们仔细甄别的重要问题。

七、结语

中国人种西来假说从其最初始是伴随中国文化西来说而来，两者曾是密不可分的。而旧西来说的基本教条出自文化层面上浅层的中西比对即从语言文字、神话传说等类推出来的。这种假说的提倡者或多或少，有意无意沾染有西部文化及种族中心论的影子，采用简单的直线传播观点。不过除了个别的极端种族主义学者外，对中国史前历史的讨论应该是属于学术层面的，不能一概归之于西方文化的殖民入侵这样简单对待。也是在正当各种早期的西来说逐渐消退时，以考古发现为基础的新西来说再次热烙了起来，人们以为要解决象中国史前起源这样的问题唯以考古发掘才是获取最可信证据的途径。安特生在中国仰韶文化的发现对此作出了有益的尝试，但其时由他引入的考古调查尚处在起始阶段，所有发现也不充分，因而他的眼光也只能投向西方来寻求中国史前文化乃至种族的西方来源，未能摆脱此前的历史观。不过安特生在其晚期，当中国的史前考古发现有更多的发现和复杂化时，面对自己过于简单化的西来假说产生了疑惑，承认中国的仰韶文化为中国人的文化。在这一点上，同为瑞典人的步达生对甘肃、河南史前人骨种属特性的研究结果可能产生了重要影响，也和形形色色的中国人种西来观相悖。这就提出了一个问题，即在研究一个地区文化的起源时除了文化方面的相互研究和比对外，还要注意对古人遗骸种属特性的研究。两者之间既可能存在密切的联系，但也可能存在复杂的关系。不能用最简单的办法去解决诸如中国文明起源这样的复杂问题。不过考古学的介入，无疑是解决或更合理地阐述中国史前文化和种族起源问题的最具重要意义途径。

古人类学和分子遗传学在现代人起源(其中也涉及中国人起源)问题的争论是近些年来的事。不过这个问题的讨论似乎与前述考古学的讨论在时代上隔了一个层次。因而还无法与考古学上所指的起源(新石器时代以后)具体的连接起来。但应该重视的是近些年来配合考古发掘积累起来的骨骸种属鉴定资料。尤其是中国新疆及其他西北地区的材料。这些材料指认在古代新疆（秦汉前）境内存在大量的西方高加索种成分的事实以及在西北地区出现的中、西亚移民的墓葬。以此同步进行的古 DNA 研究也支持这种种族分布及交错情况。而这些西源种族的迁入古代中国的新疆及黄河流域势必也同时带来他们的文化影响。这一点尤其对新疆考古文化的研究提供另类视角的考虑。对于进入黄河流域的西方人种虽然就其数量和规模还不太清楚，但他们多少也会带来和保存自己母族的文化并与黄河文化发生“碰撞”和交融。这些都已成为“丝绸之路”研究的重要课题，也是历史客观的存在。不需要人为地规避或曲解西方文化因素甚至某些局部地区产生的基因交流。而且为了继续深入研究，有意规划和组织多学科的综合研究是一个更有效的途径。

参考文献

[1] Lacowperie T de. Western origin of the Early Chinese Civilization. 1894. 转引自林惠祥中国民族史，商务印书馆，1936

[2] Henri Codier. Historie generale de la Chine. 转引自何炳松中华民族起源之新神话，东方杂志，1929，26(2)

[3] Chamers J. The origin of the Chinese. Hongkong，1866

[4] Edkins J. China's place in philology：an Attempt to show that the languages of Europe and Asia have a common origin.

[5] 引自何炳松中华民族起源之新神话，东方杂志，1929，26(2).

[6] 白河次郎，国府种德. 支那文明史. 1899

[7] 蒋智由. 中国人种考. 转引自林惠祥中国民族史

[8] 刘师培. 思祖国篇，华夏篇，国土原始论. 转引自林惠祥中国民族史

[9] 丁谦. 中国人种从来考，穆天子传地理考证. 转引自林惠祥中国民族史

[10] 章太炎. 检论序种姓. 转引自林惠祥中国民族史

[11] 黄节. 种源论. 转引自林惠祥中国民族史

[12] Ball C J. Chinese and Sumerian. London，1913. 转引自林惠祥中国民族史

[13] Chavannes Ed. Les documentschinois decouvets par A. Stein dans les sables du Turkestan oriental. Oxford，1913. 转引自林惠祥中国民族史

[14] Hirth F. The Ancient History of China. New york，1923. 转引自林惠祥中国民族史

[15] 缪凤林. 中国民族由来说. 转引自林惠祥中国民族史

[16] Kircher A. La China d'Atharase Kirchere. Amsterdan，1670

[17] 引自林惠祥中国民族史

[18] Guingnes De. Menoire dans lequel on proude que les Chinois sont une colonie Eguptienne. Paris，1758. 转引自林惠祥中国民族史

[19] 引自林惠祥中国民族史

[20] 引自林惠祥中国民族史

[21] 引自林惠祥中国民族史

[22] 引自列・谢・瓦西里列夫，中国文明的起源问题汉译本. 文物出版社，1989

[23] 同[22]

[24] Richthofen F. China. Berlin，1887.

[25] Andrew RC and HF. Osborn. Mongolia Might be the Home of Primitive Man 转引自林惠祥中国民族史

[26] 引自林惠祥中国民族史

[27] Richthofen F. China. Berlin，1887. Bed I，转引自林惠祥中国民族史

[28] 引自林惠祥中国民族史
[29] John Koos. The origin of the Chinese People. London, 1916 引自林惠祥中国民族史
[30] Klaproth J. Memoires relatifs al'Asie. Paris, 1926, Vol. II, 99-100
[31] MuIler FM. Chips from a Genmle workship. London and Bombay, 1893, Vol. I, 63-64
[32] Hirth H. The ancient history of China. New York, 1923, 14-18
[33] 何炳松. 中华民族起源之新神话. 东方杂志, 1929, 26(2)
[34] 同[33]
[35] 同[34]
[36] 同[34]
[37] Lawfer B. The Journal of American History. Vol. 33, No. 4, p. 903. 转引自何炳松中华民族起源之新神话
[38] 安特生. 中华远古之文化. 地质汇报, 第5号, 1923
[39] Karlgren B. Philology and Ancient China. Oslo, 1926
[40] Black D. A study of Kansu and Honan Aeneolithic skulls and specimens from later Kansu prehistoric sites in comparison with North China and other recent crinia. Palaeont. Sinica, Ser. D, Vol. 1, pp. 1-83, 1928
[41] Black D. Note on the physical characters of the prehistoric Kansu race. Memories of the Geological Survey of China, Ser. A, No. 5, 1925
[42] 同[38]
[43] 同[38]
[44] 同[38]
[45] 转引自安特生甘肃考古记, 地质专报甲种, 1925, 第5号, 36—317
[46] Karlgren B. Andersson's arkeologiska sdudieri Kina. New Society of Letters of land, Vol. 1: 142-153, 1929
[47] Arne TJ. Painted Stone Age pottery from the Province of Henan, China. Paleotologia Sinica, Ser. D, Vol. 1, Fasc. 2, 1925
[48] 同[45]
[49] 同[41]
[50] 同[40]
[51] 章鸿钊. 石雅. 地质专报乙种第2号, 中国地质调查所印行, 1927
[52] 李济. 西阴村史前的遗存. 清华学校研究院丛书第3种, 1927
[53] 梁思永. 山西西阴村史前遗址的新石器时代的陶器. 梁思永考古学论文集, 46-47页, 科学出版社, 1959
[54] Frankfurt H. Studies in early potteres of Near East. London, P. 179, 1927
[55] 夏鼐. 中国文明的起源. 文物出版社, 1985
[56] 李济. 中国文明的开始. 台湾商务印书馆, 1980
[57] Weidenreich F. The skull of Sinanthropus pekinensis: A comparative Study on a Primitive Hominid skull. Palaeontologia Sinica, New Series D, No. 10, 1943
Weidenreich F. The Dentition of Sinothropus pekinensis: A comparative odontography of the Hominid. Palaeontologia Sinica, Mew Series D, No. 1, 1937
[58] Weidenreich F. On the Earliest Representative of Modern Mankind Recovered on the Soil of East Asia. 北京博物学会会志, 13册

[59] 同[58]
[60] Hooton EA. Up from the Ape. New York, 1946, p. 402
[61] 同[56]
[62] 同[56]
[63] 吴新智. 周口店山顶洞人化石的研究。古脊椎动物与古人类,1961,(3): 181-203
Wolpoff MH, Wuxinzhi and Trorne AG. Modern Homo sapiens origin: A general theory of hominid evolution involving the fossil evidence from East Asia. In: Smith FH. , Spenser Feds. The origin of Modern Humans: A World Server of the Fossil Evidence. New York: Alan R. liss Inc. 1984, 411-483
吴新智. 中国人类化石研究对古人类学的贡献. 第四纪研究 1999,(2): 97-105
[64] 吴新智. 从中国晚期智人颅牙特征看中国现代人起源. 人类学学报,1998, 1(4): 276-282
吴新智. 现代人起源的多地区进化说在中国的证实. 第四纪研究,20,702-709
吴新智. 中国古人类进化连续性新辨. 人类学学报,2006,25(1): 12-25
[65] 理查德,李济. 人类起源　汉译本第四章,65-70,上海科学技术出版社,1995
吴新智. 人类起源研究新进展. 科学前沿与未来第 3 集,161-181,科学出版社,1998
Cann RL, Stoneking M et Wilson AC. Mitochondrial DNA and human evolution. Nature, 1987, 325: 31-36
Vigilant C, Stoneking M, Harpending H, Hawkes K, et Wilson AG. African populations and the evolution of human mitochondril DNA. Science, 1991, 253: 1503-1507
Cavalli-Sforza LL, Feldman MW. , The application of modecular genetic approaches to the study of human evolution. Nat. Get. 2003, 33: 266-275
[66] Chu JY et al, Genetic relationship of populations in China. Proc. Nate Acad. Sci. USA, 1998, 95: 11763-11768
Ke YH et al, African origin of modern humans in East Asia: Atale of 12000 Y Chromosomes. Science, 2001, 292: 1151-1152
[67] 同[63]
[68] 苏三. 向东向东,再向东——圣经与夏、商、周文明起源. 青海人民出版社,2004
[69] Andersson JG. Children of the Yellow Earth. London, 1934
[70] 安特生. 中国史前研究(英文)BMFEA(远东博物馆馆刊)第 15 册,1943(Researches into the prehistory of Chinese, BMFEA, 1943, No. 15)
[71] 同[49]、[50]
[72] 同[55]
[73] 颜闇. 甘肃齐家文化墓葬中头骨的初步研究. 考古学报,1955,(9): 193-197
[74] 颜闇等. 西安半坡人骨的研究. 考古,1960,(9): 36-47
[75] 颜闇. 华县新石器时代人骨的研究. 考古学报,1962,(2): 85-104
[76] 颜闇等. 宝鸡新石器时代人骨的研究报告. 古脊椎动物与古人类,1960,(1): 3-43
[77] 颜闇. 山东大、放口新石器时代人骨的研究报告. 考古学报,1972,(1): 91-122
[78] 颜闇. 西夏侯新石器时代人骨的研究报告. 考古学报,1973,(2): 91-126
[79] 韩康信等. 陕西横阵的仰韶人骨. 考古学报,1977,(4): 247-256
[80] 夏元敏等. 临潼姜寨一期文化墓葬人骨研究. 史前研究,1983,(2): 112-132
[81] 韩康信等. 庙底沟二期文化人骨的研究.. 考古学报,1979,(2): 255-270
[82] 韩康信. 青海民和阳山墓地人骨的研究. 民和阳山 160—173 页附录一,文物出版社, 1990

[83] 潘其风等. 柳湾墓地的人骨研究. 青海柳湾 160-173 页附录一，文物出版社，1984

[84] 韩康信. 宁夏海原菜园村新石器时代人骨的性别年龄鉴定与体质类型. 中国考古学论丛，170-181 页，科学出版社，1993

[85] 韩康信. 山东诸城呈子新石器时代人骨. 考古，1990，(7)：644-654

[86] 韩康信等. 广饶古墓地出土人类学材料的观察与研究. 海岱考古第一辑，390-403 页，1989

[87] 韩康信. 山东兖州王因新石器时代人骨的鉴定报告. 山东王因新石器时代遗址发掘报告 附录一，科学出版社，2000

[88] 张振标. 山东野店新石器时代人骨的研究报告. 邹县野店附录，180-187 页，文物出版社，1985

[89] 张振标等. 下王岗新石器时代居民的种族类型. 史前研究，1984，(1)：68-76

[90] 韩康信. 金坛三星村新石器时代人骨研究. 东南文化，2003，(9)

[91] 韩康信. 龙虬庄遗址新石器时代人骨的研究. 龙虬庄——江淮东部新石器遗址发掘报告第七章自然遗物——人骨，科学出版社，1999

[92] 韩康信等. 甘肃玉门火烧沟古墓地人骨的研究。中国西北地区古代居民种族研究(第二部分)，复旦大学出版社，2005

[93] 郑晓瑛. 甘肃酒泉青铜时代人类头骨种系类型的研究. 人类学学报，1993，12(3)：241-250

[94] 韩康信. 甘肃永昌沙井文化人骨种属研究. 永昌西岗毕湾岗沙井文化墓葬发掘报告附录，甘肃人民出版社，2001

[95] 韩康信等. 青海大通上孙家寨古墓地人骨的研究. 中国西北地区古代居民种族研究(第一部分)，复旦大学出版社，2005

[96] 张君. 青海李家山卡约文化墓地人骨种系研究. 考古学报，1993，(3)：381-413

[97] 韩康信. 青海循化阿哈特拉山古墓地人骨研究. 考古学报，2000，(3)：395-420

[98] 韩伟等. 凤翔南指挥村周墓人骨的测量与观察. 考古与文物，1985，(3)：395-420

[99] 韩康信. 宁夏彭堡于家庄墓地人骨种系特点之研究. 考古学报，1995，(1)：109-125

[100] 潘其风. 上马墓地出土人骨的初步研究. 上马墓地附录一，398-483 页，文物出版社，1994

[101] 韩康信等. 安阳殷墟中小墓人骨的研究. 安阳殷墟头骨研究，50-81 页，文物出版社，1985

[102] 韩康信. 殷代人种问题考察. 历史研究，1980，(2)

[103] 韩康信. 山东临淄周一汉代人骨体质特征研究与西日本弥生时代人骨之比较. 探索渡来系弥生人大陆区域的源流 112-163 页，山东省文物考古研究所—土井浜遗址人类学博物馆编印，2000

[104] Keith A. Human skulls from ancent cemeteries in the Tarim Basin. Jounal of the Royal Anthropological Institute，1929，No. 59，pp. 140-180

[105] Hjortsjo CH，Walander A. Das schadel und shelattgut der archaologischen untersuchungen in Ost-Turhistan. Reports from the Scientific Expendition to the North-Western provinces of China under the leadership of Dr. Sven Hedin. VII，Archaeology，1942

[106] Iuzefovich AN. Drevnie cherepa iz dkrestnastei ozera Lop-Nora. Sbornik Muzeia Antropologi I Etnograffi，Vol. 10，303-311

[107] 韩康信. 新疆孔雀河古墓沟墓地人骨研究. 考古学报，1986，(3)：361-384
韩康信. 新疆哈密焉布拉克古墓人骨种系成分研究. 考古学报，1990，(3)：37-390
韩康信. 新疆阿拉沟古代丛葬墓人骨研究. 丝绸之路古代种族研究，新疆人民出版社，2009，56-146
韩康信. 新疆楼兰城郊古墓人骨人类学特征的研究. 人类学学报，1986，5(3)：227-242
韩康信. 新疆洛浦山普拉古代丛葬墓人骨的种系问题. 人类学学报，1988，7(3)：239-248
韩康信等. 新疆洛浦山普拉古代丛葬墓头骨的研究与复原. 考古与文物，1987，(5)：91-98

韩康信.塔什库尔干县香宝宝古墓出土人头骨.新疆文物，1988,(1)：30-35

韩康信等.新疆昭苏土墩墓古人类学材料的研究.考古学报,1987,(4)：503-523

韩康信等.察吾呼三号、四号墓地人骨的体质人类学研究.新疆察吾呼大型氏族墓地发掘报告，299-337,东方出版社,1999

韩康信等.新疆部善洋海古墓地人类学材料的鉴定与研究.文物出版社(待出版)。

[108] 陈戈.新石器时代.西域通史第一部.余太山主编.中州古籍出版社,1996

[109] 金兹布尔格 BB,特罗菲莫娃 TA.中亚古人类学.科学出版社,莫斯科,(俄文)1972

[110] 韩康信.新疆古代居民种族研究.新疆人民出版社,2009

[111] 同[109]

[112] 韩康信等. The study of skulls from the ancient cemetery. Yanghai, Xinjiang.内陆欧亚历史语言论集一徐文堪先生古稀纪念。296-309. 兰州大学出版社,2014

[113] 同[109]

[114] 同[109]

[115] 同[109]

[116] 张帆.中国古代人群的 mtDNA 多态性研究.复旦大学博士论文.2005

[117] 韩康信.北周安伽墓人骨鉴定.西安北周安伽墓附录一,文物出版社,2003

[118] 韩康信.史道洛墓人骨.原州联合考古队发掘调查报告 I,第五章.日本勉诚出版社,2000

[119] 韩康信.固原九龙山一南源出土高加索人种头骨.固原南源汉唐墓地附录,文物出版社,2009

[120] 韩康信.宁夏吴忠唐墓人骨鉴定研究。吴忠西部唐墓附录二,文物出版社 2006

[121] 韩康信.虞弘墓人骨鉴定。太原隋虞弘墓附录一,文物出版社，2005

韩康信等.虞弘墓石椁雕刻人物的种族特征.太原隋虞弘墓附录二,文物出版社,2005

[122] 谢承志等.虞弘墓出土人类遗骸的线粒体 DNA 序列多态性分析.太原隋虞弘墓附录五,文物出版社,2005

[123] 荣新江.古代中国与外来文明.生活.读书.新知三联书店,2001

仰韶新石器时代人类学材料种系特征研究中的几个问题

韩康信

仰韶新石器时代人类学材料的研究，首先由已故体质人类学家颜闾先生及其助手开始的。在20世纪60年代初，曾先后发表了宝鸡[1]、西安半坡[2]和华县[3]三处仰韶文化遗址的人骨研究报告。横阵新石器时代墓地出土的人骨，颜闾先生生前未能研究完成，直到笔者调至考古所后，才整理发表了一个简报[4]。近年来，上海复旦大学的夏元敏和西安半坡博物馆的几位同志研究了姜寨一期文化的人类学材料[5]。

颜闾先生在他的报告中着重分析和讨论了仰韶文化居民的体质特征和种系性质。在三批材料的研究中，获得了基本一致的结论，即仰韶文化时代的人类遗骨在体质上与蒙古人种的南亚支系最接近。而这一研究结果一直被沿用下来，并影响了后人的研究，在一些国内外人类学和史学者的著作中，也常引用这个结论。

随着中原地区新石器时代古人类学材料研究的增加，对颜闾先生的研究结果也开始出现了倾向不同的认识。例如，笔者根据河南庙底沟二期文化人类学材料的研究，一方面指出了与仰韶文化居民在体质上基本连续，另一方面指出这些材料并不像颜闾先生对仰韶文化材料指出的接近南亚支系，而是较接近蒙古人种的远东或东亚支系[6]。夏元敏等同志在研究了陕西临潼姜寨一期人骨材料之后，也提出与远东支系接近的意见[5]。此外，随着对华南地区新石器时代人类学材料的研究表明，其南亚或热带种族特征比颜闾先生指出仰韶文化居民的所谓南亚性质更为强烈而典型。这种情况使人怀疑仰韶文化居民的南亚性质至少在程度上与华南新石器时代居民的南亚特点是有区别的[7]。

另一方面，无论颜闾先生还是后来的一些学者，在解释仰韶文化居民南亚人种特征的起源时，都倾向认为是属于某些旧石器时代晚期祖先可能尚未完全分化的性质[7]。这种解释如何与归属南亚支系的结论一致，也仍然是问题之一。尽管如此，但至今还没有专文讨论过这些问题。

除以上问题外，本文就颜闾先生提出仰韶文化居民在体质上，与黄河上、下游新石器时代居民属于不同体质类型问题提出某些分析和解释。

一、仰韶文化人类学材料同种系问题

从不同地点出土仰韶文化人类学材料在体质特点上是否属于同种系或相同体质类型？对这个问题，颜闾先生曾使用了几种测量统计比较方法进行考察，即利用苏联学者在人类学研究中常用的一些测量特征的组间变异范围去进行组间平均数的比较或利用组内差异进行小人种间组间比较的方法[1]和不同组平均组差显著性测验比较的方法[3]。前两个方法是对若干测量项目所得组间差异值大小来决定对照组之间可能存在的接近关系(或疏远关系)。后一个方法则是考察在什么测量项目上存在显著差异,从而估计对照组之间在各种比较项目上是否存在普遍的显著差异。根据这些方法,颜訚先生分别得出宝鸡新石器组"基本上与半坡组接近。"[1]及华县组"基本上与半坡组、宝鸡组接近"[3]的结论。颜訚先生的这些考察提供了统计量值的相对形态距离的一般概念,由此获得两个比较组之间"接近"或"比较接近","疏远"或"比较疏远"等相对概念,而且是在小例数的单个组之间进行比较。然而,将所有已知仰韶各组合并在一起,它们又会表现出何种变异度?换句话说,合并组变异度与同种系组相比,在类型上是异质性还是同质性的可能性更大?为此,我们取近年来美国人类学家 W. W. 豪厄尔斯设计的多种测量项目平均标准差百分比方法[8],估计仰韶合并组主要颅面绝对测量特征的变异度。具体方法是计算待测组每个测量项目相应的标准差(S. D.),然后与豪氏列举的综合标准差相比,求得每项的标准差百分比值,最后将全部项目的标准差百分比总和除以项目数而求得平均标准差百分比值(见表一)。由于综合标准差大体上代表同种系水平的变异量度,并假定其平均标准差百分比理论值为 100,如果所求待测组的平均标准差百分比值越偏离理论值(100),则表示距同种系越远,反之,距理论值越近,待测组同种系的可能性越大。理论上,将仰韶各组分别单独作这种计算分析是可能的,但实际上,每一个仰韶组的可计测例数者太少,其计算结果在统计学上的可信性难以确定。为此,在这里将宝鸡、华县、半坡和横阵四个组的材料合为一组(下称仰韶合并组)重新计算了每个项目的标准差。这样,每个项目的测量例数除少数外,一般都较大于 30 例。作为比较,表一中列出了由豪厄尔斯测定的我国海南岛组与杨希枚先生测量的河南安阳殷墟祭祀坑组的相应计算值[8]。表中结果是仰韶合并组的平均标准差百分比值为 105 比理论值 100 和海南岛组值 101 更高,但又明显小于殷墟祭祀坑组的 112 值。这可能意味仰韶合并组的颅骨形态测量的变异比海南岛组更明显一些,但比殷墟祭祀坑头骨组的变异明显更小。

表一　平均标准差百分比值比较(男性组)

项目　　目	综合标准差 (豪厄尔斯,1973) S. D.	海南组 (豪厄尔斯)n=45 S. D.	 %	仰韶合并组 n=20—64 S. D.	 %	殷墟祭祀坑组 (杨希枚) n=175—319 S. D.	 %
GOL (颅长)	5.82	6.14	106	6.19	106	6.20	107
XCB (颅宽)	4.95	4.26	86	5.84	117	5.901 1	119
BBH (颅高)	4.96	4.47	90	4.90	98	5.38	108
BND (基底长)	3.88	4.00	103	3.94	101	5.16	133
BPL (面底长)	4.83	5.72	118	4.64	96	6.00	124
ZYB (颧宽)	4.42	4.63	105	4.76	107	5.68	129
NPH (上面高)	3.98	3.76	94	4.69	117	3.74	94
OBH (眶高)	1.93	2.13	110	1.71	88	1.90	98
OBB (眶宽)	1.61	1.64	102	2.04	126	1.90	118

续 表

项目　　目	综合标准差（豪厄尔斯，1973）S. D.	海南组（豪厄尔斯）n=45 S. D.　%	仰韶合并组 n=20－64 S. D.　%	殷墟祭祀坑组（杨希枚）n=175－319 S. D.　%
NH （鼻高）	2.70	2.53　94	3.39　125	3.12　116
NLB（鼻宽）	1.83	1.87　102	1.87　102	1.96　107
MAB（腭宽）	3.15	3.33　106	2.57　81	2.94　93
平均标准差百分比	100.0	101	105	112

表注：表中除仰韶合并组外，其余组的各项数值皆取自参考书目[8]。“S. D.”为标准差，“%”为标准差百分比比值，“n”为例数。

需要指出，根据杨希枚先生的研究，殷墟祭祀坑组是包含大多数蒙古人种不同类型和部分太平洋尼格罗人种及很少量高加索人种的一组异种系材料[9][10]。笔者则认为是一组由蒙古人种不同地域类型（如远东、北亚和南亚类型）头骨组成[11][12]。尽管两者在认识上不尽一致，但考虑即便在蒙古人种支干的相对极端类型（如北亚和南亚）之间，在一般头骨测量上的差异未必逊色于不同大人种支干之间的变异。因此，殷墟祭祀坑组大的平均标准差百分比值至少反映了该组头骨的复杂的异质倾向。如果这种测验方法仍不失为估计种族纯杂的一种方法，那么可以估计，仰韶合并组的颅骨测量特征的变异不会达到如殷代祭祀坑组的那样大，也就是异质类型的可能小，但其组内变异可能比过去的认识要大一些，或者有可能存在某种程度的异形倾向。

二、仰韶各组测量平均值组间差异的比较

尽管利用统计学方法获得仰韶合并组变异度的估计，但这种估计能否存在形态测量学观察的支持，是估量一组头骨种系纯杂的另一个重要方面。在这里能够讨论的是根据已经发表的主要颅、面形态测量的组的平均值进行组间平均形态差异的比较，并讨论这种差异的类型学意义（见表二）。

表二　仰韶新石器时代各组颅面测量特征平均值比较（男组）

项　　目	宝鸡组	华县组	半坡组	姜寨一期组	姜寨二期组	横阵组	仰韶合并组
1　颅长	180.2(26)	178.8(9)	180.8(11)	181.1(6)	186.0(10)	180.4(15)	181.0(77)
8　颅宽	143.2(24)	140.7(8)	138.9(9)	142.9(5)	142.8(8)	144.7(14)	142.5(68)
8∶1 颅指数	79.3(24)	78.5(8)	78.8(7)	79.0(5)	77.2(7)	80.5(13)	79.1(64)
17　颅高	141.5(14)	144.3(8)	138.8(3)	146.7(1)	145.4(4)	141.4(9)	142.4(38)
17∶1 颅长高指数	78.7(14)	80.4(8)	77.3(3)	78.5(1)	75.8(3)	77.9(9)	78.5(38)
17∶8 颅宽高指数	98.8(14)	103.9(7)	97.4(3)	96.4(1)	101.3(3)	96.1(8)	99.2(36)
9　最小额宽	93.2(21)	94.2(12)	93.1(11)	95.9(5)	93.4(10)	93.1(14)	93.5(73)
32　额角	85.3(4)	83.9(5)	—	87.8(3)	83.3(7)	84.3(9)	84.5(28)
45　颧宽	137.1(8)	133.9(5)	130.5(2)	140.2(1)	143.1(2)	138.7(3)	136.7(21)

续 表

项　目	宝鸡组	华县组	半坡组	姜寨一期组	姜寨二期组	横阵组	仰韶合并组
48　上面高	72.7(11)	75.2(13)	76.0(5)	75.5(4)	75.8(9)	71.9(8)	74.3(50)
48∶17 垂直颅面指数	〔51.3〕	〔51.9〕	〔54.7〕	〔51.4〕	〔52.1〕	〔51.2〕	〔54.6〕
48∶45 上面指数	53.5(6)	57.8(5)	51.3(1)	53.8(1)	52.5(2)	54.0(3)	54.6(18)
77　鼻颧角	144.1(12)	145.2(6)	146.7(5)	146.0(5)	143.4(8)	149.6(10)	145.8(46)
72　面角	82.3(16)	83.6(9)	81.0(3)	83.0(2)	81.8(6)	80.4(8)	82.1(44)
52∶51 眶指数(右)	78.0(12)	77.0(11)	82.1(1)	81.6(3)	75.3(9)	76.1(9)	77.3(45)
54∶55 鼻指数	52.5(15)	53.8(13)	50.0(5)	51.6(5)	53.3(9)	49.9(7)	52.3(54)
ss∶sc 鼻根指数	28.1(15)	37.2(11)	29.2(8)	29.4(9)	25.2(9)	27.2(7)	29.6(55)

表注：宝鸡、华县、半坡三组数值取自参考书目[1]、[3]、[2]，姜寨一组取自[5]，姜寨二期组数值是由半坡博物馆同志提供的，横阵组取自参考书目[4]，仰韶合并组是由笔者计算的。方括弧中数值是据平均值计算的估计值。

从头骨的长、宽、高基本直径测量值和三个主要颅型指数(颅指数、颅长高指数和颅宽高指数)来看，各仰韶组之间的变异幅度一般不大，只有姜寨二期的颅长比其他组更大，半坡组的颅宽比其余组狭一些，而华县组与姜寨二期组则表现出比其他组更强烈的狭颅特点。姜寨一期组的额最小宽比其他组更宽一些，其额坡度也更直一些。

在面部形态的测量上，华县和半坡组的面宽明显狭，但有相对高的上面高，特别是华县组因此有更大的上面指数而为强烈的狭面类型。半坡组的上面指数只含一例，为中面型。但如以上面高和颧宽平均值计算其估计上面指数，则获得更高的上面指数值(58.2)，因此也不能排除它们可能有的狭面性质。姜寨的两个组虽也有高的上面高，但似有相对宽的面，其面指数也和宝鸡、横阵组相似，属于中面型。上面水平方向突度除横阵组有些更小外，其余五组相差不大。面部侧截面方向突度都比较相近，它们的面角变异幅度仅2.6度。在眶形上，半坡组(仅1例)和姜寨一期组的眶指数稍大(皆中眶型)外，其余较偏低，属于中眶偏低或低眶偏高类型。所有仰韶各组的鼻型都具有不同程度阔鼻倾向，除半坡和横阵的鼻指数列在偏阔的中鼻型外，其余组都列在阔鼻型。鼻根部突度除华县组明显更大以外，其余五个组都更明显扁平。

从以上仰韶文化各颅骨组的颅、面部测量特征的比较分析，可以使人觉得在这些颅骨组之间所表现出来的组间差异内容缺乏明确而带规律性的时代变异性质，因此难以确定这些组间变异的体质类型意义。相反，各组之间的共性更为普遍，反映了它们在体质上的同种系性质。然而有些差异也是值得注意的，例如最明显的是华县组也可能半坡组，有比其他组更狭的面，因而在面形上似乎有些更接近近代华北人：据步达生测量的现代华北人的上面高为75.3，颧宽为132.7，相应上面指数为56.8[13]；抚顺中国人的相应各项数值是76.2、134.3和56.8[14]；现代北京人的这些测定值为74.4、132.2和56.4[14]。这些测量表明，现代华北人具有普遍的狭面性质是明显的。这种特点还发现于步达生研究过的甘肃史前时期的头骨上，如铜石时代组的上面高为74.8，颧宽130.7，上面指数56.48；合并的史前组相应各项的数值是75.2、132.2和56.08。这后两组的狭面特点也是步达生建议将它们当作原始中国人形态的重要特征之一[13]。因此，现代华北人的狭面性质在某些仰韶文化时期的居民中已经有所呈现是可以理解的，也意味着在华北新石器时代人中的某种地域化性质。然而与现代华北人头骨相比，所不同的是华县组与半坡组的狭面特点却与其阔鼻倾向相配合，而现代华北组和甘肃史前组，它们的狭面总是伴随着明显的狭鼻化（多组现代华北人的鼻指数为 44.6—50.1）。从这一点来讲，某些仰韶文化组的狭面特征可能属于尚不很明确的某种多形现象。

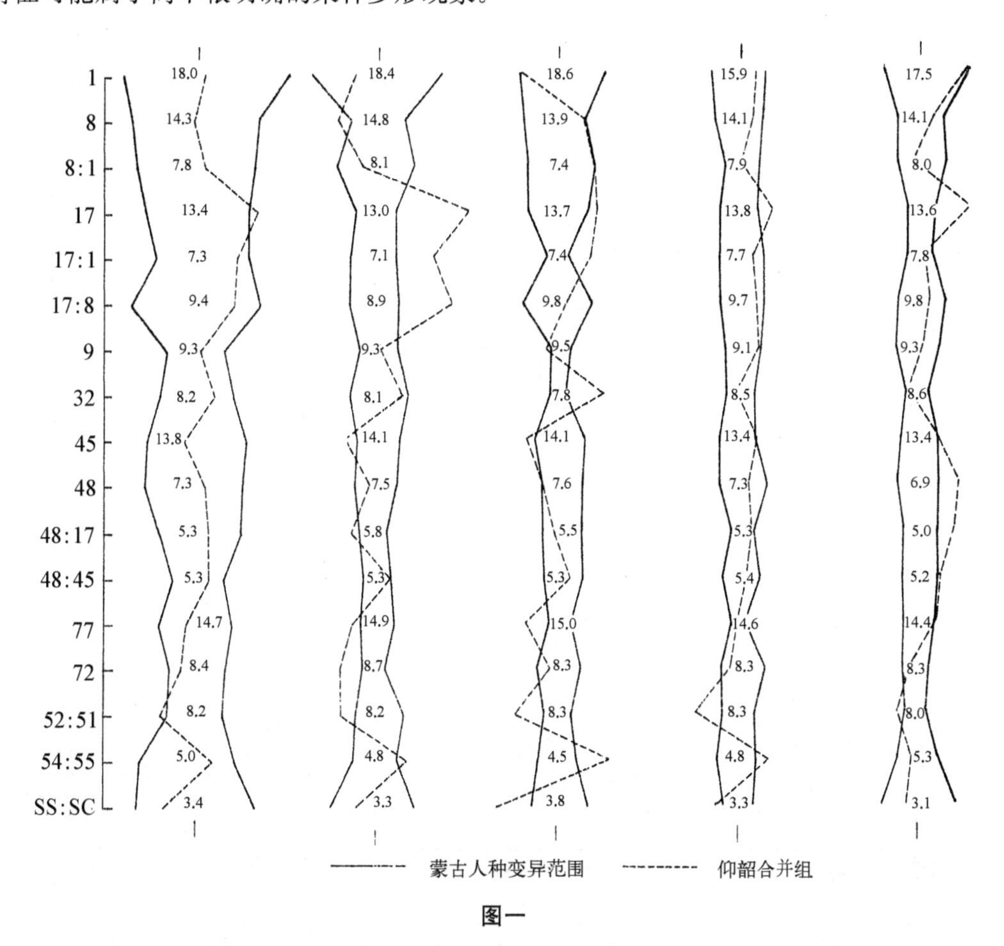

图一

总之，从头骨形态测量值的比较，可以认为在这些仰韶组之间的同种系性质是明显的，它们之间在体质上具有基本相似的特点，但也可以存在某些面形特征上的变异或异形化倾向，但这种异形现象还似无明确的类型学意义。这样的估计，与前边变异量度的估计大体上是符合的。

三、仰韶文化居民的种系问题

正如在本文前言中已经指出，颜訚先生主张仰韶文化居民在体质上接近蒙古人种南亚支系的观点有进一步分析的必要。

在前一节中已经说明，根据头骨测量组的平均值分析，在仰韶各组之间的同种系性质是明显的。因此，将它们合为同种系一组的头骨来考察种系特点是可以的，也就是将已知六个头骨组的各项测量值合并一组来与其他组进行比较（见表二、三）。

表三　仰韶新石器时代合并组头骨测量与亚洲蒙古人种的比较(男性)

(长度：毫米、角度：度、指数%)

马丁测量号	比较项目	仰韶合并组	亚洲蒙古人种			
			西伯利亚人种	北极人种	远东人种	南亚人种
11	颅长(g—09)	181.0 (77)	174.9——192.7 (14)	180.7——192.4 (12)	195.0——182.2 (19)	169.9——181.3 (13)
8	颅宽(eu—eu)	142.5(68)	144.4——151.5 (14)	134.3——142.6 (12)	137.6——143.9 (19)	137.9——143.9 (13)
8：1	颅指数	79.1(64)	75.4——85.9 (14)	69.8——79.0 (12)	76.9——81.5 (19)	76.9——83.3 (13)
17	142.4(38)	颅高(ba—b)	127.1——132.4 (14)	132.9——141.1 (12)	135.3——140.2 (16)	134.4——137.8 (13)
17：1	颅长高指数	78.5 (38)	67.4——73.5 (14)	72.6——75.2 (12)	74.3——80.1 (16)	76.5——79.5 (13)
17：8	颅宽高指数	99.2(36)	85.2——91.7 (14)	93.3——102.8 (12)	94.4——100.3 (16)	95.0——10.13 (13)
9	最小额宽 (ft—ft)	93.5(73)	90.6——95.8 (13)	94.2——96.6 (7)	89.0——93.7 (16)	89.7——95.4 (13)
32	额角 (m—n—F H)	84.5(28)	77.3——85.1 (10)	77.0——79.0 (5)	83.3——86.9 (8)	84.2——87.0 (8)
45	颧宽(zy—zy)	136.7(21) 137.9	138.2——144.0 (14)	131.3——144.8 (12)	131.3——136.0 (16)	131.5——136.3 (13)
48	上面高 (n—s d)	74.3(50)	72.1——77.6 (14)	74.0——79.4 (12)	70.2——76.6 (16)	66.1——71.5 (12)
48：17	垂直颅面指数	〔54.6〕	55.8——59.2 (14)	53.0——58.4 (12)	52.0——54.9 (16)	48.0——52.2 (12)
48：45	上面指数	54.7(18)	51.4——55.0 (14)	51.3——56.6 (12)	51.7——56.8 ——(16)	49.9——53.3 (12)
77	鼻颧角 (fmo—n—fmo)	145.8(46)	147.0——151.4 (9)	149.0——152.0 (3)	145.0——146.6 (6)	142.1——146.0 (9)
72	面角 (n—pr—F H)	82.1(44)	85.3——88.1 (12)	80.5——86.3 (6)	80.6——86.5 (15)	81.1——84.2 (8)
52：51	眶指数(右)	77.3(45)	179.3——85.7 (13)	81.4——84.9 (5)	80.7——85.0 (12)	78.2——81.0 (8)
54：55	鼻指数	52.3(54)	45.0——50.7 (14)	42.6——47.6 (12)	45.2——50.2 (16)	50.3——55.5 (13)
—	鼻根指数 (ss—sc)	29.6(55)	26.9——38.5 (9)	34.7——42.5 (3)	31.0——35.0 (3)	26.1——36.1 9(9)

表注：亚洲蒙古人种各类数值取自参考书目[14]，其中引号下圆括弧中数字为组数。

仰韶合并组头骨测量值与蒙古人种四个地区类型的比较列于表三和示意图一上。由表列逐项和图示观察不难看出，无论在颅形和面形测量特征上，仰韶合并组与西伯利亚和北极人种不相符合的项目更多而普遍。相对来说，与远东和南亚人种的变异趋势更多一致。然而,与后两个类型之间的某些差异也是值得注意的。例如仰韶合并组的颅高很高,不仅比南亚人种最高界值高很多,而且比远东人种的最高值也稍高一些。此外,仰韶合并组的面型趋向狭面(其上面高,上面指数和垂直颅面指数都比较大),与南亚人种的普遍低宽面特点有显著差异。相反,在这个特点上,仰韶合并组与远东人种很符合。另外,仰韶合并组的眶形有明显低眶趋势(平均眶指数为中眶型偏低),与远东人种中高眶趋势有比较明显的差异,甚至比南亚人种的最低界值还要小一些。在鼻形上仰韶合并组表现出明显的阔鼻倾向,这个特征与远东人种的中狭鼻趋势有明显区别,但与南亚人种阔鼻倾向更符合。仰韶合并组的鼻根突度弱,似与南亚人种的这一特征更接近,但远东人种的鼻根指数变异仅由三个组值组成,其可比性可能受到限制,而且仰韶合并组的鼻根指数与远东人种的下界值距离不很大。由这些分析,可以概括仰韶合并组体质特点的某些种系倾向是:

(1) 在一般的颅型上,仰韶合并组与远东、南亚现代类型的特点更一致,但有特别高的颅高。相对而言,在这一点上,与远东的现代高颅类型可能有更近的联系。

(2) 仰韶合并组的相对高狭面倾向与远东人种类型的头骨也较趋一致,与南亚类型低宽面性质的区别很明显。

(3) 低眶趋势与远东类型的中、高眶倾向有别,与南亚类型的偏低眶形可能趋近,所不同的是仰韶组的平均眶指数甚至比南亚的最低界值还低一些。这可能表明仰韶的低眶仍具有不完全分化的性质。

(4) 仰韶合并组的阔鼻倾向与远东的中—狭鼻倾向有区别,与南亚的阔鼻性质趋同。

总之,仰韶新石器时代的颅骨形态学在一般的颅型和面型上,与远东现代种族类型头骨的趋同较南亚类型更强烈是可以确信的。唯不相一致是在阔鼻和某种低眶倾向,这似乎又像接近南亚人种特点,因而颜訚先生不无理由地把这些特点作为仰韶文化居民归入南亚支系类型的主要依据。

但是,仰韶新石器时代头骨的阔鼻、低眶倾向与旧石器时代晚期祖先的同类特征相联系的解释似更为合理。古人类化石研究早已证明,低眶是一般旧石器时代晚期智人类型头骨上普遍共有的一个特征,这在中国境内发现的这一时期的古人类化石上也未例外(见表四)。如山顶洞人和柳江人头骨化石的眶指数都代表了很低的矮眶型[15][16][17]。中石器到新石器时代,眶形有所增高,达中等高的眶型(眶指数约 75—82)。铜器时代大体上也维持在这个高度(眶指数约为 75—80)。到近代中国人,眶形进一步增高,以现代华北人和华南人为例,其眶指数为 80—86,表现出中—高眶倾向。

表四　旧石器晚期、新石器、铜器时代及现代人几项颅面形态测量特征比较

组　别	眶指数(52∶51)	鼻指数(54∶55)	上面指数(48∶45)	颅指数(8∶1)	齿槽面角(74)
山顶洞人(101 号)	69.2(1)	55.5(1)	53.8(1)	70.7(1)	80.0(1)
柳江人	67.3(1)	58.5(1)	48.5(1)	35.1(1)	75.0(1)
扎赉诺尔人(2 号)	77.5(1)	54.5(1)	—	—	—
宝鸡组	78.0(12)	52.5(15)	53.5(6)	79.3(24)	70.7(14)
华县组	77.0(11)	53.8(13)	57.8(5)	78.5(8)	77.6(11)

续 表

组　别	眶指数 (52∶51)	鼻指数 (54∶55)	上面指数 (48∶45)	颅指数 (8∶1)	齿槽面角 (74)
半坡组	82.1(1)	50.0(5)	51.3(1)	78.8(7)	78.5(4)
横阵组	76.1(9)	49.9(7)	54.0(3)	80.5(13)	62.1(8)
姜寨一期组	81.6(3)	51.6(5)	53.7(1)	79.0(5)	78.0(2)
姜寨二期组	75.3(9)	53.3(9)	52.5(2)	77.2(7)	73.7(7)
仰韶合并组	77.3(45) (75.3—82.1)	52.3(54) (49.9—53.8)	54.6(18) (51.3—57.8)	79.1(64) (77.2—80.5)	72.3(46) (62.1—78.5)
柳湾组	78.46(19)	49.1(24)	57.6(18)	73.9(16)	79.4(14)
甘肃铜石器时代组	75.1(19)	47.3(18)	56.5(15)	75.0(25)	—
甘肃史前合并组	76.1(35)	47.7(39)	56.1(30)	76.0(40)	—
庙底沟二期组	77.1(6)	50.2(7)	51.9(5)	80.3(11)	71.5(6)
殷墟中小墓组	78.7(33)	51.0(36)	53.8(18)	76.5(36)	75.0(30)
殷墟祭祀坑组	79.8(155)	51.4(147)	53.2(238)	76.4(154)	—
西村周代组	79.3(13)	53.8(13)	55.3(11)	75.8(13)	76.0(9)
现代华北组	80.7—85.9	44.6—50.1	54.3—56.8	76.0—80.9	73.0—86.7?
现代华南组	82.2—84.9	48.1—50.2	51.7—55.7	77.2—87.9	—
现代远东组	80.7—85.9	45.2—50.2	51.7—56.8	76.9—81.5	—
现代南亚组	78.2—81.0	50.3—55.8	49.9—53.3	76.9—83.3	69.0—73.9

表注：山顶洞人和扎赉诺尔人数字取自参考书目[16]，柳江人取自[34]，仰韶各组同表二注，柳湾组取自[33]，甘肃两组取自[13]，庙底沟组取自[6]，殷墟中小墓组取自[35]，殷墟祭祀坑组取自[9]，西村周代组取自[36]，现代华北、华南、远东、南亚均取自[14]。

鼻形情况相反，从旧石器时代到近代，存在由阔鼻变狭的趋势。如旧石器时代的山顶洞人和柳江人，可能为中石器时代的扎赉诺尔人都有明显的阔鼻性质[16]，其鼻指数为58.5—54.5。到新石器时代，阔鼻性质依然相当明显，但可能有所减弱，鼻指数为54—50。这种情况在青铜时代也有反映，鼻指数为54—47。由青铜时代向近代中国人，阔鼻形有向中—狭鼻形趋势，鼻指数也变小，约为50—44。

由此可见，像仰韶新石器时代头骨的阔鼻，低眶倾向，与其列为现代种族特征，毋宁把它们当作保存了旧石器时代祖先类型的某种尚未十分分化的性质。因此可以说，在仰韶文化居民的头骨上，一方面其颅、面形态的基本形式已很接近同地域远东支系类型的头骨，另一方面还保存着尚未完全分化的某些原始特点。从这个意义上，把仰韶新石器时代居民的体质类型看作为比旧石器时代晚期类型更直接的现代中国人(尤其是现代华北人)的原形是可取的。

以上是本文利用与颜訚先生有些不同测量项目和不同比较方法形成的认识。但是，对颜訚先生主张仰韶新石器文化居民具有南亚支系类型性质的一些依据，还需要作具体分析。

颜訚先生在半坡材料的研究中，比较明确指出与南亚人种类型头骨接近的形态测量特征是半坡组头骨的头形较接近短颅型，鼻形接近阔鼻型，眶形近于低眶型及突颌[2]。在宝鸡组材料的研究中，除了重复了宽的鼻指数和突颌两个特征外，还提到较低的上面高，低的鼻根指数而处在澳大利亚—尼格罗人种的变异范围。[1]在华县组材料的研究中，则从组间变异统计量值的分析证明它们与宝鸡、半坡的材料具有接近或相同的体质类型之外，没有再提到与南亚支系接近的具体测量特征[3]。对于颜文中提到的这些类似南亚支系特征，应该作一些具体讨论。

首先，颜文以半坡组的颅指数(78.4)说成接近短颅型[2]是不确切的。实际上，它属于颅型分类中较明确的中颅型。这种在颅型上接近南亚支系特点的判断，在以后增加的多组仰韶文化的人骨测量资料中，也没有得到证明。正如表四所列，六个仰韶文化组的颅指数组间变异幅度不很宽(75.8—80.4)，基本上与中颅型分类区间(75—80)相符合，而且与现代华北人的组间变异(76—80.9)也比较一致。而现代华南人的变异幅度更大(77.2—87.9)，南亚人种的幅度也较大一些(76.9—83.3)。因此，单就颅型来说，尽管仰韶文化组群的变异与南亚支系仍有相当的重叠，但与趋向短颅化的南亚支系类型没有表现出更为接近，相反，与中颅化的华北类型更为一致。显然，这一特征作为仰韶文化居民接近南亚支系的形态特征之一是不肯定的。实际上，除了在半坡组材料的研究之外，颜訚先生在如宝鸡、华县组材料的研究中，再也没有提到颅型为接近南亚人种的特征。

其次是低的鼻突度。应该说，仰韶文化各组的鼻根突度普遍弱，其鼻根指数的组间变异为25.2—37.2，平均29.6。这个数值按Я. Я. 罗京斯基与M. Г. 列文开列的三大人种变异范围[18]是偏低的，处在热带人种范围(20—45)或接近蒙古人种下界值(31—49)。但与H. H. 切博克萨罗夫收集的现代华北人变异范围相比(27.0—37.2)，两者的变异基本上重叠，并没有表现出特别明确的差异。因而，仰韶文化居民低的鼻根突度未必说明是澳大利亚—尼格罗人种的性质，它除了一般说明低鼻根为蒙古人种较普遍的性质之外，在这里未必有更明确的鉴别意义。

颜文指出宝鸡组较低的上面高为接近南亚人种性质也需要分析。如果以所有仰韶各组的上面高组成的变异幅度(71.9—76.0)来考虑，与其说同南亚人种一致(变异范围66.1—71.5)，不如说与远东人种一致(变异范围70.2—76.6)，也和现代华北人的变异范围(71.6—76.2)几乎完全重合。华南人的变异则有些趋低(70.2—73.8)。因此，仰韶文化居民头骨的上面高与南亚的低面特点有明显的趋异。上面指数的分析也反映了如上面高的分析：仰韶文化各组面指数变异范围为51.3—57.8，基本上也与现代华北和华南人的范围(51.7—56.8)相重叠，而与低面南亚人种(49.9—53.3)的重合更小。

关于仰韶头骨的突颌性质，以齿槽面角的测量来量度，各组都较普遍(组间变异为62.1—78.5，平均72.3)。其中，特别明显的只有横阵一组(62.1)，其他五个组则有些减缓(70.7—78.5)，这样的变异幅度与南亚支系(69.0—73.9)有较大的重叠，也与现代华北组(73.0—86.7?)有较大重合。此外，仰韶各组中强烈突颌(超突颌型)的只有横阵组。相比之下，在组成南亚人种变异范围的八个组中，此角度低于70的有3个组，稍高于70的2个组，最大的一组也只达到73.5。由此可见，南亚人种的齿槽突颌性质比仰韶各组更强烈。所以，仰韶头骨上某种普遍的突颌性质作为南亚人种性质的一项特征也未必是很理想的。

剩下与现代南亚支系接近的特点是眶形偏低与阔鼻性质。如仰韶六个组的眶指数变异范围(75.3—82.1,平均77.12)与南亚支系(78.2—81.0)有较大的重叠,与趋向高眶形的远东支系(80.7—85.9)重叠部分更小。鼻指数的情况也大致如此,仰韶各组的变异范围(49.9—53.8,平均52.2)几乎全部重合在南亚支系变异范围(50.3—55.5)之内,与明显趋向狭鼻的远东支系(45.2—50.2)几不重叠。因此,颜文指出的仰韶文化居民颅骨学特征谓之南亚性质的,也仅在于低眶倾向(实际上是偏低的中眶型)与阔鼻性质。但正如前边分析,这两项特征更其合理的解释是出自旧石器时代祖先的某种尚未完全分化的特点。这个看法实际上颜訚先生在研究宝鸡新石器时代的人骨材料时,就以不肯定的文字提出来过。他说:“结合宝鸡新石器组的较低的上面高、宽的鼻指数、突的颌等性质来看,则与甘肃河南新石器组相去较远,而与印度支那组较为接近。但是,宽的鼻指数和突的颌,可能是属于在新石器时代尚未分化的原始性质,或某种人种的特征”[1]。以后,颜訚先生在专门论及中国旧石器时代与仰韶新石器时代人类在体质上的关系时也指出了鼻形和眶形及突颌等特征上的承续关系[19]。由此看来,颜文也没有绝对地把仰韶头骨的某些未分化的特征与现代南亚人种的同类特征放在同一层次来看待。换句话说,不因在仰韶文化头骨上具有某些类似现代南亚人种特征而把它们简单归入南亚支系类型。而本文与颜訚先生结论的区别是:尽管在仰韶头骨上存在如阔鼻和趋低眶,但在一般的其余颅面形态的发展上,与现代东亚或远东的颅骨类型更趋一致。因此,如果要为仰韶头骨的形态学类型寻找种系归属,那么本文更主张将它们归属东亚或远东支系的古代类型。

四、仰韶文化居民与大汶口、甘肃史前文化居民的体质类型关系

估价仰韶文化居民与其邻近史前居民的人类学关系(这儿指的是体质类型关系)是比较困难和复杂的,认识上也不一致。

颜訚先生生前曾研究过两批山东大汶口文化的人类学材料(即宁阳与泰安县交界的大汶河畔大汶口遗址和曲阜县西夏侯遗址出土的人骨)。他在研究了大汶口的材料后,明确指出这些新石器时代居民属于太平洋海岛地区的现代波利尼西亚人种,但没有明确说明与仰韶文化居民类型之间的关系[20]。对这个问题,在西夏侯人骨的研究中提得比较明朗,他一方面指出西夏侯组与大汶口组之间在体质上没有显著差异而共为波利尼西亚人种类型之外,同时认为,在西夏侯组与仰韶华县组之间,存在不同程度的显著差异而彼此不接近[21]。很显然,他是把大汶口文化居民与仰韶文化居民分属不同的体质类型。但他没有明确说明这种体质类型差别的种族性质。仅从颜文的字面理解,仰韶文化居民的体质类型与南亚人种相比较,大汶口文化居民与波利尼西亚人种相联系。然而,颜文在解释所谓波利尼西亚人种在人种分类中的地位时又说是与赤道人种相混合的蒙古人种,或者说,就是南亚蒙古人种,那么只能设想,无论是仰韶文化居民还是大汶口文化居民都可归入分类中的南亚蒙古人种之列,他们之间的差异也最多是同一地区性蒙古人种支系(南亚支系)之内的区别。这种解释又似乎使大汶口和仰韶文化居民在体质上的关系接近起来。

关于波利尼西亚人种在种族分类中的地位及其起源有许多不同的解释,如有许多人认为波利尼西亚人是从东南亚迁移过程中与美拉尼西亚人种混杂的某种蒙古人种。也有人主张波利尼西亚人是介于澳大利亚人种和蒙古人种之间的一个过渡类型。还有人主张

波利尼西亚人接近欧罗巴人种[22]。总之,这是一个有待进一步研究的问题,不属本文讨论的范围。而需要讨论的是大汶口文化居民在体质上究竟是不是归属波利尼西亚人种?这一点,笔者曾在《大汶口文化居民的种属问题》一文中专门考察过。在该文中采用不同分析比较方法,认为大汶口文化居民与波利尼西亚人种的关系比较疏远,相比之下,与仰韶文化居民之间有较密切的联系。因此提出,地处黄河中下游的新石器时代居民尽管在其文化内涵和习俗上存在明显的区别,但在体质的差异或多形现象上未必超过同种质的范围。因此,更合理的解释是仰韶文化和大汶口文化居民在体质上较多地接近现代蒙古人种的远东类型[23]。

为了再次说明笔者的看法,在这里利用颜文中相同的测量比较项目(颜文表五和表七)[21],作欧氏形态距离观察,即根据表五全部 16 个测量项目计算的西夏侯与大汶口组之间,西夏侯与华县组之间,及大汶口与华县组之间的 dik 值(欧氏距离值)分别为 3.1、2.7和 3.2。也就是说,西夏侯与华县组之间一般的形态距离比西夏侯与大汶口相同文化组之间的似乎还要小一些,而大汶口与华县组之间的形态距离也与西夏侯和大汶口组之间的距离几乎相等。这个结果并不支持颜文表五用过于粗糙的等级记分方法所得的结果[21]。

表五　仰韶、大汶口与甘肃史前文化头骨测量比较(男组)

比　较　项　目	仰韶合并组	大汶口合并组	史前甘肃合并组
1　颅长	181.0(77)	180.8(18)	180.3(41)
8　颅宽	142.5(68)	144.1(18)	138.6(42)
8：1 颅指数	79.1(64)	79.7(17)	76.0(40)
17　颅高	142.4(38)	144.8(17)	137.0(42)
17：1 颅长高指数	78.5(38)	86.0(16)	76.0(35)
17：8 颅宽高指数	99.2(36)	100.2(17)	99.2(38)
9　最小额宽	93.5(73)	92.5(23)	91.1(41)
32　额角	84.5(28)	81.6((19)17	—
45　颧宽	136.7(21)	140.0(15)	132.2(37)
48　上面高	74.3(50)	75.9(19)	75.2(35)
48：17 垂直颅面指数	〔54.6)〕	52.5(14)	〔54.9〕
48：45 上面指数	54.6(18)	54.6(14)	56.1(30)
77　鼻颧角	145.8(46)	147.8(19)	—
72　面角	82.1(44)	84.0(17)	85.9(32)
52：51 眶指数	77.3(45)	80.3(19)	76.2(35)
54：55 鼻指数	52.3(54)	48.6(17)	47.7(39)
ss：sc 鼻根指数	29.6(55)	32.4(17)	—

表注:仰韶和大汶口合并组数值是本文据原报告数据计算的,史前合并组取自考参书目[13]。

如果利用颜文表七全部 20 个项目作同样的欧氏形态距离计算,情况有些复杂,即西夏侯与大汶口组之间的 dik 比较大(6.3),相反,西夏侯与华县组之间的距离小得多(2.2),但大汶口与华县组之间又增大(6.0)。这个计算结果显然与大汶口组三个头骨弧度测量值受畸形影响有关，因而将三个头骨弧度测量排除在计算之外。即用其余 17 项测量计算得的 dik 值为大汶口与西夏侯组之间 2.5；西夏侯与华县组之间 2.3，大汶口与华县组之间为 2.7。这个结果同样表明，尽管大汶口与华县组之间的形态距离相差最大，但差异不很明显，而且西夏侯与华县组之间的距离也比同一文化系统和具有相同体质类型的西夏侯与大汶口组之间的距离似乎还略小一些。因此，也同样难以据此证明仰韶和大汶口文化居民属于不同种族或不同的体质类型。

另一方面，如果把颜文用于比较的七个波利尼西亚组合并计算的相应 16 个项目的测量平均值去和西夏侯、大汶口、华县三个组分别计算欧氏距离，那么其 dik 值是：西夏侯与波利尼西亚组之间为 3.2，大汶口与波利尼西亚组之间为 2.9，华县与波利尼西亚组之间为 2.9。这些距离值一般来说，都比西夏侯、大汶口和华县三组之间的大一些。这个观察结果同样没有证明大汶口文化居民与现代波利尼西亚人同种系类型，因而与仰韶文化居民属不同体质的种族类型，相反，与笔者主张大汶口与仰韶文化居民之间在体质上的接近关系比他们各自同波利尼西亚人种之间的关系更密切的看法比较符合，也就是大汶口和仰韶文化居民的同质性更强烈。

对陕西仰韶文化和甘肃史前文化居民的形态学关系，颜訚先生也作过比较明确的判断。如在半坡材料的研究中，认为半坡组与甘肃史前组之间，在头形、鼻形与眶形之间的差异较为明显[2]。在研究宝鸡组材料时则指出与甘肃、河南史前组相异的程度不及与贝加尔湖新石器组，但亦不近于印度支那新石器组。又说如果结合宝鸡组具有较低的上面高、宽的鼻指数和突的颌等性质，则与甘肃、河南组相去较远，而与印度支那组较接近[1]。在华县材料的研究中，他指出华县、宝鸡与半坡三个组基本接近，且与甘肃、河南组和印度支那组较近，而与贝加尔湖(A)组相去较远。并且进一步指出，由于华县组与甘肃、河南组在一些重要体质特征上存在明显差异，因而这两者在颅骨学上不属于一个类型而在人种类型上可能属于两个类型[3]。

我们从表五开列的主要颅、面部测量特征来重新分析一下颜訚先生的上述结论。不难看出，仰韶合并组和大汶口合并组在颅形的几项测量和指数上，是相当接近的，主要差异仅在大汶口合并组的颅宽和颅高更大一些，高颅型特点更强烈一些。相比之下，史前甘肃合并组比它们有相对更狭长的颅形，其绝对颅高也明显更小。在面部项目的测量上，仰韶合并组的面宽比大汶口合并组的更狭，面高也稍低一些，但以面指数所示的平均面型相等。在上面部水平方向扁平度上，仰韶合并组比大汶口合并组略小，但差别不算大。与此相反，在面部侧面方向突度上，大汶口合并组比仰韶合并组小一些，但两者都处在中颌型范围(80—85)。眶形上，都在中眶型范围，但大汶口合并组比仰韶合并组稍偏高一些。在鼻形上的差异是大汶口合并组(中鼻型)比仰韶合并组(阔鼻型)偏狭。大汶口的鼻根突度稍高于仰韶组，但差别不大。与它们相比，甘肃史前合并组具有明显更狭的面(无论在绝对面宽还是相对面宽上)，面部侧面方向突度更弱而进入平颌型范围。在眶形上趋低而接近低眶型，与仰韶合并组相似。但甘肃合并组趋于狭鼻性质与仰韶合并组阔鼻倾向明显不同而与大汶口合并组的鼻形较接近一些。

由以上比较可以说，仰韶合并组与大汶口合并组之间的形态测量比它们同甘肃史前合并组之间的一致性更多一些。与前两者相比，甘肃史前合并组的颅形更狭长，面更狭，鼻形也更狭(尤其与仰韶合并组相比)。换句话说,偏狭中颅型和狭面、狭鼻性质的特征相配合,使甘肃史前合并组表现出与现代华北的颅骨类型更为接近。根据表五测量项目计算的欧氏形态距离表明,仰韶合并组与大汶口合并组之间的 dik 值(2.7)也比这两组各自同甘肃史前合并组之间的距离值(3.2 和 4.6)明显更小。这说明,甘肃史前合并组与仰韶、大汶口两组之间的形态变异更大(尤其同大汶口合并组),相反,也再次证明仰韶和大汶口组之间有更强烈的同质性。因此,难免颜誾先生把甘肃史前组与仰韶组属于不同的体质类型。

对于黄河上、中、下游史前时代居民颅骨学的差异有一些不同的说明。例如有的学者认为渭河流域新石器时代遗址出土的头骨与甘肃史前头骨相比,后者具有比前者更低而狭的面,更小的突颌,低的眼眶,鼻形有些更狭,鼻骨突度更大,这些差异的趋势可能是在中国西北地区渗入了欧洲人种引起的,而这些欧洲人种于公元前三千年曾广泛分布在南西伯利亚和中央亚洲,也不排除某种古代印欧人种居民渗入的可能[24][25]。然而,原始中国人种及其文化起源于西方的假设还缺乏可信的证据,例如在甘肃境内的新石器时代到青铜时代史前遗址中,尚没有发现足以改变甘肃史前居民体质特点的西方人种渗入的人类学资料。因此很难设想甘肃史前居民的体质特点是在西方人种因素的参预下形成的[7]。

有的学者还认为与甘肃史前文化相联系人类头骨的许多特点,可以用在甘肃地区保存着美洲人种特征来解释,因为这种特征也为现代东藏和东喜马拉雅山藏民、汉人和其他中国西部民族的人种类型所代表[25]。这种解释似乎也解决了甘肃史前居民的人种属性问题。但是,甘肃史前居民是否可以列入与美洲印第安人种同类,目前还没有比推测更多的论证。

还有人作另一种解释,即甘肃史前时期的头骨之所以比较接近现代华北人,很可能是这些人骨所代表的实际时代比较晚[26],其中有半数头骨属于青铜时代。也有人怀疑在史前甘肃的材料中,出自河南渑池墓葬者可能是有了风水迷信以后的[27]。然而,晚期材料在多大程上影响了甘肃史前合并组头骨具有比仰韶和大汶口头骨更为明显的接近现代华北人的性质,需要作具体分析。

前边说过,史前甘肃头骨组与仰韶组最明显的形态差异之一在面形上。如按面宽和面指数,甘肃史前组具有明显更狭的面。这是否受晚期组的影响所致?我们摘引如下测量值予以说明:(测量值见下页)

从这些数字首先说明,甘肃史前早晚各组和合并组都有比现代华北组更宽,但比仰韶合并组更狭的中面宽。而且甘肃晚期各组(辛店、寺洼、沙井组)的中面宽不比铜石时代组的更狭,有的甚至更宽一些。因此并不存在晚期组影响整个甘肃史前合并组的面宽变狭的问题。此外,据步达生的交待,在甘肃、河南铜石组的 12 个头骨中,有 6 个出自河南[13]。假定后者为晚期材料而具有如同现代华北组那样的平均中面宽而从甘肃史前合并组中排除,那么其余 26 具头骨的平均中面宽为 102.95,此值比原来全部 32 具头骨的平均中面宽(102.0)增加并不明显。因此可以估计,河南的几具头骨也没有明显影响甘肃史前合并组的面宽变狭。

组　别	中面宽(46)	上面指数(48∶45)
仰韶合并组	107.2(35)	54.7(78)
甘肃史前合并组	102.0(32)	56.1(30)
甘肃河南铜石组	101.4(12)	56.5(15)
辛店组	100.7(10)	55.0(8)
寺洼组	105.5(2)	55.5(2)
沙井组	103.1(8)	56.7(5)
现代华北组	97.9(83)	56.8(82)

上面指数的情况也大致如此，即甘肃史前时期的时代更晚的辛店、寺洼两组的面指数比更早的铜石时代组还要稍低一些，只有沙井组比铜石时代组微高。因而这些晚期组对整个甘肃史前合并组的面指数没有大的影响。同样，如果也假定6具河南头骨也具有如现代华北组那样高的平均面指数而从全部30具头骨中排除，那么其余24具甘肃史前头骨的平均面指数(55.9)也比原来全部30具头骨的面指数(56.08)相差极微。这些估计说明，甘肃史前合并组的某些狭面性质与晚期头骨的混入没有多少关系，也就是甘肃史前头骨组与仰韶合并组之间面形上的形态差异与前者中存在晚期头骨没有关系。因此，更为可能的是这些差异在新石器时代就已经存在，也是在我国黄河流域上、中、下游新石器时代居民中存在形态多形的一个证据。但这种差异并不如现代亚洲蒙古人种地域类型(如远东和西伯利亚类型)之间那样明确而仍然更多地表现出与同地域蒙古人种类型(远东类型)的接近。

可以设想，这种同地域类型中的多形现象并非始于新石器时代的人类。例如在中国的旧石器晚期居民中，就已经表现出至少南北两个形式[7]。又如就在北京周口店山顶洞人的三具头骨上也存在多形现象，因而魏敦瑞曾把它们各自归属于起源很不相同的三个人种类型[15]，但忽视了它们共同的原始蒙古人种性质[16][17]。由此可见，在新石器时代的黄河流域居民中，体质上存在多形化也就不足为奇了。但没有证据证明这种多形化归于西方人种的混杂。

五、仰韶与华南新石器时代居民的颅骨形态关系

我国南方新石器时代人类学材料研究得不多，已见报告的有浙江余姚河姆渡[28]、福建闽侯县石山[29]、广东佛山河宕[30]和增城金兰寺[31]、广西桂林甑皮岩[32]等几个遗址的材料。对这些材料的种族特点，一般都程度不同地指出了它们是兼有某些赤道人种特征的蒙古人种类型。这种结论似乎与颜訚先生将仰韶文化的头骨类型归于南亚人种是相似的，(因为后者也被认为是与赤道人种混杂的蒙古人种)，也容易被人将两者等同起来。但这两者的含义是否相同？需要做一些分析。

笔者等认为昙石山新石器时代头骨的形态和测量特征具有蒙古人种性质，兼有某些与赤道人种相近似的特征。还特别指出，昙石山材料与仰韶材料之间的区别在于比后者有更长的颅形，上面高很低，鼻形更阔等与南亚新石器时代人类头骨相似的特征[29]。广东河宕头骨特征也基本相似，除了有蒙古人种头骨上较常见的一些特征之外，同时具有长

狭颅，颅高明显大于颅宽，上面低矮，齿槽突颌，短宽鼻骨和阔鼻型等在南亚和太平洋种族中较常见的特征，因此从单纯颅骨形态特征来看，河宕头骨与太平洋尼格罗人种头骨相似程度要大于它们同典型蒙古人种头骨的相似程度[30]。河姆渡新石器时代头骨只鉴定了两具完整头骨。这两具头骨具有长狭颅形和偏低的面，与黄河流域新石器时代头骨多中颅型和上面较高而较趋近现代远东人种头骨类型的变异方向不同，其总的头骨形态与南方的昙石山，河宕和甑皮岩新石器时代及尼格罗-澳大利亚人种的头骨较为相似。此外，河姆渡头骨具有更发达的颧骨和颧面宽，更扁平的上面，颅高和面高增大等特征，这些在蒙古人种形态的发育上，比旧石器时代晚期的柳江人头骨化石更明显，而长狭颅、低眶、低宽的鼻骨等也可能承继了旧石器时代祖先的性质[28]。对广西甑皮岩头骨，据张银运等指出的具有赤道人种特征为面形接近阔面型、阔鼻、低鼻根和齿槽突颌。并且指出甑皮岩头骨以其长颅型和近于低颅型而不同于华北的新石器时代头骨，表现出比后者更为明显的我国旧石器时代晚期人类和新石器时代人类之间体质上的继承关系。因此，他们并不认为赤道人种的混杂对甑皮岩新石器时代人类的体质特征的形成起过重大影响。[32]

应该指出，由于从我国南方收集的新石器时代人骨材料保存情况很差，符合统计学计算要求的成组材料可以说几乎没有。在这种情况下，过细地使用复杂的计算方法求解组间近疏关系未必比一般形态特征的比较概述会起更大的作用。因此，上述南方新石器时代人骨的种系特征仅是在小量材料为基础得出的一般认识。但就这些初步考察结果来看，可以说，从南方新石器时代头骨上呈现出来的与赤道人种类似或南亚人种特征的组合内容与其北方的同类有相当的差异，即这种差异在颅骨学上一般地表现为有如面部低宽、阔鼻、齿槽突颌及低眶等性质比仰韶新石器时代头骨的所谓“南亚人种”特征更明确而普遍。而且，这些特征又一般地与普遍的长狭颅型共同出现。这和仰韶组头骨以普遍的中颅型配合有更高面形之间存在明显区别。而且这些区别显然具有比旧石器时代晚期人类南北方异型更明显的地域性意义。或者说，这些新石器时代种族类型是旧石器时代异形的进一步现代化和地域化，因而具有类型学的意义。

最后，把以上对仰韶文化居民颅骨学的变异、种族人类学特点及其与邻近地区新石器时代居民在人类学类型的关系的初步讨论意见简单归纳如下：

首先，就已经研究的六组仰韶文化居民的人类学资料，利用统计变异量度的估计，它们在颅骨形态学和测量特征上表现出的同质性比它们之间的变异性更明显，因此可能将它们归并为一组材料进行比较研究。另一方面，仰韶各组材料之间，特别是在面部测量特征上，也存在某种程度的组间差异，但这些差异的性质还难从种族体质发展的角度来说明其类型学的价值。也许，这些差异只表明是在一个局部地区人群之间的异形倾向或组内变异的性质。

据本文的分析，仰韶时代的头骨过去一直被认为属于南亚人种性质的特征，主要表现在阔鼻与眼眶较趋矮，对此更合理的解释是在这些头骨上还没有完全失去旧石器时代人类祖先类型的遗迹，或者属于人种上尚未十分分化的原始性质，而这些特征一般来说，在现代同地区居民的头骨上已经消失或弱化。另一方面，仰韶文化时期的颅骨形态又一般更接近现代远东或东亚人种类型的头骨。从这些意义上，把仰韶文化居民的体质类型看成比旧石器时代晚期形式更为直接的现代中国人尤其是华北人的原形是可取的。

又据本文的讨论，在仰韶与大汶口文化的颅骨形态之间，无疑又存在某些组间多形差异，但这种多形性质似同样缺乏明确的方向性。同时，由于它们之间在体质上的接近，还无更多的理由将两者分属不同的种族类型。相比之下，它们与甘肃的史前人类头骨之间的多形性质比较明显，这表现在后者的一般形式与现代华北类型的接近更为明显。但没有根据认为这种接近现代华北人类型的性质是在甘肃的材料中混入了现代类型的材料或西方人种成分引起的。因此，目前只能认为，这种形态学的差异在新石器时代或更早的时代已经存在。然而，无论是仰韶、大汶口文化还是甘肃史前文化的人类学材料都依然一般地表现出与现代东亚支系类型的接近，证明黄河流域新石器时代居民是现代东亚乃至现代华北人类型形成的主要种族生物学基础。

与黄河流域新石器时代居民的颅骨形态学特点有些不同，在我国南方新石器时代头骨上接近南亚支系或赤道人种的性质更为一般和明确，其中的某些不仅与同地域旧石器时代的形式相联系，而且直到现在还一般地保存在南亚和太平洋种族中。从这个角度来设想，南方新石器时代头骨上的类似南亚或太平洋种族的性质既属原始，也属现代同地域人种的代表特征的组成部分。这种情况或许可以说明，南方新石器时代居民在其种族特征的发展上，比其北方的同类偏于“保守”。

总之，本文认为仰韶文化居民(更宽一些是黄河流域的新石器时代居民)的体质类型并非如过去接近南亚支系论，而持接近远东或东亚支系的更直接的原始形式。他们与其南方的同类在一般体质上表现出类型的差异，可能与来自不同型的旧石器时代祖先的某些遗传与生态环境差异有关。这种情况说明，仰韶文化居民无疑占有北方和南方蒙古人种之间的过渡性质，同时也表现出某种人种的多形性。

后记：本文曾得巩启明同志允诺，取用了姜寨二期文化组的十几项测量数据，特致谢。

参考书目

[1] 颜訚等:《宝鸡新石器时代人骨的研究报告》,《古脊椎动物与古人类》1960年第1期,33—43页。
[2] 颜訚等:《西安半坡人骨的研究》,《考古》,1960年第9期,36—47页。
[3] 颜訚:《华县新石器时代人骨的研究》,《考古学报》1962年第2期,85—104页。
[4] 考古研究所体质人类学组:《陕西华阴横阵的仰韶文化人骨》,《考古》1977年第4期,247—250页。
[5] 夏元敏等:《临潼姜寨一期文化墓葬人骨研究》,《史前研究》1983年第2期,112—132页。
[6] 韩康信等:《庙底沟二期文化人骨的研究》,《考古学报》1979年第1期,91—122页。
[7] 韩康信等:《古代中国人种成分研究》,《考古学报》1984年第2期,245—263页。
[8] W. W. 豪尼尔斯:《中国人的起源——最近证据的解释》,1979年(寄赠的复印资料,英文)。
[9] 杨希枚:《河南安阳殷墟墓葬人体骨骼的整理和研究》,历史语言研究所集刊第42本,231—266页,1976年。
[10] 杨希枚:《河南殷墟头骨的测量和形态观察》(英文),中国东亚学术研究计划委员会年报第5期,1—13页,1966年。
[11] 韩康信等:《殷代人种问题考察》,《历史研究》1980年第2期,89—98页。
[12] 韩康信等:《殷墟祭祀坑人头骨的种系》,《安阳殷墟头骨研究》82—108页,1984年,文物出版社。

[13] 步达生:《甘肃河南晚石器时代及甘肃史前后期之人类头骨与现代华北及其他人种之比较》(英文)古生物志丁种第六号第一册,1928 年。
[14] H. H. 切博克萨罗夫:《东亚种族分化的基本方向》(俄文),《民族学研究所报告集》第二卷,1947 年。
[15] 魏敦瑞:《东亚发现的现代人最早代表》(英文),《北京自然历史报告》第 13 卷第 3 册,161—174 页,1938—1939 年。
[16] 吴新智:《周口店山顶洞人化石的研究》,《古脊椎动物与古人类》1961 年第 3 期,181—221 页。
[17] 吴新智:《山顶洞人的种族问题》,《古脊椎动物与古人类》1960 年第 2 期,141—149 页。
[18] Я. Я. 罗京斯基:《人类学基础》(俄文),362 页表 29,莫斯科大学出版社,1955 年。
[19] 颜訚:《从人类学上观察中国旧石器时代晚期与新石器时代的关系》,《考古》1965 年第 10 期,513—516 页。
[20] 颜訚:《大汶口新石器时代人骨的研究报告》,《考古学报》1972 年第 1 期,91—122 页。
[21] 颜訚:《西夏侯新石器时代人骨的研究》,《考古学报》1973 年第 2 期,91—126 页。
[22] B. B. 布那克等:《太平洋和澳大利亚的居民问题》(俄文),《民族学研究所报告集》第 16 卷,497—521 页,1951 年。
[23] 韩康信等:《大汶口文化居民的种属问题》,《考古学报》1980 年第 3 期,378—402 页。
[24] Г. Ф. 吉拜茨:《南西伯利亚欧洲人种和美洲人种的古代界限问题》(俄文),《苏联民族学》1947 年第 1 期。
[25] M. B. 刘柯夫等:《古代中国人——民族起源问题》(俄文),《科学》出版社,1978 年,莫斯科。
[26] 王令红:《中国新石器时代和现代居民的时代变化和地理变异——颅骨测量性状的统计分析研究》,《人类学学报》1986 年第 3 期,243—258 页。
[27] 考古研究所河南省调查团:《河南渑池的史前遗址》,《科学通报》1951 年第 2 期,933—938 页。
[28] 韩康信等:《河姆渡新石器时代人骨的观察与研究》,《人类学学报》1983 年第 2 期,124—131 页。
[29] 韩康信等:《闽侯昙石山遗址的人骨》,《考古学报》1976 年第 1 期,121—130 页。
[30] 韩康信等:《广东佛山河岩新石器时代晚期墓葬人骨》,《人类学学报》1982 年第 1 期,42—52 页。
[31] 吴新智:《广东增城金兰寺遗址新石器时代人类头骨》,《古脊椎动物与古人类》1978 年第 1 期,1—204 页。
[32] 张银运等:《广西桂林甑皮岩新石器时代人类头骨》,《古脊椎动物与古人类》1977 年第 1 期,4—13 页。
[33] 潘其风等:《柳湾墓地的人骨研究》,《青海柳湾》附录一,261—303 页,1984 年,文物出版社。
[34] 吴汝康:《广西柳江发现的人类化石》,《古脊椎动物与古人类》1959 年第 3 期,97—104 页。
[35] 韩康信等:《安阳殷墟中小墓人骨的研究》,《安阳殷墟头骨研究》,50—81 页,1984 年,文物出版社。
[36] 焦南峰:《凤翔南指挥西村周墓人骨的初步研究》,《考古与文物》1985 年第 3 期,85—101 页。

(原文发表于《史前研究》辑刊,1988 年)

安阳殷墟中小墓人骨的研究

韩康信　潘其风

安阳殷墟是商代后期的都城所在地，自盘庚迁殷至商纣王灭亡，经历了二百七十三年的时间。从二十世纪二十年代末以来的半个多世纪里，经过我国考古工作者的辛勤努力，从安阳殷墟的一系列发掘中，获得了无数极有科学价值的考古资料。规模宏大的殷王陵和宫殿建筑遗迹；大批的刻辞甲骨材料；制作技术精湛、艺术水平高超的各种青铜器和玉、骨器等制品更蜚声世界。这些珍贵资料的发现无疑极大地推进了史学界对殷商社会各个领域的研究，为我国上古社会史的复原作出了重大贡献。

在殷墟发掘品中，还有一大批十分重要的材料，这便是从王陵附近祭祀坑和氏族墓葬群里出土的大量人骨标本。对于殷商时代的民族种系及其与现代中国人体质演化关系的研究，这些人骨材料无疑提供了难得的重要基础。

目前从殷墟出土的人骨材料包括两部分。一部分是1928—1937年间从围绕侯家庄殷代王陵附近的祭祀坑群里出土的大批人头骨和其他一些体骨①②。这部分材料中的头骨已经由杨希枚先生和他的助手们进行了研究，并对殷代民族的种系问题提出了初步意见[7,8]，也已引起国内外学者的讨论。

另一部分材料也就是本文要报告的人骨材料，是新中国成立以后，在殷墟遗址的历年发掘中陆续采集起来的，它们大多出自离王陵较远的中小墓[1,2]。这些中小墓中的人骨保存情况很差，骨质多严重腐蚀，有的成粉末状或只留下遗骸的痕迹。历次发掘的墓葬总数虽然很大，但能够供测量研究的人骨只占其中很少的一部分，而且只收集了头骨。

从这些中小墓的形制与随葬情况来看，大致可分为三类：一类是墓型较大，随葬品比较丰富，有整套的铜制礼器，甚至有车马器、玉石器等，有的还有殉人。这类墓在中小墓中为数很少，约占百分之二到四，墓主人应属于奴隶主阶层。另一类为中等墓形，大多有棺椁和一定数量的陶制礼器随葬，有的还有铜或铅制兵器，这类墓占大多数。墓主人生前有一定的生活资料和一定的政治地位，有族的联系，他们当是社会中的平民（自由民）阶层。还有一类墓形小，常无葬具，没有随葬礼器，有时有几件日用陶器或全无随葬品，这些墓主人大概是下层平民中贫苦的族众[1,2]。总之，这些中小墓主的社会身份可以说主要是殷王朝的平民，其中少数人的社会地位可能比一般平民更接近殷王族甚至有王族的成员。因此，这些中小墓人骨在殷人体质种系的研究上具有和祭祀坑人骨不同的意义，在探讨殷商人民的人种类型时比祭祀坑人骨有更直接的价值。

一、材料的出土地点和死亡年龄

这篇报告中选出来研究用的殷代中小墓人骨只有成年个体的头骨,出土时间最早的是1950年,最晚的是1975年。出土地点可核实的计六处,另有六个头骨的出土地点和编号已经无法识别。可供测量观察的完整和部分完整的头骨共84个,其中按头骨的性别特征鉴定的男性头骨55个,女性29个(见表一及图一)。

表一　头骨采集地点、时间和数量

出土地点和代号	发 掘 年 代	男	女	男女合计
豫北纱厂(大司空村)(YP,TSK,AS)	1953? 1953,1965	14	10	24
小屯村(AST,ASN,ASH)	1965,1971—1973	6	8	14
安阳钢厂(AGG, AGJ, AGS, AGW, AGX,AGY,AGZ)	1972—1975	18	7	25
后岗(AH,AHG)	1971—1972	4	1	5
苗圃北地(APN)	1960—1961,1963—1964,1974	6	3	9
武官村(WK)	1950	1	0	1
地点不明的	?	6	0	6
合　　计		55	29	84

在中小墓人骨的性别年龄分布表中(见表二),除了上边用于研究的84个头骨以外,还包括经我们现场鉴定但未能采集或不堪用于研究的个体88个,合计172个。根据死者牙齿的萌出、磨耗、颅骨缝和骨骼愈合等情况,对这批中小墓人骨的性别年龄估计的结果是,平均死亡年龄相当低,包括了未成年个体的男性平均年龄只有33.29岁,女性平均年龄更低,只有29.41岁。男女合计,大约有83%的个体死于青年到中年期(约14—55岁之间),其中死于青年期的相当高(21.1%),未成年死亡率也比较高(13.3%),活到老年的很少(4.2%)。另一个明显的差异是,男组的平均死亡年龄大于女组,包括未成年在内的男性平均死亡年龄为33.29岁,女组为29.41岁,两者相差

表二　中小墓人骨的性别年龄分布

年 龄 分 期	男	女	性别不明	合　计
未成年(13岁以下)	4(4.4%)	2(4.8%)	16	22(13.3%)
青　年(14—23)	17(18.7%)	13(31.0%)	5	35(21.1%)
壮　年(24—35)	28(30.8%)	16(38.1%)	9	53(31.9%)
中　年(36—55)	35(38.5%)	11(26.2%)	3	49(29.5%)
老　年(56岁以上)	7(7.7%)	—	—	7(4.2%)
只能鉴定为成年的	4	1	1	6
合　　计	95	43	34	172

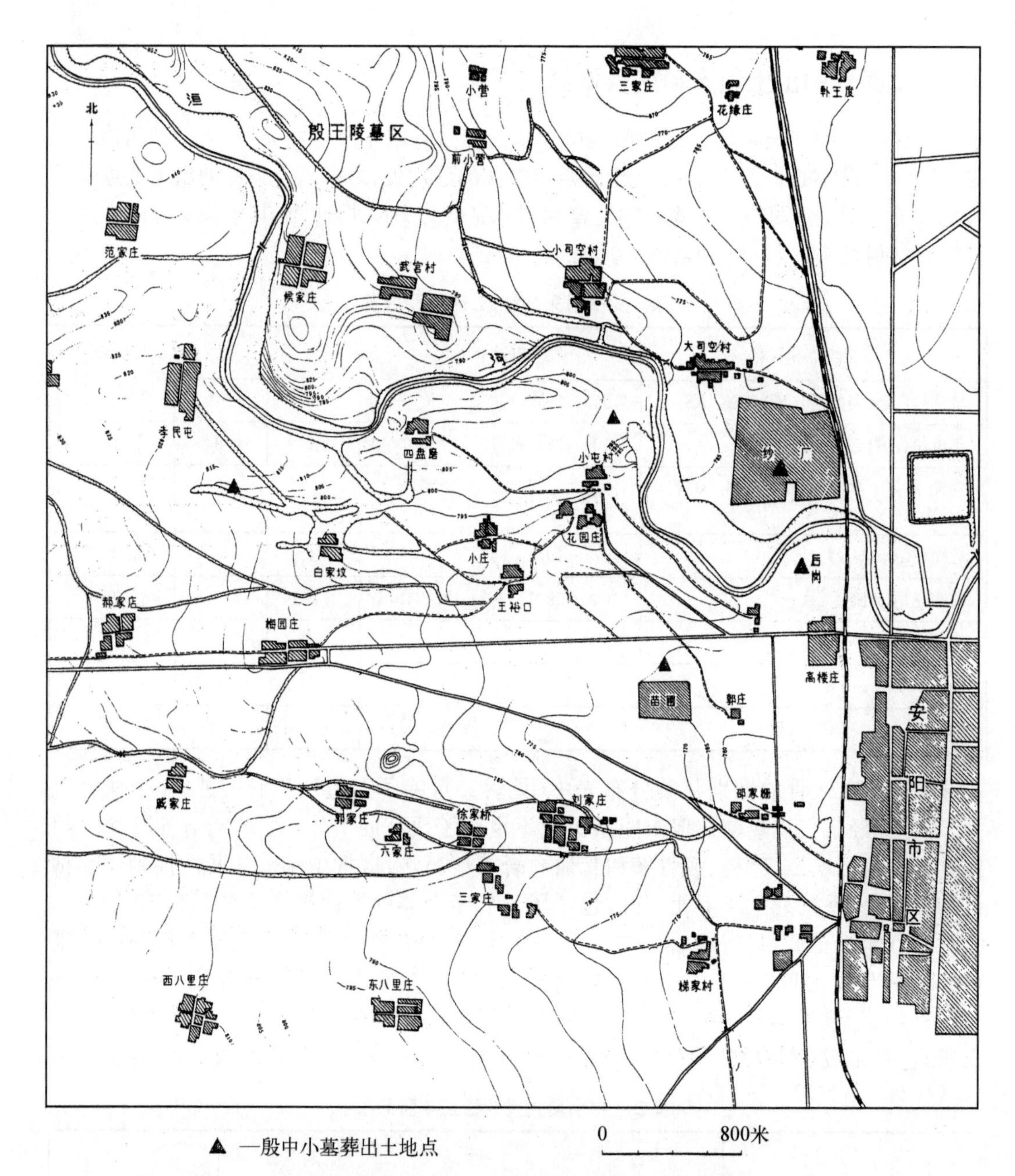

▲ 一般中小墓葬出土地点　　0　800米

图一　殷墟王陵祭祀坑和中小墓人骨出土地点分布图

3.88 岁。如只依成年个体计，男性平均年龄为 34.76 岁，女性为 30.30 岁，两者相差 4.46 岁。这主要是女性在青、壮年期死亡率比男性高，活到中年以上的比男性明显少。中小墓这种女性平均寿命明显低于男性平均寿命的现象或许从一个侧面反映出殷代奴隶社会妇女社会地位的低下。

在可能鉴别的 138 个个体中，男性 95 个，女性 43 个，男女个体的比例为 2.2∶1，两性比例失调明显。这可能是鉴定人骨的例数还比较少而产生的偶然现象，也可能是该地区殷代居民人口结构上的一个特点。这个问题有待以后进一步调查。

二、头骨的形态观察和颅面型

中小墓头骨非测量特征的观察分类见表三和图版一——二十六。

表三　殷代中小墓头骨形态观察表

项　目	性别	例数	形态分类和出现率					
颅　形			椭圆形	卵圆形	圆形	五角形	楔形	菱形
	男	51	33.3%(17)	54.9%(28)		7.8%(4)		3.9%(2)
	女	25	8.0%(2)	52.0%(13)	4.0%(1)	20.0%(5)		16.0%(4)
眉　弓			弱	中	显	特显	粗壮	
	男	54	7.4%(4)	24.1%(13)	35.2%(19)	22.2%(12)	11.1%(6)	
	女	27	88.9%(24)	7.4%(2)	3.7%(1)			
前额坡度			陡直	中等	后斜			
	男	54	13.0%(7)	61.1%(33)	25.9%(14)			
	女	25	64.0%(16)	32.0%(8)	4.0%(1)			
乳　突			极小	小	中	大	特大	
	男	49		26.5%(13)	32.7%(16)	38.8%(19)	2.0%(1)	
	女	26	30.8%(8)	53.8%(14)	7.7%(2)	7.7%(2)		
枕外隆突			缺	稍显	中等	显著	极显	喙状
	男	53	3.8%(2)	39.6%(21)	30.2%(16)	17.0%(9)	9.4%(5)	
	女	25	56.0%(14)	44.0%(11)				
眶　形			圆形	椭圆形	方形	长方形	斜方形	
	男	45	4.4%(2)	35.6%(16)	11.1%(5)	8.9%(4)	40.0%(18)	
	女	27	22.2%(6)	48.1%(13)	3.7%(1)	3.7%(1)	22.2%(6)	
梨状孔			心形	梨形	三角形			
	男	18	27.8%(5)	50.0%(9)	22.2%(4)			
	女	12	41.7%(5)	16.7%(2)	41.7%(5)			
梨状孔下缘			锐形	钝形	鼻前窝形	鼻前沟形	不对称形	
	男	44	45.5%(20)	13.6%(6)	40.9%(18)			
	女	26	65.4%(17)	23.1%(6)	11.5%(3)			
鼻前棘			Broca Ⅰ	Broca Ⅱ	Broca Ⅲ	Broca Ⅳ	Broca Ⅴ	
	男	38	28.9%(11)	50.0%(19)	13.2%(5)	7.9%(3)		
	女	22	54.5%(12)	40.9%(9)	4.5%(1)			
大齿窝			无	浅	中	深	极深	
	男	43	11.6%(5)	44.2%(19)	30.2%(13)	14.0%(6)		
	女	27	33.3%(9)	48.1%(13)	11.1%(3)	7.4%(2)		
鼻根凹			无	浅	深			
	男	46	34.8%(16)	52.2%(24)	13.0%(6)			
	女	27	81.5%(22)	18.5%(5)				

续 表

项目		性别	例数	形态分类和出现率					
腭形		男 女	40 23	椭圆形 77.5%(31) 87.0%(20)	抛物线形 17.5%(7) 4.3%(1)	U形 5.0%(2) 8.7%(2)			
颏形		男 女	31 14	方形 32.3%(10) 21.4%(3)	圆形 45.2%(14) 35.7%(5)	尖形 16.1%(5) 35.7%(5)	角形	杂形 6.5%(2) 7.1%(1)	
下颌角形		男 女	33 14	外翻 60.6%(20) 28.6%(4)	直形 27.3%(9) 28.6%(4)	内翻 12.1%(4) 42.9%(6)			
下颌圆枕		男 女	37 14	有 56.8%(21) 14.3%(2)	无 43.2%(16) 85.7%(12)				
额中缝		男 女	53 27	无 98.1%(52) 92.6%(25)	1/3以下	1/3—2/3	2/3以上 1.9%(1)	全 7.4%(2)	
颅顶缝	前囟段	男 女	37 24	微波 73.0%(27) 87.5%(21)	深波 21.6%(8) 12.5%(3)	锯齿 5.4%(2)	复杂		
	顶段	男 女	38 24		7.9%(3) 8.3%(2)	84.2%(32) 83.3%(20)	7.9%(3) 8.3%(2)		
	顶孔段	男 女	32 22	37.5%(12) 31.8%(7)	53.1%(17) 59.1%(13)	9.4%(3) 9.1%(2)			
	后段	男 女	31 22	 4.5%(1)	22.6%(7) 22.7%(5)	51.6%(16) 54.5%(12)	25.8%(8) 18.2%(4)		

注：圆括弧中数字为例数。

颅形(Vault form) 男性的卵圆形较多(54.9%)，其次椭圆形(33.3%)，少数五角形(7.8%)和菱形(3.9%)，没有圆颅形。女性也以卵圆形居多(52%)，五角形(20%)和菱形(16%)的出现高于男性，椭圆形和圆颅形(8%和4%)最少。

颅顶缝(Sagittal suture) 矢状缝各部分形态并不相同。本组头骨矢状缝在前囟段绝大多数属于简单的微波形和深波形；顶段大多数锯齿形，复杂形很少；顶孔段又大多微波形和深波形；后段锯齿形约过半数，与其他部位相比，复杂形相对增加。

额中缝(Metopism) 是指在成年人的额骨上从鼻根至前囟之间沿矢状方向保存的或全长或部分的骨缝。此缝通常在出生一到二年之后即消失。据Brothwell(1963)的综述，有人以为额中缝的保存决定于单纯的遗传因素，如所谓"metopism"和"non-metopism"基因的作用，也有人把它看成是一种显性性状(dominent trait)。额中缝有明显的地理变异，甚至在一个比较小的地区内也可能出现宽大的变异[14]。在80例中小墓头骨上，我们发现3例有部分或完全的额中缝(男1，女2)，出现率为3.8%。许泽民(1966)在考察殷墟西北岗祭祀坑头骨的顶间骨一文中认为，顶间骨的出现与额中缝的出现有一定的关系[4]。但中小墓有额中缝的3例头骨都没有发现顶间骨存在。

前额坡度(Frontal slope) 此特征是从侧面观察前额由鼻根向后上方弯曲的坡度。女性头骨一般额结节比较发达而前额丰满,因此坡度常较陡直。男性则较明显倾斜。西伯利亚和北极蒙古人种头骨的前额一般较东亚和南亚蒙古人种头骨的前额后斜。中小墓男性头骨中以中等和后斜的类型居多,女性以陡直和中等的居多。

眉弓(Brow ridges) 又叫眉嵴,其发达程度是考察头骨的性别特征之一。在有些现代种族中,如土著澳大利亚人的头骨具有极为粗壮发达的眉嵴。在五个分类等级中,中小墓男性在中等以上的类型较多,女性则弱的类型占大多数,两性差异比较明显。

矢状嵴(Sagittal creast) 在头骨额顶部中间矢状方向上出现的嵴形结构。此嵴常见于爱斯基摩人,现代中国人和澳大利亚土著居民的头骨,美洲印第安人头骨上的出现率也比较高。中小墓男性头骨中约有44.7%有发达程度轻重不等的类似结构。女性约40%有此嵴。

鼻根凹(Pressure at nasion) 其深浅常和眉弓、眉间和鼻骨突起程度有关。在一些种族中,如澳大利亚人和美拉尼西亚人的头骨常有深的鼻根凹陷。蒙古人种头骨的鼻根凹常较浅。中小墓男性以浅和无的类型居多,女性以无的类型多。

梨状孔(Shape of nasal aperture) 骨鼻腔前口,由鼻骨下缘和左右上颌内侧缘共同围成的鼻孔。中小墓男组梨形鼻孔较多,女组心形和三角形较多。

梨状孔下缘(Lower borders of nasal aperture) 中小墓男性锐型(又称人型,下缘锐利)和鼻前窝型(下缘各有一近似半月形窝)较多(45.5%和40.9%),钝型(又称婴儿型,下缘钝)少(13.6%)。女性以锐型最多(65.4%),钝型其次(23.1%),鼻前窝型少(11.5%)。男组的鼻前窝型出现明显多于女性。现代蒙古人种头骨有较多的鼻前窝型出现。

眶形(Shape of orbit) 中小墓男组以近似斜方和椭圆的眶形见多,女组以椭圆较多,其次为斜方和圆形。男组眶角较明显的类型较女组多。旧石器时代人的头骨上一般眶形低矮。在我国一些新石器时代人头骨上还保持较低的眶形。圆钝而高的眶形多见于蒙古人种,角形眶较多见于高加索人种。

鼻前棘(Anterior nasal spine) 梨状孔下缘正中向前突出的尖形骨棘。按Broca五级分法,中小墓男女组都以Ⅰ、Ⅱ级见多,Ⅲ级以上少,女组的Ⅰ、Ⅱ级比例比男组大。低小的鼻前棘常见于蒙古人种头骨上,发达的类型较多见于高加索人种。我国新石器时代头骨如大汶口、宝鸡、半坡等组多Ⅰ级类型,中小墓组也是Ⅰ级最多。此棘大小也有性别的差异。

犬齿窝(Canine fossa) 按Broca五级分法,中小墓男性弱和中等的较多,女性弱和无的居多。蒙古人种头骨上的犬齿窝通常浅,高加索人种和尼格罗人种较多深的类型。

腭形(palatal shape) 男女两组均以椭圆形占大多数,抛物线形和U形的少。

枕外隆突(External occipital protuberance) 位于枕鳞外表面中间的骨性隆突。此突的形态变异比较复杂,各家分类不尽一致。这儿采用Broca的六级分法。中小墓男组稍显—中—显著的等级较多,女组多缺少或稍显的类型。

乳突(Mastoid process) 位于外耳道后方下垂的乳头状突起,是胸锁乳突肌的止点。

按五级分法，中小墓男组大多在小—中—大的等级，女组多在极小—小的等级，中等和大的比男组明显少，两性差异比较明显。

颏形(Chin form)　下颌前部的形态。中小墓男组圆、方形颏居多，女组尖、圆形居多。方形颏多见于男性，尖形颏多见于女性。据吴定良的观察，同族颏形除有性别差异外，还有地域上的差异，华北区多为方形，华南与华东区多圆形。他统计的安阳殷墟侯家庄和小屯村合并的男性下颌中，方形占 76%，女性占 52%。南京绣球山近代男组的方形颏只占 26%，女组只占 12%。北阴阳营新石器晚期组则以圆形颏居多。他认为仅据颏形一项，南京北阴阳营新石器组与绣球山近代组属南方型，安阳殷代组属北方型[6]。以中小墓男组而论，圆形颏比较多(45.2%)，方形次之(32.3%)，后者比吴定良的殷代组低得多，女组也是如此。这种差别大概是吴定良的殷代下颌主要来自殷墟祭祀坑，人骨所代表的族源比中小墓复杂，因此将殷代人下颌以颏形一项笼统地分为北方类型可能还有问题。

下颌角形(Gonial angles)　中小墓男组下颌角部外翻的较多，女组内翻的较多。爱斯基摩人通常有典型外翻类型。

下颌圆枕(Mandibular torus)　出现于下颌体内侧面的骨质隆起，通常在臼齿和前臼齿下方的齿槽突舌面。中小墓男组大约有 56.8%的下颌上出现发达程度不等的下颌圆枕，女组出现率明显少，只约 14.3%。此种圆枕的大小和形态有许多变异，出现率有种属和地区的差别。在现代蒙古人种中，下颌圆枕出现率比较高，如爱斯基摩人常达 70%以上，印第安人较低为 13%—62%[16]，尼格罗-澳大利亚人种也较低。我国江苏邳县大墩子新石器时代人下颌出现这种结构的约占 44.5%[10]。吴定良报告的安阳殷代组和隋唐组分别为 78%和 73%，比殷代中小墓组更高。南京北阴阳营新石器时代晚期组和绣球山近代组为 75%和 58%[6]。下颌圆枕的起因与作用，有人以为它在咀嚼时加强齿槽突承受的压力，也有人说是食物的刺激而引起的。魏敦瑞认为它是一种原始性质，是人类进化过程中齿槽突退化后残留的部分[18]。总的来说，早期一些学者一般认为下颌圆枕的形成与功能因素特别与咀嚼压力有关，后来一些学者认为是一种遗传性特征[14]。

总的来讲，殷代中小墓头骨的非测量形态特征的蒙古人种性质比较明显，如卵圆形头骨比较多，颅顶缝简单或比较简单，有相当多的头骨上存在发达程度不等的矢状嵴，眶角圆钝的较多，梨状孔下缘鼻前窝型也较常见，锐型出现率也和现代蒙古人和华北人比较接近。鼻前棘不发达，犬齿窝大多浅平，鼻根凹浅或无，腭形短宽。

表四是中小墓组的颅、面部指数和角度的形态分类。

表四　殷代中小墓颅面部指数和角度特征的分类出现率

马丁号	项　目	性别	例数	形　态　分　类				
8/1	颅指数	男 女	43 22	特长颅 2.3%(1)	长颅 37.2%(16) 9.1%(2)	中颅 48.8%(21) 63.6%(14)	圆颅 11.6%(5) 27.3%(6)	特圆颅
17/1	颅长高指数	男 女	40 20	低颅 7.5%(3) 5.0%(1)	正颅 32.5%(13) 25.0%(5)	高颅 60.0%(24) 70.0%(14)		

续 表

马丁号	项 目	性别	例数	形态分类				
21/1	颅长耳高指数	男 女	35 20	低颅	正颅 37.1%(13) 20.0%(4)	高颅 62.9%(22) 80.0%(16)		
17/8	颅宽高指数	男 女	39 20	阔颅 10.3%(4) 15.0%(3)	中颅 35.9%(14) 40.0%(8)	狭颅 53.8%(21) 45.0%(9)		
9/8	额宽指数	男 女	38 22	窄额 73.7%(28) 50.0%(11)	中额 21.1%(8) 27.3%(6)	阔额 5.3%(2) 22.7%(5)		
48/45	上面指数	男 女	26 16	特阔上面	阔上面 3.8%(1) 18.8%(3)	中上面 57.7%(15) 43.8%(7)	狭上面 38.5%(10) 31.3%(5)	特狭上面 6.3%(1)
47/45	全面指数	男 女	16 5	特阔面 6.3%(1)	阔面 18.8%(3) 80.0%(4)	中面 43.8%(7) 20.0%(1)	狭面 31.3%(5)	特狭面
52/51	眶指数	男 女	37 21	低眶 24.3%(9) 9.5%(2)	中眶 67.6%(25) 81.0%(17)	高眶 8.1%(3) 9.5%(2)		
54/55	鼻指数	男 女	40 25	狭鼻 15.0%(6) 12.0%(3)	中鼻 30.0%(12) 32.0%(8)	阔鼻 50.0%(20) 28.0%(7)	特阔鼻 5.0%(2) 28.0%(7)	
63/62	腭指数	男 女	25 17	狭腭 4.0%(1) 17.6%(3)	中腭 8.0%(2) 5.9%(1)	阔腭 88.0%(22) 76.5%(13)		
61/60	上齿槽弓指数	男 女	32 20	长齿槽 10.0%(2)	中齿槽 6.3%(2) 25.0%(5)	短齿槽 93.8%(30) 65.0%(13)		
40/5	面突度指数	男 女	31 20	平颌 58.1%(18) 55.0%(11)	中颌 38.7%(12) 35.0%(7)	突颌 3.2%(1) 10.0%(2)		
72	总面角	男 女	34 21	超突颌	突颌 8.8%(3) 23.8%(5)	中颌 52.9%(18) 42.9%(9)	平颌 38.2%(13) 33.3%(7)	超平颌
74	齿槽面角	男 女	34 21	超突颌 17.6%(6) 42.9%(9)	突颌 55.9%(19) 57.1%(12)	中颌 17.6%(6)	平颌 8.8%(3)	超平颌

注：圆括弧中数字为出现例数。

中小墓男组的颅形以中—长颅型居多，短颅型少。高颅型最多，正颅型其次，低颅型很少。窄—中额型较多，阔额型少。中—狭面型多，阔面的少。中—低眶类型较多，高眶类型少。阔—中鼻型多，狭鼻类型少。阔腭或短齿槽型多，中、狭型的少。面部侧面突度中—平颌型多，突颌型少。上齿槽突度则以突颌类型较多，中—平颌型少。

女组与男组的一些区别是中—圆颅型比男组多，长颅型少。阔额型多。阔上面类型也稍多，中—狭上面型的较少。低眶型少，中眶型多一些。特阔鼻型更多。狭腭或长齿槽型稍多，中、短类型较少。面部突度突颌类型多一些。上齿槽突颌类型也比男组更多一些。

依组的平均值代表的平均颅面类型（表五）是：男组偏长的中颅型，高颅型，狭颅型近中颅，窄额型，中上面型，中眶型，偏窄的阔鼻型，阔腭型或短齿槽型，面部侧面突度中颌型，鼻面突度平颌型，上齿槽突度为突颌型。

女组的平均颅面类型与男组基本相似，仅颅宽比男组稍宽，阔鼻性质更明显，腭比男组稍狭，上齿槽突颌更明显。

表五　殷代中小墓头骨的平均颅面类型

项　　目	男	女	颅　面　类　型
颅指数	76.46	78.84	中颅型(75—80)
颅长高指数	75.40	75.53	高颅型(75—x)
颅长耳高指数	63.60	64.49	高颅型(63—x)
颅宽高指数	98.47	95.95	中颅型(92—98)
			狭颅型(98—x)
上面指数	53.76	53.43	中上面型(50—55)
额宽指数	64.50	65.46	窄额型(x—66)
面突度指数	97.06	97.88	正颌型(x—98)
眶指数	78.68	80.97	中眶型(76—85)
鼻指数	51.05	54.03	阔鼻型(51—58)
腭指数	94.91	90.12	阔腭型(85—x)
齿槽弓指数	124.41	119.45	短齿槽型(115—x)
全面角	83.92	82.18	中颌型(80—85)
鼻面角	86.77	86.31	平颌型(85—93)
齿槽面角	75.01	70.45	突颌型(70—80)

注：圆括弧中数值为所属类型的指数或角度的范围。

三、殷代中小墓头骨种系纯度的分析

人类学上对某一待测组的头骨是否同种系（Homogeneous）或异种系的（Heterogeneous），常利用测量项目的变异性（标准差 σ）大小来测定，如考察颅长、颅宽和颅指数标准差的大小便是。李济、杨希枚两先生在考察殷代西北岗祭祀坑人骨的种系时即采用了这类方法。为了便于同上述祭祀坑头骨的变异性比较，我们对中小墓头骨采用和李、杨二氏相同的测量项目和方法来估计中小墓头骨的变异。

根据皮尔逊（K. Pearson，1903）的报告，如果头骨的长和宽的标准差大于6.5时，被测试组或可能就是异种系的一组。如头长标准差小于5.5，头宽标准差小于3.3，则该组头骨或就是同种系的一组[17]。

中小墓组的头长标准差是 5.79，头宽标准差是 4.44，这两个数值都明显小于皮氏规定可能为异种系的 6.5 标准差的界值。若与皮氏的五个同种系头骨组的标准差进行比较，殷代中小墓组的颅长、宽标准差除了颅长和 Naqadas 组接近及颅宽大于 Ainos 组以外，其余都小于其他同种系组的标准差。基本上中小墓的这两项标准差和皮氏五组中的 Naqadas 组的相应标准差比较接近（表六）。

表六　颅长、宽和颅指数标准差比较（男）

组别		颅长标准差(σ)	颅宽标准差(σ)	颅指数标准差(σ)
皮尔逊	Ainos	5.936(76)	3.897(76)	
	Bavarians	6.088(100)	5.849(100)	
	Parisians	5.942(77)	5.214(77)	
	Naqadas	5.722(139)	4.621(139)	
	English	6.085(136)	4.796(136)	
殷代中小墓组		5.79(42)	4.44(39)	2.85
殷代祭祀坑组		6.20(139)	5.90(139)	3.98
莫兰特	Egyptians(E)	5.73(800)	4.76(800)	2.67
	Naqadas	6.03	4.60	2.88
	Whitechapel English	6.17	5.28	2.97
	Moorfields English	5.90	5.31	3.27
	Congo Negroes	6.55	5.00	2.88

注：皮尔逊数值取自文献[17]，莫兰特数值取自文献[15]，殷代祭祀坑数值取自文献[8]。

皮尔逊又曾把上述五个组外另加三个组计算过它们的颅长、宽的平均标准差，分别是 5.987 和 4.877。与此相比，殷代中小墓组的相应标准差也小一些，祭祀坑组的则比较大。

杨氏引用豪厄尔斯（W. W. Howells）计算的 15 到 20 组欧洲民族同种系头骨的颅长和颅宽平均标准差分别为 6.09 和 5.03[8]，殷代中小墓的相应标准差也比它们更小，祭祀坑组的则比它们大一些。

与莫兰特（G. M. Morant，1923）的五组标准差比较，殷代中小墓组的颅长标准差与同种系的 Egyptian(E)组的几相等，比其余四组都小。颅宽标准差则比所有五个组的都小。如以颅指数标准差相比，中小墓组的数值只比 Egyptian(E)组的略大，比其余四个组的都小一些，其中与 Naqadas 和 Congo Negroes 的几乎相等。殷代祭祀坑组的各项标准差则比它们都更大一些。

从上边颅长、颅宽和颅指数标准差的比较可以看出，殷代中小墓组的各项标准差值基本上与各同种系组中的最小值接近而低于大部分对照组的各项标准差，比祭祀坑组的则明显为小。

下边借用豪厄尔斯制定的多项头骨测量平均标准差百分比的方法进行比较。表七中豪氏的平均标准差是由 15—20 组欧洲民族同种系头骨的线度测量和指数分别计算的，因此认为较依据单个组或少数几个组的同种系头骨计算出来的标准差更为可靠[8]。如以豪氏计算的各项平均标准差为标准，与待测种系头骨的各项标准差做相应的比较，就两者的百分比值考察待测组的种系纯度，其百分比值越接近 100，则种系成分可能相对越纯。从表七中所列各项标准差来看，殷代中小墓组的各项标准差约有百分之五十三的项目小于或等于欧洲同种系组的平均标准差，也就是说，中小墓组的各项标准差并非普遍地明显高于欧洲同种系的平均标准差。而殷代祭祀坑组则有约百分之六十五项目的标准差大于欧洲同种系的平均标准差。

表七　颅骨测量与指数的标准差与平均标准差百分比的比较

项　　目	殷代中小墓组 σ	殷代祭祀坑组 σ	欧洲同种系平均 σ	殷代中小墓组 σ 与欧洲同种系 σ 的%	殷代人头坑组 σ 与欧洲同种系 σ 的%
颅　长	5.79	6.20	6.09	95.07	101.81
颅　宽	4.44	5.90	5.03	88.27	117.30
最小额宽	4.12	4.90	4.32	95.37	113.43
耳上颅高	4.54	4.26	4.24	107.08	100.47
颅　高	5.30	5.38	5.12	103.52	105.08
颅基底长	4.77	5.16	4.22	113.03	122.27
面基底长	5.88	6.00	4.88	120.49	122.95
颅周长	15.18	13.60	14.14	107.36	96.18
颅横弧	9.40	9.72	10.02	93.81	97.00
颅矢状弧	13.59	12.64	12.71	106.92	99.45
额　弧	6.00	6.24	6.01	99.83	103.83
顶　弧	8.52	8.48	7.65	111.37	110.85
枕　弧	8.31	8.28	7.46	111.39	110.99
颧　宽	7.35	5.68	5.10	144.12	111.37
上面高	5.02	3.74	4.28	117.29	87.38
眶　高	2.02	1.90	2.01	100.50	95.48
眶　宽	2.18	1.90	1.82	119.78	103.26
鼻　高	3.87	3.12	3.03	127.72	102.97
鼻　宽	1.59	1.96	1.81	87.85	108.29
腭　长	3.06	3.04	2.93	104.44	103.75
腭　宽	2.56	2.94	3.19	80.25	92.16
下颌髁间宽	7.29	6.44	5.58	130.65	115.41
下颌角间宽	6.54	6.04	6.62	98.79	91.24
下颌联合高	2.85	3.06	2.84	100.35	112.92
下颌枝最小宽	2.30	2.74	2.71	84.87	101.11
全面高	5.57	5.66	6.33	87.99	89.42
线度测量平均标准差百分比				105.30(26)	104.48(26)
颅指数	2.85	3.98	3.22	88.51	123.60
颅长高指数	3.27	3.16	3.05	107.21	103.61
额顶指数	2.54	3.82	3.23	78.64	118.72

续 表

项　　目	殷代中小墓组 σ	殷代祭祀坑组 σ	欧洲同种系平均 σ	殷代中小墓组 σ 与欧洲同种系 σ 的%	殷代人头坑组 σ 与欧洲同种系 σ 的%
颅宽高指数	4.87	4.34	4.61	105.64	94.14
上面指数	2.54	3.28	3.30	76.97	99.39
眶指数	5.03	5.42	5.33	94.37	101.69
鼻指数	3.98	4.44	4.49	88.64	98.89
腭指数	6.33	8.72	6.61	95.76	131.92
指数平均标准差百分比				91.97(8)	108.94(8)
全部项目的平均标准差百分比				102.16(34)	105.53(34)

注：殷代祭祀坑组与欧洲同种系标准差取自文献[8]。

但是，殷代中小墓组与欧洲同种系组的二十五项线度测量项目的平均标准差百分比值为 105.30，这比理论上同种系的百分比值(100.00)为高，也比豪氏指出的爱尔兰组头骨的三十一项测量的平均标准差百分比值(103.5)大一些，甚至比殷代祭祀坑组的(104.48)还略高一点。由此看来，殷代中小墓组在线度测量项目的变异上比爱尔兰组，甚至比殷代祭祀坑组更可能是异种系的。然而，在八项指数方面，平均标准差百分比值为 91.97，明显比祭祀坑组的 108.94 为小。全部三十四项线度测量和指数合在一起所得中小墓组的平均标准差百分比值为 102.16，这个数值低于混血的牙买加“棕种”组(105.2)和殷代祭祀坑组(105.53)，但接近同种系的爱尔兰组的平均标准差百分比值(102.0)。因此，按平均标准差百分比值的比较，殷代中小墓头骨在直线和弧长测量项目的平均标准差百分比值似接近异种系的水平，但在指数项目表示的形态类型方面，又似接近同种系的族群。这种情况和殷代祭祀坑组的有些不同，后者不仅在线度项目的平均标准差百分比值接近异种系水平，在指数项目的平均标准差百分比值上甚至更大，全部项目的平均标准差百分比值也比中小墓组的明显高。

总之，无论用颅长、宽和颅指数标准差，还是用平均标准差百分比方法来估量，殷代中小墓组头骨至少在形态类型上比祭祀坑组头骨更可能接近同种系，但在总的线度项目的变异上，并不比祭祀坑组为小。

四、殷代中小墓头骨的种系类型

鉴于殷代祭祀坑组头骨所代表的死者身份和头骨来源的复杂性，杨希枚先生将安阳殷墟祭祀坑头骨按形态先行分组，然后进行分组计算和种系的比较，有其客观的原因和依据。类似的做法也不乏前例，如魏敦瑞(F. Weidenreich, 1939)对山顶洞人的研究，将三具头骨分属三个不同的人种类型[19]，也不无“反其道而行之”的嫌疑，并引来了后人的评议。又如步达生(D. Black, 1925,1928)在研究甘肃史前人骨时，曾一度将形态有异于其他的三具头骨叫做“x”派[12]。但他在认识上有个反复，后来又从测量比较，检讨了自己原先对这三具头骨的认识[13]。在殷墟祭祀坑头骨的研究中，如脑容量或箕形门齿的调查，只能得到蒙古人种的看法[9][11]。由此可见,这种研究程序是体质人类学者有时不能避免的,产生不同的认识。问题是由于依靠头骨的形态特征作出种属的分类,显然不如对活体的人种分类那样容易,特别是骨骼上许多属于人种特征的变异往往是相对的,小的种属类型的区别更是如此。因此要做到使这样的分类恰到好处而不出现任何差误也是很困难的。在我们观察殷代中小墓组人头骨的过程中,也存在类似的困惑,如有一些头骨的颅高低,面很宽,有的颅高很高,面较窄。两者之间可能是不同的体质类型,但这组头骨又不乏一般蒙古人种的形态特征。所以它们之间的形态差异不大可能超越蒙古人种不同地区类型之间的差别。因此,我们这里将这组中小墓头骨试作为一组亚洲蒙古人种的某个类型的头骨,对其中少数形态差别比较明显的头骨加以比较和分析,以便求解中小墓组头骨的基本种属成分。

(一) 与现代亚洲蒙古人种各类型的比较

中小墓组头骨的主要颅面部测量项目的平均值和亚洲蒙古人种各类型相应各项的平均值表示的变异范围列于表八。可以看出,中小墓组的十七项数值全部都在亚洲蒙古人种变异范围内。这可以说明,中小墓组头骨的基本体质特征没有超出亚洲地区的蒙古人种的变异范围。但进一步比较还可以发现,中小墓组与亚洲蒙古人种各类型之间的接近或疏远程度并不相同。

表八 殷代中小墓组头骨测量与亚洲蒙古人种各类型的比较(男)

长度:毫米 角度:度 指数:百分比

马丁号	比较项目	殷代中小墓组		亚洲蒙古人种				
		①	②	西伯利亚	北 极	东 亚	南 亚	平均值上下界值
1	颅 长 (g-op)	184.49 (42)	184.04 (36)	174.9—192.7	180.7—192.4	175.0—182.2	169.9—181.3	169.9—192.7
8	颅 宽 (eu-eu)	140.51 (40)	140.13 (34)	144.4—151.5	134.3—142.6	137.6—143.9	137.9—143.9	134.3—151.5
8/1	颅指数	76.46 (36)	76.50 (30)	75.4—85.9	69.8—79.0	76.9—81.5	76.9—83.3	69.8—85.9
17	颅 高 (ba-b)	139.47 (39)	140.32 (33)	127.1—132.4	132.9—141.1	135.3—140.2	134.4—137.8	127.1—141.1
17/1	颅长高指数	75.40 (35)	76.09 (29)	67.4—73.5	72.6—75.2	74.3—80.1	76.5—79.5	67.4—80.1
17/8	颅宽高指数	98.47 (33)	99.35 (27)	85.2—91.7	93.3—102.8	94.4—100.3	95.0—101.3	85.2—102.8
9	最小额宽 (ft-ft)	91.03 (46)	90.43 (38)	90.6—95.8	94.2—96.6	89.0—93.7	89.7—95.4	89.0—96.6
32	额 角 (n-m-FH)	83.22 (34)	83.43 (30)	77.3—85.1	77.0—79.0	83.3—86.9	84.2—87.0	77.0—87.0
45	颧 宽 (zy-zy)	135.42 (21)	133.08 (17)	138.2—144.0	137.9—144.8	131.3—136.0	131.5—136.3	131.3—144.8
48	上面高 (n-sd)	74.00 (33)	73.81 (28)	72.1—77.6	74.0—79.4	70.2—76.6	66.1—71.5	66.1—79.4

续 表

马丁号	比较项目	殷代中小墓组		亚洲蒙古人种				
		①	②	西伯利亚	北 极	东 亚	南 亚	平均值 上下界值
48/17	垂直颅面指数	53.44 (27)	53.11 (25)	55.8— 59.2	53.0— 58.4	52.0— 54.9	48.0— 52.2	48.0— 59.2
48/45	上面指数	53.76 (18)	53.98 (15)	51.4— 55.0	51.3— 56.6	51.7— 56.8	49.9— 53.3	49.9— 56.8
77	鼻颧角 (f mo-n-f mo)	144.43 (36)	144.38 (31)	147.0— 151.4	149.0— 152.0	145.0— 146.6	142.1— 146.0	142.1— 152.0
72	面 角 (n-pr-FH)	83.92 (30)	83.81 (26)	85.3— 88.1	80.5— 86.3	80.6— 86.5	81.1— 84.2	80.5— 88.1
52/51	眶指数	78.68 (33)	78.59 (29)	79.3— 85.7	81.4— 84.9	80.7— 85.0	78.2— 81.0	78.2— 85.7
54/55	鼻指数	51.04 (36)	50.98 (31)	45.0— 50.7	42.6— 47.6	45.2— 50.2	50.3— 55.5	42.6— 55.5
—	鼻根指数 (ss/sc)	36.50 (37)	35.35 (32)	26.9— 38.5	34.7— 42.5	31.0— 35.0	26.1— 36.1	26.1— 42.5

注：殷代中小墓①的数值是全部头骨的平均值，②的数值不包括8具低颅、宽面的头骨；亚洲蒙古人种各项数值引自文献[22]，圆括弧中数字为测量的例数。

同西伯利亚(北亚)类型比较，中小墓组的各项平均值中超出其上下界值的多到大约十项，其中明显的有颅宽、颅高、长高指数、颧宽、垂直颅面指数、鼻颧角等。一般在中小墓组头骨中，缺乏西伯利亚类型中常见的宽而低的颅、宽面、很大的垂直颅面指数等特征。因此，中小墓组的平均形态类型和西伯利亚类型差别比较明显。

与北极类型比较，中小墓组明显越出界值的计有最小额宽、额角、颧宽、鼻颧角、眶指数、鼻指数等。这些差别较大的项目约占全部比较项目的百分之三十五。

与东亚类型比较，中小墓组明显超出界值的只有颅长、鼻根指数两项，有的项目虽越出界值，但与上或下界值很接近。

与南亚类型比较，中小墓组明显超出界值的主要是颅长和颅高、上面高等。但中小墓头骨的平均大小比南亚的大，有比较高的上面，它们与南亚类型的差别比它们同东亚类型之间的差别稍大。

总的来看，殷代中小墓组头骨测量值的平均趋势比较接近亚洲蒙古人种的东亚类型。它们一方面以高颅、较狭的面、较小的垂直颅面指数和中等的上面扁平度等性状与北亚和北极类型存在区别，另一方面与低面、小的垂直颅面比例、极宽的鼻和前额坡度陡直的南亚类型也有区别。我们将表八的各项比较绘制成图二，作为表示中小墓组各项特征在亚洲蒙古人种各类型变异范围内波动的情况，不难看出，中小墓组各项平均值和东亚类型的变异界限最为一致，其次是南亚类型，而越出北亚和北极类型界值则明显增多。这至少可以说明，殷代中小墓头骨所代表的殷代自由民的基本体质成分应是现代蒙古人种的东亚类型。这和殷王国所处地理位置和现代蒙古人种东亚类型在体质上介于北亚和南亚类型之间的体质分布规律是一致的。

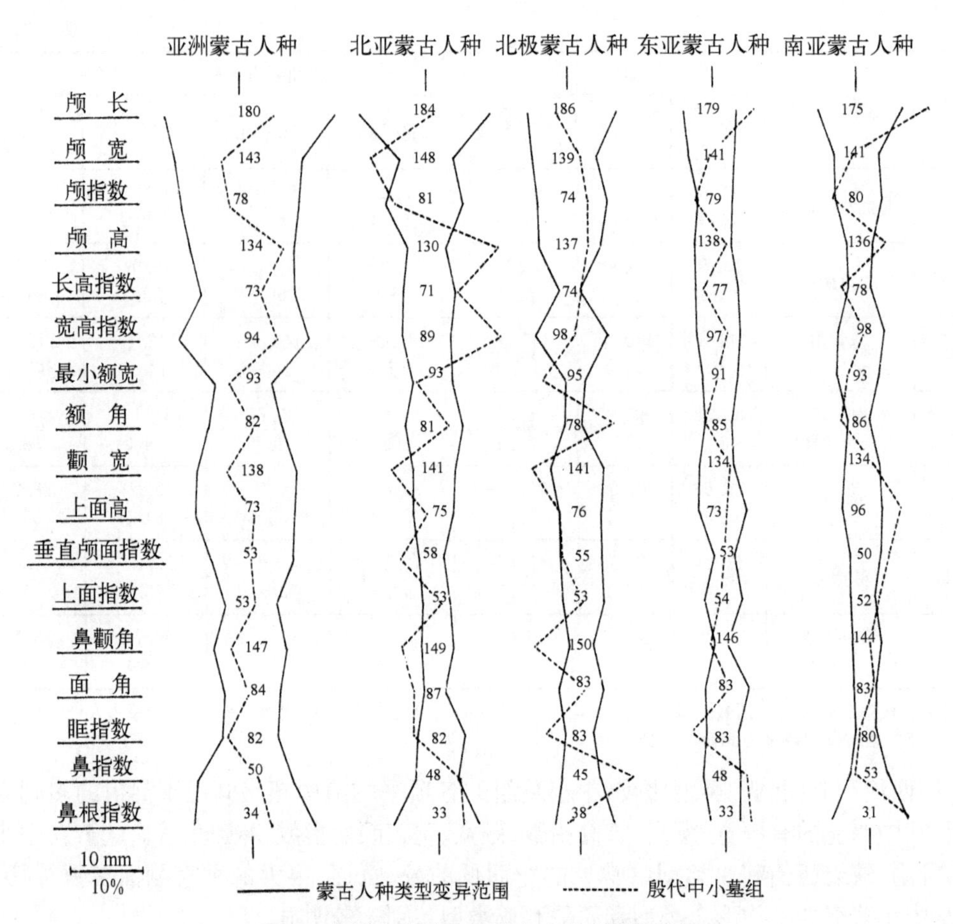

图二　殷代中小墓组与蒙古人种类型的比较

(二) 与殷代祭祀坑(西北岗)头骨组的比较

西北岗祭祀坑头骨的一些测量数据已经发表的有三组(见表九)：一组是李济先生于1954年发表的七项绝对测量和三项颅型指数。这十项数据是吴定良先生离开历史语言研究所移交殷代人骨材料时留下的一份不完整的资料[5]。另两组是杨希枚先生及其助手在台湾重新测量的,其中一组是按全部西北岗头骨测量的各项数据,另一组是五个形态亚组的合并数据[8]。李氏和杨氏的各项对应数据非常接近,其间的差异很小。由于这些数据都测自同一批材料和统一的测量方法,这种接近应该是预料中的。

表九　殷代祭祀坑组与中小墓组头骨测量比较(男)

长度：毫米　指数：%

项　目	祭祀坑组(李　济)	祭祀坑组①(杨希枚)	祭祀坑组②(杨希枚)	中小墓组①(本文作者)	中小墓组②(本文作者)
颅　长	181.27(136)	181.98(319)	182.00(154)	184.49(42)	184.04(36)
颅　宽	139.21(135)	141.64(317)	139.03(155)	140.51(40)	140.13(34)
最小额宽		91.76(309)	91.48(150)	91.03(46)	90.43(38)
耳上缘点宽		120.56(293)	119.53(137)	120.26(41)	119.85(37)

续 表

项　目	祭祀坑组（李　济）	祭祀坑组①（杨希枚）	祭祀坑组②（杨希枚）	中小墓组①（本文作者）	中小墓组②（本文作者）
耳上颅高	117.19(126)	118.14(305)	117.64(152)	117.36(34)	117.75(29)
颅　高	139.21(96)	138.84(220)	138.48(123)	139.47(39)	140.32(33)
颅基底长		101.62(206)	101.61(118)	102.28(38)	102.07(33)
面基底长		97.96(183)	98.13(112)	99.17(29)	98.42(25)
颅　周	516.47(134)	512.20(312)	511.05(156)	518.50(40)	516.85(34)
颅矢状弧	375.62(107)	373.62(287)	374.47(137)	375.08(26)	373.94(22)
颅横弧	319.54(125)	320.54(264)	319.40(150)	316.56(27)	316.57(23)
颧　宽		136.18(272)	135.38(146)	135.42(21)	133.08(17)
全面高		119.18(127)	119.08(74)	121.22(14)	121.47(13)
上面高		72.36(266)	72.46(145)	74.00(33)	73.81(28)
颧骨高		45.18(280)	45.14(114)	45.20(36)	45.28(30)
颧骨宽		26.68(280)	26.74(147)	26.64(35)	26.10(28)
中面宽		102.32(256)	102.16(141)	101.90(29)	101.08(24)
颅指数	76.96(135)	76.67(316)	76.36(154)	76.46(36)	76.50(30)
颅长耳高指数	64.71(120)	64.92(305)	64.81(153)	63.60(30)	64.08(25)
颅长高指数	76.96(96)	76.31(221)	76.14(126)	75.40(35)	76.09(29)
颅宽耳高指数	84.18*	83.99(302)	84.88(154)	83.55(29)	84.05(24)
颅宽高指数	100.00*	99.99(215)	100.15(124)	98.47(33)	99.35(27)

注：祭祀坑组①是全部头骨数据，②是五个分组合并的平均值；中小墓组①包括全部头骨，②不包括8具低颅宽面的头骨；“*”是笔者用平均值计算的近似值。

如将李、杨二氏的数据和中小墓组的相比较，后者除了个别的项目如颅长和颅周长稍大，颅横弧略小以外，其余各项和西北岗的各组数据也非常接近。这可能说明，即便西北岗祭祀坑人骨的来源和成分比中小墓的复杂，但这两者总的颅面形态类型本质上是一致的。换句话说，尽管这两组头骨成分的复杂程度可能不同，但它们之中的主要体质类型应是同种系的。

（三）与史前、现代华北组和仰韶组的平均值比较

各组数值的比较见表一〇。

表一〇　殷代中小墓组与其他组头骨测量平均值的比较(男)，附同种系标准差

长度：毫米　角度：度

马丁号	项　目	殷代中小墓			殷代祭祀坑	史前华北（合）	史前华北	现代华北	仰韶（合）	高加索	同种系标准差（σ）	同种系标准差平方（σ^2）
		①	②	③								
1	颅　长（g-op）	184.49(42)	184.03(36)	187.18(6)	182.00(154)	180.30(41)	181.60(25)	178.50(86)	180.70(64)	180.40(26)	5.73	32.83

续 表

马丁号	项 目	殷代中小墓			殷代祭祀坑	史前华北(合)	史前华北	现代华北	仰韶(合)	高加索	同种系标准差(σ)	同种系标准差平方($σ^2$)
		①	②	③								
8	颅 宽 (eu-eu)	140.51 (40)	140.13 (34)	142.67 (6)	139.03 (155)	138.60 (42)	137.00 (26)	138.20 (86)	142.56 (58)	140.90 (26)	4.76	22.66
17	颅 高 (b-ba)	139.47 (39)	140.32 (33)	134.83 (6)	138.48 (123)	137.00 (42)	136.80 (26)	137.20 (86)	142.53 (37)	131.30 (26)		
9	最小额宽 (ft-ft)	91.03 (46)	90.43 (38)	93.86 (8)	91.48 (150)	91.10 (41)	92.30 (24)	89.40 (85)	93.64 (61)	96.20 (26)	4.05	16.40
21	耳上颅高 (po-v)	117.36 (34)	117.75 (29)	115.08 (5)	117.64 (152)	116.00 (50)	116.40 (28)	115.50 (83)	121.58 (38)	114.30 (26)	4.12	16.97
5	颅基底长 (ba-n)	102.28 (38)	102.07 (33)	103.68 (5)	101.61 (118)	101.60 (40)	102.10 (23)	99.00 (86)	102.75 (34)	99.20 (26)	3.97	15.76
40	面基底长 (ba-pr)	99.17 (29)	98.42 (25)	103.85 (4)	98.13 (112)	95.70 (31)	97.30 (14)	95.20 (84)	102.96 (24)	94.90 (26)		
7	枕大孔长 (ba-o)	37.23 (28)	37.60 (23)	35.54 (5)	35.95 (131)	36.40 (34)	35.50 (17)	35.70 (86)	35.71 (37)	36.20 (26)	2.47	6.10
16	枕大孔宽	30.38 (30)	30.28 (24)	30.78 (6)	30.12 (132)	30.24 (33)	29.50 (16)	30.00 (86)	30.36 (35)	30.70 (26)	2.15	4.62
23	颅周长	518.50 (40)	516.85 (34)	527.83 (6)	511.05 (156)	507.10 (34)	507.00 (22)	502.20 (74)	515.86 (38)	509.00 (26)	13.77	189.61
25	颅矢状弧 (n ⌒o)	375.08 (26)	373.94 (22)	381.38 (4)	374.47 (137)	371.90 (36)	375.40 (22)	370.00 (82)	382.04 (40)	363.80 (26)	12.51	156.50
24	颅横弧 (po ⌒po)	316.56 (27)	316.57 (23)	316.50 (4)	319.40 (150)	312.30 (37)	310.30 (23)	317.00 (60)	330.80 (46)	312.20 (26)	9.75	95.06
45	颧 宽 (zy-zy)	135.42 (21)	133.08 (17)	145.40 (4)	135.38 (146)	132.20 (37)	130.70 (19)	132.70 (83)	136.37 (20)	128.30 (26)	4.57	20.88
46	中面宽 (zm-zm)	101.90 (29)	101.08 (24)	105.86 (5)	102.16 (141)	102.00 (32)	101.40 (12)	97.90 (83)	107.21 (35)	91.70 (26)		
18	上面高 (n-sd)	74.00 (33)	73.81 (28)	75.08 (5)	72.46 (145)	75.20 (35)	74.80 (16)	75.30 (84)	73.38 (39)	70.60 (26)	4.15	17.22
55	鼻 高 (n-ns)	53.79 (37)	53.38 (32)	56.42 (5)	52.84 (148)	54.70 (42)	55.00 (20)	55.30 (86)	53.36 (46)	51.00 (26)	2.92	8.53
54	鼻 宽	27.27 (36)	36.99 (31)	28.96 (5)	27.01 (151)	25.80 (41)	25.60 (17)	25.00 (86)	27.56 (46)	24.10 (26)	1.77	3.13
51	眶 宽 (mf-ek)R	42.77 (36)	42.43 (31)	44.88 (5)	41.28 (155)	44.40 (34)	45.00 (18)	44.00 (62)	43.41 (39)	45.00 (26)	1.67	2.79
52	眶高 R	33.82 (36)	33.55 (31)	35.52 (5)	32.88 (155)	33.80 (32)	33.80 (16)	35.50 (74)	33.48 (37)	33.50 (26)	1.91	3.65
	颧骨高 (fmo-zm)R	45.20 (36)	45.28 (30)	49.08 (6)	45.14 (114)	45.40 (30)	44.90 (13)	45.70 (83)	46.78 (38)	43.40 (25)		

续　表

马丁号	项　目	殷代中小墓			殷代祭祀坑	史前华北（合）	史前华北	现代华北	仰韶（合）	高加索	同种系标准差（σ）	同种系标准差平方（σ^2）
		①	②	③								
	颧骨宽 (zm-rim. orb.)R.	26.64 (35)	26.10 (28)	29.18 (6)	26.74 (147)	26.60 (31)	26.20 (14)	26.20 (83)	28.21 (39)	23.40 (26)		
62	腭　长 (ol-sta)	45.23 (30)	44.93 (27)	49.35 (3)	44.81 (118)	46.10 (36)	46.50 (15)	45.20 (85)	49.18 (44)	45.60 (25)	3.33	11.09
63	腭　宽 (enm-enm)	43.04 (27)	42.82 (23)	44.30 (4)	41.49 (138)	43.60 (33)	43.80 (13)	40.50 (27)	40.73 (50)	38.30 (18)	2.63	6.92
72	面　角 (n-pr-FH)	83.92 (30)	83.81 (26)	84.63 (4)	84.92 (154)	85.93 (32)	84.96 (17)	83.39 (80)	81.39 (36)	85.56 (26)	3.24	10.50
	齿槽点角 (n-pr-ba)	72.04 (30)	72.02 (26)	72.15 (4)	70.67 (120)	71.68 (31)	71.67 (16)	69.50 (84)	69.20 (23)	71.65 (26)	3.46	11.97
	鼻根点角 (ba-n-pr)	67.06 (30)	67.07 (26)	67.05 (4)	65.90 (119)	63.80 (31)	64.70 (16)	64.87 (84)	69.35 (23)	66.01 (26)	3.31	10.96
8∶1	颅指数	76.46 (36)	76.50 (30)	76.27 (6)	76.36 (154)	76.00 (40)	74.96 (25)	77.56 (86)	79.10 (55)	78.15 (26)	2.67	7.13
17∶1	颅长高指数	75.40 (35)	76.09 (29)	72.08 (6)	76.14 (126)	75.97 (39)	75.65 (23)	77.02 (86)	78.62 (36)	72.54 (26)	2.94	8.64
17∶8	颅宽高指数	98.47 (33)	99.35 (27)	94.53 (6)	100.15 (124)	99.24 (38)	100.45 (25)	99.53 (86)	99.41 (34)	93.14 (26)	4.30	18.49
16∶7	枕大孔指数	82.38 (27)	81.19 (23)	89.20 (4)	84.08 (128)	83.01 (32)	82.45 (15)	84.45 (86)	84.94 (35)	85.07 (26)	5.79	33.52
48∶46	中上面指数	70.93 (21)	70.56 (17)	72.50 (4)	71.39 (157)	73.56 (27)	73.90 (11)	76.98 (81)	69.63 (34)	77.11 (26)	4.96	24.60
54∶55	鼻指数	51.04 (36)	50.98 (31)	51.41 (5)	51.35 (147)	47.65 (39)	47.33 (18)	45.33 (86)	52.08 (41)	47.45 (26)	3.82	14.59
52∶51	眶指数	78.68 (33)	78.59 (29)	79.32 (4)	79.82 (155)	76.10 (35)	75.05 (19)	80.66 (62)	77.18 (35)	74.76 (26)	5.05	25.50
63∶62	腭指数	94.91 (20)	95.06 (19)	92.16 (1)	93.70 (114)	95.20 (32)	94.28 (12)	89.29 (56)	82.75 (41)	86.40 (16)	6.79	46.10
	枕骨指数 (Oc. I.)	60.09 (28)	60.45 (24)	57.92 (4)	60.51 (156)	61.92 (39)	61.67 (24)	61.05 (82)	[61.72]	59.27 (26)	3.30	10.89
9∶8	额宽指数	64.50 (38)	64.35 (33)	65.46 (6)	65.73 (173)	[65.73]	[67.37]	[64.69]	65.59 (44)	[68.28]	3.29	10.82
	鼻根指数 (ss/sc)	36.50 (37)	35.35 (32)	43.84 (5)	31.15 (140)				30.41 (43)			
	颅粗壮指数 (CM)	155.00 (34)	154.91 (19)	155.56 (5)	153.34 (125)	151.20 (38)	151.30 (23)	151.00 (86)	[155.26]	149.40 (26)		

注：殷代中小墓组①是全部头骨，②不包括低颅、宽面的头骨，③是低颅宽面的头骨。殷代祭祀坑组是杨希枚五个形态分组合并的，其中有些项目的平均值是笔者根据杨氏的个体测量值计算的。圆括号中数字是例数，方括号中数值是用平均值计算的近似值。仰韶合并组的数值是笔者将半坡、宝鸡、华县和横阵四组合并的平均值。同种系标准差(σ)是借用莫兰特(Morant)的埃及(E)组各项标准差。

与步达生的甘肃史前华北组的各项平均值比较，中小墓组的颅长、宽、高及由这三个颅径组成的粗壮指数和颅骨的三个弧长（颅周长、矢状弧和横弧），都比甘肃史前组的较大，但在各种颅指数方面可以说差别不大。这就是说，中小墓头骨的平均粗大程度比史前华北组的更大一些，但两者在总的颅型上依然比较一致。

中小墓组①的各项平均值与其他组比较，中小墓组的面比史前华北组稍宽一些，颧宽比史前华北组宽 4 毫米多。但两者上面高差别不大，前组属中上面型，后组属狭上面型。另一个差别是中小墓的鼻指数大于史前华北组，属阔—中鼻类型，而后者属中—狭鼻类型。中小墓的鼻高和鼻宽比史前华北的更高更宽。眶指数比史前组稍大，眶宽比后者稍窄，但两组都归入中眶型。

总的来说，中小墓组与史前华北组在颅骨的大小，面宽和鼻型上存在较明显的差异，而在颅面形态类型上仍然较为相近。

殷代中小墓组与现代华北组各项测定值之间的差异项目大体上就是中小墓与史前华北组之间的差异项目，只在彼此差异的程度上，中小墓组与现代华北组之间比中小墓组与史前华北组之间的小一些。

殷代中小墓组与仰韶合并组比较，后者在一般的线度测量上，特别是头骨的宽和高，矢状弧和横弧、额宽、面基底长、颧骨的大小和面宽都较大于中小墓组。最明显的差异是颅型，即仰韶组的平均颅指数比殷代、史前和现代华北组的更大，属中—短颅型，同时结合更高的颅型，更宽而高的颧骨，中等宽的腭形。但在上面型、眶型和鼻型方面差异较小或者比较接近。似乎可以说，中小墓组与仰韶组的主要差异项目大体上也就是史前现代华北组同仰韶组之间的差异项目，只是前两者之间的差异不及史前、现代华北组同仰韶组之间那样大。

最后，无论是殷代组，史前和现代华北组还是仰韶组，它们都和步达生的高加索组（即非亚洲组）在大多数项目的平均值上存在明显的区别，其中差异的主要内容无疑表示了东、西方两个人种主干之间的一般体质差异。

（四）殷代中小墓组与其他组之间的 α 值和种属亲缘系数（Coefficient of Racial Likeness）值的计算和比较

在体质人类学的研究中，常用传统的种属亲缘系数（简称 C. R. L.）值的计算来测定两个或多个组群之间在体质上的亲疏关系。计算时，不同学者可能使用略有变化的公式，它们大同小异，但都不能完全满意地消除标本例数大小对计算结果的影响。而且把鉴别价值大小不同的差异简单地定量化，有时会人为扩大或缩小测定组之间的真实近疏关系。尽管如此，用数学定量方法表示比较组之间可能存在的相互关系，在一般情况下，往往可以减少纯形态观察方法难以避免的主观误差，或者说，数学的定量考察可以核对由形态观察的定性方法所得到的结论。实际上，还有不少其他定量方法用于研究人类头骨的变异。为了便于和前人资料的比较，我们在这个报告中仍采用步达生在研究甘肃、河南史前人种时使用的种属亲缘系数公式，并对每项 α 值进行比较。

中小墓组①和②与其他组之间的各项 α 值和 C. R. L. 值列于表一一。对公式的使用说明参看莫兰特或步达生的报告[13,15]。下边以中小墓①与其他各组之间的计算值分别讨论。

表一一　殷代中小墓组与其他组的α和C. R. L.值

项　目	殷代中小墓组①、②与其他组α值和C. R. L.值												现代华北组与史前华北组α值以及C. R. L.值	
	殷代祭祀坑		史前华北(合)		史前华北		现代华北		仰韶(合)		高加索		史前华北	史前华北(合)
	①	②	①	②	①	②	①	②	①	②	①	②		
颅　周	9.23	4.95	12.60	10.03	9.90	6.83	36.38	26.37	0.72	0.09	7.50	4.79	3.89	5.33
颅矢状弧	0.13	0.69	0.25	0.00	0.27	0.77	1.55	0.48	7.33	9.00	7.83	5.22	3.62	0.71
颅横弧	1.89	0.99	3.04	3.46	5.19	5.60	0.03	0.00	36.09	29.04	2.70	3.11	7.17	4.66
颅　长	6.23	3.66	11.09	8.12	3.99	2.65	30.84	23.64	11.09	7.78	8.18	6.06	6.00	3.06
颅　宽	3.52	1.82	3.68	2.23	9.07	6.82	6.99	4.47	3.84	4.91	0.05	0.26	1.49	0.11
耳上颅高	0.13	0.02	2.21	3.11	0.83	1.53	4.92	6.41	18.83	14.21	8.13	9.61	1.23	0.46
颅基底长	0.82	0.35	0.57	0.25	0.03	0.00	17.99	14.26	0.25	0.49	9.29	7.60	10.88	11.75
颅指数	0.03	0.02	0.52	0.07	4.53	4.13	4.47	3.98	21.60	19.41	6.19	5.78	18.62	8.65
颅长高指数	1.74	0.01	0.69	0.03	0.10	0.35	7.55	2.17	21.29	11.89	14.12	19.99	3.97	2.48
颅宽高指数	3.98	0.77	0.57	0.01	2.80	0.79	1.45	0.04	0.80	0.00	22.34	27.63	1.60	0.01
额最小宽	0.77	2.04	0.01	0.54	1.55	3.14	4.84	1.70	10.89	14.71	27.07	31.33	9.81	4.32
颧　宽	0.00	3.86	6.65	0.43	10.64	2.43	5.94	0.10	0.44	4.76	28.20	11.25	3.26	0.31
上面高	3.70	2.48	1.42	1.75	0.40	0.58	2.32	2.71	0.40	0.17	9.76	8.07	0.07	0.00
中上面指数	0.00	0.09	3.32	3.82	2.59	3.03	24.81	23.54	0.89	0.40	18.03	17.93	3.31	8.96
鼻　高	3.13	0.90	1.91	3.71	2.23	3.79	6.92	10.08	0.45	0.00	13.94	9.53	0.48	0.83
鼻　宽	0.37	0.00	13.22	7.98	10.28	6.77	41.74	28.80	0.54	1.92	48.42	37.70	1.63	5.68
鼻指数	0.19	0.24	14.74	13.12	11.32	10.40	56.70	49.85	1.42	1.46	13.33	12.07	4.08	8.91
眶　宽	23.25	12.25	16.66	22.57	21.40	26.97	12.36	18.27	2.75	5.95	26.92	33.49	5.00	1.26
眶　高	7.08	2.65	0.00	0.38	0.00	0.26	18.74	23.41	0.58	0.00	0.42	0.00	10.56	17.92
眶指数	1.07	1.20	5.04	4.20	6.94	6.10	2.88	2.98	1.84	1.44	9.57	8.34	17.89	16.98
腭　长	0.38	0.03	1.12	1.94	1.46	2.17	0.00	0.14	25.10	27.87	0.17	0.53	0.87	0.33
腭　宽	7.84	5.04	0.63	1.19	0.73	1.15	17.09	12.75	13.52	9.95	35.08	29.83	16.70	29.10
腭指数	1.18	1.54	0.02	0.02	0.23	0.36	12.57	13.04	48.58	46.34	16.03	16.51	1.72	8.94
枕大孔长	6.20	8.73	1.73	3.24	5.19	7.06	8.10	10.74	6.04	8.30	2.34	3.92	0.11	1.95
枕大孔宽	0.36	0.11	0.07	0.00	1.75	1.26	0.70	0.32	0.00	0.02	0.31	0.48	0.12	4.20
枕大孔指数	1.92	4.08	0.17	1.03	0.00	0.31	2.63	4.92	2.98	5.11	2.86	4.84	1.38	1.18
枕骨指数	1.26	0.05	5.01	2.04	2.96	1.06	1.77	0.23	4.14	1.49	0.83	2.71	0.61	1.55
面　角	2.39	2.01	5.96	6.14	1.12	1.30	0.58	0.33	9.98	8.42	3.57	3.79	0.16	12.53

续 表

项 目	殷代中小墓组①、②与其他组α值和C. R. L.值												现代华北组与史前华北组α值以及C. R. L.值	
	殷代祭祀坑		史前华北(合)		史前华北		现代华北		仰韶(合)		高加索		史前华北	史前华北(合)
	①	②	①	②	①	②	①	②	①	②	①	②		
齿槽点角	3.76	3.25	0.16	0.14	0.12	0.10	11.91	10.53	8.77	8.11	0.18	0.15	3.64	6.81
鼻根点角	2.94	2.67	14.79	13.80	5.13	5.08	9.68	8.77	6.23	5.79	1.40	1.33	0.01	2.49
全部项目 C. R. L.	2.12	1.16	3.26	2.85	3.10	2.76	10.82	9.17	7.91	7.30	10.49	9.80	3.66	4.72
角度、指数 C. R. L.	0.71	0.38	3.25	2.70	2.17	1.75	10.42	9.03	9.71	8.07	8.04	9.09	3.74	5.62

中小墓组和祭祀坑组之间的三十个项目的α值中(表中每组的第一组数据),大于6.1的(即可能没有共同起源关系的)有颅周长,颅长,眶宽和眶高,腭宽和枕大孔长六项,在2.7—2.1之间的(起源关系不能断定的)有颅宽,上面高,鼻高,颅宽高指数,齿槽点角和鼻根点角六项,小于2.7的(假定有共同起源的)十八项。

与史前华北组合并组比较,α值大于6.1的是颅长,颅周,颧宽,鼻宽和鼻指数,眶宽和鼻根点角等七项,2.7—6.1之间的是颅宽,颅横弧,中上面指数,眶指数,枕骨指数及面角六项,其余十七项小于2.7。

与史前华北组差异大即α值大于6.1的,有颅周长,颅宽,颧宽,鼻宽,鼻指数,眶宽和眶指数七项,差异不肯定的有颅横弧,颅长,颅指数,颅宽高指数,枕大孔长,枕骨指数,鼻根点角七项,其余十六项是差别不明显的。

与现代华北组α值大于6.1的项目比较多,计有颅周长,颅长,颅宽,颅基底长,颅长高指数,中上面指数,鼻高,鼻宽和鼻指数,眶高和眶宽,腭宽和腭指数,齿槽点角和鼻根点角及枕大孔长等十六项。差别在2.7—6.1之间的包括耳上颅高,颅指数,额最小宽,颧宽,眶指数等五项,其余九项是接近的项目。

与仰韶合并组的大于6.1的项目是颅矢状弧,横弧,颅长,耳上颅高,颅指数和长高指数,额最小宽,腭长,腭宽和腭指数,面角,齿槽点角和鼻根点角等十四项。差异不确定的是颅宽,眶宽,枕大孔指数和枕骨指数,其余十二项是接近的项目。

与高加索组的大部分项目存在显著差异,α值大于6.1的达十九项,约占全部项目的三分之二。不肯定的有颅横弧,枕大孔指数和面角三项,差别不明显的只有八项。

由上α值的比较,大体上可以认为殷代中小墓组与同时代的祭祀坑组和华北史前的两组有更多项目的接近,与仰韶和现代华北组之间则不接近的项目较多,尤其与现代华北组之间表现出更多的不接近项目,这和直接观察平均数的比较结果有些不同。与高加索组之间的不接近项目最多。

根据各项α值计算的种属亲缘系数列于表一一的最下两排。以中小墓①组与其他各组之间的C. R. L.值大小是:

中小墓组与祭祀坑组的C. R. L.值无论全部三十项，还是角度与指数十二项，都是最小的(全部项目为2.12，角度与指数0.71)。而这一结果是在祭祀坑组的例数比中小墓组大得多的情况下得到的，而且以角度和指数的C. R. L.值比线度测量项目的C. R. L.值表现出更多的一致性。这可以说，至少在这两个同时代和相同地区的头骨组中，尽管各自所包含的体质类型复杂程度不相同，但组成它们的基本体质成分应该是相同的。

与华北史前两组的C. R. L.值其次(全部项目分别是3.26和3.10，角度与指数项目是3.25和2.17)，都小于步达生计算的现代华北组与史前华北两组之间的相应C. R. L.值(全部项目分别为4.72和3.66，角度与指数项目为5.62和3.74)。根据后一种情况，步达生将史前华北组作为现代华北人的祖先类型，称为"原中国人"(proto-Chinese)[13]，因此我们也有理由把殷代中小墓组与史前华北组看成是体质上很接近的两组。但是，殷代中小墓组和现代华北组之间的C. R. L.值显著增大(全部项目是10.82，角度与指数项目是10.42)，达到犹如中小墓组与高加索组之间的数值(全部项目10.49，角度与指数8.04)。这是否意味着中小墓组与现代华北组之间的体质差异如同中小墓组与高加索组之间那样，达到两个主要人种差异的等级呢？对这个问题，我们以为一个主要原因是两个对照组之间，即现代华北组和高加索组的头骨例数相差悬殊。例如在计算中小墓组与现代华北组之间的C. R. L.值时，若将现代华北组的例数从原来的大约80例减少到同高加索组相同的26例，并代入公式计算，则所有三十项的α值全部明显降低，C. R. L.值也降到了6.21(全部项目)和6.11(角度与指数)，这比按华北组原来的例数计算得到的10.82和10.42分别小了4.61和4.31。反过来，如将高加索组的例数假定增大到与华北组的相等来计算中小墓组与高加索组之间的C. R. L.值，则增大到17.70(全部项目)与13.49(角度与指数)，即比原来的C. R. L.值分别增大了7.21和5.45。这说明，在使用种属亲缘系数公式时，在其他因素不变的情况下，对比两组的例数大小过于悬殊时，会显著影响各项α值和C. R. L.值。

实际上，中小墓组与高加索组之间，后者例数不足30的情况下，所得的各项α值有将近三分之二是大于6.1的假定界值，这些项目又遍及颅、面、腭的线度测量和指数，反映了这两个组在人种主干上的体质差异。现代华北组与中小墓组之间大于6.1的项目则为二分之一强，比高加索组与中小墓组之间的少，但与其他华北各组和中小墓组之间的相比，又比较多一些，比新石器时代的仰韶组也多一些。已经说过，其原因之一是现代华北组的例数与其他组(祭祀坑组除外)之间比中小墓组与其他组之间更悬殊。如果将现代华北组的各项测量的例数假定与史前华北组的相同(后者各项例数小，在11—28之间)，则现代华北组和中小墓组之间α值大于6.1的比原来的十六项减少为十项，他们之间的C. R. L.值分别降到4.94(全部项目)和4.49(角度与指数)。

总之，就α值和C. R. L.值的测定而言，殷代中小墓，史前华北和现代华北三组之间的关系大体上是：一方面，中小墓组与史前华北组之间比较接近；另一方面，史前华北组与现代华北组之间也比较接近，但中小墓组与现代华北组之间差距大一些。因此，史前华北组似乎处于殷代中小墓和现代华北组之间的某种"中间"位置。

中小墓组与仰韶组之间，α值大于6.1的计有矢状弧、横弧、颅长、耳上颅高、颅指数、长高指数、额最小宽、面角、齿槽面角、鼻根点角和腭长、腭宽、腭指数等十三项。α值在

2.7—6.1之间的是颅宽、眶宽、枕大孔指数、枕骨指数、枕大孔长五项，其余十二项小于2.7。C. R. L. 值为7.91(全部项目)和9.71(角度与指数)。两组之间差异明显的项目显然比中小墓与史前华北组之间的更多，但不及中小墓与高加索组之间的那样普遍。

已经说过，中小墓组与西方高加索组之间，在颅面部的大部分项目上存在普遍的差异，说明了它们之间两个主要人种的不同。

中小墓②组与上述其他各组之间三十个项目的 α 值和 C. R. L. 值的比较与中小墓组与其他各组的比较结果基本相同，不再重复。

(五) 平均组差均方根值的比较

使用种属亲缘系数公式做 α 值和 C. R. L. 值的检查容易受例数大小悬殊的影响。下边我们利用平均组差均方根值的计算来比较一下种属亲缘系数法的结果。平均组差均方根值(以下简称"根值")的计算公式如下：

$$\sqrt{\frac{\sum \frac{d^2}{\sigma^2}}{n}}$$

式中 d 代表两个待测组的平均值组差，σ 为标准差，并假定所有测定样品的总体标准差都是相同的，可以用例数足够多的同种系一个组的各项标准差近似地代入。n 是测定项目总数。计算结果越趋近零，则两个测试组之间可能有越接近的关系[21]。式中没有例数因素，计算结果只表示测试组之间可能存在的相对远近距离。计算时，我们仍采用莫兰特的埃及(E)同种系一组的各项标准差。计算的项目比计算种属亲缘系数时的多一项额宽指数，其余项目皆同。计算的根值列于表一二。

表一二　平均组差均方根值的比较

	殷代中小墓	殷代祭祀坑	史前华北(合)	史前华北	现代华北	仰韶(合)	高加索
殷代中小墓		0.34 (0.28)	0.47 (0.50)	0.60 (0.56)	0.70 (0.70)	0.72 (0.79)	0.93 (0.86)
殷代祭祀坑	0.34 (0.28)		0.56 (0.44)	0.66 (0.49)	0.69 (0.62)	0.69 (0.75)	0.92 (0.88)
史前华北(合)	0.47 (0.50)	0.56 (0.44)		0.23 (0.24)	0.50 (0.57)	0.90 (1.00)	0.80 (0.79)
史前华北	0.60 (0.56)	0.66 (0.49)	0.23 (0.24)		0.33 (0.63)	0.94 (1.00)	0.80 (0.79)
现代华北	0.70 (0.70)	0.69 (0.62)	0.50 (0.57)	0.33 (0.63)		0.89 (0.86)	0.80 (0.83)
仰韶(合)	0.72 (0.79)	0.69 (0.75)	0.90 (1.00)	0.94 (1.00)	0.89 (0.86)		1.07 (1.08)
高加索	0.93 (0.86)	0.92 (0.88)	0.80 (0.79)	0.80 (0.79)	0.80 (0.83)	1.07 (1.08)	

注：殷代中小墓组与其他组的计算项目均为31项，表中有括号的根值为角度和指数项目的，无括号的为全部项目的根值。

在各种组合所得的根值中，两个殷代组（中小墓组和祭祀坑组）之间的根值比它们各自和其他各组之间的根值明显为小，表现出这两个组的关系很密切，与史前华北两组次之，与现代华北组和仰韶合并组之间的根值比前两个组的更大一些，与高加索组的根值最大。用这种定量方法显示的中小墓组与其他各组之间可能存在的近疏距离，同前边采用种属亲缘系数法所得到的结果基本相同。唯在后一方法中，中小墓组与现代华北组之间显得更疏远，而相当于中小墓组与高加索组之间的数值。如果不考虑例数大小过分悬殊的因素，那么用平均组差均方根值所表示的中小墓组与现代华北组之间可能存在的接近距离比用种属亲缘系数表现的距离可能更符合实际一些。

殷代祭祀坑组与其他组之间的根值大小与中小墓组同其他组的大体相近，次序也相同。顺便指出，史前华北两组之间的数值很小，其主要原因是史前华北合并组的近半数头骨材料就是史前华北组的材料。此外，史前华北两个组与现代华北组之间的值也较小，这个结果与步达生的研究结果一致，他认为史前华北居民的头骨和现代华北人头骨有许多共同点。

殷代两个组与仰韶组之间的根值比史前、现代华北三个组与仰韶组之间的都更小一些，这可能暗示殷人与仰韶文化居民之间在体质上比史前、现代华北人与仰韶居民之间距离更小一些。与此相反，史前、现代华北三个组与高加索组之间的根值比史前、现代华北三个组与仰韶组之间的要小一些，同时也比殷代、仰韶三个组与高加索组之间的根值小。这可能表明史前、现代华北组和高加索组之间的差异不如仰韶、殷代组和高加索组之间的差异大。

(六) 中小墓头骨中的北方蒙古人种因素

前文中已经指出，在我们整理这批中小墓头骨时，没有发现非蒙古人种成分，种系纯度的生物统计分析人体也是同种系的。因此，我们把这组头骨作为蒙古人种的某一种系的材料，与现代蒙古人种的各类型进行了比较，提出了与东亚蒙古人种类型比较接近的认识。但是，在这组头骨中，除了体质上接近东亚类型的基本趋势外，其中还有没有其他体质类型？从我们对这批头骨的直接观察，总觉得有几个（约 8 个）头骨的某些形态有别于其他头骨。这几个头骨一般都比较粗壮，都是男性个体。形态上和其余头骨的主要区别是面宽很大（颧宽大于颅宽），颅高偏低。墓中几乎都有较多的随葬器物，甚至包含一些青铜器或铅器。其中有五个墓被盗过，否则原来的随葬品可能更丰富一些（表一三）。我们把这几个头骨单列为中小墓③组。

表一三　殷代中小墓③组墓葬表

墓葬编号	性别	年龄	墓室 （长×宽×高）	葬具	腰坑	随葬器物	备注
66ASM327	男	25—35	3.2×2.7×1.54	棺、椁		陶罐、觚、石刀、铜泡	被盗
66ASM288	男	40—45	4.3×2.9×5.4	棺、椁		陶簋、豆、盘、觚、爵、罐，铜执钟，蚌泡，蚌饰，贝，石羊形器，圆骨片，牛、羊腿骨	被盗两次，有殉人
72ASTM41	男	30±	1.4×0.68×0.15	无	无	无器物	

续 表

墓葬编号	性别	年龄	墓 室 (长×宽×高)	葬具	腰坑	随 葬 器 物	备 注
75AGSM271	男	40±	2.8×1.2×4.45	棺、椁	有	陶觚、爵、豆、罐,铜觚、爵、鼎、簋、戈、矛、刀、锥、铃,小玉戈、璜,贝,牛腿骨	填土及腰坑中各有一狗
75AGGM391	男	30±	3.4×2.02×5.2	棺、椁	有	陶觚、爵、簋、鬲、罍、圈足,铜觚、爵、戈、刀、锛、管状器、泡、弓形器,穿孔蛤	腰坑中有一 狗
75AGG606	男	50±	2.6×1.4×3.8	棺、椁	有	陶盘、罍,铅觚、爵、鼎、簋、镞、铃,漆器,贝	被盗,腰坑中有一狗
75AGGM640	男	35—40	2.65×1.56×2.8	棺、椁	有	陶盘,铜镞、凿、铃、圈,铅片,石璋,骨环,镌管,蚌泡,贝,狗腿骨	被盗
75AGYM1008	男	25—35	2.8×1.44×4.2	棺、椁	有	陶簋、鬲、罐、觚,铜鼎,猪、羊腿骨	被盗,腰坑中有一狗

这组头骨的平均颅长很长(181.0—196.5,平均187.18),颅宽较宽(138.0—147.0,平均142.67),平均颅指数(73.28—81.22,平均76.27)属中颅型。但颅高绝对值不高(平均134.83),介于东亚和北亚蒙古人种之间。依长高指数分类,只有一例高颅型,其余都是正颅型或低颅型,平均颅高类型为正颅型(72.08)。额最小宽比较宽(88.6—98.6,平均93.86),额倾角(77.0—85.0,平均81.63)比东亚和南亚类型小,较适合北亚类型。面部扁平度(鼻颧角141.2—150.0,平均144.81)比北亚类型稍小,较接近东亚和南亚类型。颧宽很大(141.0—148.0,平均145.4),而且都大于头宽。很大的垂直颅面指数是典型蒙古人种的一个特征,在北亚和极区的蒙古人种种族中,这一指数常超过55.0,在现代华北人中也有接近这个数值的。这组头骨的平均垂直颅面指数(51.37—61.49,平均55.30)较高,介于东亚和北亚种族之间。这组头骨的另一个特征是鼻根偏高,鼻根指数(37.09—51.64,平均43.85)明显高于东亚和南亚类型。但在北亚和极区种族中,也有不少鼻根较高的类型,如西伯利亚东南部的爱斯基摩人(43.5)和勒俄康爱斯基摩人(44.1),滨河楚克奇人(45.8),蒙古族(41.2),卡尔梅克族(42.7)等[20],他们的鼻根指数都超过40.0。新石器时代的贝加尔湖组头骨的鼻根指数(41.1)也比较高。

如将这一组头骨与中小墓②组(即不包含③组的8个头骨)的各项测量进行比较,在大约三十个项目的线度测量中,有二十五项大于后者,表明这组头骨的平均大小比其余头骨的平均大小更大一些。这组头骨的平均颅高(包括耳上颅高)比其他中小墓头骨的平均颅高明显偏低,与颅高有关的几项指数(长高指数,长耳高指数,宽高指数,垂直颅面指数)也比其余中小墓头骨的差异比较明显。其次,这组头骨的颧宽比其余中小墓头骨的颧宽平均值大12.32毫米,这样大的差别,除了头骨大小的因素外,显然还意味着体质的差异。颧宽大于颅宽也是如此,其余中小墓头骨的颧宽明显小于颅宽。鼻根比其余中小墓头骨更高也是这组头骨的一个特点。从面部几项角度的测量来看,只有上齿槽突颌度稍小于其余中小墓头骨组,额后斜坡度则更明显一些。在一些主要的颅面部指数方面,除了上边指出与颅高较低有关的几项外,一般没有大的差异。

由以上的比较，中小墓③组头骨与其他中小墓头骨尽管在多数测定项目上没有大的差异，但较低的颅，很宽的面，前额比较后斜，鼻根较高等性质则与北亚、极区的一些典型蒙古人种头骨上的同类体质特征比较相似。

下边我们仍用平均组差均方根的计算来比较这组头骨与其他组之间的可能接近或疏远程度。

表一五是殷代中小墓③组与其他各组的各项测量平均值，并列出了计算平均组差均方根值所需要的各项同种系标准差。表一四是计算所得的中小墓③组与其他各组之间的平均组差均方根值。

表一四　殷代中小墓③组与其他各组之间的平均组差均方根值

	贝加尔湖新石器	布里亚特			楚克奇		爱斯基摩		蒙古	驯鹿通古斯	乌里奇	殷代祭祀坑Ⅰ	殷代中小墓②	史前华北	现代华北	仰韶
		西部	东干	外贝加尔湖	滨河	驯鹿	东南	勒俄康								
根值	0.72 (22)	0.77 (22)	0.98 (22)	1.22 (22)	0.84 (22)	0.87 (22)	0.95 (22)	1.03 (22)	0.89 (22)	0.89 (22)	0.85 (22)	0.73 (22)	0.93 (22)	1.05 (22)	1.03 (22)	1.04 (22)
												0.71 (32)	0.88 (32)	0.98 (32)	1.08 (32)	1.00 (32)

注：括弧中数字是计算的项数。

从表中列出的根值来看，中小墓③组在北亚和极区各组之中，同贝加尔湖新石器组和布里亚特西部组间的根值最小，其次是同楚克奇滨河组与乌里奇组，与布里亚特外贝加尔湖组的根值最大。

在我国华北的几个组中，中小墓③组与祭祀坑Ⅰ组的数值最小(大致和贝加尔湖新石器组的相当)，其次是与中小墓②组，与史前、现代华北组和仰韶组的根值明显更大。

总的来说，中小墓③组与北亚、极区的某些蒙古人种族类的头骨组(如贝加尔湖新石器组和布里亚特西部组)略有接近之势，和殷代祭祀坑Ⅰ组较为接近。这后一个组，据杨希枚先生的形态分类，认为是北亚的典型蒙古人种的一组头骨[8]。

从图三可以看到，中小墓③组头骨总的颅面形态与南亚类型最不符。与其他三个地区类型比较，也没有表现出和其中的一个特别一致。比较而言，在颅形方面和北极类型较为一致，在面部测量上，除鼻根指数和颧宽以外，和东亚类型也有相近的地方。这种情况或许可以用来说明，这一组头骨在某种程度上具有北方典型蒙古人种和东亚蒙古人种的混合形态。

但是，这组头骨与北方的蒙古人种族类的头骨之间，存在何种程度的相似？需要作出定量的比较。为此，我们对三个布里亚特组之间，楚克奇两个组之间以及两个爱斯基摩组之间，分别计算了22个项目的平均组差均方根值(表一六)。从计算的结果来看，在这些同族类不同地方的头骨组之间，有比较小的根值。这些根值又都显然小于中小墓③组和上述北方蒙古人种族类各组之间的数值(见表十四)。由此可以估计，中小墓③组与以上各北方蒙古人种各组之间距离不及上述同族类不同头骨组之间的距离接近。因此，我们不可能将这几个殷代头骨简单地同北方蒙古人种头骨的形态同等看待。比较可能是这几个头骨具有混合的形态。

表一五 殷代中小墓③组与其他各组的

测量项目	殷代 中小墓③	殷代 祭祀坑Ⅰ	殷代 中小墓②	史前华北	现代华北	仰韶 (合)	贝加尔湖 新石器
颅长(g-op)	187.18	182.50	184.03	181.60	178.50	180.70	189.70
颅宽(eu-eu)	142.67	144.44	140.13	137.00	138.20	142.56	144.50
颅高(ba-b)	134.83	135.10	140.32	136.80	137.20	142.53	132.40
最小额宽(ft-ft)	93.86	94.98	90.43	92.30	89.40	93.64	94.40
耳上颅高(po-v)	115.08	115.40	117.75	116.40	115.50	121.58	112.70
颅基底长(ba-n)	103.68	100.09	102.07	102.10	99.00	102.57	104.10
枕大孔长(ba-o)	35.54	36.34	37.60	35.50	35.70	35.71	
枕大孔宽	30.78	29.98	30.28	29.50	30.00	30.36	
颅周长	527.83	518.26	516.85	507.00	502.20	515.86	
颅矢状弧(arc n-o)	381.38	370.21	373.94	375.50	370.00	382.04	
颅横弧(arc po-po)	316.50	321.34	316.57	310.30	317.00	330.80	
颧宽(zy-zy)	145.40	141.18	133.08	130.70	132.70	136.37	141.00
上面高(n-sd)	75.08	73.56	73.81	74.80	75.30	73.38	74.90
鼻高(n-ns)	56.42	54.42	53.38	55.00	55.30	53.36	55.00
鼻宽	28.96	27.28	26.99	25.60	25.00	27.56	25.90
眶宽(mf-ek)右	44.88	41.64	42.43	45.00	44.00	43.41	42.20
眶高右	35.52	33.50	33.55	33.80	35.50	33.48	33.90
腭长(ol-sta)	49.35	44.92	44.93	45.60	45.20	49.18	
腭宽(enm-enm)	44.30	42.39	42.82	43.80	40.50	40.73	
面角(n-pr-FH)	84.63	85.02	83.81	84.96	83.39	81.39	86.30
齿槽点角(n-pr-ba)	72.15	70.30	72.02	71.67	69.50	69.20	69.80
鼻根点角(pr-n-ba)	67.05	66.03	67.07	64.70	64.87	69.35	67.80
颅指数	76.27	79.15	76.50	74.96	77.56	79.10	76.30
颅长高指数	72.08	74.21	76.09	75.65	77.02	78.62	[69.79]
颅宽高指数	94.53	94.97	99.35	100.45	99.53	99.41	[91.63]
枕大孔指数	86.77	82.64	81.19	82.45	84.45	84.94	
中上面指数	72.50	70.87	70.56	73.90	76.98	68.31	[72.79]
鼻指数	51.40	50.39	50.98	47.33	45.23	52.08	47.20
眶指数	79.32	80.75	78.59	75.02	80.66	77.18	80.70
腭指数	92.16	92.40	95.06	94.28	89.29	82.75	
枕骨指数	57.92	59.97	60.45	61.67	61.05	[61.72]	
额宽指数	65.46	64.88	64.35	[67.37]	[64.69]	65.59	[65.33]

注：方括号里的数值是笔者依平均数计算的近似值；标有“*”的取用挪威组的同种系标准差，其余选自埃及E组

平均值和同种系标准差(σ)

布里亚特西部	布里亚特东干	布里亚特外贝加尔湖	楚克奇河滨	楚克奇驯鹿	爱斯基摩东南	爱斯基摩勒俄康	蒙古	驯鹿通古斯	乌里奇	同种系σ
183.60	181.70	181.90	182.90	184.40	181.80	183.90	182.20	185.50	183.30	5.73
147.50	150.30	154.60	142.30	142.10	140.70	143.00	149.00	145.70	142.30	4.76
135.40	132.60	131.90	133.80	136.90	135.00	137.10	131.40	126.30	134.40	5.69*
96.50	94.90	95.60	95.70	94.80	94.90	98.10	94.30	90.60	92.50	4.05
115.40	114.50	115.50	112.10	113.80	113.90	116.70	114.40	109.90	126.30	4.12
102.90	102.00	102.70	102.80	104.00	102.10	102.50	100.50	101.40	105.70	3.97
										2.47
										2.15
										13.77
										12.51
										9.75
143.00	142.60	143.50	140.80	140.80	137.50	140.90	141.80	141.60	139.90	4.57
79.10	76.90	77.20	78.00	78.90	77.50	78.20	78.00	75.40	77.60	4.15
56.40	55.50	56.10	55.70	56.10	54.60	54.70	56.50	55.30	55.40	2.92
26.80	26.60	27.30	24.60	24.90	24.40	23.50	27.40	27.10	26.70	1.77
42.90	42.30	42.20	44.10	43.60	43.40	44.50	43.20	43.00	43.40	1.67
35.70	35.30	36.20	36.30	36.90	35.90	35.90	35.80	35.00	35.70	1.91
										3.33
										2.63
86.90	88.00	87.70	83.20	83.10	83.80	85.60	87.50	86.60	86.00	3.24
69.60	70.10	70.60	68.80	68.30	68.20	67.60	69.00	68.50	69.20	3.46
64.30	64.80	64.20	66.20	66.80	67.00	67.50	64.60	67.80	66.30	3.31
80.50	82.70	85.10	77.90	77.20	77.60	77.50	82.00	78.70	78.30	2.67
[73.75]	[72.98]	[72.51]	[73.15]	[74.24]	[74.26]	[74.55]	[72.12]	[68.09]	[73.32]	2.94
[91.80]	[88.22]	[85.32]	[94.03]	[96.34]	[95.95]	[95.87]	[88.19]	[86.69]	[94.45]	4.30
										5.79
[75.98]	[76.06]	[75.02]	[75.95]	[77.89]	[78.28]	[77.81]	[75.88]	[71.88]	[76.45]	4.96
47.60	48.20	48.70	44.70	44.50	44.80	43.00	48.60	49.40	48.30	3.82
83.30	83.30	86.00	82.40	84.50	83.00	80.80	82.90	81.50	82.20	5.05
										6.79
										3.30
[65.42]	[63.14]	[61.84]	[67.25]	[66.71]	[67.45]	[68.60]	[63.29]	[62.18]	[65.00]	3.29*

同种系标准差。

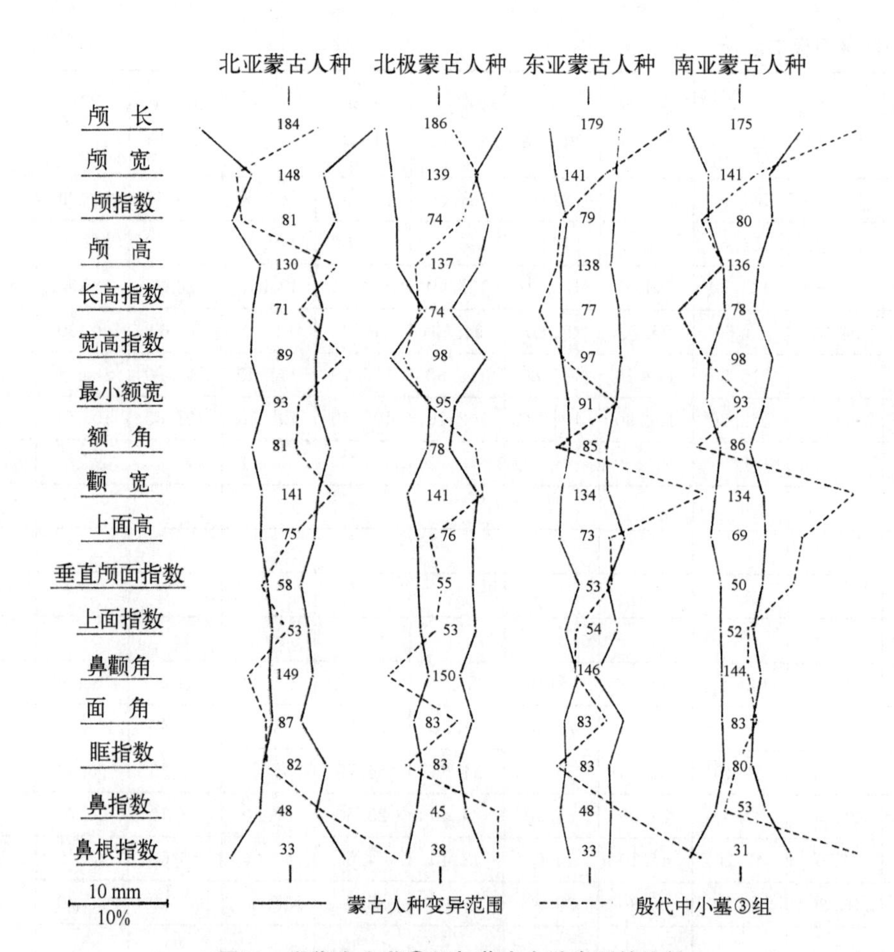

图三　殷代中小墓③组与蒙古人种类型的比较

表一六　同族不同组之间的平均组差均方根值

	布里亚特			楚克奇	爱斯基摩
	西部组与外贝加尔湖组	西部组与东干组	外贝加尔湖组与东干组	滨河组与驯鹿组	东南组与勒俄康组
根　值	0.68(22)	0.40(22)	0.38(22)	0.29(22)	0.40(22)

注：括号中数值为计算的项目数。

五、结语

在这个报告中，只包括解放后历次殷墟发掘中陆续收集的84个中小墓成年人头骨，其中男性或可能属男性的55个，女性或可能属女性的29个。

头骨上的年龄特征表明，这批中小墓主的平均死亡年龄比我们鉴定的王陵附近出土的无头祭祀坑死者的年龄为高：中小墓男组的平均死亡年龄约36岁，女组比男组低，约30岁。无头祭祀坑组（男性）则大多死于15—35岁之间。这两组死亡年龄的差异说明了中小墓和祭祀坑中死者的不同身份和不同的致死因素。

用头骨测量项目的变异分析估计中小墓组头骨的种系纯度，比同地区殷代祭祀坑组头骨的变异为小。这组头骨本质上代表一组同种系的头骨。头骨的形态观察也说明,它们具有明显的蒙古人种性质。没有发现有其他人种主干成分。

与现代亚洲蒙古人种各地区类型比较,在一些重要的人种鉴别特征方面,中小墓组与东亚地区的蒙古人种类型比较接近。在一系列测量上,它们和祭祀坑组的一致也很明显。这反过来可能说明,祭祀坑头骨中的主要成分应和中小墓组相同。

用种属亲缘系数和平均组差均方根值的计算和比较,中小墓组与步达生的史前华北组比较接近,与现代华北组的距离较大,但后者又和史前华北组有许多相似点。因此,从这三组的纯定量关系上,中小墓组与现代华北组之间的关系似乎是通过史前华北组来联系的。中小墓组与仰韶组之间的距离,大体上犹如中小墓组与现代华北组之间的距离。它们和高加索组之间在大部分颅、面项目上存在普遍的差异,反映了两个人种主干的不同。

在中小墓头骨中大约有 8 个男性头骨与其他头骨有些不同的特点：这几个头骨一般比较粗壮,颅高偏低,面宽极宽,且大于颅宽,垂直颅面指数比较大,颧骨大而突出,鼻根偏高,鼻根指数也比较大。这些特征中有些和典型蒙古人种相似。但同时在若干面部特征上和其余中小墓头骨的一致性仍很明显。另一方面,这几个头骨的墓葬形制较大,有的有棺、椁,并多随葬成组的铜或铅制礼器,有的殉狗甚至殉人,和一般平民小墓有区别。这种埋葬情况可能表示他们生前的社会地位比一般平民更接近殷王族或本身就是王族的成员。如果这几个头骨的形态特点与他们的社会地位并非出于偶然巧合,那么这些头骨的形态类型或者就代表了殷王族的体质类型。

总之,按现在收集研究的人骨材料,我们认为殷代平民的体质与现代东亚蒙古人种类型比较接近,而在殷王族成员的体质形态上可能混合有某些北方蒙古人种的特点。要最后确定殷王族的体质类型,还要期待收集大型贵族墓主人的遗骸,并重视收集殷墟以外商代早期的人骨进一步研究。

注　释

① 建国以来,在殷墟也发掘过不少祭祀坑,如后岗南坡的圆形杀殉坑,尤其是 1976 年在武官村北地清理的 191 座祭祀坑,共出土了无头人骨架 1 178 具。鉴于当时要求原样保护这批祭祀坑,对坑中人骨作了性别年龄的初步观察之后,又重新覆土保存。

② 一九七五年我们曾经观察过一大批武官村北地前小营西边出土的无头祭祀坑人骨的年龄性别。从可资鉴定个体的年龄来看,他们被杀时的年龄约在 15—35 岁范围,几无中年以上的个体,而且都是男性[3]。与此相比,这个报告中的中、小墓人骨的平均死亡年龄比无头祭祀坑组的明显高。我们认为中小墓和无头祭祀坑两组人骨的这种年龄差别可能是由于他们不同的身份和死亡原因引起的,无头祭祀坑中被斩杀的死者主要是由青壮年奴隶或战俘组成,中小墓主人则代表当地的殷代平民。

参考文献

[1] 马得志等:《一九五三年安阳大司空村发掘报告》,《考古学报》第九册 25—79 页,1955 年。

[2] 中国社会科学院考古研究所安阳工作队:《1969—1977 年殷墟西区墓葬发掘报告》,《考古学报》第

1期27—146页,1979年。

[3] 中国科学院考古研究所体质人类学组:《安阳殷代祭祀坑人骨的性别年龄鉴定》,《考古》第3期210—214页,1977年(见本论集)。

[4] 许泽民:《殷墟西北岗组头骨与现代台湾海南系列头骨的颅顶间骨的研究》,《历史语言研究所集刊》第36本下册,703—722页,1966年(见本论集)。

[5] 李济:《安阳侯家庄商代颅骨的某些测量特征(英文)》《中央研究院院刊》,第1辑,549—558页,1954年(见本论集)。

[6] 吴定良:《南京北阴阳营新石器时代晚期人类遗骸(下颌骨)的研究》,《古脊椎动物与古人类》第1期49—54页,1961年。

[7] 杨希枚:《河南殷墟头骨的测量和形态观察(英文)》,《中国东亚学术研究计划委员会年报》第5期1—13页,1966年。

[8] 杨希枚:《河南安阳殷墟墓葬中人体骨骼的整理和研究》,《历史语言研究所集刊》第42本231—266页,1970年(见本论集)。

[9] 林纯玉:《河南安阳殷墟头骨脑容量的研究》,《考古人类学刊》第33—34合刊39—55页,1973年(见本论集)。

[10] 韩康信等:《江苏邳县大墩子新石器时代人骨的研究》,《考古学报》第2期125—141页,1974年。

[11] 臧振华:《安阳殷墟头骨箕形门齿的研究》,《考古人类学刊》第35—36合刊,69—81页,1974年(见本论集)。

[12] Black, D., 1925: A note on the physical characters of the prehistoric Kan su race. *Memb. Geolog. Surv. China*, Ser. A, No. 5, pp. 52-56.

[13] Black, D., 1928: A study of Kansu and Honan Aeneolithic skulls and specimens from later Kansu prehistoric sites in comparison with North China and other recent crania. *Palaeont. Sinica*, Ser. D, Vol. 1, pp. 1-83.

[14] Brothwell, D. R., 1963: Digging up bones. p. 95, London.

[15] Morant, G. M., 1923: A first study of the Tibetan skull. *Biometrika*, Vol. 14, pp. 222.

[16] Oschinsky, L., 1964: The most ancient Eskimos. Ottwa.

[17] Pearson, K., 1903: Homogeneity and Heterogeneity in collections of crania. *Biometrika*, Vol. 2, No. 3. pp. 345-347.

[18] Weidenreich, F., 1936: The mandibles of Sinanthropus pekinensis. *Palaeont sinica*, New Ser. D, No. 3, pp. 47-60.

[19] Weidenreich, F., 1939: On the earliest representative of modern mankind recovered on the soil of East Asia. *Peking Natural History Bulletin*, Vol. 13, Part 3, pp. 161-174.

[20] Дебец, Г. Ф., 1951: Антропологические исследования в Камчатской области. *Труды Института Этнографии*, Том. XVII, стр. 176-221.

[21] Рогинский, Я. Я. и Левин, М. Г., 1955: Основы антропологии. Изд. Московского Университета, стр. 339-341.

[22] Чебоксаров, Н. Н., 1947: Основные направления расовой диференции в Восточной Азии. *Труды Института Этнографии*, Том. II, стр. 28-83.

(原发表于《安阳殷墟头骨研究》,文物出版社,1985年)

殷墟祭祀坑人头骨的种系

殷商文明在我国及世界古代史上占有极重要的地位，许多国内外学者将殷代奴隶制社会高度发达的青铜文化视为中国古代文明历史的象征。特别是经过殷墟遗址多次系统发掘，获得了大批珍贵的殷人物质文化资料，先后发表过大量的研究成果，对殷代社会生活，阶级结构，文化性质，生产经济，军事活动，科学技术和风俗习惯等各个方面，都有深入的了解，为我国上古社会的复原与研究作出了重大贡献。

在殷墟的发掘中，还有一大批不轻易被提及、然而意义十分重要的材料，这便是在发掘时，从殷代墓葬和大量祭祀坑里出土的丰富的人类遗骨。应该说，这大批的人类遗骨的发现，是殷墟考古发掘中最重要的发现之一部分，尤其为研究殷代人的体质和种系成分提供了十分宝贵的科学资料。

关于殷商民族究竟属于什么种族（人种）？他们是体质上同种系的（homogeneous）族群，还是一组多元的异种系的（heterogeneous）族群？他们和史前及现代中国居民在体质上有什么样的关系？这些是许多关心中国古代历史的史学家及考古学家常想触及的一个中国上古时期民族史上的重要问题，也是体质人类学研究的一个有兴趣的题目。

殷代人骨的采集始于1928—1937年的历次发掘中。当时，从围绕殷代王陵附近的大量祭祀坑里，出土了大批的人头骨。据那时的发掘记录，多数祭祀坑里每含十个头骨，少数是六个到八个不等，个别坑里多于十个，其中有一坑埋了三十三个头骨。仅这一类头骨，前后便采集了四百余个，其中的绝大多数出自西北岗的人头祭祀坑。原中央研究院历史语言研究所为此设立了专门的体质人类学组，特意约请人类学家吴定良先生主持殷代人骨的研究。日本侵华战争期间，这项工作一度中断。但是，直到1947年吴定良先生因故离开历史语言所时，没有能最后完成这项重要的研究。而这批极有科学价值的人骨材料，在解放前夕被运往台湾。据笔者所知，吴定良先生在历史语言所任职时，已经完成了对这批人骨的测量，但这些资料直到他病故时，也未见发表。他在1941年一篇题为《殷代与近代颅骨容量之计算公式》[7]的论文中，利用过殷代的头骨测量资料；在1961年发表的《南京北阴阳营新石器时代晚期人类遗骸（下颌骨）的研究》报告中，也使用过一部分殷代人下颌骨的测量数据[8]。而这些论文都没有涉及殷代人骨本身的体质人类学研究。

二十余年之后，原历史语言所的李济之先生又将上述殷墟出土的人骨材料交给杨希枚先生重新整理、测量和研究，并曾先后于1966年和1970年发表了两个简报[12、13]。使人高兴的是杨希枚先生于1981年回北京定居时，将这一大批经过他和他的助手多年辛勤工作形成的祭祀坑人头骨的全部测量计算资料和图片资料一并携回，并整理发表。

关于这批殷代祭祀坑人骨的人种成分问题，早在五十年代已有某些外国学者注意。例如美国人种学家孔恩(C. S. Coon)在《人的故事》(The Story of Man)一书中提到殷代人种类型的看法，以为祭祀坑中的人骨是一组似属白种、黄种或黄白混血种或至今还难确信种系的头骨[22]。1957年，孔恩在台湾参观了部分收藏的殷代人头骨。次年，他在《世界人种地理旅行》(An Anthropogeographic Excursion Around the World)一文中，又进一步指出殷代头骨中有三种不同形态类型，即现代华北人的长颅类型(Dolichocephalic type)，粗重的类蒙古人的宽颅型(Brachycephalic type)和另外两个如无铲形门齿便应该是北欧人的头骨，并且表示在这批极为重要的材料最后研究发表时，很可能说明中国历史时代黎明时期的华北平原上曾存在过体质差异颇大而属于多元性的族群[23]。1964年，他在《现生人种》(Living Races of Man)一书中又重复了他的看法[24]。不过他并没有认真研究过殷代人骨。他对殷代人种系的认识，最早是根据夏鼐先生在1952年《中国建设》上发表的一张祭祀坑照片[26]。在这张照片上所能反映的头骨直径只有十毫米左右，其中只有一个头骨的侧面轮廓较为清楚以外，其余头骨或半埋没土中，或只见颅顶、颅底，或影像模糊，笔者以为很难据此判断祭祀坑人骨的人种类型。尽管他后来在台湾看到了一部分藏骨而提出了更为具体的意见，但他对祭祀坑人骨中存在多元人种成分的看法实际上成了后人研究殷代人种系成分的主要依据和方法论。例如主持殷墟发掘者之一的李济之先生于1954年仅据吴定良先生离任历史语言所时留下的160余具殷代头骨的七项测量数据，首次发表了有关殷代人体质研究的论文。在这篇文章中，他依项目不多的头骨测量数据，采用统计学方法，得出两个主要结论：一是殷代人的颅高较高，和步达生(D. Black)所说的甘肃、河南史前人种和现代华北人中的同类特征相同，具有东方人种特征；另一个结论是殷代头骨的颅指数标准差颇大，与已知同种系的颅指数标准差相比，殷代头骨所代表的族群可能是异种系的[6]，但没有具体指明这个异种系的族群中，包括有哪些异种成分。

以后，这批殷代祭祀坑头骨由杨希枚先生主持研究，他和几名助手重新测量了全部头骨(398个)。在他先后用英文和中文发表的两个报告中，根据这三百余个头骨的若干测量项目的标准差大于同种系或某些混血人种的同类标准差，再度重申了孔恩和李济的观点，认为殷代祭祀坑头骨代表异种系的族群。他又具体地将殷代头骨与现代已知族类的头骨类比，按形态的差别先行选择和分类，将这一大组头骨区分为五个分组：第Ⅰ分组代表古典类蒙古人种类型(The Classical Mongoloid type)，尤其与现代布里亚特人(Buriats)和楚克奇人(Chuckchis)的头骨相似；第Ⅱ分组代表太平洋类尼格罗人种类型(The Oceanic Negroid type)，与现代的美拉尼西亚人(Melanesians)和巴布亚人(Papuans)的头骨相似；第Ⅲ分组代表类高加索人种类型(The Caucasoid type)，与北欧英国人的头骨相似；第Ⅳ分组代表类爱斯基摩人种类型(The Eskimos type)；第Ⅴ分组代表还没能确定的一个种系或可能代表上几个分组中某一组的女性头骨。各组的头骨数量是：第Ⅰ分组约30个，第Ⅱ分组34个，第Ⅲ分组只有2个，第Ⅳ分组最多，约50个，第Ⅴ分组约38个，五个组共约154个。还有大约一半多一些头骨破碎不全，或依形态不能归入上述五个组中任何一组。总之，杨希枚先生认为殷代祭祀坑头骨按形态分类，主要包括北亚的蒙古人种类型，其次是太平洋尼格罗人种，以及数量最少的高加索人种成分。他还指出，祭祀坑头骨在若干测量项目上，较之现代华北人头骨似更近于甘肃和河南史前文化居民的头骨[12、13]。

以上三位学者均主张殷代祭祀坑头骨在体质类型的差别上，存在不同人种主干的异种系成分。孔氏主张有蒙古人种和高加索人种成分，杨氏主张有蒙古人种和高加索人种成分外，还有尼格罗人种成分。但是，从杨希枚先生已经发表的资料来看，笔者认为上述主张还有进一步斟酌的必要。为此，我们提出几点讨论，就教于杨希枚先生及其他专家学者。

一、祭祀坑人骨中的高加索人种成分问题

前边说过，孔恩在台湾参观这批头骨时，指出了他认为像北欧人类型的头骨。在杨希枚先生的报告中，也有两个头骨组成的一个高加索人种的第Ⅲ分组。后者对这两个头骨的形态归纳为：

> “头骨为狭头型（长宽指数为 73.58）。面部较窄，颧骨不甚发达，鼻梁高耸。颅顶较高拱，枕面呈丘顶屋形（宽高指数为 103.75）。其中一具附有下颌，颏部极为发达；门齿根部以下的联合（Symphysis）部分向下突出几呈锐角。本类两具头骨，尤以附有下颌的一具，与一具美籍英国人（即白种高加索种）头骨极为类似；如果混放于类高加索种头骨中，应难辨别”。[13]

先说这个分组的长颅特征。我们知道，长颅并非高加索人种区别于其他人种特有的一项特征。但是，北欧人的头骨中一般偏长也是事实，如挪威人头骨的平均颅指数为 75.3，在中到长颅类型之间，英国人头骨（Farringdon St. 组）也是如此，颅指数大约 75.54。还可以注意到，步达生研究过的史前华北人的颅型也是偏长的，他的新石器晚期组的颅指数是 74.96，混合的史前组是 76.00[21]。我们计算的殷代中小墓组的颅指数是 76.43，也和它们比较接近。而杨氏第Ⅲ分组的颅型甚至比北欧人和史前华北人的都更长（颅指数 73.58），因此，它们究竟属于北欧人的头型呢？还是类似史前华北人或一般殷代人的头型呢？仅此不能作出判断，还需要考察其他特征。

以第Ⅲ分组的颧宽（131.50）而论，虽比第Ⅰ、Ⅱ、Ⅳ分组的更窄，但和头骨大小规模接近的第Ⅴ分组的颧宽（131.32）很接近，与史前和现代华北组的（132.2 和 132.7）也接近。因此，第Ⅲ分组较窄的面宽，未必也体现为高加索人种特征。相反，值得注意的是它的中面宽（两颧颌点间宽）比较宽（99.00），比北欧人头骨的宽得多（挪威人 95.6，英国人 91.4，非亚洲组 91.7），甚至比现代华北人（97.90）还宽，稍低于史前华北人（101.40）。第Ⅲ分组的颧骨也并非不发达，以颧骨高（44.50）和宽（25.25）而论，显然比非亚洲组的相应值（43.40 和 23.40）更大一些。即便从杨希枚先生用来对照的一具美籍英国人头骨照片来看，Ⅲ组头骨的颧骨仍然比英国人的宽大得多。从Ⅲ组头骨的正、侧面照片来看，鼻骨比较宽，尽管测得的鼻根指数偏高，鼻骨隆起程度并不如一般北欧人头骨上容易见到的高高向上耸起的鼻梁，就像美籍英国人头骨照片上清楚显示的那样。至于颅顶较高拱并有很高的宽高指数（103.75），只能表示这两个头骨与许多东亚民族的头骨一样，具有明显的高颅性质，正如绝对颅高（138.5）和相对颅高指数（76.32），都属于高颅类型，这和北欧人头骨相对低而宽的颅型明显不同。而高颅性质也正是步达生研究史前华北人头骨时所获得的最重要结果之一，即东方类型的一个体质特征，尤其与现代东亚蒙古人种类型的这一个

特点相符合。

如果我们上述的考虑大致不误，那么仅剩的一点，便是有发达的颏了，但也仅此一项。与此相反，我们从第Ⅲ分组头骨的照片上却可以指出如鼻棘弱小，颧骨缘结节比较明显，颧骨突出，犬齿窝不发达，面部扁平度比较大等一般蒙古人种头骨上较常见的特征。而且，具有铲形门齿，更加强了这组头骨的蒙古人种性质。

值得注意的是第Ⅲ分组在三四百个祭祀坑头骨中只挑出两个。单就这样小的比例，也容易使人怀疑它们的某些被认做是高加索人种的特征仅仅是一大组头骨中的个体变异。步达生就有过类似的经验，他在研究史前华北人头骨时，最初选出三个所谓"X类型"(Type X)头骨，就是以为有几个特征像高加索人种的头骨。这便是这三个头骨的鼻根部不如其他多数头骨低而窄，眶口平面与标准额平面相交的额眶差别角较大[20]。后来他又经过更为仔细的考察，放弃了他原先的认识，以为这三具头骨在主要的体质形态上和其余史前华北人的头骨相似，而以前认为与高加索人种相似的特征属于正常的个体变异[21]。又如魏敦瑞(F. Weidenreich)把三具山顶洞人头骨分属不同人种主干的三个异种系成分(旧石器晚期的欧洲人种，美拉尼西亚人种和爱斯基摩人种)[29]，大致也是过于看重了某些非种系性质的差异，受到不少中外学者的批评。实际上，把这三具头骨当成原始蒙古人种的形式比较适宜[10]。我们以为，对殷代祭祀坑第Ⅲ分组的头骨，孔恩和杨希枚先生是否也可能过于看重了某些类似高加索人种的特征，低估了基本的蒙古人种性质。

我们可以从第Ⅲ分组头骨的一些主要测量值考察(参看杨希枚先生的分组测量值表)，除了鼻指数以外，其他各项大体上与其他华北各组没有本质的差异，而狭鼻特征不仅和北欧人头骨相似，而且也和史前、现代华北人的狭鼻性质一致。因此，这个特征也不能作为辨别第Ⅲ分组是高加索人种头骨的有力依据。

我们还是从颅骨测量项目的东、西方人种差异来分析第Ⅲ分组的人种性质。按一般的推论，如果这两个头骨确如所说与北欧人头骨难以分解，那么颅骨测量的比较应该多少支持形态的分类。我们根据杨希枚先生的若干数据，试做如下的比较和分析。

表一　殷代祭祀坑第Ⅲ分组与华北、北欧各组平均值的比较(男)

(长度：毫米　角度：度　指数：%)

组　　别	颅高Ⅰ ba-b	颅高Ⅱ ba-v	全面高 n-gn	颧骨高 fmo-zm	颧骨宽 zm-rim. orb.	颧颌点间宽 zm-zm	颧额眶点间宽 fmo-fmo	颅长高指数 ba-b/g-op
史前华北	136.8	138.0	117.1	44.9	26.2	101.4	96.6	75.65
史前华北(合并)	137.0	137.9	120.3	45.4	26.6	102.0	95.7	75.97
现代华北	137.2	138.0	124.6	45.7	26.2	97.9	94.4	77.07
殷代中小墓	139.5	—	121.2	45.2	26.7	101.9	97.9	75.40
殷代祭祀坑Ⅲ	138.5	140.3	120.0	44.5	25.3	99.0	94.5	76.32
非亚洲	131.3	132.8	120.0	43.4	23.4	91.7	97.2	72.54
弗灵顿	129.7	130.4	—	—	—	91.4	98.1	68.78
爱尔兰	130.1	132.7	—	45.2	23.7	87.8	96.8	71.60
挪　威	132.1	—	—	—	—	—	—	70.60

续 表

组 别	颅宽高指数Ⅰ ba-b/eu-eu	颅宽高指数Ⅱ ba-v/eu-eu	垂直额指数 ft-ft/po-v	额宽指数 ft-ft/eu-eu	颧额指数 ft-ft/zy-zy	颅面宽指数 zy-zy/eu-eu	颅面比例指数 FM/CM
史前华北	100.45	101.00	78.53	67.05	70.05	94.89	75.45
史前华北(合并)	99.24	99.67	77.84	65.83	68.26	95.09	76.54
现代华北	99.53	99.94	77.99	64.87	67.53	96.10	77.89
殷代中小墓	98.47	—	78.02	64.50	67.45	95.77	76.69
殷代祭祀坑Ⅲ	103.75	105.06	79.36	69.10	70.17	98.50	77.17
非亚洲	93.14	94.01	85.60	68.15	74.81	91.23	76.44
弗灵顿	91.55	91.55	88.18	68.31	74.05	92.25	—
爱尔兰	92.04	92.48	85.97	67.75	75.27	89.93	—
挪 威	93.70	—	—	[68.80]	[72.37]	[95.10]	—

组 别	上面指数 n-sd/zy-zy	颧额宽指数 fmo-fmo/zm-zm	额眶间宽指数 d-d/ft-ft	齿槽弓宽 Alveo. B	齿槽弓指数 Alveo. B./Alveo. L.	腭指数 enm-enm/ol-sta
史前华北	56.48	95.88	27.42	67.60	124.64	94.28
史前华北(合并)	56.08	94.06	27.64	66.50	124.86	95.20
现代华北	56.80	96.58	26.51	64.80	123.33	89.29
殷代中小墓	53.76	96.54	25.66	67.05	124.41	94.91
殷代祭祀坑Ⅲ	53.98	95.45	22.25	65.50	121.94	93.88
非亚洲	54.88	106.00	25.04	60.80	117.07	86.48
弗灵顿	53.44	107.69	—	—	—	84.78
爱尔兰	56.83	110.26	[22.72]	61.50	117.68	87.52
挪 威	53.90	—	—	—	—	—
欧洲人	—	—	—	—	—	—

组 别	额眶偏角 ∠I	眶倾斜角 ∠IS	鼻颧偏角 $\angle^1$V	下面偏平度角 ∠VS	鼻颧偏角 $\angle^2$Vn	上面扁平度角 ∠VnS
史前华北	14.3°	148.8°	18.7°	139.0°	19.4°	136.8°
史前华北(合并)	13.2°	151.7°	16.8°	144.5°	17.3°	141.3°
现代华北	14.0°	152.1°	21.2°	137.8°	19.6°	141.3°
殷代中小墓	—	—	—	—	—	—
殷代祭祀坑Ⅲ	14.5°	151.5°	24.5°	130.5°	16.0°	147.5°
非亚洲	19.0°	142.7°	26.1°	129.0°	26.7°	127.5°
弗灵顿	—	—	—	—	—	—
爱尔兰	—	—	—	—	—	—
挪 威	—	—	—	—	—	—
欧洲人	20.0°	140.0°	—	—	—	—

注：史前、现代华北各组、非亚洲组、弗灵顿组和欧洲人组数值引自步达生表10—14(D. Black，1928)；爱尔兰组引自杨希枚资料；挪威组引自罗京斯基和列文表26(Я. Я. Рогинский и М. Г. Левин，1955)。方括号中数值是以平均值计算的近似值。殷代中小墓依笔者数据。

顺便说明，步氏在选取东方种族头骨测量组作对照时，除了阿伊努人(Aino)一组外，其余都是属于现代亚洲蒙古人种，如现代华北人、西藏人、朝鲜人、日本人和爱斯基摩人等[21]。因此，他所说甘肃史前人种具有东方人的特征实际上是东方的亚洲蒙古人种的特征。他在研究史前华北人时，在一系列测量项目上讨论的东、西方人种之间的差异，按我们的看法便是西方高加索人种和亚洲蒙古人种的差异。

据步氏的比较，他测量的非亚洲组(即高加索人种头骨)的颅高明显低于东方蒙古人种各组，中面宽(颧颌点间宽)、颧骨高和宽也更小，眶额颧点间宽则比史前和现代华北组的更宽[21]。在这些直线测量的差异中，Ⅲ组的数据和哪一方更接近呢?

从表一所列数据可以看出，殷代Ⅲ组的平均颅高比较高，与史前和现代华北各组的同类值很接近。这种高颅的性质，和殷代中小墓组也是接近的。相反，在颅高上(ba-b)，第Ⅲ组与高加索种的四个组竟相差6.4—8.8毫米，也就是后四个组的颅高明显低。第Ⅲ组的中面宽也比所有三个高加索组都宽得多，竟相差7.3—11.25毫米之多，但它接近史前、现代华北各组和殷代中小墓组的同类数值。在颧骨的大小上，也和华北各组的高而宽的颧骨比较接近，比非亚洲组和爱尔兰组的相应值明显大，尤其在颧骨宽上更为明显。颧额眶点间宽则比所有三个高加索组为小。

在指数方面，第Ⅲ组的长高指数和宽高指数和四个高加索组的差别也十分明显，都比高加索各组的同类指数更大，而和华北各组的同类指数比较接近。垂直额指数和颧额指数则明显地比高加索各组更低，颅面宽指数比高加索各组明显更大。颧额宽指数的东、西方人种差异很大，第Ⅲ组的这个指数比高加索几个组小得多。齿槽弓宽和齿槽弓指数也明显大于高加索各组，腭指数也是如此，说明这两个头骨的齿槽弓和腭宽比高加索各组的更宽。以上一系列指数项目的比较也说明，祭祀坑Ⅲ组与史前、现代华北组有许多相似的性质，与高加索组的差别很明显，与后者较接近的只有额宽指数，上面指数和额眶间宽指数等少数几项。

在角度测量上，步达生将史前、现代华北各组和高加索组的上下面部扁平度进行了比较。而面部扁平度在蒙古人种和高加索人种之间有明显的差异。他指出，东方各组的额眶偏角比非亚洲组的明显小，此角的补角即眶倾角则比非亚洲组的更大。而第Ⅲ组的这两个角也是与史前、现代华北组的更接近。步达生设计的鼻颧偏角2及与它相补的上面扁平度角也是与史前、现代华北组的接近而和非亚洲组差别明显。只有鼻颧偏角1以及相补的下面扁平度角与非亚洲组的数值较近，但第Ⅲ组的下面扁平度角小于上面扁平度角的情况与现代华北组相似。

前边已经说过，第Ⅲ组的鼻指数属狭鼻类型，这个性质既与高加索组的相似，也和史前、现代华北人的狭鼻性质一致。如果结合第Ⅲ组上述多数测量项目与史前、现代华北组更接近而和高加索组明显疏远来考虑，那么狭鼻性质依然是与史前、现代华北组相似的一个特征。

从以上头骨测量项目的比较不难看出，殷代祭祀坑Ⅲ组的所谓高加索人种头骨在上列具有蒙古人种和高加索人种差异的项目中，并没有表现出与高加索人种接近，相反，与东方蒙古人种的史前和现代华北类型有许多相似性。如果这个比较是适当的，那么颅骨的测量比较结果与杨希枚先生对第Ⅲ组所作的形态分类是不一致的。

在这里还特别提一下杨希枚先生对第Ⅲ分组头骨与其他已知种系头骨之间所作的种族亲缘系数(The Coefficient of Racial Likeness,简称 G. R. L.)的比较。尽管在计算这种系数时作为对照用的已知种族各组的头骨数太少,容易影响最后的结果,但即便如此,第Ⅲ组与已知种系组之间获得最小的系数值不是在第Ⅲ组和高加索人种的爱尔兰组之间,而是在第Ⅲ组与美拉尼西亚人和印第安人头骨组之间。实际上,这个计算结果与第Ⅲ组的形态分类也是明显不一致。对此,杨希枚先生是用"类高加索种与非洲真正黑人(Proper Negro)体质上的类似性","人类学家有关欧洲旧石器时代晚期 Grimaldi 人的描述和争议"及"澳洲人与其近邻类美拉尼西亚人的关系"[13]等事实予以解释的。然而这些联系毕竟不太明确,因而仍然"就形态特征"维持原先的看法,以为第Ⅲ组两个头骨"似应一如其形态类型而或属类高加索种"。杨希枚先生在提到第Ⅲ组与印第安人之间也有小的种族亲缘系数的原因时,又指出应该注意美国体质人类学者安吉尔斯(J. L. Angels)的意见,即后者认为第Ⅲ组头骨与某类印第安人头骨类似[13]。从纯粹形态学的角度来说,我们以为这样的类比至少比上述几个解释有部分的理由,但这需要专门考察和研究。总之,有一点是比较清楚的,这便是杨希枚先生在分析第Ⅲ分组头骨的种系时,利用种族亲缘系数的计算来验证他的形态学分类,实际上并不理想,两种分析方法所得结果之间存在矛盾。

下边,我们试用平均组差均方根值的计算,将第Ⅲ分组与其他有关组之间的关系作一定量的比较。这个方法不像种族亲缘系数的计算那样,对照组之间例数的多少悬殊往往影响计算值的大小。具体的计算方法和说明见参考文献[31]。

祭祀坑第Ⅲ分组——祭祀坑第Ⅳ分组…………0.66
祭祀坑第Ⅲ分组——祭祀坑第Ⅴ分组………0.73
祭祀坑第Ⅲ分组——史前华北组……………0.78
祭祀坑第Ⅲ分组——现代华北组……………1.00
祭祀坑第Ⅲ分组——非亚洲组………………1.13

从这个计算,第Ⅲ分组与非亚洲组之间的数值最大,与第Ⅳ、Ⅴ分组和史前华北组各组之间的数值相对较小。这说明,第Ⅲ分组与第Ⅳ、Ⅴ分组和史前华北组之间体质上更接近,与非亚洲组之间更远一些。换句话说,第Ⅲ分组与前三个组为同种系的可能性比与高加索组同种系的可能性大得多。这和前边采用步达生的各项平均值的比较结果,即第Ⅲ分组与史前华北组有更多一致性是符合的。也就是用大部分不相同的测量项目采用不同的定量观察方法,得到了基本相近的结果。

就前人和笔者多年对我国西北甘、青地区包括甘肃河西地区的从新石器时代到秦汉以前大量古代人类遗骨的考察,这些人骨没有疑问都有东方蒙古人种的形态特征,我们迄今还未发现过任何比较肯定的高加索人种头骨在该地区出现。另一方面,已经发现的有明显高加索人种特征的古代人骨,最东边的出土地点是在新疆的哈密五堡遗址,其年代约相当于中原的晚商时期。由此往西的从新疆其他古代遗址如罗布泊地区的古墓,天山东部竖穴木椁墓,民丰尼雅古墓,伊犁河流域昭苏地区的土墩墓和帕米尔地区的古墓等出土的时代从春秋到两汉的古人遗骨也都具有明显的高加索人种特征,只有从吐鲁番阿斯塔那，自晋到唐代古墓中出土的人骨具有蒙古人种性质。从以上我国西北地区古人类学事实来看，我们以为至少在晚商以前，西方高加索人种和东方蒙古人种在我国西北方向分布的地理界区大致在现在新疆的东部与甘肃的西缘是比较清楚的，比这更早便有高加索人种成分的居民进入中原腹地的可靠人类学资料至今尚未发现。汉代的河西玉门关是中原政权与西域诸国的交通关隘，在人种地理上它也正处于东、西方人种的分界位置。

二、祭祀坑第Ⅳ、Ⅴ分组头骨的种系问题

先讨论第Ⅴ分组。杨希枚先生自言曾一度与现代波利尼西亚人的头骨相比，但“也终不自以为是”，最后承认这组头骨“究否应属某一特殊种系或族类的头骨，抑属上述四类中某一类的女性头骨，由于著者经验和材料的不足，于此都不能提出较明确的解释”[13]。我们先考虑这组头骨的性别问题。

杨希枚先生在整理这一大批西北岗殷代人骨的说明中，曾明确这一大组头骨的绝大部分出自“人头坑”。因此，第Ⅴ分组的头骨即便不是全部，也应该大多数理应来源于这类无躯肢的人头祭祀坑。杨先生自己对这组头骨也作过性别鉴定，并将它们作为一组男性头骨与其余同性头骨各组相比较，但又怀疑它们是“某一类的女性头骨”。这样，对原来的性别估计产生了问题。由于这些人骨仍收藏于台湾，我们尚没有机会直接观察这组人骨的性别特点。但下边的事实，有助了解这组头骨的基本性别属性。

1976年春夏之际，中国科学院考古研究所与安阳地区考古队在武官村北前小营村西的殷王陵附近发掘了一大批祭祀坑，其中绝大部分是集体埋葬的无头祭祀坑，这和过去西北岗的人头祭祀坑是相对应的。无头祭祀坑中的人骨大部分保存较好，人骨架皆俯身埋葬，多十人一坑，个别超过十人，也有一部分少于十人的。这种埋葬人数的情况也和人头祭祀坑中的基本相似。我们对这些祭祀坑里的人骨架，大部分都在现场作过性别年龄的观察。据最后整理的资料，凡属南北向东西排列的无头祭祀坑人骨，能观察到性别特征的，全都是男性，死者年龄基本上都是在15—35岁间的青、壮年[3]。因此可以推测，这些无头死者的来源和人头坑死者的来源以及他们的身份应该是一样的，与殷人对其四邻方国的征战所虏获的战俘有关。由此也可以推知，西北岗人头坑死者的性别特点也应该和武官村北地的无头祭祀坑死者相同，而第Ⅴ分组头骨也不会例外地应该是一组男性头骨。头骨测量数据也可以支持这一点。如将第Ⅴ分组各项线形测量值和我们测量的殷代中小墓女性组的各项同类测量值相比，除头宽一项外，几乎全都明显大于中小墓女组。这个差异显然反映了两者性别的区别。顺便指出，杨希枚先生报告在370具成年西北岗头骨中有16%(51个)的女性，但据我们上述对西北岗组头骨的性别认识，在这些头骨中可能不会有多到近六分之一的女性。如果能够确信这些人头骨都出自人头祭祀坑，那么这51个头骨应该都是男性。因此，我们认为西北岗的头骨材料本来就是一大组男性头骨。

杨希枚先生对第Ⅴ分组头骨形态特点概括为：

> “本组西北岗头骨的面部较窄(两颧间宽＝131.32，于五组中为最小；上面高指数＝54.25，为五组之冠)。头顶较宽(头宽颧宽指数＝96.02，于五组中为最小)，故就正面及枕面观之，多呈上宽下窄状(Hayrich form)。就顶面观之，额部较窄而后顶部

较宽，故顶面多呈五角或菱形(Pentagonoid or rhomboid)。此外，头周(Circunterence=505.3，Cranial module=151.13)和纵横弧(Sagital transversal arcs)于五组中均为最小，故颅顶范式(Vault module)于五组中也属最小形。总之，这组头骨看来是'小头小脸'的。与第一组比较差异最为明显"[13]。

已经说过，杨先生对第Ⅴ组头骨没有获得较为具体的种系概念。下边，我们依杨希枚先生的头骨测量资料和图片的印象，提出如下的考虑。

首先是第Ⅴ分组比其他分组的面宽更窄的问题，特别比第Ⅰ分组的颧宽小近1厘米，这样明显的差异，很可能说明它们属于不同的形态类型。但第Ⅴ分组的颧宽和史前、现代华北组的相差不大。其上面指数(54.24)则比第Ⅰ分组的(51.91)更高，但比其余分组的差别很小，与第Ⅲ、Ⅳ分组的(53.99，54.77)都很接近。这样的上面型指数属于中面型范围(50.0—54.9)，但很接近狭面型下限(55.0—59.9)，与史前、现代华北组偏宽的狭面型很相近。

其次，第Ⅴ分组的头面宽指数为五个分组中最小，也就是头顶较宽的问题。实际上，第Ⅴ分组的这个指数大约比其余四个分组的小1.08—2.53个单位，但比第Ⅳ分组的仅小1.08个单位，为最小。比史前与现代华北组的则相差更小，是0.08—1.13单位。也就是第Ⅴ分组的这一指数与史前、现代华北人的非常接近。至于枕面观头形有些上宽下窄，顶面前窄后宽较为明显的颅形也并非在华北各组颅骨中绝无仅有的，例如在中小墓头骨中，这样的颅形也是常见的。

第Ⅴ分组的颅周、矢状弧及颅顶范式，总的来讲，都稍小于其他各亚组，也就是颅骨规模比其余分组稍偏小，但和第Ⅲ分组的大致相当。而上述各项数值仍与史前、现代华北组的相应值也是相当接近的。

从杨希枚先生表中各项测量值也不难看到，第Ⅴ分组的多数颅面部测量项目和史前、现代华北组之间是比较接近的。主要的差异在眶部和鼻部测量上，第Ⅴ分组(或全部殷代各组包括中小墓组)的眶宽明显小于史前、现代华北组；鼻高比后者较低，但鼻宽更宽一些，因此第Ⅴ分组具阔鼻倾向。但这个特点除了第Ⅲ分组外，是所有其他分组和中小墓组共有的现象，甚至在仰韶文化的新石器时代居民的头骨上也有普遍的阔鼻倾向。

总之，第Ⅴ分组好像是按某些次要的形态差异，硬行从其他同时代分组，如可能同第Ⅲ、Ⅳ分组的接近关系中分割出来的更小的一个形态组。即便如此，它们在许多体质特征方面与史前、现代华北人头骨有相当的接近，但又有诸如眶宽小，阔鼻倾向等不同于它们的特征。可能，第Ⅴ分组的头骨比较接近现代蒙古人种的东亚类型。这一点下边再讨论。

第Ⅴ分组头骨近40个，占全部五个分组总数的大约四分之一，仅次于第Ⅳ分组。如果注意一下第Ⅳ、Ⅴ两个分组的各项绝对测量项目的数值，可以发现第Ⅳ分组的各项几无例外地比第Ⅴ组的相应值大一些，而在各项颅、面部形态指数上，这两个组更显得十分接近。这种情况使我们更有理由推测这两个分组之间在体质形态上的一致性。杨希枚先生所说的"小头小脸"的第Ⅴ组很可能只是其中头骨规模稍小的一部分。尽管这两个分组在头骨大小上有些差异，在某些次要的形态细节上也可能存在区别，但头骨测量数值表明的颅、面形态类型仍然表现出不可忽视的相似性。从发表的这两组的几幅头骨照片来看，也给人类似的感觉。下边我们仍用平均组差均方根值的计算来试图说明这种推测。

表二　平均组差均方根值的比较

	殷代				史前华北组与现代华北组	史前华北组与殷代中小墓组	现代华北组与殷代中小墓组	殷代Ⅳ组与爱斯基摩东南组	殷代Ⅳ组与爱斯基摩那俄康组	殷代Ⅳ组与爱斯基摩(莫兰特)组
	Ⅳ组与Ⅴ组	Ⅳ组与中小墓组	Ⅴ组与中小墓组	(Ⅳ+Ⅴ)组与中小墓组						
$\sum \frac{d^2}{\sigma^2}$	5.625 3	3.804 3	7.345 7	3.776 1	10.675 1	11.075 1	15.104 7	18.895 1	26.536 4	34.051 8
n	31	31	31	31	32	32	32	21	21	26
$\sqrt{\frac{\sum \frac{d^2}{\sigma^2}}{n}}$	0.43	0.35	0.49	0.35	0.58	0.59	0.69	0.95	1.12	1.14

	殷代Ⅳ组与史前华北组	殷代Ⅳ组与现代华北组	殷代Ⅴ组与史前华北组	殷代Ⅴ组与现代华北组	楚克奇滨河组与驯鹿组	爱斯基摩东南组与那俄康组	布里亚特		
							西部组与东干组	西部组与外贝加尔湖组	东干组与外贝加尔湖组
$\sum \frac{d^2}{\sigma^2}$	11.558 9	13.335 3	15.956 4	12.580 7	1.652 5	3.791 9	3.627 9	16.452 9	3.274 4
n	31	31	31	31	22	22	22	22	22
$\sqrt{\frac{\sum \frac{d^2}{\sigma^2}}{n}}$	0.61	0.66	0.72	0.64	0.27	0.42	0.41	0.69	0.39

注：式中 d 为两组测定值之组差；σ 为标准差，计算时除头高和额宽指数两项标准差借用挪威组外(参考文献[31])，其他三十项皆利用埃及E组的各项标准差(参考文献[28])；n 为测定的项数。爱斯基摩、楚克奇和布里亚特各组的各项测定值选自参考文献[30]。所得函数值越小，两测定组之间关系可能越接近。详细计算方法见参考文献[31]。

从表二和表三的计算结果来看，第Ⅳ、Ⅴ分组之间的数值相当小(0.43)，表示它们之间可以存在很接近的关系，和我们上边的推测是符合的。而引人注意的是第Ⅳ分组分别与现代三个爱斯基摩组之间的值(0.95，1.12 和 1.14)均显著大于第Ⅳ、Ⅴ两组之间的数值，也大于第Ⅳ、Ⅴ两组分别与史前、现代华北各组之间的数值(0.61，0.66；0.64，0.72)。由此可以说明，第Ⅳ分组与爱斯基摩人头骨之间，在颅、面特征上存在相当明显的差异，这和杨希枚先生将第Ⅳ组归类于爱斯基摩类型的头骨并不相符。还应该指出，杨希枚先生对第Ⅳ分组与其他已知种系头骨各组之间所作 31 个项目的种族亲缘系数的比较，也并没有像预期的与爱斯基摩人头骨接近，而竟又是跟美拉尼西亚人和印第安人接近。但杨希枚先生并没有把它们当作美拉尼西亚人种或印第安人类型头骨，仍主张第Ⅳ组与爱斯基摩族类头骨接近，主要的理由便是这组头骨与爱斯基摩族类头骨组之间的角度与指数项目的种族亲缘系数值最小，而对它们之间在绝对测量项目上明显大的系数值未予考虑。但正如我们在讨论第Ⅲ分组头骨的种系时并已说过的，计算种族亲缘系数时用来对照的已知种系头骨的例数过少(最少 2 例，最多也只有 8 例)，计算的结果可能与实际情况不符。我们自然也不会因计算得的系数值小而赞成第Ⅳ组属于美拉尼西亚人或印第安人类型，但有可能说明一点，即用种族亲缘系数测试的结果，正如第Ⅲ分组一样，与杨先生的形态分类同样不一致。而用我们采用的计算方法所得的结果证明，第Ⅳ组与爱斯基摩人头骨的距离很明显。因此，与其说第Ⅳ组头骨与爱斯基摩同类，不如说第Ⅳ组与第Ⅴ组同类，而它们与史前、现代华北组之间的接近程度比它们与爱斯基摩组之间的也明显得多。

从表中数值还可以指出，第Ⅳ分组与殷代中小墓组的数值更小(0.35)，第Ⅴ分组与中小墓组之间的数值稍增大(0.49)。如将Ⅳ、Ⅴ两组合并后计算它们同中小墓组的函数值(0.35)，基本上仍和Ⅳ组单独与中小墓组之间得到的结果相同。这些数值都比Ⅳ、Ⅴ两组分别同史前、现代华北组之间的数值(0.61—0.72)明显更小，换句话说，Ⅳ、Ⅴ两个分组不仅彼此接近，而且和中小墓组也十分接近。这种接近程度甚至超过了它们同史前、现代华北组之间的程度。

为了大致估计第Ⅳ、Ⅴ分组和中小墓组三组间的密切关系，我们利用同样的方法，分别计算了现代楚克奇族、爱斯基摩族和布里亚特族每个族类不同地方颅骨组之间的22个项目的平均组差均方根值。其中以楚克奇两个组之间的数值最小(0.27)，以布里亚特的西部组与外贝加尔湖组之间的最大(0.69)，其余都在这两者之间(0.29—0.69)。而第Ⅳ、Ⅴ分组或Ⅳ、Ⅴ合并组与中小墓组间，以及Ⅳ与Ⅴ两个组之间的同类计算值则在0.35—0.49之间，虽然计算项目多到31项，也没有大过上述同族不同地方组之间的数值。如果用同样项目(只少一项)计算，数值还更小一些(0.30—0.46)。如果这样的计算比较尚可作为一种估计组与组之间近疏关系的一项数量指标的话，那么，按上边的计算结果，如将第Ⅳ、Ⅴ分组与殷代中小墓组确定为同种系同族类的头骨，也并不过分。

三、对祭祀坑第Ⅱ分组为太平洋尼格罗成分的讨论

从杨希枚先生的一些测量和图片资料来看，这个分组可能是由一些具有某些特征与赤道人种(尼格罗-澳大利亚人种)相似的头骨组成，这些特征如长、狭而高的颅型，较低的面，阔鼻等。这些特征是杨先生看重并作为Ⅱ组形态分类的主要依据，也是我们不应该忽视的。但我们还觉得应该补充Ⅱ组头骨上的另一些形态特点。如Ⅱ组的颧骨仍属于大而发达的类型，颧骨高(Malar H.)和宽(Malar B.)分别是44.7和26.56毫米，它们虽稍次于第Ⅰ分组(46.56和27.44)和第Ⅳ分组(45.10和26.86)，但不比现代华北组(45.7和26.2)和史前华北组(44.9和26.2)逊色多少。而步达生测量的高加索组的相应数值(43.4和23.4)则明显更小，特别在宽度上。杨先生测量的美拉尼西亚人的这两项数值(44.33和23.50)也都比第Ⅱ组小，尤其在宽度上小约3毫米！但这或许是选测的美拉尼西亚人头骨只有两例而出现的偶然性。可是豪厄尔斯(W. W. Howells)用同样方法测量的55例美拉尼西亚人Tolai族的颧骨宽甚至更小(22.91)[25]，看来并非偶然情况。第Ⅱ分组的另一个特征是有很大的中面宽(zm-zm)，达到101.44毫米。这个数值虽比一些典型蒙古人种类型小一些，但比一般太平洋种族明显更宽，如豪氏测量的55个美拉尼西亚人的中面宽为97.56毫米，杨希枚先生测量的两例美拉尼西亚头骨只有95.67毫米。第Ⅱ分组头骨的鼻根部低，鼻根指数只有27.91，从图片上还能观察到鼻根凹浅，鼻根水平上的面部扁平度比较大，眉弓弱，犬齿窝浅，上齿槽弓相对短而宽等。据林纯玉的测量，第Ⅱ分组的颅容量和太平洋尼格罗人种颇有差异[14]。又据臧振华的统计，第Ⅱ分组的铲形门齿出现率也颇高于太平洋尼格罗，因此他对第Ⅱ分组头骨的分类提出疑问[19]。依我们的看法，以上一系列第Ⅱ分组的各种特征，综合起来认识，仍应该属于蒙古人种中较为常

表三　头骨测量平均

马丁号	测量项目	殷代各组							史前华北组
		祭祀坑Ⅰ	祭祀坑Ⅱ	祭祀坑Ⅲ	祭祀坑Ⅳ	祭祀坑Ⅴ	祭祀坑Ⅳ＋Ⅴ	中小墓	
1	颅长(g-op)	182.50(30)	182.86(34)	181.50(2)	182.54(50)	180.14(38)	181.50(88)	184.03(36)	181.60(25)
8	颅宽(eu-eu)	144.44(31)	136.90(34)	133.50(2)	139.06(50)	136.76(38)	138.07(88)	140.13(34)	137.00(26)
17	颅高(ba b)	135.10(23)	141.06(25)	138.50(2)	140.12(42)	136.70(31)	138.67(73)	140.32(33)	136.80(26)
21	耳上颅高 (po-v)	115.40(29)	119.78(33)	116.25(2)	118.38(50)	116.60(38)	117.61(88)	117.75(29)	116.40(28)
9	最小额宽(ft-ft)	93.78(28)	92.68(33)	92.25(2)	91.18(50)	89.04(37)	90.27(87)	90.43(38)	92.30(24)
5	颅基底长(ba-n)							102.07(33)	102.10(23)
7	枕大孔长(ba-o)	36.34(26)	35.00(24)	38.50(2)	35.48(39)	35.96(33)	35.70(72)	37.60(23)	35.50(17)
16	枕大孔宽	30.06(23)	30.24(23)	33.75(2)	30.66(38)	29.90(33)	30.31(71)	30.28(24)	29.50(16)
23	颅周长(眉弓上)	518.26(27)	510.42(35)	507.00(2)	512.46(51)	505.30(41)	509.27(92)	516.85(34)	507.00(22)
25	颅矢状弧(arc. n-o)	370.12(25)	379.70(31)	371.25(2)	376.01(46)	370.90(33)	373.88(79)	373.94(22)	375.40(22)
24b	颅横弧(arc. po po)	321.34(28)	320.54(31)	312.75(2)	320.26(52)	316.14(37)	318.55(89)	316.57(23)	310.30(23)
45	颧宽(zy-zy)	141.18(31)	134.52(31)	131.50(2)	135.06(50)	131.32(32)	133.60(82)	133.08(17)	130.70(19)
48	上面高(n-sd)	73.56(24)	71.38(34)	71.00(2)	72.94(50)	72.16(35)	72.62(85)	73.81(28)	34.80(16)
55	鼻高(n-ns)	54.42(26)	51.62(34)	52.75(2)	52.82(51)	52.90(35)	52.85(86)	53.38(32)	55.00(20)
54	鼻宽	27.28(28)	27.68(34)	25.00(2)	26.86(51)	26.50(36)	26.71(87)	26.99(31)	25.60(17)
51	眶宽(mf-ek)右	41.64(30)	40.98(34)	40.50(2)	41.92(51)	40.44(38)	41.29(89)	42.43(31)	45.00(18)
52	眶高　右	33.50(30)	32.14(34)	32.50(2)	33.12(51)	32.76(38)	32.97(89)	33.55(31)	33.80(16)
62	腭长(ol-sta)	45.12(13)	44.82(25)	46.25(2)	44.74(48)	44.62(18)	44.71(66)	44.93(27)	46.50(15)
63	腭宽(enm-nm)	42.08(19)	42.04(26)	43.25(2)	41.40(51)	40.66(26)	41.15(77)	42.82(23)	43.80(13)
72	面角(n-pr-FH)	85.84(21)	83.10(27)	84.00(2)	86.02(49)	83.32(34)	84.91(83)	83.81(26)	84.96(17)
	齿槽点角(n-pr-ba)	69.79(17)	70.65(26)	72.75(2)	71.92(41)	70.78(28)	71.46(69)	72.02(26)	71.67(16)
	鼻根点角(ba-n-pr)	65.94(17)	67.69(26)	66.00(2)	65.17(41)	65.86(28)	65.45(69)	67.07(26)	64.70(16)
8∶1	颅指数	79.15(30)	75.07(34)	73.58(2)	76.35(51)	75.71(38)	76.08(89)	76.50(30)	74.96(25)
17∶1	颅长高指数	74.21(24)	77.11(25)	76.32(2)	76.51(43)	76.31(32)	76.42(75)	76.09(29)	75.65(23)
17∶8	颅宽高指数	93.63(24)	104.13(25)	103.75(2)	101.29(41)	100.23(32)	100.83(73)	99.35(27)	100.45(25)
16∶7	枕大孔指数	82.27(22)	86.55(23)	87.62(2)	85.07(38)	82.11(31)	83.74(69)	81.19(23)	82.45(15)
48∶46	中上面指数	69.97(24)	70.69(30)	70.71(2)	71.77(49)	32.35(29)	71.99(78)	70.56(17)	73.90(11)
54∶55	鼻指数	50.39(25)	54.37(34)	47.40(2)	50.71(51)	50.27(35)	50.53(86)	50.98(31)	47.33(18)
52∶51	眶指数	80.75(30)	78.61(34)	80.24(2)	79.13(51)	81.07(38)	79.96(89)	78.59(29)	75.05(19)
63∶62	腭指数	94.28(13)	92.23(22)	93.88(2)	93.21(47)	88.45(15)	92.06(72)	95.06(19)	94.28(12)
9∶8	额宽指数	64.83(29)	67.95(33)	69.10(2)	65.83(50)	65.13(38)	65.53(88)	64.35(33)	[67.37]
	枕骨指数(Oc.I.)	59.15(19)	59.92(31)	60.59(2)	61.19(43)	60.73(34)	60.99(77)	60.45(24)	61.67(24)

值比较表(男)

长度：毫米　角度：度　指数：%

现代华北组	爱斯基摩			楚克奇		布利亚特			同种系标准差(σ)
	东南	那俄康	(莫兰特)	滨河	驯鹿	西部	东干	外贝加尔湖	
178.50(86)	181.80(89)	183.90(13)	188.20(148)	182.90(28)	184.40(29)	183.60(36)	181.70(37)	181.90(45)	5.73
138.20(86)	140.70(89)	143.00(13)	134.10(146)	142.30(28)	142.10(29)	147.50(36)	150.30(37)	154.60(45)	4.76
137.20(86)	135.00(83)	137.10(11)	140.00(56)	133.80(27)	136.90(28)	135.40(36)	132.60(35)	131.90(44)	5.69
115.50(83)	113.90(89)	116.70(13)		112.10(28)	113.80(30)	115.40(35)	114.50(37)	115.50(44)	4.12
89.40(85)	94.90(89)	98.10(13)	94.90(20)	95.70(28)	94.80(29)	96.50(35)	94.90(37)	95.60(45)	4.05
99.00(86)	102.10(83)	102.50(11)	104.90(39)	102.80(28)	104.00(27)	102.90(36)	102.00(36)	102.70(44)	3.97
35.70(86)			38.10(14)						2.47
30.00(86)			29.10(14)						2.15
502.20(74)			523.40(145)						13.77
370.00(82)			373.70(29)						12.51
317.00(60)			306.00(3)						9.75
132.70(83)	137.50(86)	140.90(13)	136.40(101)	140.80(27)	140.80(26)	143.00(36)	142.60(37)	143.50(45)	4.57
75.30(84)	77.50(86)	78.20(12)	72.40(25)	78.00(28)	78.90(26)	79.10(33)	76.90(31)	77.20(42)	4.15
55.30(86)	54.60(88)	54.70(13)	53.50(33)	55.70(28)	56.10(27)	56.40(36)	55.50(35)	56.10(42)	2.92
25.00(86)	24.40(88)	23.50(13)	23.50(50)	24.60(28)	24.90(27)	26.80(38)	26.60(35)	27.30(42)	1.77
44.00(62)	43.40(89)	44.50(13)	39.80(26)	44.10(28)	43.60(27)	42.90(35)	42.30(37)	42.20(43)	1.67
35.50(74)	35.90(89)	35.90(13)	35.50(35)	36.30(28)	36.90(27)	35.70(35)	35.30(37)	36.20(43)	1.91
45.20(85)			47.00(3)						3.33
40.50(27)			40.30(3)						2.63
83.39(80)	83.80(85)	85.60(12)		83.20(27)	83.10(27)	86.90(33)	88.00(31)	87.70(42)	3.24
69.50(84)	68.20	67.60		68.80	68.30	69.60	70.10	70.60	3.46
64.87(84)	67.00	67.50		66.20	66.80	64.30	64.80	64.20	3.31
77.56(86)	77.60(89)	77.50(13)	71.40(145)	77.90(28)	77.20(29)	80.50(36)	82.70(37)	85.10(45)	2.67
77.02(86)	[74.26]	[74.55]	74.20(55)	[73.15]	[74.24]	[73.75]	[72.98]	[72.51]	2.94
99.53(86)	[95.95]	[95.87]	104.40(40)	[94.03]	[96.34]	[91.80]	[88.22]	[85.32]	4.30
84.45(86)			74.60(14)						5.79
76.98(81)	[78.28]	[77.81]	[74.00]	[75.95]	[77.89]	[75.98]	[76.06]	[75.02]	4.96
45.33(86)	44.80(88)	43.00(13)	42.60(23)	44.70(28)	44.50(27)	47.60(36)	48.20(35)	48.70(42)	3.82
80.66(62)	83.00(89)	80.80(13)	89.40(31)	82.40(28)	84.50(27)	83.30(35)	83.30(37)	86.00(43)	5.05
89.29(56)			[85.74]						6.79
[64.69]	[67.45]	[68.60]	[70.77]	[67.25]	[66.71]	[65.42]	[63.14]	[61.84]	3.29
61.05(82)									3.30

见的性质而异于美拉尼西亚人头骨的特征。

此外,从我国东南沿海和华南一些早晚新石器时代遗址(如浙江余姚河姆渡,福建闽侯昙石山[17],广东佛山河宕[18]和增城金兰寺[11],广西桂林甑皮岩[15])出土的人骨来看,它们都普遍具有类似Ⅱ组的一些与赤道人种相似的形态特征,同时也有一系列可以辨别的蒙古人种性质。它们的这种类似两个人种特点“兼有”的现象,还可以追溯到华南旧石器时代晚期的如柳江人那样的头骨类型上,后者被认为是有某些类似现代尼格罗-澳大利亚人种特征的原始蒙古人种类型[9]。但是,直到目前为止,在已经发掘并采集有人骨的我国南方新石器时代遗址中,还没有发现过类似现代太平洋尼格罗人种的典型头骨标本。而有些遗址的时代大致和中原的商周时期相当。根据这些情况,我们以为第Ⅱ分组头骨中尽管有些特征和太平洋尼格罗人种的某些类型相似,但他们仍应该属于蒙古人种的一个类型,只是他们的蒙古人种形态比亚洲北部的蒙古人种代表弱得多。

我们也补充考察第Ⅱ分组与第Ⅳ、Ⅴ分组,中小墓组,广东河宕组,福建昙石山组以及美拉尼西亚,尼格罗和澳大利亚组之间32个项目的平均组差均方根值的计算结果。计算时,第Ⅱ、Ⅳ、Ⅴ分组,美拉尼西亚组,尼格罗组和澳大利亚组都参照了杨希枚先生的资料。

祭祀坑第Ⅱ分组——祭祀坑第Ⅳ分组……………………0.42
祭祀坑第Ⅱ分组——祭祀坑第Ⅴ分组……………………0.56
祭祀坑第Ⅱ分组——殷代中小墓组………………………0.50
祭祀坑第Ⅱ分组——河宕新石器晚期组…………………0.53
祭祀坑第Ⅱ分组——昙石山新石器晚期组………………0.87
祭祀坑第Ⅱ分组——美拉尼西亚组………………………1.27
祭祀坑第Ⅱ分组——尼格罗组……………………………1.63
祭祀坑第Ⅱ分组——澳大利亚组…………………………1.42

这个计算结果,第Ⅱ组与Ⅳ、Ⅴ分组,中小墓组,河宕组之间的数值都比较小,其中和第Ⅳ分组的最小,和昙石山组的较大,但都比第Ⅱ分组与尼格罗-澳大利亚人种三个组之间的数值明显小得多。这说明,第Ⅱ分组与前五个组之间在种系上应该有更密切的关系,而和太平洋尼格罗人种类型疏远,第Ⅱ分组为太平洋尼格罗人种的可能性不大。相反,它们和华南新石器晚期组的接近是值得注意的。但是第Ⅱ分组与Ⅳ、Ⅴ分组和中小墓组同时表现出相当接近的关系,这是否也暗示第Ⅱ分组与这些组应该属于相同体质类型呢?如果我们单依少数第Ⅱ、Ⅳ和Ⅴ分组的代表性头骨照片来看,似乎还不能不加分析地轻易下这样的断语,因为从这些照片上显示的第Ⅱ分组与第Ⅳ、Ⅴ分组之间的形态差异还是相当明显的,如第Ⅱ分组头骨是长狭而高的类型,鼻孔很宽,面高较低,齿槽突颌很明显,眶形偏低,鼻骨宽而低平等。第Ⅱ分组的几十个头骨是否都具有这些综合的形态一致性呢?其中有没有类似第Ⅳ、Ⅴ分组的体质成分呢?或者反过来说,第Ⅳ、Ⅴ分组中会不会也包含有同第Ⅱ分组相似的类型呢?否则何以在第Ⅱ与第Ⅳ、Ⅴ分组之间也出现量的接近关系呢?尽管这些都可能有待考虑的问题,不过有一点是比较清楚的,就是我们对祭祀坑各形态组之间所作的定量考察,表明它们之间并没有特别绝然分明的距离。这一点也可说明,祭祀坑各组种系上的单元性质,也就是它们之间的形态差异不会超过两个人种主干之间的差异水平。因此，我们认为第Ⅱ分组属于蒙古人种的可能性比属于太平洋尼格罗人种的可能性明显大得多。

四、祭祀坑各分组与现代亚洲蒙古人种各类型的比较

我们还可以用另一种表达方式考察祭祀坑第Ⅰ—Ⅴ分组的体质类型，就是选用16项颅、面测量项目的平均值分别考察它们在亚洲蒙古人种不同地区类型变异范围内波动的情况。亚洲蒙古人种各地区类型的各项界值取自切博克萨罗夫（H. H. Чебоксаров）文表七[32]，并把它们制成图解的形式表示（图一至五）。从这些图中可以看到的大致情况是：

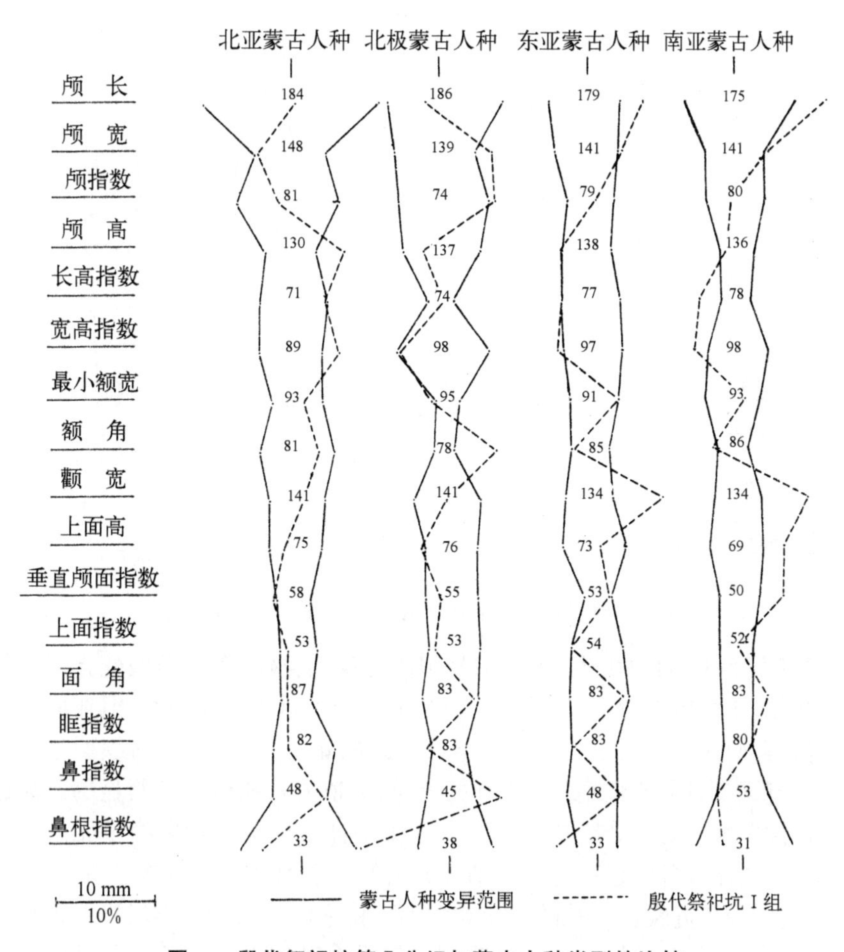

图一　殷代祭祀坑第Ⅰ分组与蒙古人种类型的比较

（一）祭祀坑第Ⅰ分组除了颅高偏高并影响到宽高指数外，其余各项基本上和西伯利亚（北亚）蒙古人种类型趋于一致（图一）。相比之下，第Ⅰ分组各项中，偏离其他三个蒙古人种类型的项目多一些，特别是南亚和北极蒙古人种类型。因此，Ⅰ分组的主要成分可能是接近北亚蒙古人种的类型。这和杨希枚先生把第Ⅰ分组头骨归类为典型蒙古人种类型是符合的。

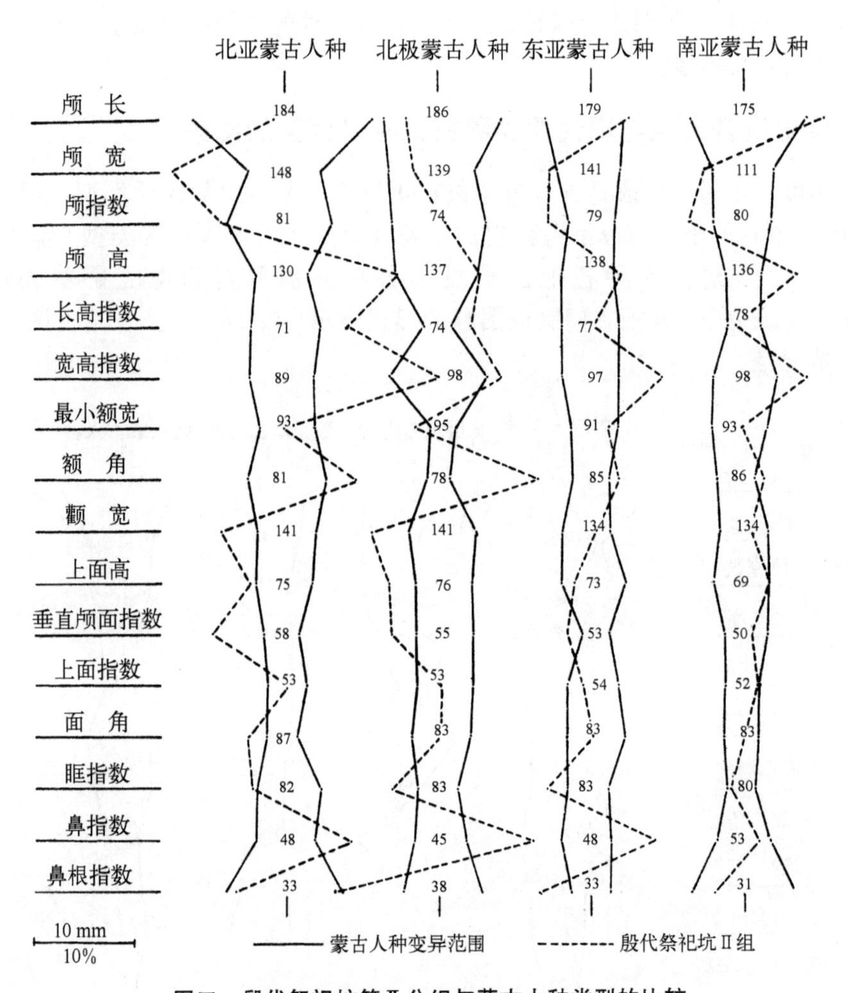

图二　殷代祭祀坑第Ⅱ分组与蒙古人种类型的比较

（二）祭祀坑第Ⅱ分组的颅面测量项目偏离北亚，北极和东亚类型变异范围的较多而明显。如放到南亚类型中考察，尽管颅形测量的多数项目也明显偏离，但在面部各项测量上基本与南亚类型一致(图二)。这说明第Ⅱ分组的相对长、高而狭的颅型与现代南亚较短、宽的颅型有区别，同时在面部一些特征上，与赤道人种相似也是明显的。从这里也可以看出，杨希枚先生把第Ⅱ分组从形态上分为太平洋尼格罗人种类型不无道理。但正如我们在前文中分析的那样，还不能忽视第Ⅱ分组的一系列蒙古人种形态特征。因此，我们仍把第Ⅱ分组作为接近蒙古人种的南亚类型而不将它们归入太平洋尼格罗人种。而它们在颅型上与南亚类型的差异，也正好是我国东南沿海和华南一些新石器时代晚期头骨同现代南亚类型之间的差异。

（三）祭祀坑第Ⅲ分组偏离北亚和北极类型变异范围的项目比较多，偏离东亚和南亚范围的项目相对少一些。偏离东亚类型比较明显的是颅宽以及同颅宽有关的颅指数和宽高指数；面部主要是有较高的鼻根。偏离南亚类型的情况也在颅型和鼻根上，此外还有鼻指数和颅高(图三)。可能，第Ⅲ分组的两个头骨是头形和鼻根形态比较极端，但其他一般体质特征仍和东亚类型接近。

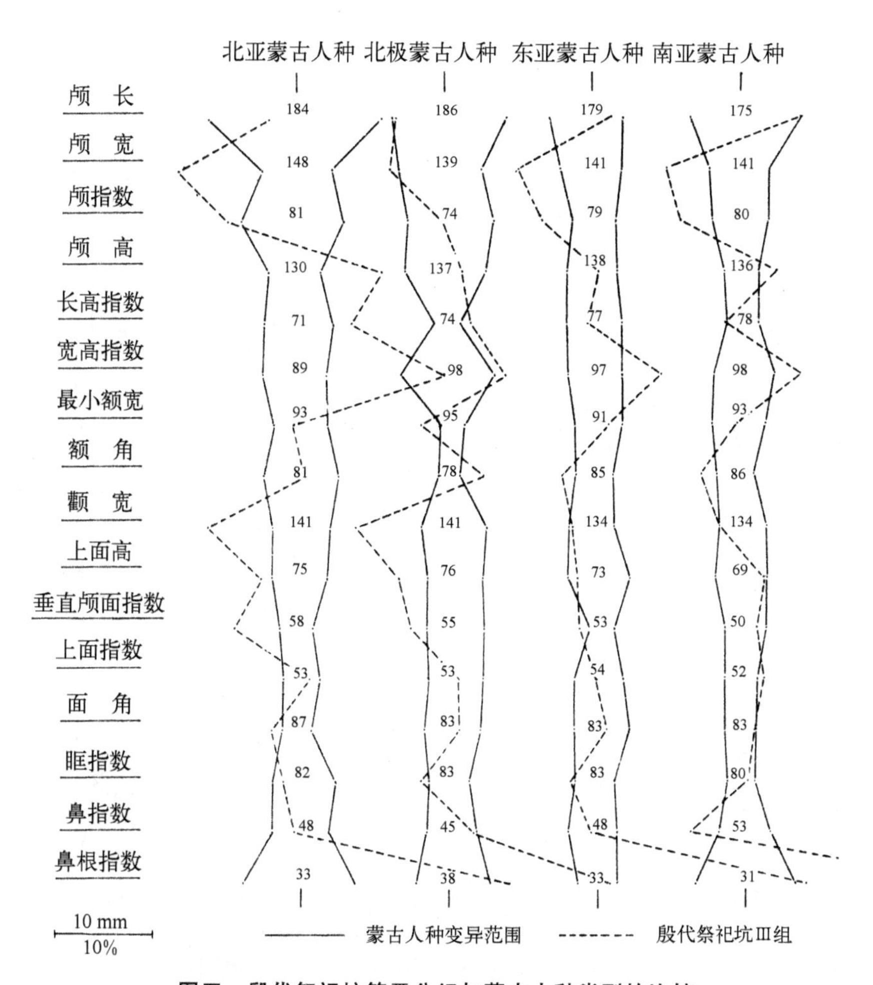

图三 殷代祭祀坑第Ⅲ分组与蒙古人种类型的比较

（四）祭祀坑第Ⅳ、Ⅴ两个分组的各项测定值偏离蒙古人种东亚类型变异界值的最少，而第Ⅴ分组甚至比第Ⅳ分组更和东亚类型一致。而这两个组偏离北亚和北极类型的项目显然更多，偏离南亚类型的程度又比较小一些（图四、五）。应该指出，切博克萨罗夫的北极蒙古人种的各项界值是由八组爱斯基摩和四组楚克奇人头骨的测量值组成的，但是被杨希枚先生认为是爱斯基摩人类型的第Ⅳ分组的多数面部特征明显偏离北极蒙古人种的各项界值。这又说明，第Ⅳ分组的基本成分不像是极区爱斯基摩类型，相反，Ⅳ组以及Ⅴ组应该属于东亚类型。这和我们前边对Ⅳ、Ⅴ两组的定量分析是一致的。

总之，用这种图解方法考察祭祀坑五个形态组的结果，除了第Ⅲ分组可能由于颅形和鼻根形态的变异比较极端而不太理想外，其余四个分组的表现和我们前边对它们的定量分析和测量值的比较基本上是符合的。因此，我们现在对殷代祭祀坑人骨中可能包括的体质类型的认识是，第Ⅰ分组可能就是由类似现代北亚蒙古人种类型的头骨组成，或者说主要成分即是如此。因为对它们的形态分类和头骨的生物测量分析基本一致。杨希枚先生对第Ⅱ分组的形态分类依据，我们也很重视，因为在这组头骨中，至少有一部分反映出某些类似现代赤道人种的形态特点。但鉴于对该组头骨所作的生物测量分析和形态分类

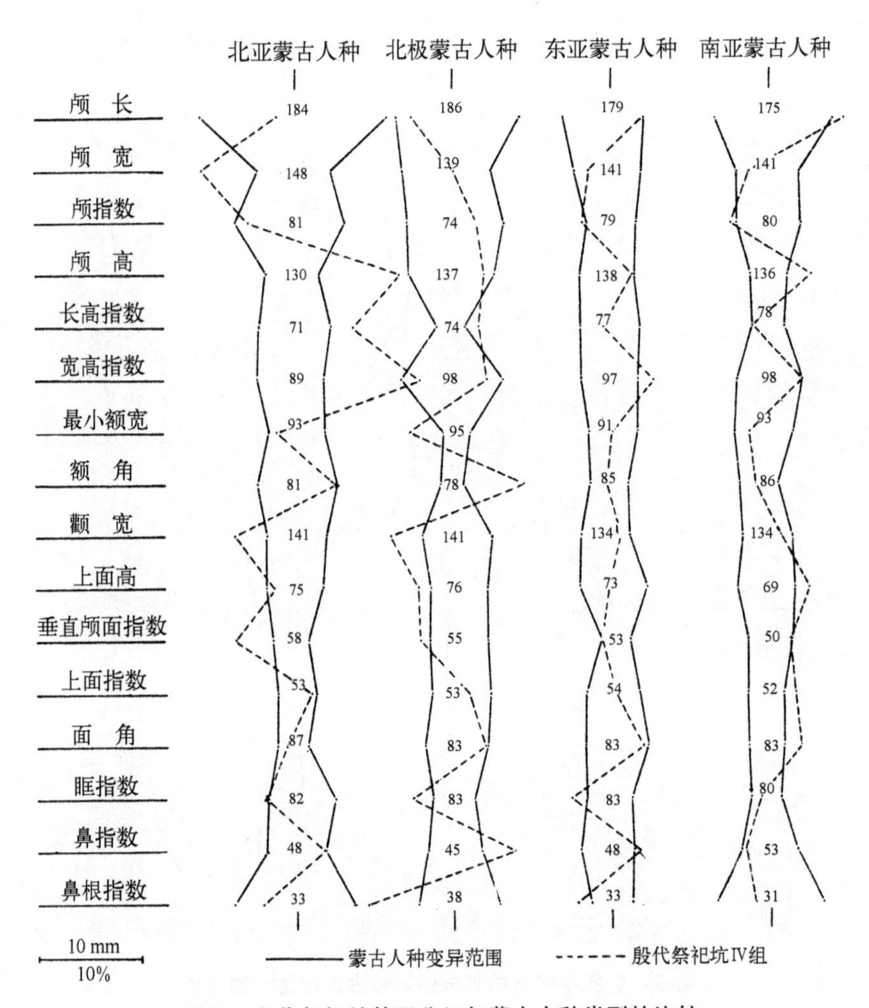

图四 殷代祭祀坑第Ⅳ分组与蒙古人种类型的比较

不很符合，特别是以我们采用的比较方法，这组头骨与太平洋尼格罗人种的头骨差异比较大，另一方面，我们觉得这组头骨仍具有一系列比较明确的蒙古人种的形态特点，因此，第Ⅱ分组为蒙古人种南方变体的可能性更大。第Ⅲ分组虽只有两个头骨，按我们的比较，还不能忽视它们基本的东方蒙古人种性质，特别是它们和我国西北的史前华北人和现代华北人的头骨有许多相接近的特征。我们做的定量比较也表明，第Ⅲ分组接近第Ⅳ、Ⅴ分组的程度明显大于它们同西方高加索组的程度，这便意味着第Ⅲ分组头骨与第Ⅳ、Ⅴ分组仍具有接近的体质类型，它们属于高加索人种的可能性不大。第Ⅳ、Ⅴ分组实际上很像是后者因头骨偏小而分割出来的，我们的计算比较证明，它们应该属于相同的体质类型。第Ⅳ分组定为爱斯基摩类型的可能性也很小，相反，第Ⅳ、Ⅴ分组与蒙古人种东亚类型的一致性相当明显，第Ⅲ分组的两个头骨也可以和它们同类型。

五、殷代中小墓人骨的种系类型

所谓中小墓人骨是解放以后在安阳殷墟遗址范围内，陆续从殷代中小型单人墓葬中

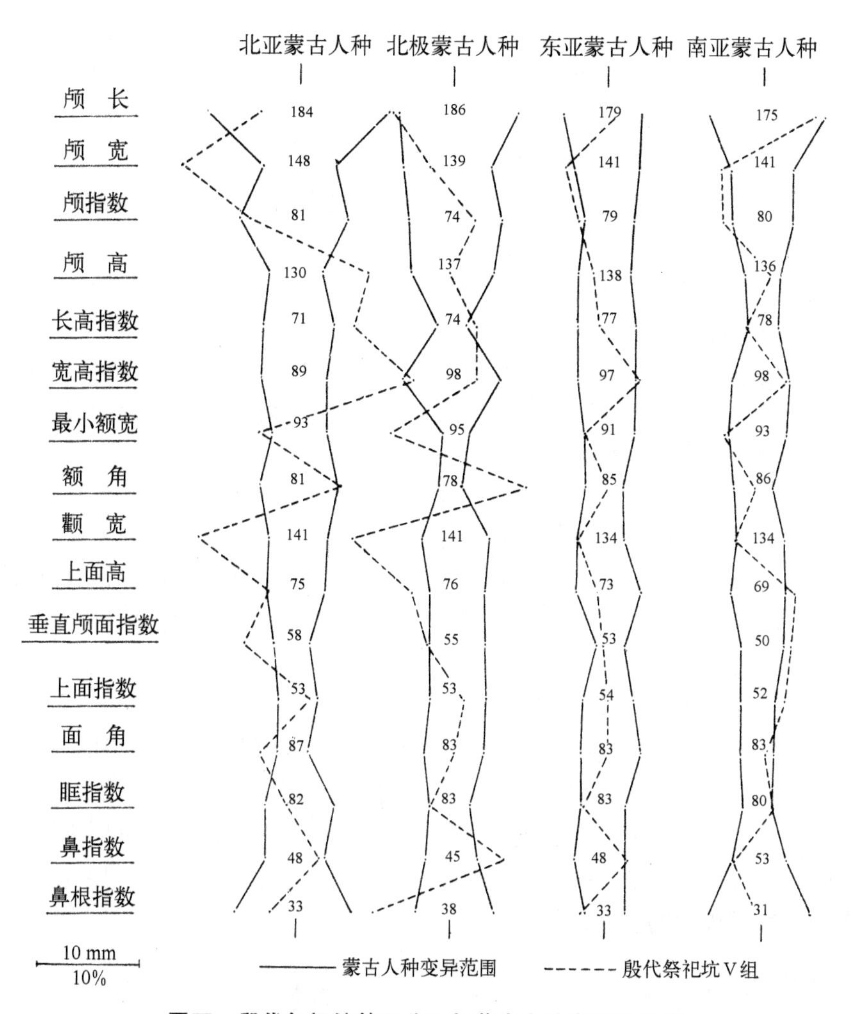

图五　殷代祭祀坑第Ⅴ分组与蒙古人种类型的比较

出土的一组人骨。它们距殷王陵墓葬区较远，大多有葬具，深埋，有的有少量或一定数量的器物，也有动物随葬，有少数还有殉人和铜器，还有不少是既无葬具也无器物。墓中人骨保存质量很差，尤其有葬具的人骨更为腐朽，因此能够采集供研究用的人骨材料只有很少一部分，而且大多只注意了采集头骨部分。可是从埋葬的情况来说，中小墓主人的社会身份与前述祭祀坑的牺牲者不完全相同，他们大多属于殷代自由民（或叫平民），有一定的人身自由，而与被虏战俘或沦为奴隶者有区别，其中有较多器物和殉人陪葬的很可能在社会地位上比一般自由民更接近殷王族的统治阶层，或本身就是其中的一员。

杨希枚先生对殷代祭祀坑人头骨的研究，有助于了解被俘牺牲者的不同来源，大致和史载殷人与其四周的方国部落的不断征战史实相联系。但从这些材料又难以了解殷商民族本身的体质类型，即使在这些材料中混有代表殷民族体型的，也无法加以辨别。而这个问题又是史学家们更感兴趣的。从这个意义上，殷代中小墓人骨的研究可以补充祭祀坑人骨研究的不足，有助于了解殷民族的体质类型问题。不过对殷代中小墓人骨的研究，过去只发表过牙齿方面的观察报告，其中只简单提到有高频率的铲形门齿为蒙古人种特征和下第二臼齿多见五尖型的类似现代中国人的牙齿[4、5]。

关于中小墓人骨的研究可参见正式报告。我们这里仅指出几项初步的结果：

（一）从中小墓头骨种系变异度的估计，我们以为在头骨的形态变异方面，没有明显超出异种系（不同大人种）的水平，而比祭祀坑头骨的成分要相对单纯一些。

（二）在主要的颅骨测量项目上，中小墓组与祭祀坑组的差别很小，这很可能说明在这两个组中相同或彼此比较接近的体质类型成分占优势。

（三）与现代亚洲蒙古人种各类型比较，中小墓组的体质与现代东亚类型比较接近，与北亚和极区类型比较疏远。

（四）在中小墓头骨中，有少数几个似有某些同蒙古人种北方类型相似的特征，如很宽的颧面宽度，较低的颅高。而这几个墓中，随葬器物大多比较多，如青铜或铅制器物等，墓葬形制也较大，往往有棺、椁。

（五）总的来讲，在一系列测量项目上，中小墓组与甘肃史前人的头骨也较为接近，但中小墓的阔鼻倾向与甘肃史前人的狭鼻性质有些不同。

如果以上对中小墓头骨的种系分析没有大的错误，那么我们似可以说，以中小墓为代表的殷代自由民的体质接近现代蒙古人种的东亚类型，其中的少数或可能有某些类似北亚特征的混合。由于后者大多有青铜器或铅器等陪葬物，他们是否反映了殷商民族祖先类型的体质或者就是殷代统治阶级的体质类型，是值得注意的一件事。

前边已经分析过，祭祀坑头骨中的第Ⅳ、Ⅴ分组也可能包括第Ⅲ分组的体质类型本质上是相同的，而且它们和中小墓组的头骨也是很接近的。因此，这些组的主要成分应该是同种系的，它们在体质上都与现代蒙古人种的东亚种系接近。由此也可以推知，即便在祭祀坑人骨中，也是接近东亚种系的成分占多数。这也是为什么中小墓和祭祀坑组在许多测量上表现出那样接近的主要原因。

六、结束语

最后，归纳我们对殷代人种系成分的看法便是殷代祭祀坑头骨并不是由三个或两个大人种成分组成的，实际上更为可能是由蒙古人种主干下的类似现代东亚、北亚和南亚种系组成的一大组头骨，其中仍以接近东亚类型的占多数。体质上这种多种类型，可以用殷人同四邻方国部落的征战中，虏获了不同方向来的异族战俘来解释。殷人要征伐邻族，首先要征服最紧邻的民族，他们在体质上显然应该相同。这可能就是祭祀坑人骨中，仍以东亚类型占多数的主要原因。

根据史籍记载，殷商王国常与其周邻方国打仗，将虏获的战俘转为奴隶，并把一部分战俘作为祭祀祖宗和神灵的牺牲。在祭祀坑头骨中存在体质差异颇大的形态类型，可以解释殷人虏获不同来源的异族战俘和奴隶。特别是盘庚迁殷不久的武丁时期，为了进一步扩大殷王朝统治的势力范围，曾四方用兵。用兵的重点主要是西北方面的吾方、土方和鬼方。吾方和土方是居住在今山西、陕西北部直到内蒙河套以北的游牧部落。武丁征伐土方和吾方，每次征发兵力三—五千人。鬼方距商朝更远，也是活动在今陕西北部，内蒙及其以北的一支强大的游牧部落。武丁调动兵力伐鬼方，花了三年时间才取得胜利。他为了掠夺财富和奴隶，对西北的𢀛方大举用兵，征调兵力有一次竟达一万三千人。商朝在南方的敌人较弱,“挞彼殷武,奋伐荆楚”,反映了武丁时期商朝势力曾扩大到长江以南地区。武丁还征伐过缶、蜀、戋方、湔方、基方以及江淮流域的虎方等等[16]。武丁征服了从商西北直到南方的广大地区,成为殷商王朝的极盛时期。在殷墟王陵区发现的庞大祭祀坑群,从一个侧面反映了殷商武功的鼎盛景象。因此,在祭祀坑人骨中出现蒙古人种的不同类型是完全可能的,它暗示这些头骨中的大部分可能就属于来自不同方国的异族战俘。

以中小墓为代表的殷代自由民的体质,主要是接近现代东亚蒙古人种的类型,其中少数可能存在某些类似北亚特征的混合。总之,无论中小墓还是祭祀坑人骨,两者都以接近蒙古人种主干的东亚成分居多。此外,它们和西北方向的史前华北人种之间的接近程度大于它们同现代华北人之间的接近程度。根据这些见解,我们认为殷商民族在体质上仍然是单元(蒙古人种)多类型而非多元(蒙古人种、尼格罗人种和高加索人种)的族类。

殷代祭祀坑和中小墓人骨的体质人类学研究虽然在解决史学家们所关心的殷代民族的人种问题上取得了重要资料,但还不能据此最后确定殷王族祖先的体质究竟接近北亚类型还是东亚类型的问题。解决这个问题的最好办法是注意采集殷王族大型墓主人的骨骸,并重视收集殷墟以外商代早期人的遗骨进行研究。这是考古工作者和人类学工作者共同的任务。希望在不久的将来能够完成它。

参考文献

[1] 马得志、周永珍、张云鹏:《一九五三年安阳大司空村发掘报告》,《考古学报》第九册 25—79 页,1955 年。

[2] 中国社会科学院考古研究所安阳工作队:《1969—1977 年殷墟西区墓葬发掘报告》,《考古学报》1979 年第 1 期 27—114 页。

[3] 中国科学院考古研究所体质人类学组:《安阳殷代祭祀坑人骨的性别年龄鉴定》,《考古》1977 年第 3 期 210—214 页。(见本论集)

[4] 毛燮均、颜誾:《安阳辉县殷代人牙的研究报告》,《古脊椎动物与古人类》1959 年 1 卷 2 期 81—85 页。(见本论集)

[5] 毛燮均、颜誾:《安阳辉县殷代人牙的研究报告(续)》,《古脊椎动物与古人类》1959 年 1 卷 4 期 165—172 页。(见本论集)

[6] 李济:《安阳侯家庄商代颅骨的某些测量特征(英文)》,《中央研究院院刊》第 1 辑 549—558 页,1954 年。(见本论集)

[7] 吴定良:《殷代与近代颅骨容量之计算公式》,《人类学专刊》第 2 卷 1—2 期,1941 年。

[8] 吴定良:《南京北阴阳营新石器时代晚期人类遗骸(下颌骨)的研究》,《古脊椎动物与古人类》1961 年 3 卷 1 期 49—54 页。

[9] 吴汝康:《广西柳江发现的人类化石》,《古脊椎动物与古人类》1959 年 1 卷 3 期 97—104 页。

[10] 吴新智:《周口店山顶洞人化石的研究》,《古脊椎动物与古人类》1961 年 3 卷 3 期 181—203 页。

[11] 吴新智:《广东增城金兰寺遗址新石器时代人类头骨》,《古脊椎动物与古人类》1978 年第 1 期 201—204 页。

[12] 杨希枚:《河南殷墟头骨的测量和形态观察(英文)》,《中国东亚学术研究计划委员会年报》1966 年第 5 期 1—13 页。

[13] 杨希枚:《河南安阳殷墟墓葬中人体骨骼的整理和研究》,《历史语言研究所集刊》第 42 本第 2 分册

231—266 页,1970 年。(见本论集)

[14] 林纯玉:《河南安阳殷墟头骨脑容量的研究》,《考古人类学刊》第 33—34 期合刊 39—55 页,1973 年。(见本论集)

[15] 张银运、王令红、董兴仁:《广西桂林甑皮岩新石器时代遗址的人类头骨》,《古脊椎动物与古人类》1977 年第 1 期 4—13 页。

[16] 郭沫若:《中国史稿》,人民出版社,1977 年。

[17] 韩康信、张振标、曾凡:《闽侯昙石山遗址的人骨》,《考古学报》1976 年第 1 期 121—129 页。

[18] 韩康信、潘其风:《广东佛山河宕新石器时代晚期墓葬人骨》,《人类学学报》1982 年第 1 期 42—52 页。

[19] 臧振华:《安阳殷墟头骨箕形门齿的研究》,《考古人类学刊》第 35—36 期合刊 69—81 页,1974 年。(见本论集)

[20] Black, D., 1925: A note on physical characters of the prehistoric Kansu race. *Mem. Geolog. Surv. China, Ser.* A, No. 5, pp. 52 - 56.

[21] Black, D., 1928: A study of Kansu and Honan Aeneolithic skulls and specimens from later Kansu prehistoric sites in comparison with North China and other recent crania. *Palaeont. Sin.*, Ser. D, Vol. 6, No. 1, pp. 1 - 83.

[22] Coon, C. S., 1954: The story of man. New York, Alfred A. Knopf.

[23] Coon, C. S., 1958: An anthropogeographic excursion around the world. *Human Biology*, Vol. 30, pp. 29 - 42.

[24] Coon, C. S., 1965: Living races of man. New York, Alfred A. Knopf.

[25] Howells, W. W., 1973: Cranial variation in man. Peabody Museum of Archaeology and Ethnology, Harvard University, Cambridge, Massachusetts.

[26] Hsia Nai, 1952: New Archaeology discoveries. *China Reconstructs*, No. 4, pp. 13 - 18, Peking.

[27] Li Chi, 1977: Anyang. University of Washington press, Seattle.

[28] Morant, G. M., 1923: A first study of the Tibetan skull. *Biometrika*, Vol. 14, No. 3 - 4, pp. 193 - 260.

[29] Weidenreich, F., 1939. On the earliest representatives of modern mankind recovered on the soil of East Asia. Pek. Nat Bull., Vol. 13, No. 3, pp. 161 - 174.

[30] Дебец, Г. Ф., 1951: Антропологические исследования в Камчатской областм. *Труды Института Этнографии*, Том. XVII, стр. 176 - 221.

[31] Рогинскии, Я. Я. и Левин, М. Г., 1955: Основы Антропологии. Изд. Московского Университета, стр. 339 - 341.

[32] Чебоксаров, Н. Н., 1947: Основые направления расовой диференции в Восточной Азии. *Труды Института Этнографии*, Том. II, стр. 24 - 83.

藏族体质人类学特征及其种族源

藏族是我国众多民族大家庭中的重要成员。据1978年的统计，人口约345万，分布在西藏、青海、四川、甘肃、云南等几个省区，其中主要聚居西藏高原。藏族文化也是中国众多民族文化中高度发展和古老而具有鲜明民族风格的一支，是中华民族文化的重要组成部分。对它的研究，从很早就形成了专门的领域，即"藏学"研究。在有关藏族民族史的研究中，有许多讨论藏族起源问题，并一向存在诸多见解。据有些学者的归纳，大致有如下几种：

(一) 藏族起源"氐羌说"

此说系据汉文史籍，如《史记·五帝本纪》说，"黄帝二十五子，其得姓者十四人……其一曰玄嚣，是为青阳，青阳降居江水；其二曰昌意，降居若水"，意指从很古的时候，西北的氐羌系居民中便有向西藏高原的雅砻江、岷江流域迁徙。又据《旧唐书·吐蕃传》记述，"吐蕃，在长安之西八千里，本汉西羌之地也。其种落莫知所出也，或云南凉秃发利鹿孤之后也。利鹿孤有子曰樊尼，及利鹿孤卒，樊尼尚幼，弟傉檀嗣位，以樊尼为安西将军，后魏神瑞元年，傉檀为西秦乞佛炽盘所灭，樊尼招集余众，以投沮渠蒙逊，蒙逊以为临松太守。及蒙逊灭，樊尼乃率众西奔，济黄河，逾积石，于羌中建国，开地八千里。樊语讹谓之'吐蕃'"。又《新唐书》也指称"吐蕃本西羌属，盖百有五十种，散处河、湟、江、岷间，有发羌、唐旄等，然未始与中国通，居析友水西。祖曰鹘提勃悉野，健武多智，稍并诸羌，据其地。蕃发生近，古其子孙曰吐蕃而姓勃窣野"。这些记述说明，古代藏族(吐蕃)起源于西羌，后者有一百余部族散居在河、湟、江、岷之间。而其中的"发羌"、"唐旄"等早在公元一世纪前后即居住在青藏高原上。

(二) 藏族起源"印度说"

依此说，藏族来源于印度，有人称为"南来说"。如据《殊胜神降赞注释》记载，一个叫如巴底的印度国王率领一支军队作战失败，穿上妇女服装逃往雪山中，后繁衍发展为今天的藏族。同样的内容在《布敦佛教史》中也有记述。对此说，学者中意见不尽相同，如林惠祥认为"吐蕃为印度移入者，然其实系指建立吐蕃国之王室而非指其人民，不能谓其人民皆由印度移来……"[1]有的学者则认为此说是藏族僧人从宗教立场出发，把传说中的吐蕃王室的始祖聂赤赞布和佛教创始人释迦牟尼拉上了关系，都是印度王子[2]。有的藏族学者也认为印度王之说是宗教的臆想而不可取[3][4]。

(三) 藏族起源"神猴说"

此说是藏族中带有鲜明神话传说色彩的民族溯源意识。按此说，藏地原在藏曲即藏河之水底，后经菩萨划分喜马拉雅山，河水退流，藏地出现，菩萨化为猴而生人。此说最初出现于《王窗柱浩》，在《松赞干布遗教》中也有记载，认为藏族是菩萨猕猴与罗刹女结亲繁衍而成。对于此说的理解，学者中也不尽如一，如有的持传统观念的藏族学者以为《松赞干布遗教》是国王松赞干布时期的文化，因而可以置信。有的藏族学者甚至指出，如果剥去此种传说的宗教外衣，是藏族祖先在千百年前便作出了与现代人类起源研究大致相符的设想，是藏族祖先无尽智慧的表现[5]。

(四) 藏族起源“土著说”

此说与神猴土著说的不同在于以近代考古发现为根据，推断从旧石器时代晚期或中、新石器时代便有藏族先民生活于西藏高原。如 1966 年在聂拉木发现了细石器，被认为是中石器时代或稍晚的遗存[6]。1975 年在林芝还发现了可能为新石器时代的遗存[7]。特别是近年在昌都地区卡若遗址进行的有组织考古发掘证明，早在四五千年前就已经存在藏族祖先文化[8]。也有报告在定日、申扎双湖等地也发现有旧石器和新石器[9][10]。现在有许多汉、藏族学者大多赞成此说，其中也有以此说的考古材料证明“神猴说”土著说的合理性。

在以上诸种起源说中，一般汉族学者似更多引用汉文记载的文献，而藏族学者中则更偏重本民族文书的记载。然而，随着西藏境内考古材料的发现，又转向以考古资料为基础来证明藏族的古老历史。例如有的学者依西藏境内发现的新石器时代文化内涵与西北地区古文化之间的联系，同时又注重本地区文化特点来改善以往纯文献的“藏即羌”移入说[8]。又如从纯粹宗教色彩的土著说改变为以考古文物材料来加强藏族土著起源之说。[4][5]。这些无疑使藏族起源问题的讨论进一步深化。遗憾的是迄今为止，在西藏境内进行系统考古发掘者依然极少，除了前边提到的卡若新石器时代遗存外，其他可能或为中石器或为新石器乃至旧石器时代的遗物多缺乏可靠的地层断代证据。因而依考古资料深化藏族文化及其族源的研究还需要做许多工作。另一方面，某种程度上也许更为重要的是依靠古代种族人类学的研究与现代藏族体质资料的比较来讨论藏种族起源问题。如文献记述藏族祖先源于我国西北的关系，有没有体质人类学的证据？现代藏种族具有何种体质特征？西藏境内种族类型是单一型还是异型？其中有无外来人种影响？这一系列问题虽纯属体质人类学的研究，但对综合分析和讨论藏种族起源无疑是另一个重要的方面。

藏族体质特征之调查，早在二十世纪初便有报道，苏联学者 H. H. 切博克萨罗夫(1982)最近曾综述了这些早期人类学资料[11]。如 W. 特纳(1906、1907、1914)曾据颅骨学的研究，指出藏族是由两个基本人种类型互相影响和混杂而形成，即一种是身材更高一些，长颅型，面部特点较纤细，称为“武士型”；另一种身材矮一些，短颅型，比较粗壮，称为“祭司型”[12][13][14]。又据英国学者 G. M. 莫兰特(1923、1924)对现代藏族头骨的测量分析，基本上支持了特纳的推测，认为在西藏人头骨中，很容易至少划分出地理和形态学上彼此有明显区别的两个类型，即第一个类型(莫兰特称为卡姆型或藏族 B 型)大多来自与云南和四川直接毗连的西藏东部昌都地区，这些头骨一般比较粗壮，头骨测量尺寸比较大，中长颅型，面部高而较宽，也较扁平，眼眶较高而圆，鼻突起弱，鼻形较狭，有突颌倾向[15]。莫兰特在他第二篇专门研究藏族头骨的报告中，曾着重指出过藏族 B 型头骨的形态同日本学者小金井测量的汉人头骨(山东和东北南部地区)较相近[16]。但后来又得出了B型头骨具有同东亚人种相隔离的地位而与楚克奇人头骨比较接近的结论(吴定良、莫兰特,1932)[17]。此后,吴定良和莫兰特(1934)在研究面部扁平度的论文里,B型头骨的面部水平突度同东亚和南亚蒙古人种的头骨比较接近(如中国汉人、日本人、印度尼西亚人、那加人和缅甸人等)[18]。

莫兰特划分的第二个颅骨学类型称为藏族A型,这些头骨主要来自与尼泊尔、锡金接近的南藏地区。莫兰特认为这些头骨与其同族B型头骨有明显区别,即与B型相比,A型头骨在主要直径(长、宽、高)上更小,颅型更短,面形明显更低而狭,在一般的形态特点和许多测量值方面,与M. L. 蒂尔德斯利(1921)研究过的缅甸B型可能来自卡伦尼的混杂头骨[19]及某种程度上也同E. 基特森和莫兰特(1933)研究的那加人头骨比较相似[20]。在有些人类学文献中,如A. C. 哈登(1924),把藏族A型头骨视同短颅马来人种[21]。

在苏联人类学者中,如q. q. 罗京斯基和M. P. 列文(1955)认为藏族的体质特征一般地比较接近华北人,其中存在两个基本的变种:一是长颅型,限于东部卡姆地区;另一是具有南亚人种特点,分布在西藏南部地区[22]。这基本上就是前述莫兰特的看法。H. H. 切博克萨罗夫(1982)则认为莫兰特的东藏卡姆类型在亚洲人种中占有特殊的地位,指出在许多测量特征上,东藏类型处在华北人和类似贝加尔湖地区埃文克人那样的典型大陆蒙古人种之间的过渡地位。然而,埃文克人和东藏居民之间的地域隔离,不大可能说明两者之间存在相同的种族成分,同时也不大可能将卡姆类型同现代华北人全然等量齐观,而是把卡姆类型看成可能是同华北类型有区别的特殊东亚人种变种,如卡姆类型有些趋向接近粗壮的北亚低颅蒙古人种类型[11]。Γ. Φ. 吉拜茨(1951、1958)也不止一次作过类似的假设,指出卡姆藏族类似爱斯基摩人那样,保存了太平洋蒙古人种古老的综合形态特点[23][24]。B. Π. 阿历克塞夫也指出藏族人多少呈现出原始蒙古人种的综合特征。他和O. B. 特罗布尼科夫(1984)采用多变数分析方法研究亚洲蒙古人种头骨测量资料的分类和系统关系时也获得了卡姆藏族类型在亚洲蒙古人种中具有特殊地位而保存有不十分分化的综合形态特征[25]。

对于南藏类型(即A型),罗京斯基(1955)认为一般地与南亚蒙古人种接近[22]。切博克萨罗夫(1982)则认为哈登(1924)把藏族A型头骨视同短颅马来人种未必合适,因为南藏类型有更小的颅指数,更弱的突颌,相对更为狭长的鼻形等,而这类成分在中国西南部可以观察到,如在该地区的汉族中,尤其在彝族中。值得注意的是在紧邻西藏西部的尼泊尔人中,长头、低面蒙古人种占优势,他们同那加人,部分地也同缅甸B型和藏族A型相似。尤其在颅宽、面部测量,鼻和眶指数方面,藏族A型占有尼泊尔人和东藏卡姆类型头骨之间的过渡地位[11]。

除了以上诸学者的颅骨学资料外,还有一些活体调查可供分析。如J. 巴科特(1908)[26]、F. 德莱尔(1908)[27]和H. 里斯利(1915)[28]等对西藏东部、南部及邻近的尼泊尔、锡金等地区发表过部分的人类学资料。按他们的考察,藏族身高不尽一致(156—167厘米),肤色浅,具有直形而几乎总是黑色的头发,眼线褐色,中头型,具有长而适度宽的狭面型,鼻形的测量变异比较大,唇适度增厚而常有些突唇。而现代东南部地区的藏族身高更高一些,头形也更长,面形和鼻形更狭,与东部蒙古人种的相似性很明显。又据V. 居夫里达·勒吉利(1917)的资料,其西藏中头型变种同他所引列"中国"类型很接近,但这种中头,狭面蒙古人种成分不是西藏居民的唯一人种成分,除了他们之外,还可以观察到具有南亚形态的头形更短的成分[11]。而据哈登(1924)的资料,在西藏人中可以定出两个主要人种成分,即一部分为接近南亚的成分,在西藏南部居民中表现最为明显;另一部分为长头型,具有更突出的鼻,主要分布在西藏东部地区[21]。

里斯利(1915)的资料对西藏人类学特点多少提供了一些补充。例如指出西藏东南部的白依达人身高有些低于中等,适度短颅或中颅型,鼻形为中鼻型,按语言属于东喜马拉雅藏缅民族,其平均身高、头指数和鼻指数的变异很强烈。在这个民族中除了中长头型成分外,也有短头型成分参加,而这些短头型成分显然在东尼泊尔的杜布人中最为集中[28]。居夫里达·阿吉利(1917)则以亚洲短头西藏人(Homo asiaticuatibetanus brachymorphus)称呼这些短头成分,并认为他们是西藏中头型成分的短颅型同类。他还指出,在喜马拉雅地区、尼泊尔、阿萨姆和缅甸,以蒙古人种占优势,把带黄色的深色皮肤、面毛生长弱、低或稍低于中等身高,扁平面和常见倾斜的眼裂等看成是北印度和西藏蒙古人种的代表特征[11]。Ch. 魏法里弗(1896)和 R. 比阿苏蒂(1913—1914)则记述过一些西藏西部和邻近的印度地区(上印度河流域)的资料,指出印度河上游居民在人类学关系上是各种欧洲人种和蒙古人种类型的复杂集团,而欧洲人种多数集中在极西部的属印欧语系的帕洛克泊人和马克诺泊人之中,蒙古人种则多数集中在由藏缅各族占据的更东部的地区。但是这种分布在人种和语言上彼此又远非决然相隔的,例如在操藏语的巴尔提人中,广泛分布有欧洲人种成分或他们最多只有少量蒙古人种的混血[11]。

根据以上虽然不十分系统的颅骨学和活体调查资料来看,现代藏族居民在体质上存在明显的变异类型,这种变异类型大致可分为两个倾向不同的基本形式:

1. 比较粗壮的中长头型,具有较扁平、很高而较宽的面、狭鼻,可称为东蒙古人种的卡姆类型或东藏类型。这个类型在狭义的藏族中占优势,主要分布在西藏东部地区。据有些学者的意见,这个类型具有某些不特别分化的特征,或有些接近大陆蒙古人种。

2. 具有较纤细的中头型与较扁平结合低而相对狭的面,中鼻型,蒙古褶发育弱化,同时也具有某些不十分分化的特征。他们是与我国西南地区汉族和彝族一类的四川变种比较接近的南蒙古人种成分,广泛分布在从云南、阿萨姆邦边界到喜马拉雅山北坡直到喀喇昆仑和印度河上游的西藏南部地区。这个类型看来是布拉马普特拉河上游各藏缅语族和尼泊尔人的基本成分,也以混血的形态参加了西藏西部民族,如布里基人和拉达克人。按切博克萨罗夫的意见,这个类型归入南蒙古人种的东喜马拉雅类型[11]。

除了这两个基本成分外,还似存在不同的短头型成分。在其面部种族鉴别特征上,他们有的接近卡姆类型,有的接近四川变种,且分散在西藏和尼泊尔的不同地区,如林布人在喜马拉雅东部,姜巴人在印度西北部,其人种类型不十分清楚,或可能是卡姆类型的地方变种,也可能同泰—马来人种的短头阔面型接近[11]。

应该指出,上述两个基本成分的分析并不表明东部和南部藏族之间的界线是决然分明的,他们之间在体质上的差异方向与东蒙古人种和南蒙古人种之间的变异趋势相似,即由东蒙古人种向南蒙古人种的主要变异方向是逐渐增强"尼格罗-澳大利亚人种"特点。在西藏,类似种族特征的地理变异方向是由东北藏向西南藏,表现在这个方向上,波形发出现频率增加，胡须生长有些加强，面宽和面高减小，蒙古褶出现弱化，凹形鼻梁的比例增大等。按切博克萨罗夫(1982)的意见，这种现象与其用较晚近时代的混血来说明还不如以保存了原始特点的连续性来解释更为合理[11]。换句话说，这种变异趋势有其更早的原始形态背景。

对藏族体质特征的某种不特别分化性质，在苏联学者人类学文献中常比喻性称为类似“美洲人种”特点，具体表现在有相当明显突出而为良好的浮雕形鼻，升起的鼻梁，鼻背水平截面狭，上眼睑皱皮和蒙古褶发育比较弱等。这些特征结合浅的肤色也常见于彝族之中。这种情况从很早以来就为持有中国西部边界地区曾经广泛分布欧洲人种的支持者提供了证据，好像这种类型是从中亚草原或印度方向进入的，把彝族中身材高和头型较长，肤色较浅等特点解释成为“雅利安人”的因素[11]。如据托雷尔(1873)，主张倮罗人起源于茨冈人[29]。H. 奥隆(1911)[30]、H. A. 弗兰克(1925)[31]、T. 托兰斯(1932)[32]及其他一些人也都认为在倮罗人中存在“欧洲人种”面部特点的因素。A. F. 莱吉恩德雷(1910、1924)[33][34]也认为彝族中的“黑骨”诺苏人属于“雅利安人”人种类型。E. 艾克斯蒂德(1944)则把彝族中的诺苏人同西北方向的斯基泰人联系起来。[35]

应该说，不加任何区别，一概否定在中国极西部边缘和邻近的缅甸、阿萨姆和西藏民族中存在欧洲人种混血的可能性是不适当的，例如在尼泊尔人中，这种混血很明显。但正如前述体质人类学调查资料证明，在这个地区除了各种蒙古人种变种之外，并不广泛分布另一种人种，而仅指出在类似彝族人中存在身材较高的与“美洲人种”有些相似的面部特征的成分。然而即使这些成分也同时具有直形黑色头发，胡须生长弱及颧骨突出等蒙古人种特征。显然，这些体质上似乎与美洲印第安人或部分地同南欧人种有些相似的特殊蒙古人种变种在人种分类系统上与欧洲人种没有关系[11]。就西藏地区来说，正如前述调查所说，仅在其西部和南部边缘可能观察到轻度欧洲人种成分的混杂，而这些非蒙古人种成分大概是从印度斯坦方向经过高山通道而渗入。但无论如何，这样的渗入成分并没有成为西藏种族组成中有重大影响的因素。这种情况和我国新疆特别是其偏西部地区是很不相同的。

要了解藏民族种族人类学的起源，除了调查现代藏族的体质人类学特点之外，还需要进一步揭露该地区古代居民的种属特点，然后可能讨论现代和古代西藏居民之间的体质人类学联系。遗憾的是这样的材料至今未有重要的发现，因而无从根据人类学资料深入讨论西藏境内古代和现代居民之间的关系。在这种情况下，人们特别注重于考古材料的发现进行判断。例如主张藏族土著起源者主要依靠在西藏高原发现的石器时代文化遗存推断西藏境内从原始社会时期就有了藏族先民的活动。如在霍霍西里、定日和申扎等地，据认发现了打制石器，其制法和形态被认为与华北的旧石器时代晚期者相似[9][10]。但从报道的资料来看，这些石器还都是地表采集品，缺乏可靠的地层断代证据。在藏南聂拉木和藏北申扎发现的所谓中石器时代遗存[6][10]亦如上述，同样缺乏可信的地层依据。因而，藏族先民从旧石器时代或中石器时代早已栖居西藏高原之说尽管有其可能，但还需要寻找更为可信的考古地层资料。到目前为止，唯经过系统发掘并作有碳十四地层断代的是距今约四五千年的昌都卡若新石器时代遗址[8]。由此证明在东藏地区至少从新石器时代晚期便有人类居栖是可信的。从卡若文化性质来讲，报告者认为其地方特点与本土的旧石器文化一脉相承，但又吸收了西北氐羌系统文化。据此结合古代文献记述，进一步推测在西藏原始居民中也可能存在两种因素，即“一种是土著民族，其定居在西藏的时代目前至少可以推到旧石器时代后期，他们是一种游牧和狩猎的部族；另一种是从北方南下的氐羌系统的民族，他们可能是经营农业的。以后西藏的种族和文化，有可能就是以这两者为主体，再接受其他的因素综合而形成的[8]”。其实，类似西藏古代居民由两种因素组成的假设，早在本世纪初就有人提出，如 F. 格伦那特(1904)曾据藏族语言和种族特征推测，“如果西藏人和蒙古人具有共同族源的假设能够成立，那么有一点可以确定，即在长期岁月中，西藏人的语言已经产生了若干变异，如同他们的体质特征显示出的那样。很可能，当他们从蒙古利亚来到西藏时，发现已有另外一支民族定居于此，于是同他们杂处，并在某种程度上接受了后者语言和体质方面的影响。而这一原始民族的一些后代，可能至今残存于四川、云南或喜马拉雅山的山野部落中[36]”。

应该指出，从现代体质调查资料将藏族居民划分为两个基本的变种类型与上述考古、文化推论的藏族形成二源观点似乎是相吻合的。从纯形态特征来说，现代藏族中较为接近南蒙古人种成分可能和同地理区的某种更为直接的原始形态蒙古人种祖先类型有关。一个有疑问的线索是在塔工林芝发现的古人类残颅骨，它显然是个短颅类型，其鼻根突度较为明显。可惜的是从鼻根以下的面颅部分残缺，无从观察更多的面部细节特点。林一朴(1961)仅据很少的测量，将这具头骨与莫兰特的藏族 A 型头骨相比[37]。同样遗憾的是这具头骨的地层时代也不够明确，因而还难以明确肯定其系统学价值。

相比之下，从西藏境外邻近西北地区获得的某些古人类学材料，对藏族成分中比较接近东蒙古人种因素的起源问题，可以进行某些有意义的讨论。从古人类学材料上首先触及这一问题的是 D. 布莱克(1928)。他在研究了 J. G. 安特生从甘肃、河南采集的史前人类遗骨的结论中指出，甘肃的史前人种与现代华北人有许多相似，因而可视为“原始中国人”，并继而指出，在甘肃史前人骨中，铜石时代的人在有些形态特征上更宽地偏离现代华北人，但在另一些暗示性特征上，呈现出同莫兰特研究过的卡姆类型的相似[38]。然而他在报告中对此没有作具体的论证。但他的这一见解无疑在暗示现代藏族与西北古代居民之间可能存在体质上的某种关系。尽管如此，据笔者之见，在甘肃铜石时代人骨材料和藏族卡姆类型头骨组之间，依然可以感觉到某些重要的形态偏差。例如甘肃铜石时代组的绝对和相对颅高比藏族卡姆组更高，这是布莱克将该组头骨视有东方人种性质的最重要特征之一。相反，在这个特征上，藏族卡姆组头骨总的体现出某种低颅趋势。在颅形和面形上，甘肃组也比卡姆组更狭，垂直颅面指数更低，眶形也更低。而正是在这些差异的基本方向上，使甘肃铜石时代居民的头骨表现出有些更接近东蒙古人种性质，而卡姆头骨在接近东蒙古人种的程度上反而有些模糊甚而有点接近低颅的大陆蒙古人种。因此，笔者以为即使在颅骨形态学上，还不宜将现代藏族卡姆类型与甘肃铜石时代居民看成最直接的裔组关系。

究竟在我国西北地区有没有比布莱克甘肃铜石时代组更接近现代藏族体质类型的古人类学材料发现？直到不久以前，仅有的一个线索来自探险家斯文赫定(1928、1934)考察新疆时采集到为数不多的人类学材料，其中一具得自米兰一个古墓的男性头骨，被德国学者卡尔·海尔曼·约尔特吉和安达·沃兰特(1942)鉴定为具有明显诺的克(北欧)人种特征的藏人头骨[39]。从发表的资料和照片来看，这具头骨有很长的颅型，其面部形态与莫兰特卡姆型头骨有某种形似，但同时具有极高而狭的面，尤其面宽极狭，鼻骨强烈突起，颅高也很高，因而无怪卡尔·海尔曼等指认该头骨有欧洲人种特点。笔者则认为这具头骨在总的形态上可能更接近以长狭颅、高狭面，鼻突起极强烈等综合特征为代表的地中海东支类型[40]。这具头骨的时代也比较晚，可能在公元前后的一两个世纪之内。因此，它作为在西北地区发现古西藏人头骨的证据是可疑的。

然而，最近的人类学材料发现可能加强藏族体质类型与西北古代居民之间存在密切联系的观点。这是1986年春，新疆文物管理处与新疆大学历史系联合举办的考古大专班在距哈密柳树泉不远的焉布拉村土岗上挖掘一片古墓地时采集到的一批人类学材料。据已故考古学家黄文弼1958年试掘该墓地报告，曾推定这些墓葬属于铜石器并用时代[41]。以后在一些综述文章中，一般地把它们归类新石器时代[42]。但据1986年考古发掘资料，从墓穴出土物中，除有相当的彩陶器和小件青铜制品外，还见出铁制品，陶器器形与器表纹式则与甘青地区的辛店文化有某些相似。因此，该墓地的时代可能比过去设想的更晚，也许相当于西周或春秋之间。笔者最近完成了这批人骨的观察与研究[43]，从中获得的结论对讨论藏族体质类型与我国西北地理方向的关系是很有兴味的。大体上来讲，这是一批包含有两个大人种支系类型的头骨，在可供观察研究的29具成年头骨中，可能归属欧洲人种支系者约占28%，其余约占72%的多数头骨可能归属蒙古人种支系。值得注意的是这些在数量上占明显优势的蒙古人种头骨总的代表了具有长颅型，颅高趋低的正颅型，高而适度宽和中等扁平的面，矢状方向面部突度弱，齿槽突度有些接近突颌，中等突起的鼻兼有狭鼻倾向等综合特征的一组头骨。这样的形态类型尤其在面颅特征上，一方面表现出与东蒙古人种的接近，同时又表现出某些与北方大陆蒙古人种的接近，这种情况反映了该组头骨在体质形态上有些不特别分化的性质。有趣的是正是在这些综合性质上，使焉布拉头骨与现代藏族卡姆类型头骨之间表现出强烈的一致。其间某些特征的偏离则在于焉布拉组颅型更长一些，眶型偏低，鼻突度较明显，使焉布拉头骨呈现出比现代藏族卡姆类型更具原形性质。或换句话说两者之间在形态上的差别仅在于现代卡姆类型颅形有些变短，鼻突起有些弱化，眶形变高。这样的变异趋势可以说是与这些特征的时代变异方向并不相悖。为了从总的形态量值方面估计焉布拉组与卡姆组之间的变差距离，笔者选用十二项最基本的颅、面部测量特征（包括指数特征）进行了组间变异度的考察，所得平均组差百分比值（其值越小表示两组之间形态变异越小，同质类型的可能性也越大）如下：

焉布拉组—西藏卡姆组	9.84(12)
焉布拉组—甘肃火烧沟组	11.93(11)
焉布拉组—甘肃铜石组	14.37(10)
焉布拉组—现代华北组	14.71(12)
焉布拉组—现代楚克奇组	15.89(12)
焉布拉组—现代蒙古组	20.61(12)
焉布拉组—西藏A组	22.42(12)

可以看出，按以上计算数据，焉布拉组与西藏卡姆组之间的组间变异距离最小，与西藏A组之间的距离则明显大得多。因此，焉布拉组与卡姆组之间显然比同A组之间同质类型的可能性更大得多，甚至比地理分布更邻近的两个甘肃古代组的距离也要更小一些。

为了对这些形态距离可能代表的意义作一估计，笔者仍取同样方法计算了在种系上同属北亚古人种类型的四个同名布里亚特人头骨组之间的平均组差百分比值，按不同组合所得的数值范围为 4.48—11.60 之间。可以看出，尽管焉布拉组与西藏卡姆组之间的平均组差百分比值(9.84)比布里亚特四组之间的最小值更大，但并没有超出它们最大的变差范围之外。或者说，焉布拉组与西藏卡姆组之间的形态变异没有超过上述四个同名布里亚特组之间的形态差异水平。因此如不纯系偶然，焉布拉组与西藏卡姆组属同质类型是可信的，其接近程度甚至超过了焉布拉组与甘肃古代组之间的接近程度。由此可见，与现代藏族卡姆类型很接近的甚至带有某些更不分化性质的古代居民在公元前十一前五世纪生活在西北边陲地区。这至少比布莱克据甘肃铜石时代材料推测现代藏族与西北古代居民之间联系更为可信，也为藏族族源与西北氐羌系有密切关系提供了重要证据。

但在这两个材料来源地之间，毕竟在地理上存在相当的距离和许多自然屏障，如果类似的证据在邻近西藏的青海高原地区得以发现，则对藏族人类学溯源与我国西北古代居民之间的联系具有更直接的意义。近年来，笔者之一曾几次去青海协助鉴定古代人骨，在青海省文物考古队的支持帮助下，从中采集了不少骨骼材料。特别是其中有几批不同地点的卡约文化人骨材料有可能提供新的资料。作为初步窥察，笔者以距西宁几十公里的李家山下西河潘家梁卡约文化墓地的人骨材料为例，取其测量数据进行了与上述方法相同的平均组差百分比计算。其结果是耐人寻味的，即李家山卡约文化组与莫兰特的西藏卡姆组之间 12 项颅、面形态测量的平均组差百分比值为 8.91，这一数值甚至比新疆的焉不拉组与西藏卡姆组之间的同类数值(9.84)还小。按照前边使用四个同名布里亚特组所作的类比分析，这样的组间形态距离全然可以与同名族不同地方颅骨组之间接近的形态距离相比。对此，本文另采用多变量的数理统计分析方法作进一步的检定[44]，即使用 13 个项目的颅、面部测量值与周围地区不同类群的古代或现代组进行聚类分析和主成分分析，以确定李家山组与其他类群的头骨测量组之间可能存在的形态学关系。从聚类谱系图(见图一)可以看出，李家山组图一中的 12 最先与藏族 B 型图一中的 11 聚为一个小的组群，然后稍宽松地同现代东亚类群的三个组聚集，再后更宽松地同东北亚的三个组聚集和更散地与北亚的三个组相聚，与藏族 A 型的联结则最为离散。从主成分分析绘制的三维空间距离(见图二)来看，也是李家山组与藏族 B 型彼此占有很近的位置，而且两者都共

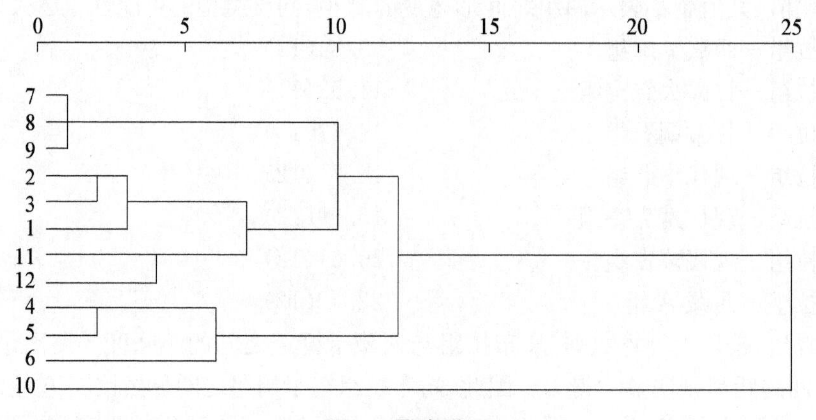

图一　聚类谱系

同处在代表东亚类群与东北亚类群之间的地位，与北亚的类群相距较散，而藏族 A 型则有单独更疏远于其他类群的位置。由这些检查分析，可以证明，在青海卡约文化居民与现代东藏居民之间，应该存在强烈的同质性。这个测验结果，又可增强现代藏族居民与我国西北地区古代居民之间存在密切的种族溯源联系的观点[45]。

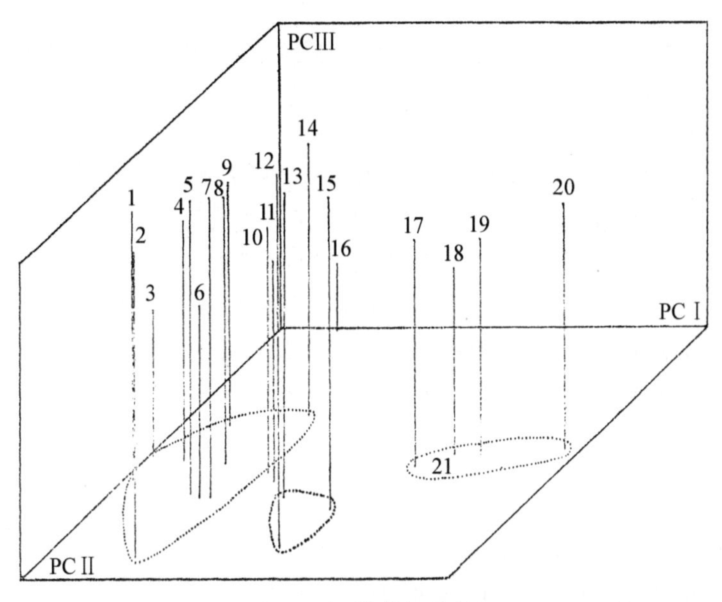

图二　三维空间距离

与东部藏族体质类型相比，有关南部藏族类群的溯源关系还缺乏更可信的古人类学资料。他们的来源也可能和东部同胞曾有所不同。从他们在体质上与分布西南地区南蒙古人种四川变种比较接近推测，其早先原始祖先可能和同地域原始蒙古人种的南方类群有更直接的关系。从上述多边量数理分析结果（见图一、图二）也证明，藏族 A 型占有和其他类群（东亚、东北区和北亚类群）很疏远的独立位置也说明具有另一不同的种族类型。即它更可能系属南蒙古人种的一个类型[11]。我们期待以后有更多的人类学资料来继续证明这一点。

需要说明，本文讨论主要限于体质人类学范畴，前文论述新疆、青海古代居民与现代藏族居民之间的联系也是指种族（或人种）类型关系而言，它与民族族别的关系属于两个不同学科性质的概念，前者属于生物学的，后者是民族学的。很容易理解，同族别可以是单一体质或种族类型，但也可能异型体质或不同种族类型。相反，不同族别可以属于共同或接近的体质类型，也可能是不同的体质类型。因此，文中仅指新疆焉布拉和青海李家山古人类学特征与现代藏族体质特点之间在人类学关系上可能有更直接的溯源联系，而非指族源的关系。实际上，藏民族共同体及其文化的形成远比单一体质特征的研究复杂得多，这个问题已超出了本文讨论的范围。

总之，根据现有骨学和活体体质调查资料，可以确认在现代藏族中至少存在可以辨别的两个基本的人类学类型：其一在形态学上头型较长，面型高而较宽，分布地区偏于西藏东部。与邻近北部地区古代人类学材料比较研究证明，这个东部藏族类型与我国西北古代居民之间存在更为直接的种族起源联系，因而有益于藏族族源“本西羌属”之说。其二类型的头型较短，面低而狭，分布偏于西藏南部。这样的类型可能与东部类型具有不同的近亲祖先，但目前尚无可以据信的古人类学证据。可以设想，就藏族的种族组成来讲，在类型上存在并非单一的人类学背景，或者说，藏民族的起源和形成与上述两个基本的人类学类型有密切关系。

藏族起源于“神猴说”反映了藏族人民将本民族的土著意识寄寓于宗教的传说。但和近代科学研究的人类和人种起源学说没有本质的联系。更没有在西藏境内发现那样的从猿发展到现代西藏人的独立演化证据。

从西藏西部和南部边缘及邻近印度、尼泊尔的体质人类学资料来看，在这些边缘地带可以存在轻度印欧人种混杂成分。这些非蒙古人种因素大概从印度斯坦方向经高山通道而渗入。从这个有限的意义上，在西藏的边缘居民中可能有某些印欧人种基因成分。但还没有任何可信的人类学资料证明，在藏民族共同体的形成过程中，存在非蒙古人种成分的重大影响。因此，藏族起源于“印度说”也缺乏可靠的人类学根据。应该说，藏族是在相当隔离的地理屏障和种族条件下形成的，藏族的东方人种性质也是无可置疑的。

参考文献

[1] 林惠祥：《中国民族史》(下册)。商务印书馆，1936年。

[2] 王辅仁、索文清：《藏族史要》。四川民族出版社，1982年。

[3] 南喀诺布：《关于藏族古代史研究中的几个问题》。《西藏研究》，1985年第3期。

[4] 尼玛太：《藏民族形成的时代及其他》。《西藏研究》，1985年第3期。

[5] 班马文：《藏族族源初探》。《西藏研究》，1985年第4期。

[6] 戴尔俭：《西藏聂拉木县发现的石器》。《考古》，1972年第1期。

[7] 王恒杰：《西藏自治区林芝县发现的新石器时代遗址》。《考古》，1975年第5期。

[8] 西藏自治区文物管理委员会、四川大学历史系：《昌都卡若》。文物出版社，1985年。

[9] 张森水：《西藏定日新发现的旧石器》。《珠穆朗玛峰地区科学考察报告——第四纪地质》，科学出版社，1976年。

[10] 安志敏等：《藏北申扎双湖的旧石器和细石器》。《考古》，1979年第6期。

[11] H. H. 切薄克萨罗夫：《中国民族人类学》。莫斯科，1982年。

[12] W. 特纳：《印度帝国人民的颅骨学资料》。《艾登堡皇家学会会报》，1906年第45卷。

[13] W. 特纳：《婆罗乃尔、马来亚、台湾和西藏土著人的颅骨学资料》。《艾登堡皇家学会会报》，1907年第45卷。

[14] W. 特纳：《印度帝国人民的颅骨测最资料》。《艾登堡皇家学会会报》，1914年第49卷。

[15] G. M. 莫兰特：《西藏人头骨之初步研究》。《生物测量学》，1923年第14卷。

[16] G. M. 莫兰特：《不列颠自然历史博物馆中某些东方颅骨组(包括尼泊尔组和西藏组)的研究》。《生物测量学》，1924年第16卷。

[17] 吴定良、G. M. 莫兰特：《亚洲种族颅骨测量初步分类》。《生物测量学》，1932年第24卷。

[18] 吴定良、G. M. 莫兰特：《人类面骨“扁平性”生物测量学研究》。《生物测量学》，1934年第26卷。

[19] M. L. 蒂尔德斯利：《缅甸人头骨的首次研究》。《生物测量学》，1921年第13卷。

[20] E. 基特森、G. M. 莫兰特：《那加人头骨研究》。《生物测量学》，1933年第25卷。

[21] A. C. 哈登:《人类人种及其分布》。剑桥大学,1924 年。
[22] Я. Я. 罗京斯基、M. P. 列文:《人类学基础》。莫斯科,1955 年。
[23] Г. В. 吉拜茨:《堪察加地区的人类学调查》。《民族学研究所集刊》,1951 年第 17 卷。
[24] Г. В. 吉拜茨:《现代人种系统分类的图表试验》。《苏联民族学》,1958 年第 4 期。
[25] В. П. 阿历克塞夫、O. 特罗布尼科夫:《亚洲蒙古人种分类和系统学的某些问题(颅骨测量学)》。科学出版社,诺沃西北尔斯克,1984 年。
[26] J. 巴科特:《西藏人类学》。《巴黎人类学会报告集》,1908 年第 9 卷。
[27] F. 德莱尔:《西藏东南部人群的体质特征》。《巴黎人类学会报告集》,1908 年第 9 卷。
[28] H. 里斯利:《印度民族》。1915 年。
[29] 托雷尔:《印度支那人类学记略》。1873 年。
[30] H. 奥隆:《最后的野蛮人》。巴黎,1911 年。
[31] H. A. 弗兰克:《穿越华南之游历》。纽约,1925 年。
[32] T. 托兰斯:《华西土著部族记略》。《华西边疆研究学会杂志》,1932 年第 5 卷。
[33] A. F. 号莱吉恩德雷:《倮罗人》。《巴黎人类学会报告集》,1910 年第 1 卷。
[34] A. F. 莱吉恩德雷:《黄种人足迹》。《巴黎人体形态研究会学报》,1924 年第 2 期。
[35] E. 艾克斯蒂德:《东方种族动力学》。布累斯劳,1944 年。
[36] F. 格伦那特:《西藏和西藏人》。伦敦,1904 年。
[37] 林一朴:《西藏塔工林芝村发现的古代人类遗骸》。《古脊椎动物与古人类》,1961 年第 3 期。
[38] D. 步达生:《甘肃河南晚石器时代及甘肃史前后期之人类头骨与现代华北及其他人种之比较》。古生物志丁种第六号第一册。1928 年。
[39] 卡尔·海尔曼·约尔特吉、安适·沃兰特:《东土耳其斯坦考古考察发现的人类头骨和体骨》。《西北科学考察团报告》第 7 卷第 3 册,1940 年。
[40] 韩康信:《新疆楼兰城郊古墓人骨人类学特征的研究》。《人类学学报》、第 5 卷第 3 期,1986 年。
[41] 黄文弼:《新疆考古发掘报告》。文物出版社。1983 年。
[42] 新疆维吾尔自治区博物馆、新疆社会科学院考古研究所:《建国以来新疆考古的主要收获》。《文物考古工作三十年》,文物出版社,1979 年。
[43] 韩康信:《新疆哈密焉布拉古墓人骨种系成分之研究》。《考古学报》、1990 年第 3 期。
[44] 林少宫等:《多元统计分析及计算程序》。华中理工大学出版社、1987 年。
[45] 张君:《青海李家山卡约文化墓地人骨种系研究》《考古学报》,1993 年第 3 期。

(原文发表于《文博》1991 年 6 期)

中国考古遗址中发现的拔牙习俗研究

摘要： 拔牙习俗根据考古学出土的资料发现得很早，至今世界各地不同民族中也出现拔牙习俗。近几年来，由于中国考古学发掘中，出土不少更多新的证据，本文试图综合晚近从考古遗址中发现的拔牙资料，结合了文献及民族学调查记录，对中国境内发现的拔牙风俗从牙齿形态学、发生学及其流传的时空分布作初步的探讨及评估。
关键词： 拔牙、形态学特征、拔牙出现频率、拔牙病因学

前　言

所谓拔牙风习就是世界上在某些古代或现代民族中出于某种动机或规范，有意识将借生于齿槽中的健康牙齿用某种方法拔除。这种拔除和因牙病松动而拔去牙齿的含义完全不同。根据考古发掘得到的人骨资料，这种人为拔除牙齿的证据发现得很早，在现代民族学调查中也有许多记录。在中国的古代文献中也有不少记载。从地理分布来说，这种拔牙现象在世界的各大洲几乎都有不同程度的发现，其发生的中心也可能不完全相同，因而，从某种意义上讲是具有世界性意义的风俗之一[①]，就如文身黥面一类分布很广。如在亚洲，特别在日本海岛地区自绳纹时代中晚期至弥生和古坟时代，拔牙风习曾一度十分兴盛[②]。

近几年来，在位居东亚大陆的中国境内的考古发掘中，在愈来愈多的古代人骨上也发现拔牙的证据。从时代上来讲，这种风俗可以追踪到公元前五千年前的新石器时代，也可以晚溯到近代的某些地区的民族之中[③]。因此，如果对这种习俗的考古证据详加调查研究，无疑是一种研究古今常民习俗的第一手资料。本文即综合晚近从考古遗址中发现的拔牙资料，结合了文献及民族调查记载，试图对中国境内所发现的拔牙风俗的形态学、发生学及其流传等作初步的探讨和评估。

中国古代文献记载的拔牙习俗例证

在例证考古遗址中发现的拔牙风俗之前，首先对文献中拔牙风俗的记录作概要举证。这一工作实际上已有多位学者作过整理与引述。其中，近年撰文者如日人春成秀尔[④]、中国学者严文明[⑤]、日本的甲元真之等[⑥]。对这些记载的整理来看，大致集中在两个地区。

（一）中国南部或西南地方，大致在今云南、贵州、四川省境内。现举引如下：

1. 晋代：张华《博物志》中记载“荆州极西南界至蜀，诸民曰僚子，妇人妊娠，七月而产，临水产儿。便置水中，浮则取养之，沉便弃之，然千百多浮。既长皆拔去上齿牙各一，以为身饰”。最后之“既长”指成年，男女皆拔去一对上牙，然后作装饰品。在《太平寰宇记》卷七十七《雅州风俗》中也有相同的记载。在该书卷七十九《戎州》、卷六十七《钦州》及卷百六十六《贵州》中也分别记有“蛮僚之类……凿齿穿耳……”、“……椎髻齿”、“既嫁便欠去前一齿”等。

2.《新唐书》卷二百二十二《南蛮传》中记“……乌武僚地，多瘴毒中者，不能饮药，故自凿齿”。此条亦凿齿功能很特殊。

3.《通典》《边防》卷三记“赤口濮，在永昌南，其俗凿其齿”。

4. 宋　李寿《续资治通鉴长篇》间接的记载是“熊本疏称南平僚，居栏栅，妇人衣通裙，所获首级多凿齿”，表明在邻居族中有凿齿民。

5. 宋　朱辅《溪蛮丛笑》记有“令老妻女年十五、六，敲去右边上一齿”，实指青春发育期施术。

6. 元　李京《云南志略》记“土令蛮，叙州南乌蒙北皆是，男子十四、五，则左右敲去两齿，然后婚娉”。这也是明指青春期拔齿。

7. 明　田汝成《炎徼纪闻》记“父母死，则子妇各折二齿，投之棺中，以赠永诀也”。这似属服丧性拔齿。

8. 清　田雯《黔书》记“女王将嫁，必折其二齿，恐妨夫家也”，这种拔齿有免灾之意。

9. 清　桂筱《黔书苗蕃族图说》记“女子将，嫁必折去门牙二齿，以遣夫家，谓恐妨害夫家，即古所谓凿齿之民也”。这一记载和《黔书》中相同，皆指仡佬族之凿齿。

10. 另有记录湘西仡佬苗凿齿俗；泸溪等地苗族至今的凿齿遗风，即少年男女成年后，在上颌外侧门齿包以金箔或铜片，以为美饰。

（二）台湾地区的拔齿俗记载。举例如下：

1. 沈莹《临海水土异物志》记“又甲家有女，乙家有男，乃委父母，往就之居，与作夫妻，同牢而食。女以嫁皆缺去前上一齿”，似婚姻性质。

2.《明史》外国传中记台湾北部地区鸡笼山周边的民俗中有“女子年十五，断唇旁齿以为饰，手足皆刺文”。

3. 清　《蕃俗采风图考》记台湾彰化以北内山等的蕃人风俗在成婚半个月以后，男女各折上齿二，彼此相赠，表示痛养休切相关之意。

4. 清　郁永河《裨海纪游》记“女择所爱者，乃与手。挽手者以明私许之意也。明日女告其迟迟，召换手少年至，凿上颚门牙二齿授也。女亦二齿付男，期某日就妇完婚，终身归以处”。

5. 清　黄叔璥《台湾使差录》《番俗六考》记“哆啰嘓社成婚，男女具去上齿各二，彼此谨藏，以矢终身不易”。

6. 在台湾日据时期，日本学者记录泰雅、赛夏、布农和邹等族行拔牙习俗。指出定型拔牙形式主要有三种：即拔除一对上颌侧门齿（$2I^2$ 型）；一对上颌侧门齿和一对上犬齿（$2I^2.2C^1$ 型）；一对上犬齿（$2C^1$ 型）。拔齿的理由有多种，如成年拔齿、美容、八重音的防止、发音等⑦。

根据以上文献记载，可以看出，这些拔牙风习主要集中在中国南部或西南地区的僚—仡佬系的民族中；台湾地区操南岛语的原住民族群之中。尽管两者的地理距离相隔偏远，但具有明显的类缘现象。如记载的拔牙皆限于上颌的前位齿，从不见拔下牙；拔除以对称两枚为大多数，单侧不对称者为少，文字明确拔除的齿种皆系上门齿；男女性皆拔者为普遍，单性拔除的较少；拔牙实施时间在成年或成婚，明示的年龄在14—16岁之间。

考古遗址中发现的拔牙习俗

最初，日本学者曾指认在河南殷墟小屯出土的人骨及山东城子崖遗址的战国时代人骨上存有拔除上门齿的证据[⑧⑨]，但中国学者颜訚对此表示怀疑。因此，明确无误的拔牙证据还是颜氏后来在研究山东宁阳大汶口和曲阜西夏侯新石器时代人骨时被指认出来[⑩⑪]。以后在中国大陆的30处考古遗址中，也发现了不少拔牙习俗存在的证据[⑫]。它们分布在山东、江苏、上海、福建、广东、湖北、安徽、四川、台湾等地区（见表一和图1）。这些遗址的年代有早到距今约7 000年前的新石器时代，也有晚到明代的，绵延的时间长达几千年。所涉及的考古文化也相当多样，有大汶口、青莲岗、马家浜、屈家岭、昙石山、河岩等新石器时代早、晚期文化，台湾的史前文化和明代的悬棺葬文化等。反映了这种习俗流传的古老性及普遍性，也表明了这种习俗之所以长期存续下来的某种社会规范的重要性。

表一　中国境内发现拔牙的考古遗址与出现比例

遗址		文化	C14年代（公元前）	拔牙个体数与百分比			观察到拔牙个体的最小年龄（岁）
				男性	女性	合计	
山东	藤县北辛 (1)	北辛文化	5440—4310				
	泰安大汶口 (2)	大汶口文化	4520—3830	70.6(12/17)	77.8(7/9)	73.1(19/26)	17—25
	泰安大汶口 (3)	大汶口文化	2500—2100	64.0(7/11)	80.0(16/20)	74.2(23/31)	12—13与18—21之间
	兖州王因 (4)	大汶口文化	4060—3210	77.4(205/265)	75.2(76/108)	76.8(28/366)	65
	曲阜西夏侯 (5)	大汶口文化		60.0(6/10)	40.0(4/10)	50.0(10/20)	青年
	诸城呈子 (6)	大汶口文化	3770—3370	88.9(7/8)	100.0(7/7)	93.8(15/16)	25
	诸城枳构前寨 (7)	大汶口文化	2030—1780	20.0(1/5)	16.7(1/6)	15.4(2/13)*	14—18
	胶县三里河(一期)(8)	大汶口文化	2870—2690	9.9(2/21)	11.1(1/9)	10.0(3/30)	30—35
	胶县三里河(二期)(9)	龙山文化	2410—1810	23.8(5/21)	16.7(2/12)	21.2(7/33)	30—35
	茌平尚庄 (10)	大汶口文化		100.0(1/1)	66.7(4/6)	71.4(5/7)	14
	邹县野店 (11)	大汶口文化	4220—2690	50.0(4/8)	75.0(3/4)	58.3(7/12)	16—18
	莒县陵阳河 (12)	大汶口文化	1880—1560	60.0(6/10)	100.0(3/3)	60.0(9/15*)	20—22
	广饶五村 (13)	大汶口文化	3500—2700	0.0(0/9)	14.3(1/7)	6.3(1/16)	30—35

续 表

遗　址			文　化	C14 年代（公元前）	拔牙个体数与百分比			观察到拔牙个体的最小年龄(岁)
					男　性	女　性	合　计	
江苏	邳县大墩子	(14)	青莲岗文化	4510	61.4(27/44)	68.2(15/22)	63.6(42/66)	15—20
	常州圩墩**	(15)	马家滨文化	4170—3270	？(16/?)	？(20/?)	81.8(36/44)	16—17
	金坛三星村	(33)	马家滨文化?	3000?			？(1/?)	
上海	青浦崧泽	(16)	马家滨文化	3900—3300	？(2/?)	？(2/?)	？(4/?)	
福建	闽和昙	(17)	昙文化	1830—1250	33.3(1/3)	0.0(0/6)	11.1(1/9)	成年
广东	增城金兰寺	(18)		2500	50.0(1/2)		50.0(1/2)	25
	佛山河宕	(19)		3660—2520	100.0(10/10)	75.0(9/12)	86.4(19/22)	22—25
湖北	房县七里河	(20)	屈家岭文化	3150—2660	61.5(8/13)	80.0(4/5)	66.7(12/18)	30
	枣阳雕龙碑	(32)		3700—3000	5.9(1/17)		5.9(1/17)	14
河南	淅川下王岗	(21)	屈家岭文化	4970—2710				
安徽	亳县富庄	(22)	大汶口文化		100.0(9/9)	80.0(4/5)	92.9(13/14)	16—18
	阜阳尉迟寺	(31)	大汶口文化	2600—2300	？(1/?)	？(3/?)	13.3(4/30)	＞20
四川	珙县洛表	(23)	明代		50.0(3/6)	75.0(3/4)	60.0(6/10)	21—23
台湾	高雄恒春	(24)					？(21/?)	
	芝山岩	(25)	圆山文化				100.0(1/1)	
	圆山	(26)	圆山文化	2000—1500			100.0(3/3)	
	垦丁	(27)	牛稠子文化?	2000			94.0(16/17)	
	卑南	(28)	卑南文化	2700—700			90.0(46/51)	
	澎湖锁港	(29)	牛稠子文化	2000			33.0(1/3)	
	鹅銮鼻	(30)	牛稠子文化				100.0(2/2)	

注：遗址号(1)—(33)与图 1 上号码相对应；"*"记号数字中包括性别不同个体数。"**"圩墩的拔牙出现数是根据中桥孝博(1995)和本文作者之一鉴定认录合在一起统计。

以下我们对上述已经积累的拔牙资料所蕴涵的意义作一些分析和推论。

(一) 拔牙考古遗址的年代及习俗缘起

据表一和图 1，发现有拔牙风习的遗址中时代最早的是在山东至苏北一带的新石器时代文化分布区内，年代大致在距今 7 400—4 200 年前。其次为江苏南部的新石器时代文化分布地区，约为距今 6 000—4 000 年前。其他地区都稍晚于这两个地区。而且就目前已知的资料来看，发现拔牙证据最频繁和最密集的也是在山东—苏北地区，而其他地区则似乎有某种延后的现象。按这种年代排比来判断年代最早者为该习俗的始源地，也假定这个地区便是在山东—苏北的大汶口—青莲岗新石器时代文化分布的范围之内。以后这个地区的拔牙风俗大概在距今 4 000 年前左右的龙山文化时期很快地衰退或消失。因为在这个地区的龙山文化(如山东诸城呈子龙山文化遗址)及周—汉代遗址(如山东临淄周—汉代遗址)已找不到可靠的拔牙证据[13]。在古文献上，也几乎找不到这一地区的拔牙风俗记载。这或许说明，这一风俗还未及有人记录以前便在这个地区消失了。

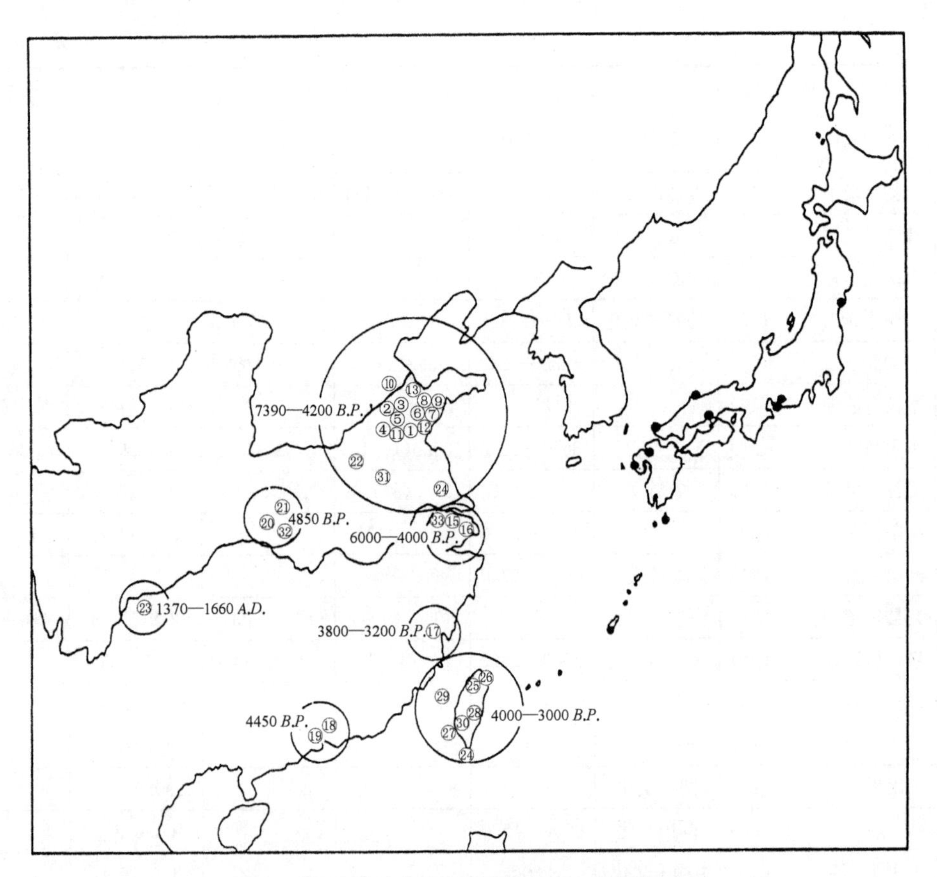

图1 拔牙遗址分布(遗址号与表一遗址相应)

(二) 拔牙的形态学特征

本文所指拔牙形态是指拔除什么牙齿或以什么样的组合拔除。因为拔牙的组合形态在不同地区或不同遗址并不尽相同,实际上存在很多的变形,它们之间可能存在某种系统学上的相联或差异。各遗址的拔牙形态组合模式列于图3。综合这些拔牙形态资料,可以指出以下几点:

(1) 除了少数遗址,拔除齿种经常发生在前齿的门、犬齿上,几乎不涉及其后的齿种。而且大多限于上颌的门、犬齿。

(2) 在许多遗址中,拔牙组合有明显的对称性,即经常拔除左右一对同名齿。如一对上侧门齿($2I^2$ 型)、一对上侧门齿和一对上犬齿($2I^2.2C^1$ 型)。但在个别遗址中,也存在以不对称性为主的形式,如拔除左侧(或右侧)的上中门齿和侧门齿的($I^1.I^2$ 型)。

(3) 只在少数遗址中出现拔下门齿。从年代来说,这些拔下门齿的遗址比有些拔上门齿的遗址要晚。

(4) 无论从拔牙形态出现的统计例数上还是遗址的普遍性上,拔除一对上颌侧门齿($2I^2$ 型)最占优势。其他形态出现频率较少,或最多在个别遗址中呈现主要形式(如 $I^1.I^2$ 型)。

(5) 在少数出现下门齿的标本上,从未发现与下犬齿一起拔除的。

(6) 从单个遗址拔牙形态的个别特点来看，有些遗址之间不尽相同。如 $2I^2$ 型为主流的遗址最普遍(图版 I：1—4)。又如在少数遗址如山东茌平尚庄[14]、安徽阜阳尉迟寺[15]和湖北房县七里河[16]及台湾的史前遗址[17]中，以 $2I^2.2C^1$ 型为主(图版 I：5)。在个别遗址中如常州圩墩以不对称型($I^1.I^2$)为主要形式，而且其侧别之差可能有性别倾向(男多左，女多右[18]；图版 I：6、7)。在出现拔除下门齿的遗址中，上、下齿相组合拔除与只拔上齿的形式同时出现(如山东胶县三里河[19]和安徽亳县两遗址[20])。不同的是，三里河遗址中只拔去下门齿而已，亳县遗址则除了拔门齿外，也有涉及上犬齿者。

(7) 总而言之，从中国境内所发现的拔牙遗址中，就上颌齿的拔除而言，可以定型的有 $2I^2$ 型、$2I^2.2C^1$ 型、$I^1.I^2$ 型，也可能还有 $2I^2.2I^2$ 型和 $2I^1.2I^2.2C^1$ 型几种。但后两种还只见于个别遗址中，其原因尚待确定。

(三) 拔牙出现频率及性别特征

表一中一部分遗址拔牙个体调查统计例数为数很少，据此难以肯定准确的拔牙出现率。但仅就调查例数较多的几处遗址来看，拔牙的出现频率大概在 60%—90%不等。在不同遗址间，出现率也可能存在某种程度的差异。一般而言，在同一遗址中，拔牙现象都发生在男女两性中，还不能指出在那个遗址里只有单性别的可靠证据。但在拔牙形态上，仅在个别遗址中存在性别偏向，如常州圩墩遗址的不对称拔牙($I^1.I^2$ 型)可能有“男多见左、女多见右”现象。

(四) 施行拔牙手术的年龄和方法

据笔者们观察，在绝大多数拔牙标本所显示的年龄，都比实际施行拔牙的年龄为大。因此，从骨骼上鉴定施行拔牙开始的年龄，就要在大量的拔牙骨骼样品中寻找最小的年龄个体。因为一个遗址中，最小年龄的拔牙个体可能代表拔牙实施的年龄，也可能不代表施术的年龄。有的学者将一个遗址中鉴定的最年轻的拔牙个体的年龄当成拔牙施术年龄可能发生错误。如某遗址中多个拔牙人骨的最小年纪为 20 岁，但实际拔牙施术年纪可能比这更小。从中国境内许多遗址的大量人骨上，目前所能找到的已经施行过拔牙的最小年龄大概在 14—15 岁[21]。因为在比这个年龄更小的未成年个体中尚未发现拔牙的现象。这一年龄的判定和前述文献所记载的拔牙施术年龄是相吻合的。

拔牙的施术方法，据骨骼的判定，很可能是对要拔除的牙齿先敲、打，使牙根在齿槽中松动，然后再拔掉。这种拔法在江苏邳县大墩子新石器时代人骨上发现。有的拔牙标本上，其上颌侧门齿齿根因敲打不慎而折断的齿槽内。因此判定这一地区新石器时代人的拔牙为敲打法[22]。这和上述文献中多记载“凿”和“敲”的方法相一致。

考古遗址拔牙证据和古文献记载拔牙习俗的比较

考古遗址中发现的拔牙风俗和文献记录中的拔牙风俗两者之间在时间跨度上相差了好几千年，因为文献记录的仅是很晚近的拔牙风俗，最多是公元纪年以后的事，而考古的证据可早到距今五千至四千年以前。这两者之间存在什么样的关系，对比之后，分别加以讨论：

(1) 拔牙的地理分布：文献记录的拔牙风俗的分布只局限于中国的西南部的僚—仡佬系的民族和台湾的原住民。考古的证据显示其分布广宽得多，除了文献记载的上述两个相对边缘地区外，主要是集中在现今山东—江苏及东部和南部的沿海地区。这些地区主要是文献中所记载的"夷人"曾经分布的地带。如前所述，这一地区的拔牙风俗早在近四千年前已经消退而未被古人记录下来。因而两个证据之间，好像拔牙风俗从古老的分布地区有向内陆和海岛地区式微的趋势。

（2）拔牙的形态：文献记载拔牙形态虽语焉不详，但都只指涉上牙，而且凡能指出齿种的皆属门齿，以拔除两枚为常见，也有只指拔一枚单侧齿的，前者可能为对称性拔牙，后者为不对称性拔牙。考古遗址中的拔牙形态虽存在多种样式，除个别或少数遗址外，绝大多数也只涉及上颌的前位齿种（门、犬齿），而且也以对称性拔除，特别是以拔去一对上颌外侧门齿（$2I^2$ 型）为最普遍的形态（时间和空间上）。尤其应该指出，在四川明代悬棺葬俗乃至在台湾近代的某些原住居民中，以 $2I^2$ 型的最为流行的拔牙形态。这种现象无疑是十分耐人寻味。

（3）拔牙的施术年龄和拔牙方法：文献记载中的拔牙时间大多指成年或成婚时，明确的年龄是在 14—15 岁时。拔牙的方法是"凿"、"敲"。从考古遗址的人骨鉴定，拔牙施术年龄推定在 14—16 岁左右，即正值青春期，由未成年向成年的转换阶段，拔牙的方法推定为敲打[24]。这一判断和文献记载的较为一致。

（4）拔牙的理由：文献记载中的拔牙理由可归为多种，如成年或成婚、身饰、美容、服丧、防灾、灌药、发音等。但大多数记载指明的是与 15 岁左右时的"既长"（成年）或"婚娉"（婚姻）相关。而身饰、美容、防灾等都不难看出是同婚姻关联次生出来的。只有治疗瘴毒与特殊的发音之说比较例外，而以个别特例和很局限的形式出现，后者也不具普遍的意义，推测也是后来衍生出来而已失去原形的意义。与此相比，从人骨鉴定推出的生理背景与成年或成婚相关的见解同文献记录似相一致。因此，从个体发育学的角度来考虑，拔牙之成丁或成婚之说可能是最为合理的[25]。

总之，无论据文献记录或考古鉴定推测的成年或婚姻标志的拔牙似乎是族群生活的一种规范而长期流传下来的古老风俗，而且犹如黥面一类的风俗而作为一种终身的标志。从形式上来看，这种标志要易于表露，但又不能严重影响进食的咬切功能，施术从易而又少痛苦。适宜这些条件的，当以前位著生的只具简单齿根的门、犬齿最为恰当。从这些角度来考虑，在考古遗址中出现的最为流长而普遍保存的 $2I^2$ 型拔牙是比其他拔除齿型更适宜充当这一角色。而拔除左右一对同名齿又暗含几千年前之古代人美学的对称性理念。

中国与周邻地区拔牙风俗之关系

本文所指与周邻地区之关系，实际是指中国东部沿海拔牙风俗发现的密集地区（主要为山东—江苏地区）与其周围拔牙风俗流传地区之关系。后者涉及中国西南及台湾海岛和日本海岛地区的拔牙，顺便也提及澳洲土著的拔牙风习。

（一）与中国西南地区晚期拔牙风俗之关系

如前文中所述，中国古代文献中记载的拔牙之俗比较集中在云、贵、川的僚—仡佬系的民族之中，他们与东部沿海地区新石器时代流行的拔牙风俗在时间上相差了有四千到五千年。因此，这两者之间有无传承的关系是值得讨论的。但由于目前在两者之间发现的资料还不多，因此，本文只能作一些初步的讨论。如前已指出，文献中记载这一地区晚期拔牙仅涉及上门齿。四川明代悬棺葬死者的拔牙形态也是 $2I^2$ 型，出现频率也相当高。这种形式的拔牙也和东部几千年前的拔牙主流形式完全一致。目前已知可能将两者拉上关系的线索是，位于汉水流域的屈家岭文化中发现的两处拔牙遗址，即河南淅川下王岗和湖北房县七里河遗址，它们的年代显然要晚于东部早期的拔牙遗址。尽管在这三者之间依然存在相当的地理隔离和时间差距，但这种拔牙风俗由东部沿海地区历经长江汉水地区向西南方向流传而一直保存至近代并非完全不可能的（图 2）。反过来，迄今在这个地区的新石器时代人骨上还没有发现拔牙的证据。因此，这个地区晚期的拔牙现象似乎是本地独立发生的。

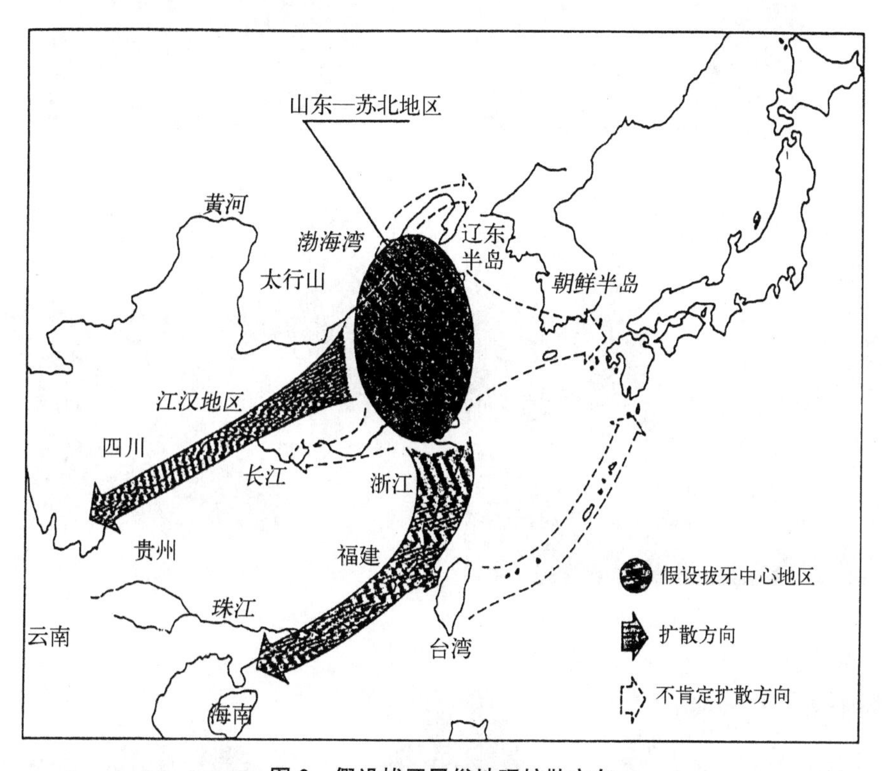

图 2　假设拔牙风俗地理扩散方向

（二）与台湾拔牙风俗之关系

如表一中所示，在台湾的多处考古遗址中发现有拔牙风俗存在的证据。其中经年代测定的有圆山、垦丁、锁港及卑南等遗址，其年代大致可早到距今约四千年前。就已发现的拔牙标本来看，其形式大多为 $2I^2.2C^1$ 型。这与大陆东部沿海省区以 $2I^2$ 型为主以及在日本常见拔除下牙的形式有明显的区别，因而有的学者认为台湾的拔牙风俗有其独立的起源[26]。但是在作这种结论以前，应该首先考虑台湾在距今约四千年前的拔牙与大陆的早期拔牙在时间上相隔不是很大。其次，应该注意到史前台湾拔牙形式虽以 $2I^2.C^1$ 型多见，但它们也并非是唯一的定型拔牙形式，还存有 $2I^2$ 型的拔除形态，如澎湖锁港及卑南遗址。这种拔牙形态虽少，但可能属大陆系的。而且在中国大陆除普遍的 $2I^2$ 型外，还发现少数具有 $2I^2.2C^1$ 型的拔牙遗址，如山东的茌平、安徽阜阳的尉迟寺及湖北的房县七里河等。

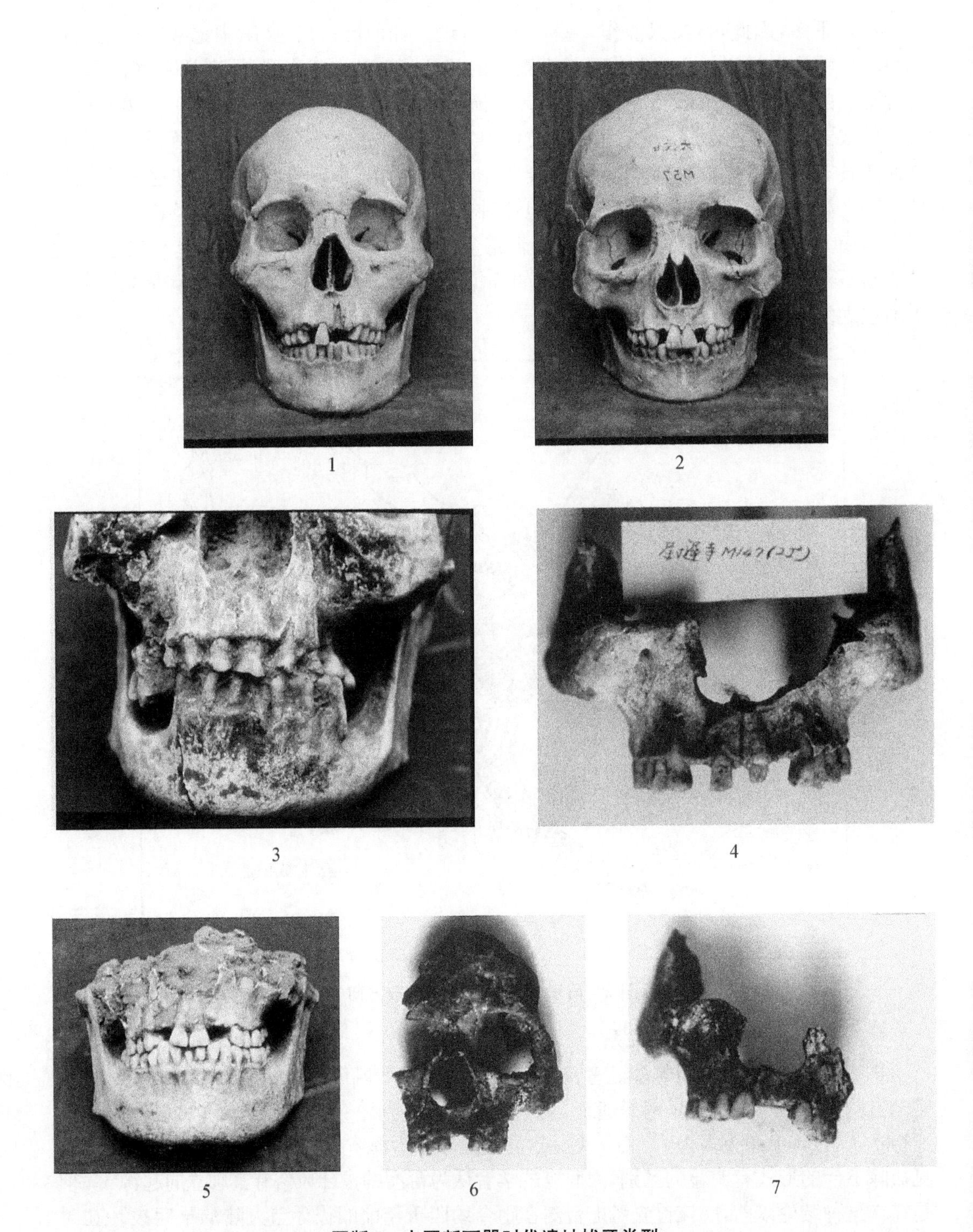

图版I　中国新石器时代遗址拔牙类型

1. 山东大汶口文化男性头骨，$2I^2$ 型；2. 山东大汶口文化女性头骨，$2I^2$ 型；3. 山东王因大汶口文化头骨，$2I^2$ 型；4. 安徽蒙城尉迟寺拔牙，$2I^2$ 型；5. 山东茌平尚庄大汶口文化拔牙 $2I^2$. $2C^2$ 型；6. 常州圩墩新石器时代男性拔牙，左 I^1I^2 型；7. 常州圩墩新石器时代女性拔牙，右 I^1I^2 型。

还应该特别指出的是，在近代台湾原住民族群中，也曾经有过相当引人瞩目的拔牙习俗存在。据日本某些学者报告，其中可定型的有 $2I^2$、$2I^2.2C^1$ 及 $2C^1$ 三型[27]。最近，本文作者之一在考察台北中央研究院历史语言研究所人类学组收藏的 50 具雾社泰雅人头骨时，拔牙个体的比例达到 56.3%。其中以拔除一对上颌侧门齿的（$2I^2$ 型）占 70.4%；$2I^2.2C^1$ 型的仅占 3.7%；其他的占 18.5%（I^1、I^2、$2I^1.2I^2$ 型）。这可以说明，台湾原住民中有过相当普遍的 $2I^2$ 型拔牙。又从台湾的拔齿局限于 I^1 和 C^1 型两个齿种来看，也和中国新石器时代遗址中大多也限制于这两个齿种之间有相近的性质。据此推论，台湾的史前和近代原住民的拔牙风习与中国的拔齿共性或相似性比与日本古代居民的拔齿风习更为明显。因此，不能完全排除台湾的拔齿风习中可能来自中国的影响（图 2）。

至于东南亚的某些拔牙资料。如有的学者列举的泰国邦高遗址中（Ban-Kao）存在与台湾史前拔齿相同的形式（$2I^2.2C^1$ 型），其时代可能晚到铁器时代[28]。据此，目前尚难确证台湾的拔齿风习，源出于东南亚还是有相反的渊源关系。

（三）与日本古代拔牙风俗之关系

从地理位置来讲，日本海岛地区与朝鲜半岛、中国东部近海地区及台湾岛环绕了黄海和东海水域，把它们归入共同的海洋性拔牙风俗圈似乎不足为奇。但是在讨论它们之间的关系时，仍然有一些问题有待厘清[29]。

（1）两个地区拔牙风俗出现的时代隔离：从这两个地区拔牙风习出现和延续的时间来看，日本最早的拔牙证据大概是在绳纹时代中期之末，以后在绳纹晚期至弥生早期达到巅峰，到古坟时期渐趋衰退。而中国东部拔牙的出现比日本更早，大约至少距今六千五百年以前，盛行于新石器时代较早期而衰退于四千年前左右的龙山文化时期。如以这两个地区拔牙风俗的盛期大略估计，两者相差达 3 000—2 000 年。或者说，中国拔牙风习从兴盛而进入消退期恰好是日本海岛地区拔牙的兴旺期。因此，似有理由推测日本的拔牙风俗好像是中国东部拔牙风俗流向海外的余波。

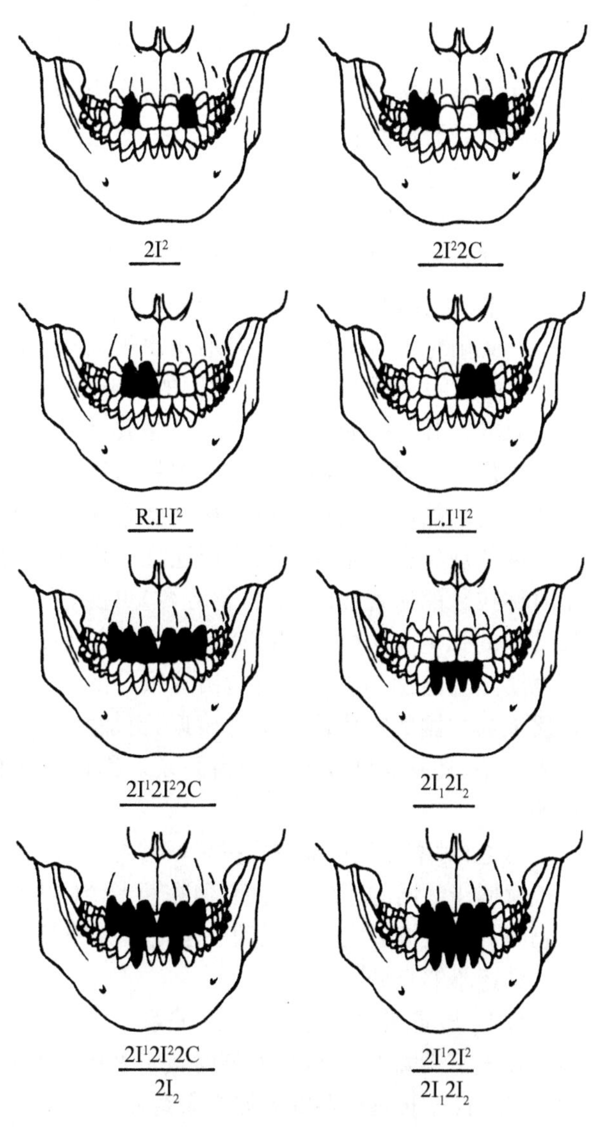

图 3　中国考古遗址发现的拔牙形态

（2）拔牙的形态学差异：从拔牙

的形态学比较来看，两个地区之间的差异却又相当明显。如日本绳纹晚期多拔除上犬齿或兼拔下门齿和犬齿。而中国最广泛而传承的是拔除一对上颌侧门齿，其他齿型相对很少或仅出现于个别遗址中。和中国大陆及台湾的史前及近代的拔齿形态之间也同样存在明显的差异。

(3) 拔牙形态功能的异化：日本史前期拔齿形态的复杂化是十分引人注目的。如有的日本学者曾将日本的拔牙形式分为 12 种[30]。这种富于变形的拔牙也激发了有的学者从多时间层次赋以多种功能加以解释。如拔除一对上犬齿($2C^1$ 型)为成年礼仪；拔除一对下侧门齿和一对下犬齿($2I_2$. $2C_1$ 型)为婚姻礼仪；拔第一前臼齿为服丧拔齿等[31]。显然这些解释很像是从中国古代文献记载中引释出来的。与此相比，中国的拔齿形态虽也可列出多种定型形式而趋向复杂，但总的来看，除了以拔除一对上颌侧门齿($2I^2$ 型)显示出最为源远流长且普遍的主体形态之外，其他形式很少或仅出于个别少数遗址中。而且无论从文献的记载还是据拔牙人骨的鉴定，推定的拔牙理由都集中在婚姻或成丁的礼仪上。因此，拔牙形态的多样化也没有伴随功能的异化而保存下来[32]。即便在文献记录上出现的多样解释也还脱不开婚姻这个主因，如记载中拔齿为饰、为美容和为服丧都不能与为婚的说法脱离关系。

(4) 拔牙形态学的关联：尽管中国和日本两个地区的拔牙风俗在时间上和形态学上存有明显的差距，但在某些时间层次上，仍然存在某种可以感觉到的拔牙形态学影响。例如在日本的绳纹晚期之末，广泛拔除下门齿(主要与下犬齿相配合)，在山东胶县三里河的大汶口文化晚期到龙山文化早期，也出现拔除下门齿的现象(但不与犬齿相配合)[33]，这两者之间的时间差距不大。不过中国的拔下齿之习似乎始终未蔚为风气。又如日本的最早拔牙形态的出现是在绳纹中期之末，主要是拔除上颌侧门齿(不对称，即 I^2 型)[34]。而拔除上侧门齿是中国新石器时代拔牙中最为流行的，与后来日本流行的拔齿形式全然不同。但两者之间的区别是后者以对称拔除为主，单侧拔除的比较少。这种不对称拔除上颌侧门齿的现象在日本冲绳的广田遗址中也很普遍[35]。因此有的学者认为和中国的某些不对称拔除的遗址之间(如常州圩墩)可能存在某种关联[36]。但最值得注意的还是在西部日本的弥生人中(如土井浜遗址)，拔除上侧门齿($2I^2$ 型和 I^2 型)且单独成型的出现频率明显地增加。因而学者指出这很可能是来自中国的影响[37]。特别是这些弥生人在体质上与中国的古代居民更为接近，更加强了这个种相关性。但也有学者指出，在这些弥生人中，还存有绳纹人的拔齿系统。因此有可能有两个不同拔齿系列的混在或相互影响。

总之，对中国和日本古代拔牙习俗之关系，尽管在两者之间有共同的地理和生理背景而很像属于共同的拔牙文化圈，但在两者个体发生学和形态学上，仍有明显的不连续和衍变趋势。而且彼此之间的互动关系资料欠完整。因而他们是否有共同的拔牙源头，目前的论证还不够充分[38]。

(四) 与澳洲古代拔牙风俗之关系

在太平洋圈内，澳洲新石器时代土著居民也存在拔牙的证据。据报道，在南澳洲墨雷河谷(Murray River Valley)域距今约 6 000—4 000 年的墓葬中发现拔牙的证据，其拔牙形态则局限于两枚上中门齿。据观察 26 具明确有或无拔牙的标本中，可见拔牙的 11 具占42%。拔牙和埋葬形式无关，男女中均都见有拔牙现象，但男性中拔牙似乎少见[39]。在距今约7 000—4 000年的Roonka遗址中也存在拔牙的证据，在12例拔牙标本中，有7例是针对左右上中门齿($2I^1$型)、4例是或左或右拔去一枚上中门齿(I^1型)，只有2例涉及上外侧门齿(I^2型)。至今尚无拔除下牙的报告[40]。

这种以上中门齿为主的拔牙形态又似乎表现出与中国大陆和海岛地区拔牙之不同。因为上中门齿的拔牙形式在中国的考古遗址中是几乎绝无仅有的，即只在山东胶县三里河和广东佛山河宕遗址中各发现一例$2I^1$型，能否为定型拔牙也还缺少统计学的可信证明。或许，澳洲的拔牙风俗另有自己发生学的源流。

与拔牙俗伴生的脑颅和颌部畸形

在中国东部的新石器时代头骨上发现脑颅畸形和颌骨的异常磨蚀的畸形现象。这两种现象的研究虽不及拔牙风习，但由于它们无论在时空的分布都与拔牙有伴生的相关性，这两种畸形都发现在山东至苏北的大汶口—青莲岗文化分布地区。也是中国拔牙风俗出现最密集的地区。有趣的是这三种畸形现象有时竟然出现在同一个头骨上，因而引人注目。

(一) 头骨枕部畸形

头骨畸形或变形是由于人为文化因素而改变头颅的自然生长方向而造成改形的现象。与自然生长的头骨相比，所谓枕部畸形的主要改形现象发生在颅后部，使枕骨部分变得明显扁平俗称“扁头”。这种变形引起颅部生长异常，使头骨的宽度和高度明显增大，长度变小但对额、面部的影响较小[41]。因此，它与人类头骨的正常颅化现象有所区别。枕部畸形也仅是颅部变形的最简单一种。这种头骨在山东—江苏的大汶口—青莲岗文化的居民中时常发现。但由于过去对这种畸形未作详细调查而不能提供它们具体的出现频率，仅能指出这种变形在男女性中都出现过。此外，从已发表的资料和图版来看，这种变形并非都很规整，在部分个体中，其枕部扁平不十分对称，其扁平面多向右侧偏斜。从这种现象来看，还不能排除这种畸形的“无意识”行为，如比较可能的是从幼婴时期始，将婴儿相对固定于仰面卧姿，并用较硬的枕具。这种畸形的不对称性又反映了幼儿卧姿的固定仍有相对的活动度。这或与某种有偏向性的哺育取位有关。虽然对这种畸形尚待详细调查，但从山东、江苏的一些新石器时代遗址出土的头骨上看，它们与这一地区的拔牙习俗的共生性是明显的，因为经常是拔牙和枕部畸形其呈现于同一个体头骨上，而且也大致和拔牙习俗共进退。令人讶异的是，同一在地区的龙山文化期以后的头骨上却很少再见到这样的畸形现象。

(二) 颌骨异常磨蚀与口颊含球习俗

这一现象首先在江苏邳县大墩子新石器时代人的一具下颌骨上发现的。异常的磨蚀现象发生在左右两侧颊齿(P_2-M_2)的颊侧面上，而且整个磨蚀而呈球曲面向舌侧变曲。这种特殊的磨蚀显然与通常的咀嚼咬合磨损无关，而与某种高硬度球状体长时间磨擦压挤有关。这种球状体后来在山东兖州王因新石器时代人骨的鉴定中发现三例，即一例头骨的颊齿旁发现一枚小石球；另一例在口腔的一侧发现一陶质球；第三例是在约6岁小孩下颌旁也发现陶球。球体直径约1.5—2.0厘米。而且在前两侧颊齿冠颊侧面也发现磨蚀面。观察该墓地所有小型球体出土部位,发现绝大部分球体出自死者颌骨近处,证明这种硬质球是造成这种特殊磨损的主要机械因素[42]。

据第一笔者初步调查,从王因遗址中发现的这种小球全部仅有20余枚。与人骨鉴定资料相核对,有这种球体之发现或无球体,颊齿外侧有磨蚀面留下的个体几乎全是女性。另一个现象是同一个体常在颊齿两边的外侧面都有磨蚀痕迹,但只发现有一枚球体。这好像说明磨蚀面是由一个球体左右滑动而长时间磨擦而造成。这种磨蚀发生的年龄从一个约6岁儿童颌骨旁发现小陶球判断,始于幼龄时期。这种口颊含球个体与拔牙习俗相比,占整个墓地死亡人口中的极少数。对这种口颊含球的奇特现象,目前还找不到可信而合理的解释。暂且只当作一种已经消失在新石器时代的奇异习俗看待。但我们还是该在此指出,由于硬质球体在口颊中长时间的磨擦,严重损坏牙齿和齿槽骨的健全,磨擦轻者在颊齿的外侧面只留下磨蚀面,磨蚀重者会引起齿根的暴露,磨蚀部位的齿槽萎缩甚至形成明显的齿槽球形凹陷,严重者会引起齿槽脓肿甚至牙齿提前脱落[43]。

值得注意是这种口颊含球引起的颌骨畸形与枕部畸形现象,它们与拔牙风俗大致出现在相同的文化分布带(即山东—苏北的大汶口—青莲岗文化分布区)。而且有时这三种畸形证据出现在同一个体的头骨上。相反,这样一组变形现象在仰韶文化分布的黄河中上游及至其他内陆地区却很少见。这也反映了这两个不同文化分布地区的新石器时代居民习俗之间存有明显的差异。未来对这类从骨骼上研判的特异现象应做深度调查,一方面有助于了解史前居民的某些特殊风习,另一方面在古代民族史的研究也能提供一些启发性的重要线索。

注　释

①—② 铃木尚,1941:《人工的齿牙の变形》,《人类学・先史学讲座》第十二卷第三部,1—51页,雄山阁,东京。

③ 韩康信、潘其风,1981年:《我国拔牙风俗的源流及其意义》,《考古》第1期,64—76页。
陈星灿,1996年:《中国新石器时代拔牙风俗新探》,《考古》第4期,59—62页。

④ 春成秀弥,1973年:《拔齿の意义》(1),《考古学研究》第20卷第2号,25—48页。
春成秀弥,1973年:《拔齿の意义》(2),《考古学研究》第20卷第2号,41—51页。

⑤ 严文明,1979年:《大汶口文化居民的拔牙风俗和族属问题》,《大汶口文化讨论文集》245页,齐鲁书社。

⑥ 甲元真之,1995年:《中国先史时代的拔齿习俗》,《文明学原论》(江上波光先生米寿纪念论集),283—293页,编者《古代オリエト博物馆》。

⑦ 宫内悦藏,1940年:《所谓台湾蕃族の身体变化》,《人类学・先史学讲座》第十九卷特别讲座,1—45页,雄山阁・东京。

⑧ T. Kanaseki, 1961: The Custom of Teeth Extraction in Ancient China. Extrait des Actes du V1 Congres International des Sciences, Anthropologique et Ethnologiques. Paris.

⑨ 金关丈夫,1951年:《中国古人に于ける拔齿例骨》,《解剖学杂志》第26卷第2号,104页。

⑩—⑪ 颜訚,1972年:《大汶口新石器时代人骨的研究报告》,《考古学报》第1期,102—103页;颜訚,1973年:《西夏侯新石器时代人骨的研究报告》,《考古学报》第2期,93—97页。

⑫ 同③。
⑬ 韩康信，1990 年：《山东诸城呈子新石器时代人骨》，《考古》第 7 期，644—654 页。
⑭ 据笔者之一记录或参见③。
⑮ 张君、韩康信，1997 年：《尉迟寺新石器时代人骨的观察与鉴定》，《人类学学报》第 4 期。
⑯ 同③。
⑰ 连照美，1987 年：《台湾史前时代拔齿习俗之研究》，《国立台湾大学文史哲学报》第三十五期，1—28 页。
⑱ Takahiro Nakahashi，1995：Ritual tooth-ablation in Weidun Neolithic People. Studied on the Human Skeletal Remains from Jiangnan，China. National Science Museum，Tokyo.
⑲ 同③。
⑳ 韩康信，1982 年：《亳县富庄新石器时代墓葬人骨的观察》，《安徽省考古学会会刊》第 6 辑，18—20 页。
㉑ 韩康信、陆庆伍、张振标，1974 年：《江苏邳县大墩子新石器时代人骨的研究》，《考古学报》第 2 期，125—141 页。
㉒ 同㉑。
㉓ 秦学圣等，1981 年：《“僰人”十具骨架的观察与测量》，《四川省博物馆论文集》第 1 辑，1—18 页。另据笔者之一对台湾中研院史语所藏四川悬棺葬头骨观察记录。
㉔ 同㉑。
㉕ 同③。
㉖ 同⑰。
㉗ 同⑦。
㉘ Sangvichien，S.，P. Sirigaroon and J. B. Jorgensen，1969：Archaeological Excavations in Thailand，Vol. III.，Ban Kao，Part 2：The Prehistoric Thai Skeletons. Munksgaard，Copenhegen：Andelsbogtrykkeriet i Odense.
㉙ Han Kangxin and Tanahiro Nakahashi，1996：A Comparative Study of Ritudl Tooth Ablation in Ancient China and Japan. Anthropol. Sci. 104(1)，43 - 64.
㉚ 渡边诚，1976 年：《日本的拔齿风习と周边地域上の关系》，《考古学ジセ—ナル》，10：17 - 21。
㉛ 同④。
㉜ 同③。
㉝ 同③。
㉞ 同④。
㉟ 金关丈夫，1966 年：《种子岛广田遗迹の文化》，《福冈工ネスユ协会会报》第 3 期，2—15 页。
㊱ Yamaguchi，B. and Huang，X.，1995：Studies on the Human Skeletal Remains from Jiangnan，China. National Science Museum Monographs No. 10.
㊲ 中桥孝博，1990 年：《土井ケ兵弥生人的风习的拔齿》，《人类学杂志》98：483—507。
韩康信、中桥孝博，1998 年：《中国和日本古代仪式拔牙的比较研究》，《考古学报》第 3 期，289—306 页。
㊳ 同㉙。
㊴ Blackwood，R. and K. N. G. Simpson，1973：Attitudes of Aboriginal Skeletons Excavated in the Murray Valley Region between Mildura and Renmark，Australia. Memoirs of the National Museum of Victoria，Number 34，pp. 99 - 150.
㊵ Prokopec，M.，1979：Demographical and Morphological Aspects of the Roonka Population. Arch. &

Anthrop. in Oceania, Vol. XIV, No. 1, pp. 11－26.

㊶ 同⑩⑪。

㊷ 韩康信、潘其风，1980年：《大墩子和王因新石器时代人类颌骨的异常变形》，《考古》第2期，185—191页。

㊸ 同㊷。

A stydy on ancient practice of tooth extractions discovered from Chinese Archaeological sites

Kang-Xin Hang and Chuan-Kun Ho

(Accepted September 16, 2002)

Abstract

The custom of tooth extractions were practiced not only prehistorically but also among many groups around the world ethnographically. Many new discoveries of tooth extractions unearthed from archaeological sites in China are desperately needed a new study. The purpose of this paper is to synthesize the incidence of tooth extractions from archaeological sites in China and the historical records as well as ethnographic data to explore and evaluate the spatio-temporal distribution patterns, and the type variations and the etiology of tooth extractions in ancient China.

Key words: tooth extraction, tooth morphology, incidence of tooth extraction, etiology

(原文发表于《国立台湾博物馆年刊》第45卷，2002年)

中国和日本古代仪式拔牙的比较研究

韩康信　中桥孝博

一、前　言

在古代人群中实行仪式拔牙风俗有很古老的历史，它在北非至少可以追溯到中石器时代，是一种有意识地拔除某些健康前位齿的行为[①]。在世界其他许多地区的古代人头骨上也都记录有这种风俗，并且在拔牙的形式和原因方面也存在明显的变异。因此，对这一习俗进行大量的调查，无疑可作为了解古代社会的有益方法[②]。

在中国和日本古代人骨上经常可以观察到拔牙风俗的存在，中国的情况已经进行过许多报道和研究[③]。其中韩康信的论文综合评价了中国境内与这种习俗有关的材料，并讨论了仪式拔牙在中国的起源和转变等问题[④]。另一方面，在小金井良精的研究之后，日本的研究主要集中在绳文时期的拔牙风俗上[⑤]。春成秀尔则讨论了包括弥生时期在内的日本古代人拔牙风俗的意义[⑥]。最近，中桥孝博也分析了日本从绳文——弥生时代仪式拔牙的时间变化，并指出了这一习俗在中国和日本之间存在相互联系的可能性[⑦]。

但是，直到目前为止，大多数研究都局限于对作者各自国家材料的分析，几乎没有对不同国家古代仪式拔牙相互关系的专门研究。众所周知，在中、日两国之间，无论文化还是民族之间的各种交流具有很长的历史。所以，对具有世界范围分布和显示强烈土著传统的仪式拔牙的比较研究，有可能为讨论中、日两国之间相互交流的历史提供新的启示。本文根据直到最近为止从中、日两国发掘出土人骨的拔牙资料，试图阐明这两个地区仪式拔牙之间的特点和相互关系。

二、材料和方法

本文选用人骨材料的遗址资料列于图一和附表一，共包含562个个体的头骨。这些头骨都发掘自中国新石器时代到明代的墓地。其中部分材料由中国社会科学院考古研究所汇集，部分根据韩康信的野外鉴定记录。台湾地区的资料引自连照美的文献[⑧]。

日本的资料主要来自汇藏在九州大学的人骨[⑨]。此外，日本其他地方的绳文和弥生时代的资料引自以下学者的文献：

绳文人：长谷部言人[⑩]，宫本博人[⑪]，中山英司[⑫]，大仓辰雄[⑬]。

弥生人：金关丈夫[⑭]，内藤芳笃、荣田和行[⑮]，内藤芳笃、长崎洋[⑯]，坂田邦泽[⑰]，松下孝幸[⑱]，松下孝幸、伊丹阳[⑲]，松下孝幸等[⑳]，中桥孝博[㉑]，中桥孝博、永井昌文[㉒]，中桥孝博等[㉓]。

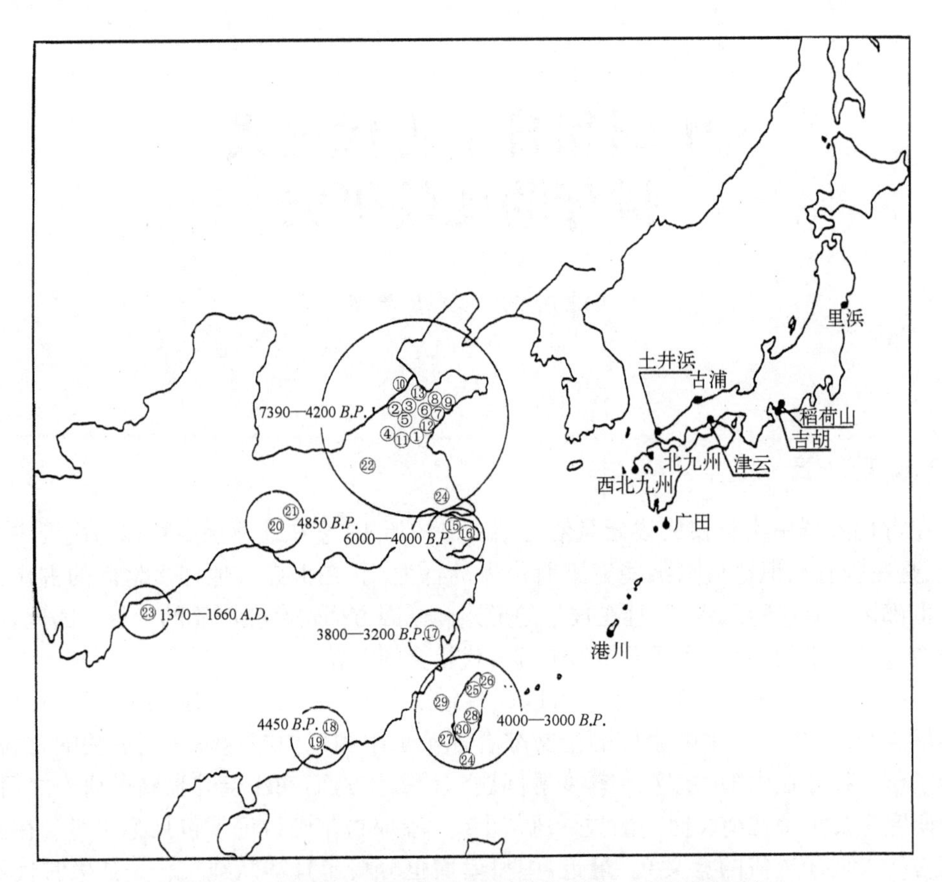

图一　拔牙遗址分布示意图(遗址号与附表一遗址号相应)

上述文献中的一些材料收藏在东京大学、京都大学和国立科学博物馆等,经中桥孝博作了核查。

对仪式拔牙的确定,依据 Hrdlicka 和大多和利的标准[24],即(1) 排除先天缺失、牙龋病、牙周病及损伤等因素引起的缺牙;(2) 在同组人骨材料上同种类缺牙经常重复出现,同时还考虑拔牙的对称性、齿槽的变化及紧邻牙齿和对侧的牙齿变化等。

由于不同学者在掌握辨别仪式拔牙标准的误差[25],相互观察过对方的部分典型拔牙标本和确认拔牙的形态标志,认为基本符合。

三、结果和讨论

(一) 拔牙风习出现的时间和变化

就目前考古材料所示,中国古代实行仪式拔牙的证据主要见于沿海省区和台湾。其中,如图一和附表一所示,又主要集中在山东—苏北地区的新石器时代遗址中。据考古学研究,这些出现拔牙风习的遗址属于大汶口、青莲岗、马家浜、屈家岭和华南的印纹陶文化及台湾的史前文化,它们无论在时代和地理上都有相当广泛的扩展。

关于中国何时何地开始了仪式拔牙,依然存在某些不清楚的地方。根据在中国新石器时代已经盛行仪式拔牙的事实推测,这一风俗最初发生的时间可能还要稍早一些。但缺乏旧石器时代人拔牙的证据。迄今为止，在中国已经揭露有明确年代证据的最早拔牙资料出自山东省境内的大汶口文化早期遗址，其绝对年代达 6 500 年前。据闻，山东滕县北辛文化人骨上也存在拔牙风俗，其时代早于大汶口文化，大约距今 7 000 年前。所以暂时推测，中国的仪式拔牙风俗很可能开始于大汶口—青莲岗新石器时代文化分布地区，地理上可能不出山东—苏北范围。

大汶口文化末期到龙山文化期（大约距今 4 000 年），这一习俗在这个地区很快消退，因为在这个地区商周—汉代人骨上几乎不见了拔牙现象。据大约 2 500—2 200 年前的中国古籍《山海经》记述，可能位于南方的"凿齿"民曾被黄河下游的强大羿族集团所击败。这一事件大约发生在夏代时期（约 4 000—3 500 年前）。如果这一历史依据可信，所谓"凿齿"民实系有拔牙仪式的民族，那么正好暗示在夏代的黄河下游的拔牙风俗已经消退。这同考古调查该地区拔牙证据的消退时间大致吻合。

在日本，据称冲绳那坝市发现的港川人下颌骨上可能存在最早的拔牙证据，其年代可早到 18 000 年前的旧石器时代晚期。这是在一具女性下颌上缺少一对中门齿（$2I_1$），门齿部位的齿槽亦已吸收闭合。但在另一具男性下颌上没有发现同类现象[26]。所以在这个时期的港川人中是否存在拔牙的习俗仍有疑问。此外，冲绳岛的绳文时代人骨上有无这种证据也全然不明。但要指出，拔除下门齿的风习在日本的南部海岛地区，如奄美岛上的绳文到弥生时期也存在[27]。在日本中国地区的大田和九州地区的轰遗址中也是如此[28]。

除了港川人标本外，在日本主要岛屿上明确的仪式拔牙证据出现在仙台湾附近的绳文中期之末，并在绳文晚期之末出现频繁（大约距今 4 000 年）。以后，这种习俗还在不同地区弥生时代人骨上也观察到[29]，还可能延续到随后的古坟时期[30]。但除少数海岸地区外，这个风俗随后很快消失。

如前指出，中国山东—苏北地区的拔牙风俗在大汶口文化的早、中期达到高潮（附表一），这明显比日本的最流行期更早。在山东地区拔牙的消退大约始于 4 000 年前的龙山文化时期，这也比日本的消退期早许多。换句话说，无论中国的拔牙兴盛期还是消退期，都比日本的相应时期早约 2 000 年。因此，中国沿海地区的仪式拔牙的消退正好相当于日本群岛上的最盛期。

（二）拔牙的频率

无论在古代中国还是日本，仪式拔牙的兴盛期都有明显的拔牙高频率出现。例如在中国，有些大汶口文化早、中期遗址（泰安大汶口、兖州王因、莒县陵阳河、邳县大墩子等）的拔牙频率在 60%—90%（附表一）。在日本的一些重要贝丘遗址（里浜、稻荷山、吉胡和津云等）的频率则达到 80%—100%，好像比中国的还要高一些。

然而，在这两个地区不同遗址中也存在明显的频率差异，这也代表了这些遗址的人口之间拔牙兴衰程度的差异。

一般而言，在中国新石器时代拔牙风俗上不存在性别之间的明显差异。在这种风俗流行的遗址中，男、女性频率常超出 60%。相反，在日本的绳文集团中，早就被学者指出有性别的差异[31]，而且在土井浜弥生时代遗址中，在拔牙的出现率和拔牙的形式上也都存在性别的差异[32]。

(三) 开始施行拔牙仪式的年龄

从中国山东—苏北地区一些考察个体比较多的遗址里，最小拔牙个体的年龄大概在13—15岁之间，这样的年龄大致在乳齿被恒齿取代之后。当然，不同鉴定者在骨骼年龄特点的掌握上也可能存在某些主观误差。但一般来说，中国的拔牙施行年龄大约在13—15岁之间的青春发育开始时期应没有大的疑问(附表一)。

对日本绳文人拔除上犬齿最小年龄的调查表明，也是发生在青春期开始的时候，在肢骨上还保存着骨骺线(正好在第三臼齿萌发之前)[33]。但也有某些报告指出，弥生时代的遗址中，如广田[34]、大友[35]、土井浜[36]，拔牙开始的年龄在12—13岁。然而这种特别年轻的拔牙个体目前还仅限于在九州和本州岛最西部的弥生时代遗址中发现。这种拔牙的少年化倾向是否在其他地区也普遍存在仍需进一步调查。实际上，个体的青春发动期开始的年龄差并不鲜见。

尽管如此，对这两个地区拔牙最小年龄的调查表明，实际存在着基本相似的拔牙实施年龄，即大概都在青春发动期，这成为拔牙的共同生理背景。日本的一般看法是认为拔牙的年龄与实行成年仪式相关，也还有其他意见，即标志成年的上犬齿被拔除以后，还存在标志婚姻的下颌齿的拔除[37]。如果这种假设正确的话，那么，中国的最初拔牙年龄实际只相当日本的成年拔牙，并没有发现相当于日本的婚姻拔牙的形式。

(四) 拔牙的形式

这里所指的"形式"是指拔除何种齿种。在中国的材料中，仪式拔牙涉及的齿种主要包括上颌侧门齿和中门齿及犬齿，其他齿种则十分稀见。其中最普遍和大量出现的是拔除一对上颌侧门齿($2I^2$ 型)，但也有少数单侧拔除的不对称型(I^2 型)[38]。

另一个值得注意的拔牙类型是拔除一对上颌侧门齿和一对上犬齿($2I^2 \cdot 2C^1$ 型)。虽然它们只在少数遗址(如湖北房县七里河和山东茌平尚庄)中出现[39]，但这也是台湾岛古代人的基本拔牙形态[40]。然而在中国，还没有发现像日本那样单纯拔除一对上犬齿($2C^1$ 型)的情况。

针对下颌齿种的拔牙也只在中国的少数遗址中出现。例如在山东胶县三里河龙山文化期的人骨上见到只拔下门齿的例子($2I_1$ 型、I_1 型和 $2I_1 \cdot 2I_2$ 型)，也有上下门齿共同拔除的标本($2I^2/2I_1$ 型，$I^1I^2/2I_1 \cdot 2I_2$ 型)。而在同一遗址的大汶口文化期的拔牙则很稀见，除发现有 $2I^2$ 和 $2I^1$ 型各一例外，仅发现 $2I_1$ 型一例[41]。

一个拔牙形式非常复杂化的例子发现于安徽亳县富庄遗址的人骨上。鉴定人骨虽然不多，但至少可能辨别出四种形式：$2I^2$ 型(2例)，$2I^1 \cdot 2I^2/2I_1 \cdot 2I_2$ 型(或记为 4I/4I 型，共4例)，$2I^1 \cdot 2I^2 \cdot 2C$ 型(2例)，$2I^1 \cdot 2I^2 \cdot 2C/2I_2$ 型(1例)[42]。

另一方面，日本古代人的拔牙形式似乎比中国更趋向复杂化。例如在绳文人中，犬齿特别是上犬齿是主要和普遍的拔除对象。同时，下门齿为拔除对象的也十分普遍。它们的组合则更见多样化。

相反，如前所述，拔除下门齿的例子只在中国的个别少数遗址里出现，没有像古代日本人那样流行起来。而且在中国发现的为数不多的拔除下门齿的标本中(如胶县三里河、亳县富庄)，都未和犬齿组合起来拔除，但在日本则大量存在下门齿和下犬齿共同拔除的现象。

从另一方面看，中国虽也发现拔除犬齿的遗址，但只限于上犬齿，而且总是同上门齿组合起来拔除（$2I^2 \cdot 2C$ 型），即使是最常见这种拔牙风俗的台湾岛也不例外。最普遍的拔牙仅限于 $2I^2 \cdot 2C$ 型，从未涉及下颌齿。根据这些调查，显然与日本的情况不同，即后者是上、下犬齿被频频拔除，有时甚至拔去第一前臼齿（P^1_1），后者被解释成服丧拔牙[43]。而中国则仅涉及上犬齿。

一个以不对称拔除上门齿为主要形式的遗址发现于常州圩墩（$I^1 \cdot I^2$ 型）[44]。在其他遗址中虽也发现某些不对称拔除的标本、但都不像圩墩那样以主要形式出现。应该注意的是在日本南部海岛种子岛的广田弥生时代人骨上，实施了对上颌侧门齿和犬齿的不对称拔除（$I^2 \cdot C$ 型），因而显得很特殊。但这种形式的拔牙除种子岛的鸟之峰弥生时代遗址外，在日本其他遗址中还没有发现。有的学者指出，日本广田遗址和中国华南的考古随葬品之间存在相似的因素[45]，而且从广田发现的头骨上存在枕部畸形，也和常州圩墩人骨相似[46]。不过从这两个遗址的头骨其他部分的比较还难以确认其相似性，况且两者之间存在大约 3 000 年的时代间隔。但无论如何，这些情况对日本南部海岛和中国江南之间文化关系的研究仍是值得注意的。

在中国和日本的拔牙形式的比较中，另一个值得注意的现象是，当拔牙风俗首次在这两个地区出现时，拔牙形态有某种相似性，即在中国最初的定型拔除为 $2I^2$ 型（在山东—苏北地区）。据报告，这种类型在日本东北部的绳文中期的人骨上也有发现，并且也是日本本州岛的一种最古老的仪式拔牙例证[47]。

（五）拔牙的意义

在中国的古代文献中，对拔牙风俗的原因有不同的解释，如“成年”、“婚姻”、“服丧”、“出自氏族”、“装饰”乃至“美容”等说法[48]。很难设想，古人拔牙从其一开始便设计出这样多样化的解释。比较合理的推测便是此种习俗在原发时期的原因应该是比较单一的，其他种种说法可能是后来衍变出来的。

据前所知，从风习拔牙标本上鉴别出了各种不同的拔牙形式。对此比较可能的解释是其中的大多数不同组合的形式也可能是后来派生出来的，而原始的形式应该属于相对普遍而齿种单一，并且拔除后最易显示，拔除手术比较容易施行的类型。从中国古代拔牙的形态资料看，$2I^2$ 型可能是符合上述条件的原始类型。这种类型不仅在时间和地理分布上最为流行，甚至是近代的某些民族仍在沿用的一种形式[49]。它们生长在口腔最易显露的位置，单一的锥形齿根也最容易使其脱出齿槽，因此也最具有标志性。而且这种拔齿类型在男女性中没有显示差异而具有性别的普遍意义，因此把它看成中国境内最古朴和功能含义单一的拔牙形式较其他形式更为合理[50]。

对许多遗址拔牙年龄的调查也证明，实行这种类型的拔齿大约是在个体发育转向成年阶段时进行的，这种生理变化也很容易被古人感知和把握，因而在严格的氏族生活中，也可能容易地被用来作为成年或允许婚媾的标志之一。也就是说，在中国境内，拔除一对上颌侧门齿（$2I^2$ 型）可能是承认氏族成员进入成年或婚姻资格而实行的一种仪式，而且具有终生标志的作用。

在讨论这种拔牙风习的意义时，还应该注意到在山东地区早期大汶口文化墓地中的某些葬制现象，如经韩康信鉴定近千个人骨的兖州王因墓地，存在明显的同性别和大致同年龄层次的2—7人不等的合葬墓及许多基本上同性别(主要为男性)的人数更多的二次葬墓。这个墓地的葬制表明,很可能当时该氏族的男女不能合埋于同一墓穴的习俗还相当普遍。由此推测,在氏族生活中可能依然保持同族男女不能婚媾的定制,因此,他们实行族外婚的可能性比较大。而礼仪拔牙习俗的发生很可能和族外婚的实行有密切关系。

另外,在中国境内已发现的拔牙资料中,除拔去上颌侧门齿外,还存在其他多种或更复杂的拔牙形式,但总的说来,这些例子还比较少见,或仅见于个别遗址中。由于对它们的调查材料还很不充分,它们是否仍如上述的单一原因抑或另有其他意义,尚不能合理解释。

在日本,以前的一般看法是为实行成年仪式而拔牙。但如前指出,考虑到拔牙的年龄(青春期左右),在日本古代人中存在拔牙形式的高度多样性,这可能暗示在拔牙风俗的社会内涵上也发生了异化。春成秀尔指出,在诸如津云、吉胡和稻荷山的绳文晚期人骨上不仅存在普遍的拔牙现象,而且显示出明显的拔牙形式的多样化。他据此推测,拔牙不仅在标志成年的青春期,而且也在以后某些具有代表性的人生通过仪式(如婚姻、服丧)时进行[51]。虽然对春成的这种解释在多大程度上能够适用于日本各地的拔牙仍有讨论的余地[52],但以简单的成年礼仪去解释日本拔牙兴盛期出现的多样化形式确实存在困难。因此,合理的看法是这种拔牙形式的多样化,在某种程度上可能反映了日本古代拔牙风俗具有非单一的意义。

需要指出,在中国沿海省区出现拔牙的大多数遗址中,比较简单的拔牙形式($2I^2$型)占优势。这一点和日本存在相当明显的区别。中国的古文献虽有不同拔牙意义的记载,但其中大多数把它作为婚姻或成年资格的一种标志。到目前为止,在拔牙的形式和功能的多样化之间还没有能找到明确的相互关系,也就是说,即使在中国文献上存在不同的拔牙理由,但却不能以拔牙形态的类型学变化明确地显示出来。相反,据春成秀尔的观点,日本的拔牙风俗在拔牙形式的多样性和拔牙功能的多样化之间存在相互对应的密切关系[53]。如果他的这种看法是合理的,那么日本和中国的拔牙风俗显示出了各自民族社会性质的差异,或者说这两个地区拔牙风俗的形成和发育过程,存在着不完全相同的发展趋势。史前台湾的拔牙类型(多$2I^2$・2C型和少$2I^2$型)在大陆也可找到(如山东茌平尚庄、湖北房县七里河的$2I^2$・2C型),尽管有其独立演化的可能[54],但不排除来自大陆的影响[55]。

(六) 仪式拔牙的起源和传播

图二是对中国拔牙风俗流传方向的推测。在这幅图上,山东—苏北地区假定是中国仪式拔牙发生的中心。因为迄今所知中国的大量拔牙遗址在这个地区集中发现,其时代最早的也在这个地区。中国的江南沿海地区是否也包括在这个地区之内还是一个问题,不过有几个早期遗址值得注意,如浙江余姚河姆渡新石器时代遗址(距今约7 000年)出土的人骨上未发现拔牙证据。最近,韩康信曾观察过江苏金坛三星村距今约6 000年前的一大批人骨,也只见到个别拔牙($2I^2$型)的标本。福建闽侯县石山墓葬人骨中也只见零星拔牙的标本。因此,将苏北沿海至江南地区包括在仪式拔牙发生中心区的可能性不大,而可以视为拔牙风习流散的地区。目前尚没有将中国拔牙风俗追溯到旧石器时代的证据,日本南部港川人可能拔牙的标本还是有待证明的孤证。

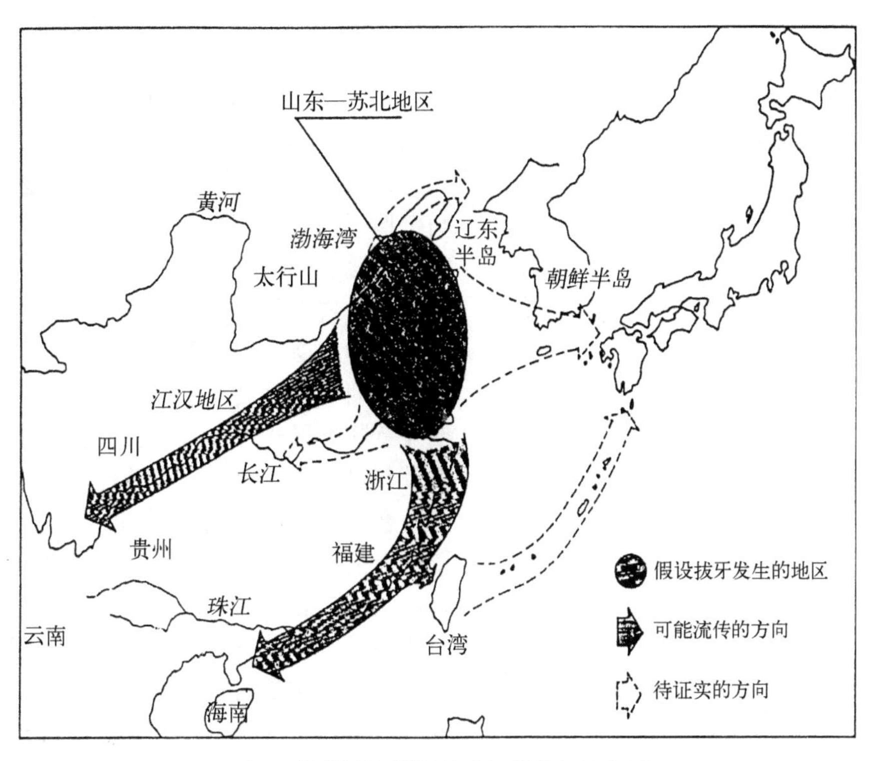

图二 假设拔牙风俗地理扩散方向示意图

根据中国拔牙遗址年代的比较(附表一),将这一习俗可能流传的方向假设性地示意于图二。大概来说,向西通过黄河—长江之间地区可能流向江汉地区的屈家岭文化分布地区,但没有进入太行山地区或仰韶—龙山文化分布带。向南可能沿浙、闽沿海流向珠江三角洲,有可能在这个流传方向上影响到澎湖—台湾海岛地区甚至海南地区。特别是在台湾,直到近代的高山族拔牙风习中,还存在大陆非常流行的 $2I^2$ 型,这也是他们主要的拔牙形态之一。此外,假定从沿海地区沿长江上溯,也可能渗入屈家岭文化地带,包括汉水流域。常州圩墩、江苏金壇、湖北房县及河南淅川的拔牙痕迹可能就反映了这种流向的轨迹。在这个方向上,拔牙习俗还可能进一步流向西南的云、贵、川地区,因为直到这个地区非常晚近的民族中(如四川的珙县洛表明代墓及历史记录中的僚-仡佬族中)还有过拔牙的证据或记录。另一个可能假设的流向是沿渤海湾传至辽东半岛和朝鲜半岛,当然也可能直接过海到达这些半岛,甚至日本海岛,但目前还缺乏有助证明的资料,仅在朝鲜半岛的勒岛遗址发现有明确无误的拔除一对上犬齿的两例女性头骨,但其时代较晚,大概在公元前 1 世纪[56]。因此需要从这些地区补充更多的人骨材料,才能阐明中国、朝鲜乃至日本之间的拔牙风俗流向问题。

值得注意的是,虽然在日本拔牙仪式的最流行期(绳文晚期之末)主要是拔除犬齿和下门齿,但最早出现的拔牙形式之一却是去掉上颌侧门齿(I^2 型)[57],而这种齿型也是基本的形式。在日本本岛发现的这种古老标本出现在日本东北部的绳文中期之末而不是日本的西部,因此渡边诚提出了日本的仪式拔牙自生的理论[58]。这种理论是否正确,尚有待在西日本地区作进一步调查研究。首先,与绳文晚期阶段相比,绳文早期阶段的人骨十分稀少。其次，在九州某些绳文早期遗址和南部冲绳的旧石器晚期港川人骨骼上曾报告过更古老的拔除下中门齿的例子[59]。

此外，有必要对西日本绳文晚期派生出的拔除下门齿的现象进行讨论，因为这种拔牙类型也在中国有所发现(虽然仅在少数遗址中)。值得指出，这种类型在中国出现于大汶口文化末期或龙山文化早期，也就是说，在这两个地区，这种拔牙形式的出现没有明显的时间间隔。因此如图三所示，中国的这一新的拔牙形式同西日本绳文晚期之末的这类拔牙有某种相似性。虽然我们还没有更充分的材料证明在两者之间存在直接的联系，但需要注意这种形式在中国大汶口文化以后的转变及其对日本可能产生的影响。

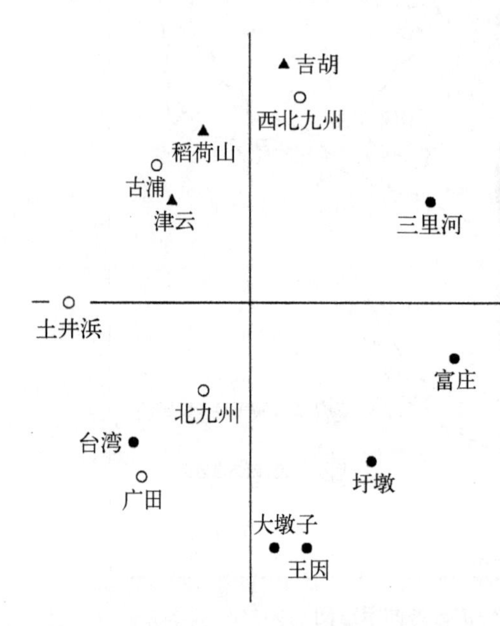

图三　根据牙齿拔除相对频率计算的Q式相关系数绘制的MDS二维散点图

在日本西部土井浜弥生人中，拔除上颌侧门齿的比例明显升高[60]。这好像提供了来自中国大陆影响的更具体的证据。这种拔牙形式在日本绳文晚期之末虽很稀见，但却是中国古代的主要流行形式。而且土井浜弥生人的形态特征和中国、朝鲜半岛新石器时代人之间存在某些相似。相反，他们和绳文人之间则差异明显[61]。据考古学的研究，山东及长江下游沿海地区被认为对日本以稻作农业为代表的弥生文化的出现产生过重要作用，因此有理由认为，在土井浜和北九州弥生人中，上颌侧门齿拔除的明显增加存在某种来自中国大陆的影响。但由于在两者之间尚存在大约2 000年的间隔，而且在中国和朝鲜仍缺乏与弥生时期相当的拔牙资料，所以依然难将两者直接连结起来。

日本南部广田弥生时代遗址的拔牙也提供了同中国古代拔牙联系的有趣现象，如常州圩墩的上门齿不对称拔除。但同样的理由，两者之间也还存在着很长的时间间隔，因而难以对它们的相互关系做出明白的解释。但如前文所指出，由于两者之间的某些相似性，如不对称拔除上颌侧门齿，头骨枕部畸形以及考古器物之间的某些因素，因此有必要对华南和日本南部岛屿之间的关系做进一步调查研究。

四、结论

(一) 对中国和日本古代拔牙习俗出现的地理环境的追踪表明，它们基本上明显地局限于近海和海岛地区，因而很可能具有共同源发拔牙文化区。因为除这种习俗所共有的海洋性特点外，这两个地区极盛时期的拔牙频率都相当高，施行拔牙仪式的年龄都在青春发动期，因此具有共同的生理内涵。但是在具体对比两个地区的拔牙形态特点时，在时间、发展趋势及拔牙的形态功能上还存在差异和不尽一致的地方。

(二) 从这两个地区拔牙盛行期的时间考虑，中国的高峰时代比日本的更早。或者说，当中国东部近海地区拔牙习俗已经消退，日本群岛则进入最流行期。这意味着这两个地区的盛行期之间存在约 2 000 年的时间差。

（三）在两个地区拔牙风俗出现的年龄特点上能够感觉到共同的生理背景，除此之外，在拔牙的形态上，中国最早也是最主要的占优势类型（拔除上颌侧门齿）和日本绳文期广泛拔除齿型（上犬齿）之间却存在明显的区别。西日本绳文晚期之末尤以拔除下门齿（主要伴随下犬齿的拔除）最为广泛。渡边诚把这种拔牙的普遍化同日本黑色磨光陶器文化（可能受大陆文化的影响）相联系[62]。在中国沿海的个别遗址（如山东胶县三里河）也出现拔除下门齿的证据，其时代大致在大汶口晚期文化向龙山文化期的过渡时期，或也正处于这个地区整个拔牙风俗明显消退的时期。但这种新出现的拔牙形式最终未能在中国形成优势而流行。值得注意的是，中国出现拔下门齿的时间正相当于西日本同类形式拔牙开始的时期。不管这种现象是否反映了两个地区之间的联系，但拔牙形态本身的差异可能代表了仪式拔牙的形成意义和发展过程存在各自不同的演变方向。

（四）在中国，拔除上颌侧门齿几乎始终是主流类型。在日本，绳文末期的人骨上也见拔除上颌侧门齿，但其出现频率不高，并在多数情况下和犬齿一起拔除。在少数日本弥生时代遗址（如土井浜）中，拔除上颌侧门齿的频率明显增大，而且其中许多仅以拔除上侧门齿的形式出现[63]。此外，西日本弥生人（如北九州、土井浜）在体质形态上不同于绳文人和绳文型的弥生人，相反，他们和中国大陆的新石器时代及其以后的人之间存在某些相近的特征。这些结果暗示，西部日本受到了某些来自大陆的影响，从而支持了日本的弥生时期突然增加了大陆影响的推测。

（五）同时应该注意的是，在日本拔牙风俗出现以后的发展中，拔牙形态的明显多样化趋势比中国更为强烈。这种形态学上的异化可能暗示出现了拔牙功能的异化。与此相反，中国多数遗址的主要拔牙形态相对集中且简单，异化现象只以少数遗址为代表。因此，尽管中国文献对拔牙风俗的解释有多种，但仅据拔牙形态还难以一一明确追踪这些解释的来源。这或许说明，中国的拔牙风俗自发端以后，在功能和形态上都没有严格的异化发展而仍然保持了相对简单古朴的特点。这也可能是和日本拔牙风俗发展的一个重要区别。

总之，中国和日本的古代仪式拔牙虽有大致相近的沿海环境和相似的生理特点，但两者之间的系统演变关系（如拔牙形式和发生时间）尚明显缺乏联系，资料也不够充分，因此，目前还难以理清相互之间的脉络关系，彼此的影响似乎还局限于局部地区及较晚的时期（弥生时期）。本文虽对两个地区仪式拔牙的风习进行了比较，但无意最后决定这两个地区仪式拔牙是各自独立起源还是具有共同源头这样重要的问题，这当然还需要以后的进一步调查，以便弥补许多时间和地理上的资料空白。

附记：日本九州大学西谷正、京都大学冈本教授帮助完成此合作研究课题，熊本大学甲元真之教授对本文提出有益的建议，日本国立科学博物馆山口敏、东京大学综合资料馆赤泽威、京都大学片山一道和石田肇等教授热情允许考察他们保管的人骨材料，九州大学的 L. Hodghison 小姐对本文提供帮助，在此一并致以深切的谢意。本研究得到 1990—1992 年国际科学研究支助基金及 1991 年度日本学术振兴会基金的资助。

参考文献

① Briggs, L. C., The stone age races of northwest Africa. *Bull. Amer. Sch. Prehist. Rec.*, New Haven, 18: 1-19, 1955.

② Jakson, J. W., Dental mutilation in neolithic human remains. *Journ. Anat. and Physiol.*, 49: 72-79, 1914-1915; Hrdlicka, A., Ritual ablation of fron teeth in Siberia and America. *Smithsonian Miscellaneous Collections*, 99: 1-32, 1940; Merbs, C. F., Anterior tooth loss in arctic populations. *Southwest J. Anthrop.*, 2: 20-32, 1968;春成秀尔:《拔齿の意义》(1),《考古学研究》20—2: 25—48, 1973;池田次郎:《日本の拔齿风习》,《人类学讲座》5: 243—260,雄山阁,1981。

③ 颜訚:《大汶口新石器时代人骨的研究报告》,《考古学报》1972年1期;颜訚:《西夏侯新石器时代人骨的研究报告》,《考古学报》1973年2期;韩康信、陆庆伍、张振标:《江苏邳县大墩子新石器时代人骨的研究》,《考古学报》1974年2期;韩康信、张振标、曾凡:《闽侯昙石山遗址的人骨》,《考古学报》1976年1期;韩康信:《亳县富庄新石器时代墓葬人骨的观察》,《安徽省考古学会会刊》第6辑,1982年;韩康信、潘其风:《广东佛山河宕新石器时代晚期墓葬人骨》,《人类学学报》1982年1期;韩康信:《山东诸城呈子新石器时代人骨》,《考古》1990年7期;韩康信、常兴照:《广饶古墓出土人类学材料的观察与研究》,《海岱考古》第一辑,1989年;张振标:《从野店人骨论山东三组新石器时代居民的种族类型》,《古脊动物与古人类》1980年1期;张振标:《山东野店新石器时代人骨的研究报告》,《邹县野店》附录,1985年,文物出版社;吴新智:《广东增城金兰寺新石器时代人类头骨》,《古脊椎动物与古人类》1978年3期;常州市博物馆:《常州圩墩新石器时代遗址第三次发掘简报》,《史前研究》1984年2期;黄象洪、曹克清:《崧泽遗址中的人类和动物遗骸》,《崧泽—新石器时代遗址发掘报告》附录,文物出版社,1987年;吴海涛、张昌贤:《湖北房县七里河新石器时代人骨的研究报告》,《武汉医学院参加北京猿人第一头盖骨发现五十周年纪念论文选编》,1979年;连照美:《台湾史前时代拔齿习俗之研究》,《台湾大学文史哲学报》1987年35期;秦学圣等:《"僰人"十具骨架的观察与测量》,《四川省博物馆论文集》第一辑,1981年;Kanaseki, T., The custom of teeth Extraction in ancient China. Extrait des *Actes du VI Congrès International des Sciences Anthropologiques*, Tome 1, 201-204, 1960;韩康信、潘其风:《我国拔牙风俗的源流及其意义》,《考古》1981年1期。

④ 同③韩康信(1981)。

⑤ 小金井良精:《日本石器时代人に上犬齿な抜き去る风习ありしことに就いて》,《人类学杂志》33: 31—36,1918;长谷部言人:《石器时代人の拔齿に就て》,《人类学杂志》34: 385—392,1919;松本彦七郎:《二三石器时代遗迹に于ける拔齿风习の无及样式について》,《人类学杂志》35: 61—83,1920;宫本博人:《津云贝塚人の拔齿风习について》,《人类学杂志》,40: 167—181,1925;清野谦次、金高勘次:《三河国吉胡贝塚人の拔齿及び齿牙变形の风习に就いて》,《史前学杂志》1—3: 31—36,1929;大仓辰雄:《三河国稻荷山贝塚人,拔齿及ど齿牙变形,风习ニ就テ》,《京都医学杂志》6: 106—114,1939;渡边诚:《绳文文化における拔齿风习の研究》,《古代学》12: 173,1966;渡边诚:《日本の拔齿风习と周边地域との关系》,《考古学ジャーナル》10: 17—21,1967。

⑥ 同②春成秀尔(1973);春成秀尔:《拔齿の意义》(2),《考古学研究》20—3: 41—51,1974。

⑦ 中桥孝博:《土井ケ浜弥生人の风习に拔齿》,《人类学杂志》98: 483—507,1990。

⑧ 同③连照美(1987)。

⑨ 同⑦。

⑩ 同⑤长谷部言人(1919)。

⑪ 同⑤宫本博人(1925)。

⑫ 中山英司：《人骨》，《吉胡贝塚》126—144，文化财保护委员会，1952。
⑬ 同⑤大仓辰雄（1939）。
⑭ 金关丈夫、永井昌文、山下茂雄：《长崎县平户岛狮子村根狮子免出土の人骨に就て》，《人类学研究 1》450—498，1954。
⑮ 内藤芳笃、荣田和行：《埋葬・人骨・深掘遗迹》，《人类学考古研究报告 1》77—94，1967。
⑯ 内藤芳笃、长崎洋：《西北九州出土人骨（绳文・弥生）の风习拔齿》，《解剖学杂志》48：20—21，1973。
⑰ 坂田邦洋：《长崎县根狮子遗迹の发掘调查》，《考古ジヤーナル》79：14—18，1973。
⑱ 松下孝幸：《宫の本遗迹出土の人骨》，《宫の本遗迹》93—119，佐世保市教育委员会，1980；松下孝幸：《佐贺县大友遗迹出土の弥生时代人骨》，《大友遗迹——佐贺县呼子町文化财调查报告书》1：223—253，1981；松下孝幸：《福冈县小郡市横隈狐塚遗迹出土の弥生时代人骨》，《横隈狐塚遗迹Ⅱ——小郡市文化财调查报告书第 27 集》1—46，1985。
⑲ 松下孝幸、伊丹阳：《长崎县宇久松原遗迹出土の弥生时代人骨》，《宇久松原遗迹》97—123，1983。
⑳ 松下孝幸、分部哲秋、石田肇、内藤芳驾、永井昌文：《土井浜遗迹第 7 次发掘调查概报》19—30，1982。
㉑ 同⑦。
㉒ 中桥孝博、永井昌文：《福冈县志摩町新町遗迹出土の绳文——弥生移行期の人骨》，《新町遗迹》87—105，志摩町教育委员会，1987。
㉓ 中桥孝博、土肥直美、田中良之：《土井ケ浜遗迹第 11 次调查出土の弥生时代人骨》，《土井ケ浜遗迹第 11 次发掘调查》，117—127，山口县教育委员会，1989；中桥孝博、土肥直美、永井昌文：《金隈遗迹出土の弥生时代人骨》，《史迹金隈遗迹》43—145，福冈市教育委员会，1985。
㉔ 同②Hrdlicka，A.（1940）；大多和利明：《广田弥生人の所谓风习拔齿》，《九州齿科学杂志》37：588－600，1983。
㉕ 同②Merbs，C. F.（1968）；Cook，D. C.，Koniag Eskimo tooth ablation：Was Hrdlicka right after all? *Current Anthropology* 22：159－163，1981。
㉖ Hanihara，K. and H. Ueda，*Dentition of the Minatogawa Man*，*In the Minatogawa Man*，Univ. of Tokyo Press，51－60，1982.
㉗ 峰和治：《南九州および南西诸岛における风习的拔齿》，《南九州地域における原始・古文化の诸様相に关する综合研究》55—58，1992。
㉘ 春成秀尔：《拔齿习俗の成立》，《季刊考古学》5：61—67，1983。
㉙ 春成秀尔：《拔齿》，《弥生文化の研究》8：78—90，雄山阁，1987；同⑫。
㉚ 宫川涉：《于古坟出土の齿牙について》，《马见丘陵における古坟の调查》，奈良县史迹名称天然纪念物调查报告 29，奈良县教育委员会，150—156，1974；森本岩太郎、吉田俊尔、小片丘彦：《拔齿の疑いのある古坟时代人骨》，《解剖学杂志》58：427，1983；土肥直美、田中良之：《古坟时代の拔齿风习》，《日本民族・文化の生成》（永井昌文教授退官纪念论文集）197—215，六兴出版。
㉛ 同⑤长谷部言人（1919）；松本彦七郎（1820）；小金井良精：《日本石器时代人の齿牙を变形する风习に就いての追加》，《人类学杂志》38：229—238，1923；铃木尚、佐仓朔、佐野一：《掘之内贝塚人骨》，《人类学杂志》65：238—267，1957。
㉜ 同⑫。
㉝ 同⑤长谷部言人（1919）、松本颜七郎（1920）。
㉞ 永井昌文：《古代九州人の风习的拔齿》，《福冈医学杂志》52：554—558，1961。
㉟ 同⑱松下孝幸（1981）。
㊱ 中桥孝博、永井昌文：《形质》，《弥生文化の研究 1》23—51，雄山阁，1989。
㊲ 同②春成秀尔（1973）。

㊳ 同③颜訚(1972、1973)、韩康信等(1974)。

㊴ 同③吴海涛、张昌贤(1979);同③韩康信、潘其风(1981)。

㊵ 同⑤连照美(1987)。

㊶ 同③韩康信、潘其风(1981)。

㊷ 同③韩康信(1982)。

㊸ 同②春成秀尔(1973)。

㊹ 同③常州市博物馆(1984);Nakahashi, T., Ritual tooth-ablation in Weiden neolithic people. In Studies on the Human Skeletal Remains from Jiangnan, China (Yamaguchi, B. and Huang, X., cd). *National Science Museum Monographs* No. 10, pp. 96-98, 1995.

㊺ 金关丈夫:《种子岛广田遗迹の文化》,《福冈エネスコ协会会报 3》2—15,1966。

㊻ Yamaguchi, B. and Huang, X., Studies on the Human skeletal remains from Jiangnan, China. *National Science Museum Monographs* No. 10, 1955.

㊼ 同⑤渡边诚(1966、1967)。

㊽ 同③韩康信、潘其风(1981);同②春成秀尔(1973);同⑥春成秀尔(1974);甲元真之:《考古学と民族志》,新版《古代の日本 10》169—182,角川书店,1993;甲元真之:《中国先史时代の拔齿习俗》,《文明学原论》283—293,山川出版,1955。

㊾ 同③秦学圣等(1981)。

㊿ 同③韩康信、潘其风(1981)。

51 同②春成秀尔(1973);同⑥春成秀尔(1974)。

52 同②池田次郎(1981)。

53 同②春成秀尔(1973);同⑥春成秀尔(1974)。

54 同③连照美(1987)。

55 同③韩康信、潘其风(1981)。本文作者不久前在台湾史语所收藏的近代泰雅人头骨上发现普遍的 $2I^2$ 型的拔牙。

56 Ogata, T., Kim, J. J. and Mine, K., Human Skeletal remains from the Nukdo site, Korea. *J. Anthrop. Soc. Nippon*, 96. 214, 1988.

57 同⑤渡边诚(1966、1967)。

58 同⑤渡边诚(1966、1967)。

59 同㉖Hanihara, K. and Ueda, H. (1982);同㉘春成秀尔(1983)。

60 同⑦中桥孝博(1990)。

61 金关丈夫、永井昌文、佐野一:《山口县豊浦郡豊北町土井ケ浜遗迹出土弥生时代人头骨について》,《人类学研究》7,1—36,1960;同㉓中桥孝博等(1985);同㊱中桥孝博、永井昌文(1989);Yamaguchi, B., Metric study of the crania from Protohistoric sites in eastern Japan. *Bull. Natl. Sci. Muse*, Tokyo, Ser, D13, 1-9, 1987. Mizoguchi, Y., Affinities of the protohistoric Kofun people of Japan with pre-proto-historic Asian population. *J. Anthrop. Soc. Nippon*, 96, 71-109, 1988; Hanihara, K., Dual structure model for the population history of the Japanese. *Jpn. Rev.* 2, 21-33, 1991;金镇晶、小片丘彦、峰和治、竹中正已、佐熊正史、徐令男:《金海礼安里出土人骨Ⅱ》,《釜山大学校博物馆遗迹调查报告 15》281—334,1993; Nakahashi, T., Temporal craniometric changes from the Jomon Period in Western Japan. Am. *J. Phys. Anthrop.*, 90: 409-425, 1993.

62 同⑤渡边诚(1967)。

63 同⑦中桥孝博(1990)。

附表一　中国境内发现拔牙风俗考古遗址和拔牙出现情况

遗　址		文　化	碳-14年代（公元前）	拔牙个体数与百分比情况			观察到拔牙个体的最小年龄（岁）
				男　性	女　性	合　计	
山东	1. 滕县北辛	北辛文化	5440—4310				
	2. 泰安大汶口	大汶口文化	4520—3830	70.6(12/17)	77.8(7/9)	73.1(19/26)	17—25
	3. 泰安大汶口	大汶口文化	2500—2100	64.0(7/11)	80.0(16/20)	74.2(23/31)	12—13与18—21之间
	4. 兖州王因	大汶口文化	4060—3210	77.4 (205/265)	75.2 (76/101)	76.8 (28/366)	15
	5. 曲阜西夏侯	大汶口文化		60.0(6/10)	40.0(4/10)	50.0(10/20)	青年
	6. 诸城呈子	大汶口文化	3770—3370	88.9(7/8)	100.0(7/7)	93.8(15/16)	25
	7. 诸城枳沟前寨	大汶口文化	2030—1780	20.0(1/5)	16.7(1/6)	15.4(2/13*)	14—18
	8. 胶县三里河一期	大汶口文化	2870—2690	9.9(2/21)	11.1(1/9)	10.0(3/30)	30—35
	9. 胶县三里河二期	龙山文化	2410—1810	23.8(5/21)	16.7(2/12)	21.2(7/33)	30—35
	10. 茌平尚庄	大汶口文化		100.0(1/1)	66.7(4/6)	71.4(5/7)	14
	11. 邹县野店	大汶口文化	4220—2690	50.0(4/8)	75.0(3/4)	58.3(7/12)	16—18
	12. 莒县陵阳河	大汶口文化	1880—1560	60.0(6/10)	100.0(3/3)	60.0(9/15*)	20—22
	13. 广饶五村	大汶口文化	3500—2700	0.0(0/5)	14.3(1/7)	6.3(1/16)	30—35
江苏	14. 邳县大墩子	青莲岗文化	4510	61.4(27/44)	68.2(15/22)	63.6(42/66)	15—20
	15. 常州圩墩	马家浜文化	4170—3270	？(9/?)	？(4/?)	？(13/?)	22
上海	16. 青浦崧泽	马家浜文化	3900—3300	？(2/?)	？(2/?)	？(4/?)	
福建	17. 闽侯昙石山	昙石山文化	1830—1250	33.3(1/3)	0.0(0/6)	11.1(1/9)	成年
广东	18. 增城金兰寺		2500	50.0(1/2)		50.0(1/2)	25
	19. 佛山河宕		3660—2520	100.0(10/10)	75.0(9/12)	86.4(19/22)	22—25
湖北	20. 房县七里河	屈家岭文化	3150—2660	61.5(8/13)	80.0(4/5)	66.7(12/18)	30
河南	21. 淅川下王岗	屈家岭文化	4970—2710				
安徽	22. 亳县富庄	大汶口文化(?)		100.0(9/9)	80.0(4/5)	92.9(13/14)	16—18
四川	23. 珙县洛表	明代		50.0(3/6)	75.0(3/4)	60.0(6/10)	21—23
台湾	24. 高雄恒春					？(21/?)	
	25. 芝山岩	圆山文化				100.0(1/1)	
	26. 圆山	圆山文化	2200—1500			100.0(3/3)	
	27. 垦丁		2000			94.0(16/17)	
	28. 卑南	卑南文化	2700—700			90.0(46/51)	
	29. 澎湖锁港		2000			33.3(1/3)	
	30. 鹅銮鼻					100.0(2/2)	

注：遗址号(1—30)与插图1上标号相应。*记号数字中包括性别不明个体数。

附表二　古代中国拔牙形式分类

遗址	拔牙形式	I^1	$2I^1$	I^2	$I^2(?)$	$2I^2$	I^1I^2	$I^1I^2(?)$	I^12I^2	$C^1(?)$	$2C^1$	I^2C^1	$2I^2C^1$	$2I^22C^1$	$2I^2P^1$	$2I^12I^22C^1$	I_1	$2I_1$	$2I_1 2I_2$	$2I^2/2I_1$	$I^1I^2/2I_12I_2$	$2I^12I^2/2I_12I_2$	$2I^12I^22C^1/I_1I_2(?)$	$2I^12I^2 2C^1/2I_2$	$2I^12I^2 2C^1/(?)$	$2I^2/(?)$	$(?)/2I_1$
山东	1. 滕县北辛																										
	2. 泰安大汶口				2	17																					
	3. 泰安大汶口					23																					
	4. 兖州王因			4		275			1				1														
	5. 曲阜西夏侯					10																					
	6. 诸城呈子			1		14																					
	7. 诸城枳沟前寨			1		1																					
	8. 胶县三里河		1			1												1									
	9. 胶县三里河																1	2	2	1	1						
	10. 茌平尚庄					3						1		1													
	11. 邹县野店					7																					
	12. 莒县陵阳河			1	1	6			1																		
	13. 广饶五村					1																					
江苏	14. 邳县大墩子	1		4	11	23				1		1			1												
	15. 常州圩墩						27																				
上海	16. 青浦崧泽					4																					
福建	17. 闽侯昙石山					1																					
广东	18. 增城金兰寺					1																					
	19. 佛山河宕		1		4	10	1	1	2																		

续　表

遗址		I^1	$2I^1$	I^2	$I^2(?)$	$2I^2$	I^1I^2	$I^1I^2(?)$	I^12I^2	$C^1(?)$	$2C^1$	I^2C^1	$2I^2C^1$	$2I^22C^1$	$2I^2P^1$	$2I^12I^22C^1$	I_1	$2I_1$	$2I_1$ $2I_2$	$2I^2/$ $2I_1$	$I^1I^2/$ $2I_12I_2$	$2I^12I^2/$ $2I_12I_2$	$2I^12I^22C^1/$ $I_1I_2(?)$	$2I^12I^2$ $2C^1/2I_2$	$2I^12I^2$ $2C^1/(?)$	$2I^2/$ $(?)$	$(?)/$ $2I_1$
湖北	20. 房县七里河					10								2													
河南	21. 淅川下王岗					?																					
安徽	22. 亳县富庄					2										2						4	1	1	1	1	1
四川	23. 珙县洛表					6																					
台湾	24. 高雄恒春													?													
	25. 芝山岩													1													
	26. 圆山													3													
	27. 垦丁													16													
	28. 卑南					3								43													
	29. 澎湖锁港					1																					
	30. 鹅銮鼻													2													
合　计		1	2	12	18	419	28	1	4	1	0	2	1	68	1	2	1	3	2	1	1	4	1	1	1	1	1

注：遗址号(1—30)与插图1上标号相应。

附表三　拔牙形式的比较

拔牙形式 \ 地点	中国		日本	
	大陆	台湾	绳文时代晚期之末*	弥生时代(土井浜)**
I'	1	0	0	0
$2I'$	2	0	0	0
I^2	30	0	0	3
$2I^2$	415	4	0	8
$I'I^2$	14	0	0	0
$I'2I^2$	4	0	0	0
I^2C^1	2	0	1	7
$2I^2C^1$	1	0	0	1
$2I^2 2C^1$	3	65	0	5
$2I^2P^1$	1	0	0	0
$2I'2I^2 2C^1$	2	0	0	0
I_1	1	0	0	0
$2I_1$	3	0	0	0
$2I_1 2I_2$	2	0	2	0
$2I^2/2I_1$	1	0	0	1
$I'I^2/2I_1 2I_2$	1	0	0	0
$2I'2I^2/2I_1 2I_2$	4	0	0	0
$2I'2I^2 2C^1/2I_2$	1	0	0	0
其他	5	0	126	37
	493	69	129	62

*包括三个代表性绳文时代遗址：津云(宫本博人，1925)，吉胡(清野谦次等，1929；中山英司，1952)，稻荷山(大仓辰雄，1939)。**据中桥孝博(1990)。

附表四　拔除齿种的相对频率(%)

遗址	数量*	I'	I^2	C^1	P'	I_1	I_2	C_1	P_1
中国									
王因	559	0.2	99.6	0.2	0	0	0	0	0
三里河	23	4.3	13.0	0	0	56.5	26.1	0	0

续 表

遗　　址	数量*	I^1	I^2	C^1	P^1	I_1	I_2	C_1	P_1
大墩子	68	1.5	94.1	2.9	1.5	0	0	0	0
圩墩	54	50.0	50.0	0	0	0	0	0	0
富庄	74	24.3	32.4	13.5	0	14.9	14.9	0	0
台湾	268	0	51.5	48.5	0	0	0	0	0
日本									
津云(绳文)	333	0	3.6	33.6	13.5	16.2	8.7	20.7	4.2
吉胡(绳文)	321	0	3.7	31.8	7.2	33.7	15.3	17.1	1.2
稻荷山(绳文)	76	0	5.3	34.2	5.3	13.2	13.2	28.9	0
土井浜(弥生)	147	0	35.4	42.9	4.8	3.4	5.4	7.5	0.7
古浦(弥生)	48	0	2.1	60.4	0	16.7	8.3	12.5	0
北九州(弥生)	47	0	42.6	36.2	0	12.8	4.3	0	4.3
西北九州(弥生)	137	0	2.2	42.3	1.5	24.1	19.7	10.2	0
广田(弥生)	60	0	56.7	41.4	0	0	0	1.6	0

注：表中数值男女性合并计算。＊指拔除牙齿数。

附表五　拔齿平均数

中　　国			日　　本		
遗　址	数　量	平均数	遗　址	数　量	平均数
大汶口	42	1.95	津云(绳文)	58	5.74
王　因	281	1.99	吉胡(绳文)	55	5.84
三里河	10	1.90	稻荷山(绳文)	13	5.85
大墩子	42	1.62	里浜(绳文)	11	2.82
圩　墩	27	2.00	土井浜(弥生)	53	2.66
河　宕	19	1.89	古浦(弥生)	14	3.00
七里河	12	2.33	北九州(弥生)	28	1.68
富　庄	10	6.40	西北九州(弥生)	38	3.34
卑　南	46	3.87	广田(弥生)	31	1.71
合　计					
大　陆*	493	2.09	绳　文	137	5.55
台　湾*	69	3.88	弥　生	164	2.50

注：表中数字男女性合并。＊中国大陆和台湾的总数由表一、表二结果计算的。

A COMPARATIVE STUDY OF RITUAL TOOTH ABLATION IN ANCIENT CHINA AND JAPAN

by
Han Kangxin and Takahiro Nakahashi

This paper makes a comparative examination of ritual tooth ablation in ancient China and Japan. In China, as far as known at present, ritual tooth ablation first appeared among the people of the Shandong-North Jiangsu region at least 6,500 years ago, and then became very popular amongst the people of the Dawenkou culture of coastal China. In Japan, this custom was performed extensively among the people of the Late-Final Jomon period. This resulted in a time lag of about 2,000 years. There were also significant differences in the form of tooth ablation in ancient China and Japan. China was characterized by the bilateral ablation of the upper lateral incisors ($2I^2$ type), and, except for a small group, showed no remarkable temporal change after its inception. Ritual ablation in Japan was more complex and the number of teeth extracted during this custom's most prevalent period was greater than that in China. On the other hand, there exist several points which may suggest some relation between the two countries, such as rough similarity in the age of the commencement of ablation, the prevalence of extraction of lower incisors from the Late Jomon period in western Japan, and the practice of the same style of ablation among the people of nearly the same period in China. Especially the abrupt increase of extraction of the upper lateral incisors among the people of the Yayoi period, such as the Doigahama who showed morphological resemblances with the Neolithic people of North China, may suggest the influence of Chinese tradition. Although it is difficult, at the present, to trace and conclude any specific relationship between the traditions of the two countries due to China's lack of skeletal remains from the time corresponding to the Late-Final Jomon and Yayoi periods in Japan, these results strongly suggest the significance and necessity of further studies.

（原文发表于《考古学报》1998 年 3 期）

青海民和阳山墓地人骨

本文报告青海省文物考古所1980—1981年在民和县阳山古墓地考古发掘中采集的一批人类头骨材料。该墓地位于民和县城西南约30公里的湟水支流的松树河上游北岸，在两个年度的发掘中，共挖掘218座墓葬。据报告，这些墓葬的年代相当于半山期[1]。

这个墓地人骨的保存情况很差，大多朽蚀过重，采集起来也容易破碎。在这个报告中，利用青海省文物考古所提供的保存状态较好的11具头骨(男7具，女4具)，着重进行形态学观察与骨骼测量分析，并提供由笔者鉴定的该墓地164个个体人骨的性别、年龄分布资料。

一 性别、年龄分布

共鉴定了该墓地120座墓葬的164个个体人骨的性别、年龄，按年龄分期列于表一。

表一 阳山墓地性别、年龄分布统计

年龄分期	男	女	性别不明	合计
未成年(15岁以下)	2(3.3%)	6(9.0%)	29	37(22.6%)
青年(16—23岁)	11(18.0%)	1(1.5%)	3	15(9.1%)
壮年(24—35岁)	13(21.3%)	16(23.9%)	1	30(18.3%)
中年(36—54岁)	19(31.1%)	26(38.8%)	0	45(27.4%)
老年(55岁以上)	11(18.0%)	13(19.4%)	3	27(16.5%)
只能断定为成年的	5(8.2%)	5(7.5%)	0	10(6.1%)
合计	61(100.0%)	67(100.0%)	36	164(100.0%)

从164个个体中可估计性别的占128个，其中男性或可能男性的61个，女性或可能是女性的67个，男女性别的个体比例为61∶67＝0.88∶1，即男性个体似稍少于女性。

死亡年龄分布统计是成年个体中死于中年和壮年的更多一些，分别约占27.4%和18.3%，其次为老年期，约占16.5%。引人瞩目的是未成年个体死亡比例很高(约占全部个体的22.6%)，其中，死于6—8岁以前的约占一半多(表二)。

表二　阳山墓地未成年个体的死亡年龄分布

死亡年龄	死亡个体	占百分比
0—2岁	5	14.7%
3—5岁	8	23.5%
6—8岁	7	20.6%
9—11岁	3	8.8%
12—15岁	11	32.4%

按性别比较，在成年个体中，男性在青年期死亡所占百分比比女性更高（分别为18.0%和1.5%），而壮—中年期是女性稍高于男性（分别是23.9%和21.3%；33.8%和31.1%），老年期也是女性略高于男性（19.4%和18.0%）。

按全部可估计年龄的150人（包括成年和未成年）计算的平均死亡年龄是32.96岁；按116个成年个体计算的平均死亡年龄为40.44岁。两者相差达7.48岁，这个差异显系受未成年死亡的高比例影响所致。

二　个体头骨的形态观察

对阳山墓地11具头骨的形态观察分别记述如下：

1. MXY M12（图版一，1—3）　大约为25—30岁之间的壮年男性头骨。从顶面观察的颅形为较长的椭圆形，侧面观察之额部向后上方倾斜明显，相对额宽为阔额型近中额；颅顶缝较简单，额中缝消失，矢状嵴不显；眉弓突度接近粗壮型，眉间突度较明显（Ⅳ级），但鼻根凹陷浅，鼻骨突起中等偏低；梨状孔下缘形态为人型（即锐型），鼻棘稍显（Ⅱ级），犬齿窝左侧极深型，右侧中等深，颧骨转折陡直；面部在鼻颧水平（上面水平）扁平度小，颧颌水平（中面水平）扁平度很大，矢状方向突出不明显（平颌），上齿槽突度强烈（达超突颌型）；具有中等高宽的面型（中面型），眶形为略近椭圆的中（左）—低（右）眶型，侧面观眶口平面与眼耳平面之相交为后斜型，中鼻型；腭形近短宽的椭圆形，上腭有较发达之梭形腭圆枕，下颌舌面有中（左）—大（右）的下颌圆枕。

2. MXY M21（图版一，4—6）　30—35岁壮年男性头骨。颅形长卵圆形，额坡度向后中等倾斜，狭—中额型；颅顶缝较简单，无额中缝和矢状嵴；眉弓突度显著，眉间突度中等（Ⅲ级强），鼻根凹陷线，鼻突度小；梨状孔下缘形态近人型，鼻棘显著（Ⅳ级），犬齿窝中—浅，颧骨下缘转折陡直；上面和中面部水平方向扁平度都大，矢状方向突度弱（平颌）；具狭面型，眶形为眶角较钝的长方形（中—低眶型之间），眶口平面位置近后斜型，鼻形较宽为阔鼻型；腭形接近椭圆形，有中等发达的梭形腭圆枕，下颌圆枕不显。

3. MXY M44(2)（图版一，7—9）　45—55岁中年男性头骨。颅形为较长的卵圆形，前额坡度较后斜，狭额型；颅顶缝形态较简单，无额中缝，矢状嵴弱；眉弓突度特显弱，眉间突度中等（Ⅲ级），鼻根凹陷浅，鼻根突起中等；梨状孔下缘婴儿型，鼻棘破残，犬齿窝中等深，颧骨下缘转折陡直；上面部水平方向扁平度较小，中面扁平度较大，面部矢状方向突度小（平颌），上齿槽突度强烈（突颌）；面形狭长为狭面—特狭面型之间，眶形近眶角较钝的长方形(中眶型),眶口平面位置近后斜型,鼻形为狭鼻型;腭形近椭圆形,有低弱的丘形腭圆枕和中等发达的下颌圆枕。

4. MXY M78(1)(图版二,1—3) 30—35岁壮年男性头骨。颅形呈较长的椭圆形,额坡度较陡直,中额型;颅顶缝简单,无额中缝和矢状嵴不显;眉弓突度显著,眉间突度弱(Ⅱ级),鼻根凹陷浅,鼻骨残缺;梨状孔下缘鼻前窝型,鼻棘几不显(Ⅰ级),犬齿窝浅,颧骨转折处陡直;上面水平扁平度中等,中面扁平度较小,面部在矢状方向突度弱(平颌),上齿槽突度较显著(突颌型);狭面型,眶形略近似椭圆形(中眶型接近低眶),眶口平面位置接近后斜型,鼻形为中鼻型;腭形接近椭圆,腭圆枕微弱,下颌圆枕小。

5. MXY M83(3)(图版二,4—6) 30—35岁壮年男性头骨。具有中等长椭圆形颅形,额坡度较陡直,狭额型;颅顶缝较简单,无额中缝和矢状嵴;眉弓突度弱,眉间突度小(Ⅱ级强),鼻根凹陷不显,鼻骨狭而呈捏紧状,其突度弱;梨状孔下缘婴儿型,鼻棘几不显(Ⅰ级),犬齿窝浅,颧骨转折成直角;上面和中面部水平扁平度很大,矢状方向突度弱(平颌型),上齿槽突颌型;具有典型狭上面型,眶形略近不太规则的圆形(高眶形),眶口平面位置后斜型;腭形近椭圆形,有弱的梭形腭圆枕,下颌圆枕左侧无,右侧小。

6. MXY M83(5) 40—50岁中年男性头骨。呈长椭圆颅形,额坡度中斜,中额型;颅顶缝较简单,无额中缝,矢状嵴弱;眉弓突度较显著,眉间突度弱(Ⅱ级),鼻根凹陷几不显,鼻骨突起中等;梨状孔下缘鼻前窝型,鼻棘破损,犬齿窝不显,颧骨转折处陡直;上面部水平方向扁平度很大,中面部扁平度中等,矢状方向面部突度较弱(平颌—中颌之间),上齿槽突度为突颌型;狭面型,眶形近圆形(中—高眶型),眶口平面位置后斜型,鼻形为狭鼻型;腭形近椭圆形,上腭圆枕结构不显。此头骨缺下颌。

7. MXY M230(1)(图版二,7—9) 20—30岁壮年男性头骨。颅形为较短的卵圆形,额坡度较直,狭额型;颅顶缝较简单,无额中缝和矢状嵴;眉弓突度中等弱,眉间突度弱(Ⅱ级),鼻根凹陷不显,鼻骨突起很弱;梨状孔下缘鼻前窝型,鼻棘稍显(Ⅱ级强),犬齿窝浅—无,颧骨转折陡直;上面部和中面部水平扁平度中等强,矢状方向突度很弱(强烈平颌),上齿槽突度不显(超平颌);狭面型,眶形略近钝的斜方形(中眶型),眶口平面位置属后斜型,鼻形为中鼻型;腭形较短宽近椭圆形,无腭圆枕和下颌圆枕结构。

8. MXY M65 (图版三,1—3) 30—35岁壮年女性头骨。颅形呈偏长的卵圆形,额坡度中等倾斜,狭额型;颅顶缝较简单,无额中缝和矢状嵴;眉弓突度弱,眉间突度仅Ⅰ级强,鼻根凹陷不显,鼻骨突度中等;梨状孔下缘婴儿型,鼻棘中等弱(Ⅲ级弱)。犬齿窝中等深,颧骨转折陡;上面部和中面部扁平度都大,矢状方向突度弱(平颌),上齿槽为突颌型;狭面型,眶形近圆形(高眶型),眶口平面位置后斜型,鼻形为阔鼻型;腭形近椭圆形,有中等发达的梭形腭圆枕,无下颌圆枕。

9. MXY M67(图版三,4—6) 35—40岁中年女性头骨。颅形长卵圆形,额坡度中等,狭额型;颅顶缝较复杂,无额中缝,矢状嵴弱;眉弓和眉间突度弱(Ⅱ级),鼻根凹陷不显,鼻突度中等弱;梨状孔下缘婴儿型,鼻棘中—显著(Ⅲ级强),犬齿窝浅,颧骨转折陡直;上、中面部扁平度较大,矢状方向突度弱(平颌),上齿槽突度突颌—中颌型之间;狭上面型,眶形近钝的斜方形(中眶型),眶口平面位置后斜型,鼻形为中鼻型;腭形近V形,有弱的梭形腭圆枕,无下颌圆枕。

10. MXY M75(图版三,7—9) 约30岁壮年女性头骨。颅形为较短的椭圆形,额坡度较小,狭额型;颅顶缝较简单,无额中缝和矢状嵴;眉弓突度中等,眉间突度中等(Ⅲ级弱),鼻根凹陷浅,鼻骨突度中等弱;梨状孔下缘婴儿型,鼻棘显著(Ⅳ级),犬齿窝深,颧骨转折处较圆钝;上面部水平扁平度较大,中面扁平度较小,矢状方向突度弱(平颌),上齿槽突度突颌型;狭面型,眶形略近椭圆(中眶型),眶口平面位置后斜型,鼻形为中鼻型;腭形近椭圆形,存在中等发达的梭形腭圆枕,下颌圆枕左侧小,右侧中等大。

11. MXY M14(2) 老年女性头骨。颅形长卵圆形,额坡度陡直,中额型;颅顶缝大多隐没,无额中缝和矢状嵴;眉弓突度中等,眉间突度很弱(Ⅰ级),鼻根凹陷不显,鼻骨突起几不显;梨状孔下缘婴儿型,鼻棘残,犬齿窝深,颧骨转折陡;上面水平扁平度很大,可能有中等宽的面型,左侧眶形近圆形(中眶型),右侧近椭圆形(低眶型),眶口平面位置近垂直型,鼻孔相对很宽;上齿槽全萎缩变形,无腭圆枕,但有小的下颌圆枕。

据以上个体头骨的描述性形态观察资料,这组头骨一般特征可能概述为:颅形以较长的卵圆形和椭圆形为主,额坡度明显低斜的类型少,狭额—中额型;颅顶缝基本上是简单型,部分出现弱的矢状嵴;眉弓突度以显著以下的等级居多,眉间突度中等以下(Ⅲ—Ⅰ级)为主,同时结合有无—浅的鼻根凹陷,鼻骨突度皆在中等以下,几没有强烈突出的类型;梨状孔下缘以婴儿型出现居多,部分鼻前窝型,鼻棘大多中等以下(Ⅲ—Ⅰ级),犬齿窝浅—中居多,颧角转折绝大多数较陡直;无论上面部还是中面部水平扁平度一般都较大,矢状方向突度弱,但上齿槽突度比较明显;面形以狭面型最具代表性,眶形的眶角圆钝的类型居多,眶口平面大多后斜型,鼻型中—狭鼻型居多;腭形更多接近短宽的椭圆形,腭圆枕出现中—无居多,出现大小不等下颌圆枕者占一半以上。以上特征不仅在一般亚洲蒙古人种中较为常见,而且值得注意的是像颅形多偏长和长狭面形及中—狭鼻型等配合特征,更多见于华北蒙古人种类型。

三 测量特征的比较分析和种系特点

首先从颅骨测量项目中一些东、西方人种偏离考察阳山组头骨的种系性质(见表三)。

据步达生的比较,经他测量和引用的非亚洲组(即欧洲人种头骨)在颅高(17)(18)测值上明显低于东方蒙古人种各组;中面宽(即颧颌点间宽)(46)、颧骨高(MH)和宽(MB′)也比蒙古人种更小;眶额颧点间宽(43(1))则比史前和现代华北组可能更宽[2]。在这些直线测量的偏离方向上,阳山组的表现是其颅高(17)(18)比所有列举欧洲人种各组都高一些,比所有古代和现代华北各组又偏低一些,但可以说,比欧洲人种有更明显的高颅倾向;在颧骨高(MH)、宽(MB′)的测量上,尤其在颧骨宽上,阳山组显然比两个欧洲的对照组宽得多而事实上更近于甘、青地区古代组和现代华北组;在颧颌点间宽或中面宽(46)上,也是阳山组有比欧洲三个对照更大的宽度;在颧颌眶点间宽(43(1))上则没有表现出特别明显的倾向,而且实际上在步达生比较的东西方各组中也没有特别清楚的人种差异。

在指数测定上,步达生所列举的东、西方各组之间有明显偏离的如颅长高指数(17∶1)和颅宽高指数(17∶8、18∶8)。阳山组的这些指数值也都表现出比西方各组更大

表三　青海阳山组与其他各组颅骨测量比较　　（长度单位：毫米；指数单位：%）

	颅高(17)	颅高(18)	全面高(47)	颧骨高(MH)	颧骨宽(MB')	颧颌点间宽(46)	颧颌眶点间宽(43(1))	颅长高指数(17∶1)	颅宽高指数(17∶8)	颅宽高指数(18∶8)	垂直额指数(9∶21)	额宽指数(9∶8)	颧额指数(9∶45)	颅面宽指数(45∶8)	颅面比例指数(FM∶CM)	上面指数(48∶45)	颧额宽指数(43(1)∶46)	颧眶间宽指数(49a∶9)	齿槽弓宽(61)	齿槽弓指数(61∶60)	腭指数(63∶62)
青海阳山	133.9	134.2	123.4	44.9	27.4	101.4	96.4	73.76	101.84	102.09	76.57	65.84	66.57	98.26	78.21	56.93	95.40	25.97	62.2	113.93	89.99
青海柳湾	139.8	—	—	46.7	27.9	106.7	99.1	75.00	100.26	—	77.14	65.17	65.91	100.17	—	57.42	93.01	24.41	67.7	122.69	84.73
青海阿哈特拉山	138.2	139.3	122.2	44.3	25.5	100.8	97.9	75.60	98.77	99.59	77.81	64.16	67.33	95.35	76.72	55.99	97.39	25.14	65.2	117.86	87.97
青海李家山	137.3	139.1	125.5	47.8	28.1	103.2	98.9	74.88	98.28	99.86	79.81	66.72	66.43	98.63	76.74	56.57	95.97	23.26	67.9	124.61	95.34
甘肃火烧沟	139.3	—	120.6	45.2	27.1	103.3	96.8	76.12	100.66	—	[77.21]	64.93	66.05	98.46	76.62	54.41	93.97	[24.74]	64.5	120.05	91.18
甘肃史前	136.8	138.0	117.1	44.9	26.2	101.4	96.6	75.65	100.45	101.00	78.53	67.05	70.05	94.89	75.45	56.48	95.88	27.42	67.6	124.64	94.28
甘肃史前(合)	137.0	137.9	120.3	45.4	26.6	102.0	95.7	75.97	99.24	99.67	77.84	65.83	68.26	95.09	76.54	56.08	94.06	27.64	66.5	124.86	95.20
现代华北	137.2	138.0	124.6	45.7	26.2	97.9	94.4	77.07	99.53	99.94	77.99	64.87	67.53	96.10	77.89	56.80	96.58	26.51	64.8	123.33	89.29
殷墟中小墓	139.5	—	121.2	45.2	26.7	101.9	97.9	75.40	98.47	—	78.02	64.50	67.45	95.77	76.69	53.76	96.54	25.66	67.1	124.11	94.91
非亚洲	131.3	132.8	120.0	43.4	23.4	91.7	97.2	72.54	93.14	94.01	85.60	68.15	74.81	91.23	76.44	54.88	106.00	25.04	60.8	117.07	86.48
弗灵顿	129.7	130.4	—	—	—	91.4	98.1	68.78	91.55	91.55	88.18	68.31	74.05	92.25	—	53.44	107.69	—	—	—	84.78
爱尔兰	130.1	132.7	—	45.2	23.7	87.8	96.8	71.60	92.04	92.48	85.97	67.75	75.27	89.93	—	56.83	110.26	[22.72]	61.5	117.68	87.52
挪　威	132.1	—	—	—	—	—	—	70.60	93.70	—	—	[68.80]	[72.37]	[95.10]	—	53.90	—	—	—	—	—

注：1. 青海阿哈特拉山和李家山及甘肃火烧沟组数值根据笔者测量计算资料，青海柳湾组取自文献[3]，其余各组取自文献[4]；2. 测量项目栏中括弧内数字或字母分别代表马厂测量号或测量缩写代号；3. 方括号中数字为平均值计算的近似指数值。

而倾向于东方的现代和古代各组。在估计额部宽度的三个指数(9∶21；9∶8；9∶45)上，阳山组显然比欧洲各组的明显更小而与东方蒙古人种的相对狭额特点更为相近，即后者在这些指数上也有普遍更低的指数值。在颅面宽指数(45∶8)上，阳山组比欧洲各组明显更大，这种特点与东方古代和现代各组中具有普遍更高的指数值相一致。颅面比例指数(FM∶CM)上，阳山组比表中唯一欧洲对照组更大一些，但后者与其他东方各组没有明确的区别。在上面指数(48∶45)上，阳山组表现出高狭面性质，其指数明显高，与多数东方组的普遍高狭面特征一致，相比之下，在欧洲的四个组中，除爱尔兰组数值偏高外，其余三组都偏低(在中面型范围)。在颧额宽指数(43(1)：46)上，东、西方各组之间有明显的变异趋势，即三个欧洲组的颧额眶点间宽(43(1))都大于中面宽(46)，其指数都超过100.0，而东方各组正好相反，是中面宽(46)明显小于颧额眶点间宽(43(1))，阳山组的这一指数特征亦如东方的各组而与欧洲的各组疏远。额眶间宽指数(49a∶9)上，东方各组除少数外，似具有更多一些更宽的眶间类型，阳山组也有相似的性质，而欧洲各组似有更窄的眶间宽性质。在齿槽弓宽(61)和齿槽指数(61∶60)的测定上，东方各组一般都比西方两个组的数值有明显变差趋向，然而在这两项测定上，阳山组没有表现出与东方各组的接近，而与西方两组偏低的数值接近。但在腭指数(63∶62)上，阳山组比西方各组更高，与东方各组普遍更短宽的腭型更趋一致。

从以上一系列测量特征之东西方人种偏离方向估计阳山组的变异趋势不难看出，后者的东方蒙古人种性质十分明显，它在骨骼形态学上与表列我国甘、青地区古代组和现代华北组具有更多类型学上的一致。这一点也大致从十三项颅、面部绝对值测量特征(见表四、表五)作欧氏形态距离的估计上反映出来。计算形态距离的公式是：

$$dik = \sqrt{\frac{\sum_{j=1}^{m}(X_{ij} - X_{kj})^2}{m}}$$

其中 $i \neq k$，i，k = 1，2，……9；i，k 代表颅骨组；j 代表项目；m 代表项目数。被测定两个颅骨组之向的关系由 dik 值的大小来估计，即 dik 值越小，两组之间在形态学上的距离越可能接近，dik 值越大，两组之间可能越远[5]。

根据上述形态距离公式计算阳山组与甘青地区古代组和现代华北组及蒙古和楚克奇组(后两组分别代表北亚和东北亚蒙古人种类型)之间的 dik 值如表五。从这些数字可能说明阳山组与其他对照组之间的关系是：(1) 阳山组与步达生的甘肃铜石时代组、青海的阿哈特拉山组和现代华北组及甘肃火烧沟组之间分别具有较小的数值(2.38—2.89)，它们之间在形态学上的距离可能更小一些；(2) 阳山组与现代藏族组、青海柳湾和李家山组之间的 dik 值有些增大(3.48—3.68)，其间的形态距离也略有增大；(3) 阳山组与现代楚克奇组和蒙古组之间的 dik 值更为增大(4.98—5.71)，表示与这两个蒙古人种类型有更为明显的形态距离。这个结果，与前述阳山组在东西方人种绝对测量特征上偏离方向的分析基本相符，即阳山组在形态和测量特征上与我国甘青地区古代组和现代华北组的相对接近，表明它具有东亚蒙古人种的特点，与西方欧洲人种类型之间有明显的距离，而且和蒙古人种的北亚和东北亚类型也有区别。

表四　青海阳山组与其他组之十三项颅、面绝对测量平均值

	青海阳山	青海李家山	青海 阿哈特拉山	青海柳湾	甘肃铜石 时代	甘肃火烧沟	现代华北	现代藏族	现代楚克 奇族	现代蒙古族
颅长(1)	181.8(7)	183.4(13)	182.9(23)	186.4(25)	181.6(25)	182.8(57)	178.5(86)	185.5(14)	182.9(28)	182.2(80)
颅宽(8)	133.3(7)	139.8(13)	140.3(23)	137.8(11)	137.0(26)	138.4(50)	138.2(86)	139.4(14)	142.3(28)	149.0(80)
颅高(17)	133.9(6)	137.3(13)	138.2(22)	139.8(16)	136.8(23)	139.3(55)	137.2(86)	134.1(15)	133.8(27)	131.1(80)
眶高(52)	33.3(7)	35.5(13)	35.2(23)	34.5(14)	33.8(16)	33.6(58)	35.5(74)	36.7(15)	36.3(28)	35.8(81)
颅基底长(5)	100.5(6)	101.3(13)	101.4(22)	104.7(17)	102.1(23)	103.7(56)	99.0(86)	99.2(15)	102.8(28)	100.5(81)
眶宽(51)	42.2(7)	43.6(13)	42.8(23)	43.6(15)	45.0(18)	42.5(59)	44.0(62)	43.4(15)	44.1(28)	43.3(81)
鼻高(55)	54.8(7)	57.4(13)	55.2(23)	55.5(17)	55.0(20)	53.6(59)	55.3(86)	55.1(15)	55.7(28)	56.5(81)
鼻宽(54)	25.9(7)	27.1(13)	26.1(23)	27.4(18)	25.6(17)	26.7(59)	25.0(86)	27.1(15)	24.6(28)	27.4(81)
面基底长(40)	96.7(6)	94.3(13)	95.9(22)	100.6(16)	97.3(14)	98.5(50)	95.2(84)	97.2(15)	102.3(28)	98.5(70)
颧宽(45)	131.7(6)	139.4(13)	133.7(23)	136.7(14)	130.7(19)	136.3(52)	132.7(83)	137.5(15)	140.8(27)	141.8(80)
上面高(48)	75.6(7)	78.8(13)	74.8(22)	78.6(16)	74.8(16)	73.8(53)	75.3(84)	76.5(15)	78.0(28)	78.0(69)
额最小宽(9)	87.7(7)	92.5(13)	90.0(23)	90.6(15)	92.3(24)	90.1(60)	89.4(85)	94.3(15)	95.7(28)	94.3(80)
面角(72)	89.2(7)	86.9(13)	85.8(23)	88.8(12)	85.0(17)	86.7(47)	83.4(80)	85.7(15)	83.2(27)	87.5(74)

注：青海阳山、李家山、阿哈特拉山组和火烧沟组测值据笔者资料，青海柳湾组引自文献[3]；甘肃铜石时代和现代华北组取自文献[2]；现代藏族组取自文献[6]；现代楚克奇和蒙古族组取自文献[7]。

表五　青海阳山组与其他对照组形态距离(dik)计算表

	青海阳山与								
	青海李家山	青海阿哈特拉山	青海柳湾	甘肃铜石时代	甘肃火烧沟	现代华北	现代藏族	现代楚克奇族	现代蒙古族
颅长(1)	2.56	1.21	21.16	0.04	1.00	10.89	13.69	1.21	0.16
颅宽(8)	42.25	49.00	20.25	13.69	26.01	24.01	37.21	81.00	246.49
颅高(17)	11.56	18.49	34.81	8.41	29.16	10.89	0.04	0.01	7.84
眶高(52)	4.84	3.61	1.44	0.25	0.09	4.84	11.56	9.00	6.25
颅基底长(5)	0.64	0.81	17.64	2.56	10.24	2.25	1.69	5.29	0.00
眶宽(51)	1.96	0.36	1.96	7.84	0.09	3.24	1.44	3.61	1.21
鼻高(55)	6.76	0.16	0.49	0.04	1.44	0.25	0.09	0.81	2.89
鼻宽(54)	1.44	0.04	2.25	0.09	0.64	0.81	1.44	1.69	2.25
面基底长(40)	5.76	0.64	15.21	0.36	3.24	2.25	0.25	31.36	3.24
颧宽(45)	59.29	4.00	25.00	1.00	21.16	1.00	33.64	82.81	102.61
上面高(48)	10.24	0.64	9.00	0.64	3.24	0.09	0.81	5.76	5.76
额最小宽(9)	23.04	5.29	8.41	21.16	5.76	2.89	43.56	64.00	43.56
面角(72)	5.29	11.56	0.16	17.64	6.25	33.64	12.25	36.00	2.89
$\sum(Xij-Xkj)^2$	175.63	95.81	157.78	73.72	108.32	97.05	157.67	322.55	424.55
dik	3.68	2.71	3.48	2.38	2.89	2.73	3.48	4.98	5.71

四、结论

1. 笔者鉴定阳山墓地164个个体人骨中，可估计性别的128个，其中男性或可能男性的61个，女性或可能女性的67个，男女性个体比例为61∶67=0.88∶1，即男性个体较少于女性个体。

2. 死亡年龄分布统计是成年个体中死于中年和壮年的共占45.7%，活到老年期的占16.5%；未成年个体死亡比例很高，约占全部个体的22.6%，其中死于8岁以前的约占一半多。

3. 根据可估计年龄的150个个体(包括成年和未成年)估算的平均死亡年龄是32.96岁；按116个成年个体计算的平均死亡年龄为40.44岁。

4. 阳山组头骨的蒙古人种组合形态特征是具有简单的颅顶缝，鼻骨突度较小，眉间突度、鼻根凹陷和鼻棘都不很发达，颧形转折陡直，眶形较圆钝，眶口平面位置后斜型为主，腭形短宽，有占一半以上个体出现下颌圆枕，一般面部水平方向扁平度也较大等。此外，多数颅形偏长，面狭长及狭—中鼻型等特点，使阳山头骨在形态学上更接近古代和现代的华北人类型。

5. 在测量特征上，阳山组在东西方人种的形态偏离分析表明，其体质特征与我国甘、青地区古代居民和现代华北人具有更明显的接近而同属蒙古人种的东亚支系类型，与北亚和东北亚支系类型则有较明显的区别。

参考文献

[1] 青海省文物考古研究所,《民和阳山》,文物出版社,1990年。

[2] Black, D., 1928: A study of kansu and Honan Aeneolithic skulls and specimens from later kansu prehistoric sites in comparison with North China and other recent crania. Palaeont. Sin, Ser. D, Vol. 6, No. 1, pp. 1-83.

[3] 潘其风、韩康信:《柳湾墓地的人骨研究》,《青海柳湾》附录一,261—303页,1984年,文物出版社。

[4] 韩康信、潘其风:《殷墟祭祀坑人头骨的种系》,《安阳殷墟头骨研究》,82—107页,1984年,文物出版社。

[5] 张振标等:《中国新石器时代居民体征类型初探》,《古脊椎动物与古人类》1982年1期,72—80页。

[6] Morant G. M., 1923: A first study of the Tibetan skull. Biometrika, Vol. 14, No. 3-4, pp. 193-260.

[7] Алексеев, В. П. И О. Б. Трубникова: Некоторые пробпемы таксономии и гене апогии Азиатских Монгопоидов (краниометрия). Издатепьство «Наука», Сибирское Отдепение, Новосибирск. 1984.

(原文发表于《民和阳山》附录一,文物出版社,1990年)

附表

青海阳山墓地人头骨测量表

（长度：毫米，角度：度，指数：%）

测量项目与代号	M12 ♂	M21 ♂	M44（Ⅱ）♂	M78（Ⅰ）♂	M83（Ⅲ）♂	M83（Ⅴ）♂	M230（Ⅰ）♂	平均值与例数 ♂	M65 ♀	M67 ♀	M75 ♀	M14Ⅱ ♀	平均值与例数 ♀
颅长(1)	191.0	179.2	179.0	183.0	179.0	178.0	183.5	181.8(7)	174.0	170.0	166.9	178.3	172.3(4)
颅宽(8)	134.0	126.0	131.7	133.4	135.7	128.0	144.0	133.3(7)	128.0	124.0	131.8	124.0	127.0(4)
颅高(17)	139.4	125.8	133.0	136.6	135.6	132.9	—	133.9(6)	128.4	128.0	135.7	131.5	130.9(4)
耳上颅高(21)	117.5	111.0	110.6	117.3	114.2	112.2	118.5	114.5(7)	106.7	108.4	109.0	113.4	109.4(4)
最小额宽(9)	92.9	82.8	85.0	90.1	85.8	87.7	89.3	87.7(7)	79.0	78.0	84.7	84.5	81.6(4)
颅矢状弧(25)	388.0	354.0	368.0	—	370.0	362.0	369.0	368.5(6)	354.0	347.5	340.0	376.5	354.5(4)
额弧(26)	133.0	121.0	124.0	130.0	136.0	129.0	132.0	129.3(7)	121.0	121.0	120.0	131.0	123.3(4)
顶弧(27)	139.0	123.0	121.5	130.0	123.0	127.0	121.0	126.4(7)	122.0	123.0	112.0	124.5	120.4(4)
枕弧(28)	116.0	110.0	122.5	—	111.0	106.0	116.0	113.6(6)	111.0	103.5	108.0	121.0	110.9(4)
额弦(29)	115.9	107.8	109.8	111.0	117.6	111.1	116.0	112.7(7)	106.5	107.7	106.9	112.3	108.4(4)
顶弦(30)	123.6	111.1	109.4	115.1	108.2	113.3	109.6	112.9(7)	110.2	111.0	101.1	113.4	108.9(4)
枕弦(31)	97.0	90.6	99.3	—	93.2	89.7	97.5	94.6(6)	91.9	89.4	95.6	101.8	94.7(4)
颅周长(23)	526.0	494.0	504.0	509.0	510.0	500.0	518.0	508.7(7)	487.0	473.0	478.0	494.0	483.0(4)
颅横弧(24)	317.0	294.0	304.0	320.0	316.0	299.0	322.0	310.3(7)	292.0	290.0	303.0	300.0	296.3(4)
颅基底长(5)	103.0	100.1	98.4	98.6	101.5	101.5	—	100.5(6)	96.0	96.0	103.3	95.0	97.6(4)
面基底长(40)	98.5	98.0	89.5?	95.8	96.8	101.3	—	96.7(6)	92.2	89.7	96.5	—	92.8(3)
上面高(48)sd.	75.6	69.8	76.7?	74.4	75.8	79.7	77.0	75.6(7)	72.2	73.1	73.9	—	73.1(3)
pr.	73.8	66.8	72.7?	71.2	72.8	75.3	75.0	72.5(7)	68.0	68.6	69.6	—	68.7(3)
全面高(47)	126.3	114.4	124.7	127.1	126.0	—	121.9	123.4(6)	115.4	113.9	119.5	—	116.3(3)
颧宽(45)	141.2	126.3	127.3	132.5	129.5	—	133.2?	131.7(6)	125.4	123.4	131.2	118.2	124.6(4)

续 表

测量项目与代号		M12 ♂	M21 ♂	M44（Ⅱ）♂	M78（Ⅰ）♂	M83（Ⅲ）♂	M83（Ⅴ）♂	M230（Ⅰ）♂	平均值与例数 ♂	M65 ♀	M67 ♀	M75 ♀	M14Ⅱ ♀	平均值与例数 ♀
中面宽(46)		100.7	98.3	90.3	102.1	106.9	108.3	103.5	101.4(7)	99.5	95.1	100.3	85.6	95.1(4)
颧颌点间高(SSS)		18.7	20.1	19.3	28.9	21.2	24.4	21.7	22.0(7)	20.7	21.4	21.4	—	21.2(3)
两眶外缘宽(43(1))		103.8	99.1	96.5	93.1	91.4	93.3	97.5	96.4(7)	88.8	94.4	91.0	91.4	91.4(4)
眶外缘点间高(SN)		20.1	14.4	18.3	16.4	8.6	8.9	15.8	14.6(7)	12.4	14.9	13.8	12.8	13.5(4)
眶中宽(O_3)		60.1	48.6	49.6	56.2	54.1	54.4	56.4	54.2(7)	52.0	57.9	45.1	53.2	52.1(4)
鼻尖高(SR)		14.0	12.4	—	—	—	—	14.9	13.8(3)	19.6	—	17.2	—	18.4(2)
眶间宽(50)		23.2	18.5	18.0	16.1	16.2	18.6	17.9	18.4(7)	15.4	19.2	16.9	17.3	17.2(4)
眶内缘点间宽(DC)		29.4?	20.2	22.6	20.6?	—	22.0?	22.5	22.9(6)	18.1?	22.0	18.6	20.2	19.7(4)
鼻梁眶内缘宽高(DS)		8.9	6.5	7.8	—	—	7.1	6.4	7.3(5)	7.9	7.3	8.0	7.2	7.6(4)
颧骨高(MH)	左	43.3	41.0	46.4	44.8	47.0	49.1	48.3	45.7(7)	45.7	43.7	39.6	40.0	42.3(4)
	右	43.7	42.0	46.9	43.8	45.4	50.3	42.1	44.9(7)	47.0	43.4	38.4	38.3	41.8(4)
颧骨宽(MB′)	左	23.4	23.2	25.9	28.5	30.0	29.8	27.1	26.8(7)	25.8	24.0	22.3	18.9	22.8(4)
	右	24.8	25.0	27.5	27.9	30.3	30.2	26.1	27.4(7)	26.6	23.6	22.3	18.8	22.8(4)
鼻宽(54)		27.2	26.4	23.1	24.6	25.7	25.8	28.2	25.9(7)	26.4	26.5	24.7	27.9?	26.4(4)
鼻高(55)		54.7	50.7	54.2	51.4	57.0	59.0	56.8	54.8(7)	50.6	53.7	52.0	47.7?	51.0(4)
鼻骨最小宽(SC)		5.4	5.5	7.2	3.5	3.2	4.3	5.0	4.9(7)	5.8	6.7	3.8	7.0	5.8(4)
鼻骨最小宽高(SS)		2.0	1.8	2.2	—	—	1.6	1.1	1.7(5)	1.9	2.1	1.2	1.3	1.6(4)
眶宽(51)	左	44.2	42.2	43.1	43.0	39.9	40.0	42.7	42.2(7)	40.3	40.8	40.2	39.5	40.2(4)
	右	45.1	42.5	42.0	42.0	38.8	41.2	43.5	42.2(7)	41.0	41.5	40.3	40.8	40.9(4)
眶宽(51a)	左	39.5	40.4	39.2	39.2	37.0?	37.2	38.5	38.7(7)	37.8?	38.4	38.4	36.4	37.8(4)
	右	41.4	41.3	38.7	39.3	35.7?	38.2	41.3	39.4(7)	38.4	39.4	38.8	37.9	38.6(4)
眶高(52)	左	35.3	31.8	34.0	33.0	34.7	33.4	35.4	33.9(7)	35.1	32.6	32.1	32.3	33.0(4)
	右	34.1	32.3	33.7	32.2	33.4	34.0	33.7	33.3(7)	34.4	33.2	32.5	29.7	32.5(4)

续 表

测量项目与代号	M12 ♂	M21 ♂	M44（Ⅱ）♂	M78（Ⅰ）♂	M83（Ⅲ）♂	M83（Ⅴ）♂	M230（Ⅰ）♂	平均值与例数 ♂	M65 ♀	M67 ♀	M75 ♀	M14Ⅱ ♀	平均值与例数 ♀
齿槽弓长(60)	57.1	55.8	—	52.3	54.5	56.4	51.3	54.6(6)	53.1	50.8	53.4	—	52.4(3)
齿槽弓宽(61)	66.4	65.7	—	60.9	62.9	64.3?	53.2	62.2(6)	65.9	60.2	65.5	—	63.9(3)
腭长(62)	48.2	—	43.7	46.7	45.6	46.5	43.2	45.7(6)	45.4	46.5	47.8	—	46.6(3)
腭宽(63)	41.5	43.2	—	39.0	43.0	—	41.5	41.6(5)	40.5	40.2	39.4	—	40.0(3)
枕大孔长(7)	39.0	28.0	31.5?	—	38.1	38.2	—	35.0(5)	38.4	35.1	32.5	34.8	35.2(4)
枕大孔宽(16)	26.9	—	—	—	31.2	29.4?	—	29.2(3)	29.0	27.8	30.0	30.5	29.3(4)
下颌髁间宽(65)	128.2	112.0?	—	105.0	120.0?	—	124.2	117.9(5)	114.7	113.0	112.6	122.5	115.7(4)
额角(F<)	50.5	52.0	49.0	55.0	54.0	50.0	53.0	51.9(7)	50.0	51.5	51.0	52.5	51.3(4)
额倾角(32)	75.0	82.0	77.0	88.0	85.0	83.0	86.0	82.3(7)	83.0	82.5	81.0	90.0	84.1(4)
面角(72)	88.0	88.5	90.0?	89.0	91.0	85.0	93.0	89.2(7)	86.0	90.5	86.0	—	87.5(3)
鼻面角(73)	94.0	93.0	95.0?	92.0	96.0	88.0	96.0	93.4(7)	90.0	93.0	90.0	94.0?	91.8(4)
齿槽面角(74)	67.0	71.5	70.0?	79.0	75.0	72.0	80.0	73.5(7)	73.0	80.0	77.0	—	76.7(3)
鼻颧角(77)	137.7	147.6	138.5	141.2	158.7	158.3	144.0	146.6(7)	148.8	144.9	146.2	148.8	147.2(4)
颧上颌角(Zm)	139.3	135.5	133.7	121.0	136.7	131.4	134.6	133.2(7)	134.7	131.5	126.5	—	130.9(3)
(Zm_1)	146.1	138.3	140.8	129.7	143.0	133.1	136.5	138.2(7)	137.8	137.6	128.6	—	134.7(3)
鼻尖角(75)	77.0	77.0	—	—	—	—	79.0	77.7(3)	65.5	—	69.0	—	67.3(2)
鼻骨角(75(1))	9.3	11.0	—	—	—	—	10.1	10.1(3)	21.1	—	15.2	—	18.2(2)
颅指数(8：1)	70.16	70.31	73.58	72.90	75.81	71.91	78.47	73.31(7)	73.56	72.94	78.97	69.55	73.76(4)
颅长高指数(17：1)	72.98	70.20	74.30	74.64	75.75	74.66	—	73.76(6)	73.79	75.29	81.31	73.75	76.04(4)
颅长耳高指数(21：1)	61.52	61.94	61.79	64.10	63.80	63.03	64.58	62.97(7)	61.32	63.76	65.31	63.60	63.50(4)
颅宽高指数(17：8)	104.03	99.84	100.99	102.40	99.93	103.83	—	101.84(6)	100.31	103.23	102.96	106.05	103.14(4)
鼻指数(54：55)	49.73	52.07	42.62	47.86	45.09	43.73	49.65	47.25(7)	52.17	49.35	47.50	—	49.67(3)
鼻根指数(SS：SC)	36.72	33.14	30.00	—	—	35.94	22.80	31.72(5)	32.09	31.21	31.62	19.18	28.53(4)

续 表

测量项目与代号		M12 ♂	M21 ♂	M44 (Ⅱ) ♂	M78 (Ⅰ) ♂	M83 (Ⅲ) ♂	M83 (Ⅴ) ♂	M230 (Ⅰ) ♂	平均值与例数 ♂	M65 ♀	M67 ♀	M75 ♀	M14Ⅱ ♀	平均值与例数 ♀
眶指数(52：51)	左	79.86	75.36	78.89	76.74	86.97	83.50	82.90	80.60(7)	87.10	79.90	79.85	81.77	82.16(4)
	右	75.61	76.00	80.24	76.67	86.08	82.93	77.47	79.29(7)	83.90	80.00	80.65	72.79	79.34(4)
眶指数(52：51a)	左	89.37	78.71	86.73	84.18	93.78?	89.78	91.95?	87.79(7)	92.86?	84.90	83.59	88.74	87.52(4)
	右	82.37	78.21	87.08	81.93	93.56?	89.01	81.60	84.82(7)	89.58	84.26	83.76	78.36	83.99(4)
垂直颅面指数(48：17)		54.23	55.48	57.67?	54.47	55.90	59.97	—	56.29(6)	56.23	57.11	54.46	—	55.93(3)
上面指数(48：45)		53.54	55.27	60.25?	56.15	58.53	—	57.81	56.93(6)	57.58	59.24	56.33	—	57.72(3)
全面指数(47：45)		89.45	90.58	97.96	95.92	97.30	—	91.52	93.79(6)	92.03	92.30	91.08	—	91.80(3)
中面指数(48：46)		75.07	71.01	84.94?	72.87	70.91	73.59	74.40	74.68(7)	72.56	76.87	73.68	—	74.37(3)
额宽指数(9：8)		69.33	65.71	64.54	67.54	63.23	68.52	62.01	65.84(7)	61.72	62.90	64.26	68.15	64.26(4)
面突度指数(40：5)		95.63	97.90	90.96	97.16	95.37	99.80	—	90.14(6)	96.04	93.44	93.42	—	94.30(3)
颧额宽指数(9：45)		65.79	65.56	66.77	68.00	66.25	—	67.04	66.57(6)	63.00	63.21	64.56	71.49	65.57(4)
额颧宽指数(43(1)：46)		103.08	100.81	106.87	91.19	85.50	86.15	94.20	95.40(7)	89.25	99.26	90.73	106.78	98.92(4)
颅面宽指数(45：8)		105.37	100.24	96.66	99.33	95.43	—	92.50	98.26(6)	97.97	99.52	99.54	95.32	98.09(4)
眶间宽高指数(DS：DC)		30.34?	32.08	34.27	—	—	32.33	28.27	31.46(5)	43.84?	33.14	42.86	35.61	38.86(4)
额面扁平度指数(SN：OB)		19.34	14.53	18.95	17.60	9.40	9.59	16.21	15.09(7)	13.97	15.80	15.18	13.97	14.73(4)
鼻面扁平度指数(SR：O_3)		23.29	25.44	—	—	—	—	26.43	25.05(3)	37.71	—	38.16	—	37.94(2)
腭指数(63：62)		86.10	—	—	83.51	94.30	—	96.06	89.99(4)	89.21	86.45	82.43	—	86.03(2)
齿槽弓指数(61：60)		116.29	117.74	—	116.44	115.41	114.01	103.70	113.93(6)	124.11	118.50	122.66	—	121.76(3)
面高髁宽指数(48：65)		58.97	62.32?	—	70.86	63.17?	—	62.00	63.46(5)	62.95	64.69	65.63	—	64.42(3)

图版一

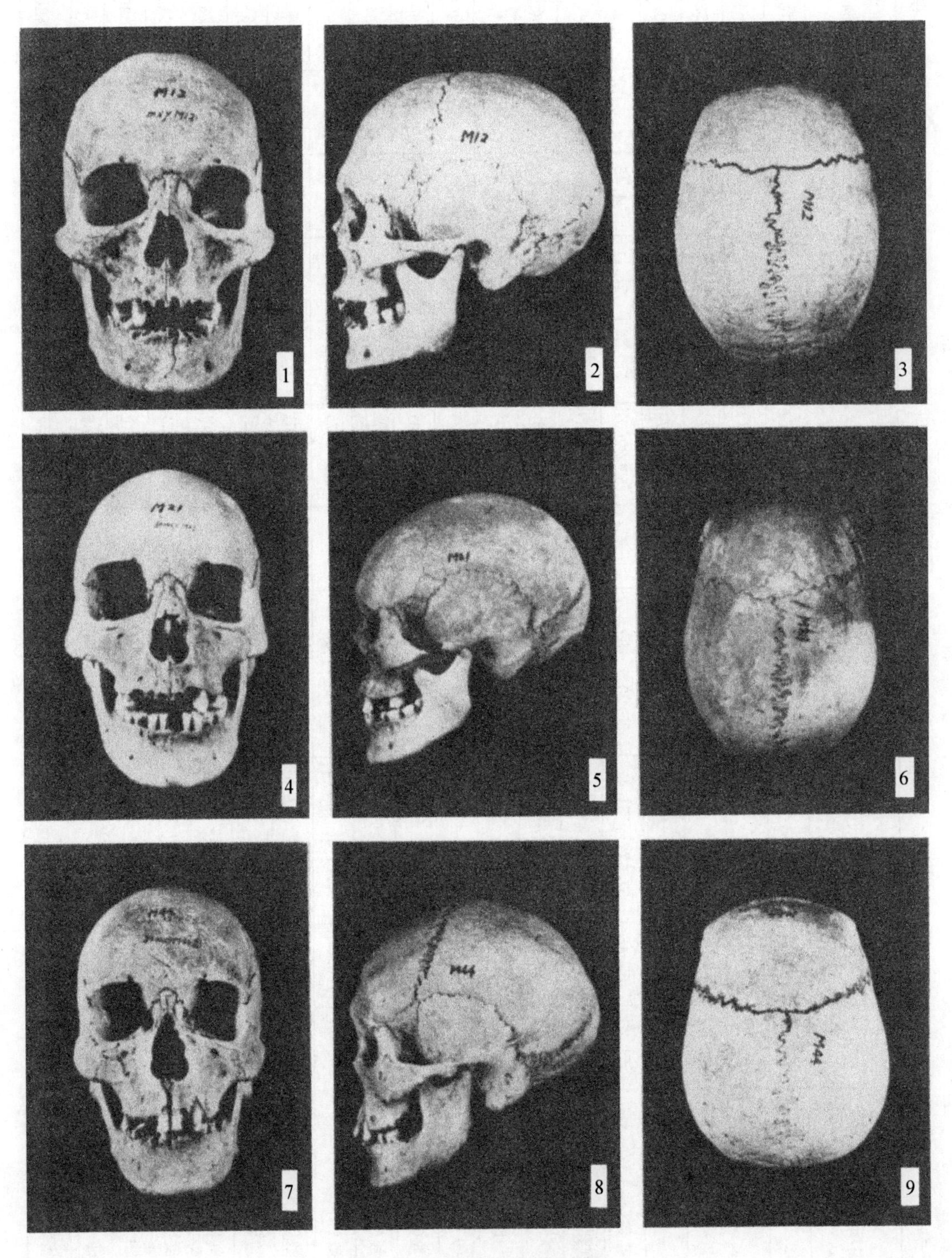

1—3. M12，男性（正、侧、顶面）
4—6. M21，男性（正、侧、顶面）
7—9. M44（1），男性（正、侧、顶面）

图版二

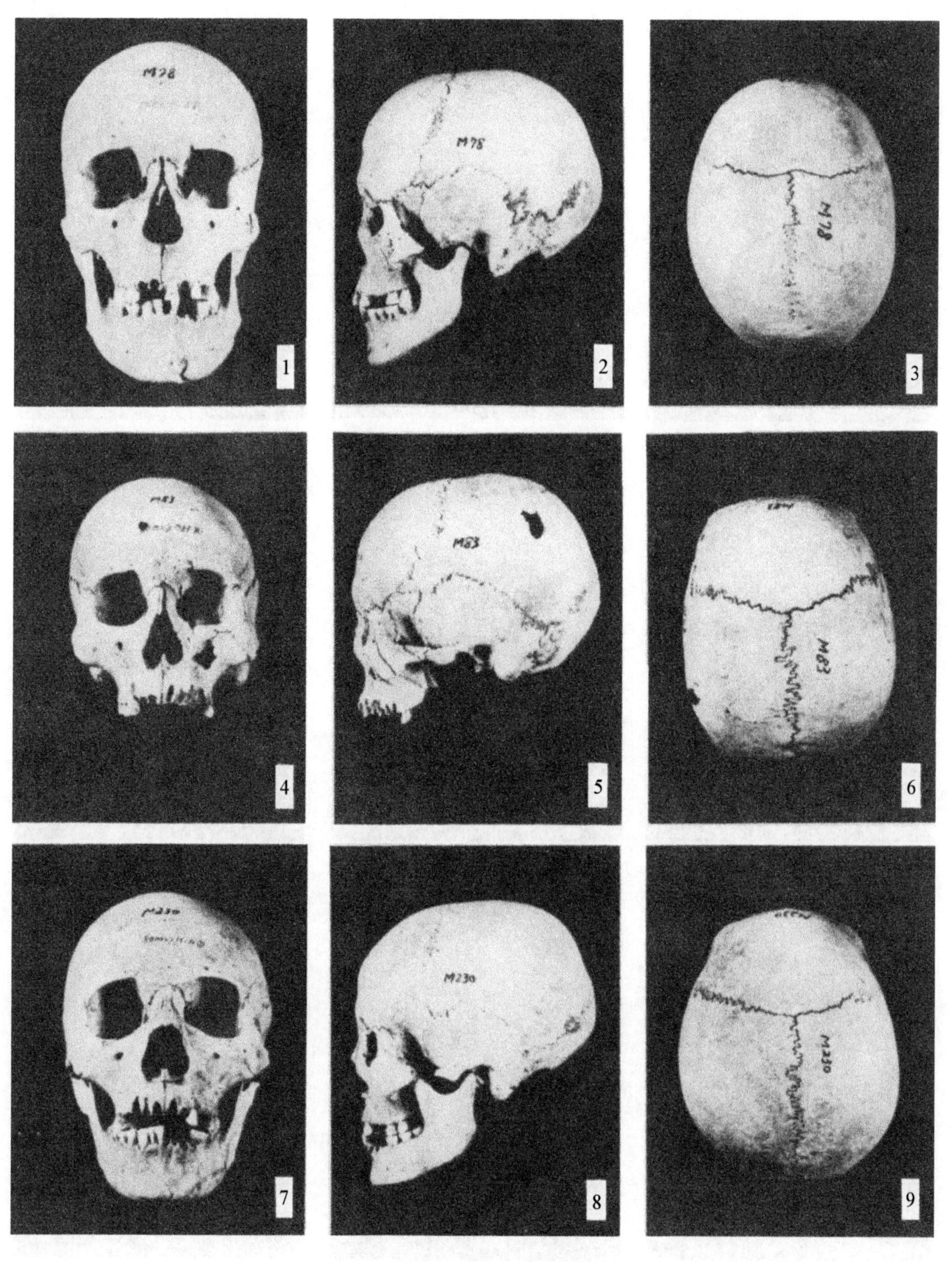

1—3. M78(1),男性(正、侧、顶面)
4—6. M83(3),男性(正、侧、顶面)
7—9. M230(1),男性(正、侧、顶面)

图版三

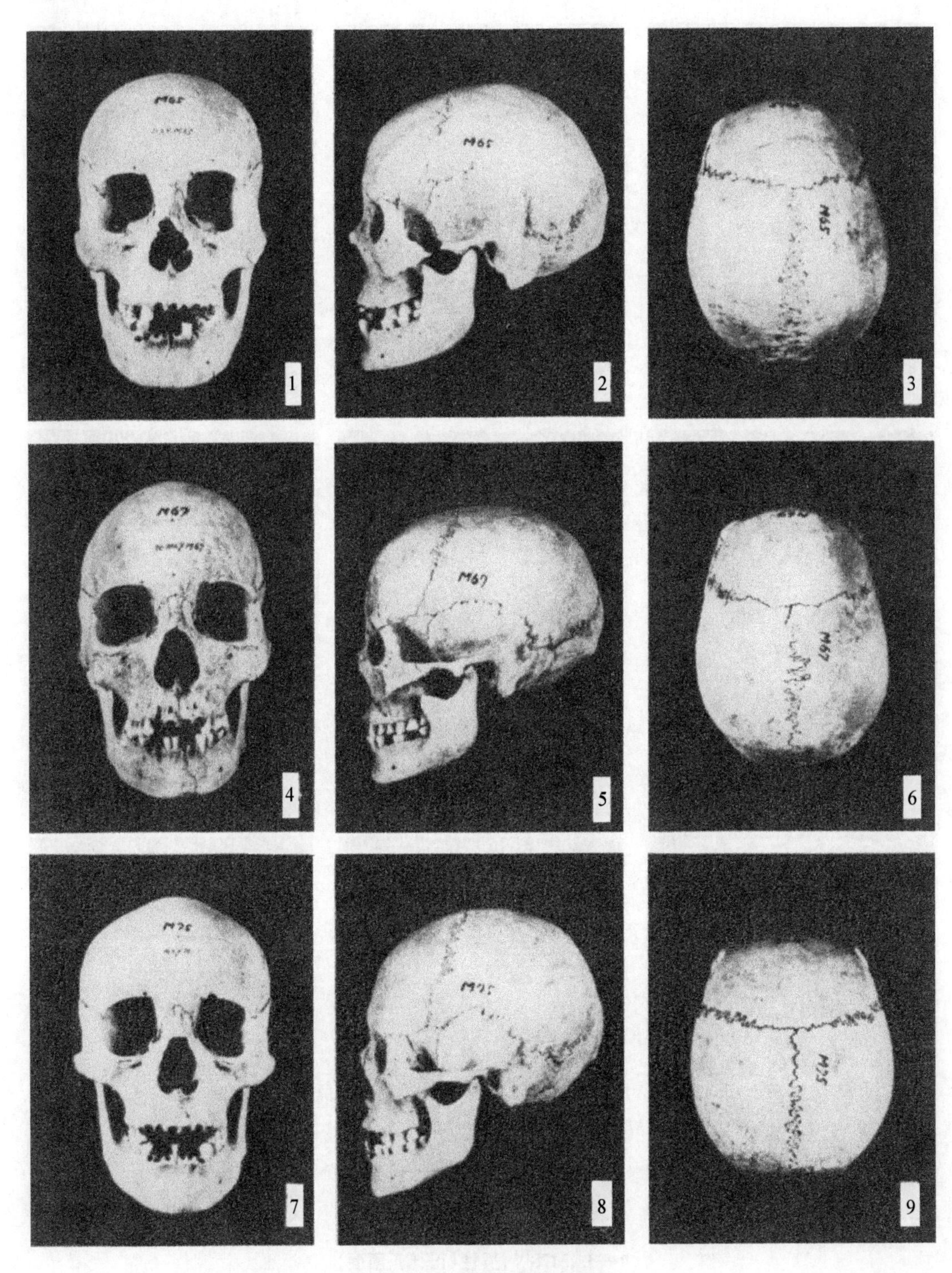

1—3. M65,女性(正、侧、顶面)
4—6. M67,女性(正、侧、顶面)
7—9. M75,女性(正、侧、顶面)

龙虬庄遗址新石器时代人骨的研究

(一) 前言

本文研究的人骨出自龙虬庄遗址新石器时代墓地。1993—1996 年,南京博物院考古研究所的张敏先生主持发掘了这个墓地,除出土了大量的陶器、玉石器和骨角器外,还采集了大量的人骨。据发掘者的推定,这个墓地的年代为 6300—5500aB. P. 。本文的研究对象是该墓地采集的人骨,对这批人骨的鉴定和研究,为了解该墓地的人口结构和种族体质特征,及其与周邻地区新石器时代居民之间的人类学关系提供了宝贵的材料。

应该指出,迄今为止在中国境内发现的大量新石器时代墓地中,虽也陆续发掘和采集过许多人类骨骼,但其中有相当一部分人骨的收集比较零散,真正有价值的研究材料并不很多。即使在已经研究过的材料中,其地理分布也多集中在黄河流域,长江以南包括珠江流域地区只有零星材料和为数不多的研究,而在这两者之间的江淮地区几乎是空白。龙虬庄遗址人骨的收集正好弥补了这一不足,尤其是从这批人骨中选择和修补出一批不错的头骨和肢骨,可供体质人类学的观察和测量,这对考察江淮地区新石器时代居民的生物人类学特点有重要的意义。

(二) 材料和方法

本文作者曾两次应邀前往遗址所在地,在室内对采集的人骨进行性别、年龄鉴定,并对其中保存完整和经修补后较完整的头骨、肢骨进行观察和测量。龙虬庄新石器时代墓地第一次清理墓葬 345 座,第二次清理墓葬 57 座,本文研究的材料是第一次发掘清理的 345 座墓葬的人骨。进行观察和测量的有头骨 24 个,其中男性 11 个,女性 13 个;股骨 77 支,其中男性左侧 23 支,右侧 24 支,女性左侧 18 支,右侧 12 支。

性别的鉴定采用从骨骼上观察性别差异的方法,其中最重要的是依靠头骨及盆骨骨块上的性别标志。性别记录为"男性"、"女性"、"男性可疑"、"女性可疑"和"性别不明"五种。在统计男女个体比例时,作近似的估计,将"男性可疑"和"女性可疑"分别计入男性和女性个体中计数。

年龄的估计主要依靠牙齿萌出规律和牙齿特别是臼齿的磨耗程度,及主要颅骨缝的愈合状态。有的个体可看到耻骨联合面形态的年龄变化。

所有性别年龄的骨性变化,在国内出版的《考古工作手册》[1]、《人体骨骼测量手册》[2]、《人体测量手册》[3]等人体和骨骼测量手册上都有详细叙述。

人骨测量使用专门的测量仪器,主要用活动卡尺和弯脚规测量直线长度,用软卷尺测量弧长,角度则使头骨定位于眼耳平面位置用量角器测定或用三角函数公式间接计算。

将头骨标位于眼耳平面的仪器为颅骨定位器或称莫利逊定位器。

用股骨最大长身高估算公式计算身高。为比较方便，选用了 K. Pearson[4] 及 M. Trotter 和 G. Gleser[5] 两种股骨长身高公式。其推算公式如下：

K. Pearson 公式：

男性身高＝81.306＋1.880×股骨最大长

女性身高＝72.844＋1.945×股骨最大长

M. Trotter 和 G. Gleser 公式：

男性身高＝72.57＋2.15×股骨最大长

组间形态差异的综合量化采用欧氏形态距离公式计算的 d_{ik} 值进行估计。公式如下：

$$d_{ik}=\sqrt{\frac{\sum_{j=1}^{m}(X_{ij}-X_{kj})^2}{m}}$$

式中 i、k 代表测量的头骨组别，j 代表测量的项目，m 代表测量比较的项目数，d_{ik} 代表两个比较组之间在欧几里得空间分布的形态距离。本文中具体选用比较的头骨测量项目为颅长、颅宽、颅高、眶高（左侧）、眶宽（左侧）、颅基底长、面基底长、鼻宽、鼻高、上面高、颧宽、面角、最小额宽、鼻颧角等 15 项，其马丁（Martin）人类学测量编号依次为 1、8、17、52、51、5、40、54、55、48、45、72、9、77 等。

在利用 d_{ik} 值进行组间形态比较时，还借助于多变量数理统计中的聚类分析方法，并绘制聚类谱系图作直观的近疏关系比较[6]。

在聚类比较中选用的新石器时代头骨测量资料包括陕西的横阵[7]、宝鸡[8]、华县[9]、半坡[10]、姜寨[11]、庙底沟[12]，山东的大汶口[13]、西夏侯[14]、野店[15]、广饶[16]、王因[17]、呈子[18]，青海的柳湾[19]、阳山[20]，河南的下王岗[21]，内蒙古的庙子沟[22]，福建的昙石山[23]，宁夏的海原[24] 和广西的甑皮岩等[25] 20 组以及日本的绳文和弥生两组[26]。除日本的两组外，其他对照组的地理分布大致包括了黄河上、中、下游和华南地区。这些遗址中人骨的年代大致都为 7000—5000aB. P.。从文化的性质来看，包括了仰韶、大汶口、马家窑及南方的印纹陶等新石器时代文化。

聚类分析方法的原理可参考多变量分析用书。

（三）比较结果

比较结果按性别年龄考察、颅面形态类型和组间形态距离比较三部分分别记述。

1. 性别年龄的考察

本文鉴定的可估计性别的人骨个体共 274 个，其中男性 179 个，女性 95 个。男女比例约为 1.88∶1，即鉴定的个体中男性明显多于女性（表 1）。

表 1　性别年龄分布表

年龄分期	男	女	性别不明	合计
未成年（13 岁以下）	4(3.0%)	2(2.8%)	20(47.6%)	26(10.5%)
青年（14—23 岁）	57(42.5%)	28(39.4%)	12(28.6%)	97(39.3%)

续 表

年龄分期	男	女	性别不明	合计
壮年(24—35岁)	56(41.8%)	28(39.4%)	3(7.1%)	87(35.2%)
中年(36—55岁)	16(11.9%)	8(11.3%)	4(9.5%)	28(11.3%)
老年(56岁以上)	1(1.0%)	5(7.0%)	3(7.1%)	9(3.6%)
合计	134(100.0%)	71(100.0%)	42(100.0%)	247(100.0%)
只定为成年	45	24	7	76
总计	179	95	49	323

据247个可估计具体年龄期的个体统计,大约有85%死于壮年期以前(约35岁以下),其中未达成年便死亡的约占10.5%,死于青年期的约占39.3%,壮年期死亡的约占35.2%;进入中、老年期的仅占11.3%和3.6%。

据33个未成年死亡个体的统计(0—15岁),好像有两个死亡高峰,即0—6岁间死去的约占33.3%,12—15岁之间死亡的约占66.7%。在7—11岁之间未记录到死亡个体。

247个可估计年龄的平均死亡年龄仅达到25.73岁,按性别,男性平均死亡年龄为26.41岁(135个个体),女性平均死亡年龄为28.61岁(70个个体),女性平均死亡年龄稍高于男性。

2. 颅面形态类型及身高

(1) 观察特征

对24具保存较完整的头骨进行了测量,结果见表2和表3(图版一—图版三)。

对这些头骨进行了16项形态特征的观察(表4)。综合这些观察,龙虬庄组头骨的形态无论男女性组均以长度不等的卵圆形颅形出现较多,但在女性组中又较男性组多见楔形和菱形颅;颅顶缝形态基本上是简单或较简单的形式(微波—锯齿形),复杂形很少见;侧面观前额向后上方倾斜的坡度在男性中以中等侧斜的多见,明显后倾的少见,女性中则近直形的居多,一部分为中斜形;矢状脊不发达,鼻根凹陷浅平;梨状孔多近似心形,梨状孔下缘大多钝型(即婴儿型),少见鼻前窝型;鼻棘以不发达的不显—稍显类多见;犬齿窝基本上为浅—无的类型;眼眶形态以眶角钝或圆的各种形状,其中以近似斜方或近圆或近椭圆的稍多见;正面观眶口形状大多呈水平位,强烈倾斜的很少见,侧面观眶口平面与眼耳平面位置关系皆系后斜或近后斜的类型;颧骨转角较陡直或陡直;腭圆枕缺乏或仅见弱型;颅顶间骨有和缺的比例为19∶5,即出现的个体占20.8%。

在以上观察的特征中,卵圆形颅、简约的颅顶缝形式、中斜—直形的额坡度、浅平的鼻根、弱小的鼻棘和不发达的犬齿窝、圆钝的眶角、眶口平面后斜、颧骨转角陡直、颅顶间骨出现比例高等为蒙古人种中比较常见的综合特征。

(2) 测量特征

据表5所列各项颅、面部形态指数和角度估计的男性平均形态是:

颅形——稍短化的中颅型—高颅型—狭颅型相结合。

面形——稍阔化的中上面型—中额型—中颌型—中等的垂直颅面比例—矢状方向面突度中颌型—上齿槽突颌型—水平方向面突度很弱等相结合。

表 2　龙虬庄新石器时代男性头骨测量表

测量项目和代号		♂											
		M23	M58	M163	M188	M218	M261	M304	M318	M341B	M345	M274	平均值和例数
1	颅长(g－op)	180.0	174.2	182.5	177.0	183.0	170.0	193.0	175.6	167.0	173.0	186.0	178.3±7.19(11)
8	颅宽(eu－eu)	140.5	139.4	147.0	146.0?	139.0?	139.3	142.0	142.3	144.7?	140.0	140.8	141.91±2.68(11)
17	颅高(ba－b)	143.0	140.2	137.2	139.0	145.3	130.2	144.2	140.0	138.0	137.5	147.3	140.17±4.50(11)
21	耳上颅高(po－v)	119.7	117.1	127.0	121.0	—	113.5	122.5	117.3	111.6	117.4	125.4	119.25±4.64(10)
9	最小额宽(ft－ft)	96.4	94.3	92.0	90.1	93.4	99.4	102.8	98.6	98.6	93.8	97.0	96.04±3.54(11)
25	颅矢状弧(n－o)	378.0	368.0	388.0	375.0	386.0	359.0	401.0	370.0	342.0	366.5	395.0	375.32±16.14(11)
23	颅周长	515.0	508.0	528.0	513.0?	519.0	506.0	548.0	512.0	501.0	509.0	534.0	517.55±13.28(11)
24	颅横弧(po－v－po)	327.0	318.0	340.0	331.0?	—	309.0	329.0	324.0	317.0	320.0	333.0	324.80±8.60(10)
5	颅基底长(ba－n)	102.8	101.3	104.0	100.4	101.7	95.0	107.6	101.0	106.3	98.3	104.3	102.06±3.39(11)
40	面基底长(ba－pr)	106.0	101.3	109.4	—	101.8	99.0	107.3	98.1	104.7	89.2?	103.7	102.05±5.46(10)
48	上面高(n－sd)	76.0	74.8	69.5	79.3?	72.4?	68.6	76.5	72.8	74.6	68.0?	70.7	73.02±3.42(11)
	(n－pr)	74.1	72.4	67.2	77.5?	71.0	66.0	72.1	70.3	71.1	65.3?	68.2	70.47±3.47(11)
47	全面高(n－gn)	125.4	127.2	—	—	119.7?	115.8	128.4?	122.2?	—	113.2	—	121.70±5.35(7)
45	颧宽(zy－zy)	141.4	141.2?	138.2?	142.2?	138.0?	133.6?	147.5?	143.7	151.0?	137.0	140.0	141.25±4.66(11)
46	中面宽(zm－zm)	110.2	111.8?	—	113.0	106.1	97.2	111.3	103.9	109.0?	101.1	104.6	106.82±4.88(10)
	(zm_1－zm_1)	113.2	113.4?	—	115.8	107.4	99.9	107.8	102.4	108.1?	102.3	105.7	107.60±5.01(10)
	颧颌点间高(sub. zm－ss－zm)	25.46	27.95	—	289.7	24.04	23.19	22.16	24.29	18.80	21.38	21.24	23.75±2.96(10)
	(sub. zm_1－ss－zm_1)	19.61	25.56	—	25.82	22.82	18.02	18.92	20.76	18.72	18.63	18.81	22.26±3.24(10)
43(1)	两眶外缘宽(fmo－fmo)	103.3	100.8	—	100.7	100.0	96.4	104.6	98.3	103.4	96.2	104.7	100.84±3.00(10)
SN	两眶外缘点间高(sub. fmo－n－fmo)	15.58	15.90	—	14.14	11.02	15.23	16.02	13.04	13.56	11.26	17.66	14.34±2.04(10)
O_3	眶中宽	63.5	60.8	—	58.0?	—	58.4	—	56.1	—	58.0	57.0	58.83±2.33(7)
SR	鼻尖点高	13.50	14.31	—	—	—	—	—	—	—	—	—	13.91±0.41(2)

续 表

测量项目和代号			♂											
			M23	M58	M163	M188	M218	M261	M304	M318	M341B	M345	M274	平均值和例数
50	眶间宽(mf－mf)		22.0	20.0	21.9	18.6	18.0	17.7	17.6	20.4	20.6	17.4	21.2	19.58±1.69(11)
DC	眶内缘点间宽(d－d)		24.5	23.7	27.2	22.2	19.8	20.4	23.2	22.0	25.0	21.5	22.1	22.87±2.04(11)
DS	鼻梁眶内缘宽高		10.37	6.03	9.07	10.08	8.53	6.78	10.20	8.33	7.74	7.30	7.58	8.36±1.38(11)
MH	颧骨高(fmo－zm)	左	49.5	49.5	—	47.3	51.3	41.5	46.1	50.3	50.1	46.2	41.2	47.30±3.41(10)
	(fmo－zm)	右	52.3	49.0	48.1	42.6	46.4	44.7	48.0	48.3	53.1	45.1	42.0	47.24±3.39(11)
MB′	颧骨宽(zm－rim orb.)	左	29.8	31.5	—	27.1	29.5	25.1	27.0	29.0	30.2	26.1	24.1	27.94±2.29(10)
	(zm－rim orb.)	右	32.0	30.7	28.7	26.1	27.0	27.8	29.0	27.5	27.5?	26.5	23.9	27.88±2.11(11)
	鼻骨长(n－rhi)		20.5	25.1	19.8?	—	—	—	—	25.0	—	—	—	22.60±2.46(6)
	鼻尖齿槽长(rhi－pr)		53.8	48.3	47.8?	—	—	—	—	46.5	—	—	—	49.10±2.79(4)
54	鼻宽		28.3	28.3	—	29.1	29.3	28.6	26.3	30.5	29.0	24.0	26.4	27.98±1.79(10)
55	鼻高		55.4	57.1	—	58.0	56.8	48.2	55.0	57.6	58.4	52.4	51.8	55.07±3.14(10)
SC	鼻骨最小宽		9.7	8.1	6.8	8.2	5.7	8.2	6.9	8.5	5.0	3.3	9.1	7.23±1.83(11)
SS	鼻骨最小宽高		1.21	1.96	1.91	3.35	2.19	1.45	1.58	3.25	1.11	—	2.07	2.01±0.73(10)
51	眶宽(mf－ek)	左	44.8	44.3	—	43.2	42.4	41.0	46.4	41.3	44.0	41.4	45.0	43.38±1.73(10)
	(mf－ek)	右	44.2	44.2	43.0	45.0	42.4	43.0	46.6	42.0	44.0	42.6	45.1	43.83±1.32(11)
51a	眶宽(d－ek)	左	41.8	42.0	—	40.2	40.3	39.0	42.5	40.0	40.8	38.3	43.7	40.86±1.56(10)
	(d－ek)	右	41.8	41.2	39.3	41.8	40.3	40.0	42.1	39.4	40.6	39.8	43.0	40.85±1.16(11)
52	眶高	左	35.1	32.5	33.3	33.6	35.2	32.6	34.1	35.0	34.0	35.2	30.2	33.71±1.46(11)
		右	35.4	32.7	33.8	33.4	35.3	32.4	35.1	34.0	—	36.3	30.2	33.86±1.70(10)
60	齿槽弓长		58.7	57.8	—	—	57.9	56.4	56.5	57.5	56.2	50.4	58.8	56.69±2.40(9)
61	齿槽弓宽		63.0	67.0	—	67.6	75.0?	61.8	64.8	66.4	69.5	64.8	65.4	66.53±3.52(10)
62	腭长(ol－sta)		49.0	49.0	46.7	50.2	49.0	47.0	46.2	49.8	45.7	44.4	50.2	47.93±1.91(11)

续 表

测量项目和代号		♂											
		M23	M58	M163	M188	M218	M261	M304	M318	M341B	M345	M274	平均值和例数
63	腭宽(enm－enm)	39.8	39.8	—	42.1	40.0	37.2	39.2	40.5	41.4	36.6	39.5	39.61±1.60(10)
7	枕大孔长	37.2	36.0	32.7	38.5	—	32.5	35.0	37.4	37.6	34.0	37.2	35.81±2.04(10)
16	枕大孔宽	30.5	26.3	29.0	32.0	—	28.1	28.1	26.8	31.0	28.0	30.0	28.98±1.76(10)
CM	颅骨粗壮度	154.5	151.3	155.6	154.0	155.8	146.5	159.7	152.6	149.9	150.2	158.0	153.46±3.67(11)
FM	面骨粗壮度	124.3	123.2	—	—	119.8?	116.1	127.7	121.33	—	113.1	—	120.79±4.60(7)
65	下颌髁间宽(kdl－kdl)	—	—	—	—	131.0?	—	—	128.4	—	—	—	129.70±1.30(2)
32	额倾角(n－m－FH)	77.0	83.5	90.5	79.0	81.0	91.5	85.0	71.0	80.0	84.0	85.0	82.50±5.59(11)
72	面角(n－pr－FH)	78.5	84.0	85.0	—	81.5	83.0	79.0	76.0	84.0	89.0	81.0	82.10±3.54(10)
73	鼻面角(n－ns－FH)	81.5	87.0	87.0	83.0	85.0	89.0	81.0	79.0	87.0	90.0	84.0	84.86±3.33(11)
74	齿槽面角(ns－pr－FH)	68.5	72.0	81.0	—	68.0	65.0	72.0	65.0	72.0	86.0?	72.0	72.15±6.35(10)
77	鼻颧角(fmo－n－fmo)	146.2	145.0	—	148.6	155.1	144.9	145.9	150.3	150.6	153.6	142.7	148.29±3.84(10)
	颧上颌角(zm－ss－zm)	130.4	126.7	—	125.7	131.2	129.0	136.6	129.9	141.9?	134.0	135.8	132.12±4.71(10)
	(zm_1－ss－zm_1)	141.8	131.4	—	131.9	133.9	140.3	141.5	135.9	141.8?	139.8	140.8	137.91±3.99(10)
75	鼻尖点角(n－rhi－FH)	66.0	70.0	73.5?	—	71.0	—	—	58.0	—	—	—	67.70±5.42(5)
75(1)	鼻骨角(rhi－n－pr)	6.8	13.2	9.7	—	—	—	—	14.4	—	—	—	11.03±2.99(4)
8：1	颅指数	78.06	80.02	80.55	82.49?	75.96	81.94	73.58	81.04	86.65	80.92	75.70	79.72±3.51(11)
17：1	颅长高指数	79.44	80.48	75.18	78.53	79.40	76.59	74.72	79.73	82.63	79.48	79.19	78.67±2.22(11)
17：8	颅宽高指数	101.78	100.57	93.33	95.21?	104.53?	93.47	101.55	98.38	95.37?	98.21	104.62	98.82±3.93(11)
54：55	鼻指数	51.08	49.56	—	50.17	51.58	59.34	47.82	52.95	49.66	45.80	50.97	50.89±3.39(10)
SS：SC	鼻根指数	12.52	24.15	28.08	40.85	38.49	17.71	22.93	33.85	22.12	—	22.76	26.35±8.54(10)
52：51	眶指数　左	78.35	73.36	—	77.78	83.02	79.51	73.49	84.75	77.27	85.02	67.11	77.97±5.32(10)
	右	80.09	73.98	78.60	74.22	83.25	75.35	75.32	80.95	—	85.21	66.96	77.39±5.06(10)

续 表

测量项目和代号			♂											
			M23	M58	M163	M188	M218	M261	M304	M318	M341B	M345	M274	平均值和例数
52∶51a	眶指数	左	83.97	77.38	—	83.58	87.34	83.59	80.24	87.50	83.33	91.91	69.11	82.80±5.93(10)
		右	84.69	79.37	86.01	79.90	87.59	81.00	83.37	86.29	—	91.21	70.23	82.96±5.49(10)
48∶17	垂直颅面指数(sd)		53.15	53.35	50.66	57.05?	49.83?	52.69	53.05	52.00	54.06	49.45?	48.00	52.12±2.40(11)
	(pr)		51.82	51.64	48.98	55.76?	48.86?	50.69	50.00	50.21	51.52	47.49?	46.30	50.30±2.40(11)
48∶45	上面指数(sd)		53.75	52.97?	50.29?	55.77?	52.46?	51.35?	51.86?	50.66	49.40?	49.64?	50.50?	51.70±1.84(11)
	(pr)		52.40	51.27?	48.63?	54.50?	51.45?	49.40?	48.88?	48.92	47.09?	47.66?	48.71?	49.90±2.13(11)
47∶45	全面指数		88.68	90.08?	—	—	86.74	86.68?	87.05?	85.04	—	82.63	—	86.70±2.23(7)
48∶46	中面指数(zm. sd)		68.97	66.91	—	70.18?	68.24?	70.58	68.73?	70.07	68.44?	67.26?	67.59	68.70±1.20(10)
	(zm. pr)		67.24	64.76	—	68.58?	66.92?	67.90	64.78?	67.66	65.23?	64.59?	65.20	66.29±1.44(10)
9∶8	额宽指数		68.61	67.65	62.59	61.71	67.19?	71.36	72.39	69.29	68.14	67.00	68.89	67.71±3.06(11)
40∶5	面突度指数		103.11	100.00	105.19	—	100.10	104.21	99.72	97.13	98.49	90.74?	99.42	99.81±3.88(10)
9∶45	颧额宽指数		68.18	66.78?	66.57	63.36?	67.68?	74.40?	69.69?	68.62	65.30	68.47	69.26?	68.03±2.67(11)
43(1)∶46	额颧宽指数		93.74	90.16	—	89.12	94.25	99.18	93.98	94.61	94.86?	95.15	100.10	94.52±3.20(10)
45∶8	颅面宽指数		100.64	101.29	94.01	97.40	99.28?	95.91?	103.87	100.98	104.35?	97.86	99.43?	99.55±3.01(11)
DS∶DC	眶间宽高指数		42.31	25.44	33.36	45.42	43.06	33.24	43.98	37.85	30.94	33.96	34.28	36.71±6.02(11)
SN∶OB	额面扁平度指数		15.09	15.78	—	14.05	11.02	15.80	15.32	13.26	13.12	11.70	16.87	14.20±1.81(10)
SR∶O_3	鼻面扁平度指数		21.25	23.54	—	—	—	—	—	31.66	—	—	—	25.48±4.47(3)
63∶62	腭指数		81.22	81.22	—	83.86	81.63	79.15	84.85	81.33	90.59	82.43	78.69	82.50±3.22(10)
61∶60	齿槽弓指数		107.33	115.92	—	—	129.53?	109.57	114.69	115.48	123.67	128.57	111.22	117.33±7.64(9)
48∶65	面高髁宽指数(sd)		—	—	—	—	55.27	—	—	56.70	—	—	—	55.99±0.72(2)
	(pr)		—	—	—	—	54.20	—	—	54.75	—	—	—	54.48±0.28(2)
47∶46	全面高中面宽指数		113.79	113.77	—	—	112.82?	119.14	115.36	117.61?	—	111.97	—	114.92±2.42(7)
FM/CM	颅面部粗壮指数		80.45	81.45	—	—	76.89?	79.27?	79.98	79.49?	—	75.32	—	78.98±1.98(7)

表 3　龙虬庄新石器时代女性头骨测量表

测量项目和代号		♀												
		M27	M60	M83	M147	M155	M167	M254	M257A	M286	M312	M319A	M1	M242	平均值和例数
1	颅长(g－op)	176.4	174.0	168.0	177.5	177.7	169.6	171.3	171.3	174.7	186.0	167.0	171.0	173.6	173.70±4.83(13)
8	颅宽(eu－eu)	156.0	135.5	145.3	148.0	130.5	143.2	140.4	130.4	134.0	134.3	154.5	141.0	142.4	141.19±7.98(13)
17	颅高(ba－b)	135.0	137.5	132.0?	128.1	137.7	133.5	129.5	133.3	131.0	143.5	—	—	137.6	134.43±4.23(11)
21	耳上颅高(po－v)	119.4	114.6	116.3	115.7	115.0	115.0	117.1	109.7	115.7	120.0	119.7	119.1	116.9	116.48±2.69(13)
9	最小额宽(ft－ft)	94.0	96.0	97.2	88.4	88.2	91.2	86.3	83.4	87.0	93.6	101.1	90.0	92.7	91.47±4.75(13)
25	颅矢状弧(n－o)	369.0	374.0	365.0	343.0	372.0	367.0	357.5	361.0	376.0	405.0	—	367.6	366.0	368.63±13.81(12)
23	颅周长	534.0	505.0	503.0	484.0	507.0	502.0	492.0	480.0	502.0	521.0	523.0	499.0	507.0	504.54±14.46(13)
24	颅横弧(po－v－po)	336.5	317.0	322.0	321.5	310.0	324.0	318.0	295.0	316.0	324.0	—	323.0	317.0	318.67±9.40(12)
5	颅基底长(ba－n)	101.5	99.4	92.5?	86.5	103.1	96.2	97.4	93.5	90.5	100.1	—	—	99.3	96.36±4.86(11)
40	面基底长(ba－pr)	102.1	93.4?	95.7?	84.4	101.3	93.3	100.3	93.6	88.7	100.5	—	—	97.4	95.52±5.32(11)
48	上面高(n－sd)	69.8	66.7	71.2	65.0	72.2	64.0	71.4	74.4	58.8	72.2	—	65.6	71.8	68.59±4.36(12)
	(n－pr)	66.7	64.0	68.6	63.4	70.2	61.2	68.1	71.5	55.6	69.6	63.4?	62.4	69.3	65.69±4.33(13)
47	全面高(n－gn)	—	113.2	—	104.8	122.4	—	119.2	123.3	101.4	120.3	108.0	—	—	114.08±7.94(8)
45	颧宽(zy－zy)	149.8	129.3?	132.0	138.8?	124.2?	128.6	—	131.2	127.0?	132.9	138.1?	—	132.6?	133.14±6.69(11)
46	中面宽(zm－zm)	112.5	95.3	104.3	101.0	107.2	98.4	102.4	104.8	98.0	108.4	97.2?	102.2	98.3	102.31±4.81(13)
	(zm_1－zm_1)	110.0	97.7	106.0	103.4	105.4	98.4	104.5	107.4	98.0	105.9	98.1?	101.0	101.5	102.87±3.90(13)
	颧颌点间高(sub. zm－ss－zm)	25.35	21.68	25.49	22.90	30.05	18.88	23.77	23.05	14.67	21.61	—	23.14	21.88	22.71±3.56(12)
	(sub. zm_1－ss－zm_1)	22.64	17.67	22.42	20.46	26.75	17.73	21.23	22.44	14.67	20.14	—	21.01	19.73	20.57±2.92(12)
43(1)	两眶外缘宽(fmo－fmo)	98.9	100.2	98.6	96.0	90.0	92.7	90.3	94.5	91.0	94.3	97.4	95.1	91.2	94.63±3.33(13)
SN	两眶外缘点间高(sub. fmo－n－fmo)	9.99	12.35	18.19	16.01	15.65	11.68	16.15	13.71	13.46	10.93	9.92	13.02	10.07	13.16±2.59(13)
O_3	眶中宽	61.0	—	—	—	47.7	—	—	—	—	54.7	—	54.4	—	54.45±4.70(4)
SR	鼻尖点高	—	—	—	—	—	—	—	—	—	—	—	—	—	—

续 表

测量项目和代号			♀													
			M27	M60	M83	M147	M155	M167	M254	M257A	M286	M312	M319A	M1	M242	平均值和例数
50	眶间宽(mf－mf)		17. 3	18. 2	17. 6	19. 0	15. 0	16. 3	18. 2	15. 4	19. 4	20. 5	20. 0?	18. 2	19. 4	18. 04±1. 63(13)
DC	眶内缘点间宽(d－d)		20. 0	—	—	22. 1	17. 0	—	17. 4	19. 0	20. 7	24. 2	—	20. 5	—	20. 11±2. 22(8)
DS	鼻梁眶内缘宽高		8. 38	—	—	7. 76	6. 16	—	7. 02	5. 91	7. 87	7. 33	—	9. 06	—	7. 44±1. 00(8)
MH	颧骨高(fmo－zm)	左	49. 3	46. 1	43. 2	44. 8	47. 1	42. 3	44. 4	44. 1	42. 6	48. 0	37. 2	38. 2	48. 5	44. 29±3. 55(13)
	(fmo－zm)	右	46. 0	44. 7	42. 1	43. 0	43. 8	42. 1	45. 8	42. 0	42. 0	47. 4	39. 5	39. 1	44. 3	43. 22±2. 35(13)
MB′	颧骨宽(zm－rim orb.)	左	29. 5	23. 5	23. 4	28. 6	30. 1	22. 3	25. 8	26. 9	21. 4	29. 0	21. 0	25. 3	25. 5	25. 56±3. 00(13)
	(zm－rim orb.)	右	29. 1	23. 7	23. 1	26. 0	29. 6	23. 1	27. 6	25. 9	21. 6	29. 8	20. 5	24. 0	24. 3	25. 25±2. 92(13)
	鼻骨长(n－rhi)		—	—	—	—	25. 6	—	—	—	—	—	—	21. 1	—	23. 35±2. 25(2)
	鼻尖齿槽长(rhi－pr)		—	—	—	—	45. 6	—	—	—	—	—	—	42. 2	—	43. 90±1. 70(2)
54	鼻宽		26. 8	28. 0?	29. 4?	24. 4	26. 3	25. 2	24. 2	29. 6	26. 0	26. 0	26. 9?	28. 3	26. 1?	26. 71±1. 65(13)
55	鼻高		54. 0	50. 5	50. 4	49. 8	55. 0	48. 7	54. 5	54. 3	48. 1	56. 0	50. 1	51. 4	52. 7	51. 96±2. 49(13)
SC	鼻骨最小宽		7. 1	—	8. 2	9. 7	5. 5	8. 0	9. 7	3. 0	10. 1	9. 8	9. 0	3. 1	—	7. 56±2. 49(11)
SS	鼻骨最小宽高		2. 33	—	1. 59	2. 14	1. 32	1. 10	2. 45	0. 90	1. 91	0. 70	1. 63	0. 00	—	1. 46±0. 71(11)
51	眶宽(mf－ek)	左	42. 6	44. 2	43. 5	40. 2	41. 4	40. 4	40. 1	42. 2	38. 2	39. 3	40. 2	40. 4	40. 0	40. 98±1. 65(13)
	(mf－ek)	右	44. 7	44. 6	44. 0?	40. 7	41. 0	41. 9	41. 0	42. 0	37. 8	39. 6	40. 7	41. 2	38. 0	41. 32±2. 10(13)
51a	眶宽(d－ek)	左	40. 7	—	41. 0	37. 6	39. 4	—	39. 3	39. 0	36. 2	37. 1	—	36. 9	—	38. 58±1. 61(9)
	(d－ek)	右	41. 1	—	—	38. 4	38. 7	38. 6	39. 9	40. 0	36. 4	37. 0	—	38. 7	—	38. 76±1. 38(9)
52	眶高	左	36. 3	35. 1	35. 0	32. 8?	32. 8	32. 8	33. 7	33. 5	33. 0	32. 2	30. 9	30. 2	33. 0	33. 18±1. 58(13)
		右	34. 3	—	—	33. 1	32. 8	32. 6	34. 0	33. 2	33. 2	32. 5	31. 6	30. 8	32. 7	32. 80±0. 94(11)
60	齿槽弓长		56. 4	—	58. 0?	48. 0	54. 8	49. 3	54. 1	54. 2	—	55. 1	—	51. 2	54. 0	53. 51±2. 95(10)
61	齿槽弓宽		69. 4	—	65. 2	63. 0	65. 6	62. 2	63. 4	66. 8	—	72. 1	—	62. 1	63. 0	65. 28±3. 15(10)
62	腭长(ol－sta)		48. 0	—	—	41. 0	48. 1	—	45. 7	—	—	47. 4	—	43. 1	46. 5	45. 69±2. 49(7)

续 表

测量项目和代号			♀													
			M27	M60	M83	M147	M155	M167	M254	M257A	M286	M312	M319A	M1	M242	平均值和例数
63	腭宽(enm-enm)		45.5	—	40.8	41.6	38.4	41.4	40.8	—	—	46.0	—	—	38.3	41.60±2.67(8)
7	枕大孔长		36.0	32.2	—	33.5	34.2	34.8	29.7	34.2	32.6	33.2	—	—	34.3	33.47±1.63(10)
16	枕大孔宽		32.5	29.2	29.3	26.4	27.3	29.0	25.7	29.0	31.0	29.0	—	—	29.5?	28.90±1.84(11)
CM	颅骨粗壮度		155.8	149.0	148.4	151.2	148.6	148.8	147.1	145.0	146.6	154.6	—	—	151.2	149.66±3.14(11)
FM	面骨粗壮度		—	112.0	—	109.3	116.0	—	—	116.0	105.7	117.9	—	—	—	112.82±4.28(6)
65	下颌髁间宽(kdl-kdl)		—	121.6	—	121.2	124.0	—	123.6	—	—	—	127.4	119.7	—	122.92±2.48(6)
32	额倾角(n-m-FH)		85.0	87.0	82.0	84.0	82.0	89.0	82.5	83.0	91.0	84.0	94.0	88.5	89.0	86.23±3.68(13)
72	面角(n-pr-FH)		84.5	86.0	82.5	88.0	86.0	84.0	85.0	82.0	86.0	78.0	—	88.0	87.0	84.75±2.73(12)
73	鼻面角(n-ns-FH)		87.5	88.0?	85.5	90.0	88.5	86.0	88.0	85.0	89.0	80.0	89.5?	89.0	91.0	87.00±3.16(13)
74	齿槽面角(ns-pr-FH)		74.0	75.0	70.0?	82.0	75.0	75.0	75.0	72.0	60.0	72.0	—	80.0	74.0	73.67±5.19(12)
77	鼻颧角(fmo-n-fmo)		157.1	152.3	139.5	143.1	141.6	151.7	140.6	147.6	147.0	153.9	157.0	149.4	155.1	148.92±5.98(13)
	颧上颌角(zm-ss-zm)		131.4	131.1	127.9	131.2	121.4	138.0	130.2	132.5	146.7	136.5	—	131.2	132.0	132.51±5.58(13)
	$(zm_1-ss-zm_1)$		135.2	140.2	134.1	136.8	126.2	140.3	135.8	134.6	146.7	138.4	—	134.8	137.5	136.72±4.63(12)
75	鼻尖点角(n-rhi-FH)		—	—	—	—	73.0	—	76.5?	—	—	—	—	74.5	—	74.67±1.43(3)
75(1)	鼻骨角(rhi-n-pr)		—	—	—	—	12.9	—	—	—	—	—	—	13.7	—	13.30±0.40(2)
8∶1	颅指数		88.44	77.87	86.49	83.38	73.44	84.43	81.96	76.12	76.70	72.20	92.51	82.46	82.03	81.39±5.71(13)
17∶1	颅长高指数		76.53	79.02	78.57	72.17	77.49	78.71	75.60	77.82	74.99	77.15	—	—	79.26	77.03±2.02(11)
17∶8	颅宽高指数		86.54	101.48	90.85	86.55	105.52	93.23	92.24	102.22	97.76	106.85	—	—	96.63	96.35±6.78(11)
54∶55	鼻指数		49.63	55.45	58.33	49.00	47.82	51.75	44.40	54.41	54.05	46.43	53.69?	55.06	49.53?	51.50±3.90(13)
SS∶SC	鼻根指数		32.88	—	19.42	22.02	23.98	13.81	25.23	30.03	18.93	7.16	18.10	0.00	—	19.23±9.12(11)
52∶51	眶指数	左	85.21	79.41	80.46	81.59	79.23	81.19	84.04	79.38	86.39	81.93	76.87	74.75	82.50	81.00±3.09(13)
		右	76.73	—	—	81.33	80.00	77.80	82.93	79.05	87.83	82.07	77.64	74.76	86.05	80.52±3.84(11)

续　表

测量项目和代号		♀													
		M27	M60	M83	M147	M155	M167	M254	M257A	M286	M312	M319A	M1	M242	平均值和例数
52∶51a	眶指数　左	89.19	—	85.37	87.23	83.25	—	85.75	85.90	91.16	86.79	—	77.63	—	85.81±3.60(9)
	右	83.45	—	—	86.20	84.75	84.46	85.21	83.00	91.21	87.84	—	79.59	—	85.08±3.06(9)
48∶17	垂直颅面指数(sd)	51.70	48.51	53.94	50.74	52.43	47.94	55.14	55.81	44.89	50.31	—	—	52.18	51.24±3.10(11)
	(pr)	49.41	46.55	51.97?	49.49	50.98	45.84	52.59	53.64	42.44	48.50	—	—	50.36	49.25±3.13(11)
48∶45	上面指数(sd)	46.60	51.59	53.94	46.83?	58.13?	49.77	—	56.71?	46.30	54.33	—	—	54.15?	51.84±4.08(10)
	(pr)	44.53	49.50	51.97	45.68?	56.52?	47.59	—	54.50?	43.78	52.37	45.91?	—	52.26?	49.51±4.10(11)
47∶45	全面指数	—	87.55	—	75.50?	98.55?	—	—	93.98	79.84	90.52	78.20	—	—	86.31±8.04(7)
48∶46	中面指数(zm. sd)	62.04	69.99	68.26	64.36	67.35?	65.04	69.73	70.99	60.00	66.61	—	64.19	73.04	66.80±3.68(12)
	(zm. pr)	60.64	67.16	65.77	62.77	65.49?	62.20	66.50	68.23	56.73	64.21	65.23?	61.06	70.50	64.81±3.37(13)
9∶8	额宽指数	60.26	70.85	66.90	59.73	67.59	63.69	61.47	63.96	64.92	69.69	65.44	63.83	65.10	64.88±3.20(13)
40∶5	面突度指数	100.59	93.96	103.46	97.57	98.25	96.99	102.98	100.11	98.01	100.40	—	—	98.09	99.13±2.61(11)
9∶45	颧额宽指数	62.75	74.25	73.64	63.69?	71.01?	70.92	—	63.59?	68.50	70.43	73.21	—	69.91?	69.26±3.97(11)
43(1)∶46	额颧宽指数	87.91	105.14	94.53	95.05	83.96	94.21	88.18	90.17	92.86	86.99	100.21?	93.05	92.78	92.70±5.42(13)
45∶8	颅面宽指数	96.03	95.42	90.88	93.78	95.17	89.80	—	100.61?	94.78?	98.96	89.39?	—	93.12?	94.36±3.36(11)
DS∶DC	眶间宽高指数	41.92	—	—	35.09	36.26	—	40.36	31.08	38.00	30.31	—	44.20	—	37.15±4.64(8)
SN∶OB	额面扁平度指数	10.11	12.33	18.45	16.68	17.38	12.60	17.88	14.51	14.79	11.59	10.18	13.69	11.05	13.94±2.82(13)
SR∶O_3	鼻面扁平度指数	—	—	—	—	26.53	—	—	—	—	—	—	—	—	26.53±0.00(1)
63∶62	腭指数	94.79	—	—	101.46	79.83	—	89.28	—	—	97.05	—	—	82.37	90.80±7.77(6)
61∶60	齿槽弓指数	123.05	—	112.41?	131.25	119.71	126.17	117.19	123.25	—	130.85	—	121.29	116.67	122.18±5.77(10)
48∶65	面高髁宽指数(sd)	—	54.85	—	53.63	58.23	—	57.77	—	—	—	—	54.80	—	55.86±1.81(5)
	(pr)	—	52.63	—	52.31	56.61	—	55.10	—	—	—	49.76	52.13	—	53.09±2.21(6)
47∶46	全面高中面宽指数	—	118.78	—	103.76	114.18	—	116.41	117.65	103.47	110.98	111.11	—	—	112.04±5.53(8)
FM/CM	颅面部粗壮指数	—	75.15	—	72.31	78.02	—	—	80.02	72.10	76.26	—	—	—	75.64±2.86(6)

表 4　形态观察表

墓　号	23	58	163	188	218	261	304	318	341B	345	274	27	60	83	147	155	167	254	257A	286	312	319A	1	242
性　别	♂	♂	♂	♂	♂	♂	♂	♂	♂	♂	♂	♀	♀	♀	♀	♀	♀	♀	♀	♀	♀	♀	♀	♀
颅　形	中长卵圆	短卵圆	卵圆	楔形	卵圆	卵圆	长椭圆	近圆形	圆形	卵圆	卵圆	楔形	长卵圆	短卵圆	楔形	卵圆	近卵圆	卵圆	菱形	近卵圆	长卵圆	短卵圆	短卵圆	菱形
颅顶缝	较简单	简单	复杂	较简单	较简单	—	较简单	简单	简单	较简单	较简单	简单	简单	简单	复杂	—	—	较简单	较简单	复杂	—	—	简单	简单
额坡度	中斜	中斜	中斜	斜	中斜	直形	直形	中斜	斜	中斜	中斜	中斜	近直形	近直形	斜	中斜	直形	中斜	中斜	直形	近直形	直形	直形	近直形
矢状脊	无	无	弱	弱	弱	无	弱	弱	中	弱	中	无	无	弱	无	无	无	无	弱	无	无	无	无	无
眉弓突度	特显	特显	中—显著	显著	粗壮	弱	显著	特显	特显	中等	特显	中等	弱	弱	弱	弱	弱	弱	中	弱	弱	弱	弱	弱
鼻根凹陷	浅	无	浅	浅	深	无	无	浅	无	无	浅	浅	无	无	无	无	无	无	无	无	无	无	无	无
梨状孔	近心形	近心形	心形	心形?	近梨形	心形	近梨形	心形	近梨形	近梨形	—	梨形	—	—	梨形	梨形	近心形	梨形	近心形	心形	梨形	近三角形	近三角形	—
梨状孔下缘	钝形	钝形	钝形	钝形	钝形	钝形	窝形	钝形	钝形	钝形	钝形	钝形	钝形	钝形	钝形	钝形	钝形	钝形	钝形	钝形	钝形	钝形	窝形	钝形
鼻　棘	Ⅲ	Ⅱ	Ⅱ	Ⅳ	Ⅱ	—	Ⅲ	Ⅱ	Ⅱ	—	Ⅳ	Ⅰ	—	Ⅰ	Ⅱ	Ⅲ	Ⅰ	Ⅰ	Ⅰ	Ⅰ	Ⅰ	Ⅲ	Ⅰ	Ⅲ
犬齿窝	浅	浅	无	无	浅	浅	浅	无	浅	浅	无	无	—	浅	浅	无	浅	中	无	浅	无	浅	浅	无
眶　形	近圆钝长方形	钝长方形	钝方形	钝长方形	斜方形	近圆形	近长方形	钝斜方	钝斜方	钝斜方	斜方形	钝方形	钝斜方	钝斜方	圆形	近圆形	近椭圆	钝斜方	钝长方	近圆形	短椭圆	近椭圆	近椭圆	近圆形
眶口平面位	稍后斜	稍后斜	稍后斜	后斜	后斜	后斜	后斜	稍后斜	后斜	后斜	近垂直	稍后斜	后斜	后斜	后斜	后斜	后斜	后斜	后斜	后斜	后斜	后斜	后斜	后斜
颧骨宽	很宽	很宽	很宽	宽	很宽	宽	很宽	很宽	很宽	宽	中	很宽	狭	狭	宽	很宽	狭	宽	宽	很狭	很宽	很狭	中	中
颧骨转角	较陡直	较陡	较陡直	较陡	较陡	较陡	较陡直	钝	钝圆	较陡直	较钝	较钝	较陡	较陡	较陡	较陡	较陡	较陡	较陡	较陡	陡直	较钝	较陡	较陡
腭圆枕	无	无	无	弱	无	无	无	无	无	无	无	—	无	瘤状	无	无	无	无	无	无	无	无	无	无
颅顶间骨	无	无	有	无	无	无	无	无	无	无	—	无	无	无	无	无	有	无	无	有	无	有	无	有

表 5　指数和角度形态类型

指数和角度	男组	女组
颅指数(8∶1)	79.72(中颅短)　(11)	81.39(短颅)　(13)
颅长高指数(17∶1)	78.67(高颅)　(11)	77.03(高颅)　(11)
颅宽高指数(17∶8)	98.82(狭颅)　(11)	96.35(中颅)　(11)
上面指数(48∶45)	51.70(中上面型)　(11)	51.84(中上面型)　(10)
额指数(9∶8)	67.71(中额)　(11)	64.88(狭额)　(13)
面突度指数(40∶5)	99.81(中颌)　(10)	99.13(中颌)　(11)
全面指数(47∶45)	86.70(中面)　(7)	86.31(中面)　(7)
垂直颅面指数(48∶17)　(sd)	52.12(中等)　(11)	51.24(中等)　(11)
眶指数(52∶51)　左	77.97(中眶)　(10)	81.00(中眶)　(13)
鼻指数(54∶55)	50.89(中—阔鼻之间)　(10)	51.50(阔鼻趋中)　(13)
鼻根指数(SS∶SC)	26.35(小)　(10)	19.23(很小)　(11)
眶间宽高指数(DS∶ DC)	36.71(小近很小)　(11)	37.15(小)　(8)
总面角(72)	82.10(中颌)　(10)	84.75(中颌渐趋平颌)　(12)
鼻面角(73)	84.83(中颌近平颌)　(11)	87.00(平颌)　(13)
齿槽面角(74)	72.15(突颌)　(10)	73.67(突颌)　(12)
额角(32)	82.50(中近大)　(11)	86.23(中—大之间)　(13)
鼻颧角(77)	148.29(大近很大)　(10)	148.92(大到近很大)　(13)
颧上颌角(Zm$_1$<)	137.91(大)　(10)	136.72(中颌近大)　(12)
腭指数(63∶62)	82.50(中腭)　(10)	90.80(阔腭)　(6)
齿槽弓指数(61∶60)	117.33(短齿槽)　(9)	122.18(短齿槽)　(10)

眶形——中眶型。

鼻形——趋阔化的中鼻型。

腭形——较短化的中腭型。

女性组与男性组的主要差异表现在颅形有些更短化，额形更狭，眶形更趋低，鼻形较阔化，腭和齿槽更短化，鼻突度更低平，额坡度更陡直等。这些差异基本上属于性别差异性质而非种族异化。因此，女性组与男性组仍应具有相同的体质形态类型。

（3）身高测定

身高测定为身高的估算，测得的股骨最大长如下：

男性股骨长左侧＝441.03±18.97 毫米(23 例)

右侧＝441.42±18.27 毫米(24 例)

女性股骨长左侧＝404.56±22.54 毫米(18 例)

右侧＝396.04±28.25 毫米(12 例)

依上述股骨长代入公式，测得的身高为：

男性身高(左)=164.22 厘米(23 例)
(右)=164.29 厘米(24 例)
女性身高(左)=151.53 厘米(18 例)
(右)=149.88 厘米(12 例)

以上依 K. Pearson 公式;

男性身高(左)=167.39 厘米(23 例)
(右)=167.48 厘米(24 例)

以上依 M. Trotter 和 G. Gleser 公式。

依 K. Pearson 公式计算左右侧合并的男女性身高性别差为:

164.26 厘米-150.71 厘米=13.55 厘米

两种公式左右合并的身高估算差异(男性)为:

167.44 厘米-164.26 厘米=3.18 厘米

即依 M. Trotter、G. Gleser 公式计算的身高比依 K. Pearson 公式计算的身高高出 3.18 厘米。

3. 与其他新石器时代组之间形态距离的比较

用表 6 中 15 项变量计算的欧氏形态距离 d_{ik} 矩阵列于表 7。龙虬庄组与其他新石器组之间作单组间比较的 d_{ik} 顺序是:

横阵(1.73)——宝鸡(2.14)——庙底沟(2.49)——大汶口(2.65)——庙子沟(2.65)——野店(2.72)——华县(2.75)——西夏侯(2.80)——姜寨(3.20)——下王岗(3.38)——广饶(3.43)——呈子二期(3.60)——王因(3.72)——柳湾(3.95)——半坡(3.98)——昙石山(4.12)——河宕(4.67)——阳山(5.04)——海原(5.49)——甑皮岩(5.67)。

从龙虬庄与其他新石器时代组之间 d_{ik} 大小顺序可以感觉到,其与黄河中、下游的较多组之间表现出比较接近的趋势(d_{ik} 一般小于 3.00),其中又与陕西的横阵、宝鸡、庙底沟等组又表现出更近的距离(d_{ik} 小于 2.50)。与西北和华南的各组之间则表现出明显更大的距离(d_{ik} 大于 4.00)。

4. 与其他新石器时代组之间的聚类分析

用 15 项变量将龙虬庄组与其他 21 组所作的聚类分析,有以下几点(图一):

(1) 从全部 21 组的 d_{ik} 矩阵来看,中国新石器时代各组之间的形态距离(d_{ik})很小的不多,均在 1.73—4.06 之间。这可能是各比较组材料数例一般系小数例而引起的不规则偏离,但也可能是中国新石器时代居民之间在形态学上有较大变异的反映。

(2) 聚类谱系图上,d_{ik} 小于 4.00 以下时,大致分为两个亚群,即青海柳湾、阳山和宁夏海原 3 组为一亚群,代表中国西北地区或黄河上游;其余 18 组为另一亚群,包括黄河中、下游和华南地区,龙虬庄组则在后一亚群之内。

(3) 在上述后一亚群的左一半 11 个组中(d_{ik} 小于 2.50),主要包括了黄河中、下游的组。在这些组中,又显示出组间偏离不强烈的两个更小的次亚群,即庙底沟、野店、大汶

表 6　新石器时代各组 15 项绝对值测量表(男)

	龙虬庄	宝鸡	华县	半坡	姜寨	横阵	庙底沟	柳湾	阳山	海原	大汶口	西夏侯	王因	呈子二期	野店	昙石山	河宕	下王岗	甑皮岩	广饶	庙子沟
1	178.3 (11)	180.2 (26)	178.8 (9)	180.1 (11)	184.2 (16)	180.4 (15)	179.4 (12)	185.9 (20)	181.7 (7)	179.6 (4)	181.1 (12)	180.3 (6)	179.0 (3)	184.5 (3)	181.4 (1)	189.7 (3)	181.4 (4)	175.8	193.3 (6)	172.7 (9)	177.6 (8)
8	141.9 (11)	143.2 (24)	140.7 (8)	138.9 (9)	142.8 (13)	144.7 (14)	143.8 (10)	136.4 (16)	133.3 (7)	135.6 (4)	145.7 (12)	140.9 (6)	146.2 (3)	144.2 (3)	146.0 (1)	139.2 (3)	132.5 (4)	146.4	143.2 (6)	143.4 (9)	137.0 (8)
17	140.2 (11)	141.5 (14)	144.3 (8)	138.8 (3)	145.7 (5)	141.4 (9)	143.2 (3)	139.4 (20)	133.9 (6)	140.1 (3)	142.9 (11)	148.3 (6)	144.5 (3)	144.3 (3)	141.7 (3)	141.3 (2)	142.5 (2)	147.1	140.9 (2)	141.8 (7)	140.9 (7)
5	102.1 (11)	102.6 (12)	105.6 (8)	93.9 (2)	107.5 (5)	101.4 (9)	108.1 (4)	105.3 (23)	100.5 (6)	101.1 (3)	105.0 (11)	106.0 (9)	101.9 (3)	100.1 (3)	105.7 (3)	101.2 (2)	104.5 (2)	105.3	114.0 (1)	99.2 (7)	—
40	102.1 (10)	102.0 (9)	103.4 (7)	102.2 (1)	106.6 (3)	103.8 (7)	104.5 (2)	100.7 (21)	96.7 (6)	93.9 (3)	98.3 (9)	101.7 (9)	94.8 (3)	100.1 (3)	100.3 (2)	103.5 (2)	103.2 (2)	107.3	—	96.5 (7)	—
52	33.9 (10)	33.9 (13)	33.1 (11)	34.2 (2)	32.5 (13)	32.9 (9)	32.4 (6)	34.3 (19)	33.3 (7)	33.3 (4)	35.1 (11)	34.3 (8)	36.9 (3)	34.1 (3)	34.2 (2)	33.8 (3)	33.0 (3)	32.9	34.4 (4)	34.3 (10)	32.9 (7)
51	43.8 (11)	43.6 (14)	42.9 (12)	42.8 (2)	42.8 (12)	43.4 (9)	41.8 (6)	43.9 (21)	42.2 (7)	40.5 (4)	42.8 (11)	44.2 (9)	46.4 (3)	44.1 (3)	39.8 (1)	42.2 (3)	41.4 (3)	41.4	42.6 (4)	43.1 (10)	43.9 (7)
54	28.0 (10)	27.3 (15)	28.5 (13)	27.1 (7)	27.9 (14)	27.5 (9)	27.3 (8)	27.3 (25)	25.9 (7)	25.8 (4)	27.5 (10)	27.7 (9)	26.8 (3)	26.2 (3)	26.1 (2)	29.5 (3)	26.7 (4)	27.2	28.3 (3)	27.4 (10)	26.2 (8)
55	55.1 (10)	52.1 (15)	53.5 (14)	55.5 (7)	53.1 (15)	53.6 (8)	54.0 (7)	55.8 (24)	54.8 (7)	51.0 (4)	54.7 (9)	57.1 (9)	56.4 (3)	53.2 (3)	55.2 (2)	51.9 (3)	51.9 (4)	53.7	53.1 (3)	54.5 (10)	52.6 (8)
48	73.0 (11)	72.1 (11)	75.2 (13)	76.0 (5)	75.7 (13)	71.9 (8)	73.5 (6)	78.2 (22)	75.6 (7)	71.9 (4)	77.3 (10)	74.3 (9)	76.0 (3)	74.9 (3)	75.8 (2)	71.1 (3)	67.9 (4)	71.1	69.7 (3)	74.0 (10)	73.5 (8)
45	141.3 (11)	137.1 (8)	133.9 (5)	130.5 (2)	142.1 (3)	138.7 (3)	140.8 (6)	137.2 (18)	131.7 (6)	131.2 (4)	140.6 (8)	139.4 (7)	142.8 (3)	136.9 (4)	137.3 (2)	135.6 (3)	130.5 (3)	137.9	138.0 (3)	135.2 (9)	136.6 (7)
9	96.0 (11)	93.2 (21)	94.2 (12)	93.1 (11)	94.2 (15)	93.1 (14)	93.7 (13)	90.3 (21)	87.7 (7)	93.7 (4)	91.6 (14)	93.9 (9)	95.0 (3)	94.8 (3)	94.3 (5)	91.0 (3)	91.5 (5)	94.8	93.5 (6)	89.8 (10)	90.4 (8)
32	82.5 (11)	85.3 (4)	83.9 (5)	—	84.7 (10)	84.3 (9)	85.6 (7)	84.0 (12)	82.3 (7)	90.8 (4)	79.8 (9)	83.5 (8)	—	88.8 (3)	—	86.5 (3)	84.2 (3)	86.4	—	83.7 (8)	82.3 (6)
72	82.1 (10)	82.3 (16)	83.6 (9)	81.0 (3)	82.0 (8)	80.4 (8)	85.8 (6)	89.2 (14)	89.2 (7)	93.3 (4)	83.6 (9)	84.4 (8)	—	85.8 (3)	85.5 (2)	81.0 (3)	82.3 (3)	84.9	84.0 (1)	86.6 (8)	82.3 (6)
77	148.3 (10)	144.1 (12)	145.2 (6)	146.7 (5)	144.4 (13)	149.6 (10)	147.6 (10)	146.5 (22)	146.6 (7)	145.8 (4)	149.8 (11)	145.0 (8)	140.7 (3)	141.9 (3)	149.0 (2)	143.8 (3)	142.6 (4)	—	144.8 (3)	147.7 (10)	149.8 (8)

表 7 聚类分析 d_{ik} 矩阵

	龙虬庄	宝鸡	华县	半坡	姜寨	横阵	庙底沟	柳湾	阳山	海原	大汶口	西夏侯	王因	呈子二期	野店	昙石山	河宕	下王岗	甑皮岩	广饶	庙子沟
龙虬庄																					
宝 鸡	2.14																				
华 县	2.75	1.92																			
半 坡	3.98	3.60	3.81																		
姜 寨	3.20	2.86	2.85	5.58																	
横 阵	1.73	1.78	2.72	3.76	3.05																
庙底沟	2.49	2.45	2.40	5.30	2.15	2.52															
柳 湾	3.95	3.71	3.44	4.62	3.98	4.26	3.71														
阳 山	5.04	4.73	4.70	4.06	6.36	5.33	5.59	3.22													
海 原	5.49	4.69	4.72	4.87	6.44	5.66	5.37	4.42	3.75												
大汶口	2.65	3.09	3.26	4.83	3.44	2.82	2.89	3.69	5.22	5.91											
西夏侯	2.80	2.68	2.16	4.94	2.45	3.13	2.34	3.59	5.54	5.43	2.91										
王 因	3.72	3.61	4.44	5.67	4.56	4.30	4.36	4.97	6.41	5.48	3.39	3.46									
呈子二期	3.60	2.30	3.09	3.96	3.40	3.35	3.48	3.73	5.23	4.41	3.90	3.13	3.12								
野 店	2.72	2.63	2.68	4.53	3.31	2.64	2.15	3.57	5.09	4.77	1.75	2.44	4.03	2.99							
昙石山	4.12	2.93	3.65	4.09	3.63	3.46	4.25	3.73	4.97	5.34	4.66	4.15	5.59	3.19	4.29						
河 宕	4.67	3.61	3.34	4.41	4.87	4.52	4.72	4.40	4.36	4.58	5.64	4.35	6.61	4.65	5.18	3.47					
下王岗	3.38	2.89	2.82	5.57	3.21	2.89	2.20	5.43	6.85	6.10	4.11	3.02	4.84	3.77	3.29	5.04	5.03				
甑皮岩	5.67	4.92	5.18	7.43	4.01	5.36	4.59	4.82	6.94	6.61	5.09	5.08	6.38	5.05	4.76	4.14	5.73	6.06			
广 饶	3.43	3.82	3.47	3.92	5.34	3.58	4.06	4.59	4.24	4.31	3.53	3.95	4.15	4.11	3.62	5.39	5.08	4.28	7.35		
庙子沟	2.65	2.77	2.54	2.71	3.82	2.66	3.03	3.60	3.68	4.58	3.33	3.41	5.09	4.40	3.59	4.20	3.61	3.97	5.38	2.79	

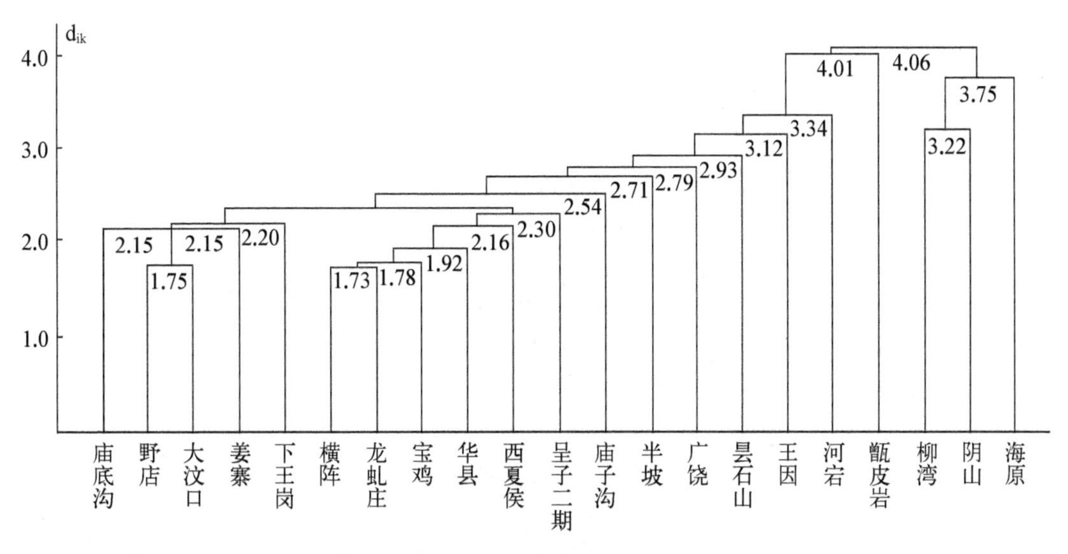

图一　龙虬庄与其他新石器时代组的聚类谱系图

口、姜寨、下王岗 5 组为一次亚群，横阵、龙虬庄、宝鸡、华县、西夏侯、呈子二期 6 组为另一次亚群。但在这两个次亚群中，又都各自包含有黄河中、下游的组，而且在两个次亚群间并没有显示明显的偏离（d_{ik}小于 2.50）。这种现象可能暗示在黄河中、下游的新石器时代居民之间，形态学的偏离不大而基本上可能归于同类。

（4）在聚类谱系图中，龙虬庄组和黄河中游的横阵、宝鸡、华县等仰韶文化各组有最近的聚集关系，它们彼此之间的形态距离 d_{ik}不超过 2.0。这可能暗示龙虬庄新石器时代居民和仰韶文化居民之间存在某种更接近的体质形态联系。但它们和黄河下游的新石器时代组之间的形态偏离也不特别增大。

（5）为了进一步明确龙虬庄组与其周围地区新石器时代组群之间的关系，将上述单组之间的聚集比较改变为地区性的比较，即按地区将单个的小数例组合并成一个较大地域组群进行聚类比较。大致可分为三个地区合并组：

① 黄河下游大汶口文化合并组，包括大汶口、西夏侯、王因、野店、广饶 5 组；

② 黄河中游仰韶文化合并组，包括宝鸡、华县、半坡、横阵、姜寨 5 组；

③ 华南新石器时代文化合并组，包括昙石山、河宕、甑皮岩 3 组。

形态的量化仍以上述相同的方法。龙虬庄组与上述三个地区合并组之间的 d_{ik}矩阵关系见表 8。

表 8　龙虬庄组与地区合并组之 d_{ik}

	龙　虬　庄	仰韶合并	大汶口合并	华南合并
龙虬庄				
仰韶合并	2.02			
大汶口合并	2.18	2.13		
华南合并	4.02	2.73	4.17	

从表上所列的结果可以看出，龙虬庄组与仰韶合并组之间距离最小(2.02)，而且还略小于仰韶合并组与大汶口合并组之间(2.13)的程度。龙虬庄组与大汶口合并组之间稍增大(2.18)，但并不强烈。惟与华南合并组的距离(4.02)明显增大。而且无论仰韶合并组还是大汶口合并组与华南合并组之间的偏离(2.73、4.17)都明显增大。这种近疏关系也同样表现在聚类图上(图二)。这种聚集现象可能表明，龙虬庄新石器时代居民与黄河中、下游特别是和仰韶文化居民之间在形态学上存在明显的同质性。这一补充考察结果和前述单组间的形态上聚类分析是一致的。这暗示江淮之间和黄河流域新石器时代居民之间在种族上的同种系性质。

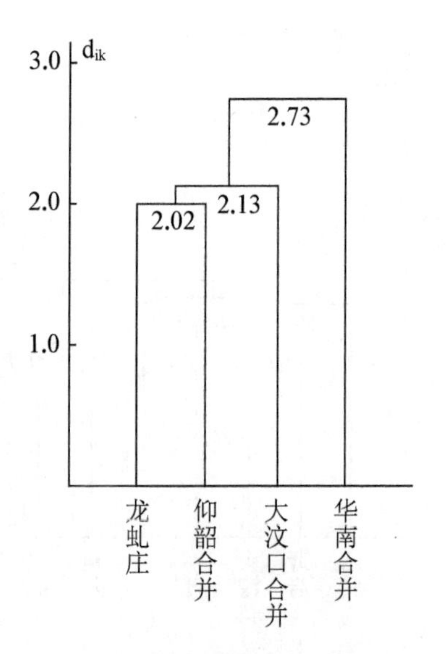

图二　龙虬庄与仰韶、大汶口、华南合并组聚类谱系图

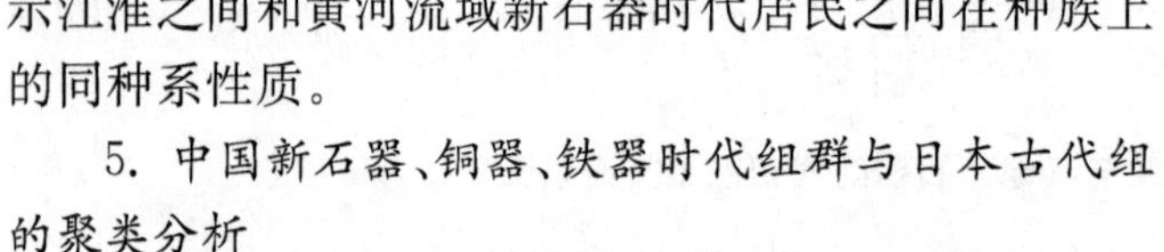

5. 中国新石器、铜器、铁器时代组群与日本古代组的聚类分析

中国新石器时代—铁器时代各组与日本古代组之间的 d_{ik} 矩阵见表 9。在表上所列的形态距离矩阵中，增加了安阳殷墟(青铜时代)和山东临淄周—汉代(铁器时代)两组及日本西部的弥生时代和绳文时代两组(前者相当于中国的汉代，后者则代表日本的新石器时代)，其目的是从骨骼计测特征上估计中国新石器时代各组群和其后铜、铁时代组群之间的关系，以及日本的新石器时代—铁器时代组群之间的形态学联系。

表 9　中国新石器时代—铁器时代各组与日本古代组之间的 d_{ik} 矩阵

	龙虬庄	仰韶(合并)	大汶口(合并)	华南(合并)	安阳殷墟	山东临淄	西日本弥生	日本绳文
龙虬庄								
仰韶(合并)	1.97							
大汶口(合并)	2.32	2.14						
华南(合并)	4.04	2.91	4.27					
安阳殷墟	3.01	2.20	2.68	2.48				
山东临淄	2.59	2.81	2.34	3.71	1.70			
西日本弥生	2.12	2.45	2.90	3.50	2.19	1.61		
日本绳文	3.48	4.21	4.86	4.51	4.37	4.08	2.76	

图三为中国与日本新石器时代—铁器时代组群聚类谱系图。从这个谱系图上可作出某些估计：

(1) 相对来讲，以仰韶、大坟口和龙虬庄为代表的黄河中、下游及江淮地区新石器时代组群与以安阳和临淄为代表的铜、铁器时代组群之间有比较接近的聚集关系，但仍存在不强烈的偏离。

(2) 无论黄河中、下游及江淮地区的新石器时代组群，还是其后的铜、铁器时代组群，都与中国的华南及日本的新石器时代组群表现出疏远的聚集关系，其中尤其与日本的绳文时代组最为偏离。即使在中国华南的新石器时代组群与日本的绳文时代组群之间，也存在可以感觉到的形态距离。这可以证明，在中国新石器时代与日本新石器时代居民之间存在明显的形态差异。

（3）相反，西日本的弥生时代组与中国黄河中、下游的铜、铁器时代的安阳、临淄组群之间，表现出相当接近的聚集而显示出它们和日本绳文组群之间的形态隔离。其隔离程度显然比中国的新石器时代组群与日本绳文时代组群之间的距离更明显。这反映了西日本的弥生人和日本的绳文人之间有不同的种族来源。也可以推测，西日本的弥生人和中国铜、铁器时代的居民应该有更接近或更直接的祖源关系，而绳文人的起源可能始于比新石器时化更早的亚洲大陆因素。

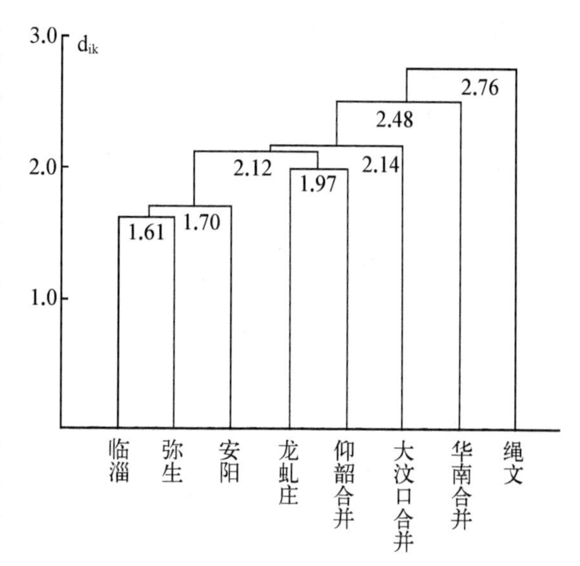

图三　中国与日本新石器时代—铁器时代组群聚类谱系图

(四) 结语

本文对龙虬庄遗址新石器时代墓地人骨进行了人类学的鉴定与研究，结果归纳如下：

（1）在龙虬庄墓地可估计性别的274个个体人骨中，男女性个体比例约为1.88∶1，男性明显多于女性。

（2）在可估计年龄的247个个体中，大约85%死于35岁以下或壮年期以前。其中死于未成年的高达10.5%。全体（包括未成年在内）平均死亡年龄25.73岁（男性平均26.41岁，女性平均28.61岁）。

（3）形态观察结果，已经具有明显的蒙古人种综合特征。在男女性头骨之间，除了某些性别异型性质的差异外，没有明确的体质异型现象，即他们都是同种质的。

（4）按M. Trotter和G. Gleser设计的蒙古人种股骨长身高推算公式估计的男性平均身高167.4厘米，与同一公式推算的仰韶文化人骨平均身高约167—168厘米相一致。

（5）形态差异量化及聚类分析的比较表明，龙虬庄新石器时代组群与黄河中、下游新石器时代组群之间具有明显的同种系性质，而且与仰韶文化组群之间可能有某种较为趋近的现象，与大汶口文化组群的偏离也不强烈。相反，与华南新石器组群之间有明显的偏离。

（6）将中国新石器时代、铜器时代、铁器时代组群与日本古代组群进行聚类分析表明，在中、日新石器组群之间存在明显的形态偏离，而西日本的弥生时代组群和中国的铜、铁器时代组群之间显示出相当接近的关系，这可能暗示日本新石器时代居民和中国新石器时代居民之间有不同的种族关系，而日本的弥生人则和中国的铜、铁器时代居民有很接近的种族祖源关系。

（7）最后需要指出的是，在所鉴定的323个个体人骨中，没有发现一个可信的拔牙标本，这说明在龙虬庄新石器时代居民中，不存在拔牙风俗，与仰韶文化居民相同，与大汶口文化居民中流行拔牙的风俗明显不同。

参考文献

[1] 中国社会科学院考古研究所，1982，考古工作手册，北京：文物出版社
[2] 吴汝康、吴新智，1965，人体骨骼测量手册，北京：科学出版社
[3] 邵象清，1985，人体测量手册，上海：上海辞书出版社
[4] Pearson, K., 1899, Ⅳ. Mathematical Contributions to the Theory of Evolution. V. On the Reconstruction of the Stature of Prehistoric Races, Philosophical Transactions of the Royal Society, Series A, 192: 169-244
[5] Trotter, M. and C. G. Gleser, 1958, A Re-evaluation of Estimation of Stature Based on Measurements of Stature Taken During Life and of Long Bones after Death, American Journal of Physical Anthropology, 16: 79-123
[6] 林少宫、袁蒲佳、申鼎煊，1987，多元统计分析及计算机程序，武汉：华中理工大学出版社
[7] 考古研究所体质人类学组，1977，陕西华阴横阵的仰韶文化人骨，考古，(4)
[8] 颜訚等，1960，宝鸡新石器时代人骨的研究报告，古脊椎动物与古人类，(1)
[9] 颜訚等，1962，华县新石器时代人骨的研究，考古学报，(2)
[10] 颜訚等，1960，西安半坡人骨的研究，考古，(9)
[11] 夏元敏等，1983，临潼姜寨一期文化墓葬人骨研究，史前研究，(2)
[12] 韩康信、潘其风，1979，庙底沟二期文化人骨的研究，考古学报，(2)
[13] 颜訚，1972，大汶口新石器时代人骨的研究报告，考古学报，(1)
[14] 颜訚，1973，西夏侯新石器时代人骨的研究，考古学报，(2)
[15] 张振标，1985，山东野店新石器时代人骨的研究报告，见：山东省博物馆等，邹县野店，北京：文物出版社
[16] 韩康信、常兴照，1989，广饶古墓出土人类学材料的观察与研究，海岱考古，第一辑，济南：山东大学出版社
[17] 韩康信，王因人骨鉴定（待出版）
[18] 韩康信，1990，山东诸城呈子新石器时代人骨，考古，(7)
[19] 潘其风、韩康信，1984，柳湾墓地的人骨研究，见：青海省文物管理处考古队等，青海柳湾，北京：文物出版社
[20] 韩康信，1990，青海民和阳山墓地人骨，见：青海省文物考古研究所，民和阳山，北京：文物出版社
[21] 张振标、陈德珍，1984，下王岗新石器时代居民的种族类型，史前研究，(1)
[22] 朱泓，1994，内蒙古察右前旗庙子沟新石器时代颅骨的人类学特征，人类学学报，(2)
[23] 韩康信、张振标、曾凡，1976，闽侯昙石山遗址的人骨，考古学报，(1)
[24] 韩康信，1993，宁夏海原菜园村新石器时代人骨的性别年龄鉴定与体质类型，中国考古学论丛——中国社会科学院考古研究所建所40周年纪念，北京：科学出版社
[25] 张银运等，1977，广西桂林甑皮岩新石器时代人类头骨，古脊椎动物与古人类，(1)
[26] Nakahashi, T., 1993, Temporal cranismetric changes from the Jomon to the Modern period in western Japan, Am. J. Phys. Anthropol., 90: 409-425

（原文发表于《龙虬庄——江淮东部新石器时代遗址发掘报告》
第七章，科学出版社，1999年）

图版一

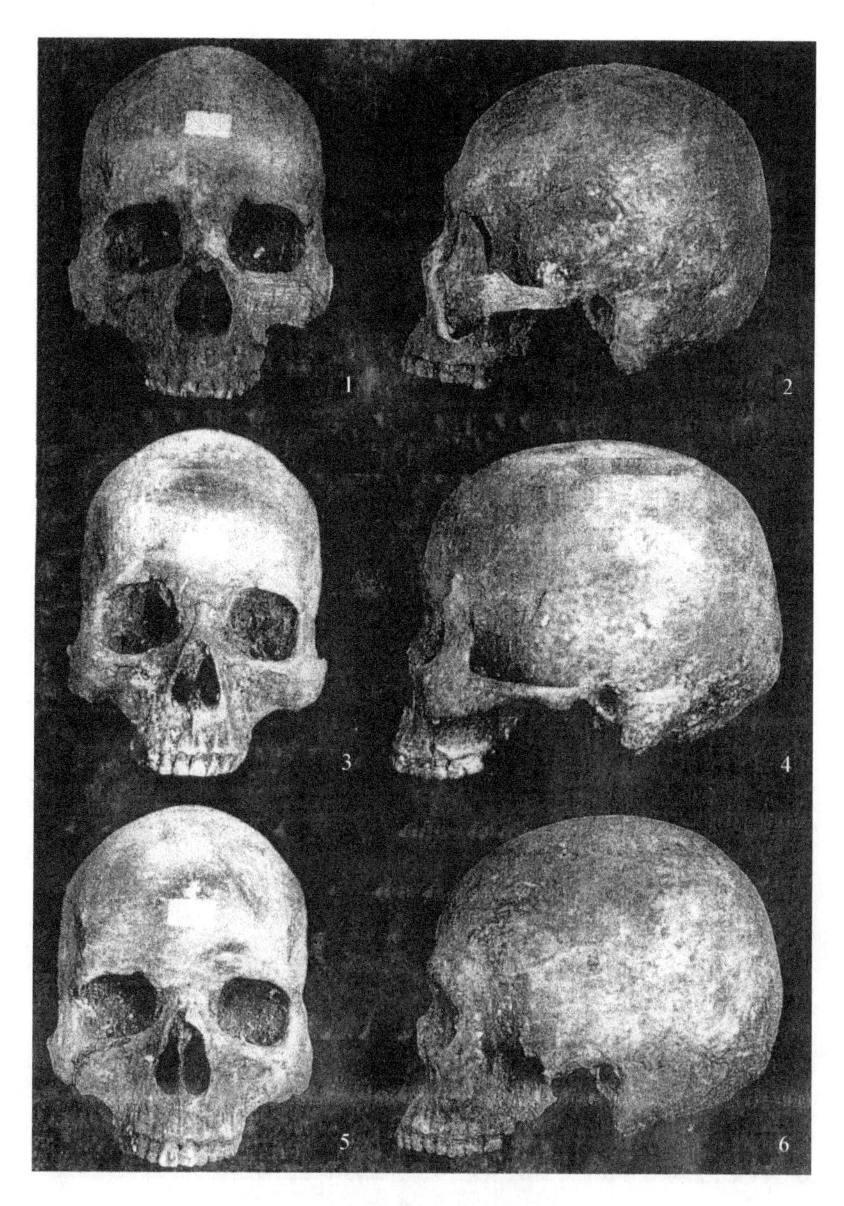

1—2. M58(正、侧面)
3—4. M304(正、侧面)
5—6. M274(正、侧面)

龙虬庄遗址的头骨(男性)

图版二

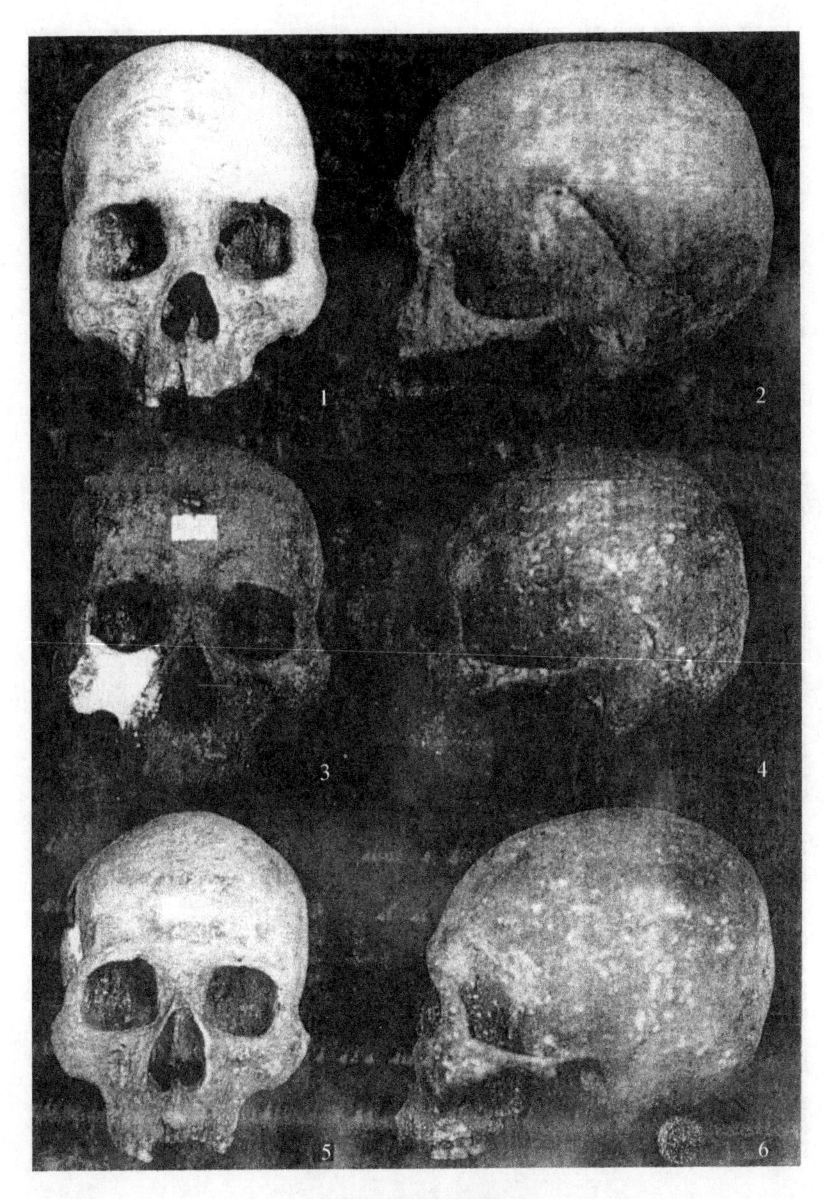

1—2. M23(正、侧面)
3—4. M341B(正、侧面)
5—6. M188(正、侧面)

龙虬庄遗址的头骨(男性)

金坛三星村新石器时代人骨研究

本文研究的人骨出自江苏金坛三星村新石器时代墓地，由南京博物院王根富同志主持发掘采集。这个墓地除了出土有丰富陶、骨、石、玉器外，还从灰坑土中筛选出碳化稻粒及多种动物骨骼。据发掘者对墓地地层关系和 C^{14} 年代测定，估计该墓地的年代距今约 5 500 年。详细的考古资料发表于专门的考古报告[1]。

本文作者应邀承担了对出土人骨的鉴定与研究。据这个研究可以提供三星村新石器时代居民的某些人口结构、种族体质特征及与其周围地区古代人群之间的人类学关系等资料。应该指出，迄今对中国境内新石器时代人骨的研究主要集中在黄河流域，而长江以南地区由于人骨的保存不易几乎是空白，即使仅有的报告也比较零碎，远不如三星村人骨丰富。不久前对江北高邮龙虬庄新石器时代人骨的研究对该遗址古代居民与黄河流域新石器时代人群之间的关系提供了某些重要的人类学资料[2]。三星村人骨的保存状态比其他地点同期人骨更好一些，采集的数量也比较多，特别是其地理位置处于华北和华南之间的过渡范围。因而从人类学上了解这一过渡地区古代居民的种族体质特点及其地位具有重要的意义。此外，本文还附带讨论了这一遗址的人类学特点与日本海岛地区古代居民之间的人类学关系。

一　材料和方法

本文报告三星村墓地出土的 562 个个体人骨的性别年龄鉴定结果(M1—M461)。并对其中保存比较完整的 41 具男性和 22 具女性头骨进行了形态学观察和测量，对 71 个男性的 116 支和 43 个女性的 64 支股骨的测量用于身高的估算。主要操作和整理方法如下：

1. 性别的鉴定采用从骨骼上观察性别标志。其中最重要的依靠头骨及盆骨骨块上的性别特征的判定。性别记录以“男性”、“女性”、“男性可疑”、“女性可疑”及“性别不明”五种。在统计男女个体比例时，将“男性可疑”和“女性可疑”个体分别计入男性和女性中计数。因此这仅是近似估计数。

2. 年龄的估计主要依靠牙齿萌出顺序的年龄规律和牙齿的磨耗程度及颅骨缝的愈合状态与年龄增长的关系。部分参照了耻骨联合面的年龄特点，对部分婴幼儿观察了头骨片上不同部位的囟门的存在与闭合。对个体年龄的估计和统计采用年龄范围和归入年龄分期的方法。如“25—30 岁”，加入“壮年期”年龄分期范围如下五段：

未成年(小于 13 岁)
青　年(14—23 岁)

壮 年(24—35 岁)
中 年(36—55 岁)
老 年(大于 56 岁)

部分个体无法判断年龄期的只记录为“成年”或“未成年”。所有性别、年龄的骨性标志或变化在一般的骨骼鉴定手册上都有较详细的罗列。本文主要参考国内出版的《人体测量方法》[3]和《考古工作手册》[4]上记述的标准和规定。

3. 身高的计算选用误差相对较小的下肢骨(股骨最大长)长度代入相应肢骨(股骨)的身高的估算回归公式。为了与以往国内外学者资料比较的方便与一致,本文选用了 K. Pearson[5]及 M. Trotter 和 G. Gleser[6]的两种不同的股骨身高公式,后者则选用了该学者为蒙古人种设计的身高公式。其推算公式分别如下:

K. Pearson 公式:

S♂=81.306+1.88Fem (计算单位:厘米)
S♀=72.844+1.945Fem (计算单位:厘米)

M. Trotter 和 G. Gleser 公式(只有男性):

S♂=72.57+2.15Fem (计算单位:厘米)

4. 在作不同人骨组之间形态距离的综合量比较时,采用欧氏形态距离公式:

$$dik = \sqrt{\frac{\sum_{j=1}^{m}(x_{ij} - x_{kj})^2}{m}}$$

式中 i、k 代表测量的头骨组别(地点),j 代表测量的项目,m 代表测量比较的项目数,dik 代表两个比较组之间在欧几里得空间分布的距离,x 代表测量项目的平均组值。假定此距离值(dik)越小,则两组之间可能有越接近的形态联系。

5. 在用 dik 值的计算进行组间形态距离的聚群比较时,采用多变量数理统计中的聚类方法(Claster analysis),并绘制聚类谱系图[7]。

6. 用于对比的其他地点的头骨测量组出自如下地点和文献:

江苏高邮龙虬庄[8]
陕西宝鸡北首岭[9]
陕西华县元君庙[10]
陕西临潼姜寨[11]
陕西华阴横阵[12]
河南陕县庙底沟[13]
青海乐都柳湾[14]
青海民和阴山[15]
宁夏海原菜园[16]
山东泰安大汶口[17]
山东曲阜西夏侯[18]
山东诸城呈子[19]
福建闽侯昙石山[20]
广东佛山河宕[21]
山东广饶五村[22]
河南安阳殷墟[23]
山东临淄[24]
西日本弥生[25]
日本绳文[26]

以上除了日本的两个组外，其他中国对照组的地理分布大致包括了黄河上、中、下游，江淮地区及华南地区等。这些人骨组所代表的考古文化年代除了安阳殷墟、山东临淄组为青铜—铁器时代外，其余中国各组大致都包括在距今约 7 000 —4 000 年的新石器时代，日本的绳文组代表日本的新石器时代，弥生组约相当于中国的东周—汉代，距今约 2 300 年。从文化的性质来讲，涉及仰韶文化、大汶口文化、青莲岗文化、半山—马厂文化及华南的几何印纹陶文化等。

二　比较结果和分析

这一部分按性别年龄、颅面形态类型及组间形态距离比较及其他方面分别记述如下：

(一) 性别年龄的考察

对墓地死者年龄的鉴定与统计结果，共鉴定 562 个个体，其中可估计性别的约 444 个，约占全部个体的 79%。可估计年龄的 427 个，占全部个体的 76%。

在可估计性别的个体中，男性和可能男性的占 279 个，女性和可能女性的 165 个，男女个体数比例约为 1.69∶1，即男性个体明显多于女性。

以可估计年龄的 427 个个体死亡年龄分布统计，从未成年到中年期似乎没有显示出特别明显的死亡高峰，相对而言，死于壮年的比例稍高一些(27.2%)。总的来看，绝大多数约占 95.3%的个体死于中年以前，其中未成年便死去的比例相当高约占 25.3%。考虑到未成年特别是婴幼儿的骨骸不易保存，估计这个年龄段的死亡比例实际上可能更高。

按性别分别统计的死亡年龄分布，女性在青年期死亡的比例(33.6%)较明显高于男性(22.5%)，死于中年期的(20.2%)则较低于男性(32.1%)，进入老年期的(9.2%)又稍高于男性(3.8%)。而就全体来讲，无论男女性存活至老年的为数很少(4.7%)。这样的死亡年龄分布反映了三星村墓地人口年龄结构上的低寿命性质。

对未成年个体的死亡年龄分布，结果是在 102 个未成年个体中，小于 7 岁以下的占大部分(80.4%)，9—13 岁之间的较少(19.6%)。这种未成年死亡个体的低龄化尤其是有大约三分之一强(36.3%)小于 2 岁的幼婴，反映了产后对幼婴的哺育、营养、卫生护理及抗病能力等综合因素的低下。也反映了三星村新石器时代的原始农业在提高人口寿命上并不明显。人类寿命的大幅度提高还是最近的历史时期的事。

以 422 个可估计年龄个体作粗略计算的平均死亡年龄仅为 25.6 岁。如果将 135 个只定为成年的个体考虑在内，则这个平均年龄应适当提高。如以可估计性别的男女性成年和未成年个体的 325 例计算，平均死亡年龄提高到 31.1 岁。而以男女 311 例成年个体计算，平均年龄为 32.0 岁。以性别分割计算，207 例男性(成年和未成年)的平均年龄为 31.2 岁，相应的 118 例女性的平均年龄为 30.8 岁。以成年男女性别分别计算，196 例男性平均死亡年龄为 32.4 岁，相应 115 例成年女性平均年龄为 31.3 岁，略低于男性。反映了三星村墓地人口在原始农业水平下并没有给女性寿命的提高呈现优化现象。

(二) 颅面形态观察

对 41 具男性和 22 具女性头骨的 22 项形态特征作出了观察记录。对这特征的出现情况归纳如下：

除少数枕部不对称扁平的变形外，正常颅形中以卵圆和椭圆的出现居多。女性中菱形的出现高于男性。

颅顶缝无论男女性都以从微波—锯齿形的简单和较简单的形式居多。

额坡度男组大多在中斜—直形，明显后斜的很少；女组则以直形出现居多，中斜和后斜的少。两者的性别差异较明显，表示女性有更丰满的前额。

矢状脊大多属无或弱型，即便出现也难见发育显著的。

眉弓突度男组以显著和中等占多数，特显或弱型的都只有少数；女组则大多弱型，与男组差异明显。

眉间突度男组以中等的Ⅲ级较多，其余各占一部分，平均近Ⅲ级；女组主要Ⅰ—Ⅱ级，平均Ⅰ级强。

鼻根凹陷无论男女组皆属浅—无类，几乎未出现深陷的类型。

梨状孔形状略近梨形的居多，其他形很少。

梨状孔下缘形态主要钝型和窝型。

鼻棘男组较多Ⅲ—Ⅱ级，平均Ⅲ级弱；女组Ⅰ—Ⅱ级居多，平均约Ⅱ级。

犬齿窝多属浅—无的类型，深型少见。

眶形以斜方和方形较多，但大多眶角较钝，很典型的角形眶者不多，其他型较少。

眶平面位置系指眼耳平面与眶口平面在矢状方向上相交的形态，主要属后斜—垂直型，明显前倾型的不多。

额中缝男组中无一例出现，女组出现两例。全组出现率仅3.2%。

颧骨（颊骨部分）辅以测量大小估计，男组大—很大型的占大多数；女组以中—大型的占多数。两者都代表有较发达的颧骨，也有明显的性别差异。

腭形大多代表近似椭圆的类型。

腭圆枕多数缺乏，其他各有少数出现，但一般都不发达。

颏形男组圆形和方形占多数；女组则尖—圆形占多数。

下颌圆枕大多未出现，全组仅出现10.7%，而且皆为不发达的小型。

“摇椅”形下颌（即下颌下缘呈圆弧形）大多未出现，只有少数（约20%）有轻度出现。

铲形上门齿几乎全部出现，而且显著型的占大多数。

在以上形态特征中，比较普遍结合出现的综合特征是卵圆形颅形，简单的颅顶缝，中斜—直形额坡度，不特别强烈的眉弓和眉间突度结合浅平的鼻根凹陷，较弱的鼻棘和浅平的犬齿窝，眶角钝化的眶形，宽大的颧骨与很普遍出现铲形上门齿等。这样的综合特征在我国新石器时代人骨上是常见的，因而在三星村人骨上没有显示出种族形态的特别异型性质。仅在某些特征上，如眶口平面位置似乎近于垂直的形增多，额中缝出现频率低，腭圆枕和下颌圆枕出现相对稀少弱小等也可能与北方的类群存在不同的变异。

（三）测量特征的形态类型

三星村出土头骨的主要颅、面部形态的平均分型指数和角度及各自形态分型的结果，男性组的平均形态特点评估是：

颅形：稍偏长的中颅型结合不特别高的高颅型和典型的狭颅型。

面形：中上面型结合中额型和平颌型，低的颅面高比例，矢状方向面部突度平颌结合上齿槽突颌和水平方向面部突度很弱等。

眶形：属偏低的中眶型。

鼻形：弱的阔鼻型结合浅平的鼻根突度。

腭形：阔腭型。

女组的颅面形态则除眶形比男组趋高，鼻形更阔，鼻根部更低平等性别异形外，其他总体形态类型与男组相同或非常近似。

(四) 身高的测定

统计测量出男女性股骨最大长和相应的身高计算值。其中，依据两种公式计算男性的每支股骨长有两个身高值，女性的身高值只有一个，测定的男女性个体分别为116个和64个。最后所得的男女性两组的平均身高和个体变异如下：

依 Pearson 公式：

60例男性(左侧)身高＝163.3±4.3厘米
56例男性(右侧)身高＝162.6±4.0厘米
116例男性(左、右)平均身高＝163.0±4.2厘米
33例女性(左侧)身高＝150.4±3.5厘米
31例女性(右侧)平均身高＝150.2±3.4厘米
64例女性(左、右)平均身高＝150.3±3.4厘米

依 Trotter 和 Gleser 公式：

60例男性(左侧)身高＝166.3±4.9厘米
56例男性(右侧)身高＝165.5±4.7厘米
116例男性(左、右)平均身高＝166.0±4.7厘米

需要指出，用 Pearson 和 Trotter、Gleser 两种公式分别计算的估计身高有较明显的差异，即用 Trotter 和 Gleser 公式获得的男性平均身高(166.0厘米)大于用 Pearson 公式计算的平均身高(163.0厘米)约3厘米。因此，在与其他学者估算的身高资料比较时，一定要注意用同一学者设计相同种族和相同性别公式计算结果才是适当的。严格来讲，对每个个体计算时还应该考虑不同年龄因素对身高的某些影响，如到中年以后，人的实际身高有些微小的变化。本文未对此作纠正。此外，三星村人骨估算身高有细微的左右侧差，即左侧微高于右侧(男性0.7厘米，女性约0.2厘米)。

(五) 与周邻地区新石器时代组形态距离比较

中国新石器时代各组的15项脑颅和面颅的绝对测量项目的均值，依此用欧氏形态距离公式计算的 dik 数字矩阵值。三星村与其他新石器时代比较组作单组间比较的 dik 大小顺序是：

宝鸡——野店——呈子和柳湾——龙虬庄——庙底沟——大汶口——昙石山——广饶——海原——姜寨——王因——阳山——半坡——下王岗——河宕——甑皮岩。

从三星村组与其他比较组之间形态距离的顺序似乎感觉不到与哪个地区组群之间比较明显的趋近关系。如以 dik 小于3.0的前九个组中，既有仰韶文化分布地区的，也有半

山—马厂文化组的，以及大汶口文化分布地区的，还包括江北的龙虬庄组。在 dik 大于 3.0 的各组中也没有显示出明确的规律，只感觉到与华南地区组有明显最大的距离。

用 dik 矩阵值绘制的 22 个组聚类谱系图（图一）上也大致反映了同样的情况，即三星村组居于其他各组聚集序列的中介位置。相对而言，图中的三星村组与其左侧的 11 个组稍嫌靠近，但就是在这些组中也都包括有除华南和西北地区的组外的仰韶、大汶口乃至龙虬庄、庙底沟二期、山东龙山及屈家岭等各种文化的组。这种情况意味着三星村组与其周邻的新石器时代组之间存在不特别接近的形态距离，其中包括与地理距离不远但在长江北部龙虬庄组也是如此。

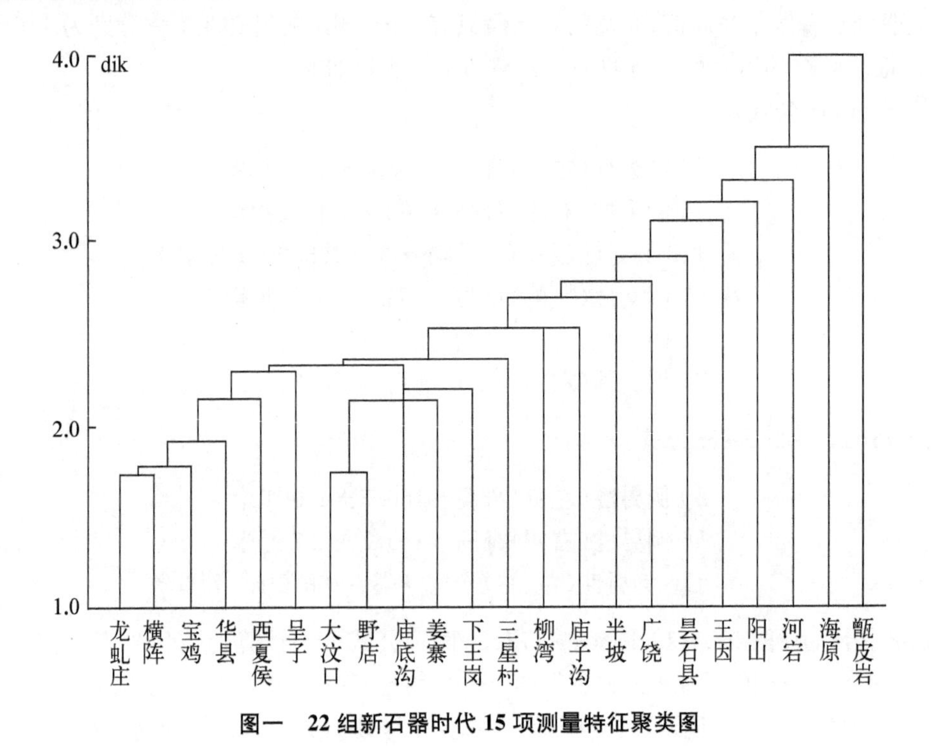

图一　22 组新石器时代 15 项测量特征聚类图

为进一步测试三星村组与其周邻新石器各组之间究竟有否某种地区性方向的联系，将上述单组间的聚类改为地区类群之间的聚类关系，即按地区性文化的某些组合并为一个较大的地区类群后进行聚类比较。这些地区性文化的合并组组成如下：

1. 黄河下游大汶口文化合并组（包括大汉口、西夏侯、王因、野店、广饶等组）。
2. 黄河中游仰韶文化合并组（包括宝鸡、华县、半坡、横阵、姜寨等组）。
3. 华南新石器文化合并组（包括昙石山、河宕、甑皮岩等组）。
4. 龙虬庄文化单独一组。

形态距离量化的计算仍与上述相同。三星村组与上述四个地区文化组之间的聚类如图二。据此看，三星村组同样介于长江以北和华南的地区组群之间的位置而各保持着某种可以感觉到的距离，只是相对于华南的组群比与华北的组群略更大一些。

（六）与中国和日本新石器——历史时期古代组之间形态距离之比较

列出了用于比较的中国四个地区性新石器时代合并组（合并情况同上）的 13 项绝对

测量均值，并增加了中国的殷墟和山东临淄的周—汉代两个历史时期的组以及日本的绳文(新石器时代)和西日本弥生(历史时期约相当中国的东周—汉代)两组。由此绘制了聚落谱系(图三)。如以三星村与以上对比组之间 dik 大小距离，有趣的现象是它们与山东的周—汉代组表现出很接近的距离，同时也表现出与中国和日本的历史时期的组(殷墟与西日本弥生组)相对较近的距离。

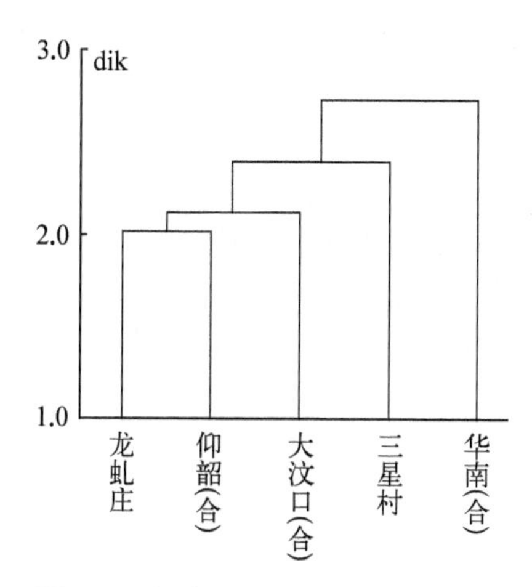

图二　不同地区组群 15 项特征聚类图

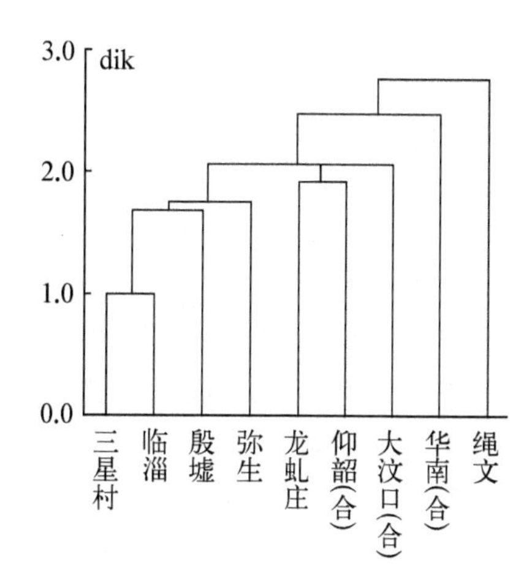

图三　中国新石器——历史时期 13 项测最聚类图

(七) 其他观察

1. 前位齿的咬合形式：在可估计这一特征的 32 具头骨中，前位齿、上下齿列咬合可能具钳状的约见 17 具，铗状及其他形式的占 8 具。也就是钳状和铗状的共有一部分，前者居多。

2. 在某些头骨沿冠状缝后缘存在较明显的横向浅凹。如 M13 女性头骨最明显，可能和某种带状负重有关。

3. 在一部分头骨上还观察到有明显的枕部畸形，如 M266(儿童)、M233B(女)、M15(女)、M195(男)等几具头骨的后枕部呈现不同程度的扁平，而且多少具有左右不对称的畸形。

4. 在三星村的这一大批人骨中，仅在 M64 一具女性头骨上观察到拔除一对上第二门齿($2I^2$ 型)的标本。这可视为三星村新石器时代人口中不存在拔牙风俗或仅有个别的残存或邻近拔牙子民的个别混入。

三　结论和讨论

对三星村墓地人骨的考察结果和讨论摘要如下：

(一) 性别年龄鉴定

共观察了 526 个个体的性别年龄特征。其中可估计性别的 444 个体中，男女性个体比例约为 1.69∶1，男性明显多于女性。

据 427 个个体死亡年龄分布，没有明显死亡年龄高峰，但绝大多数(95.3%)死于中年期以前(含中年期)。未成年死亡比例很高(25.3%)，而且大部分夭折于 7 岁以下

(80.3%),其中小于2岁的幼婴占全部未成年的三分之一(36.3%)。考虑到未成年骨骼更不易保存和采集,实际的死亡比例可能更高一些。

(二) 头骨形态特征的观察

三星村头骨具有多卵圆形颅,简单的顶缝,额坡度普遍中—直形,眉弓和眉间突度不很强烈结合鼻根浅弱的鼻棘和浅平的犬齿窝,宽大的颧骨,多圆钝眶角及铲形齿普遍等综合特征。这样在综合特征一般较常见于中国的新石器乃至历史时期的头骨,反映他们蒙古人种的同质性。同时可能存在某些次要的变异,如眶口平面位置垂直形较多见及额中缝及上下颌圆枕低出现等。

(三) 测量特征的类型分析

据颅面部测量特征的形态分类,三星村头骨的综合形态是代表稍长的中颅型和不特别高的高颅型及狭颅型相结合,具有中上面型和低的颅面高比例和平颌型及大的面部扁平度但上齿槽突颌型等面部特征,同时配合以偏低的中眶型、低平的鼻根突度结合阔鼻倾向与短腭等。女性和男性的基本形态类型相似。

(四) 身高的估算

用Trotter和G. Gleser公式计算的成年男性平均身高为166.0厘米;用Pearson公式估算的男性平均身高为163.0厘米,女性为150.3厘米。这样的身高与用相同公式估算的仰韶文化人骨的估算身高(166—168厘米)比较接近,比华南新石器时代的身高稍高(163—164厘米)。与现代中国人身高分布相比,古代的三星村人的估算身高也稍近于中国北方居民的平均身高(167厘米)而稍高于华南与西南的身高(163—165厘米),与华中地区的相近(166.2厘米)[27]。

(五) 形态距离的多变量分析

三星村头骨与周邻地区新石器时代各组之间似没有表现出与哪个地区组群特别接近。相比之下,与时代更晚近的历史时期的组群有明显的接近,其接近程度明显大于同时期的其他新石器时代居群。这一结果对进一步探索中国历史时期人口特征形成的微进化机制可能是很有意义的。为此需要调查更多华中地区古代人骨材料。

形态距离的多变量分析还可能提出这样的问题,即三星村人骨的形态特点与周邻地区新石器时代人骨之间表现出某种可以感知的变异(包括位于江北的龙虬庄墓地的人骨)。如果能有更多的材料进一步阐明这种变异发生的规模和地理分布,对探明中国新石器时代居民与历史时期乃至现代中国人之间的关系将是非常重要的,因直到目前为止,这两个不同时段之间的人类学联系在许多细节上并不清楚。同时指出,在目前已研究过的中国大陆新石器时代人骨中,唯三星村人骨最与日本"渡来系"弥生人最近。这对日本弥生人大陆来源的地理范围可能是新的扩展。或许这种地理分布应该由黄河中下游扩展到包括长江南岸地区。不久前,有的学者根据江南不多的汉代人骨的研究提出了这种可能性[28]。而中国的华北和华南的新石器时代人骨与日本新石器时代人骨之间明显的形态距离表明,后者具有比新石器时代更古老的大陆起源。三星村人骨与日本绳文人骨之间的强烈距离再次证明了这一点。

(六) 其他观察

某些三星村头骨冠状缝后缘的横向浅凹可能暗示存在带状的头顶负荷。

在三星村的数百个个体人骨中仅发现一例拔牙标本可能是拔牙习俗的消退遗迹，也可能是个别邻近拔牙民族分子的混入。但整体而言，三星村新石器居民中并不流行这种拔牙风俗。这对进一步阐明中国古老的拔牙风俗的来源与地理流传方向是有益的。

本文人骨材料是由南京博物院王根富同志提供的，在人骨的鉴定与研究过程中获诸多便利和帮助。考古所的张君同志曾参与了部分人骨的测量，上海自然博物馆的谭婧泽同志也曾协助部分工作。

参考文献

[1] 江苏三星村联合考古队：《金坛三星村新石器时代遗址发掘报告》，待刊。

[2] 韩康信：《自然遗物——人骨》，《龙虬庄——江淮东部新石器时代遗址发掘报告》，第419—438页，科学出版社1999年。

[3] 吴汝康等：《人体测量方法》，科学出版社1984年。

[4] 中国社会科学院考古研究所编著：《考古工作手册》，第314—365页，文物出版社1982年。

[5] Pearson, K. W, *Mathematical contributions to the Theory of Evolution. V. On the Reconstruction of the Stature of Prehistoric Races*. Philosophical Transactions of the Royal Soiety-Series A, 192: 169-244, 1899.

[6] Trotter, M. and Gleser, C. G, *A re-evaluation of estimation of stature based on measurements of stature taken during life and of long bones after death*. American Journal of Physical Anthropology, 16: 79-123, 1958.

[7] 林少宫等：《多元统计分析及计算机程序》，华中理工大学出版社1978年。

[8] 同[2]。

[9] 颜訚等：《宝鸡新石器时代人骨的研究报告》，《古脊椎动物与古人类》1960年第1期，第33—43页。

[10] 颜訚：《华县新石器时代人骨的研究》，《考古学报》1962年第2期，第85—104页。

[11] 夏元敏等：《临潼姜寨一期文化墓葬人骨研究》，《史前研究》1983年第2期，第112—132页；巩启明等：《姜寨二期文化墓葬人骨研究》，《姜寨——新石器时代遗址发掘报告》附表二，文物出版社1988年，第485—503页。

[12] 考古研究体质人类学组：《陕西华阴横阵的仰韶文化人骨》，《考古》1977年第4期，第247—250页。

[13] 韩康信、潘其风：《庙底沟二期文化人骨的研究》，《考古学报》1979年第7期，第255—270页。

[14] 潘其风、韩康信：《柳湾墓地的人骨研究》，《青海柳湾》附录一，第261—303页，文物出版社1984年。

[15] 韩康信：《青海民和阳山墓地人骨》，《民和阳山》附录一，第160—173页，文物出版社1990年。

[16] 韩康信：《宁夏海原菜村新石器时代人骨的性别年龄鉴定与体质类型》，《中国考古学论丛》，第170—181页，科学出版社1993年。

[17] 颜訚：《大汶口新石器时代人骨的报告》，《考古学报》1972年第1期，第91—122页。

[18] 颜訚：《西夏侯新石器时代人骨的研究》，《考古学报》1973年第2期，第91—126页。

[19] 韩康信：《山东诸城呈子新石器时代人骨》，《考古》1990年第7期，第644—654页。

[20] 韩康信：《闽侯昙石山遗址的人骨》，《考古学报》1976年第1期，第121—130页。

[21] 韩康信、潘其风：《广东佛山河宕新石器时代晚期墓葬人骨》，《人类学学报》1982年第1期，第42—52页。

[22] 韩康信、常兴照：《广饶古墓出土人类学材料的观察与研究》，《海岱考古》第一辑，第 390—403 页，山东大学出版社 1989 年。

[23] 韩康信、潘其风：《安阳殷墟头骨研究》，第 50—81 页，文物出版社 1984 年。

[24] 韩康信、松下孝幸：《山东临淄周—汉代人骨体质特征研究及与西日本弥生时代人骨比较概报》，《考古》1977 年第 4 期，第 32—45 页。

[25][26] Nakahashi, T, *Temporal craniometric changes from the Jomon to Modern Period in western Japan*. American Journal of Physical anthropology, pp. 409 - 425, 1993.

[27] 张振标：《现代中国人身高的变异》，《人类学报》1988 年第 2 期，第 112—120 页。

[28] Yamaguchi, B, *Results of preliminary comparative studies-Preliminary comparisons of cranial mearsurements*. Studies on the Human skeletal Remains from Jiangnan China. pp. 81 - 83, National Science Museum, Tokyo, 1995.

（原文发表于《东南文化》2003 年 9 期）

江苏邳县大墩子
新石器时代人骨的研究

韩康信　陆庆伍　张振标

大墩子新石器时代遗址位于苏鲁边境，它是1962年12月发现的。南京博物院先后进行了两次发掘[1]。本报告材料是南京博物院送交鉴定的第二次发掘出土的人骨。这批人骨的保存情况很差，头骨全部残缺不全，而且破碎得很厉害，只有部分下颌骨和肢骨保存尚好。我们从两百多墓葬中出土的下颌骨中选择了可供观察和测量的113具(男性或可能男性的73具，附牙齿682枚；女性或可能女性的40具，附牙齿353枚)进行了研究。对头骨部分，补充了枕部畸形和拔牙的观察。

一、死者的性别和年龄

部分死者的性别是根据头骨片、下颌骨、髋骨及其他肢骨上显示的性别特征综合判定的；一部分是在局部保存的骨骼上进行的。年龄的鉴别主要依据牙齿磨耗与骨缝愈合程度[2]。在能够同时鉴别性别和年龄的199个个体中，男性或可能男性的107个，女性或可能女性的81个，13岁以下的(性别不易确定)儿童和幼儿11个。另外只能判定成年男性者21个，成年女性4个(这两个数字未计入表一)。总计男性或可能男性个体128个，女性或可能女性个体85个，男女两性比例为3∶2。

表一　性别和年龄分期

年龄分期＼性别	男 (107)	女 (81)	合　计 (199*)
幼年(0—13岁)			5.5%(11)
青年(14—23岁)	7.5%(8)	16.0%(13)	10.6%(21)
壮年(24—35岁)	29.9%(32)	25.9%(21)	26.6%(53)
中年(36—55岁)	49.5%(53)	29.6%(24)	38.7%(77)
老年(56岁以上)	13.1%(14)	28.4%(23)	18.6%(37)

*199个个体数中包括11个幼年个体数。

由表一可以看出死者年龄多壮年和中年。青年期的死亡率女性高于男性，中年期男性高于女性，老年期女性又高于男性。

化石人类的寿命比新石器时代人类为短。旧石器早期的尼人、旧石器晚期和中石器时代的人类寿命很少超过50岁[18]。新石器时代人活到中、老年的明显增加，但大多仍死于壮、中年。据颜訚的观察，陕西华县和山东大汶口新石器时代人也多死于壮年和中年[3,4]；大墩子遗址第一次发掘出土的人骨年龄也大多是40—50岁[1]。现代人则死于中、老年居多。原始人类的寿命显然和他们的物质生产水平有着密切的关系。许多作者都曾经指出，原始时期和历史早期的人在40岁以前的两性死亡率女性明显高于男性，其原因之一是与部分女性死于孕产期有关[18]。大墩子人在青年时期的死亡率女性明显高于男性也可能反映了这种情况。中年期的死亡率男性高于女性，老年期则女性高于男性，这可能反映了大墩子组女性比男性有较高的寿命。

二、下颌骨的形态观察

大墩子组下颌骨形态观察见附表一。

颏形　从下颌底部观察颏形，一般分为方形、圆形、尖形、角形和杂形。在可供观察这一特征的108具下颌骨中，两性皆以圆形居多，其次为方形。男性方形百分比显著高于女性，而女性尖形又稍高于男性。同族颏形存在两性差别，特别是方形颏常为男性下颌骨的形态特征之一(图版壹,1)。同族颏形百分率也存在地区差别。据吴定良观察，华北区多方形，华南区和华东区多圆形[5]。大墩子下颌多圆形，故就颏形一项，大墩子标本属南方型，与南京绣球山近代组和北阴阳营新石器组接近，与河南安阳的殷代组与隋唐组相去较远①。

颏部突度　颏部突度可采用下颌联合弦弧指数进行对比，即由下齿槽点(id)至颌下点(gn)之间的直线和弧线组成百分比。颏部在矢状平面愈突起，指数愈大。大墩子组的下颌联合弦弧指数与河南安阳两组与南京两组相比(表二)，男性指数与南京两个组更接近，女性指数虽接近河南两组，但与南京两组的差别也不大。

表二　下颌联合弦弧指数的比较*

组别 \ 性别	男	女
大墩子新石器组	112.1	111.9
南京北阴阳营新石器组	113.0	111.4
南京绣球山近代组	112.7	111.2
安阳侯家庄殷代组	114.0	112.0
安阳小屯隋唐组	113.6	112.1

*南京和安阳各组数值见参考书目[5]。

颏孔数目与位置　据Simonton的观察，类人猿多颏孔例子远比人类为多(猩猩39%，大猩猩27%，黑猩猩15%)。在现代各人种中没有发现4个或5个颏孔的，有3个颏孔的占0.19%，2个孔的占4.3%[19]。在早期人类中，如北京人下颌上每侧都有一个以上的颏孔，最多的一侧有5个。在蓝田人下颌右侧有2个颏孔，左侧有4个颏孔。因而多颏孔是北京人和蓝田人下颌的显著特征之一。尼人中的Krapina下颌G一侧有3个颏孔，Krapina 1、La chapellaux-Saints、Spy 1等下颌也都有2个颏孔。可见多颏孔是一种原始性质[6]。在现代人中多颏孔的出现率也存在一定的差异。据张炳常引用一些作者的数字，日本人多颏孔者 3.7%（赤堀），中国人下颌多颏孔占 14.3%（宫下），我国台湾人下颌中多颏孔占 20%（丸山）。张炳常观察了中国人下颌 500 侧，多孔者占 2.8%[7]。我国新石器时代人类多颏孔的出现率还未见报道。我们观察了大墩子人下颌 217 侧，其中 2 个孔的占 2.8%，3 个以上的没有发现。大墩子人多颏孔出现率与张炳常观察现代中国人下颌的数值相同。

颏孔位置与齿组位置的关系（表三），现代中国人多数在 P_2 处，一部分在 P_1P_2 和 P_2M_1 位置，后两处出现率相差不大。新人在 P_2 处的数值与现代中国人差不多，但其余大多在 P_2M_1 处，很少在 P_1P_2 处出现。古人颏孔则更后移，大部分在 M_1 处，一部分在 P_2M_1 处与 M_1M_2 处，P_2 处较少。猿人颏孔则以 P_2M_1 位置为多。大墩子人颏孔位置多数在 P_2 处，与现代中国人和新人相似，P_1P_2 处出现率也与现代中国人相近。但大墩子人颏孔在 P_2M_1 处的出现率又大于 P_1P_2 处而介于现代中国人与新人之间。可见，大墩子人整个颏孔位置与齿组位置的关系介于现代人与新人化石之间，即一部分颏孔向前移位与现代中国人相似，更多的仍在 P_2M_1 处与新人的情形相似。这样的颏孔位置关系是否成为新石器时代人类下颌的一般现象还有待进一步调查。

表三　颏孔位置比较*

组别＼位置	P_1	P_1P_2	P_2	P_2M_1	M_1	M_1M_2
现代中国人	0.6(17)	16.3(469)	62.3(1 787)	19.3(555)	1.5(44)	0
大墩子人	0.5(1)	18.3(40)	41.3(90)	33.9(74)	6.0(13)	0
新　　人	0	0	59.1(13)	40.9(9)	0	0
古　　人	0	0	7.1(1)	28.6(4)	42.8(6)	21.4(3)
猿　　人	0	27.3(3)	9.1(1)	54.6(6)	9.1(1)	0

* 表中数字除大墩子人外，均引自参考书目[8]。

下颌圆枕　在人类下颌齿槽突内侧常有程度不等的圆形或椭圆形隆起，称为下颌圆枕（Torus mandibularis）（图版壹，3）。下颌圆枕的位置多在第一前臼齿和第二臼齿之间。对这种结构的作用和起因存在不同的看法。有人认为它在咀嚼时加强齿槽突承受的压力，也有人说是食物的刺激而引起的。魏敦瑞认为它是一种原始性质，是人类进化过程中齿槽突退化后残留的部分，指出在北京人下颌上也具有显著的下颌圆枕[27]。吴汝康在研究人类腭圆枕时指出腭圆枕与上、下颌圆枕的出现率有密切的关系，并认为腭圆枕为人类特征而由遗传机制决定的。下颌圆枕也可能是一种遗传性结构[20]。蓝田人和山顶洞人（101 号）下颌上也有这种结构，其他化石人则极少发现。现代蒙古人种如日本人、中国人、爱斯基摩人下颌圆枕的出现率比欧罗巴人或尼格罗人种为高，因而常以这种结构较高的出现率为蒙古人种的形态特征。

把发达程度不同的下颌圆枕分为无、稍显、显著三种。大墩子人下颌有这种结构的以侧计算占 44.5%。吴定良报告河南安阳殷代人有此隆起的占 78%，小屯隋唐组为 73%，南京绣球山近代组与北阴阳营新石器组分别为 58%与 75%[5]。大墩子组与绣球山近代组接近。

大墩子人下颌圆枕出现位置从 I_2 到 M_1 之间都有，比较集中在 P_1 至 M_1 之间，又以 P_1P_2 处为多，其次为 P_2，P_2M_1 处，与北阴阳营组的情形相似。

下颌体粗壮程度　下颌体粗壮度以颏孔平面或 M_1M_2 平面的下颌体高和厚组成指数作对比（表四）。

表四　下颌体粗壮指数的比较

组别 \ 平面 / 性别	颏孔平面		M_1M_2 平面	
	男	女	男	女
大墩子新石器组	41.5(123 侧)	41.7(60 侧)	51.8(119 侧)	54.8(66 侧)
大汶口新石器组*			58.8(14)	61.3(14)
西夏侯新石器组*			54.0(10)	61.7(8)
侯家庄殷代组	40.4	42.0	54.4	58.0
小屯隋唐组	40.0	41.9	54.1	57.9
北阴阳营新石器组	39.8	41.5	54.0	57.3
绣球山近代组	39.6	41.4	53.8	57.2
山顶洞人	34.8(101 号) 35.8(108 号)	42.1(104 号)	42.0(101 号) 40.6(108 号)	56.7(104 号)
北京人	48.3(G)	58.4(HI)	54.3(GI)	53.4(HI)

*据参考书目[3]、[9]中的测量数字计算。

大墩子人的颏孔平面粗壮指数无论男女性都比北京人、山顶洞人化石组更接近侯家庄、小屯、北阴阳营各组，与绣球山组差别也不大。两性指数差异没有其他组大。

M_1M_2 平面粗壮指数，除北京人以外，其他各组皆女性明显大于男性。同组粗壮指数之所以女性大于男性不是表示女性下颌体比男性更粗壮，而是表示男性具有比女性更高的下颌体，下颌体厚度的两性差别则相对较小。与河南、南京各组相比，大墩子组在 M_1M_2 平面粗壮指数，无论男女性都与北阴阳营和绣球山两组更接近。与山东两组相比，大墩子男性组的下颌体粗壮指数与西夏侯组较近外，与大汶口组相差显著，女性组则与西夏侯和大汶口两组都相差较大。因此，就该指数一项，大墩子组与南京两组最接近，与山东两组的差别比较明显。

下颌角区内外面形态　从后面观察下颌枝形态，通常分外翻、直形和内翻。据吴定良报告，南京北阴阳营组两性标本除女性一例为直形外，余均外翻[5]。大墩子组男性下颌枝外翻和直形的居多，女性以直形和内翻居多，两者所占比例都在 80%左右。男性外翻的(42.3%)明显大于女性(25.7%)；直形男女分别为 37.7%和 40.5%，差别不大。内翻者女性百分比(33.8%)又大于男性(20%)。

下颌角内外面分别为翼肌和咬肌附着处，与咀嚼运动有关。大墩子组下颌角外面呈结节状居多，其次为粗糙面和光滑面，成栉状最少。下颌角内面栉状最多。内外面强壮程度男性较大于女性。北阴阳营组下颌角外面多呈结节状，内面多成栉状，与大墩子组相似。

“摇椅式”下颌(“Rocker Jaw”)据 Marshall 和 Snow 报告，在现代玻里尼西亚人中存在“摇椅式”下颌为该种族的代表性特征，其出现率约占 50%[21]。这种下颌的体部下缘向下弧形突出。形成这种下颌的原因尚不了解。据颜訚报告，在山东大汶口新石器时代下颌中“或较少的还有这种‘摇椅式’②的下颌”[3]。在颜訚描述的 20 具西夏侯组新石器时代下颌中也有 7 具“摇椅式”下颌[9]。在我们观察的大墩子组 108 具下颌中则有 15 具(占 14%)这种形式的下颌(图版壹，4)。我们还观察了 112 具现代云南人下颌也有 12 具这类下颌，但在 127 具现代华北人下颌中仅个别标本有此形式。可能这种“摇椅式”下颌在我国现代各种族中存在一定的地区性差异。

三、下颌骨的测量与比较

大墩子下颌骨各项测量平均数与标准差见附表二。

大墩子下颌骨各项测量平均数与现代及新石器各组的比较见表五和表六。表五最后一行列出了我国蒙古人种新石器组平均值的变异范围。大墩子下颌各项平均值都落在各对比新石器组相应平均值的变异范围之内，说明大墩子下颌与其他新石器组同属蒙古大人种。

表五　大墩子新石器组下颌骨测量与其他新石器组的比较* （单位：毫米）

项目＼组别	大墩子新石器组	大汶口新石器组	西夏侯新石器组	华县新石器组		宝鸡新石器组	半坡新石器组	对比各组平均值变异范围
				A组	B组			
髁间径	男 132.0(36) 女 123.6(23)	132.42(14) 126.46(13)	133.24(7) 125.96(8)	118.5(2)	118.0(6)	127.38(12)	121.53(15) 117.16(5)	118.0—133.24 117.2—125.96
角间径	男 103.3(56) 女 96.6(34)	107.75(14) 98.63(13)	107.44(9) 100.96(8)	96.5(4)	101.6(11)	102.92(18)	106.15(16) 92.2(3)	96.5—107.75 92.2—100.96
颏联合高	男 34.3(41) 女 32.0(31)	36.28(12) 33.79(14)	36.60(10) 35.22(8)	31.9(5)	34.3(19)	34.17(20)	34.0(26) 31.81(8)	31.9—36.60 31.81—35.22
髁颏长	男 106.7(33) 女 102.0(23)	110.46(13) 103.31(13)	110.4(8) 105.6(9)	101.5(2) 102.0(1)			111.9(9) 107.8(3)	101.5—111.9 102.0—107.8
下颌体高(M_1M_2 平面)	男 31.0(119 侧) 女 28.6(67 侧)	32.41(14) 27.84(14)	30.45(10) 28.19(8)	30.92(6)	31.3(19)	30.89(20)	29.9(35)	29.9—32.41 27.84—28.19
下颌体厚(M_1M_2 平面)	男 16.0(134 侧) 女 15.2(69 侧)	17.09(14) 16.94(14)	16.10(10) 16.81(8)	18.5(6) 19.0(1)	17.3(19)	18.06(23)	12.9(28)	12.9—18.5 16.94—19.0
下颌枝最小宽	男 37.5(125 侧) 女 35.5(67 侧)	37.64(14) 35.62(13)	37.30(9) 36.66(8)	37.04(5) 40.0(1)	38.85(20)	38.95(23)	36.58(27) 37.03(8)	36.58—38.95 35.62—40.0
下颌枝高	男 61.3(90 侧) 女 56.0(57 侧)		60.6(9) 58.0(9)					
下颌角	男 122.0°(94 侧) 女 125.3°(60 侧)		118.9°(9) 118.4°(9)					

* 大汶口、西夏侯、华县、宝鸡、半坡的测量数值分别见参考书目[3]、[9]、[4]、[12]、[13]。

表六　大墩子新石器组下颌骨测量与现代各组的比较　（单位：毫米）

测量＼组别	大墩子新石器组	抚顺组（岛五郎）	华北组（小金井）	北京组（黑伯勒）	福建组（哈弗罗）	海南岛组（哈弗罗）	平均值变异范围
髁间径	男 132.0(36) 女 123.6(23)	123.4(54) 117.8(10)		121.63(24) 110.50(6)	121.9(38)	122.5(39)	121.6—123.4 110.5—117.8
角间径	男 103.3(56) 女 96.6(34)	104.20(65) 98.20(10)	99.8(53)	102.60(16) 96.30(4)	101.0(38)	99.6(39)	99.6—104.2 96.3—98.2
颏联合高	男 34.3(41) 女 32.0(31)	34.0(56) 31.8(8)	34.3(51)	35.2(16) 30.5(4)	32.9(38)	30.7(38)	30.7—35.2 30.5—31.8
髁颏长	男 106.7(33) 女 102.0(23)	104.0(61) 99.8(10)	101.7(25)	101.7(25) 97.2(6)	103.7(39)	103.0(38)	101.7—104.0 97.2—99.8
下颌体高（M_1M_2 平面）	男 31.0(119 侧) 女 28.6(67 侧)	28.00(59) 25.50(10)					
下颌体厚（M_1M_2 平面）	男 16.0(134 侧) 女 15.2(69 侧)	15.80(68) 15.80(10)					
下颌枝最小宽	男 37.5(125 侧) 女 35.5(67 例)	34.50(69) 33.90(11)			34.40(38)	33.20(39)	33.2—34.5
下颌角	男 122.0°(94 侧) 女 125.3°(60 侧)	120.5°(61) 120.1°(10)	123.9°(16) 127.3°(4)	118.0°(26) 129.2°(6)	121.03°(36)	122.12°(39)	118.0°—123.9° 120.1°—129.2°

大墩子组各项测量同其他地区的新石器组相比，最明显的是大墩子组男性下颌髁间径一项与大汶口组和西夏侯组最接近而与其他各组相去很远，女性髁间径也与前两组比较接近，与半坡组相差显著。Black 在研究河南、甘肃史前人种头骨时指出，东方组的下颌髁间径平均值比亚外组和非洲组较大，是因为东方组具有更大的面部宽度有关[22]。实际上大汶口组的最大颧宽稍小于贝加尔湖全组、蒙古人和爱斯基摩人外，大于其他我国各新石器时代组和现代各组③，西夏侯组的最大颧宽与大汶口组很接近。因此推测大墩子组也应具有较大的面部宽度。男性下颌体厚与西夏侯组最接近，其次为大汶口组和华县 B 组，与其他各组相差较远；女性下颌体厚也与前两组接近，与华县 A 组相差明显。下颌体最小宽平均值与各组相比，男女两性皆与大汶口组和西夏侯组最接近。男性髁颏长一项也是比华县 A 组与半坡组更接近大汶口和西夏侯组；女性则与华县 A 组最近，与大汶口组也很接近，再次为西夏侯组，与半坡组则差别最大。男性下颌体高与对比各组都很接近。男性颏联合高与华县 B 组、宝鸡组和半坡组最接近，与大汶口组、西夏侯组和华县 A 组的差别也不大；女性与半坡组最接近，大汶口其次，与西夏侯组相差稍大。角间径与宝鸡组最近，与华县 A 组之差别最显著。综合上述七项测量值的对比，大墩子组下颌比其他各组更接近大汶口组和西夏侯组。

大墩子组的各项平均值与现代蒙古人种各组相比，髁间径一项无论男女性都显著超出了现代蒙古人种变异范围的上限，与抚顺和海南岛两组稍为接近。角间径与抚顺、北京和福建三组接近，与华北、海南岛两组相差较大。下颌联合高与海南岛组相差较远，与其他各组相差不大。下颌角与海南岛、福建两组相近，与抚顺、华北组稍次，与北京组相去最大。上述三项大墩子组的平均值都在现代蒙古人种各组平均值的变异范围之内。下颌体高度和厚度可对比的只有抚顺组，大墩子下颌以及所有新石器各组比抚顺现代组下颌体更高，但下颌体厚度两者很接近。下颌枝最小宽和髁颏长则较明显地大于现代各组而超出了蒙古人种的变异范围。其实新石器各组都有比现代蒙古人种各组更大的下颌枝最小宽，大汶口、西夏侯和半坡三组的髁颏长也都超出了现代蒙古人种各组的上限。这种情况说明大墩子下颌及其他新石器组下颌比现代蒙古人种各组更粗大。

四、牙齿的观察

铲形门齿　在现代人上、下门齿舌面常呈现不同程度的铲形。这种铲形门齿的出现率存在明显的种族差异。一般在蒙古人种中出现率较高，在尼格罗人种和欧罗巴人种中出现率低。据 Dahlberg 和 Chagula 的数字(引自 Brothwell)，中国人和爱斯基摩人的出现率分别为 89.6%和 95.3%，尼格罗人为 11.6%，欧罗巴人为 8.4%[23]。吴定良统计下颌门齿铲形的出现率，侯家庄组为 38%，小屯组 36%，北阴阳营组 32%，绣球山组 31%[5]，彼此相差不大。我们观察大墩子下颌门齿铲形的出现率男女分别为 56.5%与 57.9%，比上述各组为高。颜訚统计了大汶口人的铲形门齿，男性为 66.67%，女性为 85.71%[3]，较大墩子为高。但大汶口组的统计数来自上门齿。据我们一般观察，现代中国人头骨，上门齿铲形比下门齿更典型，出现率比下门齿更高。就铲形门齿讲，大墩子下颌也具有明显的蒙古人种特征。

下第二臼齿齿尖数　Montelius 观察中国人的第二下臼齿多五尖型，而欧洲人第二下臼齿多四尖型[10]。从 Dahlberg 文中所列数值来看，古代和现代欧洲白人下第二臼齿五尖者仅占 13%和 1%，非洲尼格罗人为 25%，蒙古人具五尖的占 31%，阿拉斯加爱斯基摩人为 76.6%，E. G. 爱斯基摩人为 61%。Texas 印第安人、Pecos 印第安人、Pima 印第安人具五尖的分别为 27.7%、32.6%和 71%[24]。一般认为蒙古人种五尖型出现率较高。吴定良统计侯家庄组出现率占 82%，小屯组 79%，北阴阳营组 81%，绣球山组 80%[5]，各组间差别不大。毛燮均、颜訚指出，在安阳辉县殷代人头骨的 18 个下右第二臼齿中五尖的 15 个，占 83%，15 个下左第二臼齿中五尖的占 86%[11]。在我们能够进行观察的大墩子组 128 个左右下第二臼齿中具五尖的占 46.1%，有第六附尖的占 4%。大墩子组的出现率比上述各组为小，但仍然显示了蒙古人种特征。

第三臼齿　第三臼齿是最后萌出的一组牙齿，通常在成年前后开始萌出，但萌出的年龄可晚到 25—30 岁，甚至部分或全部终身不出。终生不出可能是埋伏阻生，也可能是先天缺少。第三臼齿在演化过程中伴随人类颌骨的缩短处于退化的地位。第三臼齿终身不出在现代人中是常见的，在现代种族中也有明显的差异。在早期化石人中很少缺少第三臼齿，如爪哇人、阿特拉人和海德堡人和尼人中都没有发现。但在蓝田人下颌上则发现第三臼齿先天缺失[6]。据 Brothwell、Carbonell 和 Goose 表中引用数字，在现代各地区种族中缺少一个或一个以上第三臼齿的百分率最高为 36.6%，最低 0.2%。蒙古人种第三臼齿缺少百分比较高，如中国人为 32.2%，日本人为 18.4%，格陵兰和阿拉斯加爱斯基摩人为 36.6%—26.6%，东、西非尼格罗人为 1.6%和 2.5%，美国黑人为 11%。德国人和美国白人为 5.8%和 9.0%[25]。据杜伯廉等对中国人牙齿调查，成年男性下第三臼齿的萌出率为80%，上第三臼齿为40%。女性萌出率较男性为小，30岁以后仍无此齿的男性占15%，女性比男性高一倍④。安阳辉县殷代人第三臼齿萌出率为70%—80%[10]。102具成年大墩子下颌中，第三臼齿全部萌出的77具，占75.5%，一侧未萌出的11具，占10.8%，两侧皆未萌出的14具，占13.7%，情况大体与现代中国人和安阳殷代人相近。

牙弓形状　牙弓形状分圆形、卵形、方形、尖形、U形。大墩子下颌卵形占86%，圆形4.7%，方形2.8%，尖形6.5%，没有发现U形。安阳辉县殷代人上下牙弓大部分为圆形、卵形，下牙弓圆形和卵形者86%，尖形5%。圆形、卵形、方形代表发育比较宽大的牙弓，尖形代表比较狭窄的牙弓[11]。在现代人中尖形牙弓比较常见。大墩子人较现代人牙弓发育宽大，与殷代人相似。

牙位拥挤　牙位拥挤是由于牙量相对大，容纳牙齿的齿槽骨量相对小而引起牙齿排列拥挤错乱的现象。这是人类咀嚼器官在演化过程中出现的一种不适应现象。化石人中很少这种现象，非化石原始人类的牙量和骨量不协调现象较小，牙齿排列也较整齐。安阳殷代人下颌牙位拥挤者16%，远比现代人为少⑤。在能够观察的59具大墩子人下颌中牙位拥挤者包括轻度到重度的约占24%（图版壹，5），比殷代人较高，比现代人低得多。拥挤现象以门齿和前臼齿最严重。可见牙量和齿槽骨量的不协调远在新石器时代就开始了，以后发展越来越严重。

牙数异常和错位　多生齿只发现一例（大M327），牙齿埋没在右M_1M_2之下的齿槽骨内，齿冠向M_2根部斜生。牙齿形态为下前臼齿状（图版壹，6）。另一具下颌（大M216）右M_2和M_3同时先天缺失（图版贰，1）。

在5具男性下颌中，5枚错位牙为外侧门齿，1枚为第二前臼齿。在6枚错位牙中，4枚为扭转的唇侧错位，2枚为舌侧错位。在3具女性下颌错位牙中全部为侧门齿舌侧错位。

牙病　大墩子下颌骨牙齿具有明显的牙病（图版贰，2—6）（见附录）。龋病百分率为6.4%，患牙周病占下颌总数的40.7%。还有一些下颌生前患有齿槽脓肿。

五、拔牙和头骨变形

由于大墩子头骨极为破碎，无法详细观察和测量。但在保存的一些残缺颅骨上仍然可以发现明显的枕部畸形（图版叁，4、5；图版肆，1）。其中有一个6岁儿童的颅后部显著扁平，扁平的程度左侧比右侧更重（图版叁，1），说明这种枕部畸形可能是婴儿出生后，颅后部分长时间枕卧于硬具上引起的。同样的枕部畸形在山东大汶口和西夏侯新石器时代人类头骨上也是非常明显的特点[3],[9]。据调查，在我国海南岛东南部的现代汉族中也具有这种头后部扁平的畸形，而引起变形的因素与婴儿出生后多仰卧于硬的竹制摇篮里有关。在我国台湾南部的高山族中也有这类事实[14]。

我们观察了大墩子新石器时代人类的拔牙风习。在下颌骨上我们没有发现可靠的例子。但在上颌上找到超过半数的两性个体生前缺少侧门齿，其齿槽也完全愈合，看不出是由牙病引起的（图版肆，3）。从缺少的牙组分析来看，中门齿、犬齿和前臼齿的缺少是极个别的例子。相反，这样多的个体生前缺少上颌侧门齿，只能是由拔牙的习惯产生的。这种人工拔除左右侧门齿的习惯又是和大汶口、西夏侯新石器时代人类存在相同风习的证明。

从年龄上讲,幼年个体中没有发现拔牙的现象,最早的拔牙年龄无论男性或女性都在15—20岁之间,如男性M157、163、224,女性M197。据颜訚记述,大汶口新石器时代人拔牙的时间可能在12—13岁以后,在18—21岁之间的一段时间[3],这和大墩子新石器时代人拔牙的年龄观察是相似的。因此,拔牙的时间大概和儿童进入成年或性成熟时的某种风俗习惯有关。我们又发现两例侧门齿齿根折断在齿槽内的上颌标本:一例是左边侧门齿已经拔去,齿槽完全愈合,但右边侧门齿牙根折断在齿槽内,断面是旧的,大部分断裂面出露在齿槽外面(图版叁,3);另一例是右边侧门齿已经拔去,齿槽亦经闭合而左边侧门齿齿根断裂在齿槽中,其折断面几全部被愈合的齿槽骨所遮盖(图版叁,2)。从X光透视片上清楚地观察到断裂在齿槽内的牙根(图版肆,4、5)。这两个侧门齿的牙根显然不是死后折断的,它们必定是生前使用了某种器具在水平方向敲打牙齿的结果,因而推想大墩子新石器时代人拔牙的方法主要是敲打法。有趣的是在另一个上颌标本上(图版肆,2),右边侧门齿齿冠及舌面齿根的一小部分生前折断,其断裂面也是旧的,断裂方向从前下方向后上方倾斜,圆形齿髓腔暴露,其根端部齿槽骨成圆形瘘管。这个牙根显然也是敲打拔牙时折断而且引起了根尖炎症。

牙的人工畸形常见于大洋洲与美洲的一些民族中。拔牙的风习在日本的一些古代贝塚和洞穴遗址的人骨上也有发现,拔去的牙组主要是上下门齿、犬齿和第一前臼齿,拔牙的方法可能是敲打[15],[16]。在我国现代少数民族中也有过拔牙的风习。如我国台湾省高山族中施行的拔牙年龄多在12—13岁到17—18岁之间,拔牙牙组以侧门齿和犬齿为主[17],和我国新石器时代人拔牙的习惯很相像。

表七　大墩子新石器时代人上颌拔牙的统计

性　别	拔牙百分比	拔　牙　牙　组							
		左(男41,女18)				右(男35,女16)			
		第一前臼齿	犬　齿	侧门齿	中门齿	中门齿	侧门齿	犬　齿	第一前臼齿
男(46)	63.0%(29)	2.4%(1)	0	46.3%(19)	2.4%(1)	0	48.3%(17)	0	0
女(19)	68.4%(13)	0	5.6%(1)	61.1%(11)	0	0	68.8%(11)	0	0
合计(65)	64.6%(42)	1.7%(1)	1.7%(1)	50.8%(30)	1.7%(1)	0	54.9%(28)	0	0

六、结　语

一、大墩子新石器时代人骨的男女性比例为3∶2。死者年龄多壮年和中年。青年期死亡率女性高于男性,可能与部分女性死于孕产有关,中年期男性高于女性,老年期女性高于男性。可能,大墩子新石器时代的女性寿命较男性为高。

二、从下颌和牙齿的测量与观察,大墩子新石器组明显地属于蒙古人种。下颌骨各项测量值基本上落在我国新石器时代和现代蒙古人种各组平均数的变异范围,下颌圆枕、铲形门齿、下第二臼齿五尖型等出现率都显示了蒙古人种特征。

三、与我国新石器时代蒙古人种各组相比,髁间径一项与大汶口和西夏侯两组最接近,与其他各组存在明显差别。其他各项测量与少数"摇椅式"下颌的存在和大汶口、西夏侯两组也比较接近,颅骨上明显的枕部变形和拔除上颌侧门齿的风习也和后两者相同。颜訚指出:"西夏侯组的种族类型与大汶口组基本一致,均属于蒙古大人种中的玻里尼西亚类型。"[9]从下颌骨的研究和具有相同的枕部畸形及拔除上颌侧门齿的风习来看,大墩子组同山东大汶口、西夏侯新石器时代人应属于同一种族类型。这和两者文化遗址的地理位置接近,文化性质非常相似是一致的。

四、大墩子下颌颏形多圆形,颏部突度,下颌圆枕,下颌体粗壮度,下颌角内外面形态等与南京北阴阳营新石器组和绣球山现代组比较接近,与河南安阳殷代组和隋唐组稍疏远。

五、多颏孔出现率(2.8%)与张炳常观察现代中国人下颌的结果相同。颏孔位置多数在 P_2 处,一部分前移与现代中国人相似,更多的仍在 P_2M_1 位置与新人相似。下颌枝最小宽,髁颏长大于现代蒙古人种各组。牙弓形状多卵圆,牙位拥挤比现代人轻得多,说明大墩子下颌比现代蒙古人种粗壮,牙弓更宽大。成年下颌第三臼齿缺少与现代中国人和安阳殷代人相近。下颌骨上具有明显的牙病。

注 释

① 据吴定良研究,北阴阳营组和绣球山组的颏型多圆形而属于南方型,河南的两组多方形而属于北方型。
② 颜訚将这种下颌译成"摇椅式"下颌。
③ 参见参考书目[3]的表三、表四。
④ 上述数字转引自参考书目[2]。
⑤ 按北京医学院对北京市民错殆畸形调查,牙位拥挤者占74%。资料转引自参考书目[11]。

参考文献

[1] 南京博物院:《江苏邳县四户镇大墩子遗址探掘报告》,《考古学报》1964年2期,9—56页。
[2] 吴汝康、吴新智:《人体骨骼测量方法》,科学出版社,1956年。
[3] 颜訚:《大汶口新石器时代人骨的研究报告》,《考古学报》1972年1期,91—122页。
[4] 颜訚:《华县新石器时代人骨的研究》,《考古学报》1962年2期,85—104页。
[5] 吴定良:《南京北阴阳营新石器时代晚期人类遗骸(下颌骨)的研究》,《古脊椎动物与古人类》1961年1期,49—54页。
[6] 吴汝康:《陕西蓝田发现的猿人下颌骨化石》,《古脊椎动物与古人类》1964年1期,1—12页。
[7] 张炳常:《中国人颏孔及下颌孔的观察》,《解剖学报》1954年1期,211—218页。
[8] 吴新智:《周口店山顶洞人化石的研究》,《古脊椎动物与古人类》1961年3期,181—211页。
[9] 颜訚:《西夏侯新石器时代人骨的研究报告》,《考古学报》1973年2期,91—126页。
[10] 毛燮均、颜訚:《安阳辉县殷代人牙的研究报告》,《古脊椎动物与古人类》,1959年2期,81—85页。
[11] 毛燮均、颜訚:《安阳辉县殷代人牙的研究报告(续)》,《古脊椎动物与古人类》1959年4期,165—172页。
[12] 颜訚等:《宝鸡新石器时代人骨的研究报告》,《古脊椎动物与古人类》1960年1期,33—43页。
[13] 颜訚等:《西安半坡人骨的研究》,《考古》1960年9期,36—47页。
[14] 金关丈夫:《海南岛东南部汉人の后头扁平に就いて》,《人类学杂志》1942年57卷1期,1—9页。

[15] 小金井良精:《安房神社洞窟人骨》,《史前学杂志》1923 年 5 卷 1 期。
[16] 宫本博人:《津云贝塚の拔齿风习に就て》,《人类学杂志》1925 年 40 卷 5 期。
[17] 野谷昌俊:《台湾人に於ける拔齿の风习に就いて》,《人类学杂志》1936 年 51 卷 1 期,35—41 页。
[18] Genoves, S. "Estimation of Age and Mortality", in *Seience in Archaeology*, edited by Don Brothwell and Eric Higgs, London, 1963, pp. 440 - 452.
[19] Simonton, F. V. "Mental Foramen in the Anthropoids and in Man". *Amer. J. Phys. Anthrop.*, **6**, 1923, pp. 413 - 421.
[20] Woo Ju-Kang, "Torus Palatinus". *Amer. J. Phys. Anthrop.*, **8**, 1950, pp. 81 - 122.
[21] Marshall, D. S. and Snow, C. E. "An Evaluation of Polynesian Craniology". *Amer. J. Phys. Anthrop.*, **14**, 1956, pp. 405 - 427.
[22] Black, D. "A Study of Kansu and Honan Aeneolithic Skull and Specimens from Later Kansu Prehistoric Sites in Comparison with North China and Other Recent Crania". *Pal. Sinica*, Ser. D, **6**, 1928, pp. 1 - 83.
[23] Brothwell, D. R. "The Biology of Earlier Human Populations", in *Science in Archaeology*, edited by Don Brothwell and Eric Higgs, London, 1963, pp. 325 - 329.
[24] Dahlberg, A. A. "Analysis of the American Indian Dentition", ibid., pp. 149 - 177.
[25] Brottwell, D. R., Carbonell, V. M. and Gooee, D. H. "Congenital Absence of Teeth in Human Populatoins", ibid., pp. 179 - 193.
[26] Martin, R. Lehrbuch der Anthropologie. 2nd ed., Jena, 1928.
[27] Weidenreich, F. "The Mandible of *Sinanthropus pekinensis*. A Comparative Study", *Pal. Sinica*, Ser. D, Fas. 3, 1936.

附表一　大墩子新石器时代下颌骨形态观察

观察项目	性 别	形态分类							
颏 形 (108)	男 (70)	方 形 32.93% (23)	圆 形 62.9% (44)	尖 形 2.9% (2)	角 形	杂 形 1.4% (1)			
	女 (38)	8.0% (3)	84.2% (32)	5.3% (2)		2.6% (1)			
下颌圆枕 (290 侧)	男 (134 侧)	无 54.5% (73 侧)	稍 显 30.6% (41 侧)	显 著 14.9% (20 侧)					
	女 (75 侧)	81.3% (61 侧)	14.7% (11 侧)	4.0% (3 侧)					
下颌圆枕位 置 (76 侧)	男 (62 侧)	I_2C 1.6% (1 侧)	C 1.6% (1 侧)	CP_1 3.2% (2 侧)	P_1 3.2% (2 侧)	P_1P_2 51.6% (32 侧)	P_2 21.0% (13 侧)	P_2M_1 17.7% (11 侧)	M_1
	女 (14 侧)			7.1% (1 侧)	14.3% (2 侧)	14.3% (2 侧)	14.3% (2 侧)	35.7% (5 侧)	14.3% (2 侧)

续 表

观察项目	性别	形态分类				
下颌角外面（204侧）	男（133侧）	栉状 6.8% （9侧）	结节状 46.6% （62侧）	粗糙面 24.8% （33侧）	光滑 21.8% （29侧）	
	女（71侧）	7.0% （5侧）	33.8% （24侧）	23.9% （17侧）	35.2% （25侧）	
下颌角内面（200侧）	男（128侧）	栉状 75.8% （97侧）	结节状 7.8% （10侧）	粗糙面 16.4% （21侧）		
	女（72侧）	66.7% （48侧）	13.9% （10侧）	19.4% （14侧）		
下颌枝（204侧）	男（130侧）	外翻 42.3% （55侧）	直形 37.7% （49侧）	内翻 20.0% （26侧）		
	女（74侧）	25.7% （19）	40.5% （30侧）	33.8% （25侧）		
颏孔数（217侧）	男（139侧）	1孔 97.1% （135侧）	2孔 2.9% （4侧）			
	女（78侧）	97.4% （76侧）	2.6% （2侧）			
颏孔位置（218侧）	男（141侧）	P_1	P_1P_2 14.9% （21侧）	P_2 42.6% （60侧）	P_2M_1 36.2% （51侧）	M_1 6.4% （9侧）
	女（77侧）	1.3% （1侧）	24.7% （19侧）	39.0% （30侧）	29.9% （23侧）	5.2% （4侧）
门齿（42）	男（23）	铲形 56.5% （13）	非铲形 43.5% （10）			
	女（19）	57.9% （11）	42.1% （8）			
M_2齿尖数（128）	男（91）	四尖 47.3% （43）	五尖 49.5% （45）	六尖 3.3% （3）		
	女（37）	56.8% （21）	37.8% （14）	5.4% （2）		
“摇椅式”下颌（108）		无 86% （93）	有 14% （15）			
牙弓形状（107）		圆形 4.7% （5）	卵形 86.0% （92）	方形 2.8% （3）	尖形 6.5% （7）	U形

附表二　大墩子新石器时代下颌骨测置平均数与标准差　（单位：毫米）

测量 \ 性别	男			女	
① 下颌体高（颏孔平面）	左	33.22±2.49	（67）	31.24±2.19	（34）
	右	33.35±2.64	（66）	31.33±2.85	（30）
② 下颌体高（M_1M_2 平面）	左	30.85±2.22	（60）	28.50±2.52	（36）
	右	31.16±2.44	（59）	28.66±2.71	（31）
③ 下颌体厚（颏孔平面）	左	13.53±1.27	（68）	12.89±1.16	（38）
	右	13.83±1.35	（66）	12.83±1.31	（36）
④ 下颌体厚（M_1M_2 平面）	左	16.04±1.60	（67）	15.62±1.79	（33）
	右	16.01±1.33	（67）	15.42±1.49	（36）
⑤ 下颌髁间径		132.00±6.44	（36）	123.60±5.68	（23）
⑥ 下颌角间径		103.29±7.16	（56）	96.59±7.05	（34）
⑦ 颏联合高		34.26±1.97	（41）	31.96±2.96	（31）
⑧ 下颌枝最小宽	左	37.55±2.48	（60）	35.84±2.50	（36）
	右	37.52±2.55	（65）	35.20±2.28	（31）
⑨ 下颌联合弧		38.44±2.63	（50）	36.10±3.20	（31）
⑩ 两颏孔间弦		49.40±2.75	（67）	48.52±3.20	（39）
⑪ 两颏孔间弧		57.87±3.69	（65）	56.00±4.04	（38）
⑫ 下颌体长		75.83±3.96	（55）	73.22±4.42	（36）
⑬ 髁颏联合径		106.68±3.71	（33）	102.00±4.56	（23）
⑭ 下颌枝高	左	61.13±4.81	（48）	56.29±4.92	（32）
	右	61.57±4.32	（42）	55.58±5.01	（25）
⑮ 肌突间宽		106.90±5.35	（45）	98.32±4.82	（25）
⑯ 下颌切迹宽	左	37.68±2.77	（49）	37.38±2.48	（26）
	右	38.40±2.60	（41）	36.42±2.58	（24）
⑰ 下颌切迹深	左	14.40±1.52	（48）	13.70±2.33	（25）
	右	14.50±1.68	（41）	12.71±1.42	（24）
⑱ 下颌角	左	121.83±5.01	（49）	125.17±5.49	（35）
	右	122.26±4.62	（45）	125.38±5.67	（25）
⑲ 下颌粗壮指数 $\frac{③}{①}\times100$	左	41.34±3.84	（62）	42.00±3.34	（32）
	右	41.65±4.24	（61）	41.32±2.93	（28）
⑳ 下颌粗壮指数 $\frac{④}{②}\times100$	左	51.58±5.26	（58）	54.43±7.50	（35）
	右	51.92±7.02	（61）	53.62±7.38	（31）
㉑ 下颌联合弦弧指数 $\frac{⑨}{⑦}\times100$		112.07±3.31	（44）	111.96±3.34	（28）
㉒ 下颌体前部突度 $\frac{⑪}{⑩}\times100$		116.71±2.97	（63）	115.44±2.93	（36）

附　录

大墩子下颌骨的牙病观察

共观察大墩子下颌齿 1 035 个(保存于下颌者。因各种原因生前和死后脱落或齿冠断失的未计入)。其中男性齿 682 个,女性 353 个。

齿病观察计龋齿、牙周病和齿槽脓肿三项。龋齿的鉴别以明显的牙面龋蚀和大小龋洞为标准。牙周病则以齿槽的明显病变为标准,选择齿槽萎缩达牙根二分之一以上才列为此病,轻度者未计入。在统计齿槽脓肿时只考虑了明确与牙周病无关的标本,与牙周病变有关的列入牙周病中计算。齿槽脓肿的标本则选取了齿槽骨的明显溃疡或圆形瘘管为标志者。

一　牙病的罹患率和性别比较

大墩子下颌龋齿计有 66 个,占全部观察齿数的 6.4%。其中男性龋齿 36 个,女性 30 个;男、女性患龋率分别为 5.2%和 8.5%,女性稍高于男性(表一)。

表一　大墩子下颌龋病和牙周病罹患率

牙　病	男 (682 =100%)	女 (353=100%)	合　计 (1 035=100%)
龋　齿	5.2%　(36)	8.5%　(30)	6.4%　(66)
牙周病	17.3%　(118)	15.3%　(54)	16.6%　(172)

大墩子下颌患龋率较高于安阳殷代人下颌(表二),但仍较低于现代中国人[①]。大墩子和安阳殷代下颌齿的女性患龋率都高于男性(表二)。

表二　大墩子与安阳殷代下颌牙病罹患率之比较*

牙　病	组　别	男	女	合　计
龋　齿	大墩子	5.2%	8.5%	6.4%
	安阳殷代	3.49%	7.21%	4.4%
牙周病	大墩子	17.3%	15.3%	16.6%
	安阳殷代	11.34%	10.81%	11.2%

*安阳殷代下颌牙病罹患率采自参考书目[11]。

大墩子下颌的牙周病比龋病更为严重,在总共 113 具下颌中患牙周病的有 46 具,占下颌个体数的 40.7%。若以保存于下颌上的患齿计算,牙周病齿数 172 个(男性 118 个,女性 54 个),患牙占牙齿总数的 16.6%。男性患病率稍高于女性(表一)。与安阳殷代人相比,大墩子下颌牙周病罹患率较高(表二)。

二　龋病和牙周病的年龄比较

无论是龋病或牙周病在壮年时期开始显著(表三),这与安阳殷代人牙病的年龄发展情况相同。

表三　龋病和牙周病罹患率的年龄比较

牙　病	青　年 (112=100%)	壮　年 (368=100%)	中　年 (449=100%)	老　年 (88=100%)
龋　齿	1.8% (2)	4.9% (19)	8.9% (40)	5.7% (5)
牙周病	3.6% (4)	6.2% (24)	23.6% (106)	43.2% (38)

三　龋病和牙周病在不同齿组上的比较

由表四可以看出，大墩子下颌的患龋率以三个臼齿为最高，其中第二臼齿的患龋率又高于第一、三臼齿。犬齿和前臼齿的患龋率显著低于臼齿。门齿则极少龋蚀。

表四　大墩子下颌龋病和牙周病在各齿组上的罹患率与安阳殷代下颌之比较

牙病	性别与组别		I_1	I_2	C	P_1	P_2	M_1	M_2	M_3
龋病	男	大墩子 患牙　36=100%	0.0% (0)	2.8% (1)	5.6% (2)	11.1% (4)	2.8% (1)	22.2% (1)	30.6% (11)	25.0% (9)
		安阳殷代 患牙　12=100%	0.0% (0)	0.0% (0)	8.33% (1)	0.0% (0)	16.67% (2)	50.00% (6)	16.67% (2)	8.33% (1)
	女	大墩子 患牙　30=100%	0.0% (0)	0.0% (0)	10.0% (3)	10.0% (3)	9.1% (2)	20.0% (6)	33.3% (10)	20.0% (6)
		安阳殷代 患牙　8=100%	0.0% (0)	0.0% (0)	0.0% (0)	0.0% (0)	25.00% (2)	25.00% (2)	25.00% (2)	25.00% (2)
牙周病	男	大墩子 患牙　118=100%	5.9% (7)	3.4% (4)	4.2% (5)	8.5% (10)	4.2% (5)	30.5% (36)	26.3% (31)	16.9% (20)
		安阳殷代 患牙　96=100%	10.42% (10)	10.42% (10)	9.38% (9)	11.46% (11)	12.50% (12)	21.88% (21)	14.58% (14)	9.38% (9)
	女	大墩子 患牙　54=100%	5.9% (3)	9.8% (5)	9.8% (5)	11.8% (6)	5.9% (3)	25.5% (13)	25.5% (13)	11.8% (6)
		安阳殷代 患牙　8=100%	25.00% (2)	25.00% (2)	0.0% (0)	12.50% (1)	0.0% (0)	25.0% (2)	12.50% (1)	0.0% (0)

牙周病在不同齿组上发展的情况以第一、二臼齿为最高，其次为第三臼齿、第一前臼齿和犬齿。门齿和第二前臼齿最低。同龋病相比，牙周病在各齿组上更为普遍，特别在门齿是如此。而门齿则患龋极少。

大墩子下颌龋病和牙周病在不同齿组发展情况与安阳殷代人大体相似，两者皆以臼齿的罹患率明显高于臼齿前的各齿组。大墩子下颌第二臼齿患龋率最高，安阳殷代人则第一臼齿最高。可能大墩子下颌龋病在不同齿组上的分布比殷代人略为普遍。两者的牙周病在各齿组上的感染都比龋病更为普遍，尤其门齿上是如此。

四　龋蚀部位的比较

根据龋蚀牙面区分为邻面龋（近中面和远中面）、咬合面龋、颊（唇）面龋、舌面龋，并计算了残根。其中邻面龋最多，占53%，其次为咬合面龋，占21%，颊（唇）面龋15%。未观察到舌面龋。龋蚀后的残根则占10.9%。与安阳殷代人相比，大墩子的邻面龋更高。咬合面龋高于颊（唇）面龋，在安阳殷代人中则相反。

五　齿槽脓肿

这里只选择与牙周病无关的齿槽脓肿标本9例，占全部下颌数的8%。其中6例是齿槽骨患有圆形瘘管的根端脓肿，其余 3 例因脓肿齿槽骨具有明显溃疡标志。在总共 15 个患脓肿的牙齿中，第一臼齿占 5 个，第二前臼齿 3 个，其余是第二臼齿、第一、二门齿各 2 个，第一前臼齿 1 个。

从上述患了齿槽脓肿的牙齿来看，在 15 个牙齿中有 7 个生前患了严重的龋病，齿髓腔暴露，有的龋蚀成残根（大 M151、313、328、133、71）；有 6 个是由于牙齿过分磨耗，齿髓腔暴露（大 M93、226、313）；有 1 例是牙冠生前咬嚼硬物，部分釉质崩裂致使髓腔暴露。这些例子说明，牙齿的严重龋蚀、过分磨耗和外伤等原因引起的髓腔暴露，使口腔细菌循此感染是产生齿槽脓肿的重要因素。

牙病的鉴别，曾得到北京医学院口腔医院郑麟蕃和吴奇光两同志的热心帮助，在此表示谢意。

THE NEOLITHIC HUMAN SKELETONS UNEARTHED AT TA-TUN-TZŬ IN P'I-HSIEN, KIANGSU PROVINCE

by

Han K'ang-hsin, Lu Ch'ing-wu and Chang Chên-piao

The materials studied in this paper were obtained from the Neolithic site at Ta-tun-tzŭ in P'i-hsien, Kiangsu Province. They consist of the mandibles of seventy-three males and forty females which have been both observed and measured. In addition, their occipital deformation and teeth extraction have also been observed.

The studies reveal that the mandibles of the Neolithic skeletons unearthed from Ta-tun-tzŭ are marked by some conspicuous Mongoloid characteristics. Their large biocondylar breadth, while approximating those of the Neolithic skeletons unearthed at Ta-wên-k'ou and Hsi-hsia-hou sites of Shantung Province, differ greatly from those obtained at Panp'o and Huahsien. Other measurements of the mandibles, as well as the occasional occurrences of the "rocker jaw", distinct cases of occipital deformation and the extraction of upper lateral incisors, are all highly reminiscent of the skeletal materials of the Ta-wên-k'ou and Hsi-hsia-hou sites. The authors believe that the Neolithic skeletons unearthed at Ta-tun-tzŭ morphologically belong to the same racial type as those of the Ta-wên-k'ou and Hsi-hsia-hou sites and point to the existence of identical customs.

Observations have also been conducted on the dental diseases of these mandibles.

注 释

① 据 G. A. Montelius 观察 4 474 个现代中国人的 129 634 个牙齿中患龋率为 7.6%，参见参考书目[24]。

（原文发表于《考古学报》1974 年 2 期）

图版一

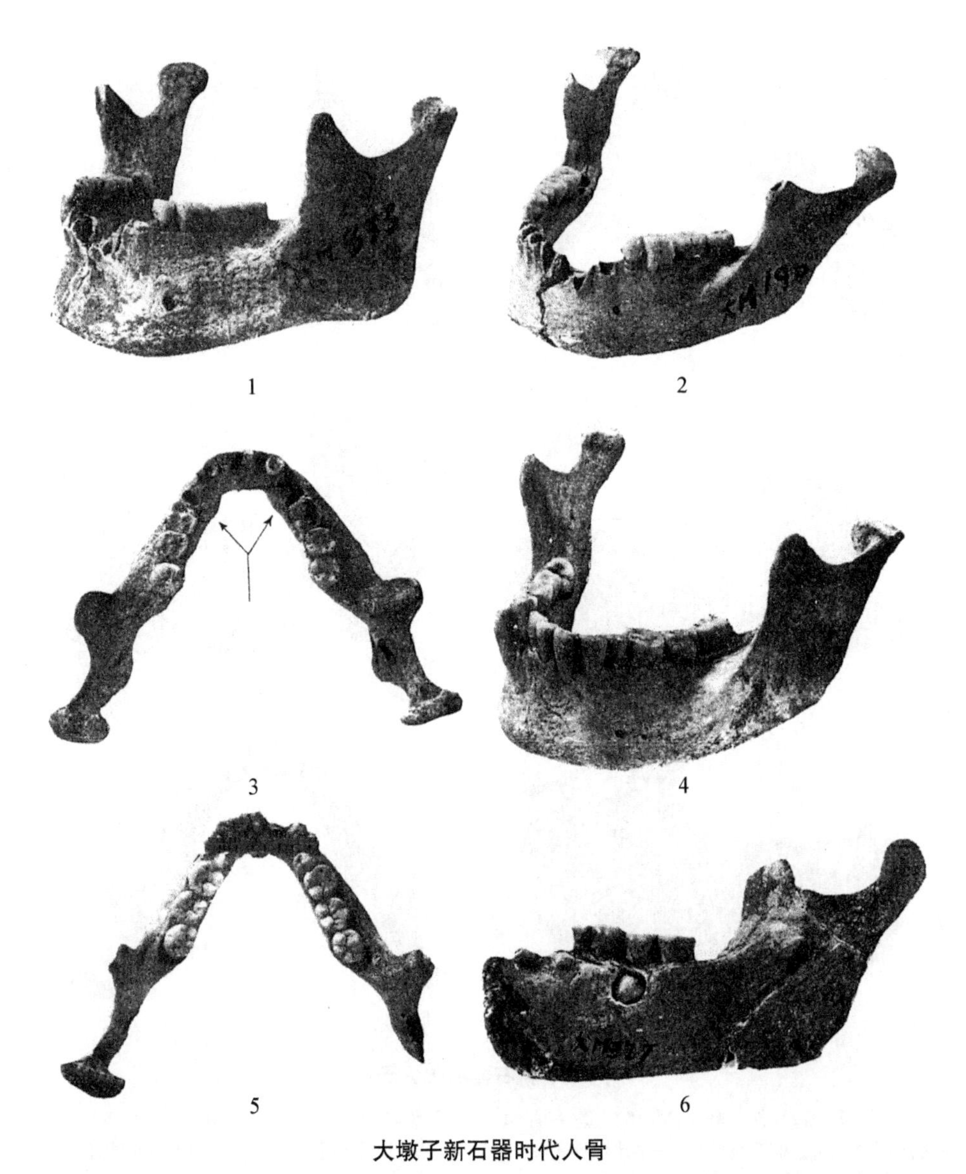

大墩子新石器时代人骨

1. 男性下颌骨(M333) 2. 女性下颌骨(M190) 3. 齿槽突内面各有一下颌圆枕(M226) 4. "摇椅式"下颌骨(M296) 5. 牙位拥挤的下颌骨(M343) 6. 有多生齿的下颌骨(M327)(均约 1/2)

图版二

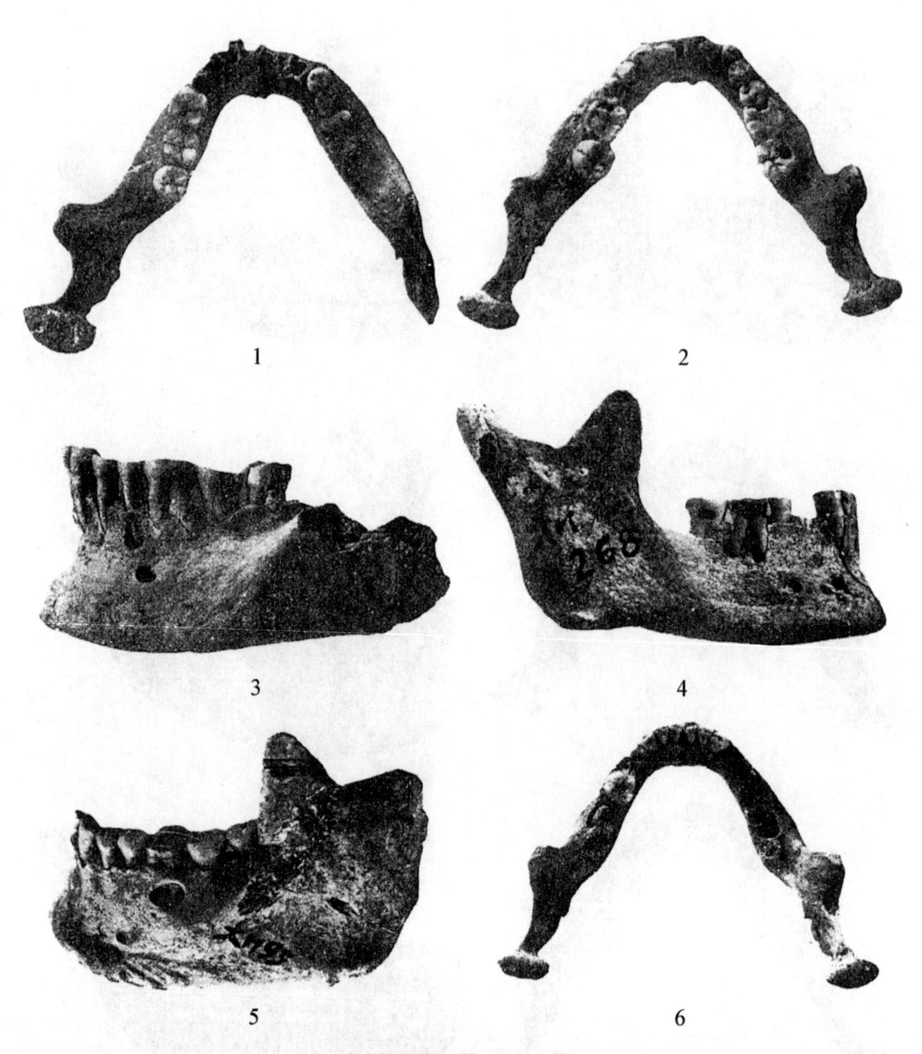

大墩子新石器时代人骨

1. 右 M_2 和 M_3 先天缺少(M216) 2. 左右 M_1 患邻面龋,右 M_2 患咬合面龋(M324) 3. 患严重牙周病的下颌骨,P_2 根部齿槽骨有一圆形瘘管(墓号缺) 4. 右 M_1 患严重颊面龋引起的齿槽脓肿(M268) 5. 右 M_1 过分磨耗感染的齿槽脓肿(M93) 6. 左 M_2 齿冠全部龋蚀(残根,M133)

图版三

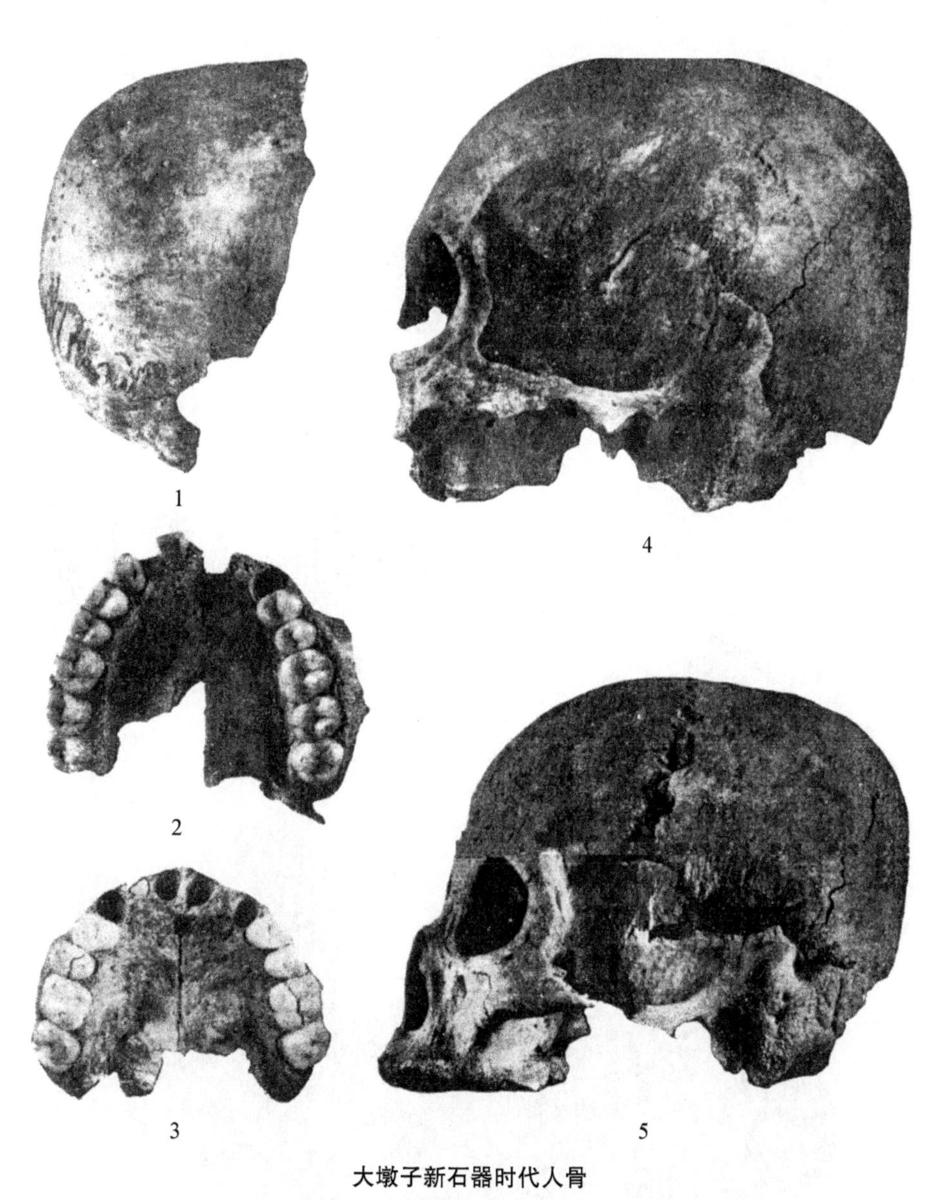

大墩子新石器时代人骨

1. 六岁小孩枕部畸形(M150,右侧)　2、3. 上颌两个侧门齿拔去,左边侧门齿齿根折断在齿槽内(2. M224、3. 墓号缺)　4、5. 枕部畸形(4. M218、5. M98,均左侧)(均约 1/2)

图版四

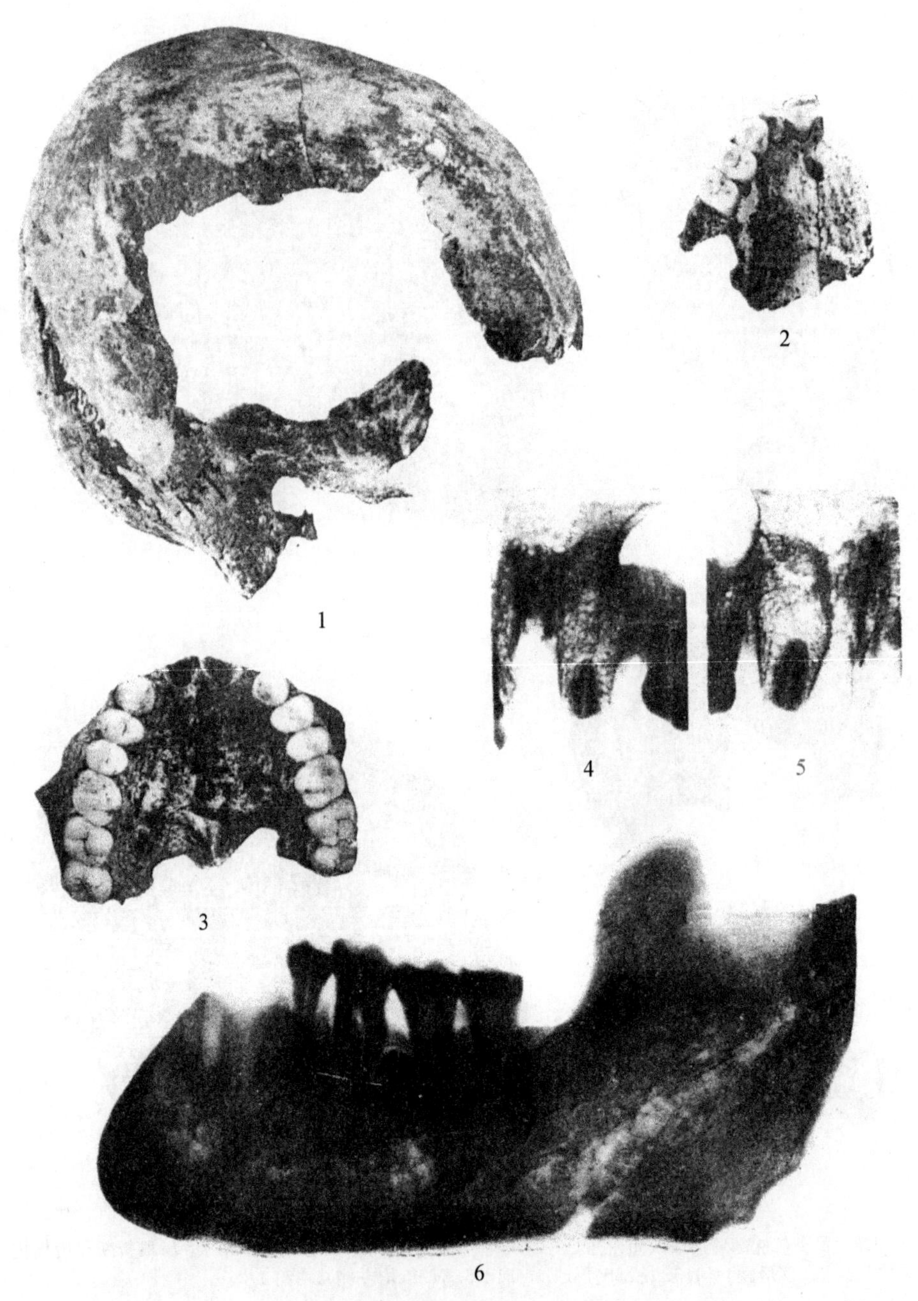

大墩子新石器时代人骨

1. 枕部畸形(M292,右侧)　2. 上颌右边侧门齿齿冠折断(M272)　3. 上颌两个侧门齿拔去,齿槽愈合(M157)　4、5. 上颌侧门齿齿槽部位透视,折断的齿根留在齿槽内(4. M224. 5. 墓号缺)　6. 多生齿下颌透视(M327)(1—3. 1/2, 4—6. 原大)

青海循化阿哈特拉山古墓地人骨研究

近年来，青海境内发掘了大量卡约文化墓葬，从中采集到大量人骨。过去对青海境内古代人骨的研究很少，仅见民和阳山[1]和乐都柳湾[2]两墓地人骨报告，但每批人骨的数量并不多。最近，从湟中县李家山下西河村潘家梁卡约文化墓地采集的一批人骨已有研究[3]，其中最重要的结果也提前引用在探讨藏族体质特征及其种族属性的一篇论文里[4]。论文认为，李家山卡约文化人骨的体质形态特点与现代西藏东部藏族人颇为接近，可视为同种系[5]。这为探索现代藏族人种与我国西北地区古人种，特别是卡约文化人种之间的关系提供了重要人类学证据。但卡约文化在青、甘地区分布较广，凡属这个文化的居民，其体质上是否全然同种系？不同地区之间有没有形态变异？如果有，变异的方向又是什么？他们与分布于其东部的古代居民之间存在怎样的形态学关系？这一系列问题有待对更多人骨材料的调查研究。

1980 年，青海省文物考古所在循化托伦都阿哈特拉山卡约文化墓地进行发掘，收集了一百余个个体的人骨。人骨出土于长方形土坑墓，以二次扰乱葬为主[6]。碳十四年代测定，墓地时代为距今 2 710—3 550 年[7]，共发掘墓 217 座。笔者已对其中 165 个个体人骨进行了性别年龄鉴定，本文则就保存较完整的 33 具头骨(男性 23 具、女性 10 具)进行观察测量，着重研究卡约文化居民的人种形态特点及种系类型，探讨其与周邻地区古代和现代人群的关系。

一、性别和年龄的估计

对人骨的性别年龄估计采用常用的观察方法，即对人骨各部位显示的性别骨性标志和年龄标志进行评价，然后综合估计每个个体可能归属的性别和大概的年龄范围[8]。但在实际鉴定中，由于人骨的保存、采集等原因，使人骨鉴定的难度不尽一致。特别是保存残朽的，更难作出可信的判别。人骨保存状况大致有三种情况：一种是骨骼保存比较好，性别、年龄的骨性标志清楚；另一种是骨骼保存差或缺乏关键部位的性别、年龄标志，主要凭经验作出倾向性估计；还有一种是骨骼过于残缺，无法进行估计。阿哈特拉山墓地 165 个个体的性别、年龄统计数据见表一。由于鉴定例数不多，对这些个体的性别、年龄只使用了简单的统计方法。根据表中所列数字，阿哈特拉山墓地人口统计有以下特点。

1. 在鉴定的 165 个个体中，可估计为男性或可能为男性的有 80 例，女性或可能为女性的有 65 例，无法估计的有 20 例。据此，此墓地人骨个体的男女比例为 1.23∶1，男性个体比例高于女性。

2. 个体的死亡年龄情况是，未成年死亡的比例较高(13.4%)，青年期死亡的比例上升(20.8%)，死于壮年至中年期的最多(60.0%)，进入老年的很少(5.4%)。此外，死于青年期以前的女性比例(33.3%)又高于男性(27.4%)。

3. 简单估算的平均死亡年龄是(包括未成年个体)男性 32.34±13.32 岁(73 例)，女性 30.13±14.72 岁(47 例)。男、女合并计算的平均年龄是 31.54±13.92 岁(120 例)。男性平均死亡年龄比女性大约 2 岁。由于小孩特别是婴幼儿骨骼更易腐蚀破碎而难以收集，因此实际的平均死亡年龄可能更小一些。全部可估计年龄期的 138 例成年和未成年的平均死亡年龄也只有 30.13±14.68 岁。

据上粗略统计，阿哈特拉山墓地人口的平均死亡年龄相当低。这表现在未成年和青年期死亡个体比较高，长寿个体稀少，大多只活到壮年至中年期。其平均年龄也大致和青海湟中县李家山卡约文化墓地人口的统计接近(分别为 30.13 与 30.9 岁)[9]。平均死亡年龄的接近也可能反映了这两个墓地人口具有相接近的生活水平。

表一　性别、年龄统计表

年　龄　分　期	男　　性	女　　性	性别不明	合计(百分比)
未成年(13 岁以下)	4(5.5%)	6(10.5%)	10	20(13.4%)
青年(14—23 岁)	16(21.9%)	13(22.8%)	2	31(20.8%)
壮年(24—35 岁)	28(38.4%)	14(24.6%)	2	44(29.5%)
中年(36—55 岁)	20(27.4%)	21(36.8%)	5	46(30.9%)
老年(55 岁以上)	5(6.8%)	3(5.3%)		8(5.4%)
	73(100%)	57(100%)	19	149(100%)
只能定为成年的	7	8	1	16
合　　计	80	65	20	165

二、头骨的形态观察

(一) 非测量特征的观察

表二列出了阿哈特拉山组头骨的 25 个非测量特征的形态观察分类统计数。有关这些特征的定义及等级分类参考了吴汝康等[10]和邵象清[11]的人骨测量手册。下边逐项归纳如下。

1. 颅形　卵圆形出现较多，短形颅(如圆形、楔形)几乎没有。阿哈特拉山组和湟中县李家山组(以下简称阿组和李组)的不同仅在后者的椭圆形颅出现率稍高一些。

2. 眉弓突度　以男性为代表，阿组显著等级的居多，其次为中等级，特显或弱等级的相对都少。女性则主要是弱等级的，无发达类型。比较之下，阿组具有特显级的比例不如李组高，即眉弓突度可能比李组有些弱化。

表二 形态观察表

观察项目	性别	例数	形态类型的出现统计(百分比和例数)					
颅形			椭圆	卵圆	圆	五角	楔形	菱形
	男	23	17.4(4)	65.2(15)	—	4.3(1)	—	13.0(3)
	女	10	10.0(1)	70.0(7)	—	10.0(1)	—	10.0(1)
	合计	33	15.2(5)	66.7(22)	—	6.1(2)	—	12.1(4)
眉弓突度			弱	中	显	特显	粗壮	
	男	23	13.0(3)	26.1(6)	47.8(11)	13.0(3)	—	
	女	10	80.0(8)	20.0(2)	—	—	—	
	合计	33	33.3(11)	24.2(8)	33.3(11)	9.1(3)	—	
眉间突度			不显	稍显	中	显	极显	粗壮
	男	23	13.0(3)	34.8(8)	30.4(7)	17.4(4)	4.3(1)	—
	女	10	60.0(6)	30.0(3)	10.0(1)	—	—	—
	合计	33	27.3(9)	33.3(11)	24.2(8)	12.1(4)	3.0(1)	—
鼻根凹陷			无	浅	深			
	男	23	43.5(10)	34.8(8)	21.7(5)			
	女	10	70.0(7)	30.0(3)	—			
	合计	33	51.5(17)	33.3(11)	15.2(5)			
额坡度			直	中	斜			
	男	23	17.4(4)	47.8(11)	34.8(8)			
	女	10	70.0(7)	30.0(3)	—			
	合计	33	33.3(11)	42.4(14)	24.2(8)			
额中缝			无	<1/3	1/3—2/3	>2/3	全	
	男	21	80.9(17)	—	4.8(1)	—	14.3(3)	
	女	10	90.0(9)	—	—	—	10.0(1)	
	合计	31	83.9(26)	—	3.2(1)	—	12.9(4)	
眶形			圆形	椭圆形	方形	长方形	斜方形	
	男	23	30.4(7)	13.0(3)	—	17.4(4)	39.1(9)	
	女	10	70.0(7)	20.0(2)	—		10.0(1)	
	合计	33	42.4(14)	15.2(5)	—	12.1(4)	30.3(10)	
梨状孔			心形	梨形	三角形			
	男	21	28.6(6)	61.9(13)	9.5(2)			
	女	9	44.4(4)	22.2(2)	33.3(3)			
	合计	30	33.3(10)	50.0(15)	16.7(5)			
梨状孔下缘			人(锐)型	婴儿(钝)型	鼻前窝型	鼻前沟型	不对称型	
	男	22	18.2(4)	54.5(12)	27.3(6)	—	—	
	女	8	37.5(3)	50.0(4)	12.5(1)	—	—	
	合计	30	23.3(7)	53.3(16)	23.3(7)	—	—	
鼻棘			不显	稍显	中等	显著	特显	
	男	22	9.1(2)	54.5(12)	13.6(3)	9.1(2)	13.6(3)	
	女	8	12.5(1)	50.0(4)	25.0(2)	12.5(1)	—	
	合计	30	10.0(3)	53.3(16)	16.7(5)	10.0(3)	10.0(3)	

续 表

观察项目	性别	例数	形态类型的出现统计(百分比和例数)					
犬齿窝			无	浅	中	深	极深	
	男	21	33.3(7)	42.8(9)	4.8(1)	14.3(3)	4.8(1)	
	女	10	20.0(2)	30.0(3)	40.0(4)	—	10.0(1)	
	合计	31	29.0(9)	38.7(12)	16.1(5)	9.7(3)	6.5(2)	
翼区形态(左)			H	I	K	X	缝间	
	男	23	69.6(16)	—	—	—	30.4(7)	
	女	9	44.4(4)	—	—	—	55.6(5)	
	合计	32	62.5(20)	—	—	—	37.5(12)	
鼻梁形态			凹凸	凹	直			
	男	22	22.7(5)	45.5(10)	31.8(7)			
	女	9	11.1(1)	77.8(7)	11.1(1)			
	合计	31	19.4(6)	54.8(17)	25.8(8)			
鼻骨形态			Ⅰ型	Ⅱ型	Ⅲ型			
	男	20	80.0(16)	20.0(4)	—			
	女	10	50.0(5)	50.0(5)	—			
	合计	30	70.0(21)	30.0(9)	—			
矢状嵴			无	弱	中	显		
	男	22	63.6(14)	18.2(4)	18.2(4)	—		
	女	10	90.0(9)	10.0(1)	—	—		
	合计	32	71.9(23)	15.6(5)	12.5(4)	—		
枕外隆突			缺	稍显	中	显	极显	喙状
	男	23	8.7(2)	34.8(8)	43.5(10)	8.7(2)	4.3(1)	—
	女	10	60.0(6)	40.0(4)	—	—	—	—
	合计	33	24.2(8)	36.4(12)	30.3(10)	6.1(2)	3.0(1)	—
腭 形			U型	V型	椭圆型			
	男	19	5.3(1)	57.9(11)	36.8(7)			
	女	8	—	25.0(2)	75.0(6)			
	合计	27	3.7(1)	48.1(13)	48.1(13)			
腭圆枕			无	嵴状	丘状	瘤状		
	男	21	19.0(4)	19.0(4)	57.1(12)	4.8(1)		
	女	10	40.0(4)	10.0(1)	50.0(5)	—		
	合计	31	25.8(8)	16.1(5)	54.8(17)	3.2(1)		
乳 突			特小	小	中	大	特大	
	男	23	—	—	30.4(7)	56.5(13)	13.0(3)	
	女	10	20.0(2)	30.0(3)	50.0(5)		—	
	合计	33	6.1(2)	9.1(3)	36.4(12)	39.4(13)	9.1(3)	
颏 形			方形	圆形	尖形	角形	杂形	
	男	13	53.8(7)	30.8(4)	15.4(2)	—	—	
	女	5	20.0(1)	40.0(2)	40.0(2)	—	—	
	合计	18	44.4(8)	33.3(6)	22.2(4)	—	—	

续　表

观察项目	性别	例数	形态类型的出现统计(百分比和例数)					
下颌角形			内翻	直形	外翻			
	男	13	—	46.2(6)	53.8(7)			
	女	5	—	60.0(3)	40.0(2)			
	合计	18	—	50.0(9)	50.0(9)			
颏孔位置			P_1P_2 位	P_2 位	P_2M_1 位	M_1 位		
	男	12	41.7(5)	41.7(5)	16.7(2)	—		
	女	5	40.0(2)	60.0(3)	—	—		
	合计	17	41.2(7)	47.1(8)	11.8(2)	—		
下颌圆枕			无	小	中	大		
	男	13	84.6(11)	15.4(2)	—	—		
	女	5	60.0(3)	20.0(1)	20.0(1)	—		
	合计	18	77.8(14)	16.7(3)	5.6(1)	—		
“摇椅形”下颌			非	轻度	明显			
	男	13	92.3(12)	7.7(1)	—			
	女	4	75.0(3)	25.0(1)	—			
	合计	17	88.2(15)	11.8(2)	—			

3. 鼻根凹陷　阿组鼻根深陷的少,浅、平类型占大多数。这也和眉弓和眉间突度不发达相关。与李组的这一特征差别不大。

4. 眉间突度　阿组眉间突度比较弱,以中等和稍显类较多。女性的这一特征更弱。与李组相比,都在中等以下等级居多,强烈发达类型不占优势。

5. 额坡度　阿组男性以中等和倾斜类型居多,女性则直形多。阿组比李组的倾斜类型稍多一些。

6. 额中缝　在观察的 31 例中出现此缝的有 5 例(其中 1 例不是全段),占 16%,出现率比李组稍高。

7. 眶形　眶角圆钝的类型居多(圆形、椭圆形和钝的斜方形),角形眶少(方形、长方形和锐角的斜方形)。阿组圆钝形类比李组出现更多一些,斜方形的少一些;李组则主要为斜方向形,圆形为少。

8. 梨状孔　阿组男性以较高而狭的梨形居多,女性则以较低矮的心形和三角形居多。

9. 梨状孔下缘　阿组近婴儿型(钝型)较多,也出现部分窝型。

10. 鼻棘　阿组多在中等以下弱等级,发达类型较少。仅阿组比李组的更弱一些,表明都不具有强烈鼻突起的形式。

11. 犬齿窝　皆中等以下等级为主,明显深型的为数不多,和李组差别不大。

12. 翼区形式　以左侧统计,只出现 H 型和缝间型,与李组没有大的区别。

13. 鼻背形态　凹形和直形居多。阿组凹型出现比李组少,其他两型比李组稍增加。

14. 鼻骨形态　只出现Ⅰ型和Ⅱ型,Ⅰ型似更多一些。李组则Ⅱ型更多。

15. 矢状嵴　部分出现,但都属较弱的类型。李组也较弱。

16. 枕外隆突　显著以上发达类型不多,主要为中等以上或没有枕外隆突。与李组情况相近。

17. 腭形　以V形和椭圆形居多。李组的椭圆形比阿组更多一些。

18. 腭圆枕　以丘形居多,但一般都不发达。阿组丘形比李组更多一些,李组则嵴形或没有腭圆枕的类型更普遍。

19. 乳突　男性多在中等以上,即中—大型居多。女性更弱小化。

20. 颏形　男性以方、圆形居多,女性以尖、圆形多。李组的方形比阿组少而圆形更普遍一些。

21. 下颌角形　直形和外翻形。

22. 颏孔位置　绝大部分在P_2位以前(P_1P_2—P_2),个别P_2M_1位以后。李组则最多P_2位,个别P_1P_2位。

23. 下颌圆枕　多数缺乏这种结构,只出现少部分中等以下弱型的。李组也极少有发达的下颌圆枕,弱型较多。

24. "摇椅形"下颌　只出现个别轻度类型。阿、李组都没有发现典型个例。

由上逐项观察,阿组非测量特征的形态是以稍偏长的卵圆颅形较普遍,眉部和鼻根的凸、凹度都不发达,眶角较圆钝,梨状孔以较高狭的类型较多,梨状孔下缘多钝型,鼻棘和犬齿窝的发育都比较弱,也几无极端发达的矢状嵴、腭圆枕和下颌圆枕出现。这样的综合特征和蒙古人种特征特别强化的类型有些区别(图版拾玖;图版贰拾)。

(二) 测量特征的形态观察

表三共列出19个项目的颅、面部主要测量特征的指数和角度的形态分类,作为比较,同时列出了李家山卡约文化组相应统计数。下面逐项进行比较。

1. 颅指数(8∶1)　阿组和李组都以中—长颅型居多,两者颅型上的组差不太明显,仅阿组颅形趋向长颅的成分比李组更多一些。

2. 颅长高指数(17∶1)　阿组和李组的男性皆为高—正颅型,出现率接近。女组也大致都是高—正颅型,但阿组的正颅型比李组明显增加,即高颅和正颅的变异情况相反。总的来讲,阿组的高颅成分比李组的稍减少,但差异不大。此外,两组几乎都无低颅类型。

3. 长耳高指数(21∶1)　情况与长高指数的没有大的区别,即阿、李组皆为高—正颅,出现情况也比较相似。

4. 宽高指数(17∶8)　阿组男性狭颅型出现比李组稍高,中颅型情况则相反,但两者差别不大。女性中,两组的狭颅型出现都占一半。不同的是阿组的中颅型较多,李组则阔颅型较多。但总的来讲,无论阿组还是李组,都是狭—中颅型居多,两者没有明显的差异。

5. 垂直颅面指数(48∶17)　阿组男性以中—大的等级居多,李组中—大等级出现不及阿组多,但明显增加了很大等级的。阿组女性也是以大的等级最多,李组则以中等的最多,但同样也明显增加了一部分很大等级的。把男女合起来看,阿组比李组稍增加了中—大等级的,但李组则增加了一部分很大等级的。因此,总的来说这一特征阿组不如李组强烈。

表三　指数和角度特征的形态分类比较表

测量项目	组　别	性别	例数	形态分类(百分比和例数)				
颅指数（8：1）				特长颅	长颅	中颅	短颅	特短颅
	阿哈特拉山	男	23	—	30.4(7)	56.5(13)	13.0(3)	—
	李家山	男	16	—	18.8(3)	75.0(12)	—	6.3(1)
	阿哈特拉山	女	10	—	40.0(4)	40.0(4)	20.0(2)	—
	李家山	女	8	—	25.0(2)	62.5(5)	12.5(1)	—
	阿哈特拉山	合	33	—	33.3(11)	51.5(17)	15.2(5)	—
	李家山	合	24	—	20.8(5)	70.8(17)	4.2(1)	4.2(1)
颅长高指数（17：1）				低颅	正颅	高颅		
	阿哈特拉山	男	22	—	45.5(10)	54.5(12)		
	李家山	男	16	—	43.7(7)	56.3(9)		
	阿哈特拉山	女	10	—	70.0(7)	30.0(3)		
	李家山	女	8	12.5(1)	37.5(3)	50.0(4)		
	阿哈特拉山	合	32	—	51.5(17)	45.5(15)		
	李家山	合	24	4.2(1)	41.7(10)	54.2(13)		
颅长耳高指数（21：1）				低颅	正颅	高颅		
	阿哈特拉山	男	23	—	39.1(9)	60.9(14)		
	李家山	男	16	—	43.8(7)	56.2(9)		
	阿哈特拉山	女	10	—	60.0(6)	40.0(4)		
	李家山	女	8	—	50.0(4)	50.0(4)		
	阿哈特拉山	合	33	—	45.5(15)	54.5(18)		
	李家山	合	24	—	45.8(11)	54.2(13)		
颅宽高指数（17：8）				阔颅	中颅	狭颅		
	阿哈特拉山	男	22	—	40.9(9)	59.1(13)		
	李家山	男	16	6.3(1)	50.0(8)	43.7(7)		
	阿哈特拉山	女	10	10.0(1)	40.0(4)	50.0(5)		
	李家山	女	8	37.5(3)	12.5(1)	50.0(4)		
	阿哈特拉山	合	32	3.1(1)	40.6(13)	56.3(18)		
	李家山	合	24	16.7(4)	37.5(9)	45.8(11)		
垂直颅面指数（48：17）				很小	小	中	大	很大
	阿哈特拉山	男	21	—	14.3(3)	42.9(9)	38.1(8)	4.8(1)
	李家山	男	16	—	—	31.2(5)	31.3(5)	37.5(6)
	阿哈特拉山	女	10	10.0(1)	10.0(1)	20.0(2)	60.0(6)	—
	李家山	女	8	—	—	62.5(5)	12.5(1)	25.0(2)
	阿哈特拉山	合	31	3.2(1)	12.9(4)	35.5(11)	45.2(14)	3.2(1)
	李家山	合	24	—	—	41.7(10)	25.0(6)	33.3(8)
额宽指数（9：8）				狭额	中额	阔额		
	阿哈特拉山	男	23	73.9(17)	21.7(5)	4.3(1)		
	李家山	男	16	56.3(9)	37.5(6)	6.2(1)		
	阿哈特拉山	女	10	50.0(5)	50.0(5)	—		
	李家山	女	8	62.5(5)	37.5(3)	—		
	阿哈特拉山	合	33	66.7(22)	30.3(10)	3.0(1)		
	李家山	合	24	58.3(14)	37.5(9)	4.2(1)		

续 表

测量项目	组 别	性别	例数	形态分类(百分比和例数)				
面指数(48：45)				特阔面	阔面	中面	狭面	特狭面
	阿哈特拉山	男	22	—	4.5(1)	36.4(8)	59.1(13)	—
	李家山	男	15	—	—	46.7(7)	46.7(7)	6.6(1)
	阿哈特拉山	女	10	—	10.0(1)	60.0(6)	30.0(3)	—
	李家山	女	7	—	—	—	85.7(6)	14.3(1)
	阿哈特拉山	合	32	—	6.3(2)	43.8(14)	50.0(16)	—
	李家山	合	22	—	—	31.8(7)	59.1(13)	9.1(2)
全面指数(47：45)				特阔面	阔面	中面	狭面	特狭面
	阿哈特拉山	男	11	—	9.1(1)	45.5(5)	27.3(3)	18.2(2)
	李家山	男	8	—	—	62.5(5)	12.5(1)	25.0(2)
	阿哈特拉山	女	7	14.3(1)	—	42.9(3)	28.6(2)	14.3(1)
	李家山	女	3	—	—	33.3(1)	33.3(1)	33.3(1)
	阿哈特拉山	合	18	5.6(1)	5.6(1)	44.4(8)	27.8(5)	16.7(3)
	李家山	合	11	—	—	54.5(6)	18.2(2)	27.3(3)
眶指数(52：51)				低眶	中眶	高眶		
	阿哈特拉山	男	21	—	66.7(14)	33.3(7)		
	李家山	男	16	—	81.3(13)	18.7(3)		
	阿哈特拉山	女	10	—	70.0(7)	30.0(3)		
	李家山	女	8	—	50.0(4)	50.0(4)		
	阿哈特拉山	合	31	—	67.7(21)	32.3(10)		
	李家山	合	24	—	70.8(17)	29.2(7)		
鼻指数(54：55)				狭鼻	中鼻	阔鼻	特阔鼻	
	阿哈特拉山	男	23	52.2(12)	34.8(8)	13.0(3)	—	
	李家山	男	16	56.3(9)	25.0(4)	18.7(3)	—	
	阿哈特拉山	女	10	10.0(1)	40.0(4)	40.0(4)	10.0(1)	
	李家山	女	8	—	62.5(5)	37.5(3)	—	
	阿哈特拉山	合	33	39.4(13)	36.4(12)	21.2(7)	3.0(1)	
	李家山	合	24	37.5(9)	37.5(9)	25.0(6)	—	
鼻根指数(SS：SC)				很平	低	中	高	很高
	阿哈特拉山	男	22	18.2(4)	22.7(5)	27.3(6)	22.7(5)	9.1(2)
	李家山	男	16	—	37.5(6)	43.8(7)	18.7(3)	—
	阿哈特拉山	女	10	20.0(2)	10.0(1)	60.0(6)	10.0(1)	—
	李家山	女	8	12.5(1)	37.5(3)	12.5(1)	37.5(3)	—
	阿哈特拉山	合	32	18.8(6)	18.8(6)	37.5(12)	18.8(6)	6.3(2)
	李家山	合	24	4.2(1)	37.5(9)	33.3(8)	25.0(6)	—
腭指数(63：62)				狭腭	中腭	阔腭		
	阿哈特拉山	男	14	7.1(1)	28.6(4)	64.3(9)		
	李家山	男	13	7.7(1)	7.7(1)	84.6(11)		
	阿哈特拉山	女	7	—	—	100.0(7)		
	李家山	女	6	—	—	100.0(6)		
	阿哈特拉山	合	21	4.8(1)	19.0(4)	76.2(16)		
	李家山	合	19	5.3(1)	5.3(1)	89.5(17)		

续 表

测量项目	组　别	性别	例数	形态分类(百分比和例数)				
齿槽弓指数(61∶60)				长齿槽	中齿槽	短齿槽		
	阿哈特拉山	男	16	—	37.5(6)	62.5(10)		
	李家山	男	12	—	16.7(2)	83.3(10)		
	阿哈特拉山	女	7	—	—	100.0(7)		
	李家山	女	7	—	—	100.0(7)		
	阿哈特拉山	合	23	—	26.1(6)	73.9(17)		
	李家山	合	19	—	10.5(2)	89.5(17)		
面突度指数(40∶5)				平颌	中颌	突颌		
	阿哈特拉山	男	22	90.9(20)	9.1(2)	—		
	李家山	男	16	87.5(14)	6.2(1)	6.3(1)		
	阿哈特拉山	女	10	60.0(6)	40.0(4)	—		
	李家山	女	8	75.0(6)	25.0(2)	—		
	阿哈特拉山	合	32	81.3(26)	18.8(6)	—		
	李家山	合	24	83.3(20)	12.5(3)	—		
面角(72)				超突颌	突颌	中颌	平颌	超平颌
	阿哈特拉山	男	23	—	—	21.7(5)	78.3(18)	—
	李家山	男	16	—	—	25.0(4)	75.0(12)	—
	阿哈特拉山	女	10	—	—	70.0(7)	30.0(3)	—
	李家山	女	8	—	—	25.0(2)	75.0(6)	—
	阿哈特拉山	合	33	—	—	36.4(12)	63.6(21)	—
	李家山	合	24	—	—	25.0(6)	75.0(18)	—
齿槽面角(74)				超突颌	突颌	中颌	平颌	超平颌
	阿哈特拉山	男	23	4.3(1)	43.5(10)	26.1(6)	26.1(6)	—
	李家山	男	16	—	18.7(3)	37.5(6)	37.5(6)	6.3(1)
	阿哈特拉山	女	10	10.0(1)	70.0(7)	10.0(1)	10.0(1)	—
	李家山	女	8	—	50.0(4)	25.0(2)	25.0(2)	—
	阿哈特拉山	合	33	6.1(2)	51.5(17)	21.2(7)	21.2(7)	—
	李家山	合	24	—	29.2(7)	33.3(8)	33.3(8)	4.2(1)
鼻颧角(77)				很小	小	中	大	很大
	阿哈特拉山	男	23	8.7(2)	—	34.8(8)	43.5(10)	13.0(3)
	李家山	男	13	—	6.2(1)	6.2(1)	50.0(8)	37.5(3)
	阿哈特拉山	女	10	—	—	20.0(2)	60.0(6)	20.0(2)
	李家山	女	8	—	—	—	25.0(2)	75.0(6)
	阿哈特拉山	合	33	6.1(2)	—	30.3(10)	48.5(16)	15.2(5)
	李家山	合	21	—	4.8(1)	4.8(1)	47.6(10)	42.9(9)
颧上颌角(Zm_1<)				很小	小	中	大	很大
	阿哈特拉山	男	23	4.3(1)	30.4(7)	43.5(10)	17.4(4)	4.3(1)
	李家山	男	16	—	18.7(3)	50.0(8)	25.0(4)	6.3(1)
	阿哈特拉山	女	10	10.0(1)	20.0(2)	40.0(4)	20.0(2)	10.0(1)
	李家山	女	8	—	12.5(1)	37.5(3)	50.0(4)	—
	阿哈特拉山	合	33	6.1(2)	27.3(9)	42.4(14)	18.2(6)	6.1(2)
	李家山	合	24	—	16.7(4)	45.8(11)	33.3(8)	4.2(1)

续 表

测量项目	组 别	性别	例数	形态分类(百分比和例数)				
				很小	小	中	大	很大
鼻骨角(75—1)	阿哈特拉山	男	20	30.0(6)	30.0(6)	30.0(6)	5.0(1)	5.0(1)
	李家山	男	16	12.5(2)	68.7(11)	12.5(2)	6.3(1)	—
	阿哈特拉山	女	6	—	33.3(2)	50.0(3)	16.7(1)	—
	李家山	女	7	14.3(1)	28.6(2)	57.1(4)	—	—
	阿哈特拉山	合	26	23.1(6)	30.8(8)	34.6(9)	7.7(2)	3.8(1)
	李家山	合	23	13.0(3)	56.5(13)	26.1(6)	4.3(1)	—

6. 额宽指数(9∶8) 阿李两组皆狭额较多,中额其次,阔额很少,两者差异不明显,仅阿组的狭额类比李组的稍有增加。

7. 上面指数(48∶45) 总的来看,两组皆以狭—中面型居多。这种情况在男组中差异小一些,但在女组中,阿组的中—阔面类型明显更强烈,而李组之狭面性质则更强化。换句话说,阿组的狭面化特征不及李组的强烈。

8. 全面指数(47∶45) 阿、李组皆以中—狭面类占多数,所不同的是阿组的特狭面类不如李组的强烈。两组都很少出现阔面类。

9. 眶指数(52∶51) 阿、李两组都以中眶型居多,高眶型次之。未见低眶型。两者差别不大。

10. 鼻指数(54∶55) 两组皆狭—中鼻型较多,出现部分阔鼻类,相差不明显。

11. 鼻根指数(SS∶SC) 阿组男性的变异显得很散,从很小至很大各等级都有部分出现,显不出高峰。李组则相对比较集中在中—小等级。女性中,两组的各个等级分布也比较散。因此,这个测值的变异比较大。两组之间的差异未显出规律性。

12. 腭指数(63∶62) 两组皆阔腭类型占优势,仅阿组男性短腭化稍欠于李组。

13. 齿槽弓指数(61∶60) 两组皆短齿槽型占优势,仅阿组比李组的短宽化稍弱。情况大致同腭指数。

14. 面突度指数(40∶5) 两组皆以平颌类型居优,其次为中颌类型,仅个别突颌类型。

15. 面角(72) 两组皆平颌类型居多,部分中颌型,但无突颌型出现。不同的是阿组女性中颌化比李组明显。

16. 齿槽面角(74) 两组主要差异是阿组比李组突颌化更明显。

17. 鼻颧角(77) 两组扁平度大致都在中等以上等级,极少或不见明显突出的类型。所不同的是阿组扁平度很大的成分不如李组。

18. 颧上颌角(Zm_1∠) 两组都以中等扁平度出现较多一些。但阿组扁平度达到大以上等级的比李组弱一些。

19. 鼻骨角(75—1) 两组鼻骨在矢状方向突出,大致都以小—中等级的多一些,但变异较散。可能阿组的鼻骨突度比李组略为增大。

将以上逐项观察比较,可以归纳以下几点。

1. 从几个主要颅型指数(8∶1、17∶1、21∶1、17∶8)来看,阿组和李组有代表性的颅型皆为中—长颅、高—正颅和狭—中颅类型,但无低颅型出现。在这些特征上,两组之间无明确的形态偏离,表现出相似的性质。

2. 面部的整体形态(48：17、9：8、48：45、47 ：45)都以狭额类和中—狭面型具代表性,几无低阔面类型出现。垂直颅面比例也都是偏大的。主要差异可能是阿组的垂直颅面比例比李组稍低,狭面化也不及李组强烈。

3. 在面部水平方向突度上(SS：SC、77、Zm_1＜),两组都不是强烈的类型,而是呈现明显的扁平性质,仅阿组扁平度强烈的成分比李组稍弱。在面部矢状方向突度上(40：5、72、74、75—1),两组也不强烈,仅阿组的突度可能比李组稍显一些。

4. 眶形(52：51)都是以中—高眶为代表。鼻形(54：55)则以狭—中鼻型为代表。在这两个特征上两组比较一致。腭形(63：62、61：60)也皆以短宽型为代表。

对以上测量特征的形态类型出现情况的分析说明,阿、李两组之间的同质性是明显的,两者之间不存在有明确类型学意义的偏离。但在某些特征上(如垂直颅面比例、面型和面部突度等),阿组的蒙古人种性质稍弱于李组。

三、头骨测量特征的比较

(一) 与现代蒙古人种各类群的比较

据表四和图一,将阿组与现代蒙古人种各地域类群比较,得出以下结果。

表四　阿哈特拉山组与蒙古人种地区类型头骨测量比较表(男性)

马丁号	测量项目	阿哈特拉山	北亚蒙古人种	东北亚蒙古人种	东亚蒙古人种	南亚蒙古人种	亚洲蒙古人种
1	颅　长	182.9(23)	174.9—192.7	180.7—192.4	175.0—182.2	169.9—181.3	169.9—192.7
8	颅　宽	140.3(23)	144.4—151.5	134.3—142.6	137.6—143.9	137.9—143.9	134.3—151.5
8：1	颅指数	76.7(23)	75.4—85.9	69.8—79.0	76.9—81.5	76.9—83.3	69.8—85.9
17	颅　高	138.2(22)	127.1—132.4	132.9—141.1	135.3—140.2	134.4—137.8	127.1—141.1
17：1	颅长高指数	75.6(22)	67.4—73.5	72.6—75.2	74.3—80.1	76.5—79.5	67.4—80.1
17：8	颅宽高指数	98.8(22)	85.2—91.7	93.3—102.8	94.4—100.3	95.0—101.3	85.2—102.8
9	最小额宽	90.0(23)	90.6—95.8	94.2—96.6	89.0—93.7	89.7—95.4	89.0—96.6
32	额倾角	80.3(21)	77.3—85.1	77.0—79.0	83.3—86.9	84.2—87.0	77.0—87.0
45	颧　宽	133.7(23)	138.2—144.0	137.9—144.8	131.3—136.0	131.5—136.3	131.3—144.8
48	上面高	74.8(22)	72.1—77.6	74.0—79.4	70.2—76.6	66.1—71.5	66.1—79.4
48：17	垂直颅面指数	54.3(21)	55.8—59.2	53.0—58.4	52.0—54.9	48.0—52.2	48.0—59.2
48：45	上面指数	56.0(22)	51.4—55.0	51.3—56.6	51.7—56.8	49.9—53.3	49.9—56.8
77	鼻颧角	144.3(23)	147.0—151.4	149.0—152.0	145.0—146.6	142.1—146.0	142.1—152.0
72	面　角	85.8(23)	85.3—88.1	80.5—86.3	80.6—86.5	81.1—84.2	80.5—88.1
52：51	眶指数	82.6(21)	79.3—85.7	81.4—84.9	80.7—85.0	78.2—81.0	78.2—85.7
54：55	鼻指数	47.4(23)	45.0—50.7	42.6—47.6	45.2—50.2	50.3—55.5	42.6—55.5
	鼻根指数(SS：SC)	39.4(22)	26.9—38.5	34.7—42.5	31.0—35.0	26.1—36.1	26.1—42.6

注：表中地区蒙古人种各项测量数据引自[12]。

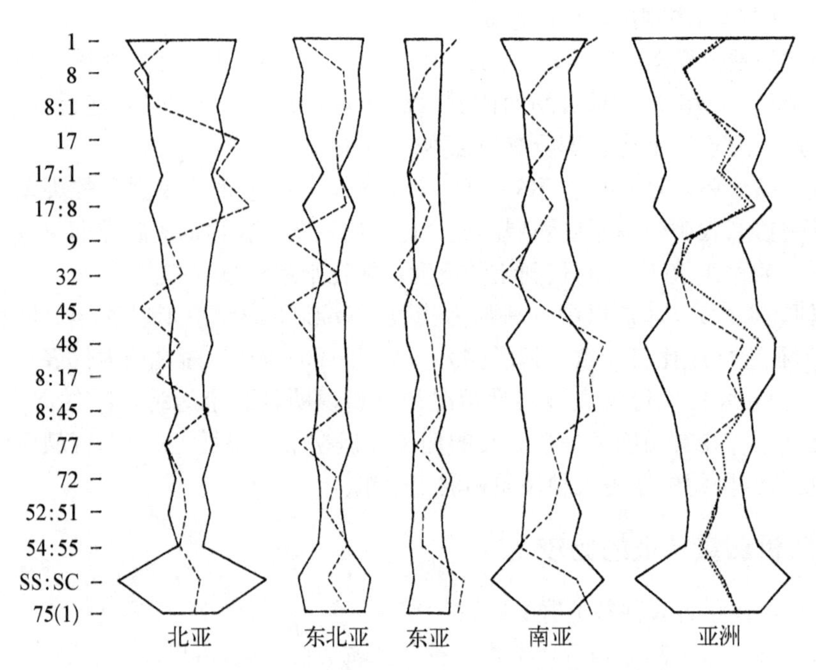

图一　阿哈特拉山组与现代蒙古人种地区类型之比较

1. 阿组的各项颅、面部测量特征都未超越亚洲蒙古人种大类群的变异范围。

2. 阿组与东亚类群之间的偏离比与其他地域类群的偏离更少一些，仅颅长比现代东亚类群为大，额坡度不如东亚类群陡直，但鼻部突度则更明显。无论是更大的颅、欠陡直的额还是中等突出的鼻等，都可能看成是带有某些古老的性质。

3. 阿组与东北亚类群在颅型上的偏离不明显(这也可能和东北亚类群比东亚类群有更宽的变异幅度有关)，但面形上差异较明显。如阿组的额宽明显更狭，面部宽度也明显更狭，面部在水平方向上的扁平度也不如东北亚类群强烈。

4. 相比之下，阿组与北亚类群之间，无论在颅型上还是面型上的偏离更明显和普遍一些。如阿组颅宽更小，但颅高更高，因而在高颅特点上与北亚类群的普遍低颅倾向有差异。此外，阿组的面宽也明显狭化，垂直颅面比例更小。这些都与北亚类群明显不同。

5. 阿组与南亚类群之间不仅在颅型上，尤其在面型上偏离明显。如阿组颅长更大，额坡度更小，绝对和相对面高更大，有更大的垂直颅面比例，鼻形超狭，鼻骨突度更强烈。

6. 阿组和李组各项测量特征所示变异趋势比较一致，但也可以指出某些偏离现象。如阿组比李组颅高更高，但面宽比李组更狭化，面高也有些趋低，垂直颅面比例也更低一些，面部水平方向扁平度也有些降低。这样的颅、面形态的变异方向，使阿组比李组更近于东亚类群。

从以上比较结果，可以认为阿组与东亚类群的偏离更小一些，而与其他地域类群，特别是北亚和南亚类群的偏离更明显。阿组与东亚类群的一些形态偏离(如鼻突度和额坡度)似乎使它有些接近北亚和东北亚类群的同类特征。与李组相比，阿组的变异趋势和李组比较一致，但阿组比李组更趋向东亚类群。但总的来说，阿组和李组都未超出亚洲蒙古人种的变异范围。

（二）与周邻地区现代和古代组的比较

表五列出了现代和古代头骨测量的平均值。

1. 阿组与现代诸组之比较

阿组与代表北亚类群的蒙古组相比，颅形差异很明显，即蒙古组明显短阔颅化，而阿组为中颅和狭、高颅化。阿组的额也明显比蒙古组狭，且面宽明显变狭，面高稍降低，和蒙古组高而很宽的面不同。阿组和蒙古组在垂直颅面比例上的反差也很强烈，面部水平方向的扁平度也不如蒙古组大，鼻骨突度比蒙古组弱。这些差异表明阿组在颅型和面型上与蒙古组有明显距离。

阿组与楚克奇组相比，后者具有某种低颅化倾向，而阿组则有较明显的高颅化倾向。额宽比楚克奇组明显狭。在面型上，阿组面高有些降低，同时面部明显狭化，而楚克奇组是属于很高而宽面的类型。两组在垂直颅面比例上的差别也很强烈，面部扁平度和齿槽突度不如楚克奇组强烈。鼻形狭鼻化不如楚克奇组强烈。鼻骨突度也比楚克奇组弱。这些形态学的差异表明，阿组和楚克奇组也存在明显的形态距离。

阿组与藏族B组的颅形相比，阿组具有高颅化倾向，B组则有某此低颅化。阿组的额宽和面宽比B组狭，两组在垂直颅面比例上的差异也很强烈。眶形上阿组不如B组高。鼻形上是阿组更狭，而B组似有阔鼻倾向。阿组的鼻突度比B组明显。阿组与藏族B组的上述形态差异，比它与蒙古、楚克奇组之间的差异略有缓和。

阿组与现代华北组相比，后者在颅型上有些缩小，但在类型上的差异又很强烈。大致来说，华北组的额宽比阿组更宽，额坡度比阿组更近直额型。面形上，比阿组显得更狭而低矮一些，但在形态类型上（包括垂直颅面比例）两者没有明显区别。在面部水平和矢状方向突度上，两组差别也不大，唯鼻骨突度比阿组明显弱化。眶形和鼻形上的差异很小。两组在颅、面形态上表现出比以上几个现代组更为接近的特点。

阿组与藏族A组相比，在主要的颅、面直径上，A组明显小型化，额坡度更为陡直，面宽和面高明显降低，整个面形矮化，眶形趋高，且有更明显的阔鼻倾向，鼻骨突度则更为低平。两组在形态上的差异很明显。

根据与几个现代组的比较，阿哈特拉山组与蒙古、楚克奇和藏族A等组之间的形态偏离比较明显，因而不能与它们之中的任何一个视为同一地域类的代表。相对之下，阿组与藏族B组之间的差异比以上几个组缓和一些，但仍存在可以感觉到的某些差异。因此，是否能将它们视为同一形态类型尚有疑问。而阿组和现代华北组之间则相对有较多的一致，如果不计它们之间的某些差异（如在鼻骨突度上），倒更可能视为同类。

2. 阿组与古代诸组之比较

首先，阿组与彭堡、扎赉诺尔两组之间的形态偏离方向基本相同。即彭、扎两组都比阿组明显短颅化和低颅化，即属于短颅—正颅—阔颅类型，而阿组为中颅—高颅—狭颅类型。彭、札组的额宽也更宽，面形为高、阔类型，而阿组则明显狭面化。在垂直颅面比例上的区别也很明显。整个面部扁平度以彭、扎组更为强烈，眶形则趋低，鼻骨突度稍逊于阿组。这样一些偏离大致和现代蒙古组之间的差异相一致，表明它们之间不大可能是相同的形态类型。

阿组与殷代中小墓组之间在颅形和额形上的一致性比较明显，皆系中颅—高颅—狭颅类型和狭额型，仅殷代组的额坡度比阿组稍大。在面形上，阿组比殷代组更狭，上面部

表五 阿哈特拉山组与周邻地区现代和古代组测量比较表

测量代号和项目		青海阿哈特拉山	蒙古	楚克奇	华北	藏B	藏A	宁夏彭堡	内蒙扎赉诺尔	河南殷代中小墓	甘肃火烧沟	甘肃铜石时代	青海阳山	青海李家山	新疆哈密
1	颅长	182.9(23)	182.2(80)	182.9(28)	178.7(38)	185.5(14)	174.8(17)	182.2(5)	183.9(5)	184.5(42)	182.5(57)	181.6(25)	181.8(7)	182.2(16)	187.6(10)
8	颅宽	140.3(23)	149.0(80)	142.8(28)	139.1(38)	139.4(14)	139.4(17)	146.8(4)	148.2(5)	140.5(40)	138.4(50)	137.0(26)	133.3(7)	140.0(16)	136.4(10)
8:1	颅指数	76.7(23)	82.0(80)	77.9(28)	77.9(38)	75.3(14)	79.8(17)	81.1(4)	80.6(5)	76.5(36)	75.9(49)	75.0(25)	73.3(7)	76.9(16)	72.8(10)
17	颅高	138.2(22)	131.4(80)	133.8(27)	136.4(36)	134.1(15)	131.2(17)	131.9(5)	133.0(4)	139.5(39)	139.3(55)	136.8(26)	133.9(6)	136.5(16)	133.9(7)
17:1	颅长高指数	75.6(22)	72.1(80)	73.2(28)	76.5(36)	72.1(14)	75.1(17)	72.4(5)	72.5(4)	75.4(35)	76.1(53)	75.7(23)	73.4(6)	75.0(16)	71.8(8)
17:8	颅宽高指数	98.8(22)	88.2(80)	94.0(28)	98.5(36)	96.3(14)	94.1(17)	89.7(4)	89.7(4)	98.5(33)	100.7(47)	100.5(25)	101.8(6)	97.6(16)	97.3(8)
9	额最小宽	90.0(23)	94.3(80)	95.7(28)	93.1(38)	94.3(15)	92.6(17)	96.0(5)	93.9(5)	91.0(46)	90.1(60)	92.3(24)	87.7(7)	91.2(16)	93.7(11)
32	额倾角	80.3(21)	80.5(80)	77.9(27)	84.2(38)	82.5 *	85.5 *	80.7(5)	80.8(4)	83.2(34)	84.3(52)	—	82.3(7)	79.7(16)	82.1(9)
45	颧宽	133.7(23)	141.8(80)	140.8(27)	131.4(38)	137.5(15)	130.4(17)	139.8(5)	138.0(4)	135.4(21)	136.3(52)	130.7(19)	131.7(6)	138.6(15)	135.1(8)
48	上面高	74.8(22)	78.0(69)	78.0(28)	73.6(38)	76.5(15)	69.4(15)	77.8(5)	76.6(5)	74.0(33)	73.8(53)	74.8(16)	75.6(7)	77.3(15)	76.4(8)
48:17	垂直颅面指数	54.3(21)	59.4(68)	58.5(27)	53.9(36)	57.1	53.3	59.0(5)	56.7(4)	53.4(27)	53.1(48)	54.7	56.3(6)	57.0(16)	55.5(5)
48:45	面指数	56.0(22)	55.0(80)	55.4(28)	56.0(38)	55.6(15)	53.7(17)	55.6(5)	54.6(4)	53.8(18)	54.4(46)	56.5(15)	56.9(6)	55.9(15)	54.7(8)
72	面角	85.8(23)	90.4(81)	85.3(27)	85.0(38)	85.7(14)	87.4(15)	90.7(5)	86.5(4)	83.9(30)	86.7(47)	85.0(17)	89.2(7)	87.0(16)	86.5(6)
77	鼻颧角	144.3(23)	146.4(80)	147.8(28)	145.8(38)	144.0 *	144.0 *	146.6(5)	146.5(5)	144.4(43)	145.1(58)	—	146.6(7)	147.4(16)	143.8(10)
52:51	眶指数	82.6(21)	82.9(81)	82.4(28)	82.1(38)	84.6(15)	84.2(17)	83.1(5)	77.7(5)	78.7(33)	78.5(59)	75.1(19)	80.6(7)	82.0(16)	80.2(11)
54:55	鼻指数	47.4(23)	48.6(81)	44.7(28)	47.5(38)	49.4 *	50.4 *	46.2(5)	46.7(5)	51.0(36)	49.9(59)	47.3(18)	47.3(7)	47.0(16)	46.5(9)
SS:SC	鼻根指数	39.4(22)	41.2(81)	45.8(25)	33.5(37)	34.6(15)	31.5(16)	36.3(5)	36.9(5)	36.5(37)	35.6(54)	—	34.0(5)	39.0(16)	37.6(10)
75(1)	鼻骨角	21.5(20)	22.4(41)	23.9(15)	18.4(32)	18.7 *	15.7 *	22.4(4)	24.1(2)	—	17.0(16)	—	10.1(3)	21.7(16)	19.9(5)

注：华北、蒙古、楚克奇组数据引自[13]表13，藏族A、B组引自[14]、[15]，甘肃铜石时代组引自[16]表20，殷代中小墓组引自[17]，青海阳山和李家山组引自[1]和[3]，新疆哈密组引自[18]，扎赉诺尔组引自[9]，阿哈特拉山、彭堡和火烧沟组据作者测量。标 * 号的数值为用平均值计算的估计值，取自[13]表4。

水平方向扁平度都不是特别强烈的类型，仅中面部水平上的扁平度阿组更明显一些。但在矢状方向的面部突度，特别是上齿槽突度，殷代组比阿组更强烈。眶形比阿组更低，鼻骨突度更明显一些。但这些差异的地域变异方向不明，或许仅具有地区的变异。

甘肃铜石时代组可资比较的测量项目不太整齐。与阿组比较，颅形上的区别似乎不大，大致都是中颅—高颅—狭颅类型，而且也都是狭面型和接近垂直颅面比例。面部矢状方向突度也比较接近。但甘肃组的眶形比阿组明显低，鼻形则相近。虽然甘肃组缺乏面部水平突度和鼻骨突度测量资料，但据以上比较，在一般形态上表现出和阿组相当明显的共性。

与阿组相比，阳山组更为长颅化和低颅化，都是狭额类型。面形属狭型，但阳山组更为狭化，垂直颅面比例也更大，面部水平扁平度和上齿槽突度都比阿组更强烈。鼻形一致。阿山组眶形更低，鼻骨突度比阿组更弱化。

与阿组相比，哈密组的颅形更狭长，且低颅化，即属长颅—正颅—中颅类型，而阿组属中颅—高颅—狭颅类型。哈密组的额形更宽，面更高，垂直颅面比例也更高。面指数低于阿组，中面部水平方向的面部扁平度比阿组更强烈，但上面部水平扁平度与阿组接近。矢状方向面部突度没有明显差异。眶形比阿组稍低，鼻骨突度则没有明显区别。

阿组与李家山组之间除颅高外，颅形上的一致性很明显，皆中颅—高颅—近狭颅类型。额部形态、面部矢状方向突度、眶形、鼻形和鼻骨突度等测量特征也都相当一致。主要区别是阿组的面形比李家山组更狭，垂直颅面指数也明显更低，面部水平扁平度较弱于李组，而上齿槽突度则稍强烈。应该指出的另一个特征是，阿组的颧骨宽和高明显小于李家山组（阿组和李组的左侧颧骨高分别为44.2和47.6毫米，宽分别为24.7和27.3毫米）。这样的形态差异方向表明，阿组和李组之间虽有相当接近的形态距离，但阿组的蒙古人种特点似不如李家山组那样强烈，而更趋近高颅—狭面的东亚类群。

根据以上比较可以指出，阿组与彭堡、扎赉诺尔两组的形态偏离比较明显，反映了它们之间不属于同一形态类群。阿组与其他组虽多少有些缓和，但也都存在程度不等的差异，但估计这些差异不超出地域类群之间的变异。其中阿组与李家山组之间的共性最为明显，仅在面形的细节特征上不如李家山组的蒙古人种性质强烈，而有些接近现代东亚蒙古人种类群。李家山组的大陆蒙古人种性质更强烈。

四、人骨种群特征的多元统计分析

从形态观察和测量特征逐一比较所得阿哈特拉山墓地人骨的种系特点的估计之后，进一步采用数理统计上的多变量方法做对照验证[20]，这种方法目前已普遍应用于体质人类种群关系的研究。这里选用头骨的13项颅、面部绝对测量数据（表六）做聚类分析（Cluster analysis）和主要成分分析（Principal component analysis），目的是确定阿哈特拉山墓地人骨与周邻地区古代和现代组群之间可能存在的形态学关系。

（一）聚类分析

聚类分析的基本思想是从一批样品的多个观测指标中，找出能够度量样品之间或指标之间的相似程度或亲疏关系的统计量值，组成一个对称的相似性矩阵。在此基础上进一步寻找各样品（或变量）之间或样品组合之间的相似程度，并按相似程度的大小把样品（或变量）逐一归类，关系密切的归聚到一个小的分类单位，关系疏远的聚集到一个大的分

表六　阿哈特拉山组与其他周邻古、现代组13项测量平均值(男性)统计表

项目与代号＼组别	青海阿哈特拉山	青海李家山	青海阳山	青海柳湾	河南殷代	甘肃火烧沟	甘肃铜石时代	甘肃鸳鸯池	新诚哈密	宁夏彭堡	内蒙古札赉诺尔	华北	东北	朝鲜	西藏A	西藏B	爱斯基摩	沿海楚克奇	驯鹿楚克奇	蒙古	布里亚特	埃文克
颅长(1)	182.9	182.2	181.8	185.9	184.5	182.8	181.6	188.3	187.6	182.2	183.9	178.5	180.8	176.7	175.7	185.5	181.8	182.9	184.4	182.2	181.9	185.5
颅宽(8)	140.3	140.0	133.3	136.4	140.5	138.4	137.0	132.5	136.4	146.8	148.2	138.2	133.7	142.6	138.7	139.4	140.7	142.3	142.1	149.0	154.6	145.7
颅高(17)	138.2	136.5	133.9	139.4	139.5	139.3	136.8	140.8	133.8	131.9	133.0	137.2	139.2	138.4	130.9	134.1	135.0	133.8	136.9	131.1	131.9	126.3
眶高(52)	35.2	35.4	33.3	34.3	33.8	33.6	33.8	34.5	33.4	33.8	33.0	35.5	35.6	35.5	34.3	36.7	35.9	36.3	36.9	35.8	36.2	35.0
颅基底长(5)	101.4	101.2	100.5	105.3	102.3	103.7	102.1	103.4	100.8	101.9	101.8	99.0	101.3	99.4	96.9	99.2	102.1	102.8	104.0	100.5	102.7	101.4
眶宽(51)	42.8	43.2	42.2	43.9	42.8	42.5	45.0	41.2	42.4	42.6	42.2	44.0	42.6	42.4	41.5	43.4	43.4	44.1	43.6	43.3	42.2	43.0
鼻高(55)	55.2	57.0	54.8	55.8	53.8	53.6	55.0	54.2	54.0	58.6	57.2	55.3	55.1	53.4	51.0	55.1	54.6	55.7	56.1	56.5	56.1	55.3
鼻宽(54)	26.1	26.7	25.9	27.3	27.3	26.7	25.6	27.4	25.1	26.8	26.7	25.0	25.7	26.0	25.7	27.1	24.4	24.6	24.9	27.4	27.3	27.1
面基底长(40)	95.9	94.7	96.7	100.7	99.2	98.5	97.3	97.9	97.2	97.2	100.0	95.2	95.8	95.4	92.9	97.2	102.6	102.3	104.2	98.5	99.2	102.2
颧宽(45)	133.7	138.6	131.7	137.2	135.4	136.3	130.7	134.1	135.1	139.8	138.0	132.7	134.3	134.7	131.0	137.5	137.5	140.8	140.8	141.8	143.5	141.6
上面高(48)	74.8	77.3	75.6	78.2	74.0	73.8	74.8	77.1	76.4	77.8	76.6	75.3	76.2	76.6	68.7	76.5	77.5	78.0	78.9	78.0	77.2	75.4
最小额宽(9)	90.0	91.2	87.7	90.3	91.0	90.1	92.3	90.0	93.7	96.0	93.9	89.4	90.8	91.4	92.2	94.3	94.9	95.7	94.8	94.3	95.6	90.6
面角(72)	85.8	87.0	89.2	89.2	83.9	86.7	85.0	87.3	86.5	90.7	86.5	83.4	83.6	84.4	86.7	85.7	83.8	83.2	83.1	87.5	87.7	86.6

注：甘肃鸳鸯池组数据系作者测量，其他古代组出处同表五。华北以右11个近代组引自[21]。

类单位，直到所有样品或变量都聚集完毕，形成一个亲疏关系谱系图，用以更直观地显示分类对象的差异和联系。

计算形态距离系数公式为：

$$d_{ik}=\sqrt{\frac{\sum_{j=1}^{m}(X_{ij}-X_{kj})^2}{m}}$$

其中 i、k 为头骨测量组别，j 为测量项目，m 为测量项目数，d_{ik} 为比较两个组在欧几里得空间分布的距离。d_{ik} 系数越小，越可能表示两个组之间有接近的形态学关系。

用于聚类分析的测量项目及数据见表六，绘制的聚类谱系图见图二。在这个聚类图上可划分为五个组群：

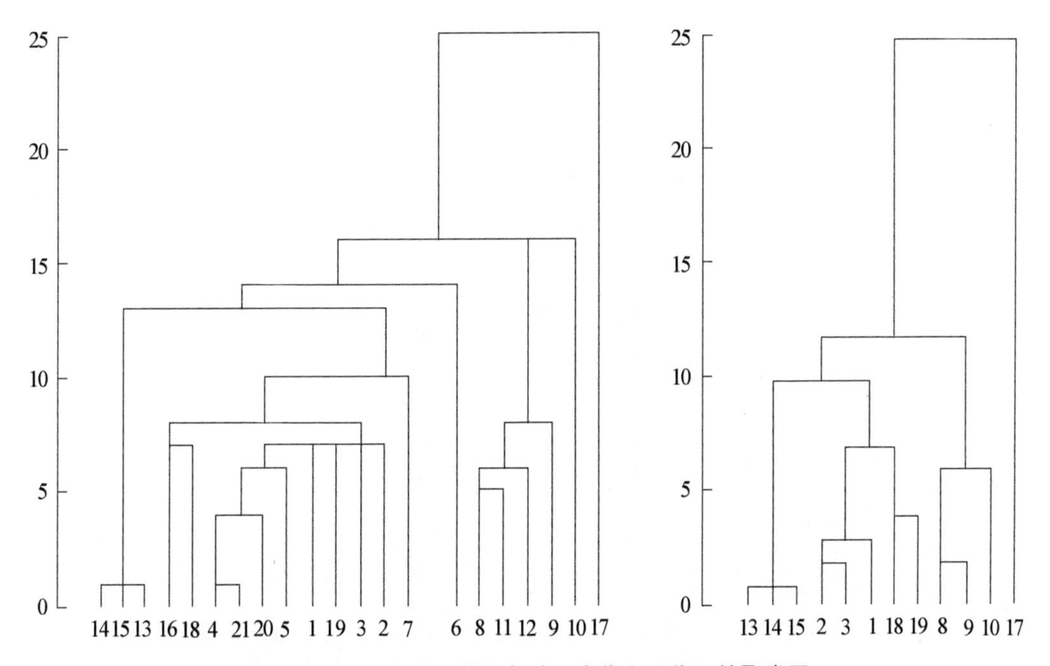

图二　阿哈特拉山组与周邻地区古代和现代组的聚类图

1. 现代华北组　2. 现代东北组　3. 现代朝鲜组　4. 甘肃火烧沟组　5. 甘肃铜石时代组　6. 青海阳山组　7. 青海柳湾组　8. 现代蒙古组　9. 布里亚特组　10. 埃文克组　11. 宁夏彭堡组　12. 内蒙古扎赉诺尔组　13. 爱斯基摩组　14. 楚克奇沿海组　15. 楚克奇驯鹿组　16. 哈密 M 组　17. 藏族 A 组　18. 藏族 B 组　19. 青海李家山组　20. 青海阿哈特拉山组　21. 安阳殷代中小墓组

第一组群：两个楚克奇组(14、15)和爱斯基摩组(13)。

第二组群：哈密 M 组(16)、藏族 B 组(18)、火烧沟组(4)、殷墟中小墓组(21)、阿哈特拉山组(20)、甘肃铜石组(5)、柳湾组(7)、现代华北组(1)、李家山组(19)、现代朝鲜组(3)和东北组(2)。

第三组群：阳山组(6)。

第四组群：现代蒙古组(8)、彭堡组(11)、扎赉诺尔组(12)、布里亚特组(9)、埃文克组(10)。

第五组群：藏族 A 组(17)。

从这个谱系图可以看到，阿哈特拉山组在第二组群，与古代和现代东亚类群的组聚为一类，其中又特别与殷代中小墓和火烧沟两组，其后和甘肃铜石时代组有更近的聚类关系，最后才更宽松地与李家山组和现代三个东亚组相聚类。相比之下，阿哈特拉山组与代表现代东北亚和现代、古代北亚的第一、四组群的聚类更宽松，且疏远得多。这个结果反映了阿哈特拉山组与某些古代和现代东亚类群关系比较密切。

(二) 主成分分析

这个方法是将为数众多的变量线性组合成为数较少的综合变量(主成分)，每一种新的综合变量又含有尽量多的原变量所含有的信息，各综合变量间彼此不相关，即没有信息重叠。第Ⅰ主成分(PCⅠ)代表总变量信息的最大部分，第Ⅱ主成分(PCⅡ)次之，第Ⅲ主成分更小，以此类推。本文选取前三个主成分构成三维坐标系(图三)。用于主成分分析的测量项目及数据见表六，计算得到的主成分载荷矩阵列于表七。

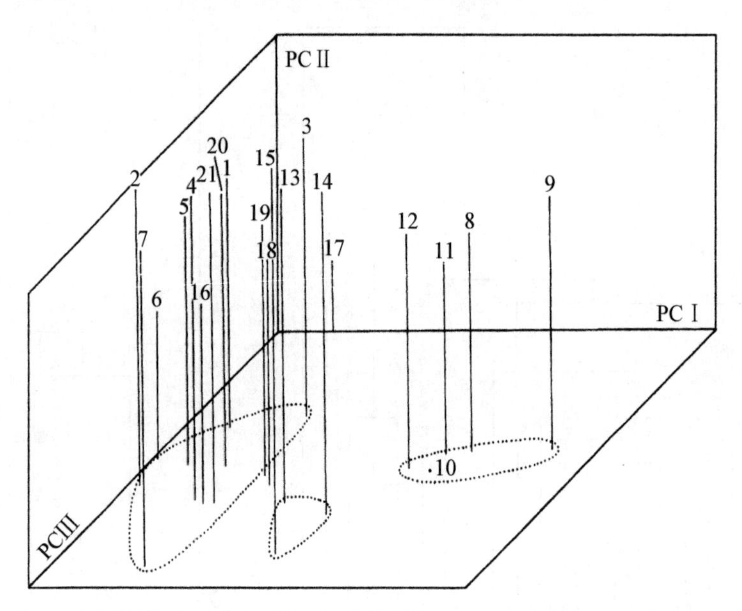

图三　阿哈特拉山组与其他组之间主成分分析三维坐标图(组号同图二)

表七　前三个主成分的载荷矩阵统计表

主成分	颅长	颅宽	颅高	眶高	颅底长	眶宽	鼻高	鼻宽	面底长	面宽	上面高	最小额宽	面角	贡献率(%)	累积贡献率(%)
PCⅠ	0.04	0.72	−0.33	0.05	0.04	0.01	0.13	0.03	0.21	0.47	0.13	0.24	0.05	51.5	51.5
PCⅡ	0.56	−0.27	0.34	0.03	0.35	0.05	0.11	0.02	0.43	0.26	0.32	0.02	−0.03	20.6	72.1
PCⅢ	−0.47	−0.25	0.64	0.19	0.06	0.09	−0.01	−0.11	0.05	0.02	0.12	0.13	−0.47	9.2	81.3

表中列出了对应于前三个主成分的载荷矩阵及每一主成分对总变量方差的贡献率。前三个主成分的累积贡献率达到81.3%，可以认为基本上代表了13项变量所包含的大多数信息量。其中第Ⅰ主成分(PCⅠ)的贡献率为51.5%，最大载荷的变量有颅宽、面宽和颅高(负值)，它们代表颅面的宽度特征和颅的高度特征；第Ⅱ主成分的贡献率为20.6%，载荷最大的变量为颅长、颅高、颅底长、面底长、上面高等，它们大致代表颅面的长

度和高度特征；第Ⅲ主成分贡献率为9.2%，载荷最大的变量为颅长（负值）、颅高、面角（负值）等，它们表示颅的长、高形状特征及面部在矢状方向上的前突程度。

图三显示了主成分分析结果，空间所有的点都在PCⅠ和PCⅡ组成的平面投影内。按照这些投影点的分布位置，大致划分为四个组群。

1. 大致代表北亚类型的一个组群，包括内蒙古扎赉诺尔、宁夏彭堡两个古代组和蒙古、布里亚特、埃文克两个现代组。

2. 大致代表东北亚类型的一个组群，包括爱斯基摩和楚克奇两个现代组。

3. 大致代表较宽散的东亚类型的一个组群，包括华北、东北、朝鲜三个现代组和殷代中小墓、火烧沟、甘肃铜石时代、柳湾等古代组，也可能包括阳山、哈密M组。但后两个组似乎在第Ⅲ主成分上（主要是颅高因子上）和其他组之间存在较明显的距离。

4. 大致可能代表南亚类型的一组，即藏族A现代组成独立的一支，与其他组的关系似乎处于特别的位置。

除这四个组群外，现代藏族B组和古代李家山组之间有最近的距离。它们共同介于东亚和东北亚之间的位置，反映两组的人类学类型比较一致。这里暂不另立组群。

图三表明，阿哈特拉山组大致在东亚类型的一个组群之内，和殷代中小墓、火烧沟、甘肃铜石时代和现代华北等组比较接近，与李家山组以及现代藏族B组之间有较明显的距离。这和阿哈特拉山组的形态学观察得到的蒙古人种特征不如李家山组强烈而有些接近东亚类群的结果比较一致，与北亚类群的形态距离最为疏远，与东北亚类群稍近似。这个结果说明，阿哈特拉山组近于现代东亚类型的特征较为明显。

五、结　论

本文对青海循化托伦都阿哈特拉山卡约文化墓地采集的人骨进行了人类学的观察和测量，主要包括对165个个体人骨的性别年龄估计，37具头骨的形态观察（包括3具未成年头骨），34具成年头骨观察测量及生物统计学分析，重点讨论了该墓地人骨的综合形态特征、种系性质及与周邻地区现代和古代人类学组群的疏近关系。所得结果如下。

1. 作性别鉴定的145个个体中，男女性别比例为1.23∶1。另因骨骼残朽等原因未予性别的20个个体，占12%。

2. 个体死亡年龄以未成年和青年期比例居高（13.4%和20.8%），死于壮年至中年期的最多（60%），进入老年期的很少（5.4%）。青年期女性比例（33.3%）比男性（27.4%）高。平均死亡年龄（包括未成年个体）为男性32.34±13.32岁（73例），女性30.13±14.72岁（47例）。男女性合并平均死亡年龄为31.54±13.92岁（120例）。

3. 阿哈特拉山组头骨非测量特征的综合特征是颅形以稍偏长的卵圆形较普遍，眉弓、眉间突度和鼻根凹陷都不发达，眶角较圆钝，梨状孔以较高狭的类型较多，梨状孔下缘多钝型，鼻棘和犬齿窝的发育较弱，矢状嵴、腭圆枕和下颌圆枕几乎没有很发达或极端发达的类型。这样的综合特征似向典型大陆蒙古人种特征有些淡化的方向偏离。

4. 主要的颅、面骨测量的综合形态类型是：中—长颅型、高—正颅型、狭—中颅型与狭额型相结合，颅高绝对值高—中等居多。狭—中面型更普遍，垂直颅面比较以大—中等为主，面部水平扁平度大的居多，矢状方向突度以平—中颌型居多，上齿槽以突颌型较多。

鼻骨突度小—中等，鼻型以中—狭型较多，中—偏高的眶型和短腭型较普遍。

5. 与现代亚洲蒙古人种地域类群比较结果，阿哈特拉山组与北亚和南亚类群的差异更明显，与东亚类群的差异更小。

6. 阿哈特拉山组与现代华北、藏族 B 和古代李家山等组相对比较接近，与代表北亚、东北亚和南亚的现代和古代组有明显的差异。

7. 多变量统计(聚类分析和主成分分析)结果显示，阿哈特拉山组与代表现代和古代东亚类群的组群接近，特别是与殷代中小墓、火烧沟、甘肃铜石时代和现代华北等组更为接近。与李家山组和藏族 B 组的聚集稍显宽松。与代表现代和古代北亚、东北亚的各组群明显疏远。

8. 阿哈特拉山组与李家山组的比较显示，阿组比李组高颅性质更强烈，面型更狭长，面部扁平度弱，颧骨(颊部)明显趋小而弱化，腭形为稍狭长的短腭型。这种差异的综合方向表明，阿组的蒙古人种特点不如李组强烈，而更接近高颅—狭面的东亚蒙古人种类群。而李组则趋近大陆蒙古人种特征更强烈的类型。从这个角度来说，阿哈特拉山组和李家山组虽同属卡约文化类型，但在体质形态上和现代藏族 B 组的近疏关系却不尽相同，即李家山组与藏族 B 组的同质性更为明显，而阿哈特拉山组则与现代和古代华北类群较为趋近。但两组之间仍基本一致。

关于我国西北地区卡约文化的族属，考古学者据文献记载和这种文化的时空分布，持羌系的观点较普遍[22]。卡约文化有两个地区类型，即黄河沿岸以循化阿哈特拉山和苏志村遗址为代表的阿哈特拉山类型及湟水流域以大通上孙家寨遗存(包括湟中李家山潘家梁遗址)为代表的上孙家寨类型[23]。根据本文对阿哈特拉山和李家山墓地人骨的研究，这两组的人骨之间存在某种程度的形态学偏离，因而在人类学的多形现象和文化地域类型之间似乎存在某种对应现象。这种现象是否有规律，还需要更多的人类学证据证明。但可能提出这样一个问题，即以阿哈特拉山墓地为代表的文化遗存和其居民种群或许和其东部种族之间存在更为密切的关系，而以李家山墓地为代表的种群对近代藏族(尤其东部藏族)的文化及族、种的形成可能有更大的影响。

在讨论这两个地区文化类型的关系时，有学者认为阿哈特拉山类型对上孙家寨类型发生过很大影响，表现在后者的彩陶骤增和墓葬方向的突然改变等方面。这种文化因素的变化是否又伴随人群的遗传交流而发生，是一个值得注意的问题。要阐明这个问题，还需对上孙家寨文化类型居民的骨骸进行种系性质的研究。

参考文献

[1] 韩康信：《青海民和阳山墓地人骨》，《民和阳山》，文物出版社，1990 年。

[2] 潘其风、韩康信：《柳湾墓地的人骨研究》，《青海柳湾》，文物出版社，1984 年。

[3] 张君：《青海李家山卡约文化人骨种系研究》，《考古学报》1993 年 3 期。

[4] 韩康信、张君：《藏族体质人类学特点及其种族》，《文博》1991 年 6 期。

[5] 同[3]、[4]。

[6] 许兴国、格桑本：《卡约文化阿哈特拉类型初探》，《青海考古学会会刊》1981 年 3 期。

[7] 中国社会科学院考古研究所编：《中国考古学中碳十四年代数据集(1965 —1991)》，文物出版社，1991 年。

[8] 吴汝康、吴新智、张振标：《人体测量方法》，科学出版社，1984 年。

[9] 同[3]。
[10] 同[8]。
[11] 邵象清:《人体测量手册》,上海辞书出版社,1985年。
[12] Н. Н. Чебоксаров, Основные направления расовой Дифференцации в Востолной Азии. Тр. *Института Этнографии АН СССР*, Нов. сер., т. II, стр. 28-83, 1947.
[13] Н. Н. Чебоксаров, *Етницеская Антропология Кптая*. Издательство Наука, Москва, 1982.
[14] G. M. Morant, A First Study of the Tibetan Skull. *Biometrika*, Vol. 14, No. 3-4, pp. 193-260, 1923.
[15] G. M. Morant, The Study of Certain Oriental Series of Crania Including the Nepalese and Tibetan Series in the British Museum (Natural History). *Biometrika*, Vol. 16, 1924.
[16] D. Black, A Study of Kansu and Honan Aeneolithic Skulls and Specimens from Later Kansu Prehistoric Sites in Comparison with North China and Other Recent Crania. *Palaeont*, Sinica, Ser. D, Vol. 1, pp. 1-83, 1928.
[17] 韩康信、潘其风:《安阳殷墟中小墓人骨的研究》,《安阳殷墟头骨研究》,文物出版社,1984年。
[18] 韩康信:《新疆哈密焉不拉克古墓人骨种系成分之研究》,《考古学报》1990年3期。
[19] 潘其风、韩康信:《东汉北方草原游牧民族人骨的研究》,《考古学报》1982年1期。
[20] 林少宫、袁蒲佳、申鼎煊:《多元统计分析及计算机程序》,华中理工大学出版社,1987年。
[21] В. П. Алексеев, О. Б. Трубников, *Некоторые проблемы таксономин и генеалогии Азиатскцх Монголоидов краниометрця*. Издателыство Наука, Сибирское Отделение Новосибирск, 1984.
[22] 俞伟超:《关于"卡约文化"的新认识》,《青海考古学会会刊》1981年3期;和正雅:《从潘家梁墓地的发掘试谈对卡约文化的认识》,《青海考古学会会刊》1981年3期。
[23] 同[6],同[22]俞伟超文。

(原发表于《考古学报》,2000年3期)

A STUDY OF THE HUMAN BONES FROM THE ANCIENT CEMETERY ON AHATLA HILL IN XUNHUA, QINGHAI

by
Han Kangxin

The present paper discusses the human bones from the Kayao culture cemetery on Ahatla Hill at Tuolundu, Xunhua, Qinghai. Of this batch of material, altogether 165 individuals were identified as to their sexual and age features, and 33 intact skulls (23 male and 10 female) among them were examined and measured morphologically. In this paper, the author concentrates his main attention on the racial morphologic character of the remains of Kayao culture people from the cemetery. It is pointed out that in physique, they belong to the East Mongoloid group of Asia, notably featuring similarity to the skeletons from Huoshaogou, Gansu, and the plebeian people's cemetery on the Yin Ruins, as well as to the physical structure of the modern North Chinese. Roughly to the same degree they resemble the skeletons of the East Tibetans, but the relationship between the two groups is not so close as that between the human remains from the Huangzhong Lijiashan site of the Kayao culture and the physical structure of the East Tibetans. It is mainly due to the fact that the Ahatla human bones bear more distinct features of the East Asian race in comparison with the Lijiashan group as the Mongoloid character of the latter was somewhat weakened. It is noteworthy whether the morphologic variation of the Kayao culture human bones suggest that this region was influenced by the racial elements spread from the east to the west.

（原文发表于《考古学报》2000 年 3 期）

图版一

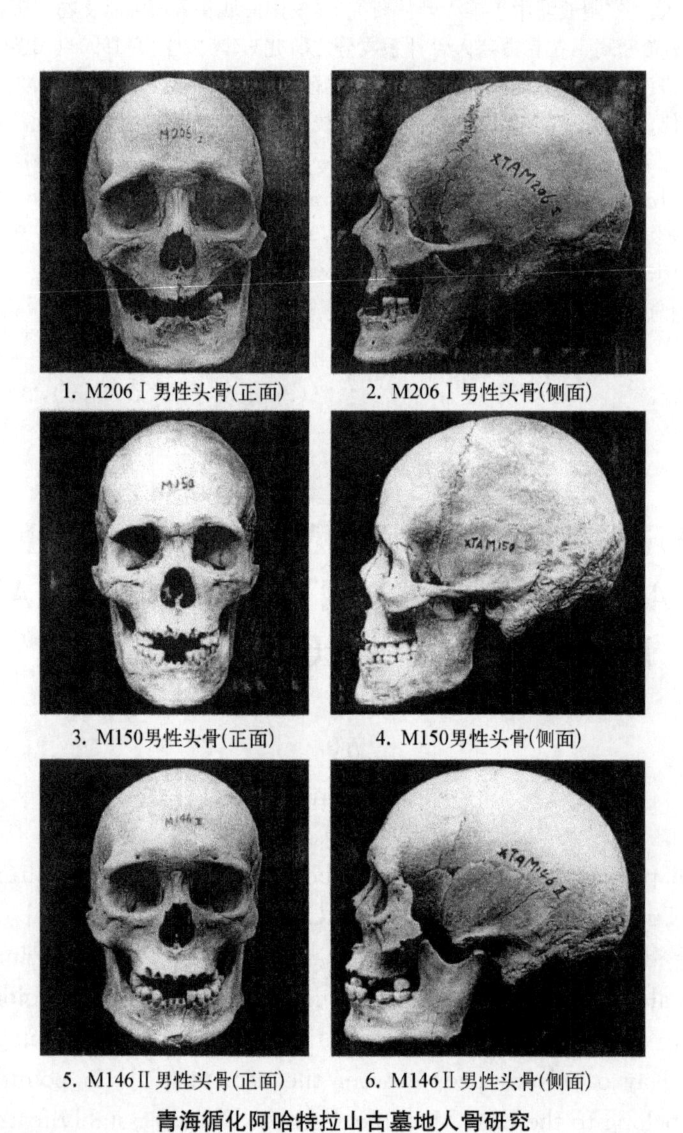

1. M206 I 男性头骨(正面)　2. M206 I 男性头骨(侧面)

3. M150男性头骨(正面)　4. M150男性头骨(侧面)

5. M146 II 男性头骨(正面)　6. M146 II 男性头骨(侧面)

青海循化阿哈特拉山古墓地人骨研究

图版二

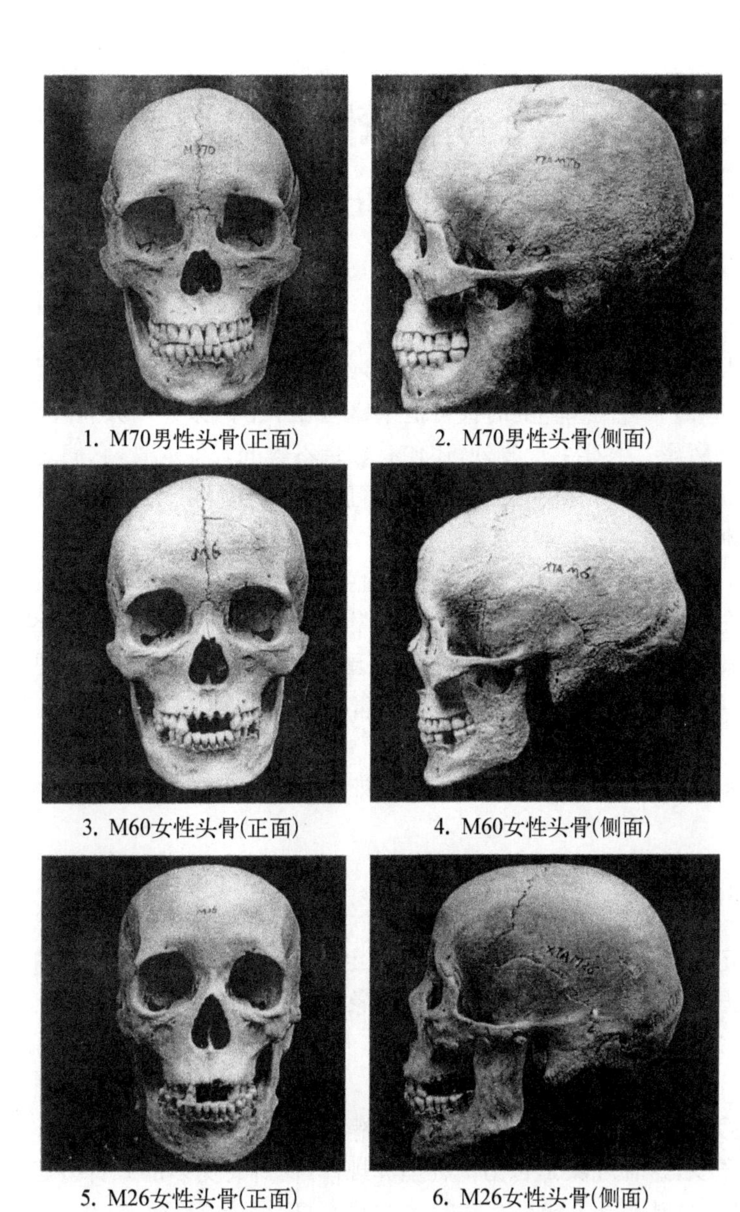

1. M70男性头骨(正面)　2. M70男性头骨(侧面)

3. M60女性头骨(正面)　4. M60女性头骨(侧面)

5. M26女性头骨(正面)　6. M26女性头骨(侧面)

青海循化阿哈特拉山古墓地人骨研究

陕西凤翔南郊唐代墓葬人骨的鉴定与研究

陕西省考古研究所雍城考古队 1983—1984 在凤翔县城南郊发掘清理了一批隋唐墓葬。据发掘报告，其中唐代墓葬的时代可能系盛唐和中唐时期。对人骨埋葬现象，报告特别指出在一部分墓葬中除墓主尸骨外，还伴有数量不等的其他人骨，它们之中大多数发现于墓道或有的出自天井，只有少数见于墓室，而且这些人骨大部分零星散乱和无葬具。因此被判断有人殉特征[1]。

1989 年 10 月，作者前往雍城鉴定时，这批人骨已采至室内，因此对人骨出土情况缺乏现场观察。在本文中，对人骨的身份按考古发掘报告记录。本文内容除交代性别、年龄和骨创伤等观察记录外，对保存较为完整的六具头骨重点进行形态学的观测和研究。虽然提供研究的人骨不多，但对了解这个地区唐代居民的种族人类学特点仍是一批新的资料。

这批人骨材料是由陕西省考古研究所和凤翔雍城文管所提供作者研究的，特此表示谢意。

一　骨骼的性别年龄鉴定

经本文鉴定的性别、年龄结果见表一。鉴定是采用观察骨骼上性别和年龄标志的观察方法[2]。根据鉴定结果，可以指出的几点现象是：

（一）墓主为男性者可有同性或异性殉人，如凤南 M68、凤南 M227、凤南 M173 和凤南 M321。

（二）墓主为女性者可能只依女性殉人随葬。如凤南 M95、凤南 M163。但所见女性墓有殉人的例子少，这种现象是否为一种埋葬规律，尚待有更多的人骨鉴定证明。

（三）在仅见的男性墓主伴有女性殉人的两座墓（凤南 M173、凤南 M321）中，墓主年龄明显大于女性殉人，后者皆系年轻女性个体。

（四）根据表一人口估计年龄计算的简单数学平均死亡年龄为 30.18 岁（45 例）。其中，可估计年龄的男性平均死亡年龄为 35.00 岁（25 例），女性为 26.53 岁（17 例）。男性平均死亡年龄明显大于女性。

（五）男女合计的死亡年龄分布是壮、中年死亡的占多数（分别为 35.2%和 38.9%）。其中，男性死亡年龄的分布尤其如此，壮、中年死亡的比例分别为 46.5%和 50.0%，死于青年的只占 3.3%。女性死亡年龄的分布以青年最高，约占 42.1%，死于壮、中年的分别为 23.5%和 29.4%。

表一　人骨性别、年龄鉴定表

墓　号	性别	年龄(岁)	身　份	墓　号	性别	年龄(岁)	身　份
凤南 M3	男	不小于 35	墓主		?	成年	殉人(七)
凤南 M17	女	13—18	墓主		?	成年	殉人(八)
凤南 M23	男	成年	殉人		?	?	殉人(九)
	?	6—9	殉人		?	成年	殉人(一〇)
凤南 M30	男	20—25	墓主		男	成年	殉人(一一)
凤南 M42	?	6—8	墓主	凤南 M139	女	35—40	墓主
凤南 M43	男?	25—35	殉人(四)	凤南 M147	男?	30—35	墓主
凤南 M45	女	20—30	殉人(二)	凤南 M151	男	大于 45	墓主
凤南 M52	男	25—30	殉人	凤南 M156	男?	成年	墓主
凤南 M56	男	35—45	殉人	凤南 M158	?	成年?	墓主
凤南 M64	男	45—55	殉人(三)	凤南 M162	女	20—25	墓主
凤南 M68	男	30—40	墓主	凤南 M163	女	30—40	墓主
	男	30—40	殉人(一)		女	16—18	殉人
	男	30—35	殉人(二)	凤南 M165	女?	大于 40	墓主
	男	35—40	殉人(三)	凤南 M167	女	30—40	墓主
	男	30—40	殉人(四)	凤南 M169	男	成年	墓主
凤南 M88	女	35±	墓主	凤南 M172	男	30—35	墓主
凤南 M91	男?	大于 45	墓主		女	25—35	墓主
凤南 M92	女	20—25	墓主		女	18—22	殉人(二)
凤南 M93	女?	35—40	殉人(四)		男	成年	殉人(一)
凤南 M95	女	大于 50	墓主	凤南 M177	男	35—40	墓主
	女	35—45	殉人	凤南 M181	女	20—25	墓主
凤南 M112	男	大于 45	墓主	凤南 M186	男?	25—35	墓主
	?	15—20	殉人	凤南 M195	男?	成年	墓主
凤南 M115	男?	不小于 25	墓主	凤南 M227	男	35—40	墓主
凤南 M117	女?	18—22	墓主		男	40—45	殉人(二)
凤南 M122	女?	成年	墓主	凤南 M296	男?	35+	墓主
凤南 M125	男?	30—40	墓主	凤南 M298	男	35—40	墓主
凤南 M127	男?	成年	墓主	凤南 M301	女	25—30	墓主
凤南 M129	男	30—40	墓主	凤南 M305	男	35—40	墓主
凤南 M130	男	成年	殉人(一)	凤南 M316	女	17—22	殉人(一)
	?	未成年	殉人(二)	凤南 M322	男	35—40	墓主
	男	成年	殉人(三)		女	18—22	殉人(一一)
	男	成年	殉人(四)	凤南 M323	男	25±	殉人(二)
	男	大于 45	殉人(五)	凤南 M324	男	35—45	墓主
	女?	成年	殉人(六)				

（六）就墓主而言，男性平均死亡年龄为34.5岁，明显高于女性墓主的24.9岁。殉人的情况也类似，男性平均死亡年龄为36.9岁，明显高于女性的26.6岁。墓主与殉牲的平均死亡年龄分别为29.8岁和30.7岁，两者仅相差近一岁，即墓主的平均死亡年龄不高于殉人。

（七）在全部个体中，可能为男性的40个，女性的22个。男女性别的比例为1.8∶1。

二　骨创伤的观察

在这些人骨中共观察到三例骨创伤，其中两例在头骨上，一例在肢骨上。这三例皆系殉人。下边分别记述如下：

风南M52　在脑颅右侧颞骨前上部位存在一不太规则的圆形穿孔骨折，骨折部位的骨片剥落，颅内穿孔直径比颅外径大，外孔大小径约为20毫米×17毫米，骨折边缘没有组织修复愈合痕迹。

风南M68　在枕骨枕嵴上方偏左部位存在一不规则圆形塌陷骨折，其颅外骨折片仍保存原位而未形成穿孔，骨折部分也无任何组织愈合痕迹。骨折部分大小径为20毫米×15毫米，向颅腔内骨折塌陷最深处为2.8毫米。

从风南M52和风南M68头骨创伤形态和大小来看，它们可能是被质量集中而面积不大的某种凶器或工具快速打击形成的。骨折处没有愈合痕迹表明，这两个个体受击后便死亡，但未必是致命的因素。

风南M130　在左侧股骨上存在三处砍痕：一处在股骨头前面近颈部有长约10毫米似砍戳痕；一处在股骨干下部约四分之一位置的前面有一长约10毫米的倾斜砍痕；另一处在股骨干的下段约三分之一外侧位置存在约长10毫米的水平方向砍切痕，在此砍切伤口以下有近似倒三角形骨片骨折剥落。据这些砍伤形态推测致伤凶器器形较小而有利刃。

三　形态观察

提供观察较完整头骨六具（男女各三具）。其主要颅、面形态特征记述如下：

风南M3　男性成年头骨，有下颌。短的卵圆形颅，眉弓弱，额坡度直型，中矢缝简单，无额中缝和矢状嵴结构，眶形近于钝的斜方形，眶口平面大，侧观眶口平面位置属后斜型，正观眶口位置明显倾斜，梨状孔近于心形，梨状孔下缘形态为锐形，鼻棘大小中等（Ⅲ级），犬齿窝中等弱，鼻根凹不显，呈凹型鼻背，正观鼻骨形态为Ⅱ型（即自上而下鼻骨宽度逐渐增宽的类型），颧骨转角处较陡直，颧突微显，无腭圆枕，下颌颏形近方形，左侧下颌角内翻，右侧稍外翻，下颌体舌面无下颌圆枕，下颌形状非"摇椅形"。据主要颅、面形态特征的测量分类，此头骨为短颅—高颅—近狭颅类型（Brachy-hypsi-acrocrany），鼻形为中鼻型（Mesorrhiny），鼻根部突度小，眼眶为高眶型（Hypsiconchy），垂直方向的面高和颅高比例小，面形为中面型（Meseny），额形为中额型近狭额（Metrio-stenometop），鼻颧水平方向面部扁平度很大，颧颌水平的面部扁平度中等趋小，额坡度陡直，上面侧面方向突度近平颌型（Orthognathous），上齿槽突度也近平颌型（Orthognath）（图版一，3、4）。

风南M151　男性壮年头骨，左侧额—顶—颞骨连接部分残，右颧弓和颊部及左右眶上板部分断残，有下颌。颅形为偏长的椭圆形，眉弓突度显著，额坡度近直形，中矢缝形态很简单，无额中缝，颅顶部有中等弱的矢状嵴，眶形近钝的斜方形，眶口平面位置属后斜型，鼻根部平，鼻背凹形，鼻骨形状为Ⅰ型（上、下部较宽，中部变狭），梨状孔近心形，梨状孔下缘鼻前窝型，鼻棘中等（Ⅲ级），犬齿窝浅—中等之间，颧骨转角较陡，颧突稍显，腭形近椭圆形，腭圆枕结构不显，上门齿呈铲形，非"摇椅形"下颌，颅、面部测量特征的形态分类是：长颅—高颅—狭颅类型（Dolicho-hypsi-acrocrany），额坡度大，阔额型（Eurymetop），垂直颅面比例中等，中面型（Meseny），鼻颧水平面部扁平度很大，颧颌水平扁平度中等，矢状方向面突度中颌型（Mesognathous），上齿槽突度强烈属超突颌型（Hyperprognath），鼻根突度小，阔鼻型（Chamaerrhiny）和中眶型（Mesoconchy）（图版，5、6）。

凤南M324　男性中年头骨，有下颌。除鼻骨下段、左颧弓中部残断外，其余基本完整。颅形为中等长的卵圆形，额坡度近直形，眉弓近中等，无额中缝和矢状嵴结构，中矢缝模糊，鼻根凹平，浅凹形鼻背，鼻骨形态为Ⅱ型，梨状孔下缘近钝型，鼻棘稍显（Ⅱ级强），犬齿窝深，眶形近似钝的斜方形，眶口平面位置近后斜形，颧骨转角陡直，颧突中等，腭形近椭圆形，有弱的丘形腭圆枕，上门齿呈铲形，下颌颏形近圆形，下颌角外翻，下颌圆枕不显，非"摇椅形"下颌。测量的颅、面形态类型是：中颅—高颅—狭颅类型（Meso-hypsi-acrocrany），额坡度徒直，狭额型（Stenometop），垂直颇面比例中等，狭面型（Lepteny），鼻颧水平面部扁平度大，矢状方向突度平颌型（Orthognathous），上齿槽突度突颌型（Prognath），鼻根突度小，中鼻型（Mesorrhiny）和中眶型（Mesoconchy）（图版，1、2）。

凤南M17　接近成年，可能为女性头骨，有下颌。两侧颧弓中段、鼻骨下端和右下颌髁外侧部分残，其余保存较好。颅形为较短的卵圆形，眉弓突度弱，额坡度直型，中矢缝形态简单，无额中缝和矢状嵴结构，鼻根平，鼻背浅凹形，鼻骨形状为Ⅰ型，梨状孔下缘钝形，鼻棘残。犬齿窝中等深，眶形近似钝的斜方，侧面观眶口平面位置后斜型，腭形椭圆形，腭圆枕不显，上门齿近非铲形，无下颌圆枕。测量颅面形态类型是：短颅—高颅—狭颅类型（Brachy-hypsi-acrocrany），中额型（Metriometop），垂直颅面比例较小，中面型（Meseny），鼻颧水平面部扁平度大，颧颌水平扁平度中—小之间，侧面方向突度中颌型（Mesognathus），上齿槽突颌型（Prognath），鼻根突度小，阔鼻型（Chamaerrhiny）和中眶型（Mesoconchy）（图版，7、8）。

凤南M45　青—壮年女性头骨，下颌残。鼻骨、右颧弓中部，右额—顶骨部分和下颌右侧髁突残。颅形为长卵圆形，眉弓弱，额坡度近直形，无额中缝和矢状嵴出现，鼻根部平，梨状孔下缘钝型。鼻棘稍显（Ⅱ级），犬齿窝深，眶形为钝的斜方形，眶口平面位置稍后斜，颧骨转角陡直，颧突左不显，右中等，腭形在V形和椭圆形之间，无腭圆枕，上门齿弱铲形，下颌颏形为圆形，下颌角稍外翻，无下颌圆枕，非"摇椅形"下颌。测量的颅、面形态类型是：特长颅—正颅—狭颅类型（Hyperdolicho-ortho-acrocrany），中额型（Metriometop），垂直颅面比例中等，狭面型（Lepteny），鼻颧水平方向面部扁平度大，颧颌水平扁平度中等，矢状方向突度平颌型（Orthognathous），上齿槽突度为突颌型（Prognath），高眶型（Hypsiconchy）和阔—中鼻型之间（Chamae-mesorrhiny）（图版，9）。

凤南M322：11　青年女性头骨，仅保存脑颅部和残下颌，颅形近中长的卵圆形，其枕部左侧有些扁平而不太对称。眉弓突度弱，额坡度陡直，无额中缝和矢状嵴，中矢缝简单，鼻根部平，下颌颏形为圆形，下颌角内翻，下颌圆枕稍显，非“摇椅形”下颌。根据测量，颅形为中颅—高颅—狭颅类型(Meso-hypsi-acrocrany)，鼻颧水平扁平度中等偏小。

从以上六具头骨的个体形态特征和测量的颅面形态分类来看，这组头骨的一般特征是卵圆形颅，额坡度比较直，有简单形式的中矢缝，鼻根部低平，鼻棘不发达，中高而倾斜的眶型和后斜的眶口平面位置，具有大的上面扁平度及较明显的上齿槽突颌等综合特征。这类形态特征在古代和现代中国人头骨中是比较常见的。据测量的形态特征是平均为中颅型，同时有明显的高颅性质和狭颅倾向，代表了这个地区的中—高—狭颅组合特点，面部形态是中—狭面，中—高眶和中—阔鼻，短腭，大的上面部水平扁平度结合中—小的中面部扁平度，鼻根突度和眶间鼻梁突度趋小，矢状方向面部突出中—平颌型，垂直颅面比例中等或偏小，具有明显的上齿槽突颌(表二)。

表二　凤翔唐代组颅面部指数和角度的形态分类

测量代号	项　目	男　性		女　性	
		指数和角度	形态类型	指数和角度	形态类型
8∶1	颅指数	77.6	中颅型	76.1	中颅型
17∶1	颅长高指数	78.4	高颅型	77.4	高颅型
17∶8	颅宽高指数	101.2	狭颅型	101.9	狭颅型
48∶45	上面指数	52.0	中面型	54.8	中面型近狭面
48∶17	垂直颅面指数	51.2	中　等	50.6	中　等
9∶8	额指数	67.2	中额型	67.8	中额型
40∶5	面突度指数	96.3	平颌型	93.6	平颌型
52∶51	眶指数	81.1	中眶型	86.9	高眶型
54∶55	鼻指数	51.2	阔鼻型近中鼻	51.0	阔鼻型近中鼻
63∶62	腭指数	92.0	阔腭型	92.6	阔腭型
61∶60	齿槽弓指数	121.3	短腭型	120.4	短腭型
SS∶SC	鼻根指数	26.3	小	20.3	小
72	面　角	84.2	中颌型	85.5	平颌型近中颌
74	齿槽面角	76.5	突颌型	74.0	突颌型
77	鼻颧角	149.3	大—很大	145.0	大近中
ZM<	颧上颌角	130.1	小	131.1	中近小

四　测量特征分析

在这里将凤翔唐代组的主要颅、面骨测量特征与亚洲蒙古人种不同地区类群的变异方向进行比较和讨论。

(一) 与亚洲蒙古人种地区类型之比较

在表三中例出了十七项现代亚洲蒙古人种和各地区类群的颅、面骨主要测量的变异范围[3]。

表三　凤翔唐代组与蒙古人种地区类型头骨测量比较(男性)

测量号和项目		凤翔唐组	北蒙古人种	东北蒙古人种	东蒙古人种	南蒙古人种	亚洲蒙古人种
1	颅　长	176.3(3)	174.9—192.7	180.7—192.4	175.0—182.2	169.9—181.3	169.9—192.7
8	颅　宽	136.7(3)	144.4—151.1	134.3—142.6	137.6—143.9	137.9—143.9	134.3—151.5
8：1	颅指数	77.6(3)	75.4—85.9	69.8—79.0	76.9—81.5	76.9—83.3	69.8—85.9
17	颅　高	138.2(3)	127.1—132.4	132.9—141.1	135.3—140.2	134.4—137.8	127.1—141.1
17：1	颅长高指数	78.4(3)	67.4—73.5	72.6—75.2	74.3—80.1	76.5—79.5	67.4—80.1
17：8	颅宽高指数	101.2(3)	85.2—91.7	93.3—102.8	94.4—100.3	95.0—101.3	85.2—102.8
9	最小额宽	91.7(3)	90.6—95.8	94.2—96.6	89.0—93.7	89.7—95.4	89.0—96.6
32	额倾角	86.8(3)	77.3—85.1	77.0—79.0	83.3—86.9	84.2—87.0	77.0—87.0
45	颧　宽	134.1(3)	138.2—144.0	137.9—144.8	131.3—136.0	131.5—136.3	131.3—144.8
48	上面高	70.7(3)	72.1—77.6	74.0—79.4	70.2—76.6	66.1—71.5	66.1—79.4
48：17	垂直颅面指数	51.2(3)	55.8—59.2	53.0—58.4	52.0—54.9	48.0—52.2	48.0—59.2
48：45	上面指数	52.8(3)	51.4—55.0	51.3—56.6	51.7—56.8	49.9—53.3	49.9—56.8
77	鼻颧角	149.3(3)	147.0—151.4	149.0—152.0	145.0—146.6	142.1—146.0	142.1—152.0
72	面　角	84.2(3)	85.3—88.1	80.5—86.3	80.6—86.5	81.1—84.2	80.5—88.1
52：51	眶指数	81.1(3)	79.3—85.7	81.4—84.9	80.7—85.0	78.2—81.0	78.2—85.7
54：55	鼻指数	51.2(3)	45.0—50.7	42.6—47.6	45.2—50.2	50.3—55.5	42.6—55.5
SS：SC	鼻根指数	26.3(3)	26.9—38.5	34.7—42.5	31.0—35.0	26.1—36.1	26.1—42.5

1. 与北蒙古人种类群之比较

与北蒙古人种类群的组群变异范围相比，可能指出以下几点：

(1) 凤翔组头骨大小规模比北蒙古人种类群的有些小化。

(2) 凤翔组为中—高—狭颅类型，而北蒙古人种类群则普遍趋向于短—阔—低颅类型化。两者在颅型上表现出明显的偏离。

(3) 在额型上，凤翔组趋狭而额坡度较陡直，北蒙古人种则一般较宽阔和更后斜。

(4) 凤翔组的面形中等宽和高，北蒙古人种则具有普遍很宽而高的面形。

(5) 凤翔组的垂直颅面比例不高，属中等偏低类型。北蒙古人种则具有蒙古人种类群中最高的颅、面高比例。

(6) 凤翔组具有相当大的水平面部扁平性质(主要在鼻颧水平上)，这一点似与北蒙古人种的同类性质相近，但矢状方向突度比北蒙古人种更明显一些。

(7) 凤翔组在鼻形上趋阔和鼻根突度低平，北蒙古人种则主要狭—中鼻型和鼻根突度有些提高。

以上这些测量的比较表明，凤翔组与北蒙古人种类型的头骨之间无论在颅型上和面型的测量上都存在明显的偏离，仅仅在有大的上面水平扁平性质上两者有点类似。

2. 与东北蒙古人种类群之比较

与东北蒙古人种类群比较，可以指出的是：

(1) 凤翔组在颅型上与它们的差异有些缓和，但仍在颅高上相对更大。

(2) 凤翔组的额型明显比东北蒙古人种更狭而坡度更陡直，后者则属阔而强烈后斜的类型。

(3) 凤翔组面宽和面高趋小，东北蒙古人种则是很宽而高的类型。

(4) 凤翔组的垂直颅面比例明显小于东北蒙古人种。

(5) 凤翔组鼻形为趋阔和鼻根低平的类型，东北蒙古人种的变异方向则相反，属于多狭鼻和鼻根在亚洲蒙古人种中最趋高的类型。

这些比较也表明，凤翔组与东北蒙古人种类型的头骨和面骨形态之间仍存在相当明确的偏离，也是仅仅在上面部扁平度大一点上两者有点类似。

3. 与东蒙古人种类群之比较

与东蒙古人种类群相比，可以指出：

(1) 在颅型上两者都系中—高—狭颅类型相结合。

(2) 在额形上都趋向较狭而坡度更陡直的类型。

(3) 在面型上两者也都比较接近，都可归入较狭或中等高的面形。

(4) 垂直颅面比例比东蒙古人种稍趋低。

(5) 在面部水平方向扁平度上，特别在上面部扁平度上似比东蒙古人种类群更大，但在矢状方向突度上两者仍较一致。

(6) 在鼻形上比东蒙古人种稍趋阔，鼻根部突度则更低平。

据上比较，凤翔组在颅、面部测量的形态类型上与东蒙古人种类群的一般变异的综合特点相当一致，唯上面扁平度可能更大和鼻根突度更低一些。

4. 与南蒙古人种类群之比较

与南蒙古人种的一般形态类型相比是：

(1) 凤翔组在颅型上与南蒙古人种也比较相近，但似有比后者更狭而大的绝对颅宽和颅高。

(2) 在额形上与南蒙古人种差别似不明显，属狭而更陡直的类型。

(3) 在面型上两者很相近，都具有面高趋低的性质。

(4) 在垂直颅面比例上两者也相符合，在南蒙古人种的变异范围内。

(5) 在面部矢状方向突度上可能比南蒙古人种有些弱化，但仍近后者最弱化的类型。但在水平方向的扁平度上，凤翔组比南蒙古人种更强烈。

(6) 在眶型和鼻型上与南蒙古人种似无明显的偏离，在鼻根突度上也与南蒙古人种的低鼻根类型比较接近。

由上看来，凤翔组在一般颅、面骨形态类型上与南蒙古人种类群的偏离也比较小。在趋低的面和很低的鼻根突度上，它们似比东蒙古人种更近于南蒙古人种类群的同类特征。

5. 与亚洲大蒙古人种类群的比较

在表三中最右纵列数据代表亚洲蒙古人种组群平均值组成的变异范围。很明显，凤翔组的所有十七项颅、面部测量值全部处在亚洲蒙古人种相应各项测量的变异范围之内。这可能证明，凤翔组的大人种性质在亚洲蒙古人种的范围之内。

由以上一系列的比较，对凤翔组头骨的种族形态类型的印象是：它们的基本形态类型没有超出亚洲蒙古人种范围。在本文研究的材料上没有发现其他非蒙古人种的因素。与亚洲蒙古人种的不同地域类群相比，凤翔组与北蒙古人种和东北蒙古人种类群之间存在明显的偏离。相比之下，它们与东蒙古人种和南蒙古人种类群之间的偏离小得多，即和这两个地区类群中的中—高—狭颅型，较狭的额型和额坡度较直，较趋低的面型及阔鼻倾向的综合形态类型更接近。仅在面高有些趋低和鼻根突度很低的测值上表现出与南蒙古人种略为更近的性质，但在面部水平方向的扁平度上又比这两个地域类群似乎更强烈而和北、东蒙古人种类群的强烈扁平性质有些趋同。这一点在凤翔男组头骨上比女组表现得更明显。

但由于凤翔组人骨材料很少，以上印象是否为这个地区唐代居民的普遍代表性形态，尚有待更多材料来证实。下边，我们用个种族类型的聚类分析来进一步论证这个问题。

（二）种族类型的聚类分析

为了进一步讨论上述测量特征的地区类群特点的比较结果，在这里借用目前比较普遍引用的多变量数理统计中的聚类方法对凤翔唐代人骨的种族形态特点在蒙古人种中可能占有的位置进行分析。

所谓聚类法(Cluster analysis)是从一批样品的多项观测指标中找出能够量度样品之间或指标之间相似程度或亲疏关系的统计量值，组成一个对称的相似矩阵。在此基础上进一步寻找各样品(或变量)之间或样品组合之间的相似程度，并按相似程度大小把样品(或变量)逐一归类。关系密切的归类聚集到一个小的分类单位，关系疏远的聚集到一个大的分类单位，如此直到所有样品或变量都聚集完毕，形成一个亲疏关系谱系图，用来直观地显示出分类对象之间的联系和差异。计算相似性统计量值的距离公式有多种，本文选取欧氏距离系数公式进行计算，即：

$$dik = \sqrt{\frac{\sum_{j=1}^{m}(X_{ij} - X_{kj})^2}{m}}$$

式中，k 代表测量的头骨组别，j 代表测量的项目，m 代表测量的项目数，dik 代表比较两个组间在欧几里得空间分布的距离，此值越小，可能意味两组间有接近的形态学联系，越大则相反[4]。

为计算组间相似性统计量值，具体选用了能够代表颅、面部形态特点的十三项直线和角度的绝对测量项目(不包指数项目)，其测量的马丁编号为1、8、17、52、51、5、40、54、55、48、45、9、72。即颅长(g - op)，颅宽(eu - eu)，颅高(b - ba)，眶高，眶宽(mf - lk)，颅基底长(n - ba)，鼻宽、鼻高(n - ns)，上面高(n - sd)，颧宽(zy - zy)，额最小宽(ft - ft)，面角(n - pr - FH)(表四)。

根据文献，选用了如下十五个头骨样品组作为进行测定的比较组：1. 蒙古；2. 图金布里亚特；3. 外贝加尔湖布里亚特；4. 东南爱斯基摩；5. 那俄庚爱斯基摩；6. 滨海楚克奇；7. 驯鹿楚克奇；8. 抚顺；9. 华北；10. 福建；11. 台湾平埔；12. 台湾阿泰亚尔；13. 邦坦爪哇；14. 安阳殷代；15. 凤翔周代等共十五个组，其中，1—3代表北蒙古人种类群的组，4—7代表东北蒙古人种类群的组，8—10代表东蒙古人种类群的组，11—13代表南蒙

表四　亚洲不同地区头骨测量平均值

测骨马丁号	东亚						东北亚				北亚			南亚		
	凤翔	抚顺	华北	福建	安阳殷氏	凤翔周代	东南爱斯基摩	那俄庚爱斯基摩	滨海楚克奇	驯鹿楚克奇	蒙古	图金布里亚特	外贝加尔布里亚特	邦坦爪哇	台湾平埔族	台湾阿泰亚尔族
1	176.3	180.8	178.5	179.9	184.5	180.6	181.8	183.8	182.9	184.4	182.2	181.7	181.9	169.9	180.8	177.7
8	136.7	139.7	138.2	140.9	140.5	136.8	140.7	142.6	142.3	142.1	149.0	150.3	154.6	140.8	141.5	137.0
17	138.2	139.2	137.2	137.1	139.5	139.3	135.0	137.7	133.8	136.9	131.1	132.6	131.9	134.4	140.9	133.9
52	34.8	35.6	35.5	34.9	33.8	34.0	35.9	36.3	36.3	36.9	35.8	35.3	36.2	33.6	35.3	34.3
5	99.4	101.3	99.0	98.3	102.3	103.0	102.1	103.7	102.8	104.0	100.5	102.0	102.7	97.2	101.1	98.0
51	43.0	42.6	44.0	41.3	42.4	42.0	43.4	44.3	44.1	43.6	43.3	42.3	42.2	41.8	41.5	41.6
55	50.5	55.1	55.3	52.6	53.8	51.6	54.6	55.9	55.7	56.1	56.5	55.5	56.1	49.3	51.5	50.2
54	25.9	25.7	25.0	25.2	27.3	27.7	24.2	23.9	24.6	24.9	27.4	26.6	27.3	26.3	26.5	26.5
40	99.0	95.8	95.2	91.0	99.2	99.2	102.6	104.1	102.3	104.2	98.5	99.4	99.2	96.4	95.2	94.6
45	134.1	134.3	132.9	132.6	135.4	131.5	137.5	140.4	140.8	140.8	141.8	142.6	143.5	132.0	136.1	131.5
48	70.7	76.2	75.3	73.8	74.0	72.6	77.5	79.2	78.0	78.9	78.0	76.9	77.2	69.8	69.4	64.9
9	91.7	90.8	89.4	89.0	91.0	93.3	94.9	98.2	95.7	94.8	94.3	94.9	95.6	90.8	92.7	93.4
72	84.2	83.6	83.4	84.7	83.9	81.1	83.8	84.2	83.2	83.1	87.5	88.0	87.7	81.1	86.9	84.6

古人种类群的组,14—15系代表华北的古代组。[5][6][7]。

十三项绝对项目的测量值列于表四。计算所得组间相似统计量值(dik)列于表五。按前述聚类原则绘制的各组间亲疏关系见聚类谱系图,大致来说,在相似统计量值不大于3.0以前,全部16个头骨组聚类完毕。据这个谱系图可以指出如下的组间关系:

1. 蒙古、图金布里亚特和外贝加尔湖布里亚特三个组密切组成一个小的聚类群,代表了它们具有共同的北蒙古人种性质。

2. 那俄庚和东南爱斯基摩、滨海和驯鹿楚克奇四组组成别一个小的聚类群,代表了它们共有的东北蒙古人种的一般性质。

3. 抚顺、华北、福建及殷代四组聚为一个小的聚类群,反映了它们东蒙古人种的接近性质。在比它们之间的相似统计量值稍大的情况下,同地区的凤翔周代和唐代组也聚集在此类群,反映了它们也与东蒙古人种类群之间的接近关系。其中,凤翔唐代组和凤翔周代组又先行单独聚为一个小组,表明这两个同地区古代组之间存在密切的人类学联系。

4. 相比之下,代表南蒙古人种的台湾平埔,阿泰亚尔和邦坦爪哇三组虽没有先行单独成组,但它们都反映了和其他蒙古人种类型之间比较更疏散的联系。但也可以看出,凤翔唐代组和周代组似在东蒙古人种类群和南蒙人种类群(犹如台湾平埔族组)之间的位置。

由上可见,用聚类法分析凤翔唐代组的种系位置和东蒙古人种的类群比较接近,但又似居间在东蒙古人种和南蒙古人种之间的位置。和北蒙古人种与东北蒙古人种之间的关系则明显疏远。这和前述与蒙古人种不同地区类群的形态变异趋势的比较分析结果基本相符。

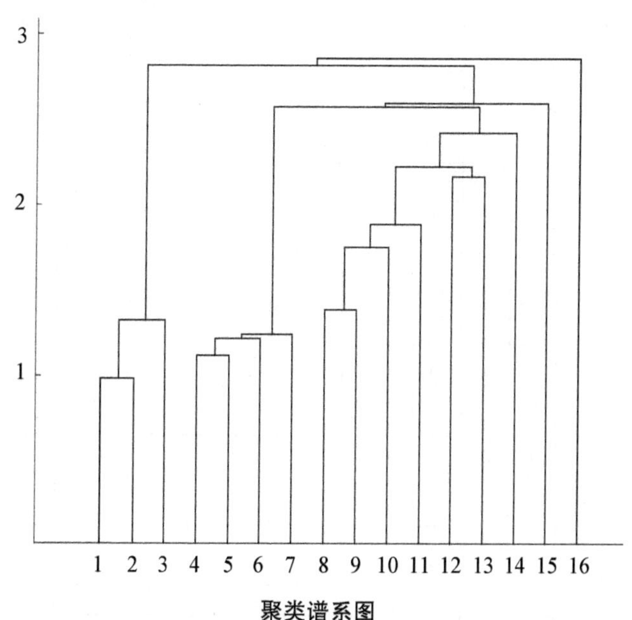

聚类谱系图

1. 蒙古组　2. 图金布里亚待组　3. 外贝加尔湖布里亚特组　4. 那俄庚爱斯基摩组　5. 驯鹿爱斯基摩组　6. 滨海楚克奇组　7. 东南楚克奇组　8. 抚顺组　9. 华北组　10. 安阳殷代组　11. 福建组　12. 凤翔周代组　13. 凤翔唐代组　14. 台湾平埔组　15. 台湾阿泰亚尔组　16. 邦坦瓜哇组

表五　比较各组13个测量的相似性统计量值(dik)

组　别	凤翔	抚顺	华北	福建	安阳殷代	凤翔周代	东南爱斯基摩	那俄庚爱斯基摩	滨海楚克奇	驯鹿楚克奇	蒙古	图金布里亚特	外贝加尔布里亚特	邦坦爪哇	台湾平埔族	台湾阿泰亚尔族
凤翔																
抚顺	2.75															
华北	2.44	1.37														
福建	3.09	2.16	1.89													
安阳殷代	3.03	1.77	2.75	3.18												
凤翔周代	2.17	2.33	2.76	3.44	2.23											
东南爱斯基摩	3.57	2.75	3.35	4.30	2.58	3.83										
那俄庚爱斯基摩	5.02	3.95	4.83	5.67	3.55	4.61	1.86									
滨海楚克奇	4.44	3.50	4.17	4.97	3.23	4.28	1.24	1.51								
驯鹿楚克奇	4.84	3.64	4.53	5.40	3.13	4.35	1.66	1.12	1.22							
蒙古	5.60	4.42	4.96	5.05	4.34	5.76	3.40	3.64	2.82	3.51						
图金布里亚特	5.64	4.62	3.61	5.28	4.38	5.60	3.51	3.54	2.94	3.50	0.98					
外贝加尔布里亚特	6.77	5.68	6.36	6.25	5.45	6.87	4.64	4.43	4.03	4.42	1.84	1.32				
邦坦爪哇	2.83	4.40	3.69	3.76	5.01	4.09	5.25	6.77	6.00	6.61	6.33	6.42	7.27			
台湾平埔族	2.57	2.56	3.12	2.69	2.43	2.95	3.85	4.75	4.44	4.65	4.84	4.70	5.68	4.30		
台湾阿泰亚尔族	2.60	4.19	3.69	3.41	4.37	3.50	5.12	6.58	5.86	6.46	6.36	6.47	7.46	3.09	3.27	

五　身高的估算

用来估算身高的长骨为完整股骨，即 M173 和 M177 两个男性墓主人的股骨。测得其股骨最大长分别为：

M173　右股骨长＝43.2 厘米

M177　右股骨长＝40.7 厘米

　　　　左股骨长＝41.5 厘米

代入 M. Trotter 和 G. C. Gleser 的蒙古人种男性身高公式计算的身高为：

M173 身高＝2.15×43.2＋72.57＝165.45 厘米(右)

M177 身高＝2.15×40.7＋72.57＝160.08 厘米(右)

　　　　　2.15×41.4＋72.57＝161.58 厘米(左)

这两个个体的平均身高为 163.14 厘米，由于测量的长骨个体数太少，这个身高可能比实际平均身高偏低。

六　结语

本文研究结果摘要如下：

(一) 提供本文鉴定性别，年龄的共有四十八座墓葬的个体人骨 71 个，其中，墓主系男性的可能有同性或异性的殉人，墓主为女性的仅有两座墓葬中只见同性殉人。二十五个男性的平均死亡年龄为 35.0 岁，十七例女性的平均死亡年龄为 26.5 岁，即男性的平均死亡年龄明显大于女性。在男性个体中，多数死于壮、中年期，他们分别占 38.9%和 35.2%；女性死于青年期的最高，达 47.1%。无论墓主还是殉人，男性的平均死亡年龄都高于女性，墓主与殉人之间的平均死亡年龄之间没有明显的差异，男女个体的性别比例约为 1.8∶1，男性明显多于女性。

(二) 本文对凤翔唐代墓人骨的鉴定与研究虽系典型的小数例统计，但仍能从中感受到一般的形态特点，即具有中—高—狭颅相组合的颅型，中—狭面型，垂直颅面比例近于中等，中—高眶型，存在某些阔鼻倾向，上面部扁平度大而下面扁平度趋小，矢状方向突度近平颌型，有较明显的上齿槽突颌，鼻突度弱，短腭型。

(三) 对主要颅、面部测量特征的蒙古人种地区类群的形态变异方向的分析，凤翔唐代组的大人种性质未出亚洲蒙古人种的变异范围。在本文材料中，没有感觉非蒙古人种因素的存在或影响。在主要的颅、面部测量特征上，凤翔组明显和东蒙古人种与南蒙古人种类群的形态比较接近，与北蒙古人种和东北蒙古人种类群明显偏离。仅在面高趋低和鼻突度很弱个别特征上又有些趋同于南蒙古人种。用种族类型的聚类分析也证明，凤翔唐代组和东蒙古人种的现代和古代组群聚为一个类群，与南蒙古人种的代表聚结在其后，似乎处于东—南蒙古人种之间的地位。和同地区的周代组则首先聚类也反映这个地区周—唐古代居民在人类学关系上存在密切联系，和北、东北蒙古人种类群之间也显示出明显的疏远关系。

(四) 利用 M. Trotter 和 G. C. Gleser 蒙古人种身高计算公式计算的两个男性墓主身高为 165.5 厘米(M172)和 160.8 厘米(M177)。

(五) 在 M52 和 M68 两具殉人头骨上发现各有一不太规则的圆形打击骨折伤。在 M130 殉牲股骨上也发现多处利刃砍痕。

注　释

[1] 尚志儒、赵丛苍：《陕西凤翔县城南郊唐墓群发掘简报》，《考古与文物》1989年第5期，48—70页。

[2] 吴汝康、吴新智、张振标：《人体测量方法》，科学出版社，1984年。

[3] H. H. 切博克萨罗夫：《中国民族人类学》，科学出版社，1982年，莫斯科（俄文）。

[4] M. 肯德尔：《多元分析》，科学出版社，1983年。

[5] B. П. 阿历克谢夫，О. Б. 特罗拜尼科娃：《亚洲蒙古人种分类和系统学的一些问题（颅骨测量学）》，科学出版社西伯利亚分社，1984年，新西伯利亚（俄文）。

[6] 韩康信、潘其风：《安阳殷墟中小墓人骨的研究·安阳殷墟头骨研究》，文物出版社，1984年。

[7] 韩伟、吴镇烽、马振智、焦南峰：《凤翔南指挥西村周墓人骨的测量与观察》，《考古与文物》，1985年3期，55—84页。

（原文发表于《陕西凤翔隋唐墓1983—1990年田野发掘报告》附录，
文物出版社，2008年）

图版

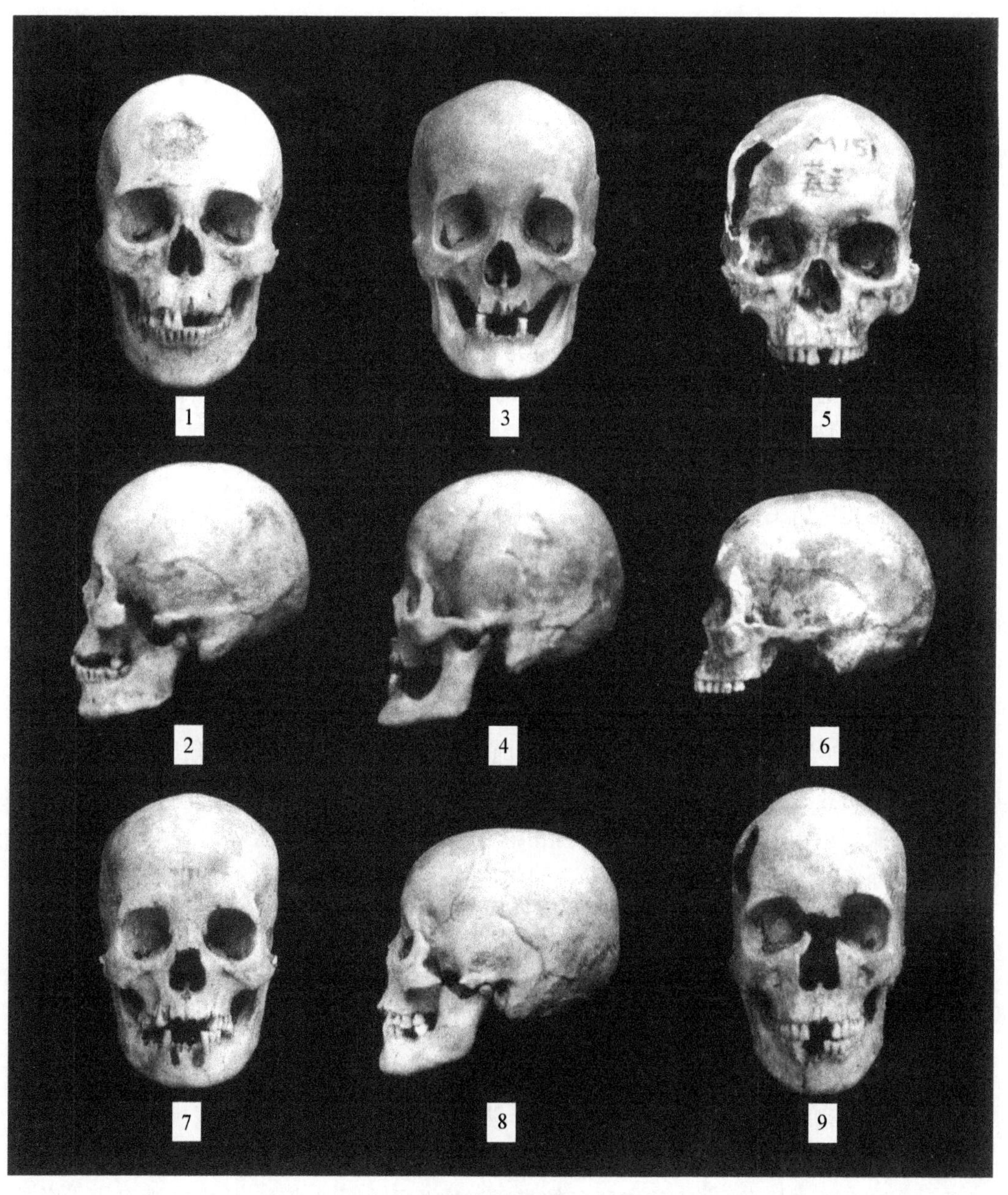

凤翔唐墓头骨

1、2. 凤南 M324，男性（正、侧面） 3、4. 凤南 M3，男性（正、侧面） 5、6. 凤南 M151，男性（正、侧面） 7、8. 凤南 M17，女性（正、侧面） 9. 凤南 M45，女性（正面）

西乡县何家湾仰韶文化居民头骨

韩康信

自八十年代始，陕西省考古研究所汉水考古队在汉水上游西乡县境内何家湾新石器时代遗址的发掘中，陆续采集了一些人类遗骨。其中有4具人骨保存较为完整，并承该所魏京武同志交由笔者进行体质人类学的观察鉴定。据报：这些人骨所属文化性质为仰韶文化半坡类型，时代晚于同地域的老官台文化。测定的两个碳十四年代约距今六千年[1]。

对仰韶文化居民人类遗骨的研究已见多批。早在二十年代初，外籍考古学者J·G·安特生先生在甘肃、河南的考古中采集过所谓仰韶期人类遗骨。后来这些材料和甘肃其他文化期的人骨一起，由加拿大人类学家D·步耐克(即步达生)作了测量研究[2]。然而从至今的考古材料看，安特生所谓仰韶期文化性质并不十分清楚，加之步耐克将这些人骨与其他甘肃出土不同文化期的材料混合在一起研究，因而难辩真正仰韶文化居民的人类学特征。

随着考古发掘的增进，特别是关中地区仰韶文化遗址的多处发现，对其中出土人类遗骨的鉴定与研究越发成了组成考古报告的一个重要方面。这些任务主要由我国已故体质人类学家颜訚承担的，他在六十年代初，相继发表了西安半坡[3]、宝鸡北首岭[4]及华县元君庙[5]三处仰韶文化人类学研究报告。颜訚先生作故后，笔者等继续整理和简报了华阴横阵新石器时代人骨资料[6]。此外，复旦大学的夏元敏及半坡博物馆的巩启明等同志对西安郊区姜寨一期人骨材料作了观测报告[7]。然而，所有上述资料在地理上都集中在南依秦岭、北处黄河流域，对自然景观形成强烈反差的秦岭以南地区仰韶新石器时代的人类学材料则仍是一无所知。而西乡何家湾仰韶时代人骨材料的收集与研究，为我们提供了了解秦岭南、北仰韶文化居民人类学关系的一个机会，这也是考古学家们想要知道的一个问题。令人惋惜的是在何家湾仰韶文化层中人骨保存情况不好。可供测量研究的仅限于少量零星不成组的几具头骨，这对系统全面了解该地区仰韶文化居民的种族组成特点无疑是很不充分的。因此，本文的主要目的是通过这几具头骨的考察，从中窥视汉水上游仰韶文化居民的一般形态特点，由此引出它们在人类学特征上与关中地区仰韶居民之间的可能关系。

一　头骨形态和测量特征的考察

何家湾仰韶头骨的形态特征观察与指数和角度测量特征列于表一、二。下边扼要记述如下：

表一　形态观察

形态特征	M60	M66	M99	M104
颅　形	卵圆形	短卵圆形	长卵圆形	长卵圆形
额坡度	近直形	中　斜	中　斜	直　形
矢状嵴	不　显	不　显	不　显	不　显
颅顶缝	简单型	简单型	简单型	较简单型
眉弓突度	较显（Ⅲ级）	弱（Ⅰ级）	中等（Ⅱ—Ⅲ级）	弱（Ⅰ级）
眉间突度	弱（Ⅰ—Ⅱ级）	弱（Ⅰ级）	较弱（Ⅱ—Ⅲ级）	弱（Ⅰ—Ⅱ级）
鼻根凹陷	平	平	平	平
鼻额缝形状	弧　形	曲折形	弧　形	弧　形
鼻骨突度	极　弱	极　弱	极　弱	极　弱
鼻背形式	—	浅凹形	浅凹形	浅凹形
眶　形	略近椭圆形	略近圆形	近椭圆形	钝角方形
眶口平面倾度	后斜型	后斜型	后斜型	后斜型
梨状孔下缘	鼻前窝型	钝型	鼻前沟形	鼻前窝型(?)
鼻　棘	小（Ⅱ级）	小（Ⅱ级）	小（Ⅱ级）	小（Ⅱ级）
颧骨形态	较宽而突出	宽而突出	较宽	较宽
犬齿窝	较深(3级)	浅(1级)	浅—中(1—2级)	中等(2级)
腭　形	近抛物线形	近抛物线形	—	U形(?)
腭圆枕	缺	缺	长梭形	梭形
颏　形	圆形	尖　形	角　形	尖　形
下颌圆枕	缺	缺	弱	缺

表二　颅、面特征的指数和角度

指 数 与 角 度	M60	M66	M99	M104
颅指数(8∶1)	79.5	83.4	67.4	69.7
颅长高指数(17∶1)	76.8	80.6	—	—
颅长耳高指数(21∶1)	65.9	67.2	60.2	60.6
颅宽高指数(17∶8)	96.6	96.6	—	—
颅宽耳高指数(21∶8)	82.2	79.6	88.6	86.7
额宽指数(9∶8)	65.6	63.5	75.7	70.3
上面指数(48∶45)	50.0	52.1	57.1	60.7?
面突度指数(40∶5)	93.7	100.7	—	—
眶指数(52∶51)左	83.8	82.5	82.4	88.5
右	84.6	84.8	77.0	81.7
鼻指数(54∶55)	52.5	51.5	57.0	47.7
鼻根指数(55∶50)	20.1	23.4	19.0	23.7

续 表

指数与角度	M60	M66	M99	M104
腭指数(673：62)	81.5	86.3?	—	—
面角(72)	87.0	82.5	82.5	88.0
齿槽面角(74)	83.5	72.5	69.5	78.5
鼻颧角(77)	146.7	151.2	146.4	144.9
颧上颌角(2 m<)	135.4	133.9	133.9	142.4

M60 头骨(图版一,1-3)　这具头骨保存比较完整(有下颌),属于中—老年男性。头骨(侧视)前额向后上方倾斜坡度比较陡直(直形),颅形(顶视)为卵圆形。眉弓突度较显著(Ⅲ级),眉间突度弱(Ⅰ—Ⅱ级),鼻根几不凹陷,鼻骨突度极弱,鼻额缝近似弓形(即弧形)。颅顶缝(即矢状缝纹式简单)。乳突大,枕外隆突不发达(稍显),眶形略近似斜位椭圆形,眶口平面对眼耳标准平面的倾斜为后倾型。梨状孔下缘形态呈鼻前窝型,其正中的鼻棘小(Ⅱ级)。犬齿窝较深(Ⅲ级)。上腭齿槽弓形状为抛物线形,腭圆枕未显。下颌颏形圆形,下颌圆枕不显。根据测量,这具头骨属中—短颅型之间,颅高很高,相对颅高为高颅型,相对颅宽中颅型。上面比较低,相对面高在中—阔面型之间。眶形为偏高的中眶型。鼻指数较大,属阔鼻类型。以面角估计的面部矢状方向突出小,为平颌型,上齿槽突度不强烈,为中颌型。面部在鼻颧水平方向突度很小,即有较大的鼻颧角。而颧颌水平方向突出中等。

M66 头骨(图版一,4-6)　头骨和下颌完整,大约属壮年男性。头骨为短卵圆形,前额坡度较斜。颅顶缝为简单型。眉弓突度和眉间突度都很弱(皆Ⅰ级),鼻根平,鼻额缝为凸形(即曲折形)。矢状嵴不显,乳突大,枕外隆突不发达,但有较粗涩的枕外嵴及项平面。眶形比较圆钝(略近圆形或眶角钝的方形),眶口平面属显著后斜型。鼻骨突度极弱,鼻梁浅凹形。梨状孔下缘钝型,鼻棘小(Ⅱ级)。颧骨宽而外突,犬齿窝线(Ⅰ级)。腭形接近抛物线形,腭圆枕不显。颏形尖形,下颌圆枕缺如。根据颅形的测量,此头骨为短颅型,高颅型和中等宽颅型。上面不很高,具有中等宽的面宽,面指数为中上面型。眶的指数属中眶型,鼻形指数也进入阔鼻型。鼻根指数小,表明鼻骨突起很弱。面部矢状方向突度为中颌型,但上齿槽突颌较明显,为突颌型。具有很大的鼻颧水平扁平度,颧颌水平扁平度中等。

M99 头骨(图版二,1-3)　颅底、左颧弓及下颌髁突部分残,属中年男性。颅形有些接近长卵圆,额坡度中斜。颅顶缝为简单型,矢状嵴不显。眉弓突度中等(Ⅱ—Ⅲ级),眉间突度较弱(Ⅱ—Ⅲ级),鼻根平。乳突大,枕外嵴粗涩。眶形较近椭圆眶口平面属后斜型。鼻骨突度极弱,鼻梁浅凹形,鼻额缝弧形。梨状孔下缘形态为鼻前沟型。鼻棘小(Ⅱ级)。犬齿窝浅—中(Ⅰ—Ⅱ级),颧骨较宽而粗壮。有梭形腭圆枕。颏形角型,存在弱的下颌圆枕。按测量特征,颅形极狭长,为特长颅型。绝对颅高中等,低颅型。绝对颅宽也极小,属极狭颅型。中等上面高配以极狭的面宽(颧宽),其上面指数很高而为狭面类型。眶指数中眶型,鼻指数很大,为特阔鼻型。鼻根指数则最小,其鼻骨几平。在鼻颧水平上的面部扁平度也较大,颧颌水平面部突度为中颌型,上齿槽面角较小而呈现明显突颌型。

M104 头骨(图版二,4-6)　颅底残,有下颌。中年或大于中年女性。头骨呈现不甚标准的长卵圆形，直形额，不显矢状嵴。眉弓和眉间突度弱（分别Ⅰ级和Ⅰ—Ⅱ级），鼻根平。矢状缝除顶段稍现复杂外，其他段皆简单型。乳突中—大，枕外隆突几不显。鼻骨极为扁平，鼻梁浅凹形，鼻额缝为弧形。眶形为圆钝方形，眶口平面倾度为后斜型。梨状孔下缘可能近鼻前窝型(?)，鼻棘小（Ⅱ级）。颧骨较宽，转角近直角，犬齿窝中等深（Ⅱ级），腭形近似U形(?)，存在梭形腭圆枕。尖形颏形，无下颌圆枕。下颌呈轻度"摇椅形"。按测量特征分类，此头骨属特长颅型，绝对颅高中等属低颅型。绝对颅宽较小，属极狭颅型。上面很高配合很狭的面宽，其上面指目而很高，为特狭面型。眶指数中等或较高，中眶型或接近高眶型。鼻指数比上几具头骨小，为中鼻型。鼻根指数小，表示鼻骨突度很弱。鼻颧水平方向面部突度较小，颧颌水平扁平度很大，侧面方向突度小，为平颌型。上齿槽突度为中颌型。

从以上四具头骨的观察特征来看，如果去掉其中某些性别因素形成的差异以外，其主要共同点可能是多见卵圆形颅，眉间和眉弓突度都不发达，鼻根凹陷几属平形，且鼻额缝多现弧线形，颅顶缝属简单类型，眼眶都属圆钝形，眶口平面倾度为后斜型。鼻骨突度很弱，鼻棘小，犬齿窝浅—中。颧骨比较宽大而常外突。这些形态的组合出现，明显地习见于黄河流域新石器时代居民的头骨上。然而无论从观察特征还是颅、面型测量特征来看，在这四具头骨中存在某些明显的形态偏离，即M60和M66两具头骨在颅、面型上更一致，表现在它们的颅型更短、更高，而面型更低矮；相反，M99与M104两具头骨在形态上也比较更接近，主要表现在有更狭长的颅型和更低的颅型，其面型则更狭长。与此同时，在其他面部细节特征上，这两者之间又呈现出明确的相似性，如眶形大体都属中眶型，鼻指数上的阔鼻倾向比较明显，由鼻根指数代表的鼻突度都很小，齿槽突颌较明显，上面部水平扁平度大或较大，中面部扁平度皆中等。加之这四具头骨在前述观察特征时所指出的一般相似对于上述颅形和面形上表现出来的偏离，还只能以同种质个体间的异形来解释。

二　测量特征的组间比较

为了考察何家湾墓地头骨与关中地区同名文化居民头骨在体质形态学上的关系，在这里引用华县、半坡、宝鸡及横阵，姜寨一期五组测量资料进行组间差异分析。但正如前述，何家湾的头骨仅有四具（其中包含一具女性），由这样少的抽样测量与其他新石器时代组进行系统的比较，尤其在直线项目的测量比较上很容易产生许多意想不到的结果。因此，为了尽可能减小这种不利因素，我们选择了比直线测量更能反映形态类型的指数和角度项目进行组间差异的讨论。各组比较数字分别列于表三—五。

表三　颅型指数的组间比较

组　别	颅指数（8：1）	颅长高指数（17：1）	颅长耳高指数（21：1）	颅宽高指数（17：8）	颅宽耳高指数（21：8）	额宽指数（9：8）
何家湾	75.02(2)	78.70(2)	63.47(4)	96.61(2)	84.28(4)	68.80(4)
华　县	78.51(8)	80.43(8)	66.84(9)	103.90(7)	84.95(8)	66.45(7)
半　坡	78.83(7)	72.27(3)	65.54(4)	97.37(3)	81.51(4)	64.68(5)

续 表

组 别	颅指数(8∶1)	颅长高指数(17∶1)	颅长耳高指数(21∶1)	颅宽高指数(17∶8)	颅宽耳高指数(21∶8)	额宽指数(9∶8)
宝 鸡	79.34(24)	78.73(14)	—	98.80(14)	—	65.35(19)
横 阵	80.5(13)	77.90(9)	—	96.1(8)	—	64.9(10)
姜 寨	79.04(5)	78.49(1)	—	96.39(1)	—	[67.11]

注：有方括号者利用平均值计算之估计指数，表四同此。

表四 面部形态指数的组间比较

组 别	上面指数(48∶45)	面突度指数(40∶5)	垂直颅面指数(48∶17)	眶指数(右)(52∶51)	鼻指数(54∶55)	鼻根指数(55∶50)
何家湾	54.96(4)	97.21(2)	49.44(2)	84.30(4)	52.18(4)	21.55(4)
华 县	57.79(5)	98.07(7)	53.06(8)	77.96(11)	53.79(13)	37.24(11)
半 坡	51.28(1)	98.34(1)	—	82.11(4)	50.00(5)	29.24(8)
宝 鸡	53.49(6)	[99.41]	52.10	78.30(13)	52.50(5)	28.09(15)
横 阵	52.2(3)		[49.15]	76.1(9)	49.9(7)	27.2(7)
姜 寨	51.93(1)	—	[51.45]	81.62(3)	51.63(5)	29.41(5)

表五 面部角度测量的组间比较

组 别	面角(72)	齿槽面角(74)	鼻骨角75(1)	鼻颧角(77)	颧上颌角(z m<)
何家湾	85.0(4)	76.0(4)	13.1(4)	147.3(4)	134.0(4)
华 县	83.6(9)	77.6(7)	17.8	145.2(6)	—
半 坡	81.0(3)	78.5(4)	—	146.7(5)	136.7(3)
宝 鸡	8.4(16)	70.7(14)	14.4(6)	144.1(12)	137.4(3)
横 阵	80.4(8)	—	—	149.0(10)	—
姜 寨	83.0(2)	78.0(2)	14.0(2)	146.0(5)	137.8(3)

按头骨的长、宽、高颅型指数比较(表三)，何家湾的颅指数比所有其他五个仰韶组的更小一些，但大体上仍在中颅型变差范围(75—80)之内，而后者除横阵组颅指数接近短颅型下界值(80)外，其余都是中颅类型。以颅长高指数，何家湾组与除半坡组外的其他仰韶组变差很小，而属于高颅型。在颅宽高指数上，如不计华县组特别大的数值外，何家湾组仍落在其他四个仰韶组不宽的变差范围(96.1—98.8)之内，且尤与横阵、半坡及姜寨三组接近。在额宽指数上，何家湾组的数值大于其他仰韶组但没有越出中额型变异范围(66—69)，后者中虽多近狭额型(半坡、宝鸡、横阵)，但也有中额型变异(华县、姜寨)。由以上颅型指数的比较，尽管何家湾组与其他仰韶组之间存在某些偏离，但这种组间差异仍无特别明显的意义，相反，它们仍以中颅型和高颅型为其特点，正如其他仰韶组中所见那样，中颅型和高颅型也是普遍的代表性特点。

在各项面形特点的指数比较上(表四)，何家湾组的上面指数值没有偏离其他仰韶之间的组间变异范围(51.3—53.8)，与宝鸡组更接近。在面突度指数上虽小于其他组，但与华县、半坡组仅相差1个指数单位，与宝鸡组的估计值也只差2个单位而大体上属于平颌型到中颌型之间的类型，而无论是华县组还是半坡组也基本上属于这样的类型。因此，其偏离也不算大。垂直颅面指数则比华县与宝鸡组更小一些，但与横阵和姜寨组的估计值大体相近或相差不大。在眶指数上，何家湾组超出了其他仰韶组组间变异(76.1—87.1)上界值约2个指数单位，仍表现出有更高一些眶形，但在眶形分类上，仍属中眶型(76—85)变异。按鼻指数，何家湾具有阔鼻倾向，是其他仰韶组共有的特点，其指数值在其他仰韶组不宽的变异范围(49.9—53.39)之内。何家湾的鼻根指数则是比所有仰韶组更小的尽管在指数值上表现出较大的差异，但考虑到即便其他仰韶组在该项特征上也是普遍表现出低鼻性质，在何家湾四具头骨上这个特征更为强烈而已，因此未必有类型学的价值。总的来看，何家湾组几具头骨在上述主要面部特征的测量上虽与其他仰韶组之间存在某些组间差异(主要眶形可能高一些，鼻根突度低平性质更强烈)，但在一般的面形特点上仍表现出与其他仰韶组之间明显的同形态性质。

在面部水平方向和侧视矢状方向角度测量的表现上(表五)也大致如此：何家湾的面角略高于其他仰韶组组间差异(80.4—83.6)上界值约1.5度，恰好在中颌型的上界值(80—85)，其他仰韶组也都是中颌型。在齿槽突颌度上，何家湾组的突颌性质则也是其他仰韶组共同的特点。其齿槽面角也处在各仰韶组组间差异范围(70.7—78.5)之内。在鼻骨角所示鼻骨上翘程度上犹如鼻根指数，何家湾的角度最小，也表现了更小的鼻突起，但与宝鸡、姜寨组的该特征更接近同类。在面部水平方向突度上，何家湾组鼻颧角是大的，表现了具有明显的上面扁平度，而这项特点也大体上是其他仰韶各组的普遍性质，它们的组间差异范围(144.1—149.6)包括了何家湾组。在中面部水平方向突度上，何家湾组的颧上颌角稍小于半坡组、宝鸡组和姜寨组，可能表明何家湾头骨在中面部扁平度上略逊于三个关中仰韶组。这几项面部角度测量特征的比较证明，何家湾组头骨在水平和矢向方向的面部突度上与其他仰韶组也基本是同类型的，没有表现出存在特殊差异。

综述以上颅、面特征测量的比较，对何家湾几具头骨的一般形态特点获得如下初步印象，即它们在颅、画特征的形态类型上，与其他仰韶文化人类学材料之间依然具有普遍也是主要的同型性质，如中颅型，高颅，中—狭面型，阔鼻性质，弱的鼻突度，突颌及明显的面部水平扁平度和矢状突度上为中颌型等。它们之间在某些特点上的偏差如颅型可能偏长一些，鼻突起程度更弱，眶形可能略偏高等，则没有表现出明确的方向性。因此对后者目前还只能依种群内的组间差异来解释比较合适。

三　初步结论

根据前文对何家湾仰韶文化居民头骨的形态观察与测量特征的类型分析比较，大致作出如下几点初步结论：

1. 从何家湾新石器时代墓地采集的四具头骨上，存在显然习见于黄河中游新石器时代蒙古人种头骨上的一般综合特征，如卵圆形颅，眉弓和眉间突度不强烈，鼻根平浅，颅顶简单，圆钝眼眶，梨状孔下缘出现鼻前窝型，鼻棘不发达，鼻骨突度弱，犬齿窝浅—中，颧骨发达，鼻额缝多弧形等。

2. 从个体头骨的形态观察和测量特征的比较表明，在何家湾的四具头骨中仍存在两种不同的形态偏离，即 M60 与 M66 两具头骨相对 M99 和 M104 两具头骨来说，颅形更短，面型更低宽，而后两具头骨则有很长狭颅形和相对更为高狭的面型，然而在其他一些重要面部特征上，这几具头骨仍表现出一般的相似性，如中眶型，多阔鼻倾向，鼻突度都很弱，有大或较大的面部水平扁平性质，齿槽突颌较明显等。因此，对这种个体头骨间的颅型和面型的差异，本文认为凭依同种群个体变异或同质异形来说明比较合适。

3. 根据若干主要的颅、面部测量特征的组间比较，何家湾仰韶头骨与关中地区仰韶头骨之间表现出普遍的相似性，如平均颅形为中颅型和高颅型中—狭面型，鼻突度弱，具有阔鼻倾向，齿槽突颌，大的上面水平扁平度，矢状方向突度为中颌型等。其间的差异仅在颅形上可能偏长一些，鼻突出程度更弱，眶形偏高等。因此，将何家湾组头骨在种系形态学上与关中地区仰韶文化居民的头骨形态视为同种类型比较适当。

从以上人类学研究的初步结果，大致可以认为生息于秦岭南北的仰韶文化居民不仅在彼此的文化内涵上具有明确的共性，而且在种族人类学关系上，也是同种系类型的。对于其间的某些形态偏离因素，或可能出于统计抽样的缺陷而表现出随机偏离，或可能与各自的不同生态自然环境有联系。这个问题尚待发现更多材料进行调查。

参考文献

[1] 陕西省考古研究所汉水考古队：《陕西西乡何家湾新石器时代遗址首次发掘》，《考古与文物》1981年第4期，13—26页。

[2] 步达生：《甘肃河南晚石器时代及甘肃史前后期之人类头骨与现代华北及其他人种之比较》，古生物杂志丁种第六号第一册，1928年。

[3] 颜訚等：《西安半坡人骨的研究》，《考古》1960年第9期，36—47页。

[4] 颜訚等：《宝鸡新石器时代人骨的研究报告》，《古脊椎动物与古人类》1960年第1期，33—43页。

[5] 颜訚：《华县新石器时代人骨的研究》，《考古学报》1962年第2期，85—104页。

[6] 考古研究所体质人类学组：《陕西华阴横阵的仰韶文化人骨》，《考古》1977年第4期，247—256页。

[7] 夏元敏等：《临潼姜寨一期文化墓葬人骨研究》，《史前研究》1983年第2期，112—132页。

附表六　何家湾新石器时代头骨测量表

马丁号	测　量　项　目	M60	M66	M99	M104
1	颅长(g—op)	187.4	171.8	190.7	188.9
8	颅宽(eu—eu)	149.0	143.3	128.6	131.7
17	颅高(ba—b)	144.0	138.4	—	—
21	耳上颅高(po—v)	123.5	115.5	114.8	114.4
9	最小额宽(ft—ft)	97.8	91.0	97.4	92.6
5	颅基底长(ba—n)	100.2	97.8	—	—
40	面基底长(ba—pr)	93.9	98.5	—	—
48	上面高(n—sd)	68.5	71.0	69.6	73.7
	(n—pr)	65.3	67.0	65.0	71.0

续 表

马丁号	测 量 项 目		M60	M66	M99	M104
45	颧宽(zy—zy)		137.0	136.3	122.0	121.4?
46	中面宽(zm—zm)		102.0	107.5	100.0	101.0
43(1)	两眶外缘宽(fmo—fmo)		95.7	95.6	96.2	96.2
50	眶间宽(mf—mf)		21.5	18.9	20.6	20.2
49a	眶内缘点间宽(d—d)		25.0	22.4	25.0	24.5?
	颧骨高(fmo—zm)	左	47.6	51.2	47.4	45.3
		右	45.2	47.6	45.3	43.6
	颧骨宽(zm—rim、orb)	左	26.6	29.6	25.3	26.5
		右	26.0	30.3	26.7	24.1
54	鼻宽		27.6	26.3	28.0	25.3
55	鼻高(n—ns)		52.6	51.1	49.1	53.0
	鼻骨最小宽(sc)		9.0	7.7	7.5	7.0
	鼻骨最小宽高(ss)		1.81	1.80	1.42	1.66
51	眶宽(mf—ek)	左	42.0	41.2	40.4	40.0
		右	41.5	40.7	41.8	42
51a	眶宽(d—ek)	左	38.8	39.1	37.3	37.2
		右	39.0	37.6	38.0	38.8
52	眶高	左	35.2	34.0	33.3	35.4
		右	35.1	34.5	32.2	34.3
60	齿槽弓长		50.0	53.4	—	51.0
61	齿槽弓宽		59.3	60.0?	—	—
62	腭宽(ol—sta)		45.4	46.0	—	43.2
63	腭宽(enm—enm)		37.0?	39.7?	—	—
	额角(n—b—FH)		53.0	54.5	52.0	51.0
32	额倾角(n—m—FH)		85.0	85.0	82.0	89.5
72	面角(n—pr—FH)		87.0	82.5	82.5	88.0
73	鼻面角(n—ns—FH)		87.0	86.0	87.0	90.0
74	齿槽面角(ns—pr—FH)		83.5	72.5	69.5	78.9
77	鼻颧角(fmo—n—fmo)		146.7	151.2	146.4	144.9
	颧上颌角(zm—ss—zm)		131.9	131.7	130.3	142.0
	(zm_1—ss—zm_1)		135.4	133.9	133.9	142.4
75(1)	鼻骨角(rhi—n—pr)		—	13.2	11.8	14.4

(本文原发表于《陕南考古报告集》附录一，三秦出版社，1994年)

图版一

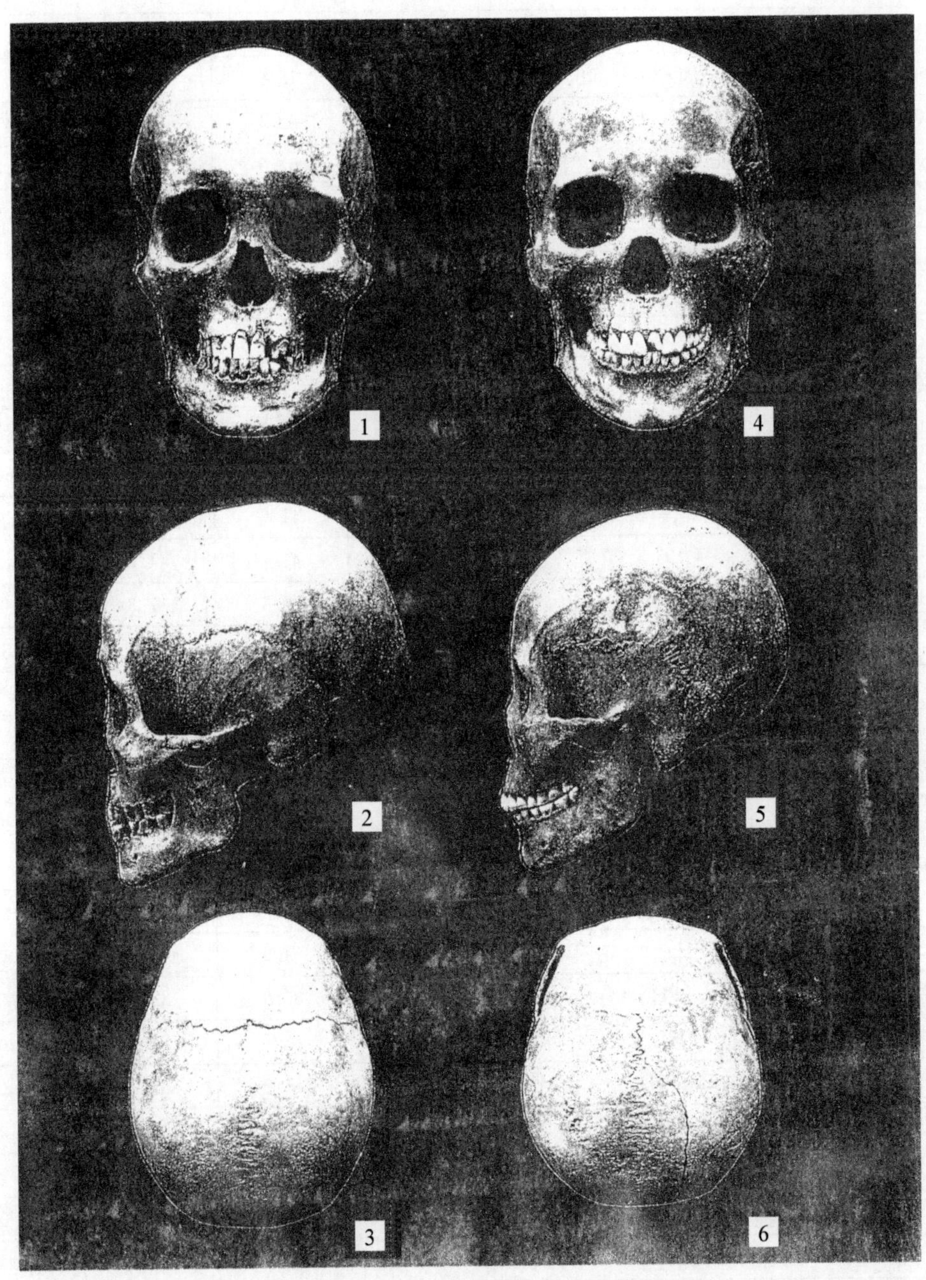

1—3. M60　　4—6. M66

何家湾遗址半坡类型人头骨

图版二

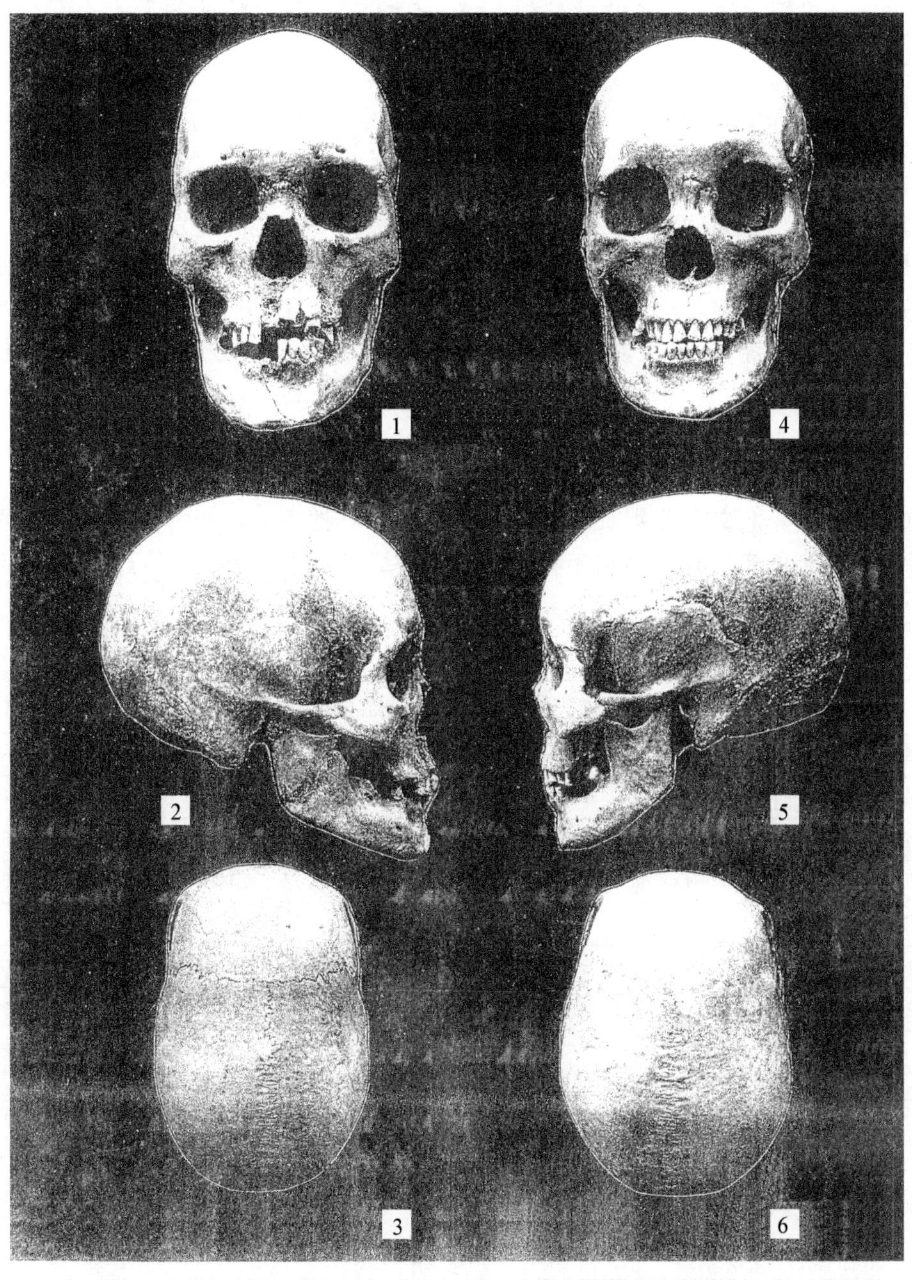

1—3. M99　　4—6. M104

何家湾遗址半坡类型人头骨

李家崖墓葬出土人骨鉴定报告

本报告鉴定的人骨材料出自陕西省清涧县李家崖墓地，其年代大致处于商周时期，是陕西省考古研究所(即陕西省考古研究院)于1983—1991年之间的发掘中采集的。共发掘墓葬60多座，均为小型长方形竖穴土坑墓，其中，部分有葬具，部分为土葬而无葬具。大多数墓没有发现随葬品，个别墓中出土有青铜工具或武器，另有一部分墓中随葬陶器。这批墓的头向多数朝南，葬式多为仰身直肢，大约有三分之一是二次葬。现将鉴定结果和初步研究记述如下：

一 性别年龄鉴定

在室内鉴定李家崖人骨共28个，墓葬有28座。其性别与年龄的估计主要依据人体测量手册中规定的各项人骨性别年龄测量法和等级[1]。每个个体的估计性别与年龄见表1。

表1 性别与年龄鉴定

墓 号	性别	年龄(岁)	墓 号	性别	年龄(岁)	墓 号	性别	年龄(岁)
AM1	男	17—22	CM2	男	＞55	CM13	女	16—18
AM3	女	＞50	CM3	女	35	CM14	女	25
AM6	男	18—25	CM4	男	45—50	CM15	女	＞55
AM10	男	35—45	CM6	男	＞55	CM16	男	＞50
AM10	女	15—20	CM7	女	12—13	CM17	女	35±
AM11(1)	女	45—50	CM8	?	6	CM19	男	20
AM12(2)	男	＞45	CM9	男	35—40	CM20	男	45
AM13	男	40±	CM10	男	＞55	CM21	男?	＞45
AM14	女	20—25	CM11	女	＞15	YM2	男	＞55
CM1	男	25—30	CM12	女	＞55			

据表1制作的性别、年龄分布表列于表2：

表2 性别、年龄分布

年龄分期(岁)	男(%)	女(%)	特别不明	合计(%)
未成年(≤15)	0(0.0)	1(8.3)	1	2(7.1)
青年(16—23)	3(20.0)	3(25.0)		6(21.4)

续 表

年龄分期(岁)	男(%)	女(%)	特别不明	合计(%)
壮年(24—25)	1(6.7)	3(25.0)		4(14.3)
中年(36—55)	7(46.7)	3(25.0)		10(35.7)
老年(≥56)	4(26.7)	2(16.7)		6(21.4)
合　计	15	12	1	28

据表2,这个墓地鉴定人口数为小数例,作为人口学的统计还不具统计学的代表性,仅就这些有限统计,指出如下几点:

1. 在不足30人的统计中,多数限于从青年期到中年期(71.4%),而中年期死亡的更多(35.7%)。死于老年的约五分之一。

2. 女性死于青壮年的占约50%,明显高于男性同期死亡的比例(26.7%)。相反,女性死于中老年的(41.7%)少于男性同期的死亡比例(73.4%)。

3. 可辨别性别的27个个体中,男性占15例,女性12例,性别比例均为1.25。

二　头骨形态观察

可供形态观察的头骨共14具(男性7具,女性7具)。对这些头骨的主要形态特征的记录见表3(图版一、二)。归纳起来看,这批头骨的主要形态特征大致记述如下:

颅形:以卵圆和菱形出现多,特别是女性菱形颅出现多。

眉弓和眉间突度:男性眉弓突度普遍显著,眉间突度中等(平均Ⅲ级),女性则普遍弱化。

额坡度:男性多现中斜和斜,女性则陡直。

矢状缝:无论男女皆系简单形(微波-锯齿形)。

乳突和枕外隆突:男性乳突普遍为大-特大等级,枕外隆突也以显著居多,女性的相应特征明显弱化。

眶形:似乎没有表现出对某种眶形的集中现象,但眶角普遍较钝。

梨状孔:男性多梨形的,女性的三角形多现。

梨状孔下缘:钝形较多些,出现较多,部分窝型,锐型少。

鼻棘:除个别外,鼻棘皆中等以下。

犬齿窝:大多为无或浅型的,深度的少。

鼻根凹:皆不发达。

翼区:额-蝶接触的H形普遍。

鼻梁　凹型和凹凸型。

鼻骨形态　比上下场较宽中间收敛的Ⅰ型稍多和部分上下场逐渐增宽的Ⅱ型。

矢状脊　发育大多为弱型以下。

额中缝　13例中见一例全额中缝,其余未现。

腭形　较宽的V形和椭圆形。

腭圆枕　出现皆弱或未现。

表 3　头骨形态观察

形态特征＼墓号	AM1 男	AM6 男	AM10 男	CM1 男	CM10 男	CM16 男	YM2 男	AM3 女	AM10 女	AM12 女	AM14 女	CM7 女	CM13 女	CM17 女
颅　形	卵圆	菱形	卵圆	—	菱形	卵圆	椭圆	菱形	菱形	菱形	菱形	菱形	菱形	—
眉弓突度	中等	特显	显著	显著	中等	显著	弱	弱	弱	弱	弱	弱	中等	弱
眉间突度	Ⅲ级	Ⅴ级	Ⅳ级	Ⅲ级	Ⅱ级	Ⅲ级	Ⅱ级	Ⅰ级	Ⅰ级	Ⅲ级	Ⅱ级	Ⅰ级	Ⅱ级	Ⅲ级
额坡度	—	中斜	斜	—	直	中斜	斜	直	近直	直	直	直	直	直
矢状缝	简单	简-复杂	—	—	无	—	—	简单	简单	简单	简单	简单	简单	简单
乳　突	特大	大	特大	—	大	特大	大	—	小	大	小	小	大	小
枕外隆突	显著	显著	显著	—	稍显	喙状	显著	稍显	缺	—	稍显	缺	中等	—
眶　形	—	近椭圆	近斜方	近圆形	斜方	椭圆	斜方	近圆	近椭圆	长方	圆形	近圆形	斜方	斜方
梨状孔	—	梨形	—	梨形	—	梨形	梨形	—	心形	心形	—	—	心形	三角形
梨状孔下缘	窝形	钝形	—	钝形	钝形	窝形	窝形	锐形	钝形	锐形	钝形	钝形	钝形	窝形
鼻　棘	中等	中等	—	中等	稍显	中等	稍显	—	稍显	显著	—	—	—	中等
犬齿窝	浅	无	浅	无	深	无	中	极深	浅	浅	中-深	浅	无	中
鼻根凹	—	浅	浅	无	无	无	无	无	无	无	无	无	无	无
翼　区	H型	H型	—	—	H型	H型	H型	H型	H型	H型	H型	H型	缝间型	—
鼻　梁	—	凹型	—	凹凸型	—	凹型	凹凸型	—	凹凸型	凹凸型	凹型	—	凹型	凹型
鼻骨形态	—	Ⅰ型	Ⅰ型	Ⅰ型	Ⅱ型	Ⅰ型	Ⅱ型	Ⅰ型	Ⅱ型	Ⅱ型	Ⅰ型	—	Ⅲ型	Ⅰ型
矢状脊	中	—	弱	—	弱	无	弱	无	弱	弱	弱	弱	弱	—
额中缝	无	无	无	—	无	无	无	无	无	无	无	全	无	无
腭　形	V型	—	V型	V型	近椭圆	椭圆	椭圆	—	椭圆	—	V型	椭圆	V型	V型
腭圆枕	无	近线状	瘤状	线-丘	无	无	线状	线状	无	丘状	无	无	线状	无
眶口平面位置	—	近垂直	近垂直	—	垂直	近垂直	后斜	后斜	后斜	垂直	后斜	—	垂直	后斜
眶口正面位置	—	近水平	倾斜	水平	倾斜	近水平	倾斜	水平	倾斜	近水平	水平	水平	倾斜	倾斜
颔　形	方形	—	—	圆形	—	—	—	夹形	—	—	—	—	—	圆形
下颌角	直形	—	—	直形	—	—	—	—	—	—	—	—	—	内斜
颏孔位置	P1P2位	—	—	P2M1	—	—	—	P2位	—	—	—	—	—	P1P2位
下颌圆枕	无	—	—	无	—	—	—	无	—	—	—	—	—	无
“摇椅”下颌	轻度	—	—	—	—	—	—	—	—	—	—	—	—	—

眶口平面位置　约近垂直型和后斜型的各一半(女性后斜的更多一些)。

眶口正面位置　近水平位或倾斜位的各占一半。

下颌五项形态特征　仅观察到4例,难以归纳它们的主要形态。仅似乎未见下颌圆枕。

表4列出了主要颅、面部各项指数的形态分类调查。按这些指数的个体形态分型出现情况,李家崖组头骨的形态类型的综合特征大致为中颅型—高颅型—狭颅型和中—狭额型相结合;面部形态为中面型(女性较男性趋狭)—中眶型(女性比男性趋高)—中鼻型趋阔(女性比男性明显呈阔鼻型)—短齿槽型—中、平颌型—上齿槽突颌型。

表4　颅面形态指数分类及指数平均值

编号	测量项目	性别	例数	形态分数					测量平均值
8∶1	颅指数			特长颅	长颅	中颅	短颅	特短颅	
		男	5		1	3	1		76.7(5)
		女	5		1	3	1		76.4(5)
17∶1	颅长高指数			低颅	正颅	高颅			
		男	4			4			77.5(4)
		女	5		1	4			76.8(5)
21∶1	颅长高指数			低颅	正颅	高颅			
		男	3		1	3			65.0(4)
		女	5			5			66.9(5)
17∶8	颅宽高指数			阔颅	中颅	狭颅			
		男	5			5			101.5(5)
		女	5		1	4			100.6(5)
9∶8	额宽指数			狭额	中额	阔额			
		男	5	1	3				67.9(5)
		女	5	2	3	1			66.2(5)
48∶45	上面指数			特阔上面	阔上面	中上面	狭上面	特狭上面	
		男	6						53.2(6)
		女	4						56.3(5)
47∶45	全面指数			特阔面	阔面	中面	狭面	特狭面	
		男	2			2	1	1	88.5(2)
		女	3			1			91.3(3)
52∶51	眶指数			低眶	中眶	高眶			
		男	6	3	3				76.2(6)
		女	6	2	2	2			79.9(6)
54∶55	鼻指数			狭鼻	中鼻	阔鼻	特阔鼻		
		男	6	1	2	3			50.3(6)
		女	6		1	4	1		54.8(6)
63∶62	腭指数			狭腭	中腭	阔腭			
		男	3	1	1	1			81.5(3)
		女	3	1		2			88.7(3)
61∶60	齿槽高指数			长齿槽	中齿槽	短齿槽			
		男	4			4			123.3(4)
		女	4			4			122.9(4)

续 表

编号	测量项目	性别	例数	形态分数					测量平均值
40∶5	面突度指数			平颌	中颌	突颌			
		男	4	4	2				95.1(4)
		女	5	3					96.5(5)
72	总面角			超突颌	总颌	中颌	平颌	超平颌	
		男	6			3	3		85.6(6)
		女	5			2	3		84.8(5)
74	齿槽面角			超突颌	突颌	中颌	平颌	超平颌	
		男	6		4	1	1		77.2(6)
		女	5		2				69.6(5)

三　种族居群关系比较

作为种族类群关系的比较，本文采用近年常用于人类学研究中的多因子分析中的主成分分析法(PCA)[2]。这种多因子分析处理是多度量问题，由于度量比较多时，大大增加了分析比较的复杂性。实际上在大多数比较的问题中，度量之间有某种程度的相关性。因此人们都希望用较少的度量来替代原来较多的度量，同时这些少数的度量又要尽可能多地有含原来度量的信息。主成分分析法就是这种将维这用的一种分析方法。即将为数众多的度量线型组合成为数较少的综合度量，而这一种新的综合度量又要包含有尽量多的原来度量所含的信息，但各综合度量间又彼此无关或没有信息的重叠。其中，第一主成分(PC1)代表总度量信息的最多部分，第二主成分(PC2)其次，第三主成分再次，依次类推。本文中选取最前的两个主成分组成二维坐标系，以此显示种群的亲疏关系。

用于本文分析的头骨测量共13项，即颅长(1)、颅宽(8)、颅高(17)、眶高(52)、颅基底长(5)、眶宽(51)、鼻高(55)、鼻宽(54)、面基底长(40)、颧宽(45)、上面高(48)、额最小宽(9)、全面角(72)等(见表5)。

用于比较的头骨组群共25个(按编号顺序)：

1. 山东临淄周—汉代组[3]
2. 河南安阳殷墟中小墓组[4]
3. 河北蔚县夏家店下层组[5]
4. 陕西凤翔南指挥西村周代组[6]
5. 山西侯马上马周代组[7]
6. 内蒙古呼伦贝尔盟完工汉代组[8]
7. 内蒙古扎赉诺尔汉代组[9]
8. 内蒙古昭乌达盟南杨家营子汉代组[10]
9. 内蒙古赤峰、宁城夏家店上层组[11]
10. 内蒙古宁城山嘴子辽代组[12]
11. 内蒙古毛庆沟青铜时代组[13]
12. 河南商丘潘庙春秋战国时代组[14]

表5　李家崖与古代组13项测值比较(男)

马丁号	1	8	17	5	9	48	45	40	51	52	54	55	72
临　淄	181.6	141.0	138.8	101.2	93.7	73.7	137.4	96.9	42.9	34.2	26.8	54.7	87.1
安　阳	184.5	140.5	139.5	102.3	91.0	74.0	135.4	99.2	42.4	33.8	27.3	53.8	83.9
蔚　县	175.1	142.4	138.6	97.5	91.4	73.0	136.4	91.4	42.4	32.7	26.0	52.8	87.1
凤　翔	180.6	136.8	139.3	101.0	93.3	72.6	131.5	99.2	42.5	33.6	27.7	51.6	81.1
上　马	181.6	143.4	141.1	101.9	92.4	75.0	137.4	97.6	42.5	33.5	27.3	54.4	82.4
完　工	184.3	140.6	139.0	105.5	91.0	77.5	142.5	99.3	43.3	33.5	26.8	59.0	88.0
扎赉诺尔	185.7	147.8	130.6	103.5	93.6	75.3	138.7	100.6	42.2	33.8	27.2	56.9	86.7
南杨家营子	179.6	144.8	126.0	97.0	90.0	76.8	136.8	90.8	41.8	34.3	27.0	57.5	91.2
赤峰、宁城	181.2	136.2	140.7	102.3	89.0	75.1	133.8	100.7	42.1	33.0	28.1	53.6	80.6
山嘴子	180.3	148.8	135.2	102.5	92.8	76.5	141.6	98.8	42.8	33.3	26.2	53.0	84.4
毛庆沟	179.9	143.3	136.5	97.7	90.4	74.6	134.4	93.5	43.6	33.4	25.9	54.9	88.0
商　丘	182.0	137.7	141.7	101.6	94.0	74.9	135.0	99.6	43.6	34.2	27.7	54.9	87.9
后　李	179.1	140.3	136.8	97.6	92.1	70.9	133.5	92.9	42.1	33.8	25.5	52.7	87.9
弥　生	183.4	142.3	137.0	101.8	96.3	74.3	139.8	100.1	43.3	34.5	27.1	52.8	84.8
庙后山	192.8	144.0	143.5	106.3	99.0	75.5	145.3	99.0	44.4	33.0	25.9	54.1	85.0
西团山	178.2	138.3	134.7	106.1	86.6	75.5	144.1	96.7	43.3	34.7	27.5	56.2	89.0
平　洋	190.5	144.6	140.1	105.7	91.3	77.1	144.9	99.0	43.7	33.6	28.9	58.4	90.8
彭　堡	182.2	146.8	131.9	101.9	96.0	77.8	139.8	97.2	42.6	33.8	26.8	58.6	90.7
火烧沟	182.8	138.4	139.3	103.7	90.1	73.8	136.3	98.5	42.0	33.8	26.7	53.6	86.7
阿哈特拉	182.9	140.3	138.2	101.4	90.0	74.8	133.7	95.9	42.6	35.2	26.1	55.2	85.8
李家山	182.2	140.0	136.5	101.2	91.2	77.3	138.6	94.7	42.8	35.0	26.7	57.0	87.0
昙石山	189.7	139.2	141.3	101.1	91.0	71.1	135.6	103.5	43.3	33.4	29.5	51.9	81.0
河　宕	181.4	132.5	142.5	104.5	91.5	67.9	130.5	103.2	42.5	31.9	26.7	51.9	82.3
神木合并组	183.1	148.1	136.9	99.6	94.4	74.7	138.3	95.3	43.2	34.9	26.7	55.9	85.9
李家崖	184.2	140.4	142.7	102.6	95.8	74.2	139.4	97.6	43.8	34.1	27.8	55.3	85.6

13. 山东临淄后李周代组[15]

14. 西日本弥生时代组[16]

15. 辽宁本溪庙后山青铜时代组[17]

16. 吉林西团山组[18]

17. 黑龙江泰来于洋青铜-早期铁器时代组[19]

18. 宁夏固原彭堡青铜时代组[20]

19. 甘肃玉门火烧沟青铜时代组[21]

20. 青海循化阿哈特拉山卡约文化组[22]

21. 青海湟中李家山卡约文化组[23]

22. 福建闽侯昙石山晚新石器时代组[24]

23. 广东佛山河宕晚新石器时代组[25]

以上 23 个比较组的时代大致在晚新石器时代　铁器时代。

据表 5 的 13 项绝对测量计算的主成分(第一和第二主成分 PC1、PC2)载荷矩阵列于表 6。

表 6　第一、二主成分载荷矩阵

主成分	颅长	颅宽	颅高	颅基长	最小宽	上面宽	面宽	面基长	眶宽	眶高	鼻宽	鼻高	全面角	贡献率%	累计贡献%
PC1	−0.07	0.72	−0.71	−0.13	0.04	0.81	0.59	−0.62	0.06	0.55	−0.23	0.81	0.85	32	32
PC2	0.84	0.14	0.42	0.79	0.43	0.32	0.68	0.63	0.74	−0.04	0.45	0.29	−0.06	27	59

据表 6 中数值,前两个主成分(PC1、PC2)的累计贡献率为 59%,代表了 13 项比较项目的超过半数以上的信息量。其中,第一主成分(PC1)的载荷最大有全面角(0.85)、鼻高(0.81)和眶高(0.55),代表了鼻、面部的高度特征及面部突度。第二主成分(PC2)载荷最大值是颅长(0.84)、颅基底长(0.79)、眶宽(0.74)及面宽(0.68)等,犬致代表了脑颅的长度特征和面部的宽度特征。

从 PC1 和 PC2 组成的二维平面位置图来看(图 1),全部 25 个组的分布具有某种规律性的分布特点,这一特点特别显示在第一主成分(PC1)方向上的散布,既似福建昙石山和广东河宕两组(22、23)位于最左边,它们大致与南亚类群有较近的特征,内蒙古完工、扎赉诺尔,吉林西团山,宁夏彭堡、青海李家山等组(6、7、16、18、21)大致分布 PC1 轴方向的最右侧。它们大致与北亚类群比较接近或有较明显北亚类特征的混合。陕西神木组(24)也属于此类。在以上两者之间散布的主要有山西上马(5)、河南安阳(2)、商丘(12)、西日本弥生(14)、甘肃火烧沟(19)及还可包括内蒙赤峰(9)、陕西凤翔(4),和山东临淄(11)各组。它们大致代表了与东亚类群较为接近的特征。这样的分布趋势似可显明,这些类群在面部高度及其前突程度上具有较为明显区分价值。相反,在头骨长度和面部宽度为主的 PC2 方向上,显示规律均分布不明显。

从以上二维散布位置的分析比较,李家崖组(25)的散点分布更近上述 PC1 分析中间类群,他们较近东亚类群的各组,在 PC2 方向上,显示有些偏离位群的中心位置。

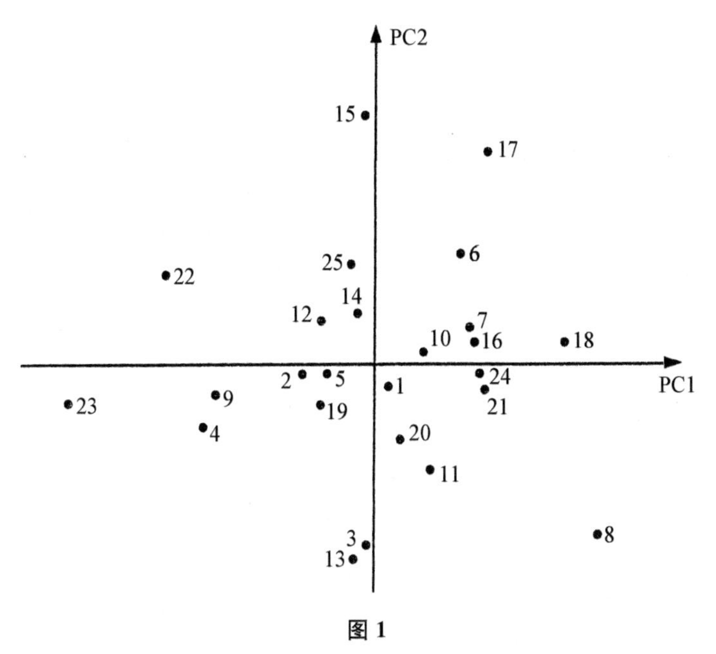

图 1

1. 临淄组 2. 安阳组 3. 蔚县组 4. 凤翔组 5. 上马组 6. 完工组 7. 扎赉诺尔组 8. 南杨家营子组 9. 赤峰组 10. 山嘴子组 11. 毛庆沟组 12. 商丘组 13. 后李组 14. 弥生组 15. 庙后山组 16. 西团山组 17. 平洋组 18. 彭堡组 19. 火烧沟组 20. 阿哈特拉山组 21. 李家山组 22. 昙石山组 23. 河宕组 24. 神木合并组 25. 李家崖组

四 身高的估算

李家崖古墓地人骨身高的估计，主要选择较为完整的股骨，测量其最大长(在专门的长骨测量盘上测量)，然后将测量的长度代入估算身高的公式进行计算，不同长骨有各自不同的估算公式，每种公式或不同学者设计的公式所得结果也不会一致，有的误差也比较大。因此，在进行身高比较时，必须取同一学者制定的同名骨骼的公式所得数值，而且要考虑同一人种的公式为宜。国内学者中，比较常用的是 Trotter 的蒙古人种公式(缺女性公式)同时附有 Pearson 公式计算值[26]。后一公式未考虑种族因素，这两种公式如下：

S 男＝2.15×Fem＋72.57±4.66 (Troteer-greser)

S 男＝81.306＋1.880×Fem (Pearson)

S 女＝72.844＋1.945×Fem (Pearson)

式中 S 代表估算身高，Fem 代表股骨最大长。本文测得的 7 个个体的性别、年龄及股骨最大长及估计身高值列于表 7。

表 7 用股骨最大长计算的估计身高(Trotter 和 Greser 公式)

墓 号	估计性别	估计年龄(岁)	股骨最大长(毫米)	测得估计身高(厘米)
AM1	男	17—20	416(右侧)	162.0 Trotter 159.5 Pearson

续 表

墓 号	估计性别	估计年龄(岁)	股骨最大长(毫米)	测得估计身高(厘米)
AM15	女	成年	396(右侧)	— 149.9 Pearson
CM12	女	老年	400(右侧)	— 150.6 Pearson
CM13	女	16—18	430(左侧)	— 156.5 Parson
CM14	女	25	415(右侧)	— 153.6 Pearson
CM16	男	>50	485(左侧)	Trotter 172.5 Pearson
CM19	男	20±	406(左侧)	Trotter 157.6 Pearson

依 Trotter 公式测得的比例,男性身高是 159.9—176.8 厘米,平均为 166.2 厘米,如果这些身高大致能代表李家崖商周时期居民的实际身高,则属于中等身高范围,Pearson 公式计算的偏低,为 163.2 厘米(表 7)。

李家崖人群头骨测量均值见表 8。

表 8 李家崖城址墓葬人骨测量平均值与标准差

编 号	测量项 SD	男 性			女 性		
		例数 N	平均数 M	标准差 SD	例数 N	平均数 M	标准差 SD
1	颅长	5	184.2	5.22	5	176.5	4.63
8	颅宽	6	140.4	2.00	5	134.7	4.16
17	颅高	5	142.7	2.98	5	135.5	2.61
18	颅底垂直高	4	142.5	3.11	5	137.0	2.26
20	耳门前囟高	4	117.2	2.79	5	115.9	2.46
21	耳上颅高	4	118.8	4.08	5	118.0	2.94
9	最小额宽	5	95.8	2.64	5	89.1	2.23
10	最大额宽	3	116.9	3.45	4	109.8	5.39
25	颅矢状弧	5	383.8	8.95	5	376.2	4.83
26	额弧	5	133.0	5.73	5	127.2	3.71
27	顶弧	4	131.0	3.08	5	127.7	4.38
28	枕弧	4	120.5	2.50	5	119.4	2.89
29	额弦	5	121.2	7.97	5	111.0	3.15
30	顶弦	4	115.5	2.21	5	113.0	3.80
31	枕弦	4	99.6	6.12	5	98.8	1.97
23	颅周长	4	524.8	7.12	5	501.2	11.50
24	颅横弧	5	326.6	6.89	5	317.8	9.95

续 表

编 号	测量项 SD	男 性			女 性		
		例数 N	平均数 M	标准差 SD	例数 N	平均数 M	标准差 SD
5	颅基底长	4	102.6	2.05	6	95.3	3.06
40	面基底长	4	97.6	1.98	5	92.9	3.78
48	上面高 sd	6	74.2	1.89	5	69.0	2.11
	pr	6	70.9	2.63	5	66.7	2.02
47	全面高	2	123.2	1.15	3	111.0	5.65
45	全面宽	6	139.4	1.39	6	122.2	1.88
46	中面宽(ZM 位)	6			6	94.6	4.22
	中面宽(ZM1 位)	6	106.5	1.81	6	95.9	3.23
SSS	歓颌点间高(ZM 位)	6 5	23.0 19.8	4.00 4.70	6 6	22.8 20.5	2.07
43-1	两眶外缘宽	7	100.9	1.60	6	94.0	2.16
NAS	眶外缘点间高	6	15.0	1.98	6	13.4	
O3	眶中宽	6	60.7	5.45	6	55.8	4.14
SR	鼻尖高	3	16.3	0.45	5	13.3	1.04
49aD-D	眶内缘点间宽	6	21.8	2.39	3	20.6	
DS	鼻梁眶内缘宽高	6	8.50	1.70	3	6.4	
MH	颧骨高 左	7	45.4	19.4	6	41.9	
MB	颧骨宽 左	7	26.8	3.18	6	26.2	
54	鼻宽 右	6	26.6	3.61	6	22.4	
	鼻宽 左	6	27.8	2.05	6	27.1	
55	鼻高	6	55.3	1.84	6	49.6	1.92
SC	鼻骨最小宽	6	6.7	1.58	6	9.0	2.73
SS	鼻骨最小高	6	2.2	1.25	6	2.1	0.75
56	鼻骨长	4	27.3	5.63	5	20.5	2.37
	鼻尖齿槽长	4	48.3	1.52	4	47.1	2.54
51	眶宽 1 左 右	6 5	43.8 43.8	1.10 0.83	6 6	40.8 40.6	1.20 1.04
51a	眶宽 2 左 右	6 5	41.2 41.2	1.41 1.56	4 3	38.9 37.9	1.32 0.81
52	眶高 左 右	6 5	33.4 34.1	1.53 2.30	6 6	32.5 32.3	1.60 1.51
60	齿槽弓长	6	55.4	1.43	4	51.3	2.91
61	齿槽弓宽	5	69.3	2.22	5	62.8	2.65
62	腭长	5	49.4	9.97	3	44.4	3.16
63	腭宽	4	44.2	2.89	4	40.6	2.52

续 表

编 号	测量项 SD	男性			女性		
		例数 N	平均数 M	标准差 SD	例数 N	平均数 M	标准差 SD
7	枕大孔长	4	37.4	1.63	5	33.8	1.55
16	枕大孔宽	4	29.8	1.25	5	26.9	3.50
CM	颅粗壮度	4	155.6	2.01	5	148.9	2.93
FM	面粗壮度	1	121.8	0	2	107.5	2.00
65	下颌髁间宽	2	135.5	0.95	2	113.9	0.55
	额角	5	52.9	3.77	5	54.4	1.36
32	额倾角n-M g-m	5 5	82.2 76.5	6.35 6.72	5 5	87.5 82.8	2.17 1.45
	前囟角 g-b	5	48.0	3.56	5	49.9	0.80
72	面角	6	85.6	3.35	5	84.8	2.71
73	鼻面角	6	87.3	3.91	6	88.0	4.24
74	齿槽面角	6	77.2	7.34	5	69.6	5.70
77	鼻角 上颌角ZM ZM1	6 6 5	147.1 133.6 139.6	3.82 7.44 9.27	6 6 6	148.4 128.6 133.7	5.13 4.60 4.47
75	鼻尖角	4	67.6	2.16	5	71.5	5.93
75-1	鼻骨角	4	19.9	100.7	4	11.0	1.59
	上齿槽角	4	3.47	2.26	5	72.2	2.96
	颅底角	4	40.9	2.04	5	41.2	1.54
8∶1	颅指数	5	76.7	2.45	5	6.4	2.3
17∶1	颅长高指数 1	4	77.5	3.0	5	76.8	2.38
18∶1		4	77.9	3.34	5	77.77	2.23
21∶1	颅长耳高指数	4	65.0	3.70	5	66.9	1.36
17∶8	颅宽指数 1	5	101.5	3.04	5	100.6	2.84
18∶8	2	4	100.6	1.92	5	101.7	2.72
FM∶CM	颅面指数	1	77.6	0	2	72.3	0.35
54∶55	鼻指数	6	50.3	3.91	6	54.8	3.47
SS∶SC	鼻根指数	6	30.7	12.50	6	23.0	3.40
52∶51	眶指数 1 左 右	6 5	76.2 77.7	3.05 4.25	6 6	79.9 79.7	5.79 5.58
52∶51a	眶指数 2 左 右	6 5	81.2 82.7	3.28 3.17	3 4	84.9 88.8	6.24 3.40
48∶17	垂直颅面指数(sd)	4	51.9	2.26		50.8	2.62
48∶45	上面指数(sd)	6	63.2	1.44	5	56.3	1.35
47∶45	全面指数	2	88.5	0.20	3	91.3	3.90
48∶46	中面指数(sd-zm)	5	69.8	3.00	5	71.7	1.78

续 表

编 号	测量项 SD	男 性			女 性		
		例数 N	平均数 M	标准差 SD	例数 N	平均数 M	标准差 SD
9:8	额宽指数	5	67.9	2.29	5	66.2	2.03
40:5	面突度指数	4	95.1	2.21	5	96.5	3.63
9:45	额宽指数	5	68.6	1.53	5	72.6	2.06
43-1:46	颌宽指数	6	94.1	2.26	6	99.2	5.02
45:8	颅面宽指数	5	99.0	1.72	5	91.1	2.18
	眶间宽高指数	6	38.8	6.95	3	31.1	4.09
	额面扁平度指数	6	14.8	1.81	6	14.2	2.39
	鼻面扁平度指数	3	27.4	2.30	5	24.0	2.64
63:62	腭指数	3	81.5	15.85	3	88.7	6.97
61:60	齿槽弓指数	4	123.3	2.77	4	122.9	7.47
48:65	面高髁宽指数	1	55.7	0	2	60.0	0.55

李家崖与古代组的主成分比较

1. 前两个主成分的累积贡献率为 59%,代表了比较项目的半数以上信息。

2. PC1 的载荷最大值是全面角,鼻高和上面高。代表了鼻、面的高度特征和面部的矢向突度等。PC2 上的载荷最大值有颅长、颅基底长、眶宽,反映了颅的长度特征和眶的宽度特征。

3. 从主成分图看,可大致区分为三大部分。左边两组(22、23)代表了南亚类群,最右边的各组(6、7、16、24、21、18 等)基本上是与北亚类型接近的类群,而中间的类群主要代表了东亚蒙古人种类型,李家崖与后者有相对接近的距离,可视为一类。

4. 在 PC2 上,李家崖位置居住与所谓东亚类群略有偏离。既李家崖的颅长和眶宽均大于东亚类型的均值。

五 小结

共鉴定李家崖商周时期人骨 28 个体,其中男性或可能男性的 15 个,女性或可能女性的 12 个,性别完全无法估计的 1 个。

多数个体死亡年龄在青年期—中年期间,其中死于中年的稍更多一些,女性死于青壮年期的比例比男性明显更高。

李家崖头骨的综合形态特征大致是中颅型-高颅型-狭颅型与趋狭的中面型-中眶型-趋阔的中鼻型相结合,同时鼻骨突度较低平,面部扁平度大等。这些综合特征显示与黄河流域青铜时代居民的相应特征有共性。

用 13 项面部形态测量与其他周邻地方古代头骨组进行主成分分析结果显示,李家崖组与华北地区古代东亚类群比较接近。

用股骨最大长测算的身高大致属中等身材。

参考文献

[1] 吴汝康等:《人体测量方法》,科学出版社,1984 年。

[2] 林少宫等:《多元统计分析计算机程序》,华中理工大学出版社,1987 年。

[3] 韩康信、松下考幸:《山东临淄周——汉代人骨体质特征研究及与西日本弥生时代人骨比较概报》,《考古》1997 年第 4 期。

[4] 韩康信、潘其风:《安阳殷墟中小墓人骨的研究》,《安阳殷墟头骨研究》,文物出版社,1984 年。

[5] 张家口考古队:《蔚县夏家店下层文化颅骨的人种学研究》,《北方文物》1987 年第 1 期。

[6] 焦南峰:《凤翔南指挥西村周墓人骨的初步研究》,《考古与文物》1985 年第 3 期。

[7] 潘其风:《上马墓地人骨初步研究》,《上马墓地》,文物出版社,1995 年。

[8] 潘其风、韩康信:《东汉北方草原游牧民族人骨的研究》,《考古学报》1982 年第 1 期。

[9] 潘其风、韩康信:《东汉北方草原游牧民族人骨的研究》,《考古学报》1982 年第 1 期。

[10] 潘其风、韩康信:《东汉北方草原游牧民族人骨的研究》,《考古学报》1982 年第 1 期。

[11] 考古所体质人类学组:《赤峰宁城夏家店上层文化人骨研究》,《考古学报》1975 年第 2 期。

[12] 朱泓:《肉蒙古宁城山嘴子辽墓契丹族颅骨的人类学特征》,《人类学学报》1991 年第 4 期。

[13] 潘其风:《毛庆沟墓葬人骨的研究》,《鄂尔多斯青铜器》,文物出版社,1986 年。

[14] 张君:《河南商丘潘庙古代人骨种系研究》,《考古求知集》,中国社会科学出版社,1996 年。

[15] 据本文作者测量数据。

[16] Nakarashi、Takahiro: Temporal Craniometric Changes from the Jamon to the modern period in western Japan. *American Journal of Physical Anthropology* po: 409 - 425, 1993.

[17] 魏海波、张振标:《辽宁本溪青铜时代人骨》,《人类学学报》1989 年第 4 期。

[18] 贾兰坡、颜訚:《西团山人骨的研究报告》,《考古学报》1963 年第 2 期。

[19] 潘其风:《黑龙江泰来平洋墓葬人骨的研究》,《平洋墓葬》,文物出版社,1990 年。

[20] 韩康信:《宁夏固原澎堡于家庄墓地人骨种系特点之研究》,《考古学报》1995 年第 1 期。

[21] 据本文作者测量数据。

[22] 韩康信:《青海循化阿哈特拉山古墓地人古研究》(待刊)。

[23] 张君:《青海李家山卡约文化墓地人骨种系研究》,《考古学报》1993 年第 3 期。

[24] 韩康信、张振标、陆庆伍:《昙石山遗址的人骨》,《考古学报》1976 年第 1 期。

[25] 韩康信、潘其风:《广东佛山河宕新石器时代晚期墓葬人骨》,《人类学学报》1982 年第 1 期。

[26] Trotter, M.: Estimation of stature from intact Long Limb bones. "Personal Identification in Mass Disasters. Washington, DC: *National Museum of Natural History*." Pearson, K.: "Mathematical contributions to the theory of evolution" and "On the reconstruction of the stature of prehistoric races", "*Philosophical transactions of the royal society*", 1899.

(原文发表于《李家崖》附录六,文物出版社,2013 年)

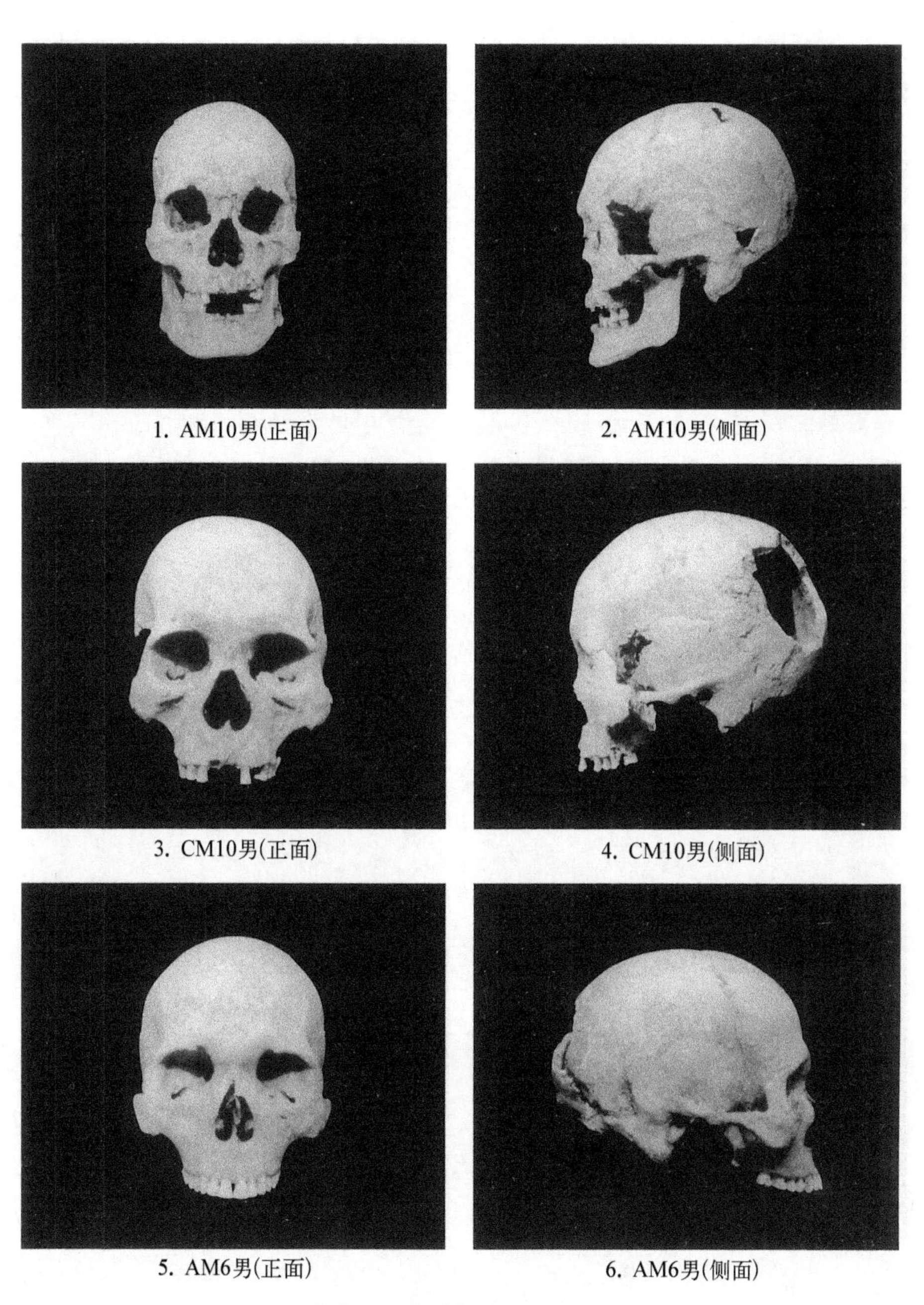

1. AM10男(正面)　2. AM10男(侧面)

3. CM10男(正面)　4. CM10男(侧面)

5. AM6男(正面)　6. AM6男(侧面)

图版一　李家崖壁出土人头骨

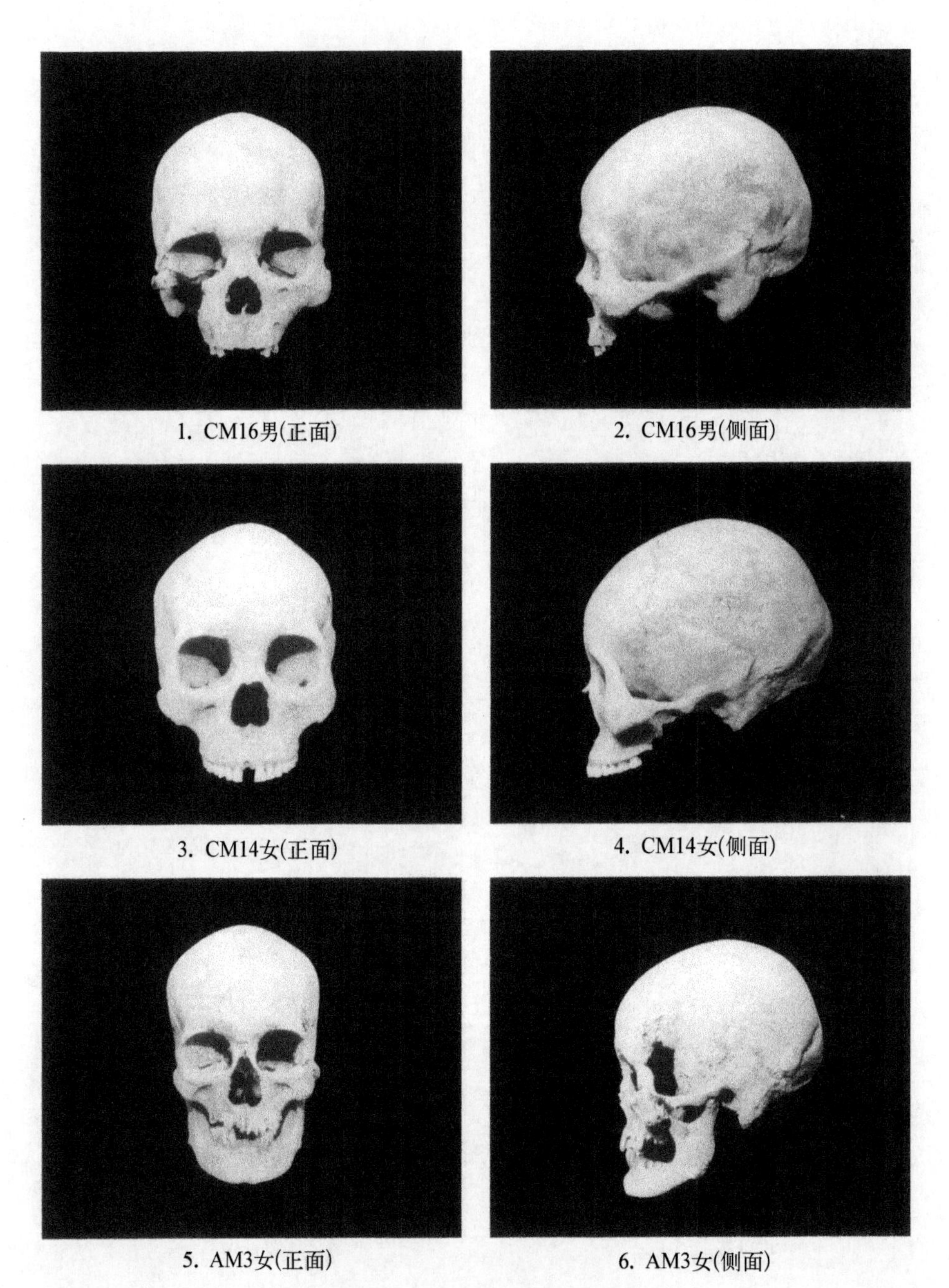
1. CM16男(正面)
2. CM16男(侧面)
3. CM14女(正面)
4. CM14女(侧面)
5. AM3女(正面)
6. AM3女(侧面)

图版二　李家崖壁出土人头骨

陕西神木新华古代墓地人骨的鉴定

本文鉴定人骨出自陕北神木大保当新华村西北约半公里的一处古代墓地，由陕西省考古所陕北考古队于1996和1999年对该墓地进行了两次发掘。在整个发掘过程中，除了出土大量遗存外，同时收集了一批保存状态相当好的人类遗骨。据初步报导，这一遗址的文化时代大致属夏代纪年[1]。由于这一遗址的地理位置处于蒙古高原和黄河流域之间的过渡地带，从种族的地理分布上也正处于北方蒙古种和华北的东方蒙古种之间，因而重点研究这些人骨的种族形态学特点对我国黄河流域古代居民种族组成的历史可能提供有意义的资料。同时，本文对这批人骨逐一进行了性别年龄的个体鉴定，对骨骼上的某些病理和创伤现象也进行了观察和记录。

一　人骨材料和研究方法

（一）人骨材料

本文人骨收集自1999年发掘的35座墓葬、两个灰坑和一个瓮棺墓及1996年发掘的3座墓葬，总共42个个体。主要是头骨和大型肢骨。在进行了一般的个体观察鉴定后，从中选取了保存完整或比较完整的头骨18具及部分肢骨进行人类学的观察和测量。

（二）研究方法

人骨的性别年龄鉴定采用对骨骼上性别年龄标志的观察方法。性别标志的观察主要在头骨和盆骨部分并参考其他骨块；年龄的评估主要依据牙齿萌出的时间规律、颅骨缝愈合状态及牙齿磨耗等级与年龄关系的评定及耻骨联合面形态的年龄变化等。对骨骼的测量按马丁人类学教科书和生物测量学的规定，并标的测量顺序号或生物测量学缩写字母[2]。测量时使用人类学上专门制作的直脚规、弯脚规、软卷尺、颅骨定位器、量角器及测量长骨长度的测骨盘等。以上内容在人体或人骨测量方法的专门手册上都有详细说明和介绍[3]。

在进行测量项目的组间比较和分析时，主要选用了具有种族鉴别意义的测量项目和资料，这些项目和资料分别列于文中所附的表格中。在进行组间比较时，采用了欧氏形态距离的计算及聚类分析方法。计算公式 $dik = \sqrt{\frac{\sum_{j=1}^{m}(X_{ij} - X_{kj})^2}{m}}$

作形态聚类分析用的对比组分列于各比较表中。大致来说，现代比较组包括代表北亚的蒙古、布里雅特、埃文克、乌尔奇、奥罗奇、卡尔梅克等组；代表东北亚的为因纽特（爱斯基摩）及楚克奇的四个组；代表东亚的为中国的东北、华北、西藏及朝鲜和日本的畿内与北陆等组[4]。

古代比较组包括青海的上孙家卡约和汉代组[5]、李家山和阿哈特拉山组[6][7]；甘肃的铜石时代[8]、火烧沟[9]、干骨崖[10]、三角城组[11]；内蒙的扎赉诺尔[12]、南杨家营子[13]、大甸子[14]、赤峰宁城[15]、毛庆沟组[16]；新疆哈密（M）组[17]；宁夏的彭堡组[18]；山西上马组[19]；河南殷墟组[20]；山东临淄和后李组[21][22]；河北蔚县组[23]；辽宁后庙山组[24]；吉林西团山组[25]；西藏B组[26]；陕西的凤翔及神木大保当汉代组[27][28]。以上总共26组的文化时代大致在青铜—铁器时代或距今约4 000—2 000年，即我国编年中的夏商—汉代。

二 鉴定结果

（一）性别年龄鉴定

表一中列出了对每个个体的性别判定和大概的年龄估计。总共42个个体出自38座墓葬、2个灰坑和一个瓮棺。其中，M61为成年男女双人合葬，其余都是单人墓葬（取仰身直肢）。

表一 性别年龄鉴定表

墓 号	性别	年 龄	墓 号	性别	年 龄	墓 号	性别	年 龄
99S×M1	女	40—45	M27	男	成 年	M63	男	>55
M2	女	30±	M33	女?	成 年	M64	女	20—25
M3	女	25—30	99S×M41	男	成 年	M65	男	>55
M5	男	50—60	M49	男	50—60	M66	女	45—50
M6	女?	35—40	M50	男	20—25	99S×M68	女	12—14
M8	女	20±	M51	男	40±	M70	?	13±
M9	女	35—45	M52	男	30±	M71	女	45—55
M12	女?	成 年	M55	男	25—30	M?	男	30—35
M14	女	30±	M56	女	25—35	H14	女	>55
M16	女	35±	M58	女	>50	H51	女	35—40
M22	男	50—60	M59	女	45—55	W4	男?	5±
M24	男	40—50	M60	女	成 年	96S×M3	男	成 年
M25	男	成 年	M61	A. 男	35—40	M5	女	25±
M26	男	35—40		B. 女	30—40	M7	女	25±

注："墓号"栏中，"H"为灰坑，"W"为瓮棺；"M65"与"M?"在鉴定时，墓号重，不知哪一个是"M68"。

表二中列出了死亡者的性别年龄分布，其中属男性或可能男性的18人，女性或可能女性的23人，另1人为性别未明的未成年个体。由死亡年龄的统计，这批人口的死亡高峰在大致25—55岁之间的壮年—中年期，约占35个可计年龄个体的74.3%，能存活到老年的很少。

表二　死亡年龄的分布

年　龄　分　期	男	女	性别不明	合　计
未成年(15岁以下)	1	1	1	3
青年(16—23岁)	1	2		3
壮年(24—35岁)	3	8		11
中年(36—55岁)	7	8		15
老年(56岁以上)	2	1		3
只定为成年	4	3		7
合　　计	18	23	1	42

(二)病理和创伤观察

在逐体观察中,除了上下颌骨和牙齿上所见的口腔病理现象外,没有发现其他影响到骨骸的病理标志。对口腔病理标志的简要记录列于表三。就此记录,见有龋齿病的仅两例(99S×M63和M2),比此更为普遍的是齿槽骨上的病变标志。即经常是死者牙齿的生前脱落与齿槽的萎缩与吸收,仅存的牙齿齿根明显土露于齿槽。甚至因慢患根尖脓肿留下的圆形瘘洞等。这样的个体在记录的19个个体中占11个约占58%,而且大多数中年以上个体。这可以说明,这些口腔病理中大多与生前患有老龄性牙周病而引起的牙齿和齿槽的退行性病变有关。而引发这种病变的主要因素可能是沉重的咬合和磨蚀。

在99S×M5男性下颌右侧髁状突出现骨质侵蚀病变痕迹。

在M58女性的左侧颧弓中部见有向内侧方向骨折后自然愈合的痕迹。再未见其他骨创伤的标本。

附记在M65男性和H51女性头骨上缺乏上左第二门齿(LI^2),齿槽孔消失,在相应的齿槽外骨面呈显著凹陷,类似人工拔牙后形成的形态特点。

表三　口腔病理及创伤痕迹观察

墓　号	性别	年龄	观察颌骨	保存牙数	所见龋牙数	齿　槽　病　变　情　况
99S×M5	男	老年	上下颌	16	未见	上LP1和RP1齿尖部齿槽外骨面有瘘洞;下LI2－C和M2、上下RM1和P1－2齿槽有尖症痕迹。右下颌髁状突关节面有病变痕迹。
M22	男	中-老年	上下颌	8	未见	至少上、下臼齿齿槽骨明显萎缩吸收状;上下M1处有齿槽脓瘘痕迹。
M49	男	中-老年	上颌	1	未见	LI1－M2大多死前脱落,相应部位齿槽骨萎缩吸收;RI1－2及RM2齿槽亦萎缩。
M63	男	老年	上下颌	10	下RM2	上LP2和RP2根尖部齿槽有瘘孔;上下LM1－3及RP1－3部位齿槽呈萎缩状。
M65	男	老年	上颌	12	未见	LP1－M2齿槽萎缩,齿根大半或全部外露;R侧相应齿槽亦萎缩或闭合;LI2死前脱落,其齿槽外骨面呈显著凹陷。
M?	男	壮年	上下颌	20	未见	正常
96S×M3	男	中-老年	上下颌	16	未见	上LM1－2和上下RM2部位齿槽有尖症及萎缩现象,下M3亦如是。

续 表

墓 号	性别	年龄	观察颌骨	保存牙数	所见龋牙数	齿 槽 病 变 情 况
99S×M2	女	壮年	上下颌	22	上 LM1	正常
M6	女	中年	上下颌	18	未见	正常
M56	女	壮-中年	上下颌	16	未见	正常
M58	女	中年	上下颌	2	未见	上下 LM1－3 和 RM1－3 齿槽骨萎缩变性状
M64	女	青年	上下颌	31	未见	正常
M66	女	中-老年	上下颌	27	未见	上 LC 有根尖脓灶痕迹
M71	女?	中年	上下颌	17	未见	上 LM1－2 有尖灶痕迹；上下 M1－3 和下 RP2－M3 齿槽萎缩状
99S×H14	女	老年	上颌	7	未见	LM1－3 齿槽萎缩
H51	女?	中年	上下颌	12	未见	上 LI2 缺，其齿槽外骨面显著凹陷，疑为拔牙
96S×M5	女	青-壮年	上下颌	18	未见	正常
M7	女	青-壮年	上下颌	19	未见	下 LP1 有齿槽炎症痕迹
99S×M70	?	未成年	上下颌	15	未见	下 I1 疑为缺额，其他正常

(三) 身高的计算

用长骨长度的测量数据代入相应骨骼的身高推算公式获取死者的估计身高。本文用股、胫骨最大长测量代入由 Trotter 和 Gleser 推导的股、胫骨联合使用的蒙古人种男性身高公式计算了七个个体的身高[29]，结果列于表四。七个个体的平均身高为 168.5 厘米。选用的股、胫骨联合推算公式为：

$$S=1.22(\text{Fem}+\text{Tib})+70.37\pm3.24$$

式中 S 为身高，Fem 和 Tib 为股骨和胫骨最大长，长度单位为厘米。

表四　股、胫骨最大长及推算身高结果

墓 号	股骨最大长(cm)	胫骨最大长(cm)	估算身高(cm)
99S×M5	44.8(左)	36.2(左)	169.2(左)
M24	43.9(左)	36.2(左)	168.1(左)
M25	42.7(左)	35.8(左)	166.1(左)
	42.8(右)	35.8(右)	166.3(右)
M26	44.3(左)	35.2(左)	167.4(左)
M27	44.9(左)	38.4(左)	172.0(左)
M41	45.1(左)	37.3(左)	170.9(左)
M50	44.9(右)	35.1(右)	168.0(右)
平 均	44.2	36.3	168.5

(四) 头骨的形态观察

对 13 项形态特征观察的结果列述如下：

1. 颅形的卵、椭圆为主(13例占81.2%);
2. 眉弓不特别发达(男性中等—显著,女性弱—中等);
3. 额坡度中斜到陡直形,只有一例后斜形;
4. 眼眶眶角钝圆的最多(17例占94.4%);
5. 鼻下棘弱小,Ⅲ级(中等)以下的占大多数(16例占88.9%);
6. 犬齿窝浅平型的占绝大多数(17例占94.4%);
7. 眉间突度不强烈,全部为中等(Ⅲ级)以下;
8. 侧面观察的眶口平面与眼耳平面之间的位置大部分属后斜型(14例占82.4%);
9. 鼻根凹陷全部浅平型;
10. 腭形大多短阔型(12例占80.0%);
11. 腭圆枕较普遍(13例占72.2%),但都属不强烈类型;
12. 下颌圆枕出现也较普遍(7例占53.8%),但大多较弱小;
13. 仅见的4个个体上门齿舌面呈明显铲形。

以上诸如眉弓和眉间突度不强烈结合浅平的鼻根凹陷、圆钝的眶角、浅平的犬齿窝和弱小的鼻下棘及后斜型的眼口平面位置和铲形门齿等综合出现,在东亚种族的头骨上是比较普遍的。

(五)头骨测量特征的种族形态分析

1. 与现代亚洲蒙古种变异方向的比较

就表五列出的亚洲蒙古宽的变异[30],新华夏纪年的组以及作对比的大保当汉代组的各项颅面部测量特征都在亚洲蒙古种的变异范围之内。

2. 与亚洲蒙古种不同地区类型的变异方向比较

据表五逐项特征的比较,新华夏纪年的组与东蒙古种类型较多一致或趋近(约13项占76.5%);其次是与北蒙古种(约11项占64.7%);与东北蒙古种和南蒙种的趋近更弱(分别为10项和9项,占58.8%和52.9%)。

表五 与亚洲蒙古人种不同地区类型测头滑测量变异方向的比较

	新 华	大保当	北蒙古种	东北蒙古种	东蒙古种	南蒙古种	亚洲蒙古种变异
颅长(1)	181.2(6)	183.1(9)	174.9—192.7	180.7—192.4	175.0—182.2	169.9—181.3	169.9—192.7
颅宽(8)	137.3(6)	148.1(9)	144.4—151.9	134.3—142.6	137.6—143.9	137.9—143.9	134.3—151.9
颅指数(8:1)	75.5(6)	80.9(9)	75.4—85.9	69.8—79.0	76.9—81.5	76.9—83.3	69.8—85.9
颅高(17)	138.7(5)	136.9(10)	127.1—132.4	132.9—141.1	135.3—140.2	134.4—137.8	127.1—141.1
颅长高指数(17:1)	76.3(5)	74.4(9)	67.4—73.5	72.6—75.2	74.3—80.1	76.5—79.5	67.4—80.1
颅宽高指数(17:8)	100.4(5)	92.2(9)	85.2—91.7	93.3—102.8	94.4—100.3	95.0—101.3	85.2—102.8
额最小宽(9)	92.3(6)	94.4(10)	90.6—95.8	94.2—96.9	89.0—93.7	89.7—95.4	89.0—96.9
额倾角(32)	82.0(6)	82.4(9)	77.3—85.1	77.0—79.0	83.3—86.9	84.2—87.0	77.0—87.0
颧宽(45)	140.0(5)	138.3(10)	138.2—144.0	137.9—144.8	131.3—136.0	131.5—136.3	131.3—144.8
上面高(48)	76.6(4)	74.7(9)	72.1—77.6	74.0—79.4	70.2—76.6	66.1—71.5	66.1—79.4
垂直颅面指数(48:17)	55.0(3)	54.2(9)	55.8—59.2	53.0—58.4	52.0—54.9	48.0—52.5	48.0—59.2

续 表

	新 华	大保当	北蒙古种	东北蒙古种	东蒙古种	南蒙古种	亚洲蒙古种变异
上面指数(48∶45)	55.4(4)	54.2(9)	51.4—55.0	51.3—56.6	51.7—56.8	49.9—53.3	49.9—56.8
鼻颧角(77)	146.4(5)	148.9(8)	147.0—151.4	149.0—152.0	145.0—146.6	142.1—146.0	142.1—152.0
总面角(72)	84.8(6)	85.9(9)	85.3—88.1	80.5—86.3	80.6—86.4	81.1—84.2	80.5—88.1
鼻指数(54∶55)	49.4(6)	47.8(9)	45.0—50.7	42.6—47.6	45.2—50.2	50.3—55.5	42.6—55.5
鼻根指数(SS∶SC)	33.2(5)	38.4(10)	26.9—38.5	34.7—42.5	31.0—35.0	26.1—36.1	26.1—42.5
眶指数(52∶51)	78.1(6)	79.6(8)	79.3—85.7	81.4—84.9	80.7—85.0	78.2—81.0	78.2—85.7

3. 与现代邻近亚洲东部代表种族组的比较

依表六、七和图1 13项绝对测量特征所作的形态聚类分析，新华夏纪年组与代表东亚类的五个组(中国、朝鲜和日本的五个组)首先聚类；相反，大保当汉代组则与大致代表北亚类的五个组(卡尔梅克、蒙古、布里雅特、埃文克、奥罗奇五组)首先聚类。这表明，新华夏纪年组与大保当汉代组之间可能存在某种种族形态学的地区性变异。用女性组作相同的聚类分析(表八、九和图2)也获得了与男性组的比较基本相同的结果。

表六 与现代周邻种族组头骨测量的比较(男性)

	1	8	17	52	5	51	55	54	40	45	48	9	72
陕西神木新华	181.2 (6)	137.3 (6)	138.7 (5)	33.0 (6)	102.1 (5)	42.4 (6)	54.7 (6)	27.0 (6)	98.8 (4)	140.0 (5)	76.6 (4)	92.3 (6)	84.8 (6)
陕西神木大保当(汉)	183.1 (9)	148.1 (9)	136.9 (10)	34.6 (8)	99.6 (10)	43.5 (8)	55.9 (9)	26.7 (9)	95.3 (10)	138.3 (10)	74.7 (9)	94.4 (10)	85.9 (9)
布里雅特	181.9 (45)	154.6 (45)	131.9 (44)	36.2 (43)	102.7 (44)	42.2 (43)	56.1 (42)	27.3 (42)	99.2 (39)	143.5 (45)	77.2 (42)	95.6 (45)	87.7 (42)
蒙　古	182.2 (80)	149.0 (80)	131.1 (80)	35.8 (81)	100.5 (81)	43.3 (81)	56.5 (81)	27.4 (81)	98.5 (70)	141.8 (80)	78.0 (69)	94.3 (80)	87.5 (74)
埃文克	185.5 (28)	145.7 (28)	126.3 (27)	35.0 (27)	101.4 (27)	43.0 (27)	55.3 (28)	27.1 (28)	102.2 (27)	141.6 (28)	75.4 (28)	90.6 (28)	86.6 (28)
乌尔奇	183.3 (31)	142.3 (31)	134.4 (30)	35.7 (31)	103.3 (30)	43.4 (31)	55.4 (30)	26.7 (30)	102.5 (29)	139.9 (30)	77.6 (30)	92.5 (31)	86.0 (31)
奥罗奇	177.0 (12)	148.9 (12)	130.8 (12)	35.0 (12)	99.2 (12)	42.8 (12)	53.2 (12)	25.6 (12)	98.5 (12)	139.4 (12)	73.3 (12)	91.2 (12)	86.0 (12)
卡尔梅克	185.1 (44)	148.4 (44)	130.3 (44)	34.9 (42)	101.6 (42)	43.1 (42)	56.2 (42)	26.8 (42)	99.5 (39)	142.2 (42)	76.7 (41)	94.4 (44)	88.1 (41)
因纽特(东南)	181.8 (89)	140.7 (89)	135.0 (83)	35.9 (89)	102.1 (83)	43.4 (89)	54.6 (88)	24.4 (88)	102.6 (81)	137.5 (86)	77.5 (86)	94.9 (89)	83.8 (85)
因纽特(那俄康)	183.8 (19)	142.6 (19)	137.7 (19)	36.3 (19)	103.7 (16)	44.3 (19)	55.9 (19)	23.9 (19)	101.1 (17)	140.4 (19)	79.2 (18)	98.2 (19)	84.2 (18)
楚克奇(沿海)	182.9 (28)	142.3 (28)	133.8 (27)	36.3 (28)	102.8 (28)	44.1 (28)	55.7 (28)	24.6 (28)	102.3 (28)	140.8 (27)	78.0 (28)	95.7 (28)	83.2 (27)
楚克奇(驯鹿)	184.4 (29)	142.1 (29)	136.9 (28)	36.9 (27)	104.0 (27)	43.6 (27)	56.1 (27)	24.9 (27)	104.2 (26)	140.8 (26)	78.9 (26)	94.8 (29)	83.1 (27)

续 表

	1	8	17	52	5	51	55	54	40	45	48	9	72
中国东北	180.8 (76)	139.7 (75)	139.2 (77)	35.6 (77)	101.3 (77)	42.6 (77)	55.1 (76)	25.7 (75)	95.8 (63)	134.3 (75)	76.2 (63)	90.8 (77)	83.6 (64)
中国华北	178.5 (86)	138.2 (86)	137.2 (86)	35.5 (74)	99.0 (86)	44.0 (62)	55.3 (86)	25.0 (86)	95.2 (84)	132.7 (83)	75.3 (84)	89.4 (85)	83.4 (80)
朝　鲜	176.7 (158)	142.6 (165)	138.4 (152)	35.5 (123)	99.4 (150)	42.4 (128)	53.4 (131)	26.0 (108)	95.4 (93)	134.7 (104)	76.6 (96)	91.4 (150)	84.4 (93)
日本畿内	178.3 (30)	141.2 (30)	139.7 (30)	34.4 (30)	102.1 (30)	43.0 (30)	52.4 (30)	26.4 (30)	100.1 (29)	133.5 (30)	72.9 (29)	93.1 (30)	83.3 (30)
日本北陆	183.0 (30)	139.3 (30)	134.5 (30)	35.2 (30)	100.9 (30)	43.2 (30)	51.5 (30)	24.9 (30)	99.1 (30)	135.0 (30)	70.0 (30)	93.0 (30)	83.3 (30)
藏族B组	185.5 (14)	139.4 (14)	134.1 (15)	36.7 (15)	99.2 (15)	43.4 (15)	55.1 (15)	27.1 (15)	97.2 (15)	137.5 (15)	76.5 (15)	94.3 (15)	85.7 (14)

表七　与现代周邻种族组形态距离(dik)的数字矩阵(男性)

	新华	大保当	布里雅特	蒙古	埃文克	乌尔奇	奥罗克	卡尔梅克	因纽特①	因纽特②	楚克奇(沿海)	楚克奇(驯鹿)	东北	华北	朝鲜	畿内	北陆	藏B
神木新华																		
神木大保当(汉代)	3.50																	
布里雅特	5.52	3.24																
蒙　古	4.34	2.39	1.84															
埃文克	3.18	3.94	3.62	2.52														
乌尔奇	2.58	3.06	3.91	2.61	2.75													
奥罗克	4.42	2.88	3.26	2.54	3.26	3.47												
卡尔梅克	4.34	2.88	2.13	1.08	1.97	2.55	3.01											
因纽特①	2.53	3.34	4.63	3.39	3.63	1.49	3.70	3.43										
因纽特②	3.14	3.22	4.43	3.64	2.97	2.01	4.70	3.58	1.86									
楚克奇(沿海)	3.14	3.24	3.97	3.04	3.17	1.39	3.70	2.79	1.29	1.51								
楚克奇(驯鹿)	3.04	3.69	4.42	3.51	3.82	1.58	4.49	3.41	1.66	1.17	1.22							
中国东北	2.30	3.09	5.68	5.56	5.05	3.15	4.17	4.69	2.78	3.95	3.50	3.64						
中国华北	3.12	3.79	6.36	4.96	5.37	3.89	4.24	5.30	3.35	4.83	4.17	4.53	1.39					
朝　鲜	2.94	2.91	5.22	4.10	5.14	3.54	3.32	4.64	3.12	4.35	3.81	4.19	1.62	1.80				
日本畿内	2.81	3.45	5.66	4.71	5.22	3.32	3.91	4.41	2.67	3.85	3.59	3.73	2.04	2.51	2.10			
日本北陆	3.15	3.55	5.71	4.54	4.23	3.22	3.82	4.41	2.69	4.05	3.37	3.84	2.72	2.90	3.22	2.31		
藏族B	2.67	2.81	4.88	3.31	3.57	2.32	4.00	3.27	2.27	2.86	2.52	3.01	2.57	3.08	3.29	3.43	2.62	

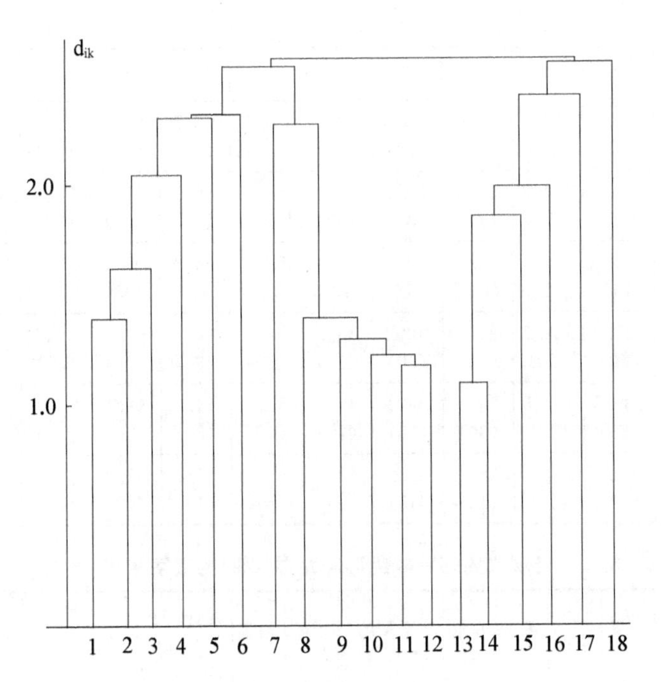

图 1　聚类图(男性)

1. 东北　2. 华北　3. 朝鲜　4. 畿内　5. 新华　6. 北陆　7. 藏族　8. 乌尔奇　9. 因纽特(东南)　10. 楚克奇(沿海)　11. 楚克奇(驯鹿)　12. 因纽特(那俄康)　13. 卡尔梅克　14. 蒙古　15. 布里雅特　16. 埃文克　17. 大保当　18. 奥罗奇

表八　与现代周邻地区组头骨测量的比较(女性)

	新华	大保当	蒙古	埃文克	乌尔奇	奥罗奇	因纽特(东南)	因纽特(那俄康)	楚克奇(沿海)	楚克奇(驯鹿)	中国东北	中国华北	朝鲜	日本畿内	日本北陆	布里雅特西部	布里雅特外贝加尔湖	布里雅特吞京
1	173.6 (8)	170.8 (12)	172.3 (36)	174.7 (28)	172.9 (25)	172.0 (11)	175.2 (56)	172.6 (30)	175.0 (15)	175.1 (30)	173.2 (17)	172.4 (70)	167.8 (140)	169.3 (20)	172.6 (20)	176.4 (28)	171.7 (40)	170.3 (22)
8	136.7 (8)	141.9 (13)	142.9 (36)	140.5 (28)	136.4 (25)	143.4 (11)	136.6 (56)	137.5 (30)	136.4 (15)	135.9 (30)	135.2 (17)	133.6 (10)	136.9 (153)	137.7 (20)	133.6 (20)	141.0 (28)	147.5 (40)	143.8 (22)
17	132.5 (8)	128.2 (12)	126.6 (35)	120.7 (28)	125.4 (23)	123.9 (11)	130.1 (52)	129.8 (28)	128.9 (14)	130.2 (30)	133.7 (17)	131.6 (10)	132.0 (143)	132.5 (20)	127.5 (20)	129.5 (28)	124.9 (40)	129.3 (24)
52	32.4 (11)	34.7 (10)	35.0 (35)	33.9 (28)	34.7 (25)	34.5 (10)	35.5 (53)	34.6 (29)	35.7 (15)	35.2 (28)	34.9 (18)	33.5 (8)	34.7 (106)	34.4 (20)	34.2 (20)	34.6 (28)	35.3 (40)	33.4 (22)
5	96.2 (8)	93.2 (11)	95.1 (35)	94.4 (28)	97.8 (24)	97.6 (11)	97.7 (52)	97.2 (28)	97.6 (14)	97.4 (30)	97.2 (17)	95.2 (10)	95.0 (126)	95.0 (20)	93.8 (20)	97.8 (28)	96.6 (42)	96.2 (21)
51	40.7 (11)	41.8 (10)	40.8 (35)	40.4 (28)	41.5 (25)	41.8 (10)	41.9 (53)	41.9 (29)	42.3 (15)	41.5 (28)	41.6 (18)	40.8 (6)	40.5 (102)	41.0 (20)	41.3 (20)	40.5 (28)	40.6 (40)	40.4 (22)
55	49.9 (11)	53.4 (11)	52.8 (35)	51.5 (28)	51.1 (25)	51.0 (11)	51.7 (52)	51.5 (29)	52.3 (15)	51.7 (28)	52.4 (18)	50.4 (10)	49.3 (103)	48.6 (20)	48.3 (20)	52.3 (28)	52.4 (39)	52.4 (22)
54	26.3 (11)	26.6 (11)	25.8 (35)	25.1 (28)	26.5 (25)	25.3 (11)	24.0 (52)	23.4 (29)	24.2 (15)	24.4 (28)	24.5 (17)	23.4 (10)	24.6 (70)	25.1 (20)	24.2 (20)	26.1 (28)	26.2 (39)	26.1 (22)

续　表

	新华	大保当	蒙古	埃文克	乌尔奇	奥罗奇	因纽特(东南)	因纽特(那俄康)	楚克奇(沿海)	楚克奇(驯鹿)	中国东北	中国华北	朝鲜	日本畿内	日本北陆	布里雅特西部	布里雅特外贝加尔湖	布里雅特吞京
40	93.0 (8)	91.1 (11)	94.6 (30)	95.9 (27)	97.4 (23)	97.8 (11)	98.6 (50)	99.5 (27)	97.9 (14)	99.7 (26)	92.6 (15)	95.0 (10)	91.3 (60)	94.3 (20)	94.6 (20)	94.0 (24)	94.9 (31)	92.9 (16)
45	128.7 (10)	129.7 (11)	131.2 (32)	130.5 (28)	131.6 (19)	132.7 (10)	130.9 (51)	137.0 (27)	132.3 (14)	129.7 (27)	128.9 (15)	124.8 (10)	126.6 (73)	125.8 (20)	123.6 (20)	129.6 (27)	134.1 (39)	131.9 (20)
48	69.6 (11)	70.8 (11)	71.7 (31)	70.5 (27)	69.9 (25)	69.1 (11)	72.7 (51)	73.5 (29)	73.1 (14)	73.0 (26)	71.1 (16)	69.6 (10)	70.7 (61)	68.3 (20)	64.3 (20)	71.0 (24)	71.3 (32)	72.4 (17)
9	91.6 (11)	89.4 (13)	92.2 (35)	87.3 (28)	89.0 (25)	87.9 (11)	90.7 (56)	91.7 (30)	92.0 (15)	91.1 (30)	87.8 (18)	87.2 (10)	87.7 (136)	89.8 (20)	90.3 (20)	93.1 (28)	93.1 (40)	90.6 (21)
72	84.9 (8)	84.3 (11)	86.1 (30)	86.0 (27)	85.5 (22)	86.0 (11)	83.2 (53)	83.8 (29)	83.1 (14)	81.5 (26)	81.9 (15)	82.3 (10)	83.2 (62)	82.4 (20)	82.6 (20)	87.5 (25)	86.3 (35)	88.8 (20)

表九　与现代周邻种族组形态距离(dik)的数字矩阵(女性)

	1	2	3	4	5	6	7	8	9	10	11	12	13	14	15	16	17	18
1. 新华																		
2. 大保当	2.67																	
3. 蒙古	2.86	1.71																
4. 埃文克	3.89	2.97	2.45															
5. 乌尔奇	2.72	2.97	2.44	2.23														
6. 奥罗克	3.78	3.30	2.08	1.95	2.10													
7. 因纽特(东南)	2.48	3.35	2.78	3.42	2.02	3.17												
8. 因纽特(那俄康)	2.65	3.28	2.57	3.47	2.13	3.02	0.96											
9. 楚克奇(沿海)	2.68	3.31	2.63	3.36	1.98	3.15	0.70	1.09										
10. 楚克奇(驯鹿)	2.66	3.82	3.17	3.72	2.36	3.58	0.72	1.18	1.13									
11. 中国东北	1.91	2.96	3.55	4.31	3.07	4.21	2.37	2.77	2.72	2.59								
12. 中国华北	2.29	3.49	4.02	4.15	3.17	4.40	2.85	3.07	3.28	2.76	1.86							
13. 朝鲜	2.33	2.60	3.52	4.29	3.46	4.18	3.50	3.42	3.74	3.62	2.12	2.07						
14. 日本畿内	1.95	2.82	3.35	4.06	3.25	3.96	3.13	3.06	3.46	3.14	2.28	1.84	1.38					
15. 日本北陆	2.98	3.93	4.31	4.10	3.45	4.52	3.72	4.02	4.08	3.45	3.46	2.22	3.11	2.42				
16. 布里雅特(西部)	2.17	2.85	1.82	3.22	2.64	3.01	2.46	2.65	2.47	2.91	3.13	3.74	3.72	3.42	4.14			
17. 布里雅特(外贝加尔)	4.19	2.90	1.68	3.20	3.52	2.25	4.00	3.72	3.82	4.40	4.92	5.52	4.82	4.67	5.63	2.91		
18. 布里雅特(吞京)	2.95	1.99	1.52	3.31	3.09	2.64	3.46	3.16	3.41	3.93	3.67	4.32	3.39	3.55	4.93	2.24	2.18	

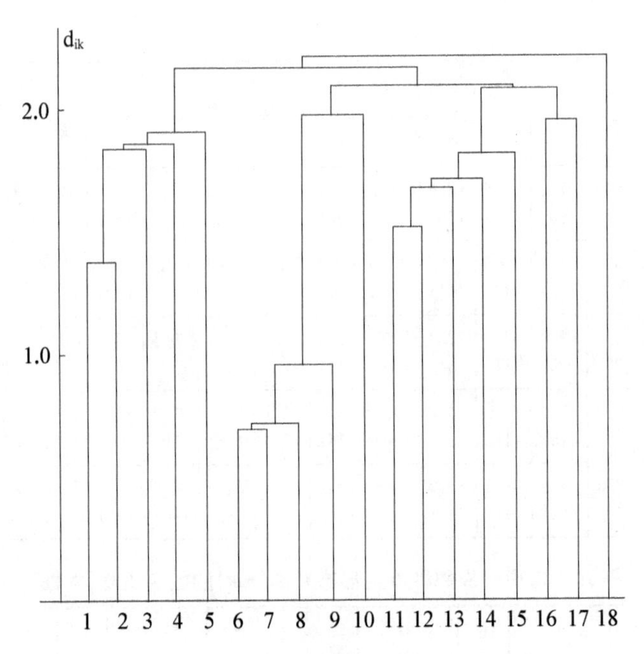

图 2　聚类图(女性)

1. 朝鲜　2. 畿内　3. 华北　4. 东北　5. 新华　6. 因纽特(东南)　7. 楚克奇(沿海)　8. 楚克奇(驯鹿)　9. 因纽特(那俄康)　10. 乌尔奇　11. 蒙古　12. 布里雅特(吞京)　13. 布里雅特(外贝加尔湖)　14. 大保当　15. 布里雅特(西部)　16. 埃文克　17. 奥罗奇　18. 北陆

表十　与古代周邻人骨组头骨测量的比较(男性)

	1	8	17	52	5	51	55	54	40	45	48	9	72
陕西神木新华	181.2 (6)	137.3 (6)	138.7 (5)	33.0 (6)	102.1 (5)	42.4 (6)	54.7 (6)	27.0 (6)	98.8 (4)	140.0 (5)	76.6 (4)	92.3 (6)	84.8 (6)
陕西神木大保当(汉)	183.9 (9)	148.1 (9)	136.9 (10)	34.6 (8)	99.6 (10)	43.5 (8)	55.9 (9)	26.7 (9)	95.3 (10)	138.3 (10)	74.7 (9)	94.4 (10)	85.9 (9)
青海李家山	182.2 (16)	140.0 (16)	136.5 (16)	35.4 (16)	101.2 (16)	43.2 (16)	57.0 (16)	26.7 (16)	94.7 (16)	138.6 (15)	77.3 (15)	91.2 (16)	87.0 (16)
青海阿哈特拉山	182.9 (23)	140.3 (23)	138.2 (22)	35.2 (21)	101.4 (22)	42.8 (22)	55.2 (23)	26.1 (23)	95.9 (22)	133.7 (23)	74.8 (22)	90.0 (23)	85.8 (23)
甘肃铜石时代	181.6 (25)	137.0 (26)	136.8 (23)	33.8 (16)	102.1 (23)	45.0 (18)	55.0 (20)	25.6 (17)	97.3 (14)	130.7 (19)	74.8 (16)	92.3 (24)	85.0 (17)
甘肃火烧沟	182.8 (57)	138.4 (50)	139.3 (55)	33.8 (60)	103.7 (56)	42.0 (59)	53.6 (59)	26.7 (59)	98.5 (50)	136.3 (52)	73.8 (53)	90.1 (60)	86.7 (47)
甘肃干骨崖	180.3 (14)	137.8 (13)	133.6 (12)	34.1 (16)	98.8 (13)	41.8 (15)	53.4 (16)	26.1 (15)	96.5 (9)	133.1 (14)	73.6 (14)	88.9 (18)	87.9 (7)
新疆哈密(m)	187.6 (10)	136.4 (10)	133.8 (7)	33.4 (11)	100.8 (8)	42.4 (11)	54.0 (9)	25.1 (9)	97.2 (5)	135.1 (8)	76.4 (8)	93.7 (11)	86.5 (6)
宁夏彭堡	182.2 (5)	146.8 (4)	131.9 (5)	33.8 (5)	101.9 (5)	42.6 (5)	58.6 (5)	26.8 (5)	97.2 (5)	139.8 (5)	77.8 (5)	96.0 (5)	90.7 (5)

续　表

	1	8	17	52	5	51	55	54	40	45	48	9	72
甘肃三角城	178.6 (6)	148.5 (6)	129.2 (6)	34.1 (6)	99.8 (6)	41.2 (6)	56.8 (6)	26.5 (6)	95.7 (6)	141.6 (6)	75.1 (6)	90.1 (6)	91.3 (6)
山西上马	181.6 (164)	143.4 (160)	141.1 (150)	33.5 (162)	101.9 (152)	42.5 (159)	54.4 (169)	27.3 (166)	97.6 (146)	137.4 (136)	75.0 (167)	92.4 (163)	82.4 (156)
殷墟中小墓	184.5 (42)	140.5 (40)	139.5 (39)	33.8 (33)	102.3 (38)	42.4 (34)	53.8 (37)	27.3 (36)	99.2 (29)	135.4 (21)	74.0 (33)	91.0 (46)	83.9 (30)
山东临淄	181.8 (65)	141.0 (63)	138.8 (59)	34.2 (62)	101.2 (59)	42.9 (62)	54.7 (66)	26.8 (61)	96.9 (49)	137.4 (42)	73.7 (56)	93.7 (67)	87.1 (47)
内蒙扎赉诺尔	185.7 (10)	147.8 (10)	130.6 (9)	33.8 (10)	103.5 (9)	42.2 (10)	56.9 (10)	27.2 (10)	100.6 (9)	138.7 (9)	75.3 (10)	93.6 (10)	86.7 (9)
内蒙南杨家营子	179.6 (4)	144.8 (4)	126.0 (4)	34.3 (3)	97.0 (4)	41.8 (3)	57.5 (3)	27.0 (3)	90.8 (3)	136.8 (4)	76.8 (4)	90.0 (4)	91.2 (3)
黑龙江平洋	190.5 (12)	144.6 (12)	140.1 (9)	33.6 (12)	105.7 (9)	43.7 (12)	58.4 (12)	28.9 (12)	99.0 (9)	144.9 (10)	77.1 (12)	91.3 (12)	90.8 (9)
内蒙大甸子	176.9 (66)	143.2 (65)	141.2 (46)	33.3 (56)	101.5 (46)	42.9 (55)	53.2 (63)	27.1 (60)	98.0 (45)	136.5 (38)	73.2 (63)	91.3 (61)	87.0 (55)
山东后李	178.1 (15)	138.6 (15)	136.8 (11)	33.7 (13)	97.5 (11)	41.2 (11)	52.6 (15)	25.7 (15)	94.8 (13)	133.5 (12)	72.1 (13)	91.7 (15)	86.5 (13)
河北蔚县	175.1 (9)	142.4 (9)	138.6 (8)	32.7 (11)	97.5 (8)	42.4 (11)	52.8 (11)	26.0 (11)	91.4 (8)	136.4 (10)	73.0 (11)	91.4 (11)	87.1 (10)
内蒙赤峰·宁城	181.2 (11)	136.2 (10)	140.7 (5)	33.0 (5)	102.3 (5)	42.1 (5)	53.6 (5)	28.1 (6)	100.7 (5)	133.8 (4)	75.1 (5)	89.0 (14)	80.6 (5)
陕西凤翔	180.6 (13)	136.8 (13)	139.3 (13)	33.6 (13)	103.0 (13)	42.5 (13)	51.6 (13)	27.7 (13)	99.2 (10)	131.5 (11)	72.6 (12)	93.3 (13)	81.1 (10)
内蒙毛庆沟	179.9 (11)	143.3 (11)	136.5 (10)	33.4 (7)	97.7 (9)	43.6 (7)	54.9 (9)	25.9 (8)	93.5 (8)	134.4 (9)	74.6 (8)	90.4 (10)	88.0 (6)
辽宁后庙山	192.8 (4)	144.0 (4)	143.5 (4)	33.0 (4)	106.3 (4)	44.4 (4)	54.1 (4)	25.9 (4)	99.0 (2)	145.3 (4)	75.5 (4)	99.0 (4)	85.0 (3)
吉林西团山	178.2 (4)	138.3 (4)	134.7 (3)	34.7 (3)	106.1 (3)	43.3 (3)	56.2 (5)	27.5 (4)	96.7 (3)	144.1 (2)	75.5 (7)	86.6 (2)	89.0 (1)
藏族B组	185.5 (14)	139.4 (14)	134.1 (15)	36.7 (15)	99.2 (15)	43.4 (15)	55.1 (15)	27.1 (15)	97.2 (15)	137.5 (15)	76.5 (15)	94.3 (15)	85.7 (14)
青海上孙家（卡约）	182.7 (101)	139.9 (100)	137.9 (95)	34.9 (103)	101.1 (96)	42.0 (104)	56.1 (103)	26.5 (102)	95.0 (87)	136.1 (98)	76.7 (92)	90.6 (106)	85.7 (87)
青海上孙家（汉代）	181.2 (45)	139.7 (44)	136.2 (39)	35.6 (48)	100.5 (38)	42.2 (48)	56.5 (44)	27.1 (47)	95.1 (31)	137.1 (74)	75.8 (40)	91.1 (45)	85.3 (27)

表十一　与古代周邻头骨组形态距离(dik)的数字矩阵(男性)

		1	2	3	4	5	6	7	8	9	10	11	12	13	14	15	16	17	18	19	20	21	22	23	24	25	26
1	神木新华(夏)																										
2	神木大保当(汉)	3.64																									
3	上孙家(卡约)	1.96	2.72																								
4	上孙家(汉)	1.94	2.67	0.82																							
5	湟中李家山	1.98	2.63	1.02	0.91																						
6	循化阿哈特拉山	2.56	2.89	1.84	1.41	1.79																					
7	甘肃铜石时代	2.85	3.96	2.24	2.39	2.80	1.73																				
8	甘肃火烧沟	1.73	3.50	1.76	2.06	2.22	1.54	2.25																			
9	甘肃干骨崖	3.10	3.91	2.33	2.17	2.67	2.04	2.23	2.49																		
10	新疆哈密(M)	3.03	3.87	2.45	2.63	2.65	2.53	2.50	2.65	2.76																	
11	宁夏彭堡	3.98	2.52	3.58	3.38	2.99	3.97	4.63	4.25	4.36	4.05																
12	甘肃三角城	4.78	3.34	4.25	3.88	3.77	4.55	5.47	4.86	4.28	5.14	2.49															
13	山西上马	2.15	2.39	2.07	2.25	2.49	2.13	3.05	2.18	3.58	3.62	4.02	4.77														
14	殷代中小墓	2.04	3.04	1.83	2.09	2.46	1.51	2.29	1.24	2.87	2.63	4.25	5.04	1.56													
15	山东临淄	1.81	2.26	1.54	1.59	1.73	1.65	2.47	1.44	2.65	2.62	3.26	4.11	1.72	1.71												
16	内蒙扎赉诺尔	3.98	2.71	3.57	3.63	3.51	3.86	4.54	4.00	4.37	3.82	2.17	3.21	3.78	3.66	3.84											
17	内蒙南杨家营子	5.38	4.19	4.33	3.95	3.90	4.60	5.21	5.39	3.80	4.86	3.50	2.54	5.56	5.56	4.70	4.35										
18	黑龙江平洋	4.30	4.14	4.34	4.59	3.98	4.70	5.75	4.26	5.88	4.98	4.05	5.21	4.39	4.28	4.13	3.94	6.43									
19	内蒙大甸子	2.67	3.01	2.65	2.67	2.52	2.48	3.19	2.32	3.15	4.29	4.17	4.38	1.97	2.52	1.88	4.39	5.29	5.10								
20	山东后李官村	3.11	3.67	2.52	2.33	2.89	2.26	2.48	2.72	1.61	3.39	4.65	4.66	3.16	2.96	2.36	4.91	4.45	6.26	2.55							
21	河北蔚县	3.68	3.41	3.08	2.88	3.19	3.13	3.77	3.61	3.06	4.65	4.57	4.22	3.29	3.85	2.83	5.27	4.34	6.29	2.36	1.97						
22	内蒙赤峰·宁城	2.49	4.69	2.86	3.05	3.53	2.63	2.55	2.24	3.34	3.65	5.72	5.36	2.65	2.02	3.12	5.21	6.58	5.78	3.22	3.37	4.42					
23	陕西凤翔	2.98	4.50	3.13	3.21	3.80	2.67	2.07	2.48	3.21	3.48	5.60	6.31	2.80	2.23	2.92	5.14	6.47	6.29	3.15	2.88	4.73	7.76				
24	内蒙毛庆沟	3.31	2.47	2.24	2.01	2.23	1.97	2.84	2.94	2.15	3.48	3.55	3.56	2.86	2.97	2.17	4.03	3.44	5.32	2.46	1.95	1.91	4.01	3.87			
25	辽宁庙后山	4.80	4.74	5.29	5.57	5.19	5.54	6.20	5.03	6.94	5.21	5.40	6.97	4.57	4.69	4.69	5.06	8.08	3.30	5.77	6.82	6.95	6.70	6.13	6.35		
26	吉林西团山	3.50	4.60	3.46	3.19	2.91	3.88	4.57	3.31	3.95	4.58	4.27	3.97	4.16	4.10	3.58	4.57	4.91	4.49	3.85	4.47	4.42	4.59	4.67	4.19	6.27	

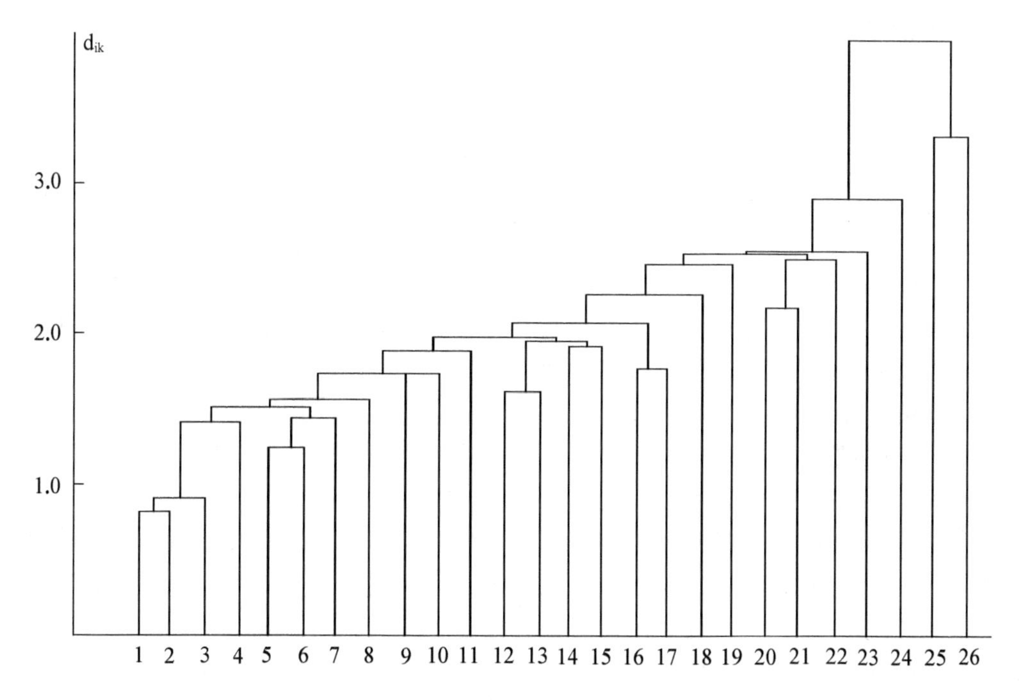

图 3 聚类图(男性)

1. 上孙家(卡约) 2. 上孙家(汉代) 3. 李家山 4. 阿哈特拉山 5. 火烧沟 6. 殷代中小墓 7. 临淄 8. 上马 9. 新华 10. 甘肃铜石时代 11. 大甸子 12. 干骨崖 13. 后李官村 14. 蔚县 15. 毛庆沟 16. 赤峰・宁城 17. 凤翔 18. 大保当(汉代) 19. 哈密 M 20. 彭堡 21. 扎赉诺尔 22. 三角城 23. 南杨家营子 24. 西团山 25. 平洋 26. 庙后山

4. 与古代周邻地区头骨测量组的比较

据表十、十二和图 3 共 27 个组的聚类分析,新华组与代表更近于现代东亚类群的聚类较近,而大保当组与它们比较偏离而好似介于古代东亚类和北亚类之间的位置。

四 结论和讨论

本报告对神木夏纪年人骨的鉴定与某些讨论于下列:

(一) 对 42 个个体人骨的鉴定结果,除一例未成年的未作出性别认定外,共检出男性 18 例,女性 23 例;这些人骨死亡的年龄高峰在壮年—中年之间。

(二) 病理骨变性主要在上下颌口腔骨组织上,在观察的 19 列中,大约有 11 例(58%)存在程度不同的牙齿过早脱落,齿槽萎缩或吸收和齿根大段外露等与老年性牙周病有关的痕迹。牙龋只发现两例。这或许暗示普遍的牙周病更多与沉重的牙齿磨蚀有关。在一例(99S×M5)下颌髁突上发现有关节病变。在 H51 和 M65 头骨上生前缺少上第二门齿的现象是否因拔牙习俗所致有待更多材料的积累。

(三) 用 Trotter 和 Gleser 从长骨推算身高公式测定的七个男性个体的身高在 166.1—172.0 厘米之间,平均 168.5 厘米。这一身高平均值大致与黄河流域新石器时代人的同类公式推算的身高很接近。

(四) 新华夏纪年头骨显示亚洲蒙古人种头骨上常见的一般综合特点。测量特征的多变量分析(聚类分析)表明,新华夏纪年人骨与现代和古代的东亚类群的形态距离比较接近。与此相比,同地区大保当汉代人骨具有更接近北亚类的倾向,这一点和对大保当汉代人骨的专门研究结果基本相同[31]。造成这种现象的原因可能会不同,如可能从夏纪年到汉代之间的近 2 000 年时间里显示的自然种族形态变化,但从其周邻地区早在新石器时代便存在蒙古种的异型来看,这一可能性不大。因而更可能的是出自不同种族形态人口的移动或混杂。从现代种族的地理分布来看,陕北地区与蒙古人种北亚类群分布的主要地区蒙古高原十分邻近,而中国的黄河流域则是最具代表东亚类人口分布地区,这种情况并不因为人群的变动有基本的改变。但这不等于在不同形态人群相互交错的边缘地区除了可能发生混杂形态外,由于某种历史的迁动而发生局部的不同种族交替现象。因此,本文认为就陕北神木地区从夏纪年到汉代之间存在种族形态学上的距离,很可能是北亚类人群向黄河流域迁动的一个例子。这种现象可能已经发生在更早的时代,如邻近的宁夏境内出土的新石器时代人骨(海原)和青铜时代人骨(固原)之间存在东亚类和北亚类的形态偏离,便又是一个例子[32][33]。在甘肃河西走廊的另一个例子是玉门火烧沟墓地人骨和民勤地区沙井文化人骨的形态偏离[34][35],前者大致代表了东亚类的,后者则又是近于北亚类的。就上述三个例子而言,大体都代表了同一地区的古代居民,但共同的现象是时代早的都近于东亚类,晚的近于北亚类。如果以上述三个例子中北亚类出现的大概时间来看,大约在春秋战国—秦汉之间。这可能暗示北亚类人口向西向南方向的扩展。在这之前,这些地区原本可能是东亚类群分布的边缘的一部分。如果以上的分析有其合理性,未来可能有更多的北亚类群的人口向河西地区和黄河流域扩展的证据。

参考文献

[1] 陕西考古研究所陕北考古队:《神木新华遗址发掘有重要收获》. 1999 年 8 月 4 日《中国文物报》第一版。

[2] Martin, R., Lehrbuch der Anthropologie in systematischer Darstellung, Bd. I, Stuttgart, 1957.

[3] 吴汝康等:《人体测量方法》,科学出版社,1984 年。

[4] 阿列克谢耶夫,特鲁布尼科娃:《亚洲蒙古人种分类和系统的一些问题(头骨测量学)》,《科学》出版社(西伯利亚分社),新西伯利亚,1984 年(俄文)。

[5] 韩康信:《青海大通上孙家寨古墓地人骨的研究概报》(待发表)。

[6] 张君:《青海李家山卡的文化墓地人骨种系研究》,《考古学报》,第 3 期,1993 年。

[7] 韩康信:《青海循化阿哈特拉山古墓地人骨研究》,《考古学报》,第 3 期,2000 年。

[8] Black, D., A study of Kansu and Honan Aeneolithic skulls and specimens from later Kansu prehistoric sites in comparison with North China and other recent crania. Palaeont. Sinica, Ser. D, Vol. 1, 1-83, 1928.

[9] 韩康信:《甘肃玉门火烧沟墓地人骨研究》(待发表)。

[10] 干骨崖人骨据作者未发表测量数据。

[11] 韩康信:《甘肃永昌沙井文化人骨种属研究》(待刊稿)。

[12] 潘其风、韩康信:《东汉草原游牧民族人骨的研究》《考古学报》,第 1 期,1982 年。朱泓:《扎赉诺尔

汉代墓葬发掘出土颅骨的初步研究》,《人类学学报》,第 2 期,1989 年。
[13] 同[12]。
[14] 潘其风:《大甸子墓葬出土人骨的研究》,《大甸子—夏家店下层文化遗址与墓地发掘报告》附录一,科学出版社,1996 年。
[15] 同[12]。
[16] 潘其风:《毛庆沟墓葬人骨的研究》,《鄂尔多斯青铜器》,文物出版社,1986 年。
[17] 韩康信:《新疆哈密焉不拉克古墓人骨种系成分之研究》,《考古学报》,第 3 期,1990 年。
[18] 韩康信:《宁夏彭堡于家庄墓地人骨种系特点之研究》,《考古学报》,第 1 期,1995 年。
[19] 潘其风:《上马墓地出土人骨的初步研究》,《上马墓地》附录一,文物出版社,1994 年。
[20] 韩康信、潘其风:《安阳殷墟中小墓人骨的研究》,《安阳殷墟头骨研究》,文物出版社,1984 年。
[21] 韩康信:《山东临淄周—汉代人骨体质特征研究与西日本弥生时代人骨之比较》,《探索渡来系弥生人大陆区域的源流》,山东省文物考古研究所、土井浜遗址—人类学博物馆,2000 年。
[22] 张雅军:《山东临淄后李官周代墓葬人骨研究》,《探索渡来系弥生人大陆区域的源流》,山东省文物考古研究所、土井浜遗址—人类学博物馆,2000 年。
[23] 张家口考古队:《蔚县夏家店下层文化颅骨的人种学研究》,《北方文物》,第 1 期,1987 年。
[24] 魏海波、张振标:《辽宁本溪青铜时代人骨》,《人类学学报》,第 4 期,1989 年。
[25] 贾兰坡、颜訚:《西团山人骨的研究报告》,《考古学报》,第 2 期,1963 年。
[26] Morant, G. M., A first study of the T betan skull. Biometrika, 14: 193 - 260, 1923.
[27] 韩伟等:《凤翔南指挥村周墓人骨的测量与观察》,《考古与文物》,第 3 期,1985 年。
[28] 韩康信:《陕西神木大保当汉墓人骨鉴定》(待发表)。
[29] Trotter, M. and Gleser, G. C., A re-evoluation of stature based on measurements of stature taken during life and of long bones after death. Am. J. Phys. Anthrop., 16(1). 79 - 123,1958.
[30] 切薄克萨罗夫:《中国民族人类学》,科学出版社,1982 年(俄文)。
[31] 同[28]。
[32] 韩康信:《宁夏海原菜园村新石器时代人骨的性别年龄鉴定与体质类型》,《中国考古学论丛》,1993 年。
[33] 同[18]。
[34] 同[9]。
[35] 同[11]。

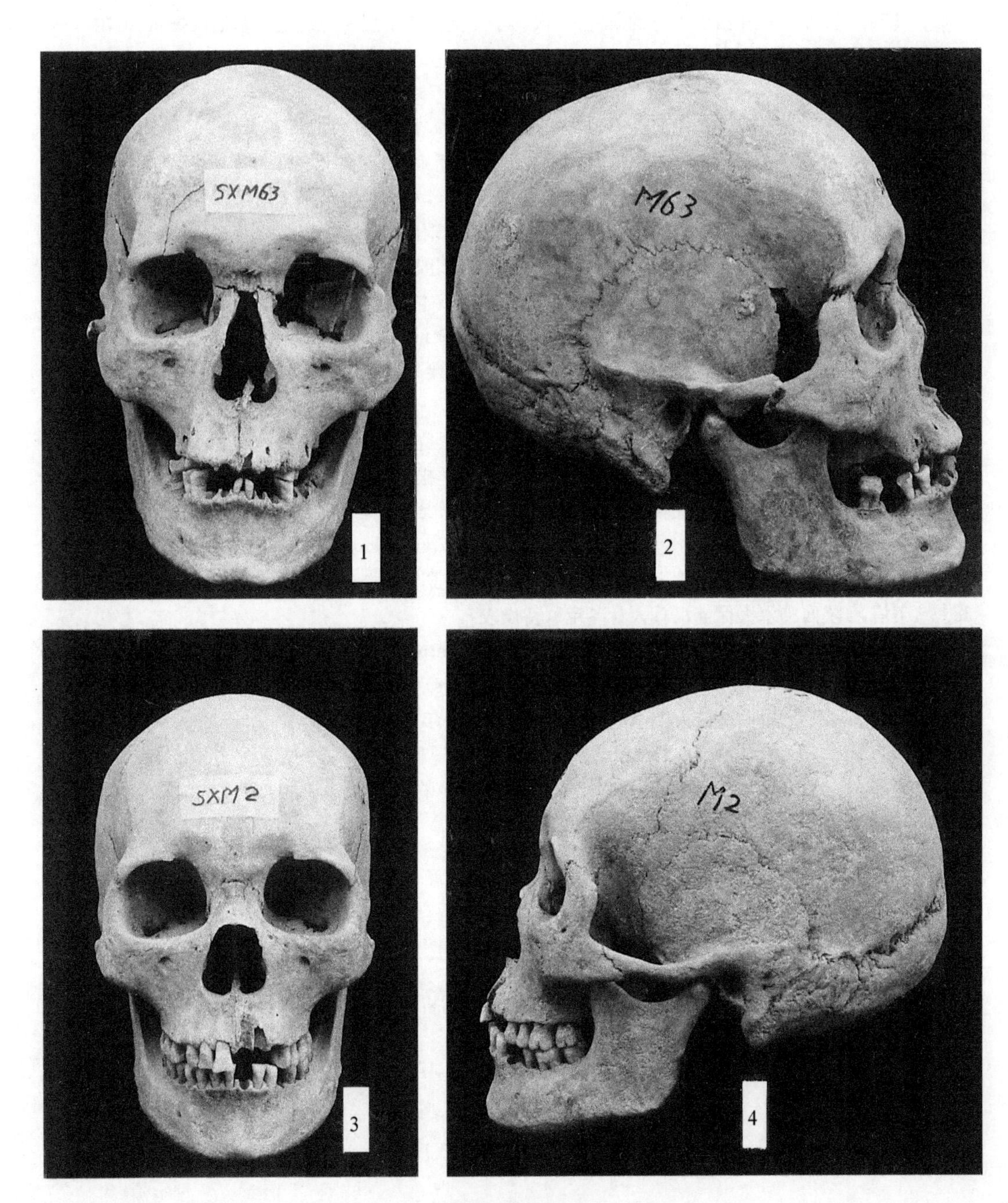

神木新华古墓地头骨

1—2　99S×M63 男性头骨(正、侧面)
3—4　99S×M2 女性头骨(正、侧面)

陕西神木大保当汉墓人骨鉴定报告

本报告人骨材料出自陕西神木大保当汉代墓地。是1996年陕西省考古研究所陕京天然气管线考古队在发掘过程中收集的。送交本文作者鉴定的人骨出自M3—M6、M9—M13、M17、M19、M21、M22共13座墓葬。其中，有的只收集了头骨，有的除头骨外，还收集了数量不尽相等的上、下肢骨或髋骨，有的只取了髋骨或个别肢骨。据发掘者，这些墓为汉代砖室墓，出有与游牧生活相关的画像石。但墓葬都被多次盗扰，人骨十分散乱，有的因保存不好，未能尽数采集。据说这些墓葬多系家族葬墓，并且据本文作者作个体和性别认定（详见后文），有约一半的墓中多于一男一女，即或多于一男，或多于一女不等。本文重点对人骨的种族特点进行了记述和比较。

一　性别、年龄的个体认定

由于人骨已被扰乱，头骨和肢骨之间赖以连接的脊柱骨等部分未采集，因此两者之间的个体认定只能据性别、年龄之核定及骨骼大小、色泽及朽蚀程度等方面加以判断。所得结果分别罗列于下（发掘年份及墓地代号为96SD）：

M3：a　女　30—40岁（头骨，一对髋骨）
M3：b　女　30—40岁（头骨）
M3：c　男　35±岁（头骨）
M4：a　男　30—40岁（头骨、胫骨和腓骨各一）
M4：b　女　25—30岁（头骨、髋骨、股骨和胫骨各一对，肱骨一）
M4：c　女　30+岁（髋骨、股骨各一对，胫骨一，肱骨、尺骨、桡骨各一对）
M4：d　女?　成年（胫骨一）
M5：a　男　30—35岁（头骨）
M5：b　女　20—35岁（头骨）
M6：a　男　30—35岁（头骨）
M9：a　女　20一岁（头骨，骶骨）
M9：b　男　成年（髋骨、股骨各一，胫骨、肱骨各一对，残腓骨和桡骨各一）
M9：c　男　成年（髋骨一）
M10：a　女　30±岁（头骨）
M11：a　男　35—40岁（头骨）
M11：b　女　30—40岁（头骨，股骨一）
M12：a　女　25—30岁（头骨，一对髋骨）

M12：b　女　16—20 岁(头骨)
M12：c　女　成年(一对髋骨)
M13：a　女　55＋岁(头骨)
M13：b　男　35＋岁(头骨)
M13：c　女　20—25 岁(头骨,一对髋骨)
M17：a　男　成年(右股骨一)
M17：b　男　25—30 岁(头骨,股骨、髋骨、胫骨各一对)
M17：c　女　30±岁(头骨,一对股骨)
M19：a　女　25—40 岁(头骨,髋骨,股胫骨各一对)
M21：a　女　25—30 岁(头骨,一对髋骨)
M21：b　男　40—50 岁(头骨,一对髋骨)
M22：a　男　35—45 岁(头骨,髋骨一)
M22：b　女　成年(一对髋骨)
M22：c　男　30±岁(一对髋骨)
M22：d　女　20—25 岁(髋骨一)

鉴定结果所示,在 13 座墓中,只有一人的 3 座,有 2 人的 3 座,有 3 人的 5 座,有 4 人的 2 座。但并非所有个体都取了头骨。在所有 32 个个体认定中,有头骨的只有 23 个,其余的 9 个个体只以多少不等的肢骨(包括髋骨)为代表。后者头骨哪里去了不得而知,或者原来就没有头骨。其原因有待澄清。

送交人骨的性别、年龄分布情况列于下表。

性别、年龄分布表

年龄分期	男(%)	女(%)	性别不明	合计(%)
未成年(小于 15 岁)				
青年(16—23 岁)		4(25.0)		4(15.4)
壮年(24—35 岁)	7(70.0)	11(68.8)		18(69.2)
中年(36—55 岁)	3(30.0)			3(11.5)
老年(56 岁以上)		1(6.3)		1(3.8)
合　计	10(100.0)	16(100.0)		26(100.0)
只计“成年”的	3	3		6

注：年龄分期依吴汝康等:《人体测量方法》,科学出版社,1984 年。

据此统计,这批人骨死亡高峰年龄在壮年期(占 69.2%)。死于中、青年的不多。女性死于青、壮年的(占 93.8%)高于男性(70%)。大概的平均死亡年龄(无未成年个体)男性为 35.3(10)岁,女性为 30.3(16)岁,女性死亡平均年龄比男性小约 5 岁。可记性别个体男性 13 个,女性 19 个。由于鉴定个体数太少,无意讨论性别结构。

二　头骨形态观察

这批头骨(共 23 具)的形态特征观察记录列于下表一、二(图一—图四)。归纳起来看，这批头骨的主要形态特征的综合大致如下：

颅形——卵形和椭圆形出现较多，部分为楔形和五角形等。后者女性稍多。

眉弓和眉间突度——男性中的中等以上至粗壮不等，女性中几乎皆弱型。相应，男性眉间突度在Ⅱ—Ⅳ级不等，平均3.45级，女性则Ⅰ—Ⅱ级不等，平均1.47级，有明显性别差异。

额坡度——男性皆中斜—斜型，女性亦中斜—斜型占优，但部分出现直额型。

矢状缝——缝的形式主要为较简单和简单型。

乳突和枕外隆突——男性乳突以大型居多，枕外隆突也显著以上居多，女性乳突中、小型居多，枕外隆突以稍显和缺乏的居多。

眶形——总的以斜方者居多(其眶角普遍钝化而不典型)。

梨状孔——男性的梨形居多，女性的心形和三角形居多。

梨状孔下缘——男性的钝型和锐型各占一部分，女性的钝型占优。

鼻棘——男性中等居多，平均3.67级；女性则平均3.00级。性别差异不大。

犬齿窝——皆不发达，以无和浅型占优。

鼻根凹——鼻根部以平扁的无和浅型的为主。

鼻梁——男性中以凹凸形稍多见，女性中凹形更多见。

鼻骨形状——男性中Ⅰ、Ⅱ型各占部分，女性中Ⅰ型的更多见(所指Ⅰ型即指鼻骨上、下两端宽而中间明显收缩的类型。Ⅱ型即指由上端逐渐向下加宽的类型。Ⅲ型即鼻骨比较宽。而且其上、下部宽差异不大的类型)。

矢状脊——大致都在无—中等，无显著发达者。

额中缝——在26例中仅见1例全段的类型，出现率为4.0%。

腭形——以较短宽的椭圆形为主。

腭圆枕——出现率约近一半，但皆不是强烈的类型。

眶口平面位置——这是从正侧面观察眶口平面与眼耳标准平面的交角形状。这批头骨绝大部分属后斜型，未见前倾型。

眶口正面位置——这是从正面观察眼眶与水平位置的倾斜程度。较多见的是倾斜型，呈水平型的较少。

颏型——圆形较普遍，女性中尖形较多见。

下颏角——男性较多外翻型，女性较多见内翻型。

颏孔位置——多见第二前臼齿位(P_2型)。

下颌圆枕——出现的皆在中等以下，未出现的也占近一半。

“摇椅”下颌——13例中，只出现1例轻度者。

表中列出了主要颅、面部各项指数的形态分类调查。按这些指数的个体形态出现情况和平均形态类型来看，神木组头骨总体的综合特征大致可归纳为：短颅—正颅—中或近阔颅型和狭额型相结合，面部形态为中或近狭的上面型—中眶型(女性比男性明显更高)—中鼻型(女性近阔鼻)—短腭型—平颌型(女性比男性趋突颌)—上齿槽中颌型(女性突颌型)。

表一　颅、面形态指数分类及指数平均值

马丁号	测量项目	性别	形　态　分　类					测量平均值(例数)
8∶1	颅指数		特长颅	长颅	中颅	短颅	特短颅	
		男		1	3	3	2	80.9(9)
		女			2	7	3	83.0(12)
17∶1	颅长高指数		低颅	正颅	高颅			
		男		5	4			74.4(9)
		女	1	3	7			75.0(11)
21∶1	颅长耳高指数		低颅	正颅	高颅			
		男		3	5			63.8(9)
		女		3	8			64.1(11)
17∶8	颅宽高指数		阔颅	中颅	狭颅			
		男	4	4	1			92.2(9)
		女	8	3	1			90.2(12)
9∶8	额宽指数		狭额	中额	阔额			
		男	8		1			63.3(9)
		女	10	1	2			63.1(13)
48∶45	上面指数		特阔上面	阔上面	中上面	狭上面	特狭上面	
		男			6	2	1	54.2(9)
		女		1	5	5		54.6(11)
47∶45	全面指数		特阔面	阔面	中面	狭面	特狭面	
		男		1	2		1	89.3(4)
		女		1	4	1	1	89.1(5)
52∶51	眶指数		低眶	中眶	高眶			
		男	2	5	5			79.6(8)
		女	1	4	1			83.1(10)
54∶55	鼻指数		狭鼻	中鼻	阔鼻	特阔鼻		
		男	3	5	1			47.8(9)
		女	3	1	5	1		50.0(11)
63∶62	腭指数		狭腭	中腭	阔腭			
		男			5			91.5(5)
		女	1	1	8			94.7(10)
61∶60	上齿槽弓指数		长齿槽	中齿槽	短齿槽			
		男			8			127.0(8)
		女			10			127.2(10)
40∶5	面突度指数		平颌	中颌	突颌			
		男	7	2				95.6(9)
		女	4	5	2			97.7(11)
72	总面角		超突颌	突颌	中颌	平颌	超平颌	
		男			3	6		85.9(9)
		女			7	4		84.3(11)
74	齿槽面角		超突颌	突颌	中颌	平颌	超平颌	
		男		4	4	1		81.7(9)
		女	1	8	1	1		76.7(11)

表二　头骨形态观察表

形态特征	M3 男	M3：c 男	M4：a 男	M5：a 男	M6：a 男	M11：a 男	M13：b 男	M17：b 男	M21：b 男	M22：a 男	M3：a 女	M3：b 女	M4：b 女	M5 女	M5：b 女	M7 女	M9：a 女	M19：a 女	M10：a 女	M11：b 女	M12：a 女	M12：b 女	M13：a 女	M13：c 女	M17：c 女	M21：a 女
颅　形	卵圆	楔形	五角	—	卵圆	椭圆	卵圆	卵圆	椭圆	椭圆	卵圆	卵圆	楔形	—	卵圆	卵圆	卵圆	卵圆	楔形	卵圆	卵圆	五角	卵圆	楔形	菱形	椭圆
眉弓突度	显著	显著	显著	特显	中等	粗壮	显著	显著	中等	粗壮	弱	弱	弱	弱	弱	弱	弱	弱	弱	中等	弱	弱	弱	弱	弱	弱
眉间突度	Ⅱ+级	Ⅲ+级	Ⅲ+级	Ⅳ+级	Ⅱ级	Ⅳ+级	Ⅲ级	Ⅲ+级	Ⅲ级	Ⅳ+级	Ⅰ+级	Ⅰ级	Ⅰ+级	Ⅰ+级	Ⅰ级	Ⅰ级	Ⅰ级	Ⅰ级	Ⅰ级	Ⅱ+级	Ⅰ级	Ⅱ+级	Ⅰ级	Ⅱ级	—	Ⅱ+级
额坡度	中斜	中斜	斜	中斜	中斜	斜	中斜	中斜	中斜	斜	斜	直形	斜	中斜	中斜	直形	直形	斜	中斜	中斜	直形	斜	中斜	中斜	直形	中斜
矢状缝	—	较简	较简	较简	简单	较复杂	较简	较复杂	简单	较简	—	较简	—	简单	较复杂	简单	简单	较简	—	简单	较简单	简单	—	简单	较简单	较简单
乳　突	大	大	大	大	中+	特大	大	中	大	大	中	中	小	小	小	中	中	中	中	小	小	特小	小	小	小	大
枕外隆突	显著	喙状	中等	极显	稍显	极显	极显	显著	显著	稍显	稍显	显著	喙状	—	稍显	稍显	稍显	稍显	稍显	稍显	稍显	缺	缺	中等	缺	缺
眶　形	—	方形	斜方	圆形	斜方	—	斜方	长方	圆形	斜方	方形	斜方	斜方	方形	斜方	斜方	—	斜方	斜方	椭圆	斜方	斜方	斜方	椭圆	—	斜方
梨状孔	—	心形	心形	梨形	梨形	—	梨形	梨形	梨形	梨形	梨形	心形	—	心形	梨形?	心形	—	三角形	梨形	三角形	心形	梨形	心形	三角形	—	梨形
梨状孔下缘	—	钝型	锐型	窝型?	钝型	—	锐型	钝型	锐型	钝型	钝型	钝型	锐型	钝型	钝型	钝型	—	钝型	钝型	钝型	钝型	钝型	锐型	钝型	—	钝型
鼻　棘	—	显著	中等	—	中等	—	显著	中等	中等	中等	显著	—	—	稍显	显著	稍显	—	显著	特显	中等	中等	中等	不显	中等	—	中等
犬齿窝	无	无	浅	无	无	—	无	无	深	浅	—	浅	浅	无	无	无	—	无	浅—中	浅	无	无	浅—中	无	—	无
鼻根凹陷	—	浅	浅	深	无	浅	浅	浅	无	浅	浅	无	无	无	无	无	无	无	无	无	无	浅	无	无	—	无
翼　区	—	H型	H型	—	H型	—	H型	H型	H型	H型	缝间型	H型	H型	H型	H型	H型	缝间型	H型	缝间型	缝间型	I型	H型	—	H型	—	H型
鼻　梁	—	—	凹形	直形	凹形	—	凹凸形	凹凸形	凹凸形	凹凸形	直形	凹形	凹形	凹形	凹形	凹凸形	凹形	凹凸形	直形	凹形	凹形	凹形	凹形	凹形	—	直形
鼻骨形态	—	Ⅰ型	Ⅰ型	Ⅱ型	Ⅰ型	Ⅰ型	Ⅱ型	Ⅱ型	Ⅱ型	Ⅰ型	Ⅰ型	Ⅰ型	Ⅲ型	Ⅰ型	Ⅰ型	Ⅰ型	Ⅰ型	Ⅰ型	Ⅰ型	Ⅱ型	Ⅰ型	Ⅱ型	Ⅱ型	Ⅱ型	—	Ⅰ型
矢状嵴	无	无	中	无	—	显	无	中	中	中	弱	弱	弱	无	无	弱	无	弱	无	中	弱	无	中	弱	弱	弱
额中缝	无	无	无	无	无	无	无	无	无	无	无	无	无	无	无	无	全	无	无	无	无	无	无	无	无	无
腭　形	—	椭圆	椭圆	椭圆	椭圆	—	椭圆	V形	椭圆	椭圆	椭圆	椭圆	椭圆	椭圆	V形	椭圆	—	椭圆	V形	椭圆	椭圆	椭圆	—	椭圆	—	椭圆
腭圆枕	—	无	脊形	脊形	无	—	无	无	丘形	瘤状	脊形	无	无	丘形	无	无	—	无	丘形	无	丘形	无	丘形	丘形	—	无
眶口平面位置	—	后斜	后斜	稍后斜	后斜	—	近垂直	后斜	后斜	稍后斜	后斜	后斜	后斜	后斜	后斜	垂直	—	后斜	后斜	后斜	后斜	后斜	后斜	后斜	—	后斜
眶口正面位置	—	水平	斜	稍斜	斜	—	斜	水平	稍斜	斜	水平	斜	近斜	水平	斜	稍斜	—	斜	斜	稍斜	斜	斜	斜	近水平	—	斜
颏　形	圆形	圆形	—	方形	—	—	—	—	圆形	圆形	尖形	尖形	圆形	圆形	圆形	尖形	—	—	—	—	—	圆形	—	—	—	尖形
下颌角	外翻	外翻	—	外翻	—	—	—	—	外翻	直形	内翻	内翻	直形	内翻	内翻	稍外翻	—	—	—	—	—	内翻	—	—	—	内翻
颏孔位置	P_2位	P_2位	—	P_2位	—	—	—	—	P_1P_2位	P_2位	P_2位	P_1P_2位	P_2位	P_2位	P_2位	P_2位	—	—	—	—	—	P_1P_2位	—	—	—	P_2位
下颌圆枕	小	小—中	—	中	—	—	—	—	小	小	小—中	无	小	无	无	无	—	—	—	—	—	无	—	—	—	无
“摇椅”下颌	非	非	—	非	—	—	—	—	非	非	非	非	非	非	非	非	—	—	—	—	—	非	—	—	—	轻度

注：M3、5、7为夏—商时期的头骨。

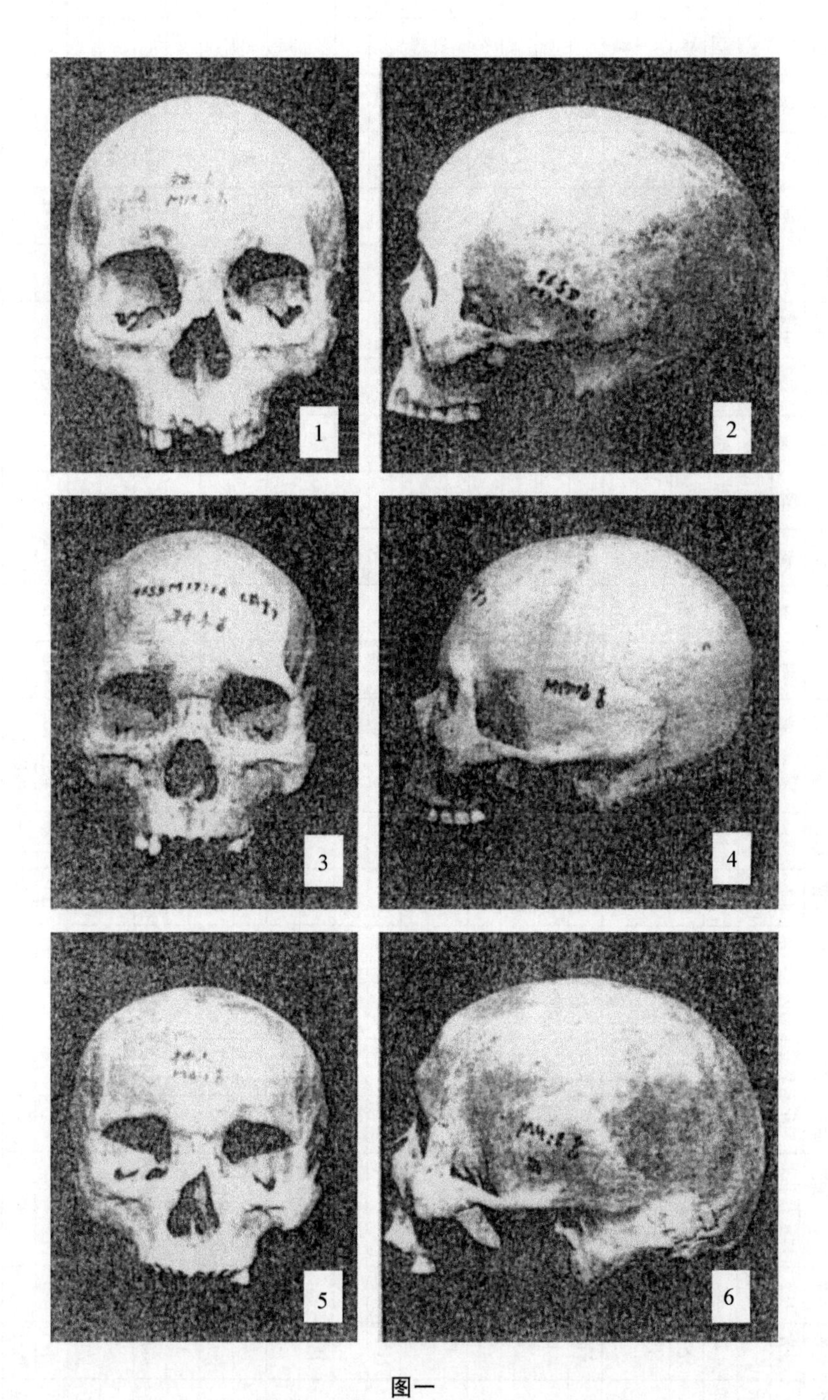

图一

1—2. M13：2，男（正、侧面） 3—4. M17：16，男（正、侧面）
5—6. M4：1，男（正、侧面）

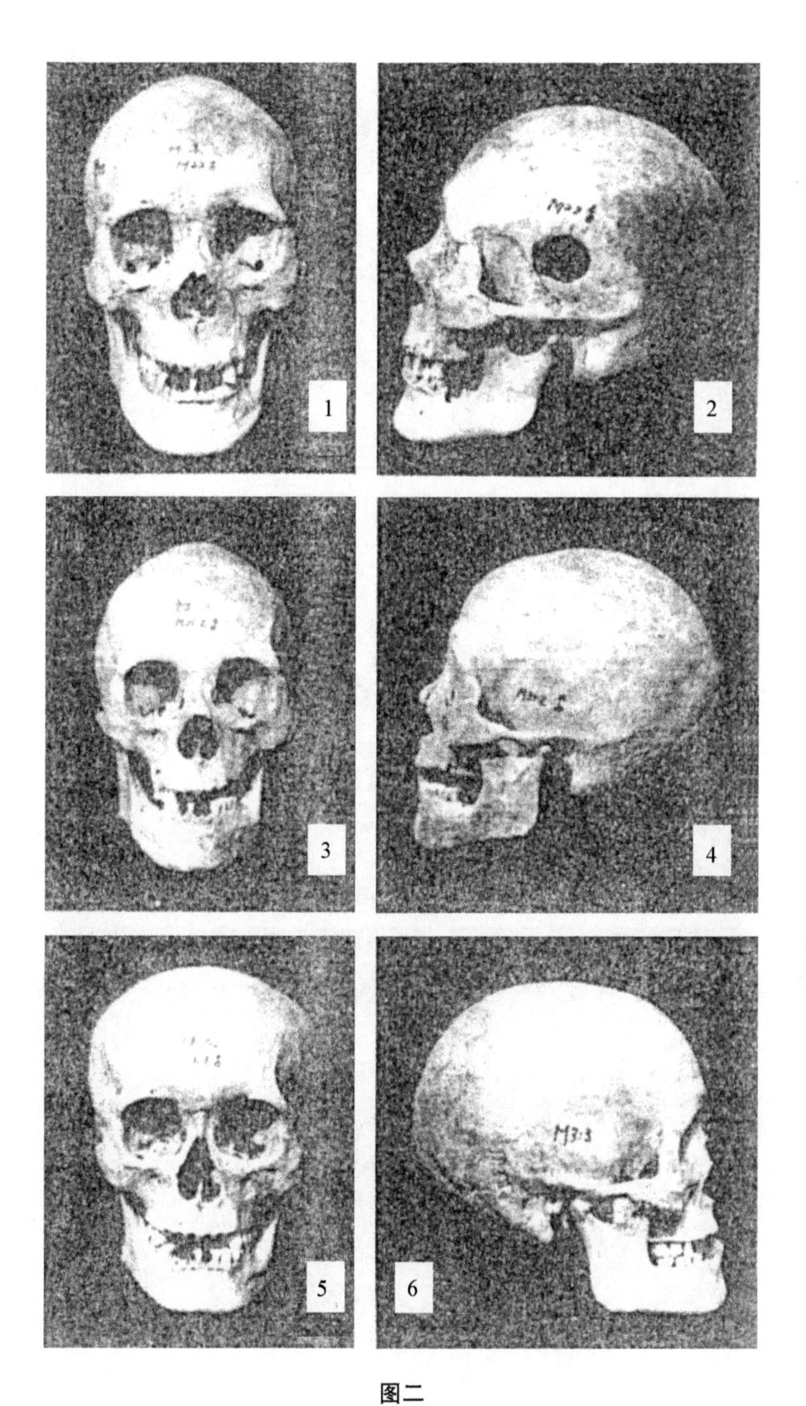

图二

1—2. M22,男(正、侧面)　3—4. M21：2,男(正、侧面)
5—6. M3：3,男(正、侧面)

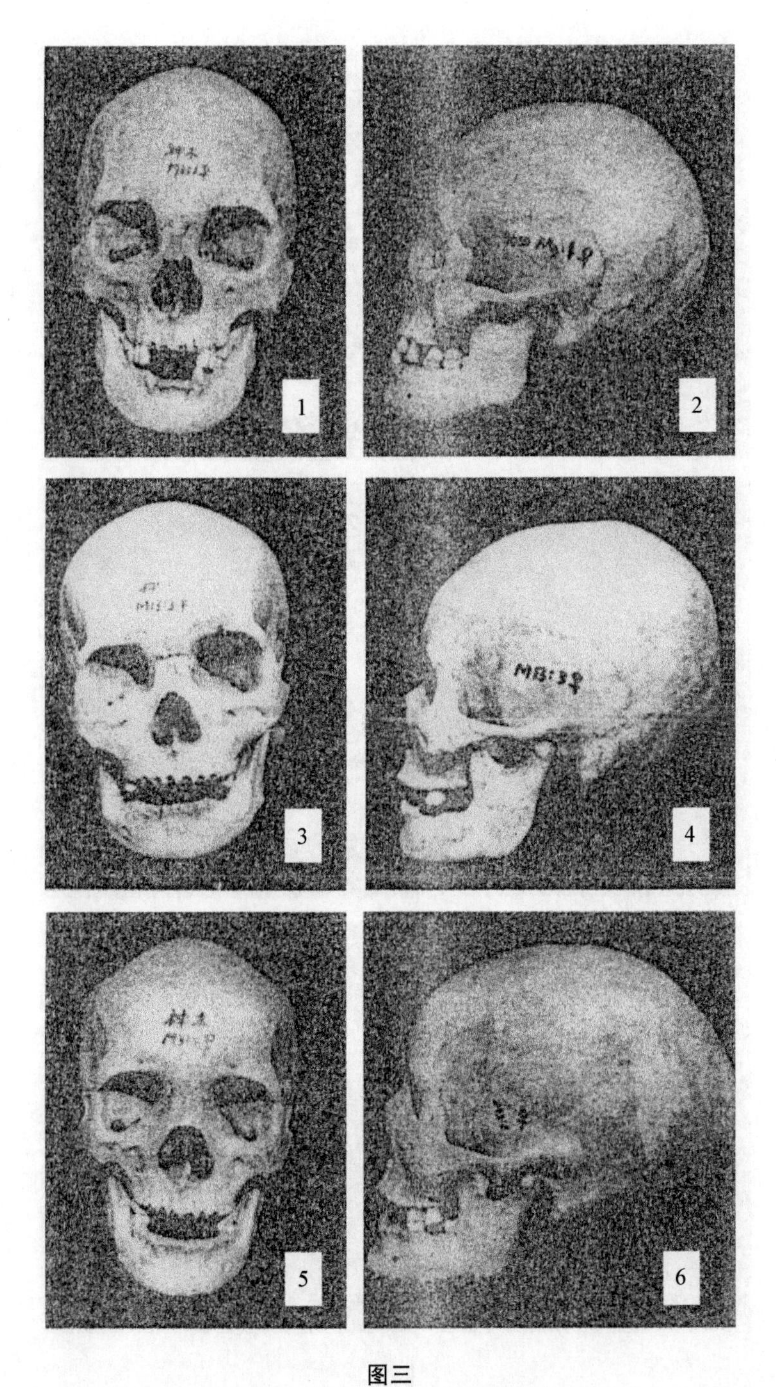

图三

1—2. M3：1，女（正、侧面） 3—4. M13：3，女（正、侧面）
5—6. M3：2，女（正、侧面）

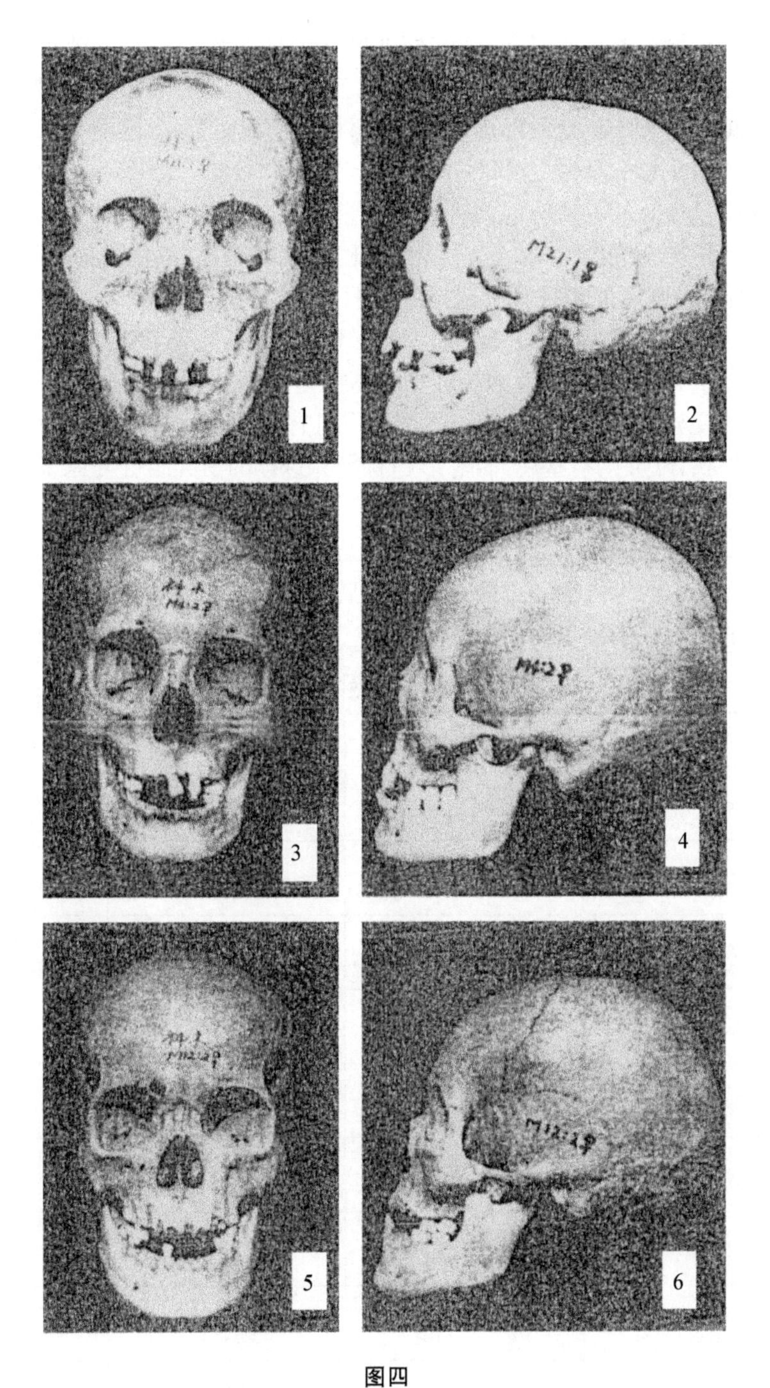

图四

1—2. M21：1，女（正、侧面） 3—4. M4：2，女（正、侧面）
5—6. M12：2，女（正、侧面）

三　种族居群关系比较

在进行种族居群关系比较以前，本文作者曾作个体头骨的形态分类观察。从所得主观印象，曾认为在这批头骨中似乎有两种形态倾向的成分。因而将这些头骨分成甲、乙两个小组。对甲组的一般印象是颅形更短化，面部相对稍低而宽，眼眶的平面位置较近水平等。所选择的这组头骨的墓号为 M4：a、M5：a、M6：a、M3：a、M3：b、M7：a、M10：a、M11：b、M13：c、M17：b 等。

另一组（乙组）的一般推测印象是颅形稍长化，颅高较趋高，额宽趋狭，眶形较升高而倾斜，面部更高狭，鼻形也可能趋狭。所选择的这组头骨的墓号为 M22：a、M13：b、M3：c、M19：a、M12：a、M21：a、M5：b、M4：b、M7、M12：b、M17：c、M21：b 等。

对这两个分组，我们对各项颅面指数值也进行了分组计算比较（见下页上表）。从中可以看出两组的变异趋势是：乙组的短颅型比甲组有某些长化，额宽比甲组有些狭化（男性组），面形也趋狭，眶形则有些趋高，鼻形趋狭等。这样的变异组合与原来纯形态学的观察判断似相吻合，惟乙组没有比甲组明显高化。而且这种变异组合在男女性中都基本相似。但这样的变异除在面形上的差异最为明显之外，在其他方面的变差幅度并不特别强烈。这就要考虑甲乙两组的变差方向是种族意义的还是种群内的变异。这一点将在下边的多变量分析的结果中予以说明。

表三　颅、面部指数的分组比较

颅、面形态指数（马丁号）	全组（例数）	甲组（例数）	乙组（例数）
颅指数（8：1）	男 80.9(9) 女 83.0(12)	82.1(4) 86.2(4)	80.5(4) 81.3(7)
颅长高指数（17：1）	男 74.4(9) 女 75.0(11)	75.3(4) 75.1(4)	74.6(4) 75.0(7)
颅长耳高指数（21：1）	男 63.8(9) 女 64.1(11)	64.3(4) 64.9(4)	63.3(4) 63.7(7)
颅宽高指数（17：8）	男 92.2(9) 女 90.2(12)	91.8(4) 87.1(4)	92.9(4) 91.7(8)
额宽指数（9：8）	男 63.3(9) 女 63.1(13)	64.8(4) 62.6(4)	61.9(4) 63.1(8)
上面指数（48：45）	男 54.2(9) 女 54.6(11)	52.9(5) 51.0(4)	55.9(4) 56.8(7)
全面指数（47：45）	男 89.3(4) 女 89.1(5)	84.5(1) 87.1(1)	90.9(3) 89.7(4)
眶指数（52：51）	男 79.6(8) 女 83.1(10)	79.1(4) 81.1(4)	81.4(4) 82.4(7)
鼻指数（54：55）	男 47.8(9) 女 50.0(11)	48.9(5) 51.6(4)	46.5(4) 49.2(7)

（一）神木组（全组）与现代蒙古种不同地域代表组之聚类分析和主成分分析[1]

所谓聚类分析（cluster analysis）就是利用头骨的多项测量特征作为变量，选择某种形态距离公式(在本文中选用欧氏距离公式),将多种特征变为一个函数值来估计组间差异的大小。用于计算的测量特征依次为颅长(1)、颅宽(8)、颅高(17)、眶高(52)、颅基底长(5)、眶宽(51)、鼻高(55)、鼻宽(54)、面基底长(40)、颧宽(45)、上面高(48)、最小额宽(9)、面角(72)共13项绝对测量值。计算组间形态距离的公式为

$$d_{ik} = \sqrt{\frac{\sum_{j=1}^{m}(X_{ij} - X_{kj})^2}{m}}$$

式中 i、k 代表测定的颅骨组,j 代表测量项目、d_{ik} 代表比较两组间在欧几里得空间分布的距离,其值越小,可能意味两组间有越近的形态特征。本文利用的13项测量值见下表。聚类采用最短距离法。选择的对照组中,蒙古、布里亚特、埃文克及彭堡四组代表北亚蒙古种,爱斯基摩和两个楚克奇组代表东北亚蒙古种,华北、东北及朝鲜三组代表东亚(或远东)蒙古种。依计算所得每成对组之间的形态距离值(d_{ik})大小排列进行聚类绘制出聚类谱系图五。

表四　神木与北亚、东北亚和东亚各组13项绝对测量值(男)　　(毫米)

组　别		1	8	17	52	5	51	55	54	40	45	48	9	72
神木合并组	1	183.1	148.1	136.9	34.9	99.6	43.2	55.9	26.7	95.3	138.3	74.7	94.4	85.9
神木甲组	2	181.8	149.3	138.1	34.5	100.3	43.0	55.5	27.1	95.8	137.8	72.7	97.6	85.9
神木乙组	3	184.2	148.2	137.4	35.3	99.0	41.3	56.5	26.2	94.4	137.9	77.2	91.0	85.9
彭堡	4	182.2	146.8	131.9	33.8	101.9	42.6	58.6	26.8	97.2	139.8	77.8	96.0	90.7
蒙古	5	182.2	149.0	131.1	35.8	100.5	43.3	56.5	27.4	98.5	141.8	78.0	94.3	87.5
布里亚特	6	181.9	154.6	131.9	36.2	102.7	42.2	56.1	27.3	99.2	143.5	77.2	95.6	87.7
埃文克	7	185.5	145.7	126.3	35.0	101.4	43.0	55.3	27.1	102.2	141.6	75.4	90.6	86.6
爱斯基摩	8	181.8	140.7	135.0	35.0	102.1	43.4	54.6	24.4	102.6	137.5	77.5	94.9	83.8
楚克奇-沿海	9	182.9	142.3	133.8	36.3	102.8	44.1	55.7	24.6	102.3	140.8	78.0	95.7	83.2
楚克奇-驯鹿	10	184.4	142.1	136.9	36.9	104.0	43.6	56.1	24.9	104.2	140.8	78.9	94.8	83.1
华北	11	178.5	138.2	137.2	35.5	99.0	44.0	55.3	25.0	95.2	132.7	75.3	89.4	83.4
东北	12	180.8	133.7	139.2	35.6	101.3	42.6	55.1	25.7	95.8	134.3	76.2	90.8	83.6
朝鲜	13	176.7	142.6	138.4	35.5	99.4	42.4	53.4	26.0	95.4	134.7	76.6	91.4	84.4

从聚类图图五可以看出,蒙古、布里亚特、埃文克和彭堡四组聚集为一小组,爱斯基摩和两个楚克奇组聚为另一小组,华北、东北和朝鲜三组又另成一小组。它们分别代表了北亚、东北亚和东亚蒙古人种的聚集情况。而神木(全)组的聚集情况是在代表北亚类的几个组之中,这或许暗示神木组的头骨与代表北亚蒙古种组群的某种接近。

所谓主成分分析(principal component analysis)是多因子分析处理的一种方法,也属多变量分析。由于变量比较多,大大增加了分析比较的复杂性。实际上在大多数比较的问题中,变量之间有某种程度的相关性。因此,人们都希望用较少的变量来代替原来较多的变量,同时这些少数变量又要尽可能多地包含原来变量的信息。主成分分析法就是这

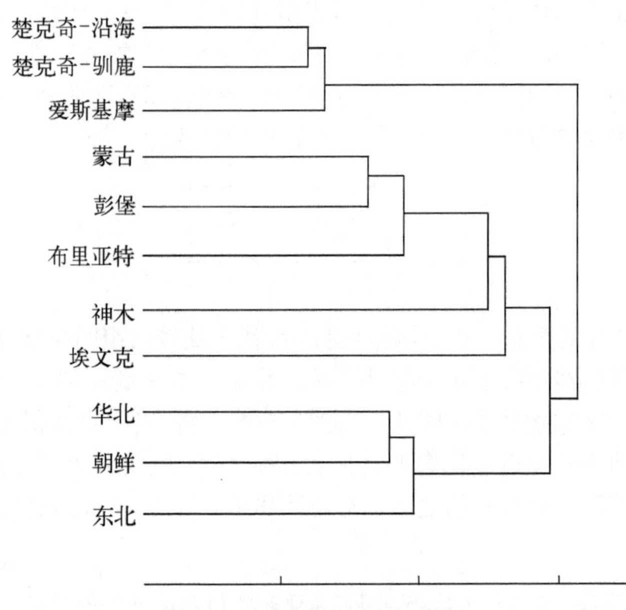

图五　神木与现代组聚类图

种降维运用的一种分析方法，即将为数众多的变量线性组合成为数较少的综合变量。而每一种新的综合变量又要包含有尽量多的原来变量所含的信息，但各综合变量间又彼此无关或没有信息重叠。其中，第一主成分(PC1)代表总变量信息的最多部分，第二主成分(PC2)其次，第三主成分(PC3)再次，以此类推。本文中选取最前的两个主成分构成二维坐标系，用来作以人骨测量为代表的种族居群分析。用于作这种分析的头骨测量项目共12项，即上表中除最小额宽(9)以外的其余项目。据此计算的第一和第二主成分(PC1、PC2)的载荷矩阵如下。

第一、第二主成分载荷矩阵

主成分	颅长	颅宽	颅高	颅基长	上面高	面宽	面基长	眶宽	眶高	鼻宽	鼻高	全面角	贡献率	累计贡献率/%
PC1	0.66	0.78	−0.76	0.34	0.21	0.88	0.26	−0.27	−0.25	0.67	0.71	0.82	37	37
PC2	0.34	−0.28	−0.23	0.81	0.65	0.40	0.91	0.54	0.78	−0.61	−0.07	−0.46	32	69

据上表数值，前两个主成分(PC1、PC2)的累计贡献率为69％，代表了12项比较项目的多数信息量。在第一主成分(PC1)上，载荷最大值主要有面宽、颅宽和面角等，代表了头骨的颅、面部宽度和面部的矢向突度信息量占优势。第二主成分(PC2)的载荷最大值有面基长、颅基长和眶高等。

在PC1和PC2组成的二维平面位置图(见图六)来看，可以指出的有以下几点：

(1) 代表北亚、东亚和东北亚类的头骨组各占有相对隔离的位置，而且同类的又彼此十分接近。

(2) 神木的甲、乙两组与全组也都彼此很接近，似乎说明他们之间仍可能为同一类群的。

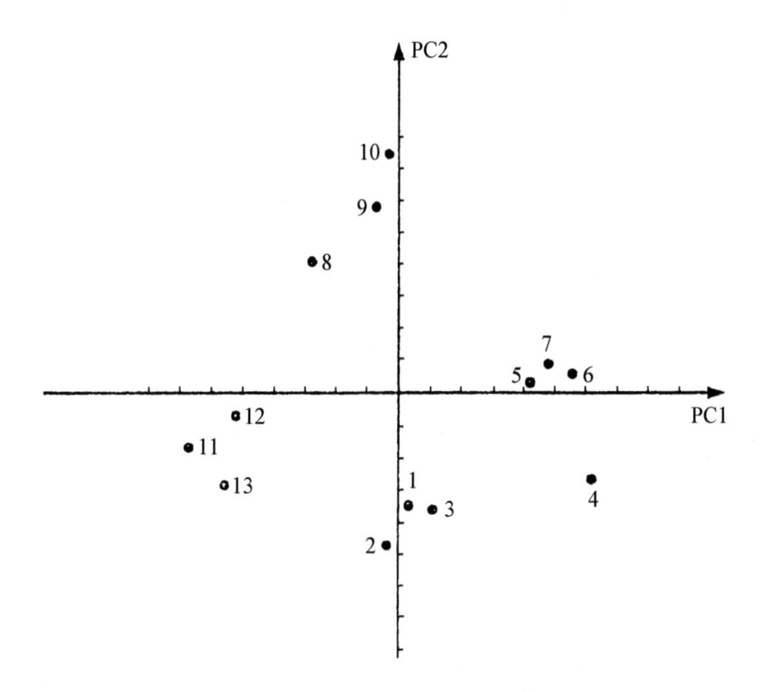

图六　神木组与现代蒙古人种地域代表组 12 项绝对测量特征 PC1、PC2 二维分布图

1. 神木合并组　2. 神木甲组　3. 神木乙组　4. 彭堡组　5. 蒙古组　6. 布里亚特组　7. 埃文克组　8. 爱斯基摩组　9. 楚克奇-沿海组　10. 楚克奇-驯鹿组　11. 华北组　12. 东北组　13. 朝鲜组

(3) 在 PC1 方向上，神木各组大致介于北亚类和东亚类之间。在 PC2 方向上，神木各组与东北亚类拉开了明显的距离。这种情况，使人推测在颅面部的宽度特征上，神木组似处在北亚类和东亚类的某种居间状态。

(二) 神木各组与古代各组在 13 项绝对测量值上的主成分分析

在这个分析中，引用了主要由青铜时代至铁器时代(少数新石器时代晚期)的 23 个比较组(见下表)。它们按编号顺序排列于下(包括神木的三组)。

表五　神木与古代组 13 项测值比较(男)　　(毫米)

序号	组　别	1	8	17	5	9	48	45	40	51	52	54	55	72
1	临　淄	181.6	141.0	138.8	101.2	93.7	73.7	137.4	96.9	42.9	34.2	26.8	54.7	87.1
2	安　阳	184.5	140.5	139.5	102.3	91.0	74.0	135.4	99.2	42.4	33.8	27.3	53.8	83.9
3	蔚　县	175.1	142.4	138.6	97.5	91.4	73.0	136.4	91.4	42.4	32.7	26.0	52.8	87.1
4	凤　翔	180.6	136.8	139.3	101.0	93.3	72.6	131.5	99.2	42.5	33.6	27.7	51.6	81.1
5	上　马	181.6	143.4	141.1	101.9	92.4	75.0	137.4	97.6	42.5	33.5	27.3	54.4	82.4
6	完　工	184.3	140.6	139.0	105.5	91.0	77.5	142.5	99.3	43.3	33.5	26.8	59.0	88.0
7	扎赉诺尔	185.7	147.8	130.6	103.5	93.6	75.3	138.7	100.6	42.2	33.8	27.2	56.9	86.7
8	南杨家营子	179.6	144.8	126.0	97.0	90.0	76.8	136.8	90.8	41.8	34.3	27.0	57.5	91.2
9	赤峰、宁城	181.2	136.2	140.7	102.3	89.0	75.1	133.8	100.7	42.1	33.0	28.1	53.6	80.6
10	山嘴子	180.3	148.8	135.2	102.5	92.8	76.5	141.6	98.8	42.8	33.3	26.2	53.0	84.4

续 表

序号	组 别	1	8	17	5	9	48	45	40	51	52	54	55	72
11	毛庆沟	179.9	143.3	136.5	97.7	90.4	74.6	134.4	93.5	43.6	33.4	25.9	54.9	88.0
12	商 丘	182.0	137.7	141.7	101.6	94.0	74.9	135.0	99.6	43.6	34.2	27.7	54.9	85.7
13	后 李	179.1	140.3	136.8	97.6	92.1	70.9	133.5	92.9	42.1	33.8	25.5	52.7	87.9
14	弥 生	183.4	142.3	137.0	101.8	96.3	74.3	139.8	100.1	43.3	34.5	27.1	52.8	84.8
15	庙后山	192.8	144.0	143.5	106.3	99.0	75.5	145.3	99.0	44.4	33.0	25.9	54.1	85.0
16	西团山	178.2	138.3	134.7	106.1	86.6	75.5	144.1	96.7	43.3	34.7	27.5	56.2	89.0
17	平 洋	190.5	144.6	140.1	105.7	91.3	77.1	144.9	99.0	43.7	33.6	28.9	58.4	90.8
18	彭 堡	182.2	146.8	131.9	101.9	96.0	77.8	139.8	97.2	42.6	33.8	26.8	58.6	90.7
19	火烧沟	182.8	138.4	139.3	103.7	90.1	73.8	136.3	98.5	42.0	33.8	26.7	53.6	86.7
20	阿哈特拉	182.9	140.3	138.2	101.4	90.0	74.8	133.7	95.9	42.6	35.2	26.1	55.2	85.8
21	李家山	182.2	140.0	136.5	101.2	91.2	77.3	138.6	94.7	42.8	35.0	26.7	57.0	87.0
22	昙石山	189.7	139.2	141.3	101.1	91.0	71.1	135.6	103.5	43.3	33.4	29.5	51.9	81.0
23	河 宕	181.4	132.5	142.5	104.5	91.5	67.9	130.5	103.2	42.5	31.9	26.7	51.9	82.3
24	神木合并组	183.1	148.1	136.9	99.6	94.4	74.7	138.3	95.3	43.2	34.9	26.7	55.9	85.9
25	神木甲组	181.8	149.3	138.1	100.3	97.6	72.7	137.8	95.8	43.0	34.5	27.1	55.5	85.9
26	神木乙组	184.2	148.2	137.4	99.0	91.0	77.2	137.9	94.4	43.5	35.3	26.2	56.5	85.9

注：地点前的数码为组的顺序号，主成分图上的数码与此顺序号相同。

(1) 山东临淄周—汉代组[2]
(2) 河南安阳殷墟中小墓组[3]
(3) 河北蔚县夏家店下层组[4]
(4) 陕西凤翔都指挥西村周代组[5]
(5) 山西侯马上马周代组[6]
(6) 内蒙古呼伦贝尔盟完工汉代组
(7) 内蒙古扎赉诺尔汉代组
(8) 内蒙古昭乌达盟南杨家营子汉代组[7]
(9) 内蒙古赤峰、宁城夏家店上层组[8]
(10) 内蒙古宁城山嘴子辽代组(契丹)[9]
(11) 内蒙古毛庆沟青铜时代组[10]
(12) 河南商丘潘庙春秋战国时代组[11]
(13) 山东临淄后李周代组[12]
(14) 西日本弥生时代组[13]
(15) 辽宁本溪庙后山青铜时代组[14]
(16) 吉林西团山组[15]
(17) 黑龙江泰来平洋青铜—早期铁器时代组[16]
(18) 宁夏固原彭堡青铜时代组[17]
(19) 甘肃玉门火烧沟青铜时代组[18]

(20) 青海循化阿哈特拉山卡约文化组[19]

(21) 青海湟中李家山卡约文化组[20]

(22) 福建闽侯昙石山晚新石器时代组[21]

(23) 广东佛山河宕晚新石器时代组[22]

(24) 陕西神木汉代全组

(25) 陕西神木汉代甲组

(26) 陕西神木汉代乙组

PC1 和 PC2 主成分的载荷矩阵列于下表。

第一、第二主成分载荷矩阵

主成分	颅长	颅宽	颅高	颅基底长	最小额宽	上面高	面宽	面基底长	眶宽	眶高	鼻宽	鼻高	全面角	贡献率(%)	累计贡献率(%)
PC1	0.03	0.05	0.78	−0.64	−0.13	0.14	0.83	0.63	−0.57	0.21	0.62	−0.26	0.80	28%	28%
PC2	0.06	0.84	0.04	0.46	0.81	0.33	0.23	0.62	0.68	0.68	−0.13	0.47	0.20	25%	53%

第一、第二主成分的累计贡献率为 53%,包含了比较项目半数以上的信息。PC1 上载荷最大值为面宽、面角和颅高等,代表了头骨的面部宽度、面部矢状方向突出程度及脑颅的高度。PC2 上的载荷最大值为颅宽、最小额宽及眶宽等,代表了脑颅的宽度及眼眶的宽度。

从 26 个组的二维主成分散点位置分布(图七)来看,在 PC1 方向上粗略地有三个类

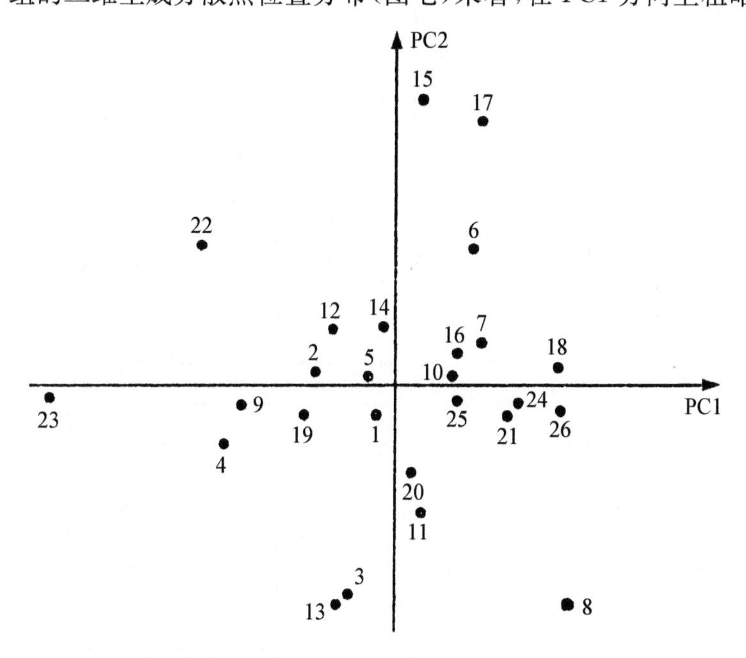

图七　神木组与古代各组 13 项测量特征 PC1、PC2 二维分布图

1. 临淄组　2. 安阳组　3. 蔚县组　4. 凤翔组　5. 上马组　6. 完工组　7. 扎赉诺尔组　8. 南杨家营子组　9. 赤峰、宁城组　10. 山嘴子组　11. 毛庆沟组　12. 商丘组　13. 后李组　14. 弥生组　15. 庙后山组　16. 西团山组　17. 平洋组　18. 彭堡组　19. 火烧沟组　20. 阿哈特拉山组　21. 李家山组　22. 昙石山组　23. 河宕组　24. 神木合并组　25. 神木甲组　26. 神木乙组

群的分布，即最左边以22和23组为代表的类群和最右边的较为密布的一个类群，主要以6、7、10、11、16、18、20、21、24、25、26组为代表。在这两者之间较为密布的是以1、2、4、5、9、12、14、19组为代表的类群。其中，以福建闽侯昙石山和广东佛山河宕为代表（22、23组）的在体质上比较近于南亚类。而最右边的则以内蒙古完工、扎赉诺尔、毛庆沟，宁夏彭堡，青海李家山和阿哈特拉山等为代表的组主要与北亚类或可能有北亚类混合性质的较为接近。两者之间的以山东临淄、河南安阳殷墟、山西上马、河南商丘、甘肃火烧沟、内蒙古赤峰宁城、陕西凤翔及西日本弥生等组为代表的主要与东亚类的较近。根据这种判断，本文的神木全组与其甲、乙分组表现出与北亚类的或有北亚类混合特征的类群比较接近。应该指出的另一点是神木的甲、乙分组虽然在PC1方向上表现出某种偏离，但在PC2的方向上仍相当接近。因此推测，由形态观察所作的甲、乙分组之间的差异大概仍没有超出组群内的变异程度。这一点已在前边的与现代蒙古人种各类群代表的主成分分析中也已见到。由此，更值得注意的是神木全组从整体上表现出与北亚类的明显接近。这亦在前述与现代蒙古人种代表类型的聚类分析中亦已经有了相近的结果。

表七　神木与古代组的指数比较(男)

序号	组　别	8∶1	17∶1	17∶8	48∶45	52∶51	54∶55	48∶17
1	临　淄	77.6	76.5	98.1	53.1	79.9	49.2	53.0
2	安　阳	76.5	75.4	98.5	53.8	78.7	51.0	53.4
3	蔚　县	81.3	79.5	98.1	53.3	77.1	49.4	52.4
4	凤　翔	75.8	77.2	102.1	55.1	79.3	53.8	52.3
5	上　马	78.6	77.7	98.6	54.6	78.9	50.4	53.1
6	完　工	76.4	75.5	98.9	54.4	78.0	45.4	55.8
7	扎赉诺尔	80.6	72.5	89.7	54.6	77.7	46.7	56.7
8	南杨家营子	79.9	70.2	87.1	55.7	81.3	47.2	60.7
9	山嘴子	82.6	74.7	91.3	53.8	77.5	49.5	57.2
10	商　丘	75.9	77.9	101.7	55.6	78.5	50.5	33.2
11	后　李	78.4	77.3	99.2	53.1	80.4	48.5	51.5
12	弥　生	77.7	75.0	96.3	53.0	79.7	51.3	54.2
13	西团山	75.2	75.8	95.7	51.3	85.9	48.2	57.7
14	平　洋	75.9	74.1	97.3	53.1	77.8	49.4	54.4
15	彭　堡	81.1	72.4	89.7	55.6	79.5	46.2	59.0
16	火烧沟	75.9	76.1	100.7	54.4	78.5	49.9	53.1
17	阿哈特拉	76.7	75.6	98.8	56.0	82.3	47.4	54.3
18	李家山	76.9	75.0	97.6	55.9	82.0	47.0	57.0
19	昙石山	73.4	73.8	99.5	52.5	77.1	57.0	48.1
20	河　宕	73.1	78.4	106.2	51.3	75.6	51.6	45.7
21	神木合并组	80.9	74.4	92.2	54.2	80.2	47.8	54.2
22	神木甲组	82.1	75.3	91.8	52.9	79.1	48.9	52.7
23	神木乙组	80.5	74.6	92.9	55.9	81.4	46.5	56.1

(三) 神木各组与古代各组在7项形态指数上的主成分分析

选用这个分析的原因是头骨颅、面部形态指数的综合可能比绝对测值更能反映类型学的特点。这七项指数是颅指数(8∶1)、颅长高指数(17∶1);颅宽高指数(17∶8);上面指数(48∶45);眶指数(52∶51);鼻指数(54∶55),垂直颅面指数(48∶17)。选择的对比组20个,连同神木全组和甲、乙两个分组共23组(见上表)。第一和第二主成分的载荷矩阵如下表。

表八　七项指数特征的第一、第二主成分载荷矩阵

主成分	颅指数	颅长高指数	颅宽高指数	上面指数	眶指数	鼻指数	垂直颅面指数	贡献率	累计贡献率
PC1	−0.64	0.74	0.91	−0.56	−0.46	0.78	−0.93	53.80%	53.80%
PC2	−0.64	0.05	0.31	0.26	0.74	−0.10	0.18	16.57%	70.37%

七项指数前两个主成分累计贡献率达到70.4%,代表了比较指数项目的大部分信息量。

在PC1轴上显示的载荷最大值有垂直颅面指数(48∶17)、颅宽高指数(17∶8)、鼻指数(54∶55)和颅长高指数(17∶1),这主要代表颅面部的高度比例及鼻子形状的比例。PC2轴上显示的载荷最大值为眶指数(52∶51)和颅指数(8∶1),代表眶的形态比例及颅形的比例。

从主成分二维图散点位置的排列来看(见图八),可以看出主要在PC1轴的方向上拉开了距离,也即在脑颅高度比例上存在较大的变差。大致来说,在PC1轴的最右边为昙

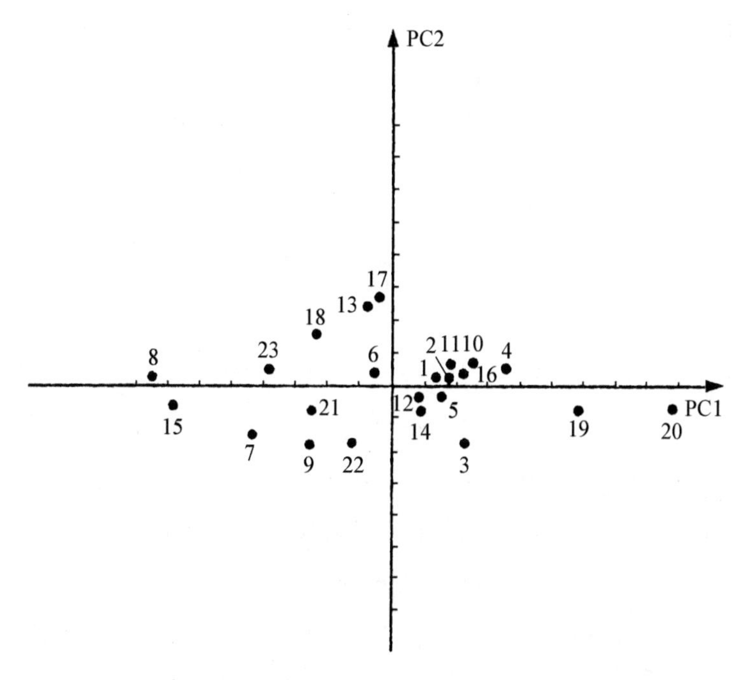

图八　神木组与古代各组7项指数PC1、PC2二维位置图

1. 临淄组　2. 安阳组　3. 蔚县组　4. 凤翔组　5. 上马组　6. 完工组　7. 扎赉诺尔组　8. 南杨家营子组　9. 山嘴子组　10. 商丘组　11. 后李组　12. 弥生组　13. 西团山组　14. 平洋组　15. 彭堡组　16. 火烧沟组　17. 阿哈特拉山组　18. 李家山组　19. 昙石山组　20. 河宕组　21. 神木合并组　22. 神木甲组　23. 神木乙组

石山和河宕两个华南的组。在 PC1 轴的左边(以 PC2 轴为界)为完工、扎赉诺尔、南杨家营子、西团山、彭堡、山嘴子、阿哈特拉山、李家山等主要与北亚类接近或有某种北亚类特征混合的组群。神木的全组与甲、乙组也在这个组群之内。但这个组群在 PC1 和 PC2 轴上都有某些松散。神木的三个组也似有类似的现象,但仍不失为相当紧密的趋近。在这两个组群之间是一个排列非常紧密的集群,这个集群中包括西日本弥生、殷墟中小墓、蔚县、凤翔、上马、后李、商丘、火烧沟、临淄、平洋 10 组。这些组中的主体显然与东亚类的接近。由于他们排列如此密集,暗示它们有深厚的同质性。

总之,用形态指数所作的主成分分析结果与用绝对测量所作的同类分析大致相符,即两者都大致出现三个组群集团的分离,而神木各组也都大致与以北亚类为主的集团显示相当密切的关系。所不同的是以 13 项绝对值所作的主成分分析,三类集团的分布比较松散,少数组明显离散而不规律。相比之下,以颅、面形态指数所作的分析,似其分布更为清晰,个别组的离散不特别强烈。

四　身高推算

对神木古墓地人骨身高估计,选择保存较为完整的股骨,测量其最大长(在专门的测骨盘上测量),然后将测得的长度代入身高公式推算。学者对不同骨骼(包括不同骨骼组合)推导出各自不同的测算公式。同时不同学者之间推导出的公式不尽一致,由此各自所测算出的身高也不尽相同。就是同一作者对不同骨块推导出来的公式用于推算同一个体的身高,其结果也不完全相同。因此,在进行身高比较时,必须取同一学者制定的同名骨骼的公式测算的数值,而且要考虑同一人种的公式。国内学者中比较常用的是 Trotter 和 Gleser 两学者的蒙古人种公式(缺女性公式)[23]。有时也附以用 Pearson 的公式推算结果进行比较(此公式不分种族)[24]。这两种公式的书写如下:

Trotter 和 Gleser 公式(蒙古人种):

$$S_{♂} = 2.15 \times F_{em} + 72.57 \pm 3.80$$

Pearson 公式:

$$S_{♂} = 1.880 \times F_{em} + 81.306$$

$$S_{♀} = 1.945 \times F_{em} + 72.844$$

式中 S 代表估算身高,F_{em}代表股骨最大长,♂和♀代表男、女性符号。

本文测得的 8 个成年个体的性别及股骨最大长和估算身高列于下表九。

表九　用股骨最大长计算的估计身高

墓　号	估计性别	股骨最大长/厘米	测得估计身高/厘米
M4:b	♀	38.7(左)	148.1(Pearson)
M4:c	♀	40.8(左)	152.2(Pearson)
M9:b	♂	42.4(右)	163.7(Trotter, Gleser) 161.0(Pearson)

续 表

墓　号	估计性别	股骨最大长/厘米	测得估计身高/厘米
M9：a	♀	37.9(左)	146.6(Pearson)
M11：b	♀	41.7(左)	154.0(Pearson)
M17：c	♀	40.6(右)	151.8(Pearson)
M17：a	♂	44.8(左)	168.9(Trotter，Gleser) 165.5(Pearson)
M17：b	♂	43.4(右)	165.9(Trotter，Gleser) 162.9(Pearson)

根据表中数值，依 Trotter 和 Gleser 公式推算的 3 例男性身高分别为 163.7 厘米、168.9 厘米和 165.9 厘米，平均 166.2 厘米。如果这个身高能代表神木汉代墓地人的大概实际身高，则属于中等身高。用 Pearson 公式计算的这 3 例男性身高则平均 163.1 厘米。这个身高比 Trotter 公式推算的要小约 3 厘米。用 Pearson 公式推算的 5 例女性身高平均 150.5 厘米。

五　头骨穿孔

在古代头骨上，出于不同原因的穿孔现象时有发现。其中有的是生前行为产生的，有的可能是死后进行的，要排除考古发掘不慎等造成的穿孔。

在神木收集的 23 具头骨中，有穿孔的为 M22 一具男性中年头骨。这具头骨保存相当完整(有下颌)。但在左侧颞鳞的前上部位有一前后长直径约 36 毫米和上下宽径约 16 毫米的略近长圆形的穿孔。其孔的周边没有穿孔后骨质修复或钝化现象，倒是显示切刻痕迹(图二，1—2)。在穿孔周围也未见有放射状折裂纹。因而不大可能由钝器打击而成。类似位置上的大型穿孔头骨虽属罕见，但并非仅有。例如在新疆和静的察吾乎沟Ⅳ号墓地的一具头骨上也有类似的穿孔发现[25]。这个孔的形成，一种可能是死后行为，一种可能是生前所为。本文作者倾向于后者，或可能是某种为治疗目的而施行的手术，不过可能术后未能存活。如这个判断无误，则是我国古代出现开颅术的又一个证据。

六　小结

1. 本报告人骨出自陕西神木的一处汉代墓地。砖石墓中出土汉画像石与游牧生活内容相关。但墓葬都被盗扰，人骨散乱。

2. 经过人骨性别、年龄和个体认定，在所发掘的 13 个墓中，含一人的 3 座，两人的 3 座，三人的 5 座，四人的 2 座。全部个体 32 人，但以头骨计数的只有 23 人，其余 9 人只以多少不等的肢骨为代表。

3. 据 32 个个体人骨的性别、年龄鉴定，这批人骨的死亡年龄高峰在壮年期(占 69.2%)。女性死于青年—壮年期的比例(93.8%)高于男性(70.0%)。可记性别的男性 13 个，女性 19 个。

4. 据观察和测量特征，神木汉代头骨的综合特征是短颅—正颅—中等近阔颅型和狭额型相结合。面部形态为中近狭的上面型—中眶型—中鼻型。这样的颅、面类型似与东亚类有较明显的偏离。从纯形态观察，神木头骨中似有甲、乙两种不同形态倾向的变异。其主要内容是甲组头骨比乙组头骨的短颅化特点更明显，面部相对低而宽，眶口平面位置较近水平位等。

5. 用多变量分析表明，神木组的上述甲、乙组的形态变异似仍可能属组群内变异性质。与周围地区现代与古代种族居群关系的多变量分析（聚类和主成分分析）说明，神木组与北亚类有些较明显的接近。

6. 用 Trotter 和 Gleser 公式估算的男性身高为中等身高（166.2 厘米）。

7. 在 M22 男性头骨的左颞部有一大型穿孔，很可能是为治疗目的实施的开颅术形成的。

后记：本文人骨是陕西省考古研究所神木发掘队提供的，谨致谢意。本文人骨的性别、年龄等个体鉴定及人骨的测量和全文的整理和执笔是由第一作者完成，人骨测量数据的整理和计算机多变量计算等是由第二作者完成的。人骨图版照片是由第一作者拍摄的。

参考文献

[1] 林少宫等：《多元统计分析及计算机程序》，华中理工大学出版社，1987 年。

[2] 韩康信、松下孝幸：《山东临淄周—汉代人骨体质特征研究及与西日本弥生时代人骨比较概报》，《考古》1997 年第 4 期，32—45 页。

[3] 韩康信、潘其风：《安阳殷墟中小墓人骨的研究》，《安阳殷墟头骨研究》50—81 页，文物出版社，1984 年。

[4] 张家口考古队：《蔚县夏家店下层文化颅骨的人种学研究》，《北方文物》1987 年第 1 期，2—11 页。

[5] 焦南峰：《凤翔南指挥西村周墓人骨的初步研究》，《考古与文物》1985 年第 3 期，85—103 页。

[6] 潘其风：《上马墓地人骨初步研究》，《上马墓地》附录一，398—483 页，文物出版社，1995 年。

[7] 内蒙古的这三个汉代组研究见于潘其风、韩康信：《东汉北方草原游牧民族人骨的研究》，《考古学报》1982 年第 1 期，117—136 页。

[8] 考古所体质人类学组：《赤峰、宁城夏家店上层文化人骨研究》，《考古学报》1975 年第 2 期，157—169 页。

[9] 朱泓：《内蒙古宁城山嘴子辽墓契丹族颅骨的人类学特征》，《人类学学报》1991 年第 4 期，278—287 页。

[10] 潘其风：《毛庆沟墓葬人骨的研究》，《鄂尔多斯青铜器》，文物出版社，1986 年。

[11] 张君：《河南商丘潘庙古代人骨种系研究》，《考古求知集》，487—498 页，中国社会科学出版社，1996 年。

[12] 据作者测量数据。

[13] Nakahashi, Takahiro: Temporal craniometric changes from the Jamon to the modern period in Western Japan. American Jaurnal of Physical Anthropology, 90: 409-425, 1993.

[14] 魏海波、张振标：《辽宁本溪青铜时代人骨》，《人类学学报》1989 年第 4 期，320—328 页。

[15] 贾兰坡、颜訚：《西团山人骨的研究报告》，《考古学报》1963 年第 2 期，101—109 页。

[16] 潘其风：《平洋墓葬人骨的研究》，《平洋墓葬》，文物出版社，1990 年。

[17] 韩康信:《宁夏固原彭堡于家庄墓地人骨种系特点之研究》,《考古学报》1995 年第 1 期,109—125 页。
[18] 据作者测量数据。
[19] 韩康信:《青海循化阿哈特拉山古墓地人骨研究》,《考古学报》2000 年第 3 期,395—420 页。
[20] 张君:《青海李家山卡约文化墓地人骨种系研究》,《考古学报》1993 年第 3 期,381—413 页。
[21] 韩康信等:《闽侯昙石山遗址的人骨》,《考古学报》1976 年第 1 期,121—130 页。
[22] 韩康信、潘其风:《广东佛山河宕新石器时代晚期墓葬人骨》,《人类学学报》1982 年第 1 期,42—52 页。
[23] Trotter, M. and Gleser, G. C., A reevaluation of stature based on measurements of stature taken during life and of long bones after death. Am. J. Phys. Anthrop., 16(1): 79 - 123, 1958.
[24] Pearson, K., Mathematic contributions to the theory of evolution. V. On the reconstruction of the stature of prehistoric races. Ph: 1. Trans. Roy. Soc. London, 192: 169 - 244, 1899.
[25] 新疆文物考古研究所编著:《新疆察吾乎——大型氏族墓地发掘报告》,299—339 页,第 10 章《察吾乎三号、四号墓地人骨的体质人类学研究》,东方出版社,1999 年。

(原文发表于《神木大保当——汉代城址与墓葬考古报告》捌,附录,科学出版社,2001 年)

附表一 陕西神木大保当人骨的平均值与标准差

测量代号	测量项目	男性			女性		
		倒数 *N*	平均值 *M*	标准差 *SD*	倒数 *N*	平均值 *M*	标准差 *SD*
1	颅长	9	183.1	4.72	12	170.8	6.15
8	颅宽	9	148.1	5.46	13	141.9	4.94
17	颅高	10	136.9	5.76	12	128.2	4.52
18	颅底垂直高	9	136.9	5.85	11	129.6	4.91
20	耳门前囟高	8	116.1	3.09	11	109.4	3.98
21	耳上颅高	8	116.7	3.29	11	109.7	3.19
9	最小额宽	10	94.4	5.43	13	89.4	3.00
10	最大额宽	8	119.4	3.58	12	114.5	4.23
25	颅矢状弧	8	381.0	13.50	11	358.4	12.10
26	额弧	10	129.6	5.78	12	119.1	7.41
27	顶弧	9	125.3	5.38	13	119.0	6.61
28	枕弧	9	123.8	6.40	12	119.0	8.85
29	额弦	10	113.5	4.47	12	105.3	5.48
30	顶弦	9	113.6	4.77	13	106.4	4.85
31	枕弦	9	100.3	5.39	12	99.3	6.08
23	颅周长	9	532.8	11.60	12	502.5	14
24	颅横弧	8	326.0	6.65	12	312.3	6.73

续 表

测量代号	测 量 项 目	男 性			女 性		
		倒数 N	平均值 M	标准差 SD	倒数 N	平均值 M	标准差 SD
5	颅基底长	10	99.6	2.47	11	93.2	2.60
40	面基底长	10	95.3	2.62	11	91.1	5.25
48	上面高 sd	9	74.7	4.82	11	70.8	4.07
	pr	9	71.4	4.37	11	68.2	3.70
47	全面高	4	124.5	8.63	5	115.9	4.34
45	颧宽	10	138.3	5.00	11	129.7	4.89
46	中面宽 Zm	8	99.1	3.11	10	97.0	2.54
	Zm1	8	99.0	2.56	10	97.8	3.09
SSS	颧颌点间高 Zm	8	24.4	1.47	10	23.8	2.71
	Zm1	8	22.1	1.47	10	21.1	2.12
43-1	两眶外缘宽	9	98.9	3.69	12	95.9	2.88
NAS	眶外缘点间高	9	13.7	1.67	12	13.9	1.91
O3	眶中宽	9	54.9	4.20	10	53.8	3.20
SR	鼻尖高	8	16.6	4.89	8	15.6	2.58
49a	眶内缘点间宽 d-d	9	19.8	1.47	11	20.2	1.11
DS	鼻梁眶内缘宽高	9	8.4	0.85	11	8.6	1.63
MH	颧骨高 左	8	45.9	2.31	10	43.3	2.00
	右	9	45.8	2.63	11	44.1	2.65
MB'	颧骨宽 左	8	25.2	2.39	10	24.4	1.66
	右	8	26.0	2.84	11	24.8	1.75
54	鼻宽	9	26.7	1.03	11	26.6	2.01
55	鼻高	9	55.9	2.63	11	53.4	2.43
SC	鼻骨最小宽	10	6.7	1.21	12	7.1	1.76
SS	鼻骨最小高	10	2.6	1.13	12	2.5	1.04
56	鼻骨长	8	25.6	4.21	9	23.2	2.69
	鼻尖齿槽长	8	49.0	1.99	9	46.5	2.83
51	眶宽 1 左	8	43.5	1.28	10	41.8	0.76
	右	8	43.2	1.69	11	42.1	1.20
51a	眶宽 2 左	8	41.1	1.59	10	39.5	1.01
	右	8	40.8	1.62	11	39.4	1.07
52	眶高 左	8	34.6	1.96	10	34.7	2.00
	右	9	34.9	1.74	11	34.4	2.36
60	齿槽弓长	8	52.3	1.58	10	49.9	3.34
61	齿槽弓宽	8	66.4	3.89	10	63.1	2.38
62	腭长	7	45.4	2.10	11	43.0	3.45
63	腭宽	5	40.9	2.12	10	40.6	2.07

续 表

测量代号	测 量 项 目	男 性			女 性		
		倒数 N	平均值 M	标准差 SD	倒数 N	平均值 M	标准差 SD
7	枕大孔长	9	38.0	3.75	12	35.5	1.39
16	枕大孔宽	9	31.1	2.48	12	29.8	2.52
CM	颅粗壮度	9	155.8	3.57	11	147.2	3.26
FM	面粗壮度	3	119.5	4.56	5	112.7	3.37
65	下颌髁间宽	4	130.6	7.51	7	126.5	17.10
	额角	9	51.6	2.25	11	50.6	2.61
32	额倾角 n-m	9	82.4	2.72	11	80.7	3.73
	g-m	9	76.5	3.34	11	76.5	3.79
	前囟角 g-b	9	47.2	2.13	11	46.3	2.81
72	面角	9	85.9	2.04	11	84.3	2.67
73	鼻面角	9	87.5	2.47	11	86.3	2.68
74	齿槽面角	9	81.7	3.87	11	76.7	4.78
77	鼻颧角	8	148.9	4.20	11	147.9	4.23
	颧上颌角 Zm	8	127.5	3.33	10	127.8	4.41
	Zm1	8	131.9	3.34	10	133.3	3.85
75	鼻尖角	8	62.3	4.35	9	64.4	3.32
75-1	鼻骨角	8	22.2	2.32	9	17.8	3.22
	鼻根点角	9	65.3	2.40	11	66.6	4.12
	上齿槽角	9	68.8	9.61	11	70.0	3.26
	颅底角	9	45.9	9.15	11	43.4	1.95
8:1	颅指数	9	80.9	3.74	12	83.0	3.64
17:1	颅长高指数 1	9	74.4	3.21	11	75.0	3.63
18:1	2	9	74.8	3.30	11	75.8	3.80
21:1	颅长耳高指数	9	63.8	2.20	11	64.1	2.80
17:8	颅宽高指数 1	9	92.2	4.24	12	90.2	5.02
18:8	2	9	92.5	4.70	11	91.3	5.10
FM:CM	颅面指数	3	76.9	2.33	5	76.8	2.55
54:55	鼻指数	9	47.8	2.23	11	50.0	4.78
SS:SC	鼻根指数	10	38.4	13.10	12	34.9	12.76
52:51	眶指数 1 左	8	79.6	4.94	10	83.1	5.16
	右	8	80.2	4.27	11	81.9	6.44
52:51a	眶指数 2 左	8	84.3	5.11	10	88.1	5.88
	右	8	84.9	3.82	11	87.3	6.55
48:17	垂直颅面指数(sd)	9	54.2	3.17	11	55.3	3.89
48:45	上面指数(sd)	9	54.2	3.23	11	54.6	3.55
47:45	全面指数	4	89.3	5.29	5	89.1	1.62

续 表

测量代号	测量项目	男性			女性		
		倒数 N	平均值 M	标准差 SD	倒数 N	平均值 M	标准差 SD
48∶46	中面指数(sd zm)	8	75.5	6.00	10	73.5	4.67
9∶8	额宽指数	9	63.3	3.75	13	63.1	3.02
40∶5	面突度指数	9	95.6	2.56	11	97.7	4.96
9∶45	颧额宽指数	9	68.7	3.81	11	68.7	2.78
43-1∶46	额颧宽指数	9	99.0	1.94	10	95.6	9.81
45∶8	颅面宽指数	8	92.4	3.84	11	91.3	2.75
	眶间宽高指数	9	42.9	5.58	11	42.6	7.89
	额面扁平度指数	9	13.9	1.89	12	14.5	1.92
	鼻面扁平度指数	8	29.8	8.37	8	28.5	4.53
63∶62	腭指数	5	91.5	4.37	10	94.7	9.64
61∶60	齿槽弓指数	8	127.0	5.53	10	127.2	9.48
48∶65	面高髁宽指数	4	59.5	4.77	7	56.7	6.68

附表二 陕西神木大保当男性人骨的平均值的比较

测量代号	测量项目	全组	甲组	乙组
1	颅长	183.1	181.8	184.2
8	颅宽	148.1	149.3	148.2
17	颅高	136.9	138.1	137.4
18	颅底垂直高	136.9	137.4	138.2
20	耳门前囟高	116.1	115.9	116.3
21	耳上颅高	116.7	116.9	116.4
9	最小额宽	94.4	97.6	91.0
10	最大额宽	119.4	120.5	119.1
25	颅矢状弧	381.0	382.0	384.8
26	额弧	129.6	130.5	130.9
27	顶弧	125.3	123.0	127.9
28	枕弧	123.8	123.5	125.3
29	额弦	113.5	113.9	114.7
30	顶弦	113.6	111.0	116.4
31	枕弦	100.3	100.5	101.9
23	颅周长	532.8	533.0	533.8
24	颅横弧	326.0	328.0	326.5
5	颅基底长	99.6	100.3	99.0
40	面基底长	95.3	95.8	94.4
48	上面高 sd	74.7	72.7	77.2
	pr	71.4	70.2	72.9

续 表

测量代号	测 量 项 目	全 组	甲 组	乙 组
47	全面高	124.5	121.0	125.6
45	颧宽	138.3	137.8	137.9
46	中面宽 Zm	99.1	100.3	97.8
	Zm1	99.0	100.1	98.0
SSS	颧颌点间高 Zm	24.4	24.3	24.5
	Zm1	22.1	21.9	22.3
43-1	两眶外缘宽	98.9	99.2	96.9
NAS	眶外缘点间高	13.7	13.6	13.7
O3	眶中宽	54.9	54.7	55.2
SR	鼻尖高	16.6	17.0	15.9
49a	眶内缘点间宽 d-d	19.8	20.7	18.7
DS	鼻梁眶内缘宽高	8.4	8.3	8.6
MH	颧骨高 左	45.9	45.6	46.2
	右	45.8	46.3	45.2
MB'	颧骨宽 左	25.2	25.3	25.0
	右	26.0	27.7	24.2
54	鼻宽	26.7	27.1	26.2
55	鼻高	55.9	55.5	56.5
SC	鼻骨最小宽	6.7	7.2	5.9
SS	鼻骨最小高	2.6	3.2	2.1
56	鼻骨长	25.6	23.8	28.4
	鼻尖齿槽长	49.0	49.0	48.9
51	眶宽1 左	43.5	43.8	43.2
	右	43.2	43.0	43.5
51a	眶宽2 左	41.1	40.9	41.3
	右	40.8	41.0	40.7
52	眶高 左	34.6	33.6	35.6
	右	34.9	34.5	35.3
60	齿槽弓长	52.3	51.6	53.0
61	齿槽弓宽	66.4	65.5	67.3
62	腭长	45.4	47.1	44.1
63	腭宽	40.9	40.9	40.9
7	枕大孔长	38.0	38.0	36.6
16	枕大孔宽	31.1	30.7	31.7
CM	颅粗壮度	155.8	156.0	156.6
FM	面粗壮度	119.5	—	119.5

续 表

测量代号	测 量 项 目	全 组	甲 组	乙 组
65	下颌髁间宽	130.6	142.2	126.7
	额角	51.6	52.7	50.1
32	额倾角 n-m	82.4	82.9	81.8
	g-m	76.5	77.4	75.4
	前囟角 g-b	47.2	48.3	45.8
72	面角	85.9	85.9	85.9
73	鼻面角	87.5	88.2	86.6
74	齿槽面角	81.7	80.3	83.5
77	鼻颧角	148.9	149.3	148.5
	颧上颌角 Zm	127.5	128.2	126.9
	Zm1	131.9	132.7	131.0
75	鼻尖角	62.3	61.5	63.7
75-1	鼻骨角	22.2	23.8	21.5
	鼻根点角	65.3	65.9	64.6
	上齿槽角	68.8	72.4	71.3
	颅底角	45.9	41.8	44.1
8:1	颅指数	80.9	82.1	80.5
17:1	颅长高指数 1	74.4	75.3	74.6
18:1	2	74.8	75.5	75.1
21:1	颅长耳高指数	63.8	64.3	63.3
17:8	颅宽高指数 1	92.2	91.8	92.9
18:8	2	92.5	92.1	93.5
FM:CM	颅面指数	76.9	—	76.9
54:55	鼻指数	47.8	48.9	46.5
SS:SC	鼻根指数	38.4	43.9	34.6
52:51	眶指数 1 左	79.6	76.7	82.5
	右	80.2	79.1	81.4
52:51a	眶指数 2 左	84.3	82.2	86.4
	右	84.9	83.0	86.9
48:17	垂直颅面指数(sd)	54.2	52.7	56.1
48:45	上面指数(sd)	54.2	52.9	55.9
47:45	全面指数	89.3	84.5	90.9
48:46	中面指数(sd zm)	75.5	72.1	78.9
9:8	额宽指数	63.3	64.8	61.6
40:5	面突度指数	95.6	95.7	95.5
9:45	颧额宽指数	68.7	70.9	66.0

续 表

测量代号	测　量　项　目	全　组	甲　组	乙　组
43-1∶46	额颧宽指数	99.0	99.0	99.1
45∶8	颅面宽指数	92.4	91.4	96.4
	眶间宽高指数	42.9	40.6	45.8
	额面扁平度指数	13.9	13.8	14.2
	鼻面扁平度指数	29.8	30.9	28.0
63∶62	腭指数	91.5	86.5	92.7
61∶60	齿槽弓指数	127.0	126.9	127.1
48∶65	面高髁宽指数	59.5	52.7	61.7

附表三　陕西神木大保当甲组人骨的平均值与标准差

测量代号	测　量　项　目	男　性			女　性		
		倒数 *N*	平均值 *M*	标准差 *SD*	倒数 *N*	平均值 *M*	标准差 *SD*
1	颅长	4	181.8	3.17	4	167.8	7.70
8	颅宽	4	149.3	5.66	4	144.5	4.17
17	颅高	5	138.1	6.70	4	126.0	4.72
18	颅底垂直高	4	137.4	7.61	4	127.0	4.88
20	耳门前囟高	4	115.9	3.62	4	108.0	3.52
21	耳上颅高	4	116.9	3.79	4	108.8	3.56
9	最小额宽	5	97.6	4.88	4	88.5	2.62
10	最大额宽	4	120.5	4.63	3	114.5	5.15
25	颅矢状弧	3	382.0	11.78	4	354.8	16.77
26	额弧	5	130.5	5.60	4	118.6	7.62
27	顶弧	4	123.0	5.52	4	120.0	4.09
28	枕弧	4	123.5	6.54	4	115.0	11.09
29	额弦	5	113.9	4.58	4	105.2	5.50
30	顶弦	4	111.0	3.83	4	106.0	2.86
31	枕弦	4	100.5	5.92	4	95.8	7.05
23	颅周长	4	533.0	13.80	4	501.3	15.10
24	颅横弧	3	328.0	8.52	4	311.8	7.05
5	颅基底长	5	100.3	2.61	4	90.0	2.60
40	面基底长	5	95.8	3.03	4	87.8	5.17
48	上面高　　sd	5	72.7	2.14	4	67.6	1.66
	pr	5	70.2	2.47	4	65.4	1.79
47	全面高	1	121.0	0	1	114.2	0
45	颧宽	5	137.8	6.45	4	132.7	1.18
46	中面宽　　Zm	4	100.3	3.91	3	97.2	3.32
	Zm1	4	100.1	3.29	3	97.6	2.35

续 表

测量代号	测 量 项 目	男 性			女 性		
		倒数 N	平均值 M	标准差 SD	倒数 N	平均值 M	标准差 SD
SSS	颧颌点间高 Zm	4	24.3	1.18	3	23.1	3.16
	Zm1	4	21.9	1.30	3	20.3	2.35
43-1	两眶外缘宽	4	99.2	3.25	4	95.4	3.39
NAS	眶外缘点间高	4	13.6	1.95	4	13.0	2.54
O3	眶中宽	5	54.7	2.99	3	55.2	3.10
SR	鼻尖高	5	17.0	2.43	3	17.2	2.09
49a	眶内缘点间宽 d-d	5	20.7	1.27	4	20.9	0.71
DS	鼻梁眶内缘宽高	5	8.3	0.65	4	8.6	1.71
MH	颧骨高 左	4	45.6	1.53	3	43.9	2.23
	右	5	46.3	1.81	4	44.4	3.05
MB'	颧骨宽 左	4	25.3	2.67	3	24.1	2.16
	右	4	27.7	1.98	4	24.5	2.08
54	鼻宽	5	27.1	0.64	4	26.9	1.96
55	鼻高	5	55.5	2.22	4	52.1	1.21
SC	鼻骨最小宽	5	7.2	1.35	4	5.9	1.16
SS	鼻骨最小高	5	3.2	1.25	4	1.7	0.66
56	鼻骨长	5	23.8	2.42	4	23.3	1.50
	鼻尖齿槽长	5	49.0	0.73	4	44.0	2.75
51	眶宽 1 左	4	43.8	1.09	3	42.2	0.54
	右	3	43.0	1.03	4	41.8	1.43
51a	眶宽 2 左	4	40.9	1.36	3	39.4	0.99
	右	4	41.0	1.86	4	38.9	1.32
52	眶高 左	4	33.6	2.28	3	35.1	1.94
	右	5	34.5	2.19	4	33.9	2.29
60	齿槽弓长	4	51.6	1.72	3	48.1	3.01
61	齿槽弓宽	4	65.5	4.25	4	62.1	2.61
62	腭长	3	47.1	0.59	4	40.8	3.76
63	腭宽	1	40.9	0	3	40.8	2.41
7	枕大孔长	4	38.0	2.79	4	35.1	1.57
16	枕大孔宽	4	30.7	4.00	4	28.1	1.48
CM	颅粗壮度	4	156.0	4.29	4	146.1	4.28
FM	面粗壮度	—	—	—	1	112.0	0
65	下颌髁间宽	1	142.2	0	2	141.9	22.40
	额角	5	52.7	2.04	4	51.4	2.18
32	额倾角 n-m	5	82.9	3.38	4	82.9	4.65
	g-m	5	77.4	3.89	4	78.9	4.13

续 表

测量代号	测 量 项 目	男 性			女 性		
		倒数 N	平均值 M	标准差 SD	倒数 N	平均值 M	标准差 SD
	前囟角 g-b	5	48.3	1.69	4	47.4	2.25
72	面角	5	85.9	2.54	4	84.8	3.26
73	鼻面角	5	88.2	2.93	4	86.4	3.51
74	齿槽面角	5	80.3	2.29	4	79.6	3.73
77	鼻颧角	4	149.3	4.60	4	149.5	4.98
	颧上颌角 Zm	4	128.2	3.42	3	129.7	4.80
	Zm1	4	132.7	3.39	3	135.2	3.49
75	鼻尖角	5	61.5	5.18	4	63.8	3.18
75-1	鼻骨角	5	23.8	2.99	4	18.9	2.49
	鼻根点角	5	65.9	2.79	4	66.8	4.58
	上齿槽角	5	72.4	1.59	4	70.2	3.11
	颅底角	5	41.8	1.56	4	43.0	1.69
8∶1	颅指数	4	82.1	2.78	4	86.2	4.48
17∶1	颅长高指数 1	4	75.3	3.82	4	75.1	2.58
18∶1	2	4	75.5	3.98	4	75.7	2.57
21∶1	颅长耳高指数	4	64.3	2.15	4	64.9	2.54
17∶8	颅宽高指数 1	4	91.8	4.23	4	87.1	2.76
18∶8	2	4	92.1	4.96	4	87.9	2.88
FM∶CM	颅面指数	—	—	—	1	79.8	3.05
54∶55	鼻指数	5	48.9	1.43	4	51.6	3.49
SS∶SC	鼻根指数	5	43.9	13.10	4	27.9	7.18
52∶51	眶指数 1 左	4	76.7	4.95	3	83.1	5.25
	右	4	79.1	4.32	4	81.1	6.92
52∶51a	眶指数 2 左	4	82.2	5.25	3	89.2	7.06
	右	5	83.0	3.66	4	87.2	7.43
48∶17	垂直颅面指数(sd)	5	52.7	1.78	4	53.7	2.71
48∶45	上面指数(sd)	5	52.9	2.39	4	51.0	1.60
47∶45	全面指数	1	84.5	0	1	87.1	0.35
48∶46	中面指数(sd zm)	4	72.1	3.18	3	70.2	3.33
9∶8	额宽指数	4	64.8	3.53	4	62.6	3.25
40∶5	面突度指数	5	95.7	2.87	4	97.6	5.32
9∶45	颧额宽指数	5	70.9	3.09	4	66.7	2.48
43-1∶46	额颧宽指数	4	99.0	1.35	3	99.4	3.25
45∶8	颅面宽指数	4	91.4	1.73	4	91.8	2.08
	眶间宽高指数	5	40.6	5.35	4	41.0	7.68
	额面扁平度指数	4	13.8	2.19	4	13.6	2.34

续 表

测量代号	测 量 项 目	男 性			女 性		
		倒数 *N*	平均值 *M*	标准差 *SD*	倒数 *N*	平均值 *M*	标准差 *SD*
	鼻面扁平度指数	5	30.9	2.93	3	31.2	3.63
63∶62	腭指数	1	86.5	0	3	100.9	11.02
61∶60	齿槽弓指数	4	126.9	5.39	3	129.5	8.74
48∶65	面高髁宽指数	1	52.7	0	2	49.0	7.82

附表四　陕西神木大保当乙组人骨的平均值与标准差

测量代号	测 量 项 目	男 性			女 性		
		倒数 *N*	平均值 *M*	标准差 *SD*	倒数 *N*	平均值 *M*	标准差 *SD*
1	颅长	4	184.2	6.08	7	173.2	4.67
8	颅宽	4	148.2	5.38	8	141.3	5.14
17	颅高	4	137.4	2.16	8	129.4	4.12
18	颅底垂直高	4	138.2	2.29	7	131.1	4.54
20	耳门前囟高	4	116.3	2.47	7	110.3	4.03
21	耳上颅高	4	116.4	2.67	7	110.0	2.80
9	最小额宽	4	91.0	4.26	8	89.1	2.21
10	最大额宽	3	119.1	0.24	8	114.1	3.66
25	颅矢状弧	4	384.8	12.75	7	360.4	5.27
26	额弧	4	130.9	4.31	7	120.5	7.04
27	顶弧	4	127.9	4.72	8	118.2	8.23
28	枕弧	4	125.3	6.45	8	121.1	6.76
29	额弦	4	114.7	3.40	7	106.7	3.96
30	顶弦	4	116.4	4.73	8	106.2	5.95
31	枕弦	4	101.9	3.79	8	101.0	5.26
23	颅周长	4	533.8	10.16	7	504.3	13.33
24	颅横弧	4	326.5	3.84	8	312.5	6.39
5	颅基底长	4	99.0	2.31	7	95.1	0.83
40	面基底长	4	94.4	1.58	7	93.1	4.23
48	上面高　sd	4	77.2	5.98	7	72.7	4.19
	pr	4	72.9	5.61	7	69.9	3.73
47	全面高	3	125.6	9.69	4	116.4	5.31
45	颧宽	4	137.9	2.60	7	128.1	5.81
46	中面宽　Zm	4	97.8	0.98	7	96.9	1.79
	Zm1	4	98.0	0.33	—	—	—
SSS	颧颌点间高　Zm	4	24.5	1.71	7	24.2	2.30
	Zm1	4	22.3	1.59	—	—	—
43-1	两眶外缘宽	4	96.9	1.83	7	95.7	2.11

续 表

测量代号	测 量 项 目	男 性			女 性		
		倒数 N	平均值 M	标准差 SD	倒数 N	平均值 M	标准差 SD
NAS	眶外缘点间高	4	13.7	1.57	7	14.2	1.24
O3	眶中宽	4	55.2	5.33	7	53.2	2.44
SR	鼻尖高	4	15.9	7.30	5	14.7	2.02
49a	眶内缘点间宽 d-d	4	18.7	0.71	7	19.8	1.21
DS	鼻梁眶内缘宽高	4	8.6	1.04	7	8.6	1.52
MH	颧骨高 左	4	46.2	2.86	7	43.1	1.83
	右	4	45.2	3.27	6	43.7	2.39
MB'	颧骨宽 左	4	25.0	2.06	7	24.6	1.19
	右	4	24.2	2.44	7	24.9	1.35
54	鼻宽	4	26.2	1.21	7	26.5	1.58
55	鼻高	4	56.5	2.97	7	54.1	2.80
SC	鼻骨最小宽	4	5.9	0.56	7	7.5	1.86
SS	鼻骨最小高	4	2.1	0.63	7	3.1	1.03
56	鼻骨长	3	28.4	4.92	5	23.2	3.64
	鼻尖齿槽长	3	48.9	3.11	5	48.5	0.75
51	眶宽 1 左	4	43.2	1.41	7	41.6	0.59
	右	4	43.5	2.19	7	42.3	0.89
51a	眶宽 2 左	4	41.3	1.76	7	39.5	0.97
	右	4	40.7	1.32	7	39.7	0.80
52	眶高 左	4	35.6	0.64	7	34.6	2.00
	右	4	35.3	0.72	7	34.7	2.10
60	齿槽弓长	4	53.0	1.04	7	50.5	3.45
61	齿槽弓宽	4	67.3	3.24	7	63.5	1.66
62	腭长	4	44.1	1.87	7	44.2	2.96
63	腭宽	4	40.9	2.37	7	40.5	1.79
7	枕大孔长	4	36.6	3.78	7	35.7	0.93
16	枕大孔宽	4	31.7	2.95	7	31.0	2.37
CM	颅粗壮度	4	156.6	2.58	7	147.8	2.04
FM	面粗壮度	3	119.5	4.56	4	112.8	4.29
65	下颌髁间宽	3	126.7	3.92	5	120.3	6.43
	额角	4	50.1	1.60	7	50.2	2.91
32	额倾角 n-m	4	81.8	1.25	7	79.5	2.39
	g-m	4	75.4	1.98	7	75.1	2.74
	前囟角 g-b	4	45.8	1.75	7	45.7	3.14
72	面角	4	85.9	1.14	7	84.1	1.95
73	鼻面角	4	86.6	1.29	7	86.2	1.67

续 表

测量代号	测量项目	男性			女性		
		倒数 N	平均值 M	标准差 SD	倒数 N	平均值 M	标准差 SD
74	齿槽面角	4	83.5	4.62	7	75.1	4.49
77	鼻颧角	4	148.5	3.59	7	146.9	3.34
	颧上颌角 Zm	4	126.9	3.09	7	127.1	4.01
	Zm1	4	131.0	3.06	—	—	—
75	鼻尖角	3	63.7	1.70	5	65.0	3.43
75-1	鼻骨角	3	21.5	0.84	5	17.0	3.52
	鼻根点角	4	64.6	1.51	7	66.6	3.67
	上齿槽角	4	71.3	2.99	7	69.9	3.27
	颅底角	4	44.1	3.16	7	43.5	2.08
8∶1	颅指数	4	80.5	4.51	7	81.3	2.81
17∶1	颅长高指数 1	4	74.6	1.80	7	75.0	4.19
18∶1	2	4	75.1	1.98	7	75.9	4.42
21∶1	颅长耳高指数	4	63.3	2.13	7	63.7	2.99
17∶8	颅宽高指数 1	4	92.9	4.42	8	91.7	5.74
18∶8	2	4	93.5	4.78	7	93.3	5.72
FM∶CM	颅面指数	3	76.9	2.33	4	76.1	2.15
54∶55	鼻指数	4	46.5	2.35	7	49.2	3.97
SS∶SC	鼻根指数	4	34.6	11.09	7	41.4	13.40
52∶51	眶指数 1 左	4	82.5	2.79	7	83.1	4.60
	右	4	81.4	3.88	7	82.4	4.88
52∶51a	眶指数 2 左	4	86.4	3.95	7	87.6	4.66
	右	4	86.9	2.80	7	87.3	5.10
48∶17	垂直颅面指数(sd)	4	56.1	3.50	7	56.2	4.28
48∶45	上面指数(sd)	4	55.9	3.35	7	56.8	2.62
47∶45	全面指数	3	90.9	5.20	4	89.7	0.95
48∶46	中面指数(sd zm)	4	78.9	6.21	7	75.0	4.81
9∶8	额宽指数	4	61.6	3.72	8	63.1	1.39
40∶5	面突度指数	4	95.5	2.11	7	97.8	4.55
9∶45	颧额宽指数	4	66.0	2.72	7	69.8	2.77
43-1∶46	额颧宽指数	4	99.1	2.39	7	98.7	3.68
45∶8	颅面宽指数	4	96.4	5.42	7	91.0	3.11
	眶间宽高指数	4	45.8	4.38	7	43.6	8.05
	额面扁平度指数	4	14.2	1.72	7	14.8	1.59
	鼻面扁平度指数	3	28.0	12.94	5	27.0	4.20
63∶62	腭指数	4	92.7	4.01	7	92.0	8.43
61∶60	齿槽弓指数	4	127.1	5.67	7	126.2	9.88
48∶65	面高髁宽指数	3	61.7	3.18	5	59.8	2.17

北周孝陵人骨的鉴定

1994年9月—1995年元月，陕西省考古所和咸阳市考古所对屡次被盗掘的北周孝陵进行了清理发掘。从出土的武帝及收缴的武德皇后志石及天元皇太后金玺，证实该陵为北周武帝宇文邕和皇后阿史那氏的合葬墓[1]。在清理墓葬的过程中，除收集到许多精美的陶俑等各种陶制品外，还出有其他金、铜、玉等器物，同时还收集了被盗扰的人骨。作者对这些人骨在室内进行了清理鉴定，其中包括对这些残碎骨块种类与个体的认定及性别年龄的估计。特别是对其中已经修复保存较为完整的武帝头骨进行了形态观察和测量的种族(人种)分析。

一　骨骼的清理和保存情况

在对骨块的逐个清理鉴定基础上，认定出包括有两个不同性别的个体。其中的男性个体当属武帝，女性应属皇后阿史那氏。年龄的鉴定也证实与史载和志石记录相符。但两人的骨骼保存由于盗扰等原因，都有残失，武帝的保存比较多，皇后的比较少。现分别列单和示意图如下：

武帝遗骨(见图1)：

经修补黏合，保存头骨的大部和下颌；

颈椎5节、胸椎4节、腰椎2节；

胸骨柄部残块；

右锁骨和左右残肩胛骨；

左右肱骨、左尺骨(残)、右桡骨；

两节近指节骨(右?)；

左右股骨和胫骨及左腓骨下端残块；

左跟骨、右舟骨及中间楔骨；

左右第一蹠骨、右第二蹠骨及三节蹠骨残块；

近节趾骨残块一与第一远节趾骨(右?)。

阿史那氏遗骨(见图2)：

右髋骨髂骨部分；

左股骨(头部和下1/3残)；右股骨下端残片；

左胫骨下1/2段和右胫骨干小块残片；

胸椎2节，腰椎2节(可能为上部两节)；

左跟骨和左距骨；

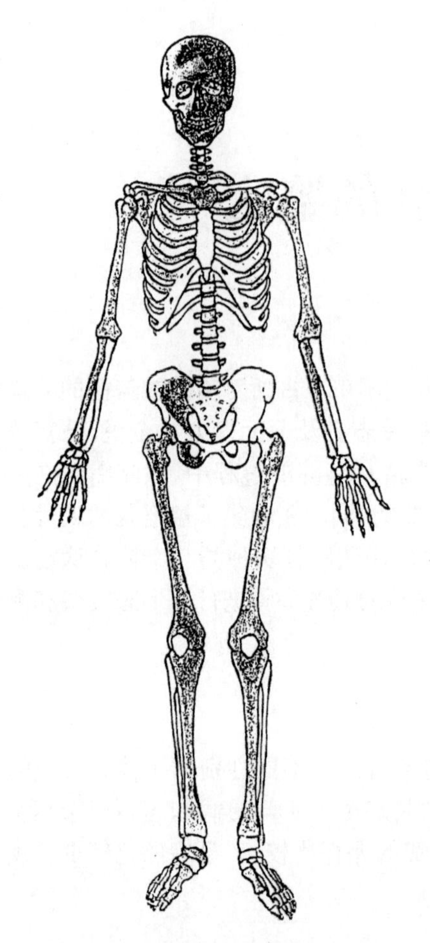

图 1　武帝宇文邕骨骼保存示意

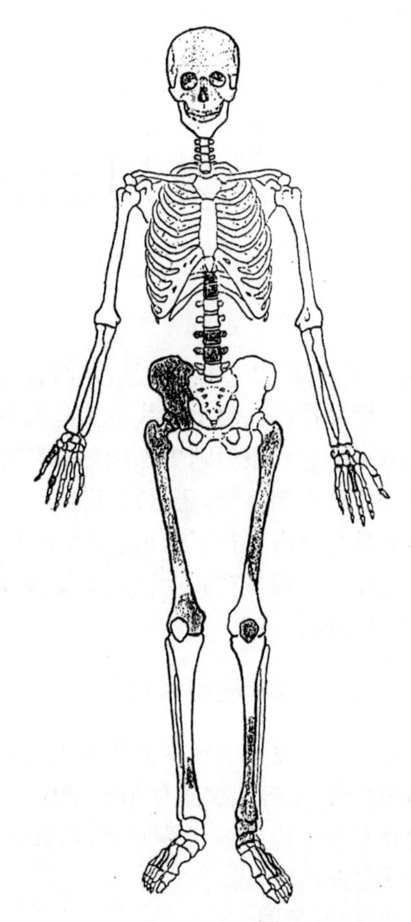

图 2　皇后阿史那氏骨骼保存示意

左第二蹠骨、右第三蹠骨；

左中掌骨和右第一掌骨，第二或三近指节骨(右?)。

以上武帝和皇后的骨骸保存示意于图 1 和图 2(图中深色部分)。

二　性别年龄标志的观察

限于骨骼保存状态，对所能观察到的性别年龄标志记述如下：

武帝骨骼的性别及年龄标志：

骨骼上的性别标志清楚，就头骨而言，眉弓显著，前额坡度明显后倾，眶上缘较厚，保存的左颊骨骨面粗突，枕外隆突发达，乳突特别粗大呈分叶状，腭深，下颌比较粗厚；髋骨上的坐骨大切迹窄，且无耳前沟出现，髋臼直径大而深，坐骨粗隆发达，肢骨较粗壮等。

年龄的观察包括牙齿的萌出、磨耗等级、头骨缝的愈合程度及上颌腭部缝迹消失程度等。牙齿萌出齐全(上下第三臼齿已全部萌出)，臼齿仅齿尖部分磨损但齿质点均未显露，前臼齿也大致类同。这样的颊齿磨蚀度达Ⅱ级，以此估计的齿龄大概稍大于 20 岁。但就保存完好的上门齿和犬齿，已穿过釉质，其切缘上已出现细的齿质条或小面积齿质出露。

这样的门、犬齿磨蚀年龄大约在 30 岁左右(见图 3)[2]。据上牙齿的年龄观察,大致可示意于 25—30 岁或稍大一些。头骨缝的愈合程度,因大部分主要骨缝残失而无法窥其全貌,能观察到的只有左侧冠状缝的大半段,矢状缝的最末段(人字点到顶孔区一段)及左侧人字缝等。大致来说,所观察到的缝迹结合不很紧密而很清晰,似乎至少大部分乃未愈合,这样的缝龄大约也在 25—30 岁,与牙齿的年龄特点基本相似。另一观察点在上颌腭部的缝迹上:靠近门齿后边的左右门齿缝已经消失,正中腭中缝在腭骨水平板处一段虽乃较清晰,但其近鼻后棘的末段已经结合紧密,腭突与水平板之间的腭横缝外侧部也已经消失。这样的上腭缝迹消失程度可认定在 30—49 岁之间(见图 4)[3]。如果将上述三个观察点所示年龄特点综合并考虑帝王的饮食一般更细软而使牙齿磨耗减轻等因素,将年龄放宽在 30—40 岁可能是适当的。

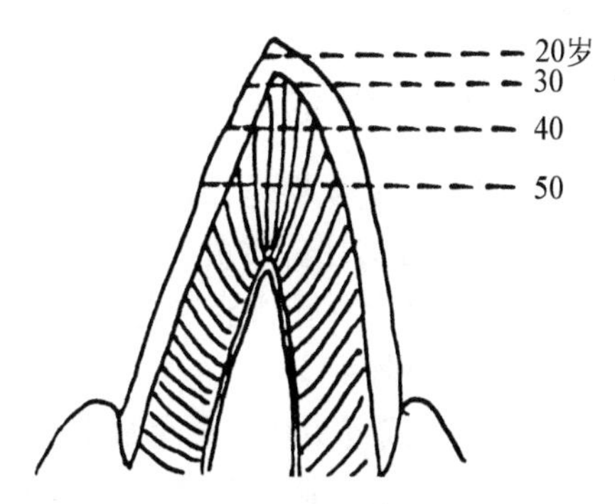

图 3　门齿磨蚀与推定年龄

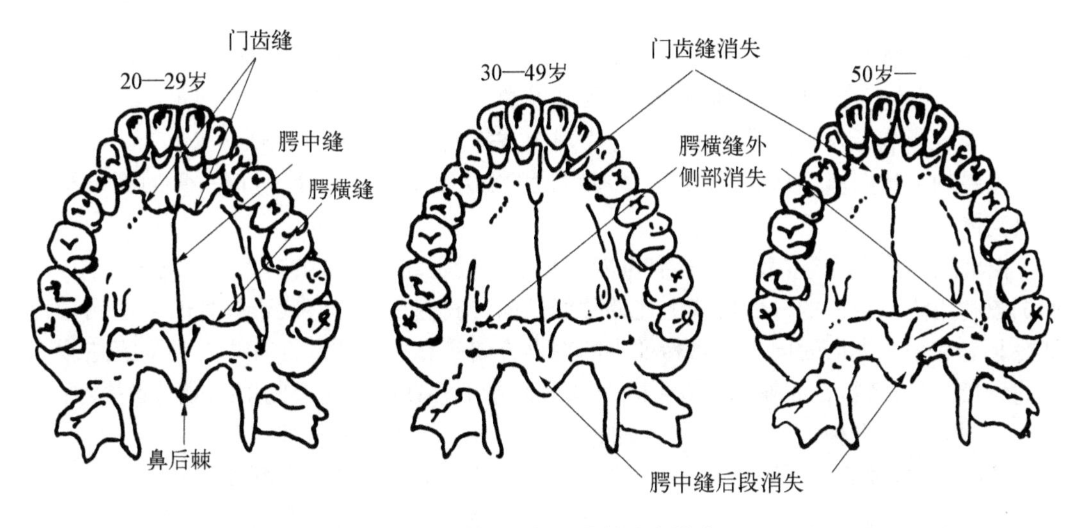

图 4　不同年龄段与腭骨缝消失模式图

皇后骨骼的性别及年龄标志:

皇后骨骼虽大部分残缺也没有头骨,但保存有某些关键观察部位而相当明确。特别是保存的髋骨,其坐骨大切迹宽,且有耳前沟结构,髂骨上缘明显平缓而不高,髋臼直径浅且其口面方向更朝前方,髂骨前部的上下棘弱,股胫骨都较武帝的细弱等。这些都显示女性特征。

年龄特征因缺乏牙齿、头骨缝等观察点,难以确切估计。从保存的脊椎骨上下缘尚未见退行性变化、髂骨上缘及前部上下棘等相对光滑,股骨上的脊线也比较柔和光滑等现象,它不可能是老年个体而应是相对年轻的成年个体。

三　病理观察

仅在武帝头骨的左上第一前臼齿(LP[1])见有根尖脓肿遗迹,在其根尖部齿槽外骨面有圆形瘘洞形成。

四　种族特征的观察

皇后遗骸中缺少头骨，因而不能作种族的形态观察。比较幸运的是武帝的头骨在出土时虽曾碎裂成多块碎片并且有部分的残缺，但经细心的黏合修补并作对称的复原[4]仍可能对其主要形态作出观察和测量，其部分的测量数据列于附录表。

（一）形态观察

正面观察，武帝头骨的眉弓显著但不粗壮，眉间突度不高，鼻根凹陷浅；从保存的左侧眼眶来看，眶形较高，眶上缘明显由内上向外下倾斜，鼻骨较狭而低，侧面观其眶口平面与眼耳平面关系属后斜型，颊骨强烈外突，上面很高。脑颅形状比较短宽，前额坡度向后上方强烈倾斜，颅拱顶形状明显平缓，面部水平突度很小。这样的一系列综合特征一般常见于蒙古人种的头骨。而其中的某些特征的组合如短宽而较低矮的脑颅，后斜的前额、高而很扁平的面等使它具有某种北亚类的地区性特点。这一点在下文中分析。

（二）测量特征的分析

经过细心黏合复原的武帝头骨，对脑颅的主要直径测量基本上不受影响。但在面颅上由于右侧颧骨和与其相连接的右眶上部分的额骨与左右颧弓的残缺，影响了部分的测量，如右眶部的直径和同侧颊骨的大小，颧宽及鼻颧水平和颧颌水平方向的角度等。鼻骨下段残失也影响了鼻骨角的测量。复原者对上述缺残部分作了细心的对称修补。因而对某些重要的测量如鼻颧角、颧宽等作了参考值的测定。这样有可能对该头骨的测量特征作出整体考察。

据前边的形态观察，武帝头骨有可能存在某些近于北亚类群的特点。在这一节里，我们试图利用测量特征的分析解读上述的种群倾向。我们首先考察武帝头骨的某些测量特征在北亚和东亚类群的同类测量特征中的变异方向是有意义的。据有些人类学家整理综合的大量测量资料，在北亚和东亚蒙古种头骨测量上存在以下主要的形态偏离趋势[4]：

北方蒙古种	东亚蒙古种
脑颅短宽，颅高趋低矮	脑颅中等长结合高颅性质
额部后斜显著到中等	额部后斜坡度中等到直型
垂直颅面比例指数一般大于55％	垂直颅面比例小于55％
面部高而宽，且很扁平	扁平的面与高狭面型相结合
矢状方向面部突度偏小（平颌型）	矢状方向面部适度突出（中颌型）

对于第一项武帝头骨的脑颅类型用颅指数和颅长高指数来估计，测得的颅指数为80.0，按分类可归入短颅型（接近中颅型最高界值），颅长高指数为75.2，是最低的高颅型或接近正颅型。因此可以说是短颅型与不特别高的颅型相接合。这和形态观察的短宽的椭圆形与颅拱顶比较平缓是相一致的。

对于第二项前额向后上方倾斜的坡度用额倾角的测量来估计。武帝头骨该角度为80度，这一数值在此角度的分类上是属于中等偏小的也就是后斜程度比较明显。

对于第三项垂直颅面比例是以垂直颅面指数大小来决定的。由于武帝头骨具有特别高的上面高和趋低的颅高，因而此指数特别高为61.5，远超出了55.0的界值。

对于第四项面部大小的形态是以上面高和颧宽的测量来估计的。如前指，武帝头骨的上面高很高(81.2)，颧宽由于颧弓的破坏无法客观的测量。根据一般经验，颧弓最外突处多在颧弓基部稍靠前的位置。我们从复原的颧弓基部测得139.2毫米的颧宽参考值，但实际上还应该稍大些，至少不小于140毫米。这一参考值也属于很宽的类型。如果考虑武帝头骨不属于特别大型而近于中庸者，那么该头骨面部属高而宽的印象可能是真实的。而面部水平方向的扁平度是用鼻颧角的测定来估计的。武帝头骨的这一角度由于右侧的颧额点被破坏而无法精确测定。但由于作了对称的复原，我们测量的鼻颧角参考值特别大，为171度。从顶面观前额的轮廓也几乎呈水平状。因此我们认为该头骨有极扁平的上面也应该是真实的。

第五项是面部矢状方向的前突程度，常用面角的测量来估计。武帝头骨的面角为82.5度，属突度分类中的中颌型。用面突度指数(99.6)来评定也归入中颌型，在这一点上武帝稍近东亚类。

由上测量特征的分析，武帝头骨在具有较短而不很高的脑颅，明显的倾斜额，高而宽和极具扁平的面及很大的垂直颅面比例等特征上与北亚类头骨更多趋同性，仅在面部中矢面方向突度上稍有不符。实际上，我们只依靠个体头骨的测量数据与群体的平均形态数据进行比较，但获得了与地区性特点基本一致的结果。因此，本文鉴定武帝头骨在种族形态特点上倾向于北亚类的头骨是可信的。

五 身高的估算

身高的估计是以测量大型肢骨的最大长代入推算身高的回归公式作间接计算。武帝骨骼中保存有完整的股、胫骨可用来作测算。测得右侧股骨最大长为44.6厘米，左胫骨长为34.9厘米。我们选用Trotter和Gleser制定的蒙古人种男性推算公式计算如下：[5]

$$S_F = 2.15Fem + 72.57 \pm 3.80 = 2.15 \times 44.6 + 72.57 \pm 3.80 = 168.46 \pm 3.80$$

$$S_T = 2.39Tib + 81.45 \pm 3.27 = 2.39 \times 34.9 + 81.45 \pm 3.27 = 164.86 \pm 3.27$$

$$S_{(F+T)} = 1.22(Fem + Tib) + 70.37 \pm 3.24 = 1.22(44.6 + 34.9) + 70.37 \pm 3.24 = 167.36 \pm 3.24$$

式中的S_F和S_T分别为股骨长和胫骨长计算的身高，Fem和Tib是股骨和胫骨的缩写。最后一式是将股骨和胫骨合起来计算的，比单根肢骨计算的误差更小。平均大致在167厘米左右。

皇后骨骸中缺乏完整的肢骨，未能作同样的计算。

六 结论

(一) 由于陵墓的次次被盗扰，人骨保存残缺零乱。其中，一个体的遗骨保存了从头骨至躯干及上下肢骨的大部分；另一仅收集有下肢骨的残段，其头骨、上躯干及上肢骨部分基本缺失。

(二) 据史籍和出土志石记载，咸阳陈马村的孝陵为北周武帝宇文邕与皇后阿史那氏的合葬墓，武帝死亡年龄为36岁，皇后继后四年葬入，年仅32岁[6]。本文对陵中两具遗骨的整理鉴定，证明是两个性别相异的个体，其一为大约30—40岁年龄段的男性，另一为成年但年龄不比男性个体大的女性。后者由于缺乏可靠的骨骼年龄标志，仅依骨骼上未出现老年变化和骨面柔和等印象判断的。以上鉴定结果与志石记载基本吻合。

（三）据对武帝头骨的形态观察和测量特征的分析，证明在骨骼形态学上具有接近现代北亚类群的一组特征，即脑颅相对短宽而不很高，明显后斜的前额、很高而宽和特别扁平的面及特别高的垂直颅面比例等。但同时感觉与典型北亚类有某些相异的倾向，如微弱的高颅倾向和相对面形为狭面型等。不久前，本文作者曾鉴定过从山西大同北魏墓出土的一批人骨，它们在骨骼形态上也同样近于北亚类群，也同样存在如高颅化倾向与相对狭面现象[7]。即他们都具有接近现代北亚类的特点，但又不同程度地存在某些有异于典型北亚类变异。

（四）据史籍记载，武帝宇文邕的族系可追索到鲜卑的一支。而联系到上述大同北魏墓葬也是鲜卑拓跋人的遗存，两处人骨又具有共同的种族地区性性状。对于后者，有其合理的种族地理学依据，即鲜卑系北方的游牧民族，其军事行政联合曾达到西接乌孙国，东达辽河流域[8]。这样的地理分布正处蒙古人种的北亚类和东亚类交错的地带。

（五）用Trotter和Gleser身高推算公式测得武帝的估计身高为167厘米。

附表　武帝头骨测量表(长度：毫米，指数：%)

代号	测量项目		测值	代号	测量项目		测值
1	颅长(g-op)		175.5	55	鼻高(n-ns)		61.4
8	颅宽(eu-eu)		140.4	SC	鼻骨最小宽		7.3
17	颅高(ba-b)		132.0	SS	鼻骨最小宽高		2.1
21	耳上颅高(po⊥v)		110.0	51	眶宽(mf-ek)Ⅰ	左	44.7
25	颅矢状弧(arc n-o)		360.5	51a	眶宽(d-ek)Ⅱ	左	42.1
23	颅周长(眉弓上方)		517.0	52	眶高	左	36.7
24	颅横弧(过v)		318.0	60	齿槽弓长		55.4
5	颅基底长(ba-n)		97.8	61	齿槽弓宽		66.7
40	面基底长(ba-pr)		97.4	62	腭长(ol-sta)		46.6
48	上面高(n-sd)		81.2	63	腭宽(enm-enm)		40.3
45	颧宽(zy-zy)		140.0?	32	额倾角(n-m-FH)		80.0
43(1)	两眶外缘宽(fmo-fmo)		97.6?	72	全面角(n-pr-FH)		82.5
NAS	眶外缘点间高(sub. fmo-n-fmo)		3.83?	73	鼻面角(n-ns-FH)		82.0
50	眶间宽(mf-mf)		14.6	74	齿槽面角(ns-pr-FH)		86.0
DC	眶内缘点间宽(d-d)		18.4	77	鼻颧角(fmo-n-fmo)		171.0?
DS	鼻梁眶内缘宽高			8∶1	颅指数		80.0
MH	颧骨高(fmo-zm)	左	47.1	17∶1	颅长高指数		75.2
MB'	颧骨宽(zm-rim. orb.)	左	26.6	21∶1	颅长耳高指数		62.7
54	鼻宽		27.8	17∶8	颅宽高指数		94.0

续 表

代号	测量项目		测值	代号	测量项目	测值
54∶55	鼻指数		45.3	40∶5	面突度指数	58.0
SS∶SC	鼻根指数		28.9	DS∶DC	眶间宽高指数	49.9
52∶51	眶指数Ⅰ	左	82.1	SN∶OB	额面扁平度指数	3.9
52∶51a	眶指数Ⅱ	左	87.2	48∶45	上面指数	58.0?
48∶17	垂直颅面指数		61.5	63∶62	腭指数	86.5

注释

[1] 陕西省考古研究所、咸阳考古研究所:《北周武帝孝陵发掘简报》,《考古与文物》,1997年第2期,8—28页。

[2] 濑田季茂、吉野峰生:《白骨死体の鉴定》,362页,令文社。

[3] 参见[2]337页。

[4] H. H. 切薄克萨罗夫:《东亚种族分化的基本方向》,《民族研究所论集》Ⅱ卷,28—83页,1947年(俄文)。

[5] Trotter, M. and Gleser, G. C., A re-evaluation of stature based on measurements of stature taken during life and of long bones after death. Am. J. Phys. Anthrop., 16(1), 79-123, 1958.

[6] 参见[1]。

[7] 韩康信等:《大同南郊水泊寺北魏墓人骨鉴定》(待刊)。

[8] 范文澜:《中国通史简编》修订本第二编,453—543页,1961年,人民出版社。

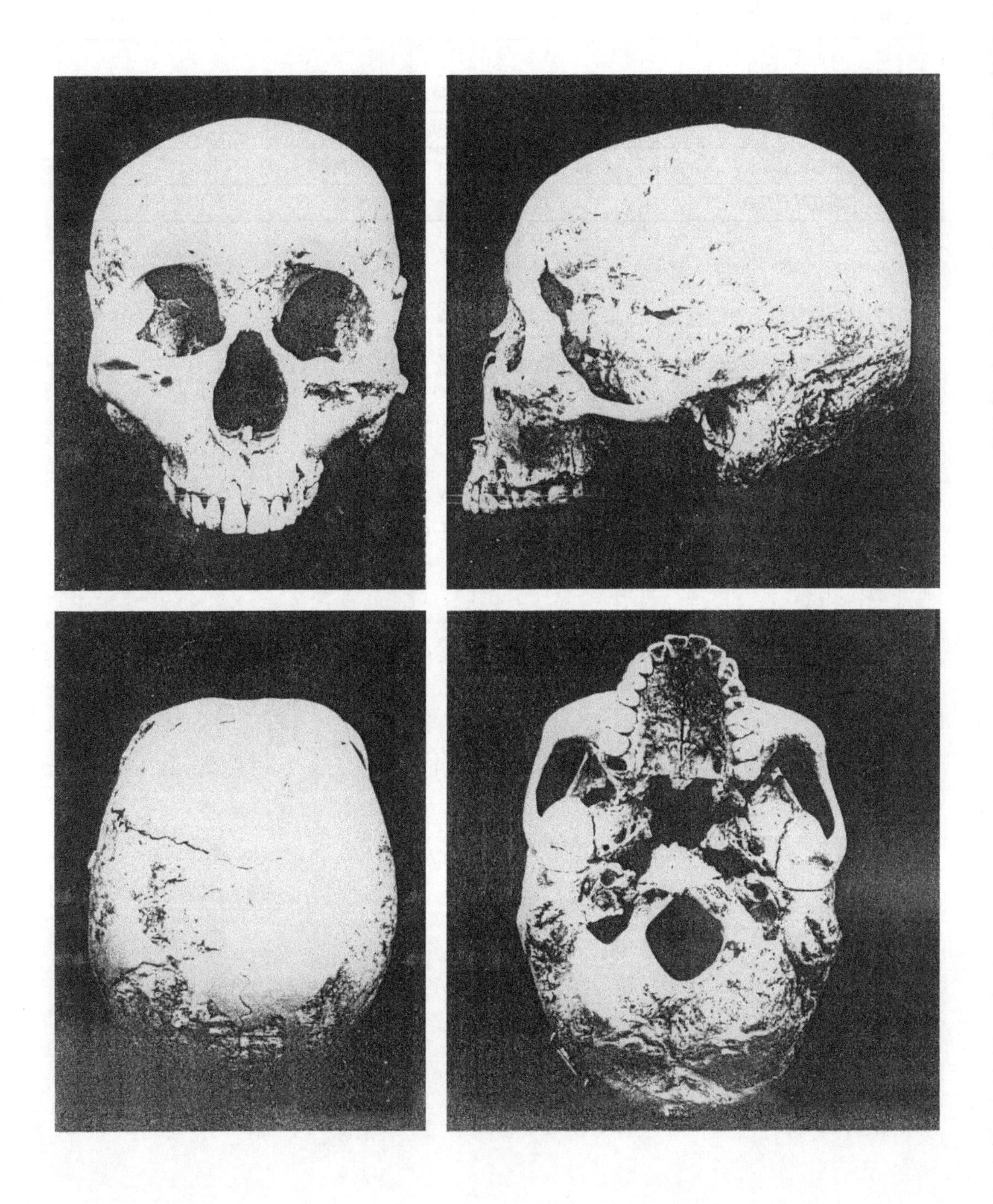

甘肃永昌沙井文化人骨种属研究

本报告中的人骨是1979年由当时甘肃省博物馆考古队在永昌县三角城古墓地发掘时采集的。作者曾于1980年10月前往博物馆协助鉴定采至室内的人骨。据考古发掘学者相告，当时经发掘的墓地有蛤蟆墩、西岗和柴湾岗3处。其中后两处人骨保存不良，提供本文研究的主要出自保存较好的蛤蟆墩墓地，共11具头骨（墓地编码为1979YSH），另有2具出自西岗（1979YSX）[1]。墓地皆系沙井文化期，曾测有9个碳14年代数据，若不予取舍合在一起，它们的年代范围在距今3 300—2 400年之间（经树轮较正）[2]，属我国西北地区的青铜时代。

从地理位置来讲，河西走廊是西域通向华夏腹地的天然廊道，也是东西方种族可能进行陆上交往的途径之地，史载曾有西方种族在此活动。其西部紧连蒙古高原，后者是大陆蒙古种北亚类成分泛居地区。他们可能很早就对我国西北地区的种族组成起了重要的影响。而沙井墓地又恰好位于这些种族地理分布的接触地带，实际上整个河西地区都在这个范围内。因而关注这一地区秦汉以前人民的种族组成实属我国西北地区古代民族史上的一个重要问题。例如，据我国史载，在秦汉前的河西走廊曾有乌孙、月氏两个族占据，而这两个族类又被许多学者认定为不同于华夏的另类种族[3]。但细究起来，这种看法还仅局限于零碎的文献或考古遗存的间接推测。要解决这个问题最直接的莫过于对这个地区考古遗址的古代人骨进行种族形态学的调查。而沙井文化人骨的收集正好提供了进行这一调查的重要人类学材料，也是本文意欲探究的主要目的。

除沙井人骨的种族鉴定外，本文还整理了作者于1980年对蛤蟆墩和西岗人骨的性别、年龄鉴定资料，并记录了从头骨上观察到的某些骨骼异常现象。

在这里作者感谢甘肃省考古所的学者提供研究沙井人骨的机会和一切帮助。

一、人骨的性别年龄鉴定

本文是以骨骼形态观察方法进行性别年龄鉴定的。这就是从每个个体的骨块上寻找可以认定的性别年龄特征，然后加以综合评估。这些具体的骨性观察标志在一般常用的骨骼测量手册或某些人体解剖学的骨学部分都有详细记载[4]。

本文共观察了60个墓号的63个个体的人骨，对每个个体的性别年龄判定列于表一。对骨骼保存很差和未成年个体难以估计性别的在表中以问号表示。对于有倾向估计的在男或女的标记后打一问号，在统计两性个体数时也将它们分别包括在内。对骨骼的年龄判定一般情况下给定可能的年龄范围而不作绝对的单一年龄判定，如20—25岁而不作

25 岁等。因为用于判定年龄的骨性标记本身便存在个体的变异，在观察者之间在使用判定标准的熟练和精确程度上也存在或大或小的主观误差，加上骨骼保存状态的差异等原因，不容易作出绝对不差的年龄判定。

表一　永昌三角城蛤蟆墩西岗沙井墓葬人骨性别年龄表

（YSH—蛤蟆墩；YSX —西岗）

墓　号	性别	年　龄	墓　号	性别	年　龄	墓　号	性别	年　龄
79YSH M2	♂	17—18	79YSXM5	♀	18—20	79YSXM58	?	25+
M4　甲	♀	>55	M7	♂	>30	M59	♀	40—45
乙	♂	30±	M8	♀	20—25	M61	♂	>45
M5	♀	20—22	M15	?	成年	M66	♂	30±
M6	♀	30—35	M21	♂	成年	M68	♀?	成年
M7	♂	30—40	M22	♂?	13—15	M69	?	25—35
M8	♀	20—25	M23	♀?	30—35	M71	?	25+
M10	♀	25—35	M26(上)	♂?	幼儿	M72	♂	45±
M11	♂	45—55	(下)	♀	15—17	M74	♀	20—25
M12	♂	45—55	M27	♀	20—25	M75	?	14—15
M13	♂	45—50	M28	♂?	17±	M76	♀?	成年
M14	♂	>30	M32	♀	50—55	M79	♀	25±
M15	♂	50—55	M35	?	成年?	M80	♂	30±
M16	♀	18—20	M37	♂	成年	M81	?	成年
M17	♀	25—30	M38	♀?	45±	M84	♂	17—25
M18	♂	35—45	M45	♂	45—55	M85	♂	30±
M19	♀	>60	M46	♂	6—7	M87	♂	40±
M20	♀	50—60	M47	♂	17—20	M88	♂	25—30
			M48	♀?	20±	M89	♂	成年
			M49	?	10—14	M91	♂	30—35
			M53	♀?	17—25	M92	♂	成年
			M55①	♂	30±			
			②	?	>45			
			M56	♀	25—30			

对 63 个个体的性别年龄分布情况列于表二。其中，可记性别的共 54 个（男性 30，女性 24），未能估计性别的 9 个。从全部人口死亡年龄在不同年龄的分布情况看，有 83.3% 死于青年—壮年—中年之间，能活到老年的很少。粗略的估算，49 个成年个体的平均死亡年龄为 33.7 岁。男女分别统计不同年龄段的出现比例，女性组死于青年期的明显高于男性组（分别为 45.5%和 15.4%），也就是女性死亡高峰早于男性。但女性中有不到五分之一的个体延活到老年，男性则几乎没有。

表二　三角城墓葬人骨性别年龄分布表

年龄分期	♂	♀	性别不明	合　计
未成年(<15)	3(11.5%)	0(0.0%)	2	5(9.3%)
青年(16—23)	4(15.4%)	10(45.5%)	0	14(25.9%)
壮年(24—35)	10(38.5%)	6(27.3%)	3	19(35.2%)
中年(36—55)	9(34.6%)	2(9.1%)	1	12(22.2%)
老年(>56)	0(0.0%)	4(18.2%)	0	4(7.4%)
只记成年的	4	2	3	9
合　计	30	24	9	63

二、颅面形态类型的观察

表三中列出了对13具头骨脑颅和面颅主要形态测量指数与角度的形态分类观察结果，最后两个纵行列出了男性和女性的平均形态分类结果。表中所列15个指数和角度基本上代表了头骨各部分的形态特点。从骨骼测量学的观点，头骨各部的绝对测量项目主要代表了大小的概念，指数和角度则更多表示形态类型。

从表中男组各项特征的平均分类而言，其综合特征是短阔而低的脑颅，狭额结合明显后斜的前额，中等宽的面结合很大的垂直颅面比例，狭鼻与中眶，强烈的面部水平方向扁平度结合不明显的矢状方向突出，适度突起的鼻骨等。这样的综合特征明显与现代大陆蒙古种的北亚类相近，同中长颅结合高颅，额坡度更陡直，狭面结合更小的垂直颅面比例，鼻骨突度和面部扁平度有些弱化的东亚类之间存在明显的形态差异[5]。

女组的平均形态分类基本上也是短阔而低的脑颅结合很大的垂直颅面比例，同样有很大的面部水平扁平度这些主要的北亚类特点。相对而言，与男组的相比主要在前额坡度上更陡直，面稍趋狭，鼻形稍宽，面部在矢状方向上的突出更强烈一些，鼻骨突度更弱等。而这些差异的性质基本上代表同种群内的性别异形，不具种群差异的性质。

三、测量特征的地区种群比较

对上述沙井头骨形态综合特征还需要作地区种群之间的比较才可能更加明确起来。在这里取两种分析取证，即一种是将沙井头骨测量组与亚洲蒙古种不同地区类群的组间变异范围作形态特征波动性比较，如在某一类群变差范围内偏离不多或基本一致，那么这组头骨的总体形态上与这一类群所代表的种群相似。反则不一致。另一种是与周邻地区种群的代表性头骨组之间进行趋近比较，具体的采用了多项测量特征的聚类分析和制作形态综合的多边形图的比较。

(一) 与亚洲蒙古种不同地区类群变异范围波动趋势的观察

作这种比较选用的17项颅面测量特征列于表四，这些测量项目被人类学家认为是具有种族区分意义的，它们基本上涵盖了脑颅和面颅的绝对和相对量度特征[6]。亚洲蒙古种不同地区类群的比较量值用变异范围值表示。比较的方法是将沙井组的各项特征值逐项对应于地区类群的变异界值之内，是否坐落或跌出于界值，如果全部或绝大多数特征项

表三　颅面部指数、角度形态分类表

	YSH M2 ♂	YSH M7 ♂	YSH M11 ♂	YSH M13 ♂	YSH M15 ♂	YSH M15 ♂	YSH M4 甲 ♀	YSH M5 ♀	YSH M6 ♀	YSH M16 ♀	YSH M20 ♀	YSH M8 ♀	YSH 29 ♀	♂ 平均	♀ 平均
8：1 颅指数	81.9 短颅	81.6 短颅	87.8 特短颅	81.7 短颅	85.3 特短颅	81.4 短颅	83.3 短颅	76.3 中颅	80.1 短颅	76.1 中颅	83.5 短颅	79.3 中颅	77.3 中颅	83.3 短颅	79.4 中近短颅
17：1 颅长高指数	70.6 正颅	71.0 正颅	76.4 高颅	72.9 正颅	72.6 正颅	71.0 正颅	72.6 正颅	70.9 正颅	69.5 低颅	73.2 正颅	70.7 正颅	75.1 高颅	70.4 正颅	72.4 正颅	71.8 正颅
17：8 颅宽高指数	86.3 阔颅	87.0 阔颅	87.1 阔颅	89.2 阔颅	85.1 阔颅	87.3 阔颅	87.1 阔颅	92.9 中颅	86.8 阔颅	96.2 中颅	84.7 阔颅	94.7 中颅	91.1 阔颅	87.0 阔颅	90.5 阔颅
9：8 额指数	60.3 狭额	61.5 狭额	58.8 狭额	63.6 狭额	60.7 狭额	59.2 狭额	61.1 狭额	63.7 狭额	65.8 狭额	66.1 中额	61.0 狭额	63.8 狭额	68.0 中额	60.9 狭额	64.2 狭额
32 额倾角	81 中	79 小	74 很小	81 中	77 小	75 很小	77 小	85 大	82 中	82 中	86 大	88 很大	82 中	77.8 小	83.1 中
48：45 上面指数	51.4 中面	52.5 中面	52.9 中面	52.9 中面	53.7 中面	54.6 中面	50.2 中面	57.9 狭面	54.8 中面	58 狭面	56.4 狭面	55.5 狭面	55.4 狭面	53.0 中面	55.5 狭面近中
48：17 垂直颅面指数	55.3 大	57.5 大	57.3 大	56.3 大	59.9 很大	62.2 很大	55.0 大	57.6 大	59.1 很大	56.7 大	58.9 很大	55.9 大	58.9 很大	58.1 大	57.4 大
40：5 面突度指数	97.6 平颌	97.0 平颌	98.1 中颌	90.7 平颌	92.7 平颌	99.6 中颌	96.3 平颌	101.9 中颌	107.0 突颌	96.0 平颌	98.0 中颌	102.5 中颌	102.3 中颌	96.0 平颌	100.6 中颌
77 鼻颧角	151.8 很大	153.7 很大	152.0 很大	144.6 中	151.9 很大	153.5 很大	147.6 大	153.0 很大	148.9 大	156.0 很大	152.4 很大	155.6 很大	169.6 特大	151.3 很大	154.7 很大
72 面角	89 平颌	88 平颌	92 平颌	94 超平颌	94 超平颌	91 平颌	88 平颌	87 平颌	86 平颌	89 平颌	91 平颌	86 平颌	86 平颌	91.3 平颌	87.6 平颌
74 齿槽面角	86 平颌	87 平颌	85 平颌	98 超平颌	90 平颌	85 平颌	90 平颌	82 中颌	71 突颌	75 突颌	76 突颌	77.5 突颌	73 突颌	88.5 平颌	77.8 突颌
SS：SC 鼻根指数	34.6 小	40.9 中	36.5 中	32.2 小	41.0 中	51.1 大	30.9 小	—	30.9 小	25.1 小	17.0 很小	24.7 小	27.8 小	39.4 中	26.1 小
54：55 鼻指数	44.2 狭鼻	47.8 中鼻	48.4 中鼻	49.2 中鼻	48.6 中鼻	42.3 狭鼻	44.0 狭鼻	46.8 狭鼻	48.0 中鼻	44.4 狭鼻	50.4 中鼻	50.1 中鼻	48.9 中鼻	46.8 狭鼻	47.5 中鼻
52：51 眶指数(左)	79.2 中眶	82.3 中眶	81.1 中眶	77.7 中眶	91.5 高眶	85.3 高眶	73.8 低眶	85.2 高眶	85.2 高眶	83.4 中眶	82.6 中眶	82.8 中眶	83.2 中眶	82.9 中眶	82.3 中眶
63.62 腭指数	109.2 阔腭	96.6 阔腭	—	99.1 阔腭	99.5 阔腭	102.3 阔腭	—	98.6 阔腭	93.9 阔腭	99.8 阔腭	89.2 阔腭	89.7 阔腭	92.7 阔腭	101.3 阔腭	92.3 阔腭

目于某一地区类群的界值之内波动，则可能与该类群有同质性，反则可能是异质性的。为了使读者对此获得更简捷直观的效果，将表四中的各地区类的变异值绘制成折线界限表示，并将沙井组各项测量在变异界值或内或外的位置点连成折线(虚线)，以观察其在地区类群界值范围内外波动的情况，如图一所示。我们从绘制的图上很容易看到，沙井组除面角(720)和鼻根指数(SS∶SC)稍超出北亚类群的最大界值外，其余绝大多数颅面特征的组值都在该类群的界值范围内波动。如果考虑到北亚类的面角有比其他地区类群更大的变异度和鼻根指数有些趋高现象，沙井组的这两项虽超出最大界值，但相去不远和并不违背北亚类群在这两项特征的增大方向。与此相反，沙井组在其他地区类群界值的波动，无论在项目上还是波动幅度上都多而大，表示不仅在脑颅和面颅特征上普遍存在差异而与它们同类的可能性很小。相比之下，沙井组与东北亚类之间的差异主要突显在脑颅的形态上，与东亚和南亚类之间则无论脑颅还是面颅上都存在明显的偏离。因此，沙井头骨在形态学上显然比其他地区类群更接近北亚类。

表四　沙井三角城组头骨测量与亚洲蒙古人种地区类群之比较(男性)

测量项目(测量代号)	沙井三角城	亚洲蒙古人种			
		北　亚	东北亚	东　亚	南　亚
颅长(1)	178.6(6)	174.9—192.7	180.7—192.4	175.0—182.2	169.9—181.3
颅宽(8)	148.5(6)	144.4—151.5	134.3—142.6	137.6—143.9	137.9—143.9
颅指数(8∶1)	83.3(6)	75.4—85.9	69.8—79.0	76.9—81.5	76.9—83.3
颅高(17)	129.2(6)	127.1—132.4	132.9—141.1	135.3—140.2	134.4—137.8
颅长高指数(17∶1)	72.4(6)	67.4—73.5	72.6—75.2	74.3—80.1	76.5—79.5
颅宽高指数(17∶8)	87.0(6)	85.2—91.7	93.3—102.8	94.4—100.3	95.0—101.3
最小额宽(9)	90.1(6)	90.6—95.8	94.2—96.6	89.0—93.7	89.7—95.4
额倾角(32)	77.8(6)	77.3—85.1	77.0—79.0	83.3—86.9	84.2—87.0
颧宽(45)	141.6(6)	138.2—144.0	137.9—144.8	131.3—136.0	131.5—136.3
上面高(48)	75.1(6)	72.1—77.6	74.0—79.4	70.2—76.6	66.1—71.5
垂直颅面指数(48∶17)	58.1(6)	55.8—59.2	53.0—58.4	52.0—54.9	48.0—52.2
面指数(48∶45)	53.0(6)	51.4—55.0	51.3—56.6	51.7—56.8	49.9—53.3
鼻颧角(77)	151.3(6)	147.0—151.4	149.0—152.0	145.0—146.6	142.1—146.0
面角(72)	91.3(6)	85.3—88.1	80.5—86.3	80.6—86.5	81.1—84.2
眶指数(52∶51)	82.9(6)	79.3—85.7	81.4—84.9	80.7—85.0	78.2—81.0
鼻指数(54∶55)	46.8(6)	45.0—50.7	42.6—47.6	45.2—50.2	50.3—55.5
鼻根指数(SS∶SC)	39.4(6)	26.9—38.5	34.7—42.5	31.0—35.0	26.1—36.1

(二) 与周邻地区不同地区种族组的聚类和综合多变形图的比较

为了对上述的比较作出进一步客观的证明，在本节中首先使用多变量统计方法中常

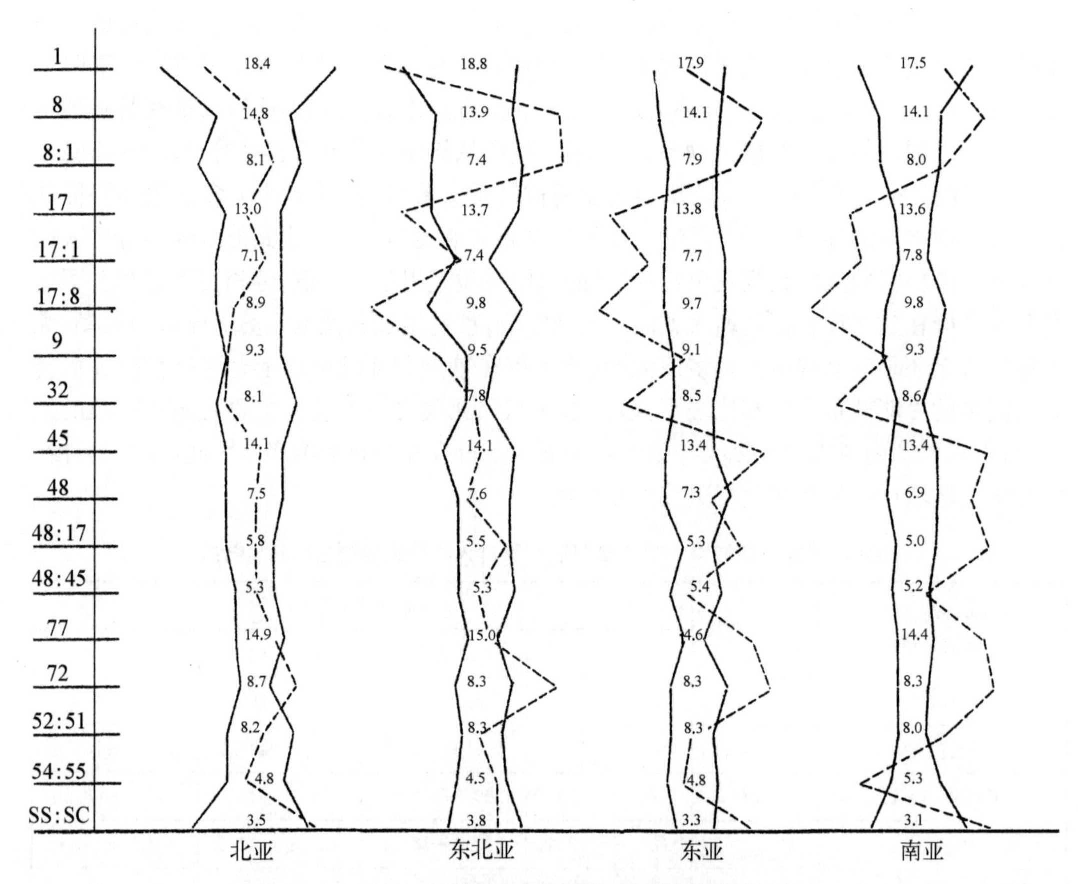

图一　沙井三角城组与亚洲蒙古人种地区类群比较

使用的聚类分析进行比较[7]。在表五中列出了用于这项比较用的 13 个绝对值测量的变量值，这些项目的名称和马丁测量号为：颅长(1)、颅宽(8)、颅高(17)、眶高(52)、颅基底长(5)、眶宽(51)、鼻高(55)、鼻宽(54)、面基底长(40)、颧宽(45)、上面高(48)、最小额宽(9)、面角(72)等。用于聚类分析的组间形态距离计算公式为：

$$dik = \sqrt{\frac{\sum_{j=1}^{m}(X_{ij} - X_{kj})^2}{m}}$$

式中 i、k 代表测定的两个头骨组，j 代表测量的变量项目，m 代表测定变量的项目数，x 代表比较组测定变量的组均值，dik 代表比较两组间在欧几里得空间分布的距离，理论上所获得 dik 值越小，两个比较组之间可能有越接近的形态距离。在绘制聚类图时，采用了最短距离法。选择的对照组中，蒙古、布里雅特和埃文克三组代表蒙古种的北亚类，华北、东北和朝鲜三组代表东亚类，爱斯基摩和楚克奇驯鹿及楚克奇沿海三组代表极区的东北亚类。另增加了宁夏固原彭堡一组，此组经研究是属于北亚类的，目的是测定与沙井组之间的关系[8]。计算所得每成对组间形态距离 dik 的数字矩阵列于表六，图 2 为依数字矩阵大小顺序的排列绘制出来的聚类图。

表五　沙井三角城组与现代北亚、东北亚和东亚各组13项绝对测量值(男性)

特征马丁号	沙井三角城	蒙古	布里雅特	埃文克	爱斯基摩	楚克奇(沿海)	楚克奇(驯鹿)	华北	东北	朝鲜	彭堡
1	178.6 (6)	182.2 (80)	181.9 (45)	185.5 (28)	181.8 (89)	182.9 (28)	184.4 (29)	178.5 (86)	180.8 (76)	176.7 (158)	182.2 (5)
8	148.5 (6)	149.0 (80)	154.6 (45)	145.7 (28)	140.7 (89)	142.3 (28)	142.1 (29)	138.2 (86)	133.7 (75)	142.6 (165)	146.8 (4)
17	129.2 (6)	131.1 (80)	131.9 (44)	126.3 (27)	135.0 (83)	133.8 (27)	136.9 (28)	137.2 (86)	139.2 (77)	138.4 (152)	131.9 (5)
52	34.1 (6)	35.8 (81)	36.2 (43)	35.0 (27)	35.9 (89)	36.3 (28)	36.9 (27)	35.5 (74)	35.6 (77)	35.5 (123)	34.5 (5)
5	99.8 (6)	100.5 (81)	102.7 (44)	101.4 (27)	102.1 (83)	102.8 (28)	104.0 (27)	99.0 (86)	101.3 (77)	99.4 (150)	101.9 (5)
51	41.2 (6)	43.3 (81)	42.2 (43)	43.0 (27)	43.4 (89)	44.1 (28)	43.6 (27)	44.0 (62)	42.6 (77)	42.4 (128)	41.6 (5)
55	56.8 (6)	56.5 (81)	56.1 (42)	55.3 (28)	54.6 (88)	55.7 (28)	56.1 (27)	55.3 (86)	55.1 (76)	53.4 (131)	58.6 (5)
54	26.5 (6)	27.4 (81)	27.3 (42)	27.1 (28)	24.4 (88)	24.6 (28)	24.9 (27)	25.0 (86)	25.7 (75)	26.0 (108)	26.8 (5)
40	95.7 (6)	98.5 (70)	99.2 (39)	102.2 (27)	102.6 (81)	102.3 (28)	104.2 (26)	95.2 (84)	95.8 (63)	95.4 (93)	97.2 (5)
45	141.6 (6)	141.8 (80)	143.5 (45)	141.6 (28)	137.5 (86)	140.8 (27)	140.8 (26)	132.7 (83)	134.3 (75)	134.7 (104)	139.8 (5)
48	75.1 (6)	78.0 (69)	77.2 (42)	75.4 (28)	77.5 (86)	78.0 (28)	78.9 (26)	75.3 (84)	76.2 (63)	76.6 (96)	77.8 (5)
9	90.1 (6)	94.3 (80)	95.6 (45)	90.6 (28)	94.9 (89)	95.7 (28)	94.8 (29)	89.4 (85)	90.8 (77)	91.4 (150)	96.0 (5)
72	91.3 (6)	87.5 (74)	87.7 (42)	86.6 (28)	83.8 (85)	83.2 (28)	83.1 (27)	83.4 (80)	83.6 (64)	84.4 (93)	90.9 (5)

表六　沙井三角城组与现代北亚、东北亚和东亚各组形态距离矩阵(*dik*)(男性)

组　别	沙井三角城	宁夏彭堡	蒙古	布里雅特	埃文克	爱斯基摩	楚奇克(沿海)	楚奇克(驯鹿)	华北	东北	朝鲜
沙井三角城											
宁夏彭堡	2.48										
蒙　古	2.38	1.69									
布里雅特	3.21	2.79	1.84								
埃文克	3.26	3.24	2.52	3.62							
爱斯基摩	4.61	3.48	3.39	4.63	3.63						
楚奇克(沿海)	4.43	3.17	3.04	3.97	3.17	1.29					
楚奇克(驯鹿)	5.15	3.79	3.51	4.42	3.82	1.66	1.22				
华　北	5.02	4.81	4.96	6.36	5.37	3.35	4.17	4.53			
东　北	5.87	5.23	5.56	6.99	5.81	3.35	4.17	4.27	1.82		
朝　鲜	4.28	4.10	4.10	5.22	5.14	3.12	3.81	4.19	1.80	2.84	

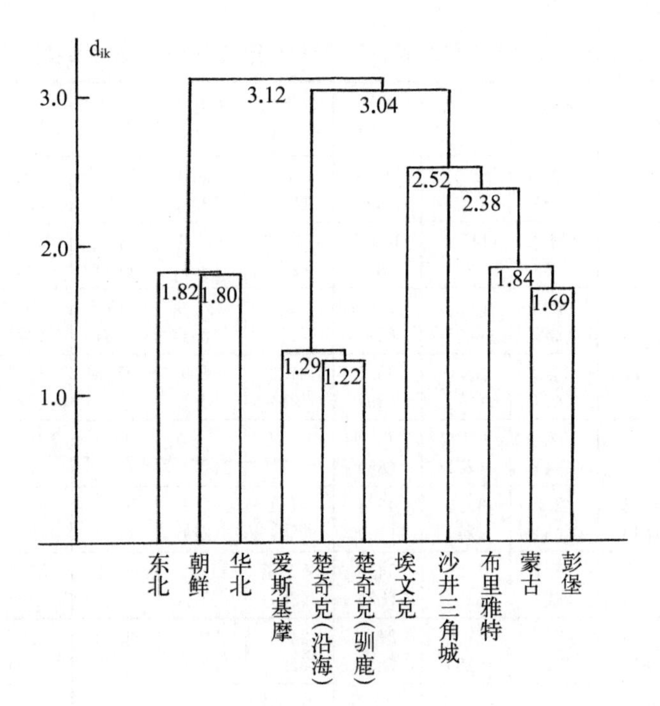

图二　聚类谱系图

从聚类图二上可以看出，在 *dik* 小于 2.52 以下明显分为三个小的聚类组，即华北、朝鲜和东北三组首先组成一个较紧密的小组，爱斯基摩和两个楚克奇组又形成另一个小组，蒙古、布里雅特和埃文克几组又自成于第三个组，而沙井和彭堡两个组首先参与到第三个代表北亚类的小组中。尽管沙井组与后者中的其他组有稍偏大的形态距离，但首先与这些组聚为一类说明与代表北亚类的明显较近关系。反之与另两个代表东亚和东北亚类的组有明显的形态距离关系。

用于形态《综合多边形图》比较的 12 项颅面测量特征列于表七。包括沙井和彭堡在内的九个组的综合多边形图表现如图三。图形上 12 个半径按顺时针方向依次代表颅长(1)、颅宽(8)、颅指数(8∶1)、颅高(17)、上面高(48)、颧宽(45)、上面指数(48∶45)、鼻骨角(75(1))、面角(72)、眶指数(52∶51)、鼻指数(54∶55)、额倾角(32)等。12 个项目的全球人群的变异量选择如下[9]：

项目	变异范围	组间距离
颅长(1)	168—198	30
颅宽(8)	126—160	34
颅指数(8∶1)	66—86	20
颅高(17)	125—145	20
上面高(48)	60—80	20
颧宽(45)	120—150	30
上面指数(48∶45)	48—58	10
鼻骨角(75(1))	13—37	24
面角(72)	75—90	15

眶指数(52∶51)	75—90	15
鼻指数(54∶55)	40—58	18
额倾角(32)	76—88	12

表七　沙井组与其他周邻组12项测量特征值(男性)

测量项目 马丁号	甘肃沙井 三角城	宁夏固原 彭堡	甘肃玉门 火烧沟	内蒙古 扎赉诺尔	内蒙古南 杨家营子	现代 蒙古	现代 华北	现代楚奇 克(沿海)	现代楚奇 克(驯鹿)
1	178.6(6)	182.2(5)	182.5(57)	183.9(5)	179.6(4)	182.2(80)	178.7(38)	182.9(28)	184.4(29)
8	148.5(6)	146.8(4)	138.4(50)	148.2(5)	144.8(4)	149.0(80)	139.1(38)	142.3(28)	142.1(29)
8∶1	83.3(6)	81.1(4)	75.9(49)	80.6(5)	79.9(4)	82.0(80)	77.9(38)	77.9(28)	77.2(29)
17	129.2(6)	131.9(5)	139.3(55)	133.0(4)	126.0(4)	131.4(80)	136.4(36)	133.8(27)	136.9(28)
48	75.1(56)	77.8(5)	73.8(53)	76.6(5)	76.8(2)	78.0(69)	73.6(38)	78.0(28)	78.9(26)
45	141.6(6)	139.8(5)	136.3(52)	138.0(4)	136.8(4)	141.8(80)	331.4(38)	140.8(27)	140.8(26)
48∶45	53.0(6)	55.6(5)	54.4(46)	54.6(4)	55.7(2)	55.0(80)	56.0(38)	55.4(28)	56.0(26)
75(1)	20.6(5)	22.4(4)	17.0(16)	24.1(2)	26.1(1)	22.4(41)	18.4(32)	23.9(15)	21.1(18)
72	91.3(6)	90.7(5)	86.7(47)	86.5(4)	91.2(3)	90.4(81)	85.0(38)	85.3(27)	83.1(27)
52∶51	82.9(6)	83.1(5)	78.5(59)	77.7(5)	81.3(3)	82.9(81)	82.1(38)	82.4(28)	84.5(27)
54∶55	46.8(6)	46.2(5)	49.9(59)	46.7(5)	47.2(4)	48.6(81)	47.5(38)	44.7(28)	44.5(27)
32	77.8(6)	80.7(5)	84.3(52)	80.8(4)	79.8(3)	80.5(80)	84.2(38)	77.9(27)	78.1(27)

以作图时所取半径代表组间距离，半径的圆心点代表各变量变异的最小值，半径的远心点代表变异的最大值。沙井组各项在半径上的位置点以其测值与变异范围的最小值之差占半径长的多少比例截取，具体的截取长度按所取圆的半径大小按比例计算。从绘制的九个组的综合多边形图来看，1—5的图形虽有某个别变量值差异而多少有些差别，但仍不难看出它们是同种类型的，这5个组分别代表沙井、宁夏、彭堡、内蒙古扎赉诺尔和南杨家营子及现代蒙古等组，都是近于北亚类的古今各组，其中尤以沙井、彭堡和蒙古各组的多边形图的走势最为近似，表明它们在颅面形态上的接近关系，相反，与代表东亚类的甘肃火烧沟、现代华北及代表东北亚类的两个楚克奇组之间在图形的各项走势上差别更为明显。

四、病理现象的观察

在13具头骨上发现有一具头骨穿孔，两例牙齿缺额现象，对它们作简要的记述如下：

1. 头骨穿孔

发现于编码为79YSHM15的男性成年头骨上，穿孔位于左侧颞鳞的中央，孔形略近似椭圆形，孔径不大，约为8×7毫米。在这个小型穿孔周围的外骨面存在由外向孔缘方向变薄(宽度约为4毫米)的斜坡带，此带的骨板表面和穿孔的边缘已经钝化，显示穿孔后骨组织的“修饰”活动痕迹。在孔的周围没有任何类似骨折裂线形成。因而不像是受箭头之类外力强烈击穿造成的。因在这种情况下，由于颞骨是头骨中最薄弱的部分，通常很容易形成骨折。据此推测，这一穿孔倒更像是使用利刃的小型器械刮削而成。如这一判断无误，则属于穿颅术所为(图版二七：2、3)。

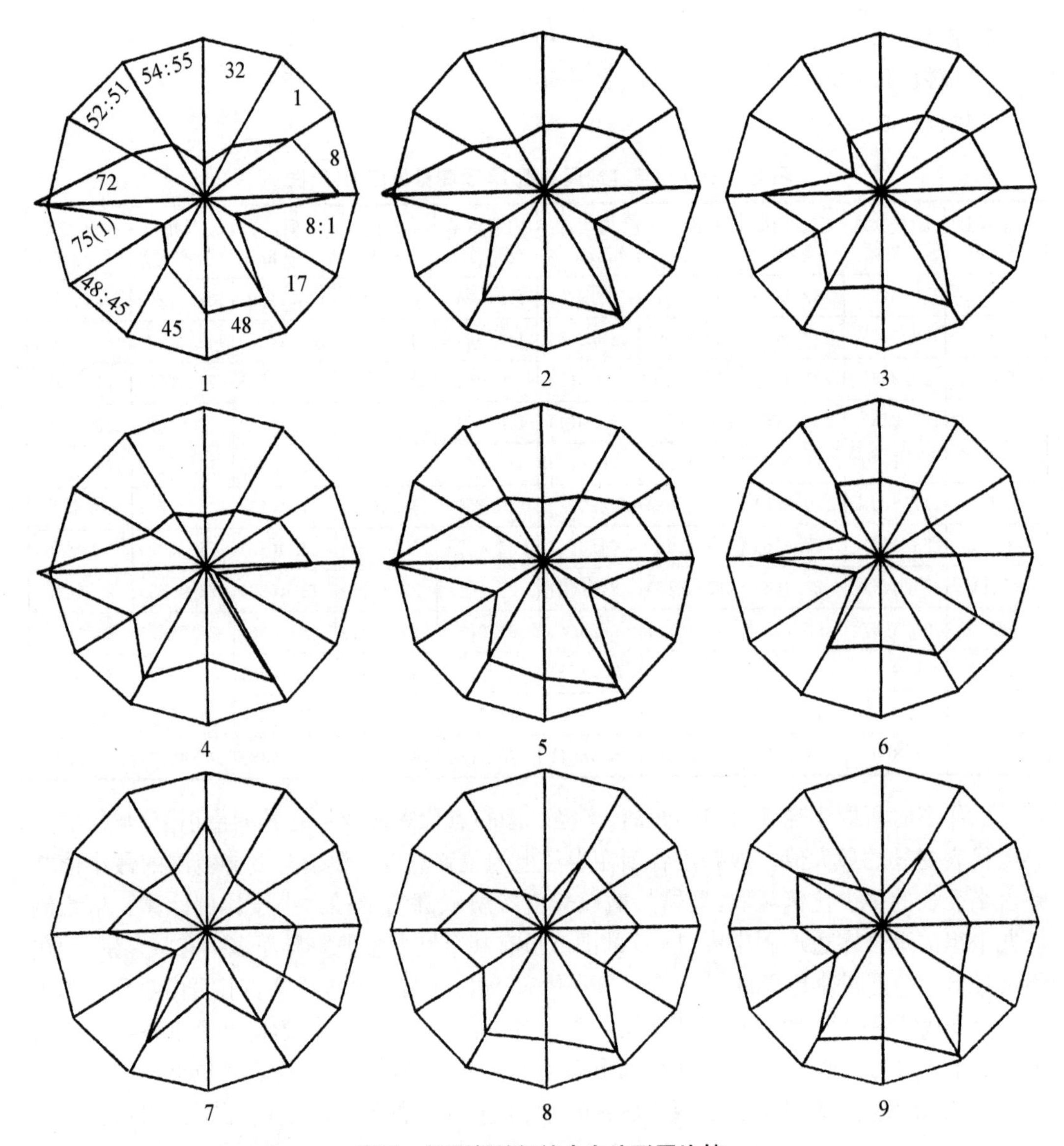

图三　颅面部特征综合多边形图比较

1. 甘肃三角城　2. 宁夏彭堡　3. 内蒙古赛悖诺尔　4. 内蒙古南杨家营子　5. 现代蒙古
6. 甘肃火烧沟　7. 现代华北　8. 现代楚奇克(沿海)　9. 现代楚奇克(驯鹿)

2. 牙齿缺额现象

一例发生在79YSHM15头骨上，其上颌齿列保存良好，唯缺少左右一对外侧门齿(2I)，相应的齿槽已经完全愈合，但在其齿槽外骨面未形成类似的卵圆形凹陷，后者在青春期实行拔牙习俗后经常伴随发生。因此估计属于先天缺额的可能性更大。

另一例发生在79YSHM5一例年轻女性头骨上，它的下齿列缺乏左右一对第二前臼齿($2P_2$)，其相应齿槽孔是闭合的，但在此形成明显的空隙。齿列上其他牙齿和齿槽部分没有显示任何病理现象。因此，第二前臼齿的缺额既不是死后脱落，也不是生前的病理脱落，是否人为拔除也仅此孤例，难以肯定，不排除先天缺失的可能性。

3. 病理记录

这里指的是牙龋病、脓肿、牙周病等。对每个个体所见逐列如下：

YSHM2 ：上下齿列及齿槽骨皆健康正常。

M4(甲)：除残存 RM^2 外，其余上齿皆生前脱落，无论上门齿齿槽骨还是两侧颊齿齿槽骨明显萎缩，显示严重牙周病。左右 P^1 齿槽位存在根尖炎症遗迹，特别是 RP^1 根尖部外齿槽骨面有一圆形瘘孔当属根尖脓肿痕迹。缺下颌。

M5：上齿列及齿槽骨正常。下齿列缺左右一对 P_2，亦无对应齿槽孔保存，呈明显齿隙。可能系先天缺额，也不排除早期人为拔除。其余下齿列及齿槽正常，未见龋齿病。

M6：上齿 LP^2 根尖部齿槽留有瘘孔状炎症痕迹（根尖脓肿）；RM^{1-2} 呈齿槽萎缩状，可能系牙周病所致。下齿列和齿槽骨正常。

M7：LP^2 可能生前脱落，齿槽已呈闭合状。上下颊齿槽轻度萎缩。

M11：左右上 M^{1-2} 皆已脱落，齿槽闭合萎缩，可能系根尖炎症和牙周病所致。下 LM_{1-2} 齿槽萎缩，齿根外露约 2/3；下 RM_1，生前脱落齿槽萎缩闭合；RM_2 齿槽亦明显萎缩，呈现重度牙周病痕迹。

M13：整个上齿槽显萎缩状，LP^{1-2} 根部齿槽有瘘洞，牙齿也已脱落；LM^1 脱落齿槽闭合萎缩；RP^2 · M^1 · M3 脱落齿槽亦闭合。下 LM_{1-3} 齿根外露约 2/3—1/2；RM_1 齿根外露约 1/2，同侧 M_2 脱落后齿槽亦已闭合，M_3 齿根外露约 2/3。以上显示重度牙周病症状。R · L · I_{1-2} 根尖部遗留瘘孔状炎症痕迹，下 RC 和 RP_1 已脱落齿槽闭合；RP_2 顺时扭转约 45°。

M15：LI^{1-2}、RI^2 脱落齿槽萎缩闭合；RM^1 颊侧齿根尖部齿槽各有一小的瘘洞，齿根外露齿槽约 1/2；RM^2 齿根出露 2/3；LM^1 齿根外露约 2/3，RM^{2-3} 齿槽亦明显萎缩。下齿的前位齿（I_1—P_2）大致正常；两侧 M 齿齿根皆明显外露：LM_1 约外露 1/2，LM_2 约 2/3，LM_3 约 1/2，RM_1 约外露 2/3，RM_{2-3} 脱落齿槽萎缩呈凹槽状。

M16：RM^1 齿槽呈现扩大的腔状，其外齿槽骨变薄萎缩，似出于根尖脓肿的引发。其余齿列正常。

M18：LI^2 齿槽萎缩，RI_1 逆时针方向扭转约 45°，下门齿着生稍显拥挤状。

M20：RI^1 根尖齿槽有瘘洞，RI^2 脱落齿槽闭合；上 LC 逆时向扭转约 45°；LP^1 齿槽萎缩且有圆形瘘孔；LM^1 齿冠全部磨蚀，髓腔外露，其颊侧齿根有瘘洞，同时 LM^{1-2} 的内侧形成大的圆形瘘洞。上 RC 顺时扭转 45°；RM_1 齿根外露齿槽约 1/2；LP_1 齿根部齿槽有瘘孔，齿槽萎缩；LM_2 脱落闭合。LM_1 齿根外露约 1/3，LM_3 外露约 1/2；RI_1 根尖齿槽外面呈现圆形凹坑，牙齿脱落；RC—P_1 脱落齿槽已闭合；RM_1 脱落齿槽闭合；RM_{2-3} 齿根外露约 1/2。

YSXM8：上下齿列及牙槽骨正常。

M79：上下齿列正常。

据以上观察，可以指出这批沙井期人骨中未见到明确的牙龋病齿例，但存在多例的根尖炎症或脓肿痕迹及普遍的齿槽萎缩吸收的牙周病例证。后者由沉重的牙齿磨蚀引发牙齿脱落的关系可能更大，由牙龋病促发的可能更小。

五、结论与讨论

归纳本文对沙井头骨的研究结果如下：

（一）在鉴定的63个个体的人骨中，男性约30个，女性24个。他们大多死亡于青年—壮年—中年之间，约占83%。成年个体的平均死亡年龄为33.7岁，整体寿命不高。

（二）沙井头骨的综合形态是脑颅短阔而低矮，前额明显后斜，具有相对高而宽的中阔面型结合中鼻型，鼻骨突度中等，面部水平扁平性强烈，具有很大的垂直颅面比例而不同于东亚或南亚类。用测量特征进行与地区类群变异趋势的测试、多变量聚类分析和综合形态图形的比较都充分证明了沙井头骨的综合形态与亚洲蒙古种北亚类的接近关系。

（三）在YSHM15头骨左颞鳞中部发现的小型穿孔不属箭穿之类的创孔，而更像是穿孔术所为。这类手术穿孔在我国其他地区特别是青海的新石器时代、青铜时代乃至汉代人骨上都有所发现，但在甘肃境内还是首次，为中国古代外科手术史的研究增添了新的一例。

（四）在YSHM15和M5头骨上分别发现一对上外侧门齿和一对下第二前臼齿缺少，可能系先天缺额。存在普遍的齿槽炎症痕迹特别是牙周炎，未见龋齿病例。

在这里着重讨论一下对沙井头骨种属鉴定结果的意义。正如在前言中指出，甘肃河西走廊可能是古代历史上东西方种族和文化交流的天然廊道。人类学的研究业已证明，在我国新疆地区至少从青铜时代至汉代约2 000多年的长时间里，便有许多来源方向不完全相同的西方高加索种的人民与东方的蒙古种人民生息在一起，他们分布的地区至少已到达哈密地区[10]。晚期的隋唐时期，西方种族进入中国腹地活动的记载屡见不鲜，但在秦汉以前有没有西方人种的居民进入河西地区是不少学者十分关注的问题。例如中国的古代文献中便有乌孙、月氏活动于“天山—祁连”之说[11]。由于注释者常将他们的形貌描述为类似猕猴或皮肤赤白色而使许多研究民族史的学者把他们看成是不同于华夏族的另类种族[12]。如果事实如此，则可能影响到对我国西北地区的古代文化引起不同的解释。有的著名考古学者曾提出，如果乌孙、月氏确属西方高加索种，并且与四坝或沙井文化有直接关系，则对四坝文化的来源以及与齐家文化的民族关系都提供了非常重要的线索[13]。有的学者还提得更具体，认为沙井文化与骟马类型文化分别属于月氏和乌孙的遗存[14]。对于乌孙、月氏的种族属性有的学者还从语源学上推测或为高加索种，或为蒙古种，争议不一[15]。但所有这些议论都免不了基于间接的推测。要了解这个问题的真实性，作者以为最好利用从河西地区与考古文化直接相关的古人骨作种属的鉴定与研究。对此，作者在10多年前的一篇文章中作过初步的分析，指出迄今见于河西地区的古代人骨中还没有见到有明确属于高加索人种的成分，因此提出或许具有高加索人种性质的乌孙也可能包括月氏并没有占据过敦煌以东的河西地区的看法，除非他们在河西地区的遗存至今尚未发现[16]。

应该说明，作者当时赖以分析的人骨资料主要是引用了20世纪20年代瑞典学者步达生对甘肃、河南史前人骨的研究结果，这些人骨是安特生在考古发掘中收集的，其中甘肃的人骨据说涉及沙井、寺洼、辛店、马厂等时期，总共37个个体[17]。但这些人骨已难亲自见到。此外，作者接触到的就是鸳鸯池新石器时代和火烧沟青铜时代人骨，可能还有零星的其他人骨。但它们在形态上很难同高加索种联系起来。80年代初,我首次见到了本文中的沙井头骨,当时仅凭印象与火烧沟的有区别,如头骨短、鼻骨稍高等。但由于时间短促,未及详细的观察和测量,因而对其种族形态的性质未有定数,但一直记着这件未完成的事。事隔多年,直到最近,作者又重新有机会完成这项研究,对它们作出了明确的种属认定,证明沙井文化的头骨既非高加索种,也与火烧沟的有区别。因此不能证实沙井文化是乌孙或月氏的文化,其文化的载体依然是蒙古种系列中的。它们与火烧沟人骨在形态类型上的差异,又可能提出这样的问题,即从时代更早的火烧沟文化到稍晚的沙井文化的转变环节上,种族背景似乎是有些隔离的。考古学者是否应该考虑,这种种族的隔离在河西地区古代文化的传承关系上有没有什么影响?如果有,是属于什么性质范围的?如果在河西地区能找到更多确实的辛店、寺洼及半山—马厂期的人骨加以更宽时空范围的研究,或许有助理顺河西考古文化之间的关系。

参考文献

[1] 据甘肃省考古所蒲朝绂先生于1999年4月函告。

[2] 参见中国社会科学院考古研究所编《中国考古学中碳十四年代数据集(1965—1991)》,文物出版社,1991年。

[3] 参见司马迁《史记》卷一百二十三,《大宛列传》第六十三。《汉书·西域传》颜师古注形容“乌孙于西域诸戎,其形最异,今之胡人青眼赤须状类弥猴者,本其种也”;焦氏《易林》中语:“乌孙氏女深目黑丑,是其形异也”;关于月氏,《正义》引万震《南州志》谓“人民赤心色”。

[4] 吴汝康等著《人体测量方法》,科学出版社,1984年。

[5] 韩康信《宁夏彭堡于家庄墓地人骨种系特点之研究》,《考古学报》1995年第1期,第109—125页。

[6] 雅·雅·罗金斯基、马·格·列文《人类学》,第480—484页,警官教育出版社,1993年版本(中译本)。

[7] 张振标《中国新石器时代居民体征类型初探》,《古脊椎动物与古人类》,1982年第1期,第72—80页。

[8] 见[5]。

[9] 见[6]第492—493页。

[10] 韩康信《丝绸之路古代居民种族人类学研究》一书,新疆人民出版社,1994年。

[11] 司马迁《史记》。

[12]《汉书·西域传》颜师古注和焦氏《易林》及万震《南州志》等。

[13] 张光直《考古学上所见汉代以前的西北》,中央研究院历史语言研究所集刊第一分册,第42本,96页,1970年本。

[14] 潘策《秦汉时期的月氏、乌孙和匈奴及河西四郡的设置》一文,《甘肃师大学报》,1981年第8期,50—55页。

[15] 麦高文《中亚古国史》第262页,中华书局出版社,1958年本(中译本)。

[16] 韩康信、潘其风《关于乌孙、月氏的种属》,《西域史论丛》第三辑,第1—8页,1990年,新疆人民出版社。

[17] Black, D, 1925: A note on the physical characters of the Prehistoric Kansu race. Mem. Geolog. Surv. Shina, Ser. A, No. 5, pp. 52-56.

Black, D, 1928: A study of kansu and Honan Aeneolithic skulls and specimens from later Kansu Prehistoric sites in comparison with North China and other crania. Pal. Sin. Ser. D, VI(1), pp. 1－83.

（原文发表于《永昌西岗柴湾岗沙井文化墓葬发掘报告》附录，
甘肃人民出版社，2001 年）

图版一

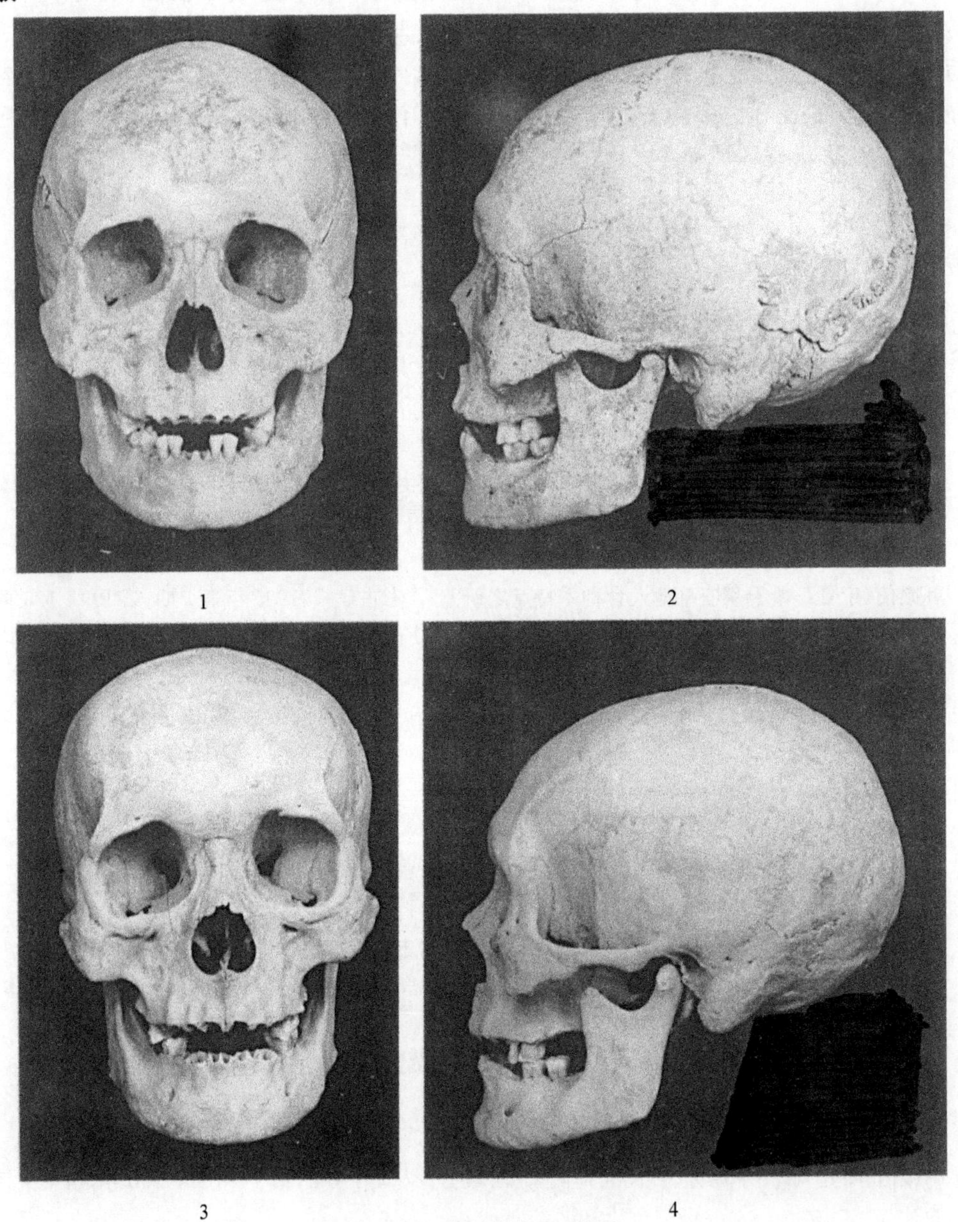

1、2. HM2　男性头骨（正、侧面）
3、4. HM7　男性头骨（正、侧面）

沙井三角城人骨

图版二

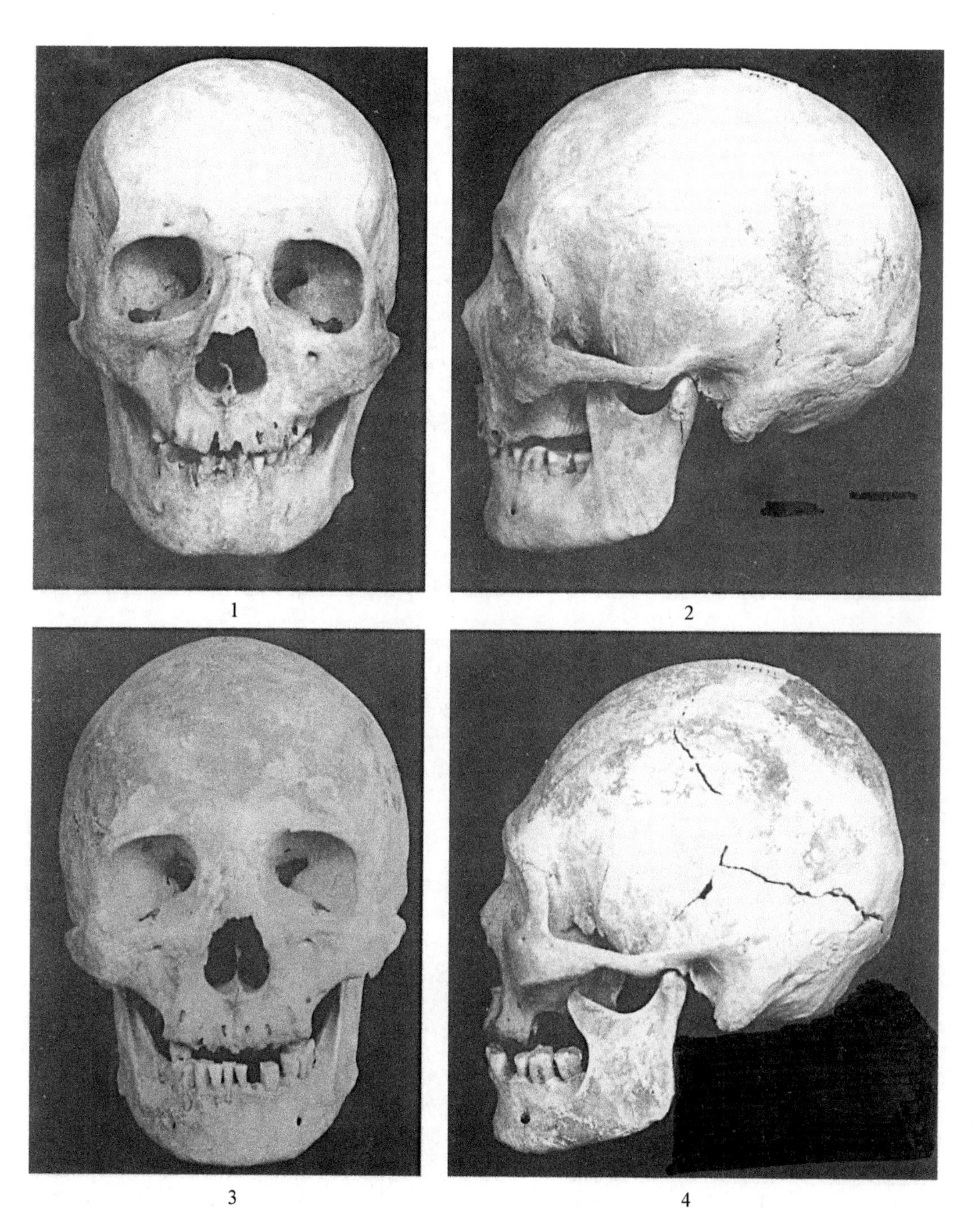

1、2. HM13　男性头骨(正、侧面)
3、4. HM11　男性头骨(正、侧面)

沙井三角城人骨

图版三

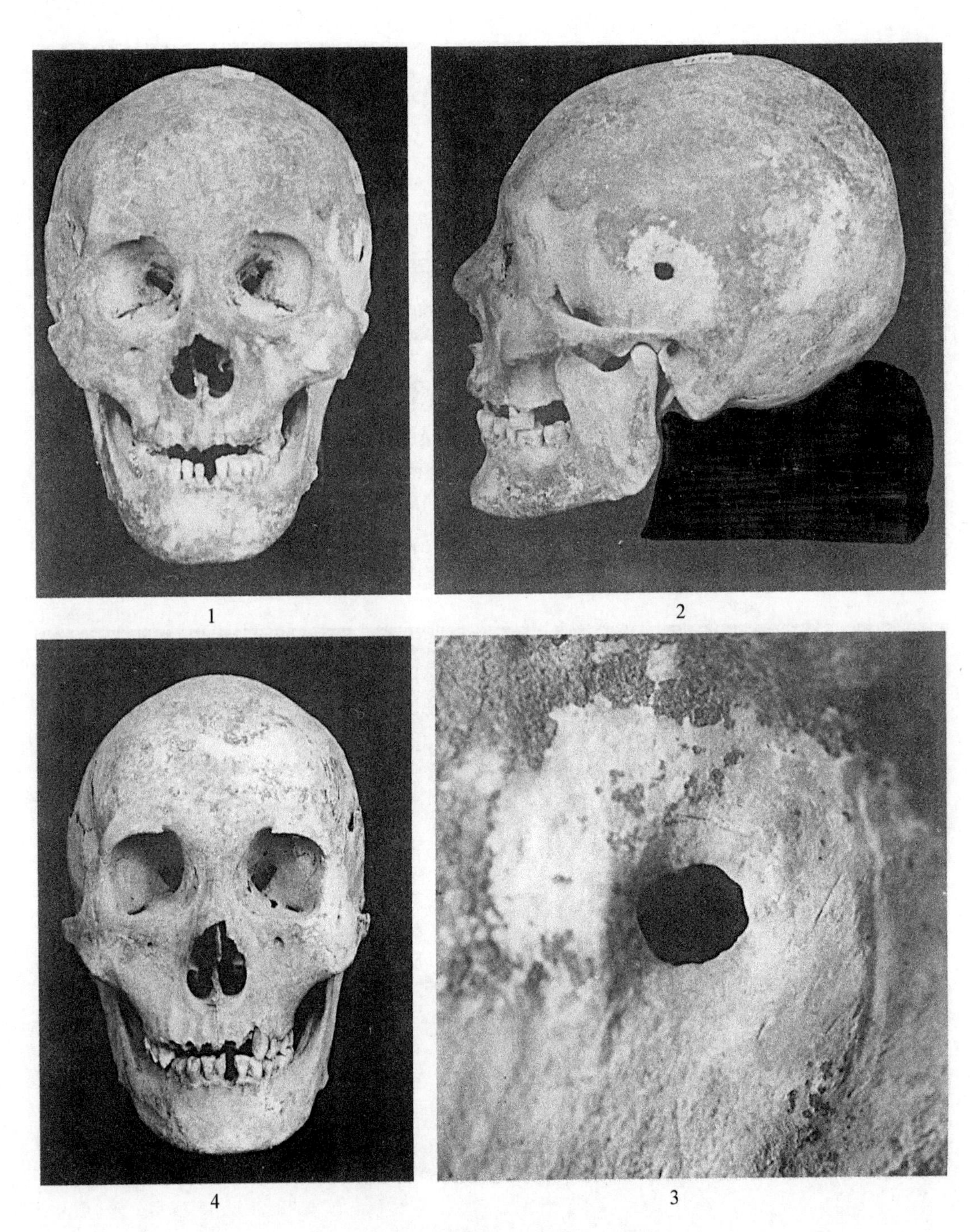

1、2. HM15　男性头骨(正、侧面)、头骨穿孔
3. HM15　头骨穿孔放大
4. HM18　男性头骨(正面)

沙井三角城人骨

图版四

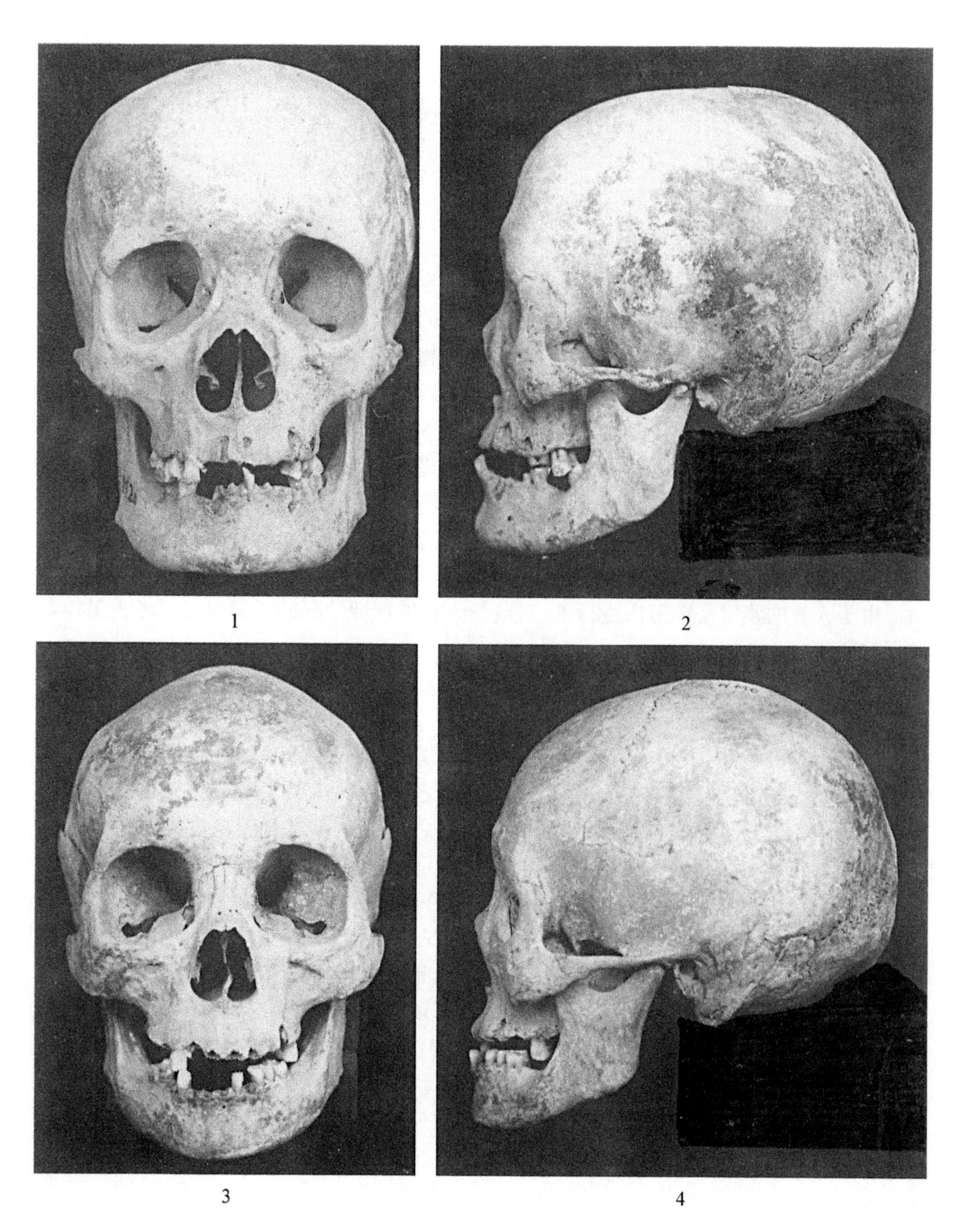

1、2. HM20　女性头骨(正、侧面)
3、4. HM6　女性头骨(正、侧面)

沙井三角城人骨

大同雁北师院北魏墓群人骨鉴定

这篇报告中的人骨出自大同市南郊区水泊寺乡曹夫楼村东北1公里处的北魏时期墓地。这个墓地被考古学者认定是近年北魏考古上的重大发现,出土了丰富的各种陶制俑、陶器、银铁制品、多种陶制动物、石壁雕刻、彩绘人物及保存良好独特的墓葬结构等。特别是其中的五号墓(M5)石椁顶部刻有“太和元年”(477年)题记以及有姓名的墓砖铭,为这批墓葬的断代提供了十分宝贵的资料。人骨是从M2、3、5、7四座墓葬中收集的。但墓中人骨都因早期盗扰而散乱,离开原位,因而需要对墓中人骨进行细致的个体认定,同时对这些骨骼作出性别年龄的鉴定,病理标志的观察等。从骨骼上进行种族形态学的研究也是本文研究的一项重要内容,它有可能提供北魏拓跋人的种族背景资料,对研究拓跋人的起源会有帮助。

由于人骨的鉴定是在室内进行的,对现场人骨的埋葬情况的了解参考了考古工作者拍摄的照片。

一　人骨保存状态

由于盗墓的扰乱,墓中人骨架大多已零散无序。如M2的一具头骨离开原位散落于棺外;M3头骨也被弃落在棺外侧,棺内体骨也已错乱;M5骨架更被盗墓者从椁室里移至椁顶混乱散布,其中一具头骨被丢弃在椁室之外;M7两具骨架也存在错位不全现象。这就要首先鉴别每一块骨块的种类、左右侧别,从中区分这些骨块所属个体并认定墓中死者个体数。这一部分工作的结果列于文后表一的“鉴定骨骼种类”一栏内,并示意于图1—11(线描图上骨架深色部分为鉴定所见骨骼)。总的来看,M2中的四个个体区分清楚,M3只有一个体,M5有两个体,M7也是两个体。这和考古发掘时采集人骨的个体认定记录相符合。但从表一和图1—9可以看出,每个人的骨骼保存不尽相同,保存相对较好而多的是M5男性和M3女性骨架,其余的残缺较多,小孩的骨块保存很少。其中,M2北侧成年棺人骨只见到残破的头骨片,其余颅后骨骼全缺。造成这种参差不全的原因可能有多种,如盗墓导致骨块的散失,骨骼朽蚀程度的不同,幼年骨骼细薄更易腐烂,起取骨骼时的损坏难以取全及某种选择性,还有对那些小块骨骼常不引起注意等。

二　性别年龄特征的判定

对这批人骨的性别年龄判定是在多数情况下依靠残碎骨块进行的。即从骨骼上辨别性别和年龄标志。这些标志的观察点在一般骨骼鉴定手册或解剖学书籍上都有记述[1]。未成年个体的骨骼的性别标志因发育不显，因而一般不作性别认定。本文对每个个体认定的主要性别年龄依据也一一列于表一的性别年龄栏内。鉴定结果简列如下：

墓号	个体	性别	年龄
M2：	南侧大棺	男	50—55 岁或更大
	北侧大棺	女	50—60 岁或更大
	南侧小棺	?	3—4 岁
	北侧小棺	?	不大于 2 岁
M3：		女	16—18 岁
M5：	甲(宋绍祖)	男	50—60 岁或更大
	乙	女	45—50 岁或更大
M7：	甲	女	13—14 岁
	乙	?	6—8 岁

以上除未成年骨骼上的性别标志不显而难以决定性别外，其余成年个体的性别判定基本上是可信的。M7 甲为一少年个体，作了倾向性的性别估计。由于成年个体一般进入老年，从骨骼(牙齿磨蚀及骨缝愈合程度等)上便难以精确估计更具体的年龄，因而以“50—55 岁或更大”之类的用语表示。本文对采至室内的人骨进行性别年龄和个体认定表明，与考古学者对墓葬中死者个体分辨的发掘记录相一致，没有发现墓中遗留盗墓者遗骸的证据。

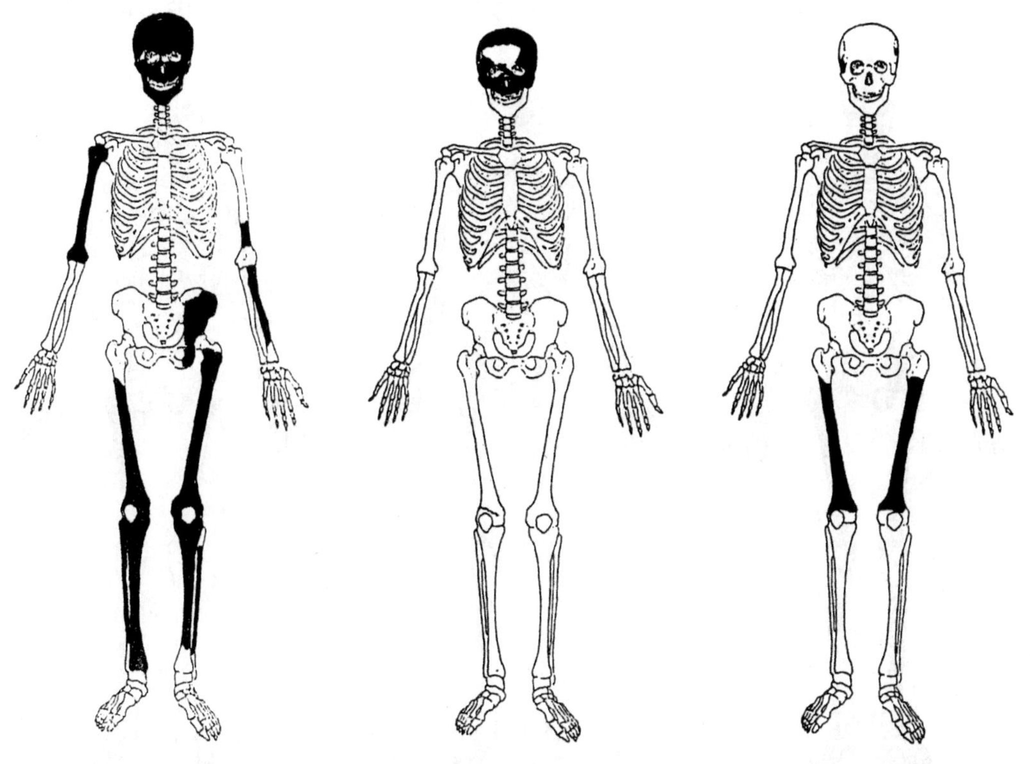

图 1　M2 南侧大棺男性骨骼　　**图 2　M2 北侧大棺女性骨骼**　　**图 3　M2 南侧小棺未成年骨骼**

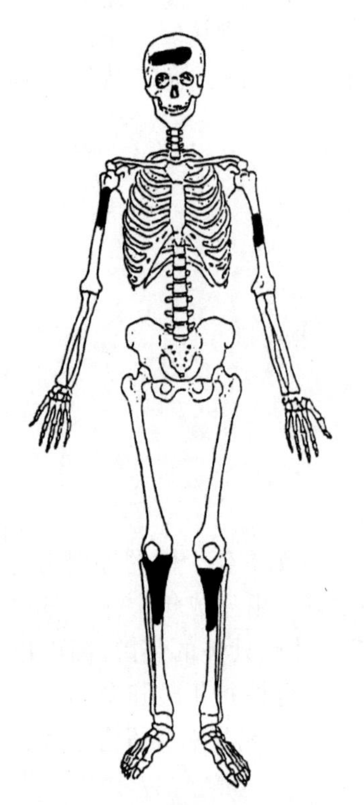

图 4　M2 北侧小棺未成年骨骼

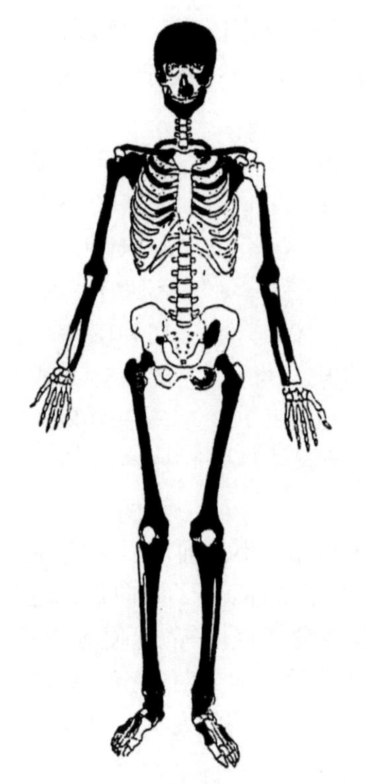

图 5　M3 女性骨骼

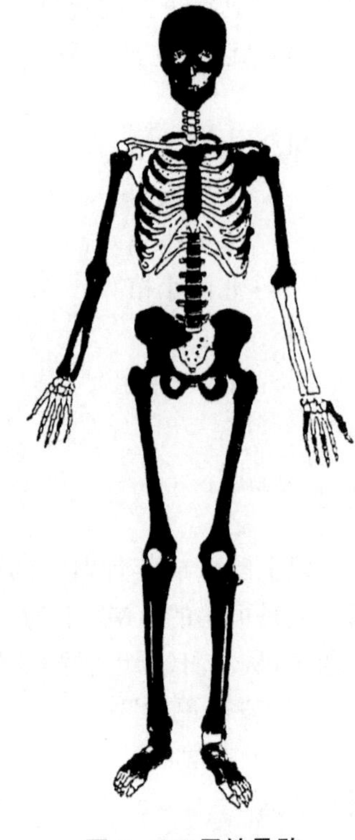

图 6　M5 男性骨骼

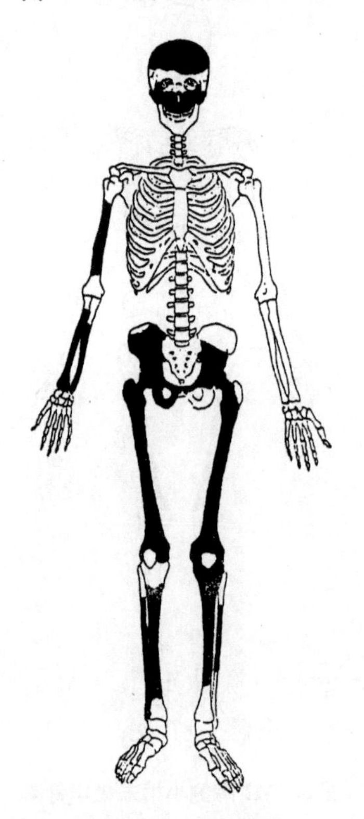

图 7　M5 女性骨骼

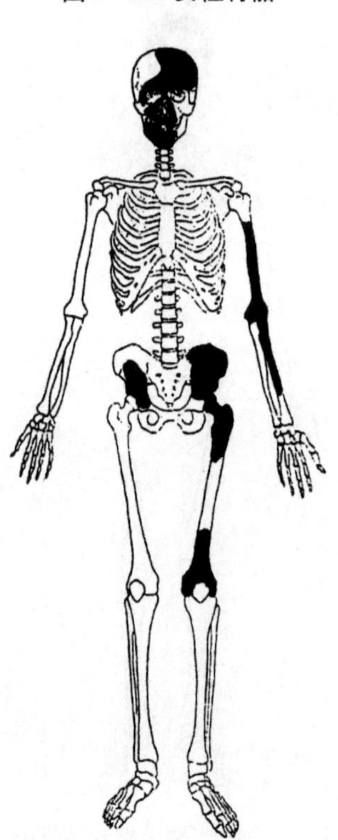

图 8　M7 女性骨骼

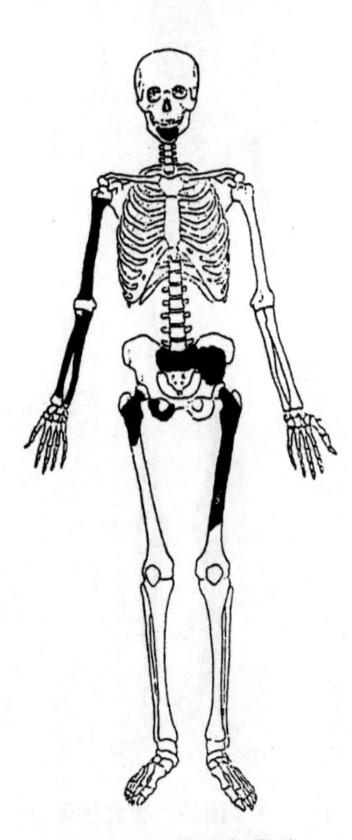

图 9　M7 未成年骨骼

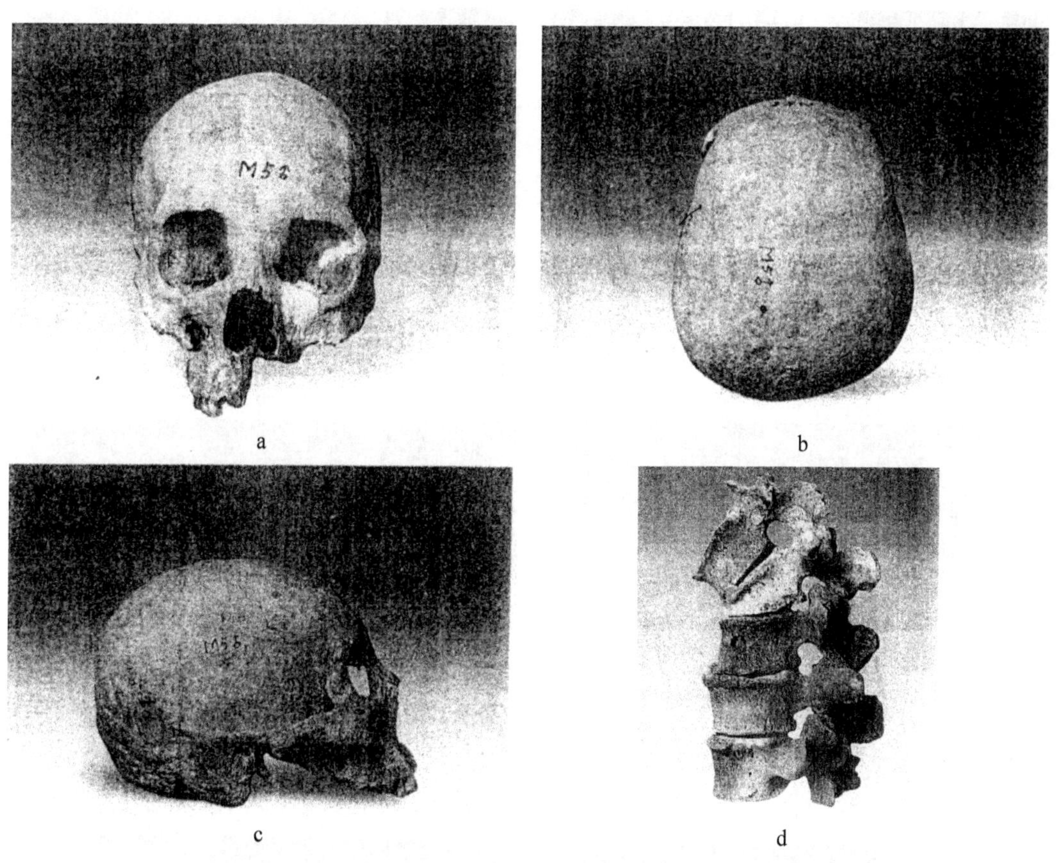

a b c d

图 10 a—c. M5 男性头骨正、顶、侧面 d. M5 男性腰椎病变

三 病理观察

主要观察到口腔部和脊椎骨上出现的某些病理标志。

M2 成年男性骨骼：左侧上第一、二臼齿（M1—2）在炎症后生前已脱落，相应部位齿槽萎缩吸收后呈凹陷状；同侧上第一、二前臼齿（P1—2）齿槽亦萎缩，齿根外露约 1/2；右侧上颊齿齿根出露约 1/3；右下第一、二臼齿（M1—2）亦留有炎症痕迹，齿根外露约 1/2，其中 M1 似曾有过根尖炎症而齿槽显著萎缩。

M2 成年女性骨骼：齿槽大致呈现明显萎缩状，上颌上残存的左右前臼齿（P1－2）和第一臼齿（M1）齿根显著外露 1/2—2/3 不等。

M5 成年男性骨骼：上下颌齿槽亦明显萎缩，仅存的上犬齿（C1）、上第一前臼齿（P1）及同侧上第一臼齿（M1）齿根出露齿槽分别为 1/3、1/2 和 2/3 不等。在脊椎骨上存在退行性病变，如第 1—5 腰椎椎体腹侧上下缘有程度不等的骨赘增生，其中第 1、2、4 节椎体前上缘有 1—2 个骨刺向上呈唇状突出。此外，第 1、2 节腰椎椎体的疏松组织病理侵蚀呈凹陷状，尤其第 2 腰椎椎体向腹侧方向变薄，使腰椎在此处明显向前倾折而呈“龟背”现象。

根据以上观察记录，可以说在 M2 和 M5 的成年个体中，生前曾有过明显的齿槽炎

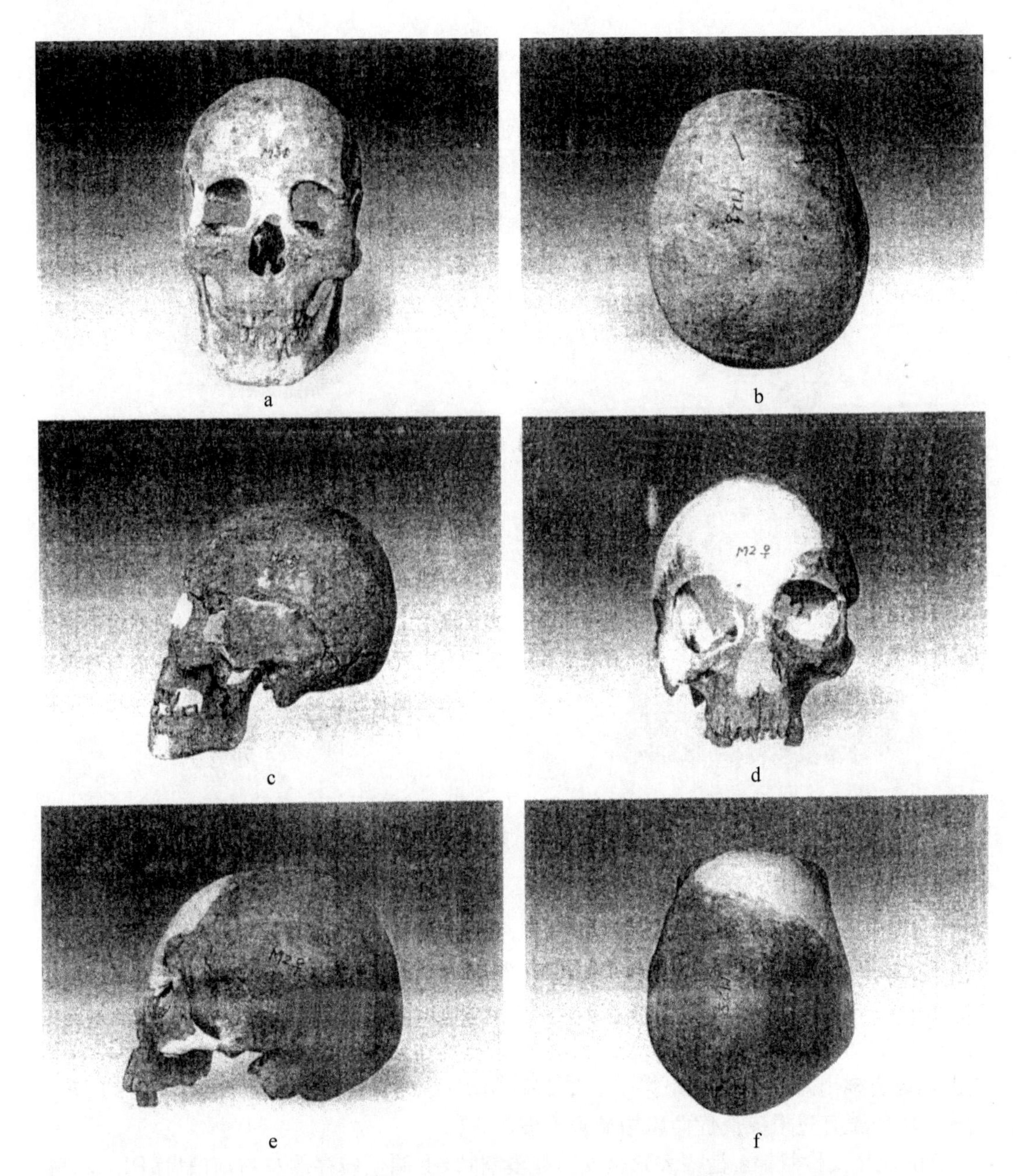

图 11　a—c. M2 男性头骨正、顶、侧面　d—f. M2 女性头骨正、侧、顶面

症，这可能是随年龄增长而起的牙周病引发齿槽的萎缩甚至吸收。由于未见龋齿，因而牙齿的多数脱落与龋病的关系可能不大。

M5 男性腰椎上的骨赘增生属于脊椎的退行性病理现象，与老年的骨质疏松症有关。其腰椎的倾折可能有不同的解释：一是椎体受压骨折引起；另一是脊椎结核病引起，病症的发展可破坏和侵蚀椎体间板，后者导致髓核脱出促使椎间板全部虚脱而引起向前屈曲。由于 M5 病变腰椎体未见有骨折破裂痕迹，因而比较可能是结核病引起的[2]。

在这里顺便指出 M5 男性的非病理的股骨（大腿骨）弯曲现象。即他的左右侧股骨骨干在前后方向上表现出比一般正常情况下明显得多的弯曲弧度。由于这个个体系高身材的成年人，显然这种强烈的股骨弯曲度不可能由佝偻病引起的。有的学者认为古代人中所见大腿骨强烈前后方向弯曲与狩猎采集活动的强度有关[3]。M5 男性的异常股骨弯曲度或许与他生前有过长期紧张的骑马奔驰生活或征战有联系。在这种活动的锻炼中，会使大腿后内侧的屈肌群变得更加强大发达而刺激大腿骨弯曲度的增大。从该墓中随葬的许多骑马俑和战马俑也暗示墓主人生前有过长期的骑马生活史[4]。

四　身高测定

由于墓葬被盗扰导致骨架离开原来自然解剖位置，因此对死者身高的测定采用间接计算的方法，即测量完整的肢骨长度(最大长)，代人身高推算公式计算。但是在使用不同学者设计的身高推算公式时，其计算结果有时存在较明显的差异。此外，还存在种族的差别，不同肢骨的差异等多种因素。因此在选择公式时要考虑这些因素。如死者为蒙古人种则选择蒙古人种公式；下肢骨计算的误差一般小于上肢骨等。有的学者认为用同一个体多种肢骨测量联合使用比单一肢骨的计算精确度更高。在与其他学者计算身高的比较时，要注意使用相同公式计算的结果。本文选择美国学者 M. Trotter 和 G. C. Gleser 设计的蒙古人种身高换算公式以方便与其他学者的资料比较[5]。但 Trotter 公式中缺乏蒙古人种女性公式，所以对女性选取了英国学者 K. Pearson 设计的未分种族的一般公式[6]。对 M2、3、5 四个成年肢骨最大长的测量数据记录如下：

M2 男性：	胫骨长	（左）	35.2 cm
	肱骨长	（左）	32.0 cm
M3 女性：	股骨长	（左）	37.9 cm
	股骨长	（右）	37.8 cm
	胫骨长	（右）	30.9 cm
	腓骨长	（右）	30.4 cm
	肱骨长	（右）	27.6 cm
	尺骨长	（左）	20.0 cm
M5 男性：	股骨长	（左）	53.8 cm
	股骨长	（右）	54.1 cm
	胫骨长	（左）	42.5 cm
	胫骨长	（右）	42.8 cm
	腓骨长	（右）	40.5 cm
	肱骨长	（左）	37.5 cm
	肱骨长	（右）	37.5 cm
	尺骨长	（右）	29.7 cm
	桡骨长	（右）	27.1 cm
M5 女性：	股骨长	（右）	38.8 cm

在这里，选择以上的下肢骨长进行计算可能更为精确，所用公式和计算结果列于下边。公式中，*ST* 和 *SP* 是分别用 Trotter 和 Pearson 公式计算的身高，*Fem* 和 *Tib* 分别代

表股骨长和胫骨长，计算结果的长度单位为厘米。有股骨和胫骨的，选用这两个肢骨的联合公式，只有单个肢骨的用单个肢骨公式计算。长度单位为 cm。

M2 男性

$ST=2.39Tib+81.45=2.39\times35.2+81.45=165.6$ （左）

$SP=2.376Tib+78.664=2.376\times35.2+78.664=162.3$ （左）

M5 男性

$ST=1.22(Fem+Tib)+70.37=1.22(53.8+42.5)+70.37=187.9$ （左）

$SP=1.159(Fem+Tib)+71.272=1.159(53.8+42.5)+71.272=182.9$ （左）

$ST=1.22(Fem+Tib)+70.37=1.22(54.1+42.8)+70.73=188.6$ （右）

$SP=1.159(Fem+Tib)+71.272=1.159(54.1+42.8)+71.272=183.6$ （右）

M3 女性

$SP=1.945Fem+72.844=1.945\times37.9+72.844=146.6$ （左）

$SP=1.126(Fem+Tib)+69.154=1.126(37.8+30.9)+69.154=146.6$ （右）

M5 女性

$SP=1.945Fem+72.844=1.945\times38.8+72.844=148.3$ （右）

从以上计算结果可以看出，*ST* 和 *SP* 之间的公式差比较大，如 M2 男性的 *ST* 比 *SP* 高 3.3 cm，M5 男性的 *ST* 比 *SP* 大 5.0 cm。两者相比，一般更普遍使用 *ST* 的计算结果。以此考虑，M2 男性身高左右侧平均为 164.0 cm；M5 男性左右平均为 188.3 cm。

用 Pearson 公式计算的女性身高可能偏低，即 M3 女性为 146.6 cm；M5 女性为 148.3 cm。如以 M2 男性及 M5 男性的公式误差（分别为 3.3 cm 和 5.0 cm）作粗略补加，则 M3 女性身高在 150—152 cm 之间，M5 女性则在 151—154 cm 之间。

五　形态和测量特征

经黏合修补可供观察测量的较完整头骨有 M2 和 M5 男性及 M2 女性三具。

（一）形态观察

M2 男性头骨：顶观颅形呈短卵圆，眉弓较显著，眉间突度中等（Ⅲ级），前额坡度中等，矢状缝简单，高而近似斜方形眶，眶口平面与眼耳平面相交呈后斜形，鼻根凹陷浅，梨状孔下缘形态呈钝型，鼻棘弱（Ⅱ级弱），犬齿窝不发育，矢状脊弱（前囟后段），无额中缝，腭形近于椭圆形，无腭圆枕和下颌圆枕，颏形近于圆形，下颌角外翻，颧骨宽而突出，颅穹顶圆突等。

M5 男性头骨：颅形近于短的楔形，眉弓和眉间突度弱（Ⅰ级），前额坡度显著后斜，矢状缝简单，鼻根凹陷不显，眶形近似眶角较钝的方形，眶口平面位置与眼耳平面相交呈强烈后斜，犬齿窝深，鼻骨突度很弱，鼻梁呈浅凹形，颧骨较宽，有中等发达的矢状脊（矢缝前 1/2 段），无额中缝，有明显的狭脊状腭圆枕，颏形近方形，下颌角轻度外翻，无下颌圆枕等。

M2 女性头骨：颅形稍近于不长的菱形，眉弓和眉间突度弱（Ⅰ级），鼻根平，经复原的额部明显后斜，矢状缝简单，眶形圆而高，眶口平面位置与眼耳平面之关系呈明显后斜型，梨状孔下像钝形，鼻棘不显（Ⅰ级），犬齿窝极度深陷，鼻梁浅凹型，顶段有中等发育的矢状脊，腭形近椭圆，无腭圆枕。

从以上三具头骨的形态观察，属于有大人种鉴别意义的头骨形态特征是，短的颅形，眉弓和眉间突度不强烈结合低的鼻骨突度与浅平的鼻根，趋高的眶型结合后斜的眶口平面和弱的鼻棘，矢状缝简单，有矢状脊等。这些综合特征一般在蒙古人种特别是在亚洲东部和北部蒙古人种头骨上具有代表性。

（二）测量特征形态类型的观察比较

主要的脑颅和面颅形态指数和角度的形态分类评估列于表二。两具男性头骨综合的分类特征是短颅型结合不特别高和中等宽的颅型，具有很高的垂直颅面比例结合高狭的面型，高眶型配合狭的鼻型和低平的鼻根突度，面部在矢状方向的突出为平颌型，水平方向上扁平度大，前额坡度后斜比较明显。M2 女性头骨也大致如此，仅颅形比两具男性头骨相对略长，鼻形趋阔，后者可以归入性别异形。总的来讲，M2 女性头骨测量特征形态分类显示的短而不特别高狭的颅，同样具有很高的垂直颅面比例及很扁平而平颌型的面，兼有明显后斜的额坡度等综合特征都和男性头骨基本相符合。

为了评估上述综合形态特征可能具有的种族形态学意义，在这里首先了解一下亚洲东部蒙古人种头骨测量的变异方向是有意义的。据有些学者根据大量头骨测量资料，在北亚和东亚蒙古种头骨之间存在以下主要的形态偏离[7]。这些偏离的方向大致如下：

北方蒙古种	东方蒙古种
脑颅短宽，颅高趋低，	脑颅中等长结合高颅型，
额部后斜显著到中等。	额坡度后斜中—直型。
垂直颅面比例指数很大（>55），	垂直颅面比例一般<55，
面部高而宽且很扁平。	面部扁平且面型高而狭。
矢状方向面部突出小（平颌型）。	矢状方向面部突度中颌型。

据文后表二的测量，M2 女性头骨近于不长的中颅型外，两具男性头骨皆属短颅型，脑颅的宽高比例则基本上是中颅型，长高比例是正、高颅型各一，M2 女性则属弱的高颅型。由此看来，大同的三具头骨是短宽颅型结合不很强烈的高颅型。

额骨向后上方倾斜的坡度用额倾角的测量来估计。M5 男性和 M2 女性头骨都具有很小的额倾角，显示它们有显著后斜的前额，M2 男性头骨为中等后斜的额。由此可能暗示它们的额部与丰满陡直的类型有差异。

在垂直颅面比例上，三具头骨都超过 55，特别是两具男性头骨的这一指数非常高，因而在这项特征上很具代表性。

三具头骨也基本上代表了面部扁平度很强烈的类型。但与此相结合的是具有高而相对狭的面型。矢状方向的面部前突程度不强烈，属平颌型。

由上看来，大同的这几具头骨上很具一些与北方蒙古种相类似的特征，如短宽的脑颅，倾斜的额坡度，很大的垂直颅面比例及显著扁平的面等。但也有某些与东方蒙古种头骨相近的特征，如脑颅倾向高颅型结合高狭的面型。从整体来看，它们似乎更多与北方蒙古种的接近，同时兼有与东方蒙古种相似的某些混合性质。

（三）与周邻地区现代类群的比较

在这个比较中，选取了 13 项颅、面部测量特征的组间形态距离矩阵的计算方法，作聚类分析。13 项绝对测量即颅长（1）、颅宽（8）、颅高（17）、眶高（52）（左）、颅基底长（5）、眶宽(51)(左)、鼻高(55)、鼻宽(54)、面基底长(40)、颧宽(45)、上面高(48)(sd)、额最小宽(9)、面角(72)等。对比组包括蒙古、布里雅特、埃文克、爱斯基摩、楚克奇(沿海)和楚克奇(驯鹿)、华北、东北、朝鲜等九个现代组[8]。其中,前三组代表北亚的类群,居中三组代表东北亚类群,后三组代表东亚类群。此外附加了宁夏彭堡和甘肃沙井两个古代组,它们大致代表了古代的北亚类群[9],目的是考察大同的头骨组与这些邻近古代类群的可能关系。具体的各项测量比较数值和每对比较组之间的形态距离(dik)矩阵的计算结果列于文后表三和表四。形态距离的计算使用欧几里得距离公式:

$$dik = \sqrt{\sum (x_1 - x_2)^2 / m}$$

式中 x_1 和 x_2 代表对比两组的测量值,m 代表比较用测量值的项目数。图 12 是根据形态距离矩阵中的大小数值排列绘制的聚类谱系图。从这个聚类图可以看出,九个现代组分为三个小的聚类组,即东亚的三个组成一小组,北亚的三个组成另一小组,东亚的三个组又自成一小组。这说明,代表这三个不同地区的类群在 13 项主要颅、面部形态的测量特征上,各有相对集中成群的现象。此外也很容易观察到,大同的一组连同附加的宁夏和甘肃的两个古代组皆与现代的三个北亚类群的组聚集在一起。这种聚集现象有助说明大同的北魏时期的人骨在体质形态上与北亚类蒙古人种的接近。但同时应该注意到,大同的一组和其他各组之最近的距离有些偏离,这或许是大同的组与比较典型的北亚类之间存在某种形态的距离,例如前文已经提到的,在大同的头骨上除表现出主要与北亚类接近的特征外,还存在某些如颅高和狭面特征上与东亚类相似的特征。不过大同的头骨材料只有两具,上述的种族形态变异是否具有普遍意义有待更多材料的发现与调查。

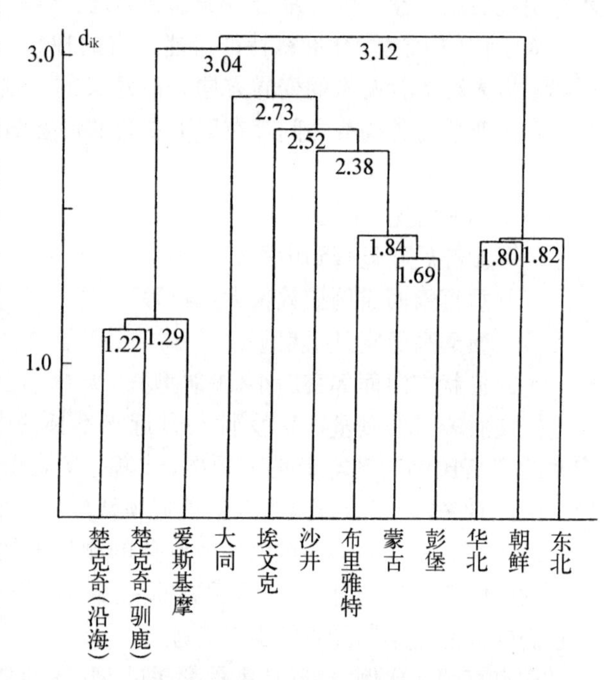

图 12　聚类谱系图

(四) 与周邻地区古代组的聚类分析

在这里仍采用与前述相同的形态距离聚类分析方法。表四中列出了包括大同人骨在内的总共 26 个组的 13 项颅、面部绝对测量值。用于比较的 25 个组的考古文化时代基本上在夏末商初—汉代(距今约 3 600—2 000 年)范围[10]。据表四计算的成对组之间的形态距离(dik)矩阵列于表六,以此绘制的聚类谱系图见图 13。

从这个聚类图上可以指出除了最右边的庙后山和平洋两组以很高的形态距离形成一小组外,其余各组在 dik 小于 3.0 的情况下,基本形成两个聚类组,即图上赤峰组以左的

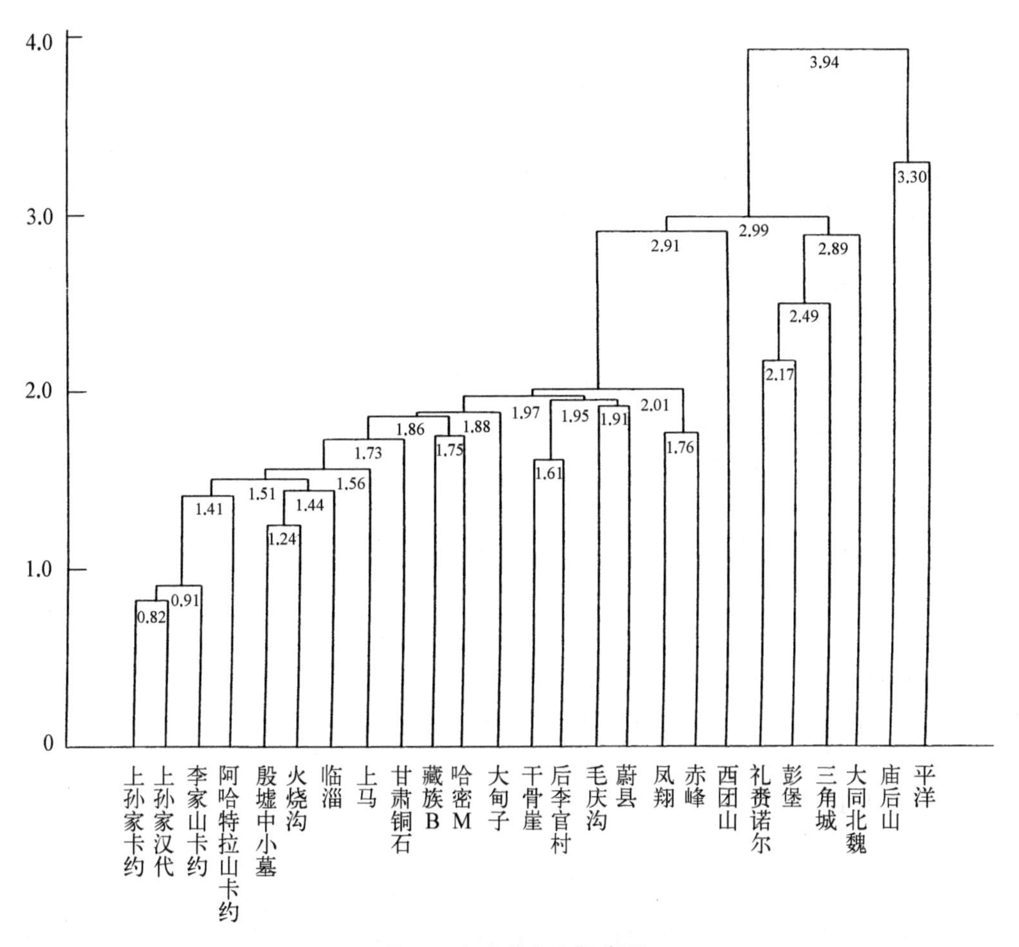

图 13　与古代组之聚类图

大部分组大致在 $dik2.0$ 以下聚成一个较大的组群，而扎赉诺尔、彭堡、沙井三角城及大同四组聚为另一个类群。西团山一组虽也加入到赤峰以左的类群之内，但与它们的距离明显更高而使它处在与前述四个组的类群较近的位置，或者可理解为在两个聚集类群之间。这种聚类分组现象如从单纯的统计学意义来看，赤峰以左的大多数组似乎应该存在种族形态学上更接近的同质性。实际上，对这些地点的人骨研究报告的作者都比较一致地指出了它们在骨骼的形态和测量上与现代东亚类群的接近；而由扎赉诺尔、彭堡、三角城及大同四个组组成的类群，据笔者对前三个组的研究，基本上表示与北亚类群的接近[11]。如不出于偶然，大同的人骨测量与这三个组首先聚类，合理的解释是后者在体质上与周邻地区的古代北亚类群的接近。这和前节与周邻地区现代类群的聚类分析是一致的。同样可以看到，这样的聚类也是在相对较高的形态距离下形成的，说明即使在同一类群中也还存在可以感觉到的形态多形现象，这正如前边已提到的，在大同人骨上还可能存在某些与东亚类相似的特征。

六　结　论

对大同水泊寺北魏墓葬人骨的鉴定结果有以下几点：

（一）由于墓葬的被盗扰，使几乎所有的人骨架呈现零乱无序状态，加上骨质在地下长期朽蚀导致清理起取的困难等多种原因，使多数个体骨骼程度不等的残失不全。

（二）对墓中人骨的个体认定结果：

M2：南侧大棺死者为大于 50 岁男性。

北侧大棺死者为大于 50 岁女性。

南侧小棺死者为 3—4 岁儿童。

北侧小棺死者为不大于 2 岁幼儿。

M3：16—18 岁女性。

M5：甲骨架(宋绍祖)大于 50 岁男性。

乙骨架为不小于 45 岁女性。

M7：一为 6—8 岁儿童。

另一为 13—14 岁女性少年。

在人骨的个体认定中，没有发现多余的个体，上述鉴定结果与考古发掘提供的记录相符。

（三）骨骼的病理观察表明，在 M2 和 M5 个体中存在过明显的老年性牙周病及牙齿脱落。在 M5 男性的腰椎上发现有“龟背”状折曲及椎体边缘骨赘增生的退行性病变。

（四）依 Trotte 和 Glaser 身高推算公式计算的身高是：

M2 男性为 165. 6 cm。

M5 男性为 188. 3 cm。

M3 女性为 151—152 cm。

M5 女性为 153. 3 cm。

（五）M5 幽州刺史宋绍祖的颅后体骨粗大而长，具有高大的身材(188. 3 cm)。其股骨在前后方向上的显著弯曲暗示死者生前曾有过长期的骑马生活史。

（六）头骨形态和测量特征的考察表示，大同北魏墓葬死者在体质形态上可能比较接近亚洲蒙古人种的北亚类群，但同时还可能存在某些与东亚类群相近的特征。或许这样的种族形态特点对追踪北魏拓跋人的起源有意义。史籍记载：拓跋鲜卑起于大兴安岭，逐步南徙到蒙古草原的东北部，进而统一中国北部，建立北魏王朝[12]。他们所涉地理位置正是北方蒙古种和东方蒙古种交互分布的地区。因而在北魏墓葬人骨上存在近于北方蒙古种的体质特征和东亚类型态的混在现象具有合理的地理人类学的依据。期待以后有更多的材料来证明这一点。

参考文献

[1] 吴汝康、吴新智、张振标《人体测量方法》，科学出版社，1984 年。

[2]（日）铃木隆雄《骨から见た日本人——古病理学が语る历史》，株式会社讲谈社，1998 年。

[3] 参看[2]，第 16—18 页。

[4] 大同市考古研究所《大同市北魏宋绍祖墓发掘简报》，《文物》2001 年第 7 期。

[5] Trotter. M. and Gleser，G. C.，A re-evaluation of stature based on measurements of stature taken

during life and of long bones after death. Am. J. Phys. Anthrop., 16(1), 79-123, 1958.
[6] Pearson, K., Mathematical contributions to the theory of evolution. V. On the reconstruction of the stature of prehistoric races. Phil. Transact. Royal Soc., London, Ser. A, 192: 169-244, 1899.
[7] (俄) H. H. 切薄克萨罗夫《东亚种族分化的基本方向》,《民族研究所论集》Ⅱ卷,28—83页,1947年(俄文)。
[8] 九个现代组数据引自(俄) H. H. 切薄克萨罗夫《中国民族人类学》,1982年(俄文)。
[9] 韩康信《宁夏彭堡于家庄墓地人骨种系特点之研究》,《考古学报》1995年1期,109—125页;韩康信《甘肃永昌沙井文化人骨种属研究》(待刊稿)。
[10] 24个古代比较组资料分别引自如下:
韩康信《青海大通上孙家寨古墓地人骨的研究》(待刊稿);《青海循化阿哈特拉山古墓地人骨研究》,《考古学报》2000年3期,395—420页;《新疆哈密焉不拉克古墓人骨种系成分之研究》,《考古学报》1990年3期,371—390页;《宁夏彭堡于家庄墓地人骨种系特征之研究》,《考古学报》1995年1期109—125页;《甘肃永昌沙井文化人骨种属研究》(待刊稿);《甘肃玉门火烧沟青铜时代人类骨骼的观察与研究》(待刊稿);《山东临淄周—汉代人骨体质特征研究与西日本弥生时代人骨之比较》,《探索渡来系弥生人大陆区域的源流》112—163页,2000年;《甘肃酒泉干骨崖人骨测量研究》(待刊稿);韩康信、潘其风《安阳殷墟中小墓人骨的研究》、《安阳殷墟头骨研究》50—375页,1984年,文物出版社;潘其风《上马墓地出土人骨的初步研究》,《上马墓地》附录一,398—483页,1994年,文物出版社;《毛庆沟墓葬人骨的研究》,《鄂尔多斯青铜器》,文物出版社,1986年;《大甸子墓葬出土人骨的研究》,《大甸子》附录一,224—262页,科学出版社,1996年;《平洋墓葬人骨的研究》,《平洋墓葬》附录一,187—235页,文物出版社,1990年;潘其风、韩康信《东汉草原游牧民族人骨的研究》,《考古学报》1982年1期,117—136页;贾兰坡、颜訚《西团山人骨的研究报告》,《考古学报》1963年2期,101—109页;朱弘《扎赉诺尔汉代墓葬第三次发掘出土颅骨的初步研究》,《人类学学报》1989年2期,123—130页;张家口考古队《蔚县夏家店下层文化颅骨的人种学研究》,《北方文物》1987年1期,2—11页;韩伟等《凤翔南指挥村周墓人骨的测量与观察》,《考古与文物》1985年3期,54—84页;魏海波、张振标:《辽宁本溪青铜时代人骨》,《人类学学报》1989年4期320—328页;Black, D., A study of Kansu and Honan Aeneolithic skulls and specimens from later Kansu prehistoric sites in comparison with North China and other recent crania. Palaeont. Sinica, Ser. D, Vol. 1, 1-83, 1928; Morant, G. M., A study of the Tibetan skull. Biometrika, Vol. 14, No. 3-4, 193-260, 1923;张君《青海李家山卡约文化墓地人骨种系研究》,《考古学报》1993年3期,381—394页;张雅军《山东临淄后李官周代墓葬人骨研究》,《探索渡来系弥生人大陆区域的源流》,172—197页,2000年。
[11] 参看前页注[9]有关作者报告。
[12] 江应梁主编《中国民族史》,民族出版社,1990年。

(原发表于《大同雁北师院北魏墓群》附录二,文物出版社,2008年)

表一　骨骼保存状态与性别年龄特征

墓号		鉴定骨骼种类	主要年龄特征	主要性别特征
M2	南侧大棺	较完整头骨和下颌，左右肱骨，左尺骨，左右股骨，左右胫骨和左右腓骨，左髋骨片等，其余未见。	冠、矢缝已全部愈合，外缝迹开始模糊，人缝部分愈合；上下臼齿(M1—2)磨蚀度大于V级；估计年龄在50—55岁或更大。	髋骨上的坐骨大切迹狭窄，无耳前钩，髋臼大而深；头骨粗大，眉弓显著，眶上缘圆厚，额坡度中斜，额结节不明显，颧骨宽而突出，乳突大，枕外隆突粗显，肢骨粗壮，具明显男性特征。
	北侧大棺	仅见头骨(额、右前部顶骨片和颧弓等残)的大半，缺下颌，其他颅后骨骼未见。	冠、矢缝全部愈合，外缝迹全部或几乎全部隐没，人缝已愈合，内外缝迹尚清晰，此估计大约50—60岁或更大。	约呈菱形颅，眶上缘薄，乳突不大，枕外隆突不显，项平面光滑，颧弓细弱，整体头骨较纤弱，显示女性特征。
	南侧小棺	见残顶骨、枕骨、左右颞骨片及左右股骨干等。	头骨片细小，头骨缝与股骨骺部呈幼年未愈合状态，股骨细短大约呈3—4岁身高。	骨骼上性别标志不明。
	北侧小棺	见额、顶、枕骨碎片，左右肱骨和胫骨残段	比南侧小棺的头骨片及肢骨还小，不大于2岁。	骨骼上性别标志不明。
M3		保存额、顶、枕、颞骨等脑颅大部分残片及左右颊骨和上颌前部残片；一对锁骨与各节肋骨碎片，左右肱、尺、桡骨及髋骨碎片；左右股、胫、腓骨和5块足骨；有残下颌。	主要颅骨缝皆未愈合，肢骨上下端骨骺已愈合但尚见清晰骨骺线；M2已萌出，齿尖微磨，约16—18岁个体。	坐骨大切迹宽大，髂前上下棘弱，髋臼浅，额结节丰满，眉弓弱，眶上缘锐，乳突小，枕外隆突缺乏，下颌角大，显示女性特征。
M5	甲	较完整头骨和下颌，左锁骨与各节肋骨残片若干，胸骨体，残左右肩胛骨和肱骨，右尺、桡骨左手骨5节，左右髋骨和骶骨上部残片，可判断第7—12胸椎和1—5腰椎。	主要骨缝全部愈合，外缝迹模糊状，仅存右M1磨蚀超过V级，P1和C′亦重度磨蚀，估计年龄50—60或更大。	头骨和肢骨粗大，坐骨大切迹狭窄，无耳前沟，髂脊上缘圆突，耻骨联合角小，髋臼特大而深，臼面外向；头骨前额强烈后斜，方形颏等，显示男性特征。
	乙	保存脑颅大部(额、枕部分残)、左右颞骨片和颊骨片、上颌残片、无下颌；右肱骨和尺、桡骨段、左右髋骨片及左右股、胫、腓骨等。	主要骨缝已全部愈合，缝迹可辨；臼齿均缺，门、犬及前臼齿磨蚀齿质明显外露，估计年龄45—50岁或更大一些。	坐骨大切迹宽大，有宽显的耳前沟，耻骨联合角大，耻骨枝细，闭孔近三角形，髂脊上缘平缓，头骨较纤弱光滑，有明显女性特征。
M7	甲	保存部分头骨片和不完整下颌；左肱骨和尺骨大部、左右髋骨片、左股骨上下段片。	主要骨缝尚未愈合，基底缝尚存，M2已萌出，髂骨脊尚未愈合，约13—14岁个体。	头骨比较纤弱，坐骨大切迹较宽，有浅窄耳前沟，疑为女性个体。
	乙	仅存下颌前部残片，一对髂骨片和右坐骨片及骶骨上半部，左右股骨残段和右肱、尺、桡骨。	髂、坐骨皆未愈合，M2已萌出，肢骨短小，约6—8岁个体。	骨骼上性别标志不明显。

表二　颅面部指数和角度测量的形态类型

比较项目和代号	M2男	M5男	M2和M5男平均	M2女
颅指数(8∶1)	80.9(短颅)	80.4(短颅)	80.7(短颅)	78.2(中颅)
颅长高指数(17∶1)	76.5(高颅)	74.5(正颅)	75.5(高近正颅)	76.5(高颅弱)
颅宽高指数(17∶8)	94.6(中颅)	92.6(中颅)	93.6(中颅)	97.9(中—狭颅间)
额宽指数(9∶8)	67.1(中额)	64.9(狭额)	66.0(狭—中额之间)	61.5(特狭额)

续　表

比较项目和代号	M2 男	M5 男	M2 和 M5 男平均	M2 女
垂直颅面指数(48：17)	58.1(很高)	61.7(很高)	59.9(很高)	55.5(高)
上面指数(48：45)	58.0(狭面)	62.4(特狭面)	60.2(特狭面)	58.8(特狭面)
中面指数(48：46)	78.7(狭面)	83.7(特狭面)	81.2(特狭面)	81.0(特狭面)
面突度指数(40：5)	98.3(中颌)	94.0(平颌)	96.2(平颌)	94.3(平颌)
眶指数(52：51)	右 93.7(特高眶)	右 86.7(高眶)	90.2(高—很高眶)	左 82.4(中眶)
鼻指数(54：55)	46.5(狭鼻)	45.4(狭鼻)	46.0(狭鼻)	52.3(阔鼻)
鼻根指数(SS：SC)	—	23.3(特矮)	23.3(特矮)	26.3(特矮)
腭指数(63：62)	95.7(阔腭)	—	95.7(阔腭)	—
额倾角(32)	81.0(中斜)	71.0(特斜)	76.0(特斜)	76.0(特斜)
全面角(72)	90.0(平颌)	86.0(平颌)	88.0(平颌)	87.0(平颌)
齿槽面角(74)	88.0(平颌)	77.0(中—突颌)	82.5(平颌)	82.0(平颌)
鼻颧角(77)	152.6(特扁平)	144.6(扁平)	148.6(扁平)	147.2(扁平)

表三　13 项绝对测量值比较表

	大同 北魏	蒙古	布里 雅特	埃文克	爱斯 基摩	楚克奇 (沿海)	楚克奇 (驯鹿)	华北	东北	朝鲜	彭堡	沙井
1	183.7 (2)	182.2 (80)	181.9 (45)	185.5 (28)	181.8 (89)	182.9 (28)	184.4 (29)	178.5 (86)	180.8 (76)	176.7 (158)	182.2 (5)	178.6 (6)
8	148.2 (2)	149.0 (80)	154.6 (45)	145.7 (28)	140.7 (89)	142.3 (28)	142.1 (29)	138.2 (86)	133.7 (75)	142.6 (165)	146.8 (4)	148.5 (6)
17	138.7 (2)	131.1 (80)	131.9 (44)	126.3 (27)	135.0 (83)	133.8 (27)	136.9 (28)	137.2 (86)	139.2 (77)	138.4 (152)	131.9 (5)	129.2 (6)
52	36.2 (2)	35.8 (81)	36.2 (43)	35.0 (27)	35.9 (89)	36.3 (28)	36.9 (27)	35.5 (74)	35.6 (77)	35.5 (123)	33.8 (5)	34.1 (6)
5	103.6 (2)	100.5 (81)	102.7 (44)	101.4 (27)	102.1 (83)	102.8 (28)	104.0 (27)	99.0 (86)	101.3 (77)	99.4 (150)	101.9 (5)	99.8 (6)
51	42.5 (2)	43.3 (81)	42.2 (43)	43.0 (27)	43.4 (89)	44.1 (28)	43.6 (27)	44.0 (62)	42.6 (77)	42.4 (128)	42.6 (5)	41.2 (6)
55	60.0 (2)	56.5 (81)	56.1 (42)	55.3 (28)	54.6 (88)	55.7 (28)	56.1 (27)	55.3 (86)	55.1 (76)	53.4 (131)	58.6 (5)	56.8 (6)
54	27.6 (2)	27.4 (81)	27.3 (42)	27.1 (28)	24.4 (88)	24.6 (28)	24.9 (27)	25.0 (86)	25.7 (75)	26.0 (108)	26.8 (5)	26.5 (6)
40	99.6 (2)	98.5 (70)	99.2 (39)	102.2 (27)	102.6 (81)	102.3 (.28)	104.2 (26)	95.2 (84)	95.8 (63)	95.4 (93)	97.2 (5)	95.7 (6)
45	138.0 (2)	141.8 (80)	143.5 (45)	141.6 (28)	137.5 (86)	140.8 (27)	140.8 (26)	132.7 (83)	134.3 (75)	134.7 (104)	139.8 (5)	141.6 (6)
48	83.0 (2)	78.0 (69)	77.2 (42)	75.4 (28)	77.5 (86)	78.0 (28)	78.9 (26)	75.3 (84)	76.2 (63)	76.6 (96)	77.8 (5)	75.1 (6)
9	97.8 (2)	94.3 (80)	95.6 (45)	90.6 (28)	94.9 (89)	95.7 (28)	94.8 (29)	89.4 (85)	90.8 (77)	91.4 (150)	96.0 (5)	90.1 (6)
72	88.0 (2)	87.5 (74)	87.7 (42)	86.6 (28)	83.8 (85)	83.2 (28)	83.1 (27)	83.4 (80)	83.6 (64)	84.4 (93)	90.7 (5)	91.3 (6)

表四　形态距离(dik)矩阵

	大同北魏	沙井三角城	宁夏彭堡	蒙古	布里雅特	埃文克	爱斯基摩	楚克奇(沿海)	楚克奇(驯鹿)	华北	东北	朝鲜
大同北魏												
沙井三角城	4.88											
宁夏彭堡	2.73	2.48										
蒙　古	3.24	2.38	1.69									
布里雅特	3.64	3.21	2.78	1.84								
埃文克	4.98	3.26	3.24	2.52	3.62							
爱斯基摩	3.74	4.61	3.48	3.39	4.63	3.63						
楚克奇(沿海)	3.48	4.43	3.17	3.04	3.97	3.17	1.29					
楚克奇(驯鹿)	3.33	5.15	3.79	3.51	4.42	3.82	1.66	1.22				
华　北	5.52	5.02	4.81	4.96	6.36	5.37	3.35	4.17	4.53			
东　北	5.51	5.87	5.23	5.56	6.99	5.81	3.35	4.17	4.27	1.82		
朝　鲜	4.54	4.28	4.10	4.10	5.22	5.14	3.12	3.81	4.19	1.80	2.84	

表五　古代各组13项测量项目平均值

	1	8	17	52	5	51	55	54	40	45	48	9	72
上孙家卡约	182.7(101)	139.9(100)	137.9(95)	34.9(103)	101.1(96)	42.0(104)	56.1(103)	26.5(102)	95.0(87)	136.1(98)	76.7(92)	90.6(106)	85.7(86)
上孙家汉代	181.2(45)	139.7(44)	136.2(39)	35.6(48)	100.5(38)	42.2(48)	56.5(44)	27.1(47)	95.1(31)	137.1(34)	75.8(40)	91.1(45)	85.3(27)
李家山卡约	182.2(16)	140.0(16)	136.5(16)	35.4(16)	101.2(16)	43.2(16)	57.0(16)	26.7(16)	94.7(16)	138.6(15)	77.3(15)	91.2(16)	87.0(16)
阿哈特拉山卡约	182.9(23)	140.3(23)	138.2(22)	35.2(21)	101.4(22)	42.8(22)	55.2(23)	26.1(23)	95.9(22)	133.7(23)	74.8(22)	90.0(23)	85.8(23)
甘肃铜石时代	181.6(25)	137.0(26)	136.8(23)	33.8(16)	102.1(23)	45.0(18)	55.0(20)	25.6(17)	97.3(14)	130.7(19)	74.8(16)	92.3(24)	85.0(17)
火烧沟	182.8(57)	138.4(50)	139.3(55)	33.8(60)	103.7(56)	42.0(59)	53.6(59)	26.7(59)	98.5(50)	136.3(52)	73.8(53)	90.1(60)	86.7(47)

续 表

	1	8	17	52	5	51	55	54	40	45	48	9	72
干骨崖	180.3(14)	137.8(13)	133.6(12)	34.1(16)	98.8(13)	41.8(15)	53.4(16)	26.1(15)	96.5(9)	133.1(14)	73.6(14)	88.9(18)	87.9(7)
哈密M组	187.6(10)	136.4(10)	133.8(7)	33.4(11)	100.8(8)	42.4(11)	54.0(9)	25.1(9)	97.2(5)	135.1(8)	76.4(8)	93.7(11)	86.5(6)
彭　堡	182.2(5)	146.8(4)	131.9(5)	33.8(5)	101.9(5)	42.6(5)	58.6(5)	26.8(5)	97.2(5)	139.8(5)	77.8(5)	96.0(5)	90.7(5)
三角城	178.6(6)	148.5(6)	129.2(6)	34.1(6)	99.8(6)	41.2(6)	56.8(6)	26.5(6)	95.7(6)	141.6(6)	75.1(6)	90.1(6)	91.3(6)
上　马	181.6(164)	143.4(160)	141.1(150)	33.5(162)	101.9(152)	42.5(159)	54.4(169)	27.3(166)	97.6(146)	137.4(136)	75.0(167)	92.4(163)	82.4(156)
殷墟中小墓	184.5(42)	140.5(40)	139.5(39)	33.8(33)	102.3(38)	42.4(34)	53.8(37)	27.3(36)	99.2(29)	135.4(21)	74.0(33)	91.0(46)	83.9(30)
临　淄	181.8(65)	141.0(63)	138.8(59)	34.2(62)	101.2(59)	42.9(62)	54.7(66)	26.8(61)	96.9(49)	137.4(42)	73.7(56)	93.7(67)	87.1(47)
扎赉诺尔	185.7(10)	147.8(10)	130.6(9)	33.8(10)	103.5(9)	42.2(10)	56.9(10)	27.2(10)	100.6(9)	138.7(9)	75.3(10)	93.6(10)	86.7(9)
南杨家营子	179.6(4)	144.8(4)	126.0(4)	34.3(3)	97.0(4)	41.8(3)	57.5(3)	27.0(3)	90.8(3)	136.8(4)	76.8(4)	90.0(4)	91.2(3)
平　洋	190.5(12)	144.6(12)	140.1(9)	33.6(12)	105.7(9)	43.7(12)	58.4(12)	28.9(12)	99.0(9)	144.9(10)	77.1(12)	91.3(12)	90.8(9)
大甸子	176.9(66)	143.2(65)	141.2(46)	33.3(56)	101.5(46)	42.9(55)	53.2(63)	27.1(60)	98.0(45)	136.5(38)	73.2(63)	91.3(61)	87.0(55)
后李官村	178.1(15)	138.6(15)	136.8(11)	33.7(13)	97.5(11)	41.2(11)	52.6(15)	25.7(15)	94.8(13)	133.5(12)	72.1(13)	91.7(15)	86.5(13)
蔚　县	175.1(9)	142.4(9)	138.6(8)	32.7(11)	97.5(8)	42.4(11)	52.8(11)	26.0(11)	91.4(8)	136.4(10)	73.0(11)	91.4(11)	87.1(10)
赤峰宁城	181.2(11)	136.2(10)	140.7(5)	33.0(5)	102.3(5)	42.1(5)	53.6(5)	28.1(6)	100.7(15)	133.8(4)	75.1(5)	89.0(14)	80.6(5)
凤　翔	180.6(13)	136.8(13)	139.3(13)	33.6(13)	103.0(13)	42.5(13)	51.6(13)	27.7(13)	99.2(10)	131.5(11)	72.6(12)	93.3(13)	81.1(10)
毛庆沟	179.9(11)	143.3(11)	136.5(10)	33.4(7)	97.7(9)	43.6(7)	54.9(9)	25.9(8)	93.5(8)	134.4(9)	74.6(8)	90.4(10)	88.0(6)
庙后山	192.8(4)	144.0(4)	143.5(4)	33.0(4)	106.3(4)	44.4(4)	54.1(4)	25.9(4)	99.0(2)	145.3(4)	75.5(4)	99.0(4)	85.0(3)
西团山	178.2(4)	138.3(4)	134.7(3)	34.7(3)	106.1(3)	43.3(3)	56.2(5)	27.5(4)	96.7(3)	144.1(2)	75.5(7)	86.6(2)	89.0(1)
藏族B组	185.5(14)	139.4(14)	134.1(15)	36.7(15)	99.2(15)	43.4(15)	55.1(15)	27.1(15)	97.2(15)	137.5(15)	76.5(15)	94.3(15)	85.7(14)
大同北魏	183.7(2)	148.2(2)	138.7(2)	36.2(2)	103.6(2)	42.5(2)	60.0(2)	27.6(2)	99.6(2)	138(2)	83.0(2)	97.8(2)	88.0(2)

表六 与古代组之 dik 矩阵

编号	组别	1	2	3	4	5	6	7	8	9	10	11	12	13	14	15	16	17	18	19	20	21	22	23	24	25
1	上孙家(卡约)																									
2	上孙家(汉代)	0.82																								
3	湟中李家山(卡约)	1.02	0.91																							
4	循化阿哈特拉山(卡约)	1.48	1.41	1.79																						
5	甘肃铜石时代	2.24	2.39	2.80	1.73																					
6	甘肃火烧沟	1.76	2.06	2.22	1.54	2.25																				
7	甘肃干骨崖	2.33	2.17	2.67	2.04	2.23	2.49																			
8	新疆哈密(M)	2.45	2.63	2.65	2.53	2.50	2.65	2.76																		
9	宁夏彭堡	3.58	3.38	2.99	3.97	4.63	4.25	4.36	4.05																	
10	甘肃三角城	4.25	3.88	3.77	4.55	5.47	4.86	4.28	5.14	2.49																
11	山西上马	2.07	2.25	2.49	2.13	3.05	2.18	3.58	3.62	4.02	4.77															
12	殷墟中小墓	1.83	2.09	2.46	1.51	2.29	1.24	2.87	2.63	4.25	5.04	1.56														
13	山东临淄	1.54	1.59	1.73	1.65	2.47	1.44	2.65	2.62	3.26	4.11	1.72	1.71													
14	内蒙扎赉诺尔	3.57	3.63	3.51	3.86	4.54	4.00	4.37	3.82	2.17	3.21	3.78	3.66	3.48												
15	内蒙南杨家营子	4.33	3.95	3.90	4.60	5.21	5.39	3.80	4.86	3.50	2.54	5.56	5.56	4.70	4.35											
16	黑龙江平洋	4.34	4.59	3.98	4.70	5.75	4.26	5.88	4.98	4.05	5.21	4.39	4.28	4.13	3.94	6.43										
17	内蒙大甸子	2.65	2.67	2.52	2.48	3.19	2.32	3.15	4.29	4.17	4.38	1.97	2.52	1.88	4.39	5.29	5.10									
18	山东后李官村	2.52	2.33	2.89	2.26	2.48	2.72	1.61	3.39	4.65	4.66	3.16	2.96	2.36	4.91	4.45	6.26	2.55								
19	河北蔚县	3.08	2.88	3.19	3.13	3.77	3.61	3.06	4.65	4.57	4.22	3.29	3.85	2.83	5.27	4.34	6.29	2.36	1.97							
20	内蒙赤峰宁城	2.86	3.05	3.53	2.63	2.55	2.24	3.34	3.65	5.72	5.36	2.65	2.02	3.12	5.21	6.58	5.78	3.22	3.37	4.42						
21	陕西凤翔	3.13	3.21	3.80	2.67	2.07	2.48	3.21	3.48	5.60	6.31	2.80	2.23	2.92	5.14	6.47	6.29	3.15	2.88	4.13	1.76					
22	内蒙毛庆沟	2.24	2.01	2.23	1.97	2.84	2.94	2.15	3.48	3.55	3.56	2.86	2.97	2.17	4.03	3.44	5.32	2.46	1.95	1.91	4.01	3.87				
23	辽宁庙后山	5.29	5.57	5.19	5.54	6.20	5.03	6.94	5.21	5.40	6.97	4.57	4.69	4.69	5.06	8.08	3.30	5.77	6.82	6.95	6.10	6.13	6.35			
24	吉林西团山	3.46	3.19	2.91	3.88	4.57	3.31	3.95	4.58	4.27	3.97	4.16	4.10	3.58	4.57	4.91	4.49	3.85	4.47	4.42	4.59	4.67	4.19	6.27		
25	藏族(B)	2.02	1.86	1.88	2.33	2.82	2.74	2.85	1.75	3.90	4.24	2.99	2.49	2.10	3.17	4.26	4.36	3.75	3.24	4.13	3.82	3.64	2.97	4.95	4.14	
26	大同(北魏)	4.08	4.23	3.85	4.47	5.13	4.76	5.80	4.91	2.89	4.88	3.96	4.45	3.98	3.57	5.77	4.02	4.65	5.77	5.71	5.69	4.95	4.47	4.83	5.52	4.01

山东兖州王因新石器时代人骨的鉴定报告

本文记述的人类学鉴定材料包含中国社会科学院考古研究所山东队 1975 年冬至 1977 年春在兖州王因新石器时代墓地的四次发掘中出土的人骨。这批人骨的数量比较大，总个体数达千余人，其中的大部分是在发掘现场鉴定的，另一部分是将骨骼采集至室内鉴定的。鉴于这批材料的数量多，并且皆出自一个氏族公共墓地，人骨架的埋葬现象也比较复杂，因此将它们尽可能记录出来，或许对王因遗址的考古研究多少会有益处。

在下文记述的内容中包括死者的性别年龄估计和某些人口统计，各类型墓葬中人骨架的排列特点，人工拔牙和口颊含球习俗引起的颌骨畸形及变形颅的观察。由于这个墓地出土的人骨保存情况很差，尤其是头骨部分绝大多数严重压碎变形，能够完整采集的极少，因此只对保存较好的十具头骨进行了观察和测量，并作扼要的比较和讨论。

(一) 性别和死亡年龄的统计

性别年龄的鉴定依吴汝康的标准[1]。

据统计，在王因新石器时代氏族公共墓地共发掘各种类型的墓葬 899 座，埋葬人口计 1 285 人。其中，经笔者鉴定的大约有 721 座墓葬中的 1 061 个个体的人骨。在经过鉴定的人骨中，具有明显男性特征或倾向男性特点的 651 个，有明显女性特征或倾向女性特点的 288 个。如以此估计的男女个体数比例为

$$R_s = \frac{P_m(\text{男性人数})}{P_f(\text{女性人数})} = \frac{651}{288} = 2.26$$

即王因墓地人口的性别比例，男性比女性多一倍强。一般来说，人口中的两性构成比例是平衡的，即男女接近一比一。如以此来估计，王因墓地人口的性别构成男性数大大超过女性，表现出明显的不平衡。

此外，由于骨骼保存不好或有些年幼个体骨骼的性别特征不明显。或有的成年个体难以估计性别，这类个体共 122 个。整个墓地人口按年龄期和性别列于表一。从这些统计数字来看，王因墓地新石器时代居民的死亡年龄高峰期在大约 24—55 岁之间的壮年和中年。相对来说，未成年和青年期的死亡比例也比较高，能存活进入老年期的很少(图一)。

按性别比较死亡年龄百分率，女性死于青年期的(17.8%)比男性(9.3%)高约一倍，死于壮年和中年的男性(41.2%和 44.6%)稍高于女性(37.7%和 37.3%)，死于老年的女性(3.8%)略高于男性(2.2%)。

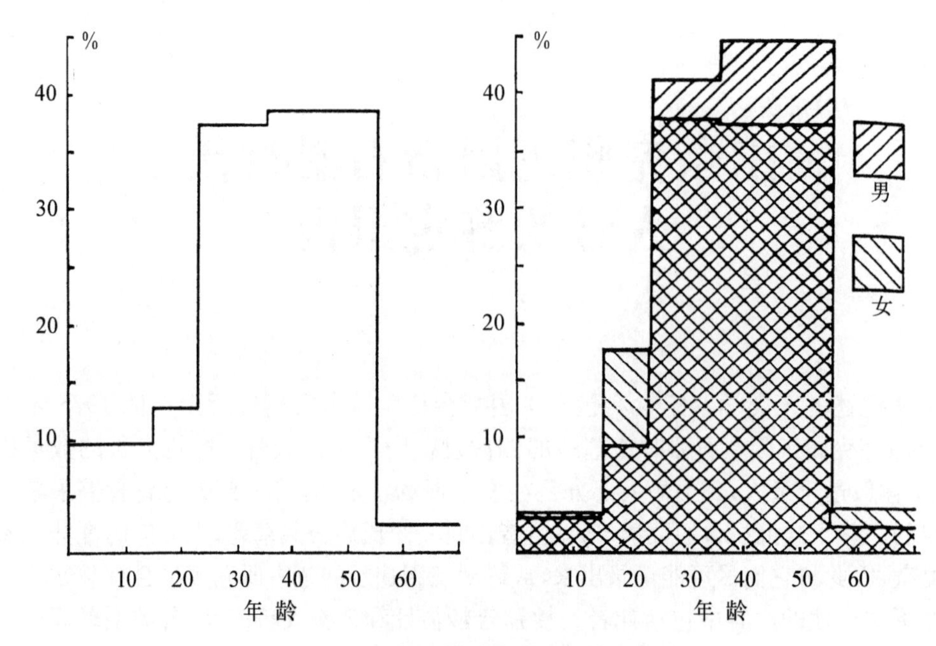

图一 王因新石器时代居民年龄分布图

表一 王因墓地人口的性别年龄统计

年 龄 分 期		男	女	性别不明	合 计
未成年(15 岁以下)		14(2.8)	8(3.4)	56	78(9.5)
青年期(16—23 岁)		47(9.3)	42(17.8)	14	103(12.5)
壮年期(24—35 岁)		208(41.2)	89(37.7)	10	307(37.2)
中年期(36—55 岁)		225(44.6)	88(37.3)	4	317(38.4)
老年期(56 岁以上)		11(2.2)	9(3.8)	0	20(2.4)
只能估计为成年的		146	52	38	236
合 计	①	654	288	122	1 061
	②	505(100.0)	236(100.0)	84	825(100.0)

表注：此表中未经笔者鉴定过的个体数未列入。合计①中包括表中全部成年和未成年个体，合计②中则不包含“只能估计为成年的”个体。各年龄期的百分比(括弧中数值)是以合计②中数字为基数计算的。

就一个人口总体而言，在任何时间都有不同年龄的人在死亡而退出人口总体，通过对一批人的生命过程进行观察便可能揭示出人口死亡过程中变化的规律性。在人口学中通常把同时出生的一批人口随着年龄增长而陆续死亡的人数列成一种表格形式，称为死亡表[2]。对王因这样的古墓地人口来说，当然不可能是一批同时出生的人口，但我们可以假设这些死者也代表同时出生的一批人而制定类似的人口死亡表，从中考察这批人口可能的平均寿命(见表二、三、四)。这种平均寿命与简单地用所有人口的估计年龄总和除以所有人口数获得的平均死亡年龄不同，因为后者并没有考虑各个年龄的相对死亡水平，严格来讲，它对不同人口是不可对比的。而利用生命表得出的平均寿命则考虑了各个年龄的相对死亡水平。因此平均寿命也是一个综合反映死亡率高低的指标。表中各年龄组的平均(预期)寿命(即 ex)分别代表存活到该年龄组个体还可以存活多少年。例如表二中0岁组的人平均可活 33.49 岁,这个数值也就是王因墓地人口的平均寿命。而进入1岁组的人则平均还可活 32.49 岁,以此类推。用这种简略生命表计算出来王因墓地人口的平均寿命(33.49 岁)并不高。如果考虑到在采集下的人骨中会失去一部分幼年骨骼,可以设想实际的平均寿命可能还要低一些。按性别分开计算的生命表,王因墓地男性人口的平均寿命为 35.78 岁,女性比男性稍低,为 33.96 岁。这两个数值都比按全部人口计算的平均寿命为高,是因为在后者中包含有一部分性别不明的幼年和年轻个体,使全部人口总的平均寿命略有下降。

表二　王因墓地人口简略生命表

年龄组 (x)	各年龄组 死亡人数 (dx)	尚存人数 (lx)	死亡概率 (qx)	各年龄组内 生存人年数 (Lx)	未来生存人 年数累计 (Tx)	平均预期寿命 (ex)
0—	0	827	0	827	27 697	33.49
1—	9	827	0.011	3 290	26 870	32.49
5—	36	818	0.044	4 000	23 580	28.83
10—	21	782	0.027	3 857.5	19 580	25.04
15—	52	761	0.068	3 675	15 722.5	20.66
20—	91	709	0.128	3 317.5	12 047.5	16.99
25—	118	618	0.191	2 795	8 730	14.13
30—	95	500	0.190	2 262.5	5 935	11.87
35—	111	405	0.274	1 747.5	3 672.5	9.07
40—	136	294	0.463	1 130	1 925	6.55
45—	97	158	0.614	547.5	795	5.03
50—	45	61	0.738	192.5	247.5	4.06
55—	13	16	0.813	47.5	55	3.44
60—	3	3	1.000	7.5	7.5	2.50

表三　王因墓地男性人口简略生命表

年龄组 (x)	各年龄组 死亡人数 (dx)	尚存人数 (lx)	死亡概率 (qx)	各年龄组内 生存人年数 (Lx)	未来生存人 年数累计 (Tx)	平均预期寿命 (ex)
0—	0	512	0	512	18 320	35.78
1—	0	512	0	2 048	17 808	34.78
5—	11	512	0.021	2 532.5	15 760	30.78
10—	2	501	0.004	2 500.0	13 227.5	26.40
15—	23	499	0.046	2 437.5	1 027.5	21.50
20—	47	476	0.099	2 262.5	8 290	17.42
25—	76	429	0.177	1 955	6 027.5	14.05

续 表

年龄组 (x)	各年龄组 死亡人数 (dx)	尚存人数 (lx)	死亡概率 (qx)	各年龄组内 生存人年数 (Lx)	未来生存人 年数累计 (Tx)	平均预期寿命 (ex)
30—	66	353	0.187	1 600	4 072.5	11.54
35—	83	287	0.289	1 227.5	2 472.5	8.61
40—	100	204	0.490	770	1 245	6.10
45—	72	104	0.692	340	475	4.57
50—	22	32	0.688	105	135	4.22
55—	9	10	0.900	27.5	30	3.00
60—	1	1	1.000	2.5	2.5	2.50

表四 王因墓地女性人口简略生命表

年龄组 (x)	各年龄组 死亡人数 (dx)	尚存人数 (lx)	死亡概率 (qx)	各年龄组内 生存人年数 (Lx)	未来生存人 年数累计 (Tx)	平均预期寿命 (ex)
0—	0	240	0	240	8 150	33.96
1—	0	240	0	960	7 910	32.96
5—	4	240	0.017	1 190	6 950	28.96
10—	8	236	0.034	1 160	5 760	24.41
15—	18	228	0.079	1 095	4 600	20.18
20—	35	210	0.167	962.5	3 505	16.69
25—	37	175	0.211	782.5	2 542.5	14.53
30—	26	138	0.188	625	1 760	12.75
35—	27	112	0.241	492.5	1 135	10.13
40—	33	85	0.388	342.5	642.5	7.56
45—	25	52	0.481	197.5	300	5.77
50—	22	27	0.815	80	102.5	3.80
55—	3	5	0.600	17.5	22.5	4.50
60—	2	2	1.000	5	5	2.5

如按墓葬分期(早、中、晚)制定王因墓地人口的简略生命表(表五、六、七),早期人口的平均(预期)寿命为35.86岁,中期为33.85岁,晚期为32.53岁。也就是这个墓地人口由早到晚,平均寿命略有降低趋势。

在前边已经提到,王因墓地的男、女性构成比例,男性大大超过女性(2.26∶1)。如以制定生命表中男女性个体数计算(男性512个,女性240个),性别比例为2.13∶1,仍然是男性大大超过女性。为了进一步比较,在表八中列出了其他一些古墓地的性别比例资料,从中可以看出,王因墓地性别构成比例失调现象最为突出。对于这个现象,笔者从最初两次发掘出土的人骨鉴定中已经注意到,而原来估计会随着出土人骨的增加,性别比例不平衡现象或者可望缩小。但直到这个氏族公共墓地基本全部揭露，发掘墓数增大到 899 座，男女人口失调现象依然没有减小。

表五　王因墓地早期人口简略生命表

年龄组 (x)	各年龄组死亡人数 (dx)	尚存人数 (lx)	死亡概率 (qx)	各年龄组内生存人年数 (Lx)	未来生存人年数累计 (Tx)	平均预期寿命 (ex)
0—	0	97	0	97	3 478.5	35.86
1—	2	97	0.021	384	3 381.5	34.86
5—	3	95	0.032	467.5	2 997.5	31.55
10—	2	92	0.022	455	2 530	27.50
15—	3	90	0.033	442.5	2 075	23.06
20—	6	87	0.069	420	1 632.5	18.76
25—	13	81	0.160	372.5	1 212.5	14.97
30—	11	68	0.162	312.5	840	12.35
35—	12	57	0.211	255	527.5	9.25
40—	23	45	0.511	167.5	272.5	6.06
45—	14	22	0.636	75	105	4.77
50—	6	8	0.750	25	30	3.75
55—	2	2	1.000	5	5	2.50
60—	0	0	0	0	0	0

表六　王因墓地中期人口简略生命表

年龄组 (x)	各年龄组死亡人数 (dx)	尚存人数 (lx)	死亡概率 (qx)	各年龄组内生存人年数 (Lx)	未来生存人年数累计 (Tx)	平均预期寿命 (ex)
0—	0	355	0	355	12 016.25	33.85
1—	2	355	0.006	1 416	11 661.25	32.85
5—	20	353	0.057	1 715	10 245.25	29.02
10—	10	333	0.030	1 640	8 530.25	25.62
15—	19	323	0.059	1 567.5	6 890.25	21.33
20—	32	304	0.105	1 440	5 322.75	17.51
25—	41	272	0.151	1 257.5	3 882.75	14.27
30—	45	231	0.195	1 042.5	2 625.25	11.36
35—	61	186	0.328	777.5	1 582.75	8.51
40—	58	125	0.464	480	805.25	6.44
45—	41	67	0.612	232.5	325.25	4.85
50—	21	26	0.808	77.5	92.75	3.57
55—	4	5	0.800	12.75	15.25	3.05
60—	1	1	1.000	2.5	2.5	2.50

表七　王因墓地晚期人口简略生命表

年龄组 (x)	各年龄组 死亡人数 (dx)	尚存人数 (lx)	死亡概率 (qx)	各年龄组内 生存人年数 (Lx)	未来生存人 年数累计 (Tx)	平均预期寿命 (ex)
0—	0	375	0	375	12 200	32.53
1—	5	375	0.013	1 490	11 825	31.53
5—	13	370	0.035	1 817.5	10 335	27.93
10—	9	357	0.025	1 762.5	8 517.5	23.86
15—	30	348	0.086	1 665	6 755	19.41
20—	53	318	0.167	1 457.5	5 090	16.01
25—	64	265	0.242	1 165	3 632.5	13.71
30—	39	201	0.194	907.5	2 467.5	12.28
35—	38	162	0.235	715	1 560	9.63
40—	55	124	0.444	482.5	845	6.81
45—	42	69	0.609	240	362.5	5.25
50—	18	27	0.667	90	122.5	4.54
55—	7	9	0.778	27.5	32.5	3.61
60—	2	2	1.000	5	5	2.50

表八　王因与其他墓地男女人口比例

墓　地	男	女	男∶女	墓　地	男	女	男∶女
山东王因墓地	634	280	2.26∶1	青海柳湾墓地	105	88	1.19∶1
山东三里河墓地	30	23	1.30∶1	青海大通墓地	65	57	1.14∶1
江苏大墩子墓地	149	98	1.52∶1	甘肃火烧沟墓地	117	105	1.11∶1
陕西横阵墓地	37	53	0.70∶1	内蒙古大甸子墓地	249	265	0.94∶1

表注：表中数字皆依笔者收集的资料。青海大通和内蒙古大甸子墓地人口数依截止1977年鉴定记录统计。

可能导致王因墓地人口中两性不平衡因素之一是人骨鉴定误差。例如在鉴定过程中，对骨骼的男性标志掌握得比女性标志更宽，在这种情况下，容易把一部分粗壮的女性个体包括到男性中，或者由于缺乏盆骨而单凭头骨或肢骨难以鉴定性别，使一部分可能属于女性的个体未计入女性数。这些因素都可能加强男多女少的不平衡性。但是，王因墓地的鉴定有相当一部分是在发掘现场进行的，对各部分骨骼的性别标志，相对观察得比较全面。尽管观察中的主观误差多少难以避免。但要引起那样大的"错误"是很难以单一的原因作出解释。例如在笔者鉴定王因墓地人骨以后不久，即前往内蒙古敖汉旗大甸子古墓地，鉴定了六百余个个体的骨架，它们的两性比例则接近一比一。应该指出，这两次鉴定采用的方法和标准基本相同，所鉴定的人骨数量都很大，但在性别构成比例上出现如此明显差异，其原因若完全归于鉴定者技术上的误差是值得怀疑的，还应该寻找其他可能导致王因墓地人口性别失调的原因。

为此，笔者着重分析王因墓地不同形制墓葬中死者的性别比例关系。首先将该墓地不同形制墓葬分为单人葬墓(只包括一次埋葬的单人墓和少量特殊葬式的单人墓,但不包括单人二次葬墓和骨骼可能迁出的墓)、二次葬墓(包括单人和多人的)、合葬墓(两人以上一次埋葬的合葬墓)和迁出葬墓(单人或多人的)四种类型,并对各类型墓的人口数和男女人口数分别进行了统计(见表九)。从这个统计中可以看出,在四种类型的墓葬中,男性人口都比女性人口多,但在单葬墓和合葬墓中,男女人口不平衡现象较缓和,而在二次葬墓和迁出葬墓中,两性比例则极不平衡,特别是二次葬墓,虽只占全部墓葬数量十分之一强,但其总人口数(423 人)却占全部墓葬人口数(1 285 人)的三分之一,其中男女比例为 6.69∶1。由此可见,王因墓地人口中男女性别构成比例不平衡的一个最主要的原因显然与该墓地中盛行的二次葬俗有关。换句话说,王因遗址中盛行的二次葬俗主要是针对男性的。迁出葬墓中的性别倾向也是颇值得注意的,这类墓的量虽然不多,但迁走的骨架中,也是男性明显比女性多。这类墓很可能与二次葬俗有关(见下文)。

表九　王因墓地各类墓葬、人口和性别比例的统计

墓葬类型	墓数	各类墓百分比	各类墓人口数	各类墓人口百分比	各类墓中男性人口	各类墓中女性人口	各类墓中男女人口比例
单葬墓	732	81.4	732	57.0	352	217	1.62∶1
合葬墓	31	3.4	73	5.7	38	28	1.36∶1
二次葬墓	98	10.9	423	32.9	241	36	6.69∶1
迁出墓	38	4.2	57	4.4	20	7	2.86∶1
合　计	899	100.0	1 285	100.0	651	288	2.26∶1

总之,上述迁葬风俗特别是与针对男性的集体迁葬是王因墓地颇值得注意的一个社会学和古人口学问题。

(二) 葬式与性别年龄特点

由表九统计数字表明,王因新石器时代墓地中大多数是单人葬墓,约占全部发掘墓数的 81.4%。其余三种类型的墓合在一起只占 18.6%。在前边已经提到,除了占有总人口数 57%的单人葬墓以外,一个特别的现象是仅占 10.9%的二次葬墓人口数却占了全墓地人口数的约三分之一。在一个墓地上这样多的二次葬人口比例在苏鲁地区的新石器时代墓地是少见的。如笔者统计,在已经发表的大汶口遗址 128 座墓中,只有 8 座共 17 个人的合葬墓(占总人口数的 12.2%),没有记录过一个二次葬墓,也就是说绝大部分是属于单人葬墓。1964 年在江苏邳县大墩子遗址发掘的 44 座墓中,则没有报告有二次葬墓和合葬墓[3]。从王因墓地的二次葬墓数量来讲,又比合葬墓多两倍强,但墓中埋葬人数变化幅度很大,可以是一、二个人,也可多到二十余人。在总共 98 座二次葬墓中包含的人口(423 人)就占了全墓地人口(1 285 人)的 32.9%,这个数字大约是合葬墓人口(73 人)的 5.8 倍。这说明,王因墓地二次葬墓的出现数量和人口数之多是这个原始氏族墓地的重要特点之一。

在二次葬墓人骨的性别统计中,除 33 座单人埋葬的以外(其中可估计的男性 23 人,女性 2 人),在两人以上的二次葬墓中,以男性同穴而埋的居多,女性同穴的可能是个别的(如 M186、M2295)。此外,还可以存在异性同穴,如 M2516、2549、369 等便是明确有男性和女性骨性标志的个体合在一起埋葬的墓葬。在异性同穴墓中,有一些是多数男性中可能夹了个别女性，只有 M2499 可能是多数女性中夹了个别男性。

埋在同一个二次葬墓穴中死者的年龄并不整齐，一般最小和最大者的年龄可以相差一代人约 20 岁左右。在有的墓中偶尔也混杂有个别幼年个体。在一部分墓中如 M2390、2473、2461、2596、2616、143、359 等，同穴个体之间的年龄差别不大或同穴大部分个体之间的年龄差不大，M2295 和 M2321 也可能是如此。

在表一〇中按墓地地层，统计了各种形制的墓葬出现情况。为了考察二次葬墓在各层中出现的规模，除了按墓数统计之外，又按各层中出现的人口进行了统计。可以看出，全部二次葬墓在第④层中只出现 4.2%，在③层和②层中，二次葬墓的出现则分别增加到 11.0%和 12.8%。如除去单人二次葬墓，则多人二次葬墓由④层的 3.3%增加到③层和②层的 6.4%和 8.9%。如按各层二次葬墓人口数统计，这种增大趋势更为明显，即全部二次葬墓人口在第④层中只占 11.9%，第③层占 32.1%，第②层更增大到 37.8%。按多人二次葬墓人口统计也是如此，由第④层中只占 11.2%增大到第③层的 28.8%，到第②层则增加到 35.2%。这一系列统计数字表明，王因新石器时代氏族墓地二次葬俗的规模和盛行程度，在时间上是不同的，也就是在代表这个墓地早期的第④层中，二次葬俗即已出现，但这种葬俗的流行程度明显不及代表中期的第③层，而代表晚期的第②层中，二次葬俗又似比中期的第③层更盛行。总的来看，王因墓地的新石器时代居民的二次葬风俗以这个墓地的中、晚期最为盛行。

表一〇　各类型墓和拔牙风俗在各层中的出现率统计

		第②层（晚期）	第③层（中期）	第④层（早期）
单葬墓分层		321/406　79.1%	308/373　82.6%	103/120　85.8%
合葬墓分层	全部合葬墓	15/406　3.7%	9/373　2.4%	7/120　5.8%
	同性合葬墓	12/406　3.0%	7/373　1.9%	2/120　1.7%
	异性合葬墓	2/406　0.5%	1/373　0.3%	1/120　0.8%
	大人、小孩合葬墓		1/373	3/120
二次葬墓分层	全部二次葬墓	52/406　12.8%	41/373　11.0%	5/120　4.2%
	多人二次葬墓	36/406　8.9%	24/373　6.4%	4/120　3.3%
	全部二次葬墓人口	236/625　37.8%	166/517　32.1%	17/143　11.9%
	多人二次葬墓人口	220/625　35.2%	149/517　28.8%	16/143　11.2%
	单人二次葬墓人口	16/625　2.6%	17/517　3.3%	1/143　0.7%
迁出墓分层	全部迁出墓	18/406　4.4%	15/373　4.0%	5/120　4.2%
	多人迁出墓	5/406　1.2%	7/373　1.9%	2/120　1.7%
	全部迁出墓人口	27/625　4.3%	22/517　4.3%	8/143　5.6%
	多人迁出墓人口	14/625　2.2%	14/517　2.7%	5/143　3.5%
拔牙分层	全部可观察拔牙数	123/165　74.5%	136/199　68.3%	19/44　43.2%
	男性拔牙数	96/124　77.5%	92/135　68.1%	11/27　40.7%
	女性拔牙数	29/41　70.7%	37/50　74.0%	8/16　50.0%

表注：所谓“多人二次葬墓”是指 2 个人以上，“全部可观察拔牙数”中包括一部分不明性别的个体。并皆以成年个体计数，因此与文中统计的拔牙数不完全相同。

从王因墓地的发掘中记录下来的全部所谓“迁出葬墓”总共只有38座，其中大部分是单人的，因此涉及人口很少，只有57人。迁出葬墓在各层中的出现没有表现出如二次葬墓那样明显的变化。

单人葬墓在各层中的出现率，第②层比第③、④层略小，但总的来讲，差别不大。

从王因墓地一共发掘了31座合葬墓。在这些合葬墓中埋葬的人口数不等，其中包含双人的合葬墓26座，三人合葬的2座，五人合葬的3座，没有发现四人合葬的。按合葬墓的性别特点，同性合葬墓22座(男性合葬14座，女性合葬8座)，异性合葬4座，余下有4座是成年和未成年的双人合葬，有1座是两个成年和一个未成年的三人合葬。在成年和未成年人的合葬墓中，有3座墓中的成年人是女性，1座墓的成年人为男性，还有1座墓成年人的性别不明。如将31座合葬墓区分为同性合葬、异性合葬、大人小孩合葬及未成年人合葬四类，则22座同性合葬占全部合葬墓的71.0%，4座异性合葬占12.9%，大人小孩合葬也是4座占12.9%，未成年双人合葬1座占3.2%。这些数字又表明，王因墓地合葬墓的另一个特点是盛行同性葬俗，同时还存在少数异性在王因墓地中盛行同性葬俗，这在其他大汶口文化墓地尚未见正式报道。

据合葬墓的年龄观察记录，在同穴合葬中的不同个体，一般有年龄差不大的现在全部合葬墓中可能有此种情况的约占16座(即M179、238、2108、2206、2283、2301、2302、2358、2359、2376、2394、2403、2408、2480、2514和2615)，换句话说，在这些合葬墓中，每个人之间的年龄差大多不超过10岁左右。在年龄差大的墓有5座是大人和小孩合葬(M180、201、2225、2568、2635)，只有4座是成年葬(M2338、2386、2653、2659)。

合葬墓在各层中的出现情况(见表一〇)似乎没有明显的差别。

(三) 与迁葬风俗有关的几种人骨排列

在王因氏族墓地中，一般属于一次埋入的单人葬墓和合葬墓中的死者头向朝东，仰身直肢，各部位骨骼的排列没有被扰乱过。下边要记述的是与迁葬风俗有关的某些骨骼排列现象。据笔者直接观察过的一部分二次葬墓中的骨骼来看，可能有如下几种：

第一种是迁葬个体的骨骼常成垛放于墓穴中，但有一定的安置规律，即头骨总放在骨垛的东边，其他肢骨放在头骨的西边，而且常将一对髋骨叠于肢骨上方。所有肢骨也并非杂乱无章，而是按东西方向成束状安放。因此，这类二次葬墓中的人骨仍保持头向东的特点。对迁埋的骨骼具有一定的选择，即经常是一具头骨，全部或大部分上下肢骨和一对髋骨，而脊椎骨、肋骨或其他细小骨骼常缺如或很不全。在多人二次葬墓中，每个个体骨垛之间都有些间隔易于彼此区别，互不叠压。

另有一部分二次葬墓人骨在墓坑中放置比较乱，同一人的骨骼虽也大致成堆，但头骨和肢骨的排列无规矩，经常是相邻个体之间骨骼互相错杂。在有的墓中，不同个体的骨骼上下叠压。很难将它们分清，给人一种多层次埋葬的感觉。由于这些骨骼经常腐朽破碎，墓坑中精确人数不易统计。

还有一些二次葬墓中，有的个体的一部分骨骼埋葬状态正常，但有些部分的骨骼虽不像随意摆放，然而有明显的错位。例如M2390，有两具骨架，粗看像正常的双人合葬，但墓穴南侧仰卧的一具头骨和颈椎错位，腰椎和骶骨衔接处也明显错开了好几个厘米。有意思的是一个游离的右足骨竟位于腰部，左足骨则位于两股骨之间。右股骨与同侧髋骨的连接也错离了位置，而且股骨的背面朝上，与正常仰卧姿态时股骨应有的位置正好相反。两个小腿骨的位置也很异常，右胫骨和股骨分离，胫骨上部位于下腹部，并向右外侧方向倾斜，同侧的腓骨也与胫骨明显离开，左胫骨也与同侧股骨和腓骨不在正常解剖学位置衔接。此墓北侧的一具骨架也存在异常，如头骨以下未见椎骨，胫、股骨则上下倒置，且较其自然解剖位置更高。又如 M2438 骨架取仰卧姿势，大腿骨以上各部分的骨骼连接皆正常，奇怪的是左右胫、腓骨位于两股骨之间，而且缺少足骨。M2437 墓坑中的两具骨架都不完全，其中南侧的骨骼排列杂乱无章，西南侧一具骨架排列成类似前述的第一种迁葬类型，但发现其中的一根肱骨与同侧肩胛骨仍保持正常的连接。M2476 骨架也有类似现象，头骨和躯干部脱开，但右肩胛骨与同侧肱骨保持正常连接，右尺骨和桡骨与同侧手骨的连接也很正常，但右肱骨和同侧尺、桡骨之间的关节却不互相衔接。左右胫腓骨与足骨之间，一对股骨和同侧髋骨之间的连接都正常，但胫骨和股骨的关节彼此分离。类似上述各部位骨骼之间异常移位的现象还可以在 M2523、2533 中见到。

对于以上那些既保持正常关节连接也发现关节连接错位的骨骼排列现象，据笔者现场观察，动物扰乱的可能性不大，尸体在埋葬前被有意肢解的可能也很小，因为在骨骼鉴定过程中，没有发现动物啃咬的痕迹，也没有发现可靠的人为截断或工具或武器砍砸的痕迹。而且，在缺乏锐利的金属工具或武器的情况下，对一些结构复杂的人体关节作出如此完美的肢解是难以办到的。因此，导致如上一类墓穴中人骨排列异常的更合理的解释仍然是二次葬俗。比如，这些新石器时代居民可能习惯地在某个季节或某个时间里举行迁葬，如果有的被迁移个体死后埋没土中已经有足够时间引起软组织的完全腐烂分解，便可以拣拾充分分离的骨骼迁葬，这就是前述第一种对骨骼的迁移有某种选择成为规律垛状放置的二次葬。但由于迁葬需要赶在某个规定时间里进行，有的迁移个体死后还未及充分腐蚀分解，某些部位的关节连接组织依然保存，因而这些部位的正常衔接有遭到破坏。当然，这里只假定二次葬俗实施之前的尸体处理是土埋处理，迁出葬墓存在（见下文）可能是一个合适的证据。

应该指出的是在有些个体被迁移时，某些已经分解脱节的关节部位在被第二次埋入时，并没有按原来人体各部位自然位置准确复位，骨骼的放置显得随便。如果这种分解脱节的部位发生在头颈部、腰部或四肢而不加细心观察，便很容易简单地与砍头、腰斩或截肢之类的判断联系起来，应该避免这种误解。总之，引起王因墓地一部分人骨复杂移位的原因尽管有可能被我们设想的复杂，但在规定的季节或时间里实施二次葬俗是最重要的原因，因而笔者以为这类墓葬仍该归入二次葬墓。

还有一部分墓的情况比较特殊，就现场和记录上看到的只有 38 座。这些墓的人骨架残缺不全，全无头骨，一般缺乏或部分缺乏肢骨，残留在墓穴中的主要是躯干部分的骨骼，骨架在土中的姿势或排列常多异常，看上去是被扰动过的。这样的墓大多单人，也有双人、三人或四人的。由于这类墓穴中的骨骼比较残缺，特别是缺乏头骨和盆骨，因而不容易更精确地估计它们的性别和年龄。但就可估计性别的一部分骨架来看，绝大部分是男性。这样的性别特点，与前述二次葬墓中出现大量男性相一致。而缺乏头骨和经常少肢骨的现象则与前述二次葬墓中的第一种类型（迁入头骨、四肢骨而缺其他躯干骨）似乎可以“互为补缺”。因此，这类墓很可能是在实施二次葬俗后（主要迁走了头骨和四肢骨）留在原地的残墓，在这里称为“迁出葬墓”。可惜的是这类残墓被记录到的不多。

（四）拔牙习俗的观察

和其他大汶口文化墓地一样，在王因新石器时代居民的骨骼上也观察到拔牙风俗的存在（图版二，4）。经笔者观察并作了记录的一共366个个体，其中拔过牙的281个，占全部观察数的76.8%。按性别统计，男性拔牙的205个，占全部男性观察个体（265个）的77.4%。女性拔牙的76个，占全部女性观察个体（101个）的75.2%。男女拔牙频率很接近，因此在此种风俗的普遍程度上没有明显的性别差异。

王因墓地中出现的拔牙形式比较单一，在总共281个拔牙个体中，有275个拔去一对上颌侧门齿，占所有拔牙形式的97.9%。其他种类的拔牙形式只有6例，其中1例拔去一个中门齿和一对侧门齿，有4例拔了一个侧门齿，1例拔了一对侧门齿和一侧犬齿（表一一）。没有发现拔下牙的。

表一一　王因墓地拔牙形态出现频率

拔牙形式	$2I^2$	$I^1 2I^2$	I^2	$2I^2C^1$
拔牙个体数	275	1	4	1

注：“I”是门齿的缩写符号，“C”是犬齿的符号。“$2I^2$”代表拔去左右一对上侧门齿；“$I^1 2I^2$”代表拔去一枚上中门齿和两枚上侧门齿；“I^2”代表只拔了一枚上侧门齿；“$2I^2C^1$”代表拔去一对上侧门齿和一枚上犬齿。

拔牙年龄的调查结果是，在男性个体中拔了牙的未见小于14—15岁，在女性拔牙个体中所见年龄最小的约17岁。如不计拔牙年龄的性别差异（由于女性拔牙个体的观察人数不多，17岁是否代表实际拔牙的最小年龄还有疑问），王因新石器时代居民施行拔牙手术的年龄也大体上在人体发育向成年过渡的性成熟期。这个观察结果与其他大汶口——青莲岗文化遗址的拔牙观察基本一致[3][4]。

拔牙出现频率按墓地分层统计结果（表一〇）表明，在代表王因墓地早期的第④层中，拔牙出现率相对比较低（43.2%），中期的第③层出现率明显增加（68.3%），晚期的第②层出现率最高（74.5%）。按性别分开统计，基本上也是第④层低，第③、②层明显增高。这些数字统计说明，王因新石器时代居民的拔牙风俗在这个遗址的早期已经兴起，到中晚期更见盛行。同时还表明，此种拔牙风俗从其兴起时就没有明显的性别差异，也就是说，这种风俗从其始就可能不只是针对男性或只针对女性的。

（五）枕部畸形观察

颜訚在研究大汶口和西夏侯墓地的人骨时，曾详细测量分析了大汶口文化居民变形颅的性质，指出这些变形颅属于一系列人工造成畸形颅中最简单的枕部扁平型，其受力变形区主要在后枕部。由于这种变形，导致颅长显著变短，颅高和颅宽明显增大。因此在利用颅骨测量值进行组间比较时，受变形影响严重者需要进行校正[5]。

由于王因墓地中出土的人骨特别是头骨，绝大多数在地层中便已压碎变形，保存完整者甚少，因此给观察变形颅造成了困难。只好在发掘现场对数量不多的，当时颅形轮廓比较清楚的头骨进行了简单的观察记录。一共记录了82个头骨，其中可以明显看出枕部畸形的有57个，占观察总数的64.6%。在这些畸形颅中，男性头骨占50个，约为全部男性观察头骨（66个）的75.8%。女性畸形颅只有7个，占女性观察数（16个）的43.8%。男性畸形颅出现频率似乎比女性更高。

(六) 颊齿异常磨蚀与含球异俗

从王因墓地出土的某些人头骨上,还观察到一种奇怪的磨蚀现象,即在上下颌骨左右两边颊齿(主要是臼齿)外侧面发现有轻重程度不等的磨蚀现象。其中重者,上下齿列在第一和第二臼齿位向舌侧挤入而异于正常的齿列形状(图版一,3)。磨蚀程度轻者往往只在齿冠的颊面留下小的光滑磨面,重者有时从齿冠到齿根都留下明显的磨蚀痕迹,有时还影响其臼齿位下颌枝斜线以上的齿槽骨也明显萎缩,形成近似半圆的凹陷,更重者臼齿位的齿槽骨极度萎缩,齿根全部暴露,直到臼齿过早脱落,在齿槽骨上留下炎症痕迹。在个别典型标本上可以观察到这种臼齿颊面的全部磨蚀面成了具有弧度的球形曲面。显然这样特别的磨蚀不可能由正常的口腔咬合运动所引起,而是由某种硬度很高的球状物体在颊齿外侧长期磨蚀的结果。这个奇特现象是笔者鉴定苏北大墩子新石器时代人骨时发现的,但当时不明引起这种磨蚀的原因(图版一,1)。直到笔者有机会对王因墓地进行人骨鉴定时,才发现可能引起这种球面磨蚀的小型石球和陶球。最初在M106下颌骨的左外侧发现了一枚直径约1.5厘米的石球,由于磨蚀严重,这具下颌上的全部臼齿过早脱落。以后又在M2343头骨的口腔里贴近右侧下颌体的舌面发现了一枚直径约2厘米的圆形陶球(图版一,4)。而这个含球个体的下臼齿大多脱落,齿槽也已经闭合,仅存的上臼齿齿根则几乎全都露出齿槽,同时在这枚臼齿冠的颊面发现有明显的磨蚀面,这无疑证明是硬质球经久磨蚀出来的(图版一,5)。M127的颌骨上也具有这类特殊的磨蚀痕迹,并且在口腔里发现有小石球。从M2498约6岁小孩下颌外侧也见有一枚小陶球。在所有类似的标本中,最能说明问题的是M4002头骨,在它的左侧上下齿列间,同侧下颌枝的前内侧位置保存了一枚直径约1.8厘米的石英岩制小球,在同侧上下第一、二臼齿冠颊面,同时也看到了明显的磨蚀面,在右侧第一、二臼齿冠颊侧也留下了程度不同的磨蚀痕迹(图版一,2)。

为了找到更多的旁证,笔者在发掘队同志的帮助下,查对了从这个墓地出土的所有小型石球和陶球的发现位置(见表一二)。有趣的是除个别例外,这些小球绝大部分出现在死者口腔内或距离颌部外侧不远的地方。这些资料同样证实,石质和陶质小球是死者生前的口含物,是直接导致上下颌球面磨蚀的机械因素。

表一二 含球墓葬观察记录

墓 号	性 别	年 龄	有无球	球出土位 置	牙齿和齿槽骨磨蚀和病变情况
106	女	55—60	石球1	口内	臼齿早脱落,齿槽萎缩闭合
116	女?	50^{+}	无		齿列变形
127	女	20—25	石球1	口内	臼齿冠颊面有磨蚀面
162	男	25±	石球1	口外侧	不明
163	女	45^{+}	石球1	口内	不明
173	男	40—45	石球1	上肢外侧	不明
319	女	成年	石球1	膝部	不明
354	女	20—25	无		臼齿冠颊面有磨蚀面,M^1位置略向舌侧挤入

续　表

墓　号	性　别	年　龄	有无球	球出土位　置	牙齿和齿槽骨磨蚀和病变情况
369	女	成年	无		臼齿冠颊面有磨蚀面
	女?	成年	无		臼齿冠颊面有磨蚀面，齿槽萎缩，齿根部分出露
	女	成年	无		臼齿冠颊面有磨蚀面，齿槽萎缩，齿根部分出露
381	女	25—30	无		臼齿颊面有磨蚀面，左 M^1 齿槽萎缩，齿根部分出露，其位置略向舌侧挤入
2164	男	45+	陶球 1	口内	不明
2201	女?	40+	石球 1	头右侧	不明
2334	女	16±	陶球 1	头右侧	不明
2343	女	40±	陶球 1	口内	臼齿颊面有磨蚀面，臼齿大多早脱落，齿槽严重萎缩或闭合
2371	女	25—30	石球 1	口内	不明
2470	女	20—25	无		臼齿冠颊面有磨蚀面，齿列轻度变形
2498	?	6±	陶球 1	口外侧	臼齿上磨蚀痕迹尚不清楚
2582	女	25±	无		臼齿颊面有磨蚀面
2636	女	45—50	无		臼齿和前臼齿颊面有磨蚀面，左 M^1 略挤向舌侧
4002	女	45±	石球 1	口颊部	臼齿冠颊面有明显磨蚀面，左 M_{1-2} 齿根外露，患齿槽脓肿
4016	?	成年	石球 2	左锁骨上部	不明

注：表中石球或陶球直径都小于 2 厘米，一般 1.5 厘米左右。“M”为臼齿缩写符号。

表一二中所列 23 个含球标本大致分三种情况，一种是在死者口腔内外侧发现了小球，同时也在颊齿或齿槽骨上发现有磨蚀痕迹，如 M106、127、2343、4002 等。另一种是留下了磨蚀或形变痕迹，但未见有小球共出，如 M116、354、369、381、2470、2582、2636 等。第三种是有小球出土，其出土部位在口腔内外，但由于采集骨骼时颌部受到破坏，未能观察到小球磨蚀留下的痕迹，如 M162、163、173、319、2201、2164、2334、2371、4016 等。

小球的质料以石英岩居多，共发现 11 枚，陶质小球较少，共 4 枚。球的直径大致在 1.5—2.0 厘米。除在 M4016 左锁骨上部发现了两枚石球外，其余在一个死者的口腔内或口腔外，都只发现一枚小球，但小球摩擦留下的痕迹大多在左右两侧同时发现。由此可见，含球并非始终固定在口腔的一侧，而可能是在口腔内左右调动。

值得注意的是有些有明显磨蚀痕迹留下的个体并没有石球或陶球共出。据统计，在人口多达千余人的墓地里，仅仅发现了 15 枚石球或陶球。这种石球数量与人口数量很不相称的现象似乎暗示这些小球并不都是必需的陪葬品。

从表列材料中还可以看到，含球与性别年龄之间的关系。在可以估计性别的 21 例含球个体中，有 18 例为女性，只有 3 例可能是男性。这说明，含球大多出现在女方。与年龄的关系则不很清楚，只能推测颌骨或牙齿上的磨蚀程度会随年龄加重。我们找到的含球年龄最小的 1 例只有 6 岁左右，其余都是成年个体。这好像暗示这种习俗可能始于幼年。

究竟有多少个体含过小球是不容易精确统计出来的，因为一定有一部分磨蚀极轻的不能辨别出来。所以，实际拥有此种习惯的人数可能多于表中列出的数字。但从墓地中出土小球数量大大小于人口数来看，含过球的个体不会很多。也许，含球特别在女性中具有某种特别的含意。还应该指出，含球是和拔牙和颅枕部畸形一起出现，因此很可能口颊含球也是这一带新石器时代居民的特异习俗，但普遍程度远不如后两种习俗。

对这种可能十分奇特而古老的习俗还不能作出合理的解释。人死后在口腔中含玉或贝的习俗只在时代更晚的墓葬中发现，而且这是属于死后的埋葬风俗，和生前口颊含球情况不一样。我们曾经设想，也许口颊含球与治疗牙病有关系，但实际观察结果正好相反，石球在口颊里长时间的摩擦会损坏牙齿特别是第一、二臼齿的健康，磨蚀严重者会引发牙齿的炎症，直到牙齿过早脱落。也有人提出在口颊内含球会使双颊丰美，但笔者认为球的直径不大，含在双颊里，外表并不显得丰满。总之，我们虽把含球当作一种特殊的"风俗"，但仍不明这种原始习俗的实际意义。

最后需要指出，在过去发表的考古报告中，把这一带地区新石器时代遗址中出土的小石球或陶球归入生产工具一类[5]。笔者认为这些小球主要和口颊中含球习俗有关，与狩猎用的弹丸没有什么关系。

(七) 头骨形态特征与测量比较

王因墓地人骨的保存状态很差，尤其是头骨，绝大多数在地层中已经压碎变形或朽蚀。尽管出土人骨的数量很大，但能采集起来完整而可供测量研究的为数很少，仅收集到10具未遭大的破损的头骨，其中男性6具，女性4具。

对于大汶口新石器时代居民的体质特征，颜訚先生曾经比较详细地研究过山东泰安大汶口和曲阜西夏侯遗址的人骨[3][6]。在这个鉴定材料中，我们对王因墓地的人头骨的形态特征作扼要的记述，并做初步测量分析。

王因头骨的主要形态特征是卵圆形颅居多，颅顶缝形式比较简单，眶形以眶角比较圆钝的类型较多，但都有偏低的眼眶。梨状孔下缘形态在能够作这种观察的7具头骨中，人型和鼻前窝型约各占半数。鼻棘不发达，都在白乐加(Broca)氏分类的Ⅲ级以下。犬齿窝多数弱或缺乏，鼻根凹不显或浅，无深陷的类型。在7具下颌骨中，下颌体内侧面有稍显下颌隆起的4例。这些形态特征的组合出现情况与西夏侯和大汶口遗址的人骨基本相似(图版二)。

我们测量了10具头骨。(全部测量数据见附表一)。在6具男性头骨中有3具枕部轻度扁平，其余颅形正常。4具女性头骨则均属正常颅。因此，所测得的颅长、高和宽度受畸形影响不大。

在这里采用统计学的平均组差均方根值的计算方法，估计组间的形态距离[7]。计算公式列如下：

$$\sqrt{\frac{\Sigma \frac{d^2}{\sigma^2}}{n}}$$

式中，d 代表测量特征的平均值，σ 为标准差，n 为比较测量特征的项目数。在颅骨测量和人体测量学上，对所要测定的测量特征而言，当例数足够大时，所有组的 σ 值都有很大的共同性，因而实际上为了方便起见，可以利用某种标准化的 σ 值来代替各组的同名值。在这里,我们采用了苏联学者罗京斯基和列文在《人类学基础》一书中使用的18个测量项目(鼻骨突度角因各组数值中大多缺乏而未采用)和欧洲人种挪威奥斯陆组的各项 σ 值为标准值。简单讲,根据公式计算得的数值越小,则待测定头骨或头骨组与比较头骨或头骨组之间来源于共同样品总体的可能性越大。

在选取的对照组中,包括大汶口文化类型的三个组(西夏侯[6]、大汶口[3]和野店组[8])和属于仰韶文化的五个组(宝鸡[9]、华县[10]、半坡[11]、横阵[12]和属于仰韶到龙山文化之间过渡的庙底沟二期组[13]),青铜时代两组(殷代中小[14]墓和火烧沟组[15]),现代中国人两组(现代华北[16]和华南组[17],及太平洋各岛上的波利尼西亚人十个组[3](毛利尔利、毛利、新不列颠、马克萨斯、社会岛、查坦姆、新西兰—蒙得、新西兰—毛利、夏威夷和汤加组)。各组的每项测量平均值列于表一三,表中最右一行列出了挪威奥斯陆组的各项 σ 值。在表一四中列出了王因组与其他对照组之间各项测量的 d^2/σ^2 值,表中最下一横行是王因组与其他各组间的平均组差均方根值,最右一纵行为挪威奥斯陆组各项 σ 的平方值(σ^2)。

从表一四所列王因组与其他各组之间的组差均方根值来看,王因组与大汶口文化的三个组之间的数值都比较小,在0.7—0.8之间;王因组与仰韶文化五个组之间的数值略有些增大,约在0.8—1.1之间;与时代更晚的青铜时代两组和现代华北、华南组之间的数值又有些增大,大体都在1.1—1.2之间;与太平洋波利尼西亚各组之间的数值又有增大,约在1.0—1.6之间。从这些数字的一般增长趋势来看,王因组与其他大汶口文化各组在头骨的形态学上同质性最大,依次是与仰韶文化各组,与青铜时代和现代中国人各组的同质性距离较大一些。相比之下,王因组与波利尼西亚各组一般表现出更大的差异。

笔者在《大汶口文化居民的种属问题》一文中对颜訚先生的大汶口新石器时代居民为波利尼西亚人种,与仰韶文化居民属于不同体质类型的结论提出了不同认识[18]。根据我们的研究,大汶口组群与波利尼西亚组群之间在形态学上的距离同仰韶组群与波利尼西亚组群之间的距离没有明显的不同,也就是说,这三个组群之间的形态距离不是大汶口与波利尼西亚接近而与仰韶疏远,而是大汶口和仰韶同等地疏远波利尼西亚,而且大汶口和仰韶组群在体质上仍存在相当密切的联系。在这个报告中,对王因组头骨测量的分析再次说明,与笔者前面的结论是一致的,也就是王因组不仅与大汶口文化各组的关系最密切,而且与仰韶文化各组也有相当接近的关系。相反,王因组与波利尼西亚各组之间显出更疏远的关系。

(八) 鉴定结果小结

这个鉴定材料包括1975—1977年从山东兖州王因新石器时代氏族墓地出土人骨的性别、年龄分布情况,平均寿命的测定,各种形制墓葬中骨架的性别年龄特点,墓中骨骼排列类型以及拔牙、变形颅和口颊含球引起的牙颌磨蚀等内容的观察和统计,最后扼要报告了王因墓地人骨的形态学特征和测量特征的比较。主要结果归纳如下:

(1) 经观察的共721座墓的约1 061个体的人骨,其中属于男性或可能是男性的651个,女性或可能女性的288个,男女性比例为2.26∶1。

(2) 这个墓地人口的死亡年龄高峰在壮—中年(约25—55岁)间,死于青年期的比例也较高,存活到老年期的极少,女性死于青年期的比例比男性高约一倍。由制定简略生命表测到的平均寿命约33.5岁。

表一三　王因新石器头骨组与其他比较组的测量平均值

项目	中国各组													太平洋玻里尼西亚各组										挪威奥斯陆标准差
	大汶口文化				仰韶文化					青铜时代		现代		毛利尔利	毛利	新不列颠	马克萨斯	社会岛	查坦姆	新西兰(蒙得)	新西兰(毛利)	夏威夷	汤加	
	王因	西夏侯	大汶口	野店	宝鸡	华县	半坡	横阵	庙底沟	殷代中小墓	火烧沟	现代华北	现代华南											
颅长	180.5	180.3	181.1	181.4	180.2	178.8	180.8	180.4	179.4	184.5	182.8	178.5	179.9	186.9	185.5	184.3	186.5	188.5	189.0	191.0	186.8	184.0	174.9	5.85
颅宽	147.3	140.9	145.7	146.0	143.3	140.7	138.9	144.8	143.8	140.5	138.8	138.2	140.9	141.4	140.1	132.4	141.1	142.0	142.7	142.7	139.1	144.0	149.4	5.13
颅高	145.7	148.3	142.9	141.7	141.6	144.3	138.8	141.4	143.2	139.5	139.3	137.2	137.8	135.9	137.6	134.7	138.0	141.8	137.6	140.3	138.9	142.0	142.0	5.69
最小额宽	95.3	93.9	91.6	94.3	93.3	94.3	93.1	93.1	93.7	91.0	90.1	89.4	91.5	95.3	95.7	93.3	91.1	96.0	95.0	95.8	94.4	95.0	97.8	4.23
颧宽	145.2	139.4	140.6	137.3	137.1	133.9	120.5	138.7	140.8	135.4	136.3	132.7	132.6	137.4	136.8	135.3	137 0	137.4	140.6	142.0	137.4	138.0	138.0	5.38
上面高	75.0	72.0	74.8	73.3	72.7	75.2	76.0	69.5	73.5	74.0	73.8	75.3	73.8	76.4	71.4	67.8	73.6	71.7	75.0	78.8	71.1	71.0	71.3	4.34
眶宽	45.8	44.0	43.1	42.4	43.5	42.9	42.8	43.4	41.8	42.4	42.0	44.0	—	44.4	40.5	44.4	41.0	41.0	42.3	42.0	41.2	41.0	42.0	1.82
眶高	35.4	34.2	35.2	33.9	34.0	33.5	34.2	32.9	32.4	33.8	33.4	35.5	34.6	37.3	35.0	32.7	35.0	35.2	36.2	—	34.6	34.0	34.5	2.17
鼻高	56.1	57.1	54.7	55.2	52.1	53.5	55.5	53.6	54.0	53.8	53.6	55.3	52.6	57.3	53.8	51.0	51.5	50.6	54.7	54.3	51.0	52.0	50.6	3.27
鼻宽	27.7	27.7	27.5	26.1	27.3	28.5	27.1	27.5	27.3	27.3	26.7	25.0	25.2	25.3	25.6	26.8	25.8	27.5	26.2	25.0	26.1	26.0	25.8	1.83
颅指数	81.61	78.20	80.50	80.49	79.34	78.5	78.83	80.5	80.31	76.46	75.90	77.56	78.75	76.1	75.4	71.9	75.8	75.4	75.6	74.6	74.5	78.5	85.1	2.87
颅长高指数	80.73	82.29	78.91	78.11	78.73	80.43	77.27	77.9	77.64	75.40	76.12	77.02	77.02	72.8	74.7	73.2	74.0	75.2	72.8	73.5	74.4	77.2	81.2	3.06
颅宽高指数	99.04	105.34	98.08	97.05	98.80	103.90	97.37	96.1	99.47	98.47	100.66	99.53	97.81	95.7	98.2	101.5	97.8	99.9	96.4	98.3	99.9	98.6	95.0	4.57
面指数	52.28	52.26	54.31	55.38	53.49	57.79	51.28	52.2	51.86	53.76	54.41	56.80	55.67	55.7	52.2	50.1	53.7	52.2	53.3	55.5	51.7	51.4	51.7	3.12
鼻指数	49.43	48.46	49.45	47.33	52.50	53.40	50.00	49.9	50.15	51.04	49.92	45.33	48.50	43.9	47.9	53.5	50.1	54.3	47.9	.46.0	51.2	50.0	51.0	4.95
眶指数	77.32	77.97	81.83	75.12	78.30	77.96	82.14	76.1	77.71	79.48	79.65	80.66	81.20	84.0	86.1	73.8	85 4	85.9	85.6	—	84.0	82.9	82.1	5.38
额宽指数	69.27	66.57	62.90	64.59	65.35	66.45	67.02	64.9	65.16	64.50	64.77	64.87	64.90	67.4	68.3	70.5	64.6	67.6	66.6	67.1	67.9	66.0	65.5	3.29
面角	85.0	84.3	83.6	85.5	82.4	83.6	81.0	80.4	85.8	83.9	86.7	83.4	—	84.7	—	78.4	—	—	—	—	—	—	—	3.08

表一四　王因新石器组与其他比较组之间的平均组差均方根值的计算表

项目	中国各组												太平洋玻里尼西亚各组										挪威奥斯陆标准差平方 σ^2
	大汶口文化			仰韶文化					青铜时代		现代												
	与西夏侯	与大汶口	与野店	与宝鸡	与华县	与半坡	与横阵	与庙底沟	与殷中小墓	与火烧沟	与现代华北	与现代华南	与毛利尔利	与毛利	与新不列颠	与马克萨斯	与社会岛	与查坦姆	与新西兰（蒙得）	与新西兰（毛利）	与夏威夷	与汤加	
颅长	0.0	0.0	0.0	0.0	0.1	0.0	0.0	0.0	0.5	0.2	0.1	0.0	1.2	0.7	0.4	1.1	1.9	2.1	3.2	1.2	0.4	0.9	34.2
颅宽	1.6	0.1	0.1	0.6	1.7	2.9	0.2	0.5	1.8	2.7	3.1	1.6	1.3	2.0	8.4	1.5	1.1	1.0	0.8	2.6	0.4	0.2	26.3
颅高	0.2	0.2	0.5	0.5	0.1	1.5	0.6	0.2	1.2	1.3	2.2	1.9	3.0	2.0	3.7	1.8	0.5	2.0	0.9	1.4	0.4	0.4	32.4
最小额宽	0.1	0.7	0.1	0.2	0.1	0.3	0.3	0.1	1.0	1.5	1.9	0.8	0.0	0.0	0.2	1.0	0.0	0.0	0.0	0.0	0.0	0.3	17.9
颧宽	1.2	0.7	2.2	2.3	4.4	7.5	1.5	0.7	3.3	2.7	5.4	5.5	2.1	2.4	3.4	2.3	2.1	0.7	0.4	2.1	1.8	1.8	28.9
上面高	0.5	0.0	0.2	0.3	0.0	0.1	1.6	0.1	0.1	0.1	0.0	0.1	0.1	0.7	2.8	0.1	0.6	0.0	0.8	0.8	0.9	0.7	18.8
眶宽	0.9	2.3	3.5	1.6	2.5	2.7	1.7	4.8	3.5	4.4	1.0	—	0.6	8.5	0.6	7.0	7.0	3.7	4.4	6.4	7.0	4.4	3.3
眶高	0.3	0.0	0.5	0.4	0.8	0.3	1.3	1.9	0.5	0.9	0.0	0.1	0.8	0.0	1.6	0.0	0.0	0.1	—	0.1	0.4	0.2	4.7
鼻高	0.1	0.2	0.1	1.5	0.6	0.0	0.6	0.4	0.5	0.6	0.1	1.1	0.1	0.5	2.4	2.0	2.8	0.2	0.3	2.4	1.6	2.8	10.7
鼻宽	0.0	0.0	0.8	0.0	0.2	0.1	0.0	0.0	0.0	0.3	2.2	1.9	1.7	1.3	0.2	1.1	0.0	0.7	2.2	0.8	0.9	1.1	3.3
颅指数	1.4	0.2	0.2	0.6	1.2	0.9	0.2	0.2	3.2	4.0	2.0	1.0	3.7	4.7	11.5	4.1	4.7	4.4	6.0	6.6	1.2	1.5	8.2
颅长高指数	0.3	0.4	0.3	0.4	0.0	1.3	0.9	1.0	3.0	2.3	1.5	1.5	6.7	3.9	6.0	4.8	3.3	6.7	5.6	4.3	1.3	0.0	9.4
颅宽高指数	1.9	0.0	0.2	0.0	1.1	0.1	0.4	0.0	0.0	0.1	0.0	0.1	0.5	0.0	0.3	0.1	0.0	0.3	0.0	0.0	0.0	0.8	20.9
面指数	0.0	0.4	1.0	0.2	3.1	0.1	0.0	0.0	0.2	0.5	2.1	1.2	1.2	0.0	0.5	0.2	0.0	0.1	1.1	0.0	0.1	0.0	9.7
鼻指数	0.0	0.0	0.2	0.4	0.6	0.0	0.0	0.0	0.1	0.0	0.7	0.0	1.2	0.1	0.7	0.0	1.0	0.1	0.5	0.1	0.0	0.1	24.5
眶指数	0.0	0.7	0.2	0.0	0.0	0.8	0.1	0.0	0.2	0.2	0.4	0.5	1.5	2.7	0.4	2.3	2.5	2.4	—	1.5	1.1	0.8	28.9
额宽指数	0.7	3.8	2.0	1.4	0.7	0.5	1.8	1.6	2.1	1.9	1.8	1.8	0.3	0.1	0.1	2.0	0.3	0.7	0.4	0.2	1.0	1.3	10.8
面角	0.0	0.2	0.0	0.7	0.2	1.7	2.2	0.1	0.1	0.3	0.3	—	0.0	—	4.6	—	—	—	—	—	—	—	9.5
$\sqrt{\frac{\Sigma\frac{d^2}{\sigma^2}}{n}}$	0.17 (18)	0.74 (18)	0.81 (18)	0.78 (18)	0.98 (18)	1.07 (18)	0.86 (18)	0.80 (18)	1.09 (18)	1.15 (18)	1.17 (18)	1.09 (16)	1.20 (18)	1.32 (17)	1.63 (18)	1.36 (17)	1.29 (17)	1.22 (17)	1.33 (15)	1.34 (17)	1.04 (17)	1.01 (17)	

(3) 王因墓地的单葬墓占大多数，二次葬墓只占全部发掘墓的约十分之一；但其所包含的人口约占全墓地计数人口的三分之一。二次葬墓中的人数从1人到20多人不等，其中两人以上的二次葬墓约占全部二次葬墓的66.3%。在多人二次葬墓中，男性或大多数为男性同穴的较多，女性或多数为女性同穴的很少，有一部分是异性同穴的。二次葬的主要对象是男性，女性迁葬的相对很少，这是王因墓地男性人口与女性人口比例相差极为悬殊的主要原因。按地层统计，二次葬墓中的人口数比例由早到晚逐层增加，说明二次葬俗在此墓地的中、晚期更为盛行。

(4) 在王因墓地共发现31座合葬墓，合葬人数有两人、三人和五人不等。其成年同性合葬22座，占全部合葬墓的71%，异性合葬4座，约占12.9%，成人和小孩合葬4座(成人有男性也有女性)。因此，王因墓地合葬墓最主要点是同性合葬的比例明显高于异性合葬。在同一合葬墓中，个体之间年龄差不大的墓(一般相差不大于10岁)占多数。

(5) 与二次葬墓中相似，迁出葬墓中男性为主，人数大约是女性的三倍(2.86∶1)。

(6) 二次葬人骨的埋葬情况至少有三种：一种是对迁移骨骼有所选择，在墓穴中的排列也比较整齐。一般是头骨置东位，肢骨置西且束状放置。另一种是骨骼无一定次序堆放。常和其他个体骨骼相错或彼此叠压。还有一种是一部分人体骨架的排列按自然关节连接。但在某些部位的骨骼不在原来自然原位相关节。有时在同一个二次葬墓坑中存在上述两种或三种骨骼排列情况。

(7) 王因墓地人口中也存在普遍拔去一对上侧门齿的风俗，拔牙率为76.8%，拔牙的最小年龄大约在14—16岁间的性成熟期。按地层观察结果，早期拔牙率(43.2%)低于中期(68.3%)，而晚期拔牙更盛行(74.5%)。

(8) 王因墓地发现的变形颅也是枕部畸形类型，出现率约占64.6%，男性频率高于女性。

(9) 在王因墓地人骨鉴定中证实了存在口颊含球的习俗。在有此习俗的21个成年中，女性占90.5%。年龄最小的一个只有6岁左右。

(10) 根据头骨的形态观察和测量，王因组头骨与同一地区大汶口文化组的同质性最明显，与仰韶文化组的形态差别也不很大，与波利尼西亚人种头骨的形态距离则很大。

后记：在整理这部分人骨鉴定资料的过程中和核查某些材料及数字时，得到我所山东队胡秉华、高广仁等多位先生的热情帮助，并提供了考察某些人骨埋葬现象所需要的分层资料。潘其风先生也曾作过少部分人骨的性别年龄鉴定。也从当时参加联合发掘的滕县、兖州、泗水等文化馆的先生处得到许多工作的便利和帮助。在此一并表示谢意。

参考文献

[1] 吴汝康等：《人体测量方法》，科学出版社，1984年。

[2] 刘铮等：《人口统计学》中国人民大学出版社，1985年。

[3] 颜訚：《大汶口新石器时代人骨的研究报告》，《考古学报》1972年1期，91—122页。

[4] 韩康信等：《江苏邳县大墩子新石器时代人骨的研究》，《考古学报》1974年2期，125—141页。

[5] 南京博物院：《江苏邳县四户镇大墩子遗址探掘报告》，《考古学报》1964年2期，9—56页。

[6] 颜訚:《西夏侯新石器时代人骨的研究报告》,《考古学报》1973年2期,91—126页。
[7] 罗金斯基,列文:《人类学基础》,莫斯科大学出版社,1955年。
[8] 张振标:《从野店人骨论山东三组新石器时代居民的种族类型》,《古脊椎动物与古人类》1980年1期,65—75页。
[9] 颜訚等:《宝鸡新石器时代人骨的研究报告》,《古脊椎动物与古人类》1960年1期,33—43页。
[10] 颜訚:《华县新石器时代人骨的研究》,《考古学报》1962年2期,85—104页。
[11] 颜訚等:《西安半坡人骨的研究》,《考古》1960年9期,36—47页。
[12] 考古研究所体质人类学组:《陕西华阴横阵的仰韶文化人骨》,《考古》1977年4期,247—250页。
[13] 韩康信等:《庙底沟二期文化人骨的研究》,《考古学报》1979年2期,255—270页。
[14] 韩康信等:《安阳殷墟中小墓人骨的研究》,《安阳殷墟头骨研究》,文物出版社,1984年。
[15] 据笔者数据。
[16] 步达生:《甘肃河南晚石器时代及甘肃史前后期之人类头骨与现代华北及其他人种之比较》、《古生物志》J种第六号第一册,1928年。
[17] 切薄克萨罗夫:《中国民族人类学》,科学出版社,1982年。
[18] 韩康信等:《大汶口文化居民的种属问题》,《考古学报》1980年3期,387—402页。

(原文发表于《山东王因——新石器时代遗址发掘报告》附录一,
科学出版社,2000年)

图版一

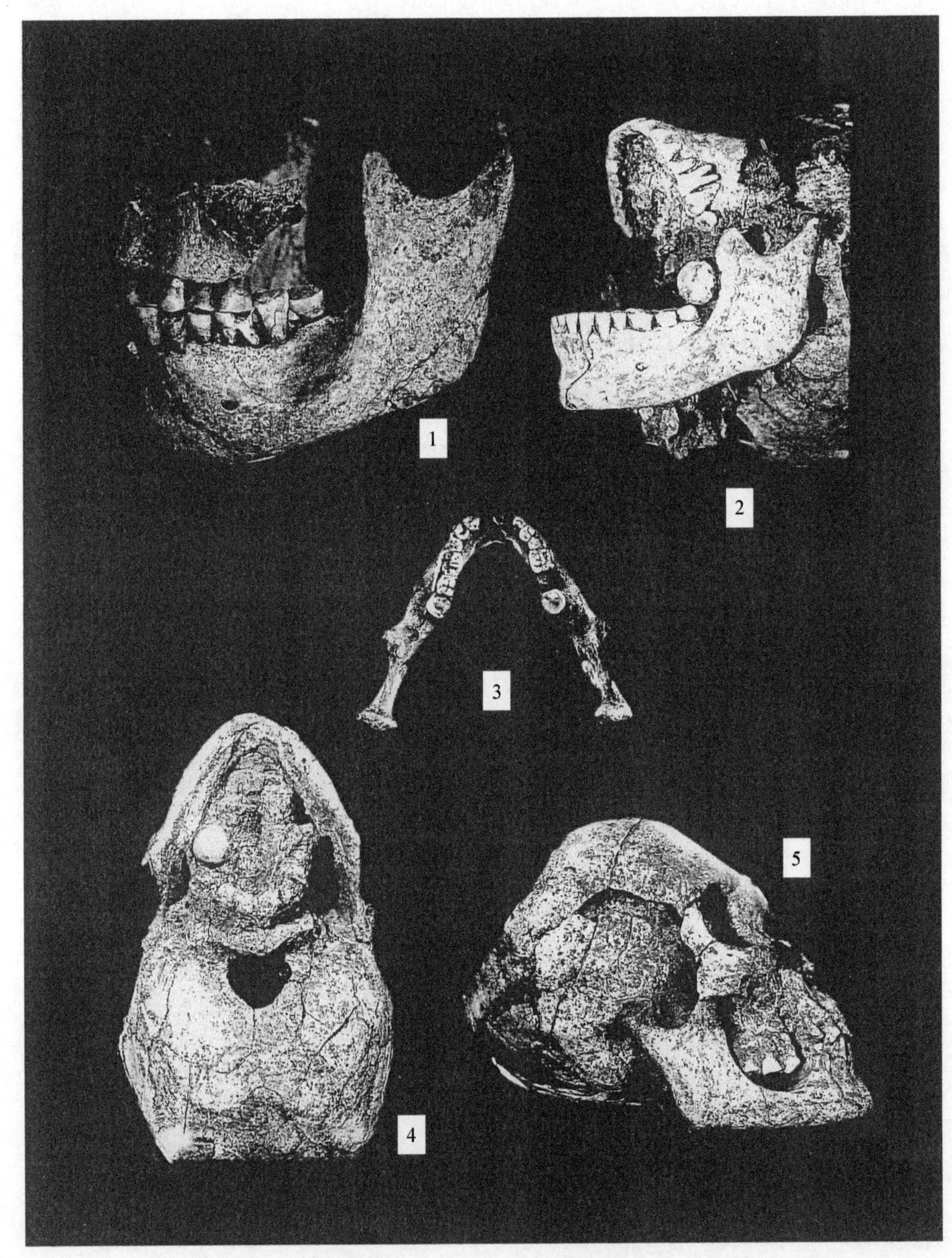

1. 江苏大墩子新石器时代人齿列颊侧磨蚀标本　2. 山东王因新石器时代口颊含石球人骨(M4002,女)
3. 山东王因新石器时代下颌臼齿列颊侧弧形磨蚀标本　4. 山东王因新石器时代口腔含陶球人骨(M2343,女)
5. 人骨同4,齿列颊侧磨蚀引起臼齿脱落和齿槽萎缩(M2343)

山东—苏北新石器时代人口颊含球习俗

图版二

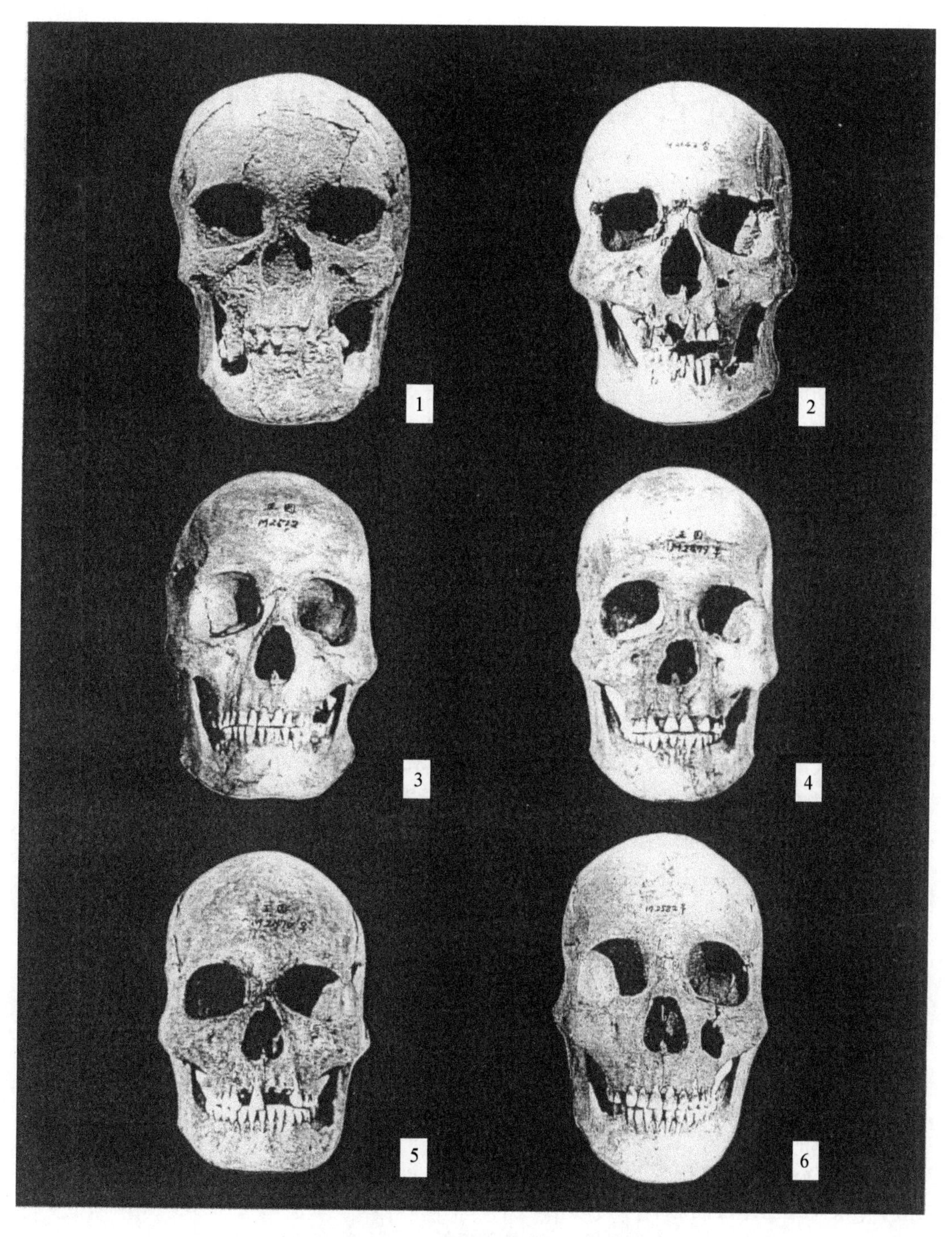

1. M2343 女性头骨　2. M2642 男性头骨　3. M2512 男性头骨
4. M2409 女性头骨　5. M2470 女性头骨　6. M2582 女性头骨

山东兖州王因新石器时代人头骨(正面)

广饶古墓地出土人类学材料的观察与研究

本文报告两批相距不远古墓地出土人类学材料：一批是从广饶县城南约一公里付家墓地出土的人骨，据省文物考古所同志意见，该墓地的时代大约属于大汶口文化中期偏晚至晚期阶段，共发掘199座墓葬。器物组合及器形特征与传统大汶口文化内涵有相当的区别而可能代表鲁北地区新石器时代文化的一个地区类型。从这个墓地人骨的鉴定中，我们挑选了可供观察和测量的头骨20具(男9，女11)。另一批材料则出自距广饶城约半公里的五村墓地，共发掘了属于大汶口文化晚期墓葬76座，商周、春秋至汉代墓30座。这个墓地人骨保存较差，尤其是大汶口文化时期的人骨未能收集可供研究的成组材料。商周至汉代墓中人骨保存的也很少，仅选得4具周—汉代的头骨作历史时期人类学特征的观察与研究。尽管后者数量不多，但过去除研究过大汶口文化期的材料之外，对其后进入历史时期古代居民的人类学特征迄今一无所知。因此，从这几具历史时期头骨的考察，探讨它们和原始时期人类学特征之间的互相关系是有意义的。

对于大汶口文化居民的人类学特征及种属关系，过去由颜訚[1][2]，韩康信[3]等作过初步研究和讨论。因此，在本文中对广饶大汶口新石器时代人类学材料，主要考察与鲁中南地区大汶口时代人类学材料之间的关系。此外在文前扼要报告这两个墓地全部鉴定人骨的死亡年龄分布及性别比例特点。

一　性别与死亡年龄分布

如表一所示，共鉴定付家大汶口文化墓葬180个个体的人骨。由于人骨保存和采集情况的不同，大致能估计性别的111个，占62%。可估计年龄期的109个，占61%。鉴定率低表明，骨骼保存和采集条件较差。在可估计性别的111个个体中，男性或可能男性61个，女性或可能女性50个，男女性比例为61∶50=1.22∶1，即男性比例比女性稍高。以可估计年龄期的109个个体看，该墓地死者的死亡年龄高峰在15—35岁的青壮年期，约占76.1%，可能进入中老年的很少。值得注意的是未成年的比例(15.6%)也相当高。用所有人口死亡年龄的总和算得的平均年龄不高，即成年个体的平均死亡年龄为24.56岁(94人)。以此估计，这个墓地人口的寿命很低。

五村大汶口墓人骨的性别年龄估计结果列于表二。从采集鉴定的68个个体人骨中，可能用来估计性别的只占31个，可鉴定率不到一半(45.6%)，比付家墓地人骨更差。年龄的可鉴别率则比付家墓地的更高，共64个，占94.1%。从可估计性别的31个个体中，

表一　付家大汶口墓葬人口性别年龄统计

年　龄　期	男	女	性别不明	合　计
未成年(14岁以下)	—	1	16	17(15.6%)
青年(15—23岁)	20	14	13	47(43.1%)
壮年(24—35岁)	14	19	3	36(33.0%)
中年(36—55岁)	3	6	—	9(8.3%)
老年(56岁以上)	—	—	—	—
成年(15岁以上)	24	10	37	71
合　计	61	50	61	180

表二　五村大汶口墓葬人口性别年龄统计

年　龄　期	男	女	性别不明	合　计
未成年(I4岁以下)	1	1	32	34(53.1%)
青年(15—23岁)	3	4	2	9(14.1%)
壮年(24—35岁)	6	6	1	13(20.3%)
中年(36—55岁)	4	2	2	8(12.5%)
老年(56岁以上)	—	—	—	—
成年(15岁以上)	3	1	—	4
合　计	17	14	37	68

男女性个体比例为17∶14=1.21∶1,这个比例和付家墓地的几乎相等。最令人惊异的是在死亡年龄分布中,未成年死亡比例特别高,占可估计年龄(64个)个体的53.1%或占全部(68个)个体的50%。其中如下表所示,大概死于5、6岁以下的最多,约占全部未成年死亡个体的69.7%,也就是大多死于从出生婴儿到童年。这样高的夭折率是十分罕见的,显然与某种特殊死亡原因有关,或另有其他原因(如可能恰好发掘到集中埋葬未成年个体的墓区)。去掉这些未成年个体的年龄因素,相对来说,以壮年期死亡比例更高一些,成年个体的平均死亡年龄比付家墓地也高,约为29.82岁(30人)。但如果将上述未成年个体计算在内,则五村大汶口墓人口的平均年龄大为降低,仅达16.83岁(66人)。

表三中列出的五村周—汉代墓性别年龄鉴定个体数很少,只有21个。因此统计性别年龄的分布具有很大的偶然性。在21个个体中,可计男性16个,女性4个,全部可计年龄个体的死亡年龄分布在青年到中年之间,并以壮、中年死亡个体比例较高。在可计年龄的19个成年个体中,平均为34.45岁。这个平均年龄比同一墓地大汶口墓人口的平均年龄(29.82岁)高约四岁半,比付家大汶口墓平均年龄(24.56岁)高约十岁。这似乎说明,历史时期的古代居民存活寿命比相隔二三千年的新石器时代居民明显增高。

表三　五村商周—汉代墓葬人口性别年龄统计

年　龄　期	男	女	性别不明	合　计
未成年(14岁以下)	—	—	—	—
青年(15—23岁)	2	2	—	4(23.5%)

续 表

年 龄 期	男	女	性别不明	合 计
壮年(24—35岁)	6	—	1	7(41.2%)
中年(36—55岁)	5	1	—	6(35.3%)
老年(56岁以上)	—	—	—	—
成年(15岁以上)	3	1	—	4
合 计	16	4	1	21

年 龄	死亡个体	百 分 比
0—2岁	10	33.3%
3—5岁	12	36.3%
6—8岁	5	15.2%
9—11岁	3	9.1%
12—14岁	3	9.1%

二 头骨颅面部形态特征的观察

对广饶头骨观察特征的形态等级分类和描述用词按一般常规观察方法[4][5]，观察结果概述如下。

(一) 付家大汶口头骨的观察(图版一，1—6；图版二，1—9)

颅形 这是指从颅顶面观察的颅形。男性组接近卵圆形较多(5例占55.6%)，近似楔形的其次(3例占33.3%)，菱形1例。女性组则楔形颅较多(7例占63.6%)，卵圆形其次(3例占27.3%)，椭圆1例。较多楔形颅的出现，显然和枕部畸形颅的存在有关。由鉴定记录粗计，在可观察此项特征的36例头骨中，大致从轻度到重度畸形的约占27例，为全部头骨的75%。颅形基本正常的约9例，占25%。在畸形颅中，除2例性别不明外，其余25例女性占15例，男性占10例。如计性别，男性畸形颅的出现13例中占10例(76.9%)，女性为19例中占15例(78.9%)，出现频率大致相同，可见畸形颅的出现与性别无大关系。此外，从轻度畸形颅来看，大多保留着不对称的卵圆形特点，而且无论在男女性中，接近卵圆形头骨的出现都较普遍。因此，这组头骨不受畸形影响的自然颅形大概也是以卵圆形占优势。

颅形不对称 在本组头骨中，比较普遍的畸形颅有许多是左右不对称的。在9例男性头骨中，明显左右不对称的3例约占33.3%，轻度不对称的1例为11.1%，对称的5例占55.6%。女性11例头骨中，明显不对称颅2例占18.2%，轻度不对称的4例占36.4%，对称的5例占45.5%。而且在所有10例不对称头骨中，畸形部位偏于右枕部的占9例，偏左的仅1例。

颅顶缝形态 这里指突状缝的形态。由于此缝各段形态不尽相同，因此分前囟段、顶段、顶孔段和后段四部分分开观察记录。本组头骨的矢状缝无论男女性组在前囟段缝型为简单的微波或深波，顶段大多数是较简单的锯齿形或深波形，复杂形很少。顶孔段是微波形居多和少数深波形。后段锯齿形较多,复杂形出现比其他段升高。总的来说,本组头骨缝型属于简单类型。

额中缝　这是指在成年人头骨的鼻根至前囟间偶然保存或全长或部分长的骨缝。此缝通常在出生后一二岁即消失。额中缝的保存可能与某种遗传因素有关,也有明显地理或种族的变异。本组头骨中尚未发现一例保存此种骨缝。

前额坡度　观察前额由鼻根向上后方升起和弯曲程度。这一特征存在较明显的性别差和年龄差。如成年女性和小孩头骨一般由于额结节比较发达而使前额显得丰满,因而上升和弯曲的坡度常较陡直。成年男性头骨则常因额部欠丰满而显得更倾斜一些。不同地区种族的额倾斜也有些差异,如西伯利亚和北极蒙古人种头骨的额坡度一般较远东和南亚蒙古人种头骨更后斜一些。在本组头骨中,无论男性还是女性以直形额最多(55.6%和66.7%),男性直形额的出现稍低于女性。

眉弓发达程度　这个特征的发达程度常作为考察性别标志之一。在人类进化过程中,这一特征由如猿人类的极其粗壮的眉嵴弱化到现代人的眉弓突起。在某些现代种族中,眉弓的发达程度不一,如土著澳大利亚人具有极粗壮发达的眉嵴,蒙古人种的眉弓突度相对比较弱。在本组头骨中,男性呈弱及发达的类型各占一部分,而女性则绝大部分是弱型,其两性差异相当明显。眉弓对眶上缘所占位置也是如此,即男性组都在小于或等于到大于眶上缘二分之一类型,女性组则完全在缺如和小于二分之一等级内。

眉间突度　这个特征在本组头骨中不属于强烈发达的类型。按六级分法,男性头骨全都在Ⅰ—Ⅲ级范围,其中约半数多属Ⅲ级(中等发达),其余属Ⅰ—Ⅱ级。女性组中则更弱,全都是Ⅰ—Ⅱ级弱的类型,两性差也较明显。

矢状嵴　在额顶部中间矢状方向上出现的嵴状构造,由此向两外侧形成明显的斜坡。此形较常见于爱斯基摩人,现代中国人、澳大利亚土著人和美洲印第安人头骨上的出现率也较高。在本组男性头骨中具有类似形态的都是轻微的类型,约占62%。女组中则全都无此形态。

鼻突度　指鼻骨突起程度。此项特征有明显的人种差异。本组男性鼻突度小的类型较多(约占55.6%),很小的类型也占相当的部分,仅发现个别达到中等程度。女组中则很小的类型约占一半,其余大多数也是弱的类型。这种弱的鼻突起是蒙古人种的一般形态特点之一,欧洲人种通常具有较强烈或强烈突起的鼻。

鼻根凹陷　其深浅常和眉弓、眉间及鼻突起强弱有关。蒙古人种的鼻根凹陷常较浅或平,但在有些人种中,如土著澳大利亚人和美拉尼西亚人多见深陷的鼻根。在欧洲人种头骨上也较多见深的类型。将这个特征按无、浅、深三类观察,本组男性头骨全都是浅或无类型(各占一半),未见1例深型。女组则全是平的类型。

梨状孔形态　骨性鼻腔的前口,由鼻骨下缘和左右上颌内侧鼻腔缘共同围成的鼻孔。在两种形态中,男组梨形多,心形少。女组则心形稍多于梨形。

梨状孔下缘形态　即鼻孔下缘的形态,男组多见婴儿型(或称钝型,即下缘不锐利),部分鼻前窝型(下缘有小凹陷)。女组也是较多婴儿型(约占半数)和相当多的人型(即锐型,下缘成锐利状),鼻前窝型少。据称在现代蒙古人种头骨中,鼻前窝型出现比例相对较高。但在本组头骨中,这个特点不明确。

眶形　眶口形状的分类不同学者不全相同。颜訚在观察大汶口新石器时代头骨的眶形时，分为圆钝型，角型兼四边型，钝圆兼四边型，低矮型，高型，圆钝兼低矮型，圆钝兼角型等。在观察西夏侯新石器头骨时，则取了上述七型中的圆钝、低矮、角型和高型四种。本文分类则取圆形，椭圆形，方形，长方形和斜方形五种。在本组男性头骨中，近似椭圆形较多，斜方形其次(但眶角仍显较钝)。女组中也是椭圆形较多，圆形和眶角较钝的斜方形其次。从眶角形态来看，这组头骨基本上属于钝型。这种类型也是蒙古人种眶形的常见特征之一。相对来说，眶角较锐的角形眶较多见于欧洲人种头骨。

眶口平面倾斜度　这是指头骨放置福兰克佛标准平面时，从侧面观察眶口平面与标准平面相交的前倾、垂直或后斜程度。本组头骨中，男性后斜的类型较多，一部分有些接近垂直型，无前倾型。女组则全是后斜型。这种后斜型在蒙古人种头骨中较普遍，在具有深陷眶形欧洲人种头骨中则较多见前倾型。

鼻前棘或称鼻棘　这是梨状孔下缘正中向前方突出的尖形小骨棘。据认为这种骨棘大小发达程度与鼻子大小高低程度有关。如鼻棘发达且棘尖方向朝前下方者，常与长狭而高的鹰嘴形软鼻相联系。小而弱的鼻棘多见于蒙古人种，发达的鼻棘多见于欧洲人种。本组头骨的鼻棘不发达，大多数在中等以下(Ⅰ—Ⅲ级)，发达的鼻棘(Ⅳ、Ⅴ级)很少见。这种情况与其他大汶口文化和仰韶文化遗址出土的头骨都是共同的。

犬齿窝　这个特征位于眼眶下方，在眶下孔下外和齿槽突上方之间的部位常见有深浅不等的窝。按白乐加氏五分法，本组男性头骨上以浅—中等深的居多，深的较少。女组虽以浅—中等深较多一些，但也有一部分深型。以 0—4 等级记分，男组平均等级为 1.71，女组为 1.75，大体上属于浅—中等深之间的类型。

腭形　这是上颌齿槽弓的形状。大体上粗分为 U 形，V 形和椭圆形。本组头骨无论男女性均以较短宽的椭圆形占大多数，个别近似 V 形。短宽腭形亦较常见于蒙古人种头骨。

铲形上门齿　即上颌中、侧门齿齿冠舌面呈凹槽而近似铲形。本组头骨中，由于门齿大多脱落丢失，可观察此项特征的例数很少。在保存有上门齿的仅有 8 例(男 3，女 5)中，全都呈现显著程度不一的铲形。一般此项特征的出现率以蒙古人种为高，但在某些欧洲人种中也不乏这种特征。在中国境内的化石人种中，这种类似铲形门齿的结构可追溯到中国猿人类型。

其他特征　如拔除左右一对上侧门齿的风俗在大汶口新石器时代居民的头骨上最为常见[6]。有趣的是在地处鲁北的付家大汶口墓地人骨上竟未发现一例拔牙头骨。仅在属于五村大汶口墓葬的一例女性头骨上发现拔除了一对上侧门齿。可见这种特征在广饶大汶口墓地人口中已几不成俗或并未施行此种风俗。此外，如前文说过，作为文化习俗的枕部畸形在广饶大汶口头骨中较为普遍，而且都属畸形颅中最简单的枕型。被颜訚认作波利尼西亚人种特征之一的所谓“摇椅下颌”(下颌体下缘成明显的圆弧形，当下颌水平放置时可晃动如摇椅)在广饶头骨中未曾发现一例。

据上观察，一般来说，广饶大汶口的基本形态是颅顶缝属于简单或比较简单类型，眉弓和眉间突度不强烈。男性头骨中有一部分有轻度类似矢状嵴结构。鼻突度小，鼻根凹陷浅或平，眼角都比较圆钝，鼻棘小，犬齿窝平均等级浅—中之间。腭形短宽，眶口平面多后斜型，门齿铲形率高。这样一系列形态组合特征显然在我国黄河中、下游新石器时代头骨上常见的，尤其与颜訚研究过的大汶口、西夏侯墓地出土头骨相比，它们之间许多相似点(表五)有如下：

表五　付家大汶口组与泰安大汶口、曲阜西夏侯组颅面观察形态比较

形态特征	广饶付家人	泰安大汶口	曲阜西夏侯
颅　形	楔形和卵圆形较多	多卵圆形和楔形	五角形和楔形较多，也有卵圆形
颅形不对称	不对称普遍，男女右偏较多，左偏少	不对称较普遍，男偏左多，女偏右多	不对称普遍，男偏左右各一半，女偏右稍多
颅顶缝	简单或极简单	简单或极简单	简单或极简单
眉　弓	男达眶上缘中点较多，女弱的多	男达眶上缘中点较多，女弱的多	男达眶上缘中点较多，女弱的多
眶　形	眶角多圆钝形	圆钝眶形为主	全属圆钝眶形
鼻　形	男梨形和心形多，女心形和梨形多	男心形和梨形居多，女梨形多	男梨形和心形较多，女三角形和心形较多
梨状孔下缘	男婴儿型多，部分鼻前窝型，女婴儿型和人型多，窝型少	男女皆鼻前窝型出现相对较多	男婴儿型和鼻前窝型更多，女人型和鼻前窝型更多
鼻　棘	男多数Ⅰ—Ⅲ级，女多Ⅰ—Ⅱ级	Ⅰ—Ⅱ级较多	均Ⅰ—Ⅱ级
犬齿窝	浅型较多	浅型多	浅型多
拔　牙	不拔牙	普遍拔除一对上侧门齿	普遍拔除一对上侧门齿
畸形颅	枕部畸形较普遍	枕部畸形较普遍	枕部畸形较普遍

表注：大汶口、西夏侯组形态观察摘引自文献〔1〕和〔2〕。

1. 自然颅形可能多近卵圆形，但由于枕部畸形影响，都出现较多楔形颅。
2. 头骨不对称性较普遍，或偏左或偏右不对称皆有出现，似以女性偏右较多见。
3. 都有简单形式的颅顶缝。
4. 眉弓突度都较弱，少见强烈粗壮类型。
5. 眶角圆钝类型为多。
6. 鼻棘都不发达，多Ⅰ—Ⅱ型。
7. 犬齿窝浅型多。
8. 畸形颅都较普遍，且都属简单的枕部扁平型。

主要差别仅在梨状孔和梨状孔下缘各种形态类型出现率上不尽一致。在广饶大汶口组中没有发现拔牙风俗则属于文化上的差异。

(二) 五村周—春秋—汉代头骨形态特征(图版拾捌，7—9)

对4具男性头骨观察特征摘录如下：

颅形——卵圆形2具，菱形2具；

头骨不对称——皆对称；

额中缝——未出现；

前额坡度——3具中斜，1具直形；

眉弓——显著1例，特显2例，粗壮1例；

眉间突度——都较强烈，在Ⅳ—Ⅴ级间；

矢状嵴——弱1具，无3具；

鼻突度——弱或很弱；
鼻根凹陷——浅，深各2具；
梨状孔——梨形3具，心形1具；
梨状孔下缘——鼻前窝型3具，婴儿型1具；
眶形——眶角较钝的斜方形3具，椭圆形1具；
鼻棘——Ⅲ级2具，Ⅳ—Ⅴ级各1具；
犬齿窝——浅—无3具，中等深1具；
腭形——椭圆形2具，V、U形各1具；
眶口平面倾斜度——后斜3具，垂直1具；
上门齿铲形——仅1具保存上第二门齿，属铲形；
拔牙——不拔牙；
畸形颅——全正常颅形。

五村历史时期头骨数量太少，尽管难有统计意义，但仍有可能指出它们某些一般特点。如存在卵圆形颅，颅顶缝不复杂，鼻突度小，多见梨形鼻孔，下缘多见鼻前窝型，眶角钝，犬齿窝不深，短宽腭形，眶口平面倾斜度多后斜型，上门齿铲形等。这样一系列特征之组合，与上述同地区新石器时代头骨的相应观察特征的组合情况相比，并无基本的差异。而其中的某些区别，如五村几具头骨有更强烈的眉间和眉弓突度，较发达的鼻棘及鼻根凹陷较明显等，可能是这几具头骨的男性特征表现得更强烈。

三　颅面部测量特征的比较

(一) 付家大汶口头骨两性类型的比较

付家大汶口头骨男女性基本的平均颅面类型指数和角度测量值列于表六。按这些测量数据观察其所代表的形态类型如下：

表六　付家大汶口头骨男女性组形态类型比较

马丁号	项　目		男	女	形　态　类　型	
					男	女
8/1	颅指数		84.65(8)	85.84(9)	短颅型上界	特短颅型下界
17/1	颅长高指数		83.50(5)	83.64(7)	高颅型	高颅型
17/8	颅宽高指数		97.13(5)	98.41(7)	中颅型上界	狭颅型下界
48/45	上面指数		55.90(6)	56.11(5)	狭上面型	狭上面型
9/8	额宽指数		62.14(8)	63.20(9)	狭额型	狭额型
40/5	面突度指数		97.04(6)	93.73(7)	平颌型	平颌型
52/51	眶指数	左	80.62(9)	83.70(11)	中眶型	中眶型
		右	79.85(9)	82.86(12)	中眶型	中眶型
54/55	鼻指数		50.49(9)	50.32(12)	中鼻型上界	中鼻型上界
63/62	腭指数		102.20(9)	96.79(5)	阔腭型	阔腭型
61/60	齿槽弓指数		130.17(8)	120.97(8)	短齿槽型	短齿槽型

续　表

马丁号	项　　目	男	女	形　态　类　型	
				男	女
72	面角	87.3(7)	86.8(8)	平颌型	平颌型
73	鼻面角	89.4(7)	89.3(8)	平颌型	平颌型
74	齿槽面角	77.5(7)	78.3(8)	突颌型	突颌型
77	鼻颧角	147.2(9)	147.2(11)	扁平度大	扁平度大
—	颧上颌角(zm<)	131.3(9)	129.9(10)	扁平度大	扁平度大

男性颅指数为短颅型上界，女组在特短颅型下界，但两者指数值接近。

男女性颅长高指数几相同，皆属典型高颅类型。

男组颅宽高指数在中颅型上界，女组在狭颅型下界，但两者实际组差很小，不足1个指数单位。

男女组上面指数很接近，皆属狭面型。

额宽指数性别组差仅约1个指数单位，皆属狭额型。

女组眶指数比男组更大约3个指数单位，但两者都在中眶型变异范围。

男女组鼻指数几相同，中鼻型上界近阔鼻型下界。

男女组侧面方向突出角度(面角)相差很小，突度都很弱，属平颌类型。鼻两角的情况也基本相同。

男女组的上齿槽突度也几相等，其齿槽两角组差也很小，平均为突颌型。

男女组的鼻颧角和颧上颌角都非常接近，表明在上面部和中面部水平上的面部遍平度属于相同的类型，即面部水平扁平度大的类型。

从以上男女颅面类型测量特征的比较不难看出，付家大汶口头骨的两性组间差异很少而表现出强烈的相似性。而某些项目组值差异较大如女组眶指数更高(眶形更高)，腭指数较男组更小(腭形相对更狭长)，则可能属于性别差异而无种族类型学的意义。因此可以确定，付家男女组头骨具有相同的体质类型。

(二) 付家大汶口组与其他大汶口组头骨测量特征的比较

广饶付家大汶口头骨在颅形测量上与泰安大汶口和曲阜西夏侯组彼此接近或相差程度不尽相同(见表七)。如在颅长上，比西夏侯组明显更短，比大汶口组稍长，似更近大汶口组。颅宽则相反，比大汶口组明显更狭，而与西夏侯组的相应值接近。颅高则比大汶口和西夏侯组都明显更小。在颅部形态指数项目上也是如此，例如颅指数介于大汶口和西夏侯组之间，但与大汶口组的差异更大一些。颅长高指数上也与大汶口组的差别更大一些，与西夏侯组接近。颅宽高指数则相反，付家组与大汶口组很接近，西夏侯组则有大得多的指数值。这种或近大汶口组，或近西夏侯组，或都不接近的情况除可能反映某种程度的组间差异外，更主要的应归之于在这三组头骨中具有不同轻重及普遍程度的畸形颅存在。如据颜訚统计，在西夏侯的8具头骨中(男性)，具有轻、重度不等的畸形颅约占50%[2]，在大汶口组中则为100%[1]，而在付家组中，据观察9具男性头骨，有轻—重不等畸形颅比例介于前两者之间，即约占77%(9具头骨中有7具畸形)。又据现场观察记录的36具头骨中，有变形者占75%(23具)。因此，在颅骨形态指数上，广饶付家组与大汶口和西夏侯组之间未能在数值上表现出接近的关系并不奇怪。这说明，在畸形颅之间利用颅部形态指数值进行比较并不能得到使人满意的效果。为此，有些国内外学者对畸形颅作过不少研究和讨论，并且企图阐明畸形颅与原来自然颅形之间在测量上的相互关系，直至提出某些校正方法。如颜訚曾对大汶口、西夏侯两组头骨的长、高、宽进行了校正，并获得接近的颅指数(80.5和78.2)[2]。但这类方法仍属一种大概近似的估算，其实际的精确度是比较难确定的。因此，从畸形颅的测量上比这种估计方法更客观地确定它们在颅形上的关系是很困难的。相比之下，面部形态的测量项目受畸形颅影响很小或不受影响，因而利用面形的测量进行组间比较更为客观一些。下边是对付家组头骨与大汶口、西夏侯两组面部测量的比较概述。

表七　广饶大汶口组和周—汉代组与其他组测量特征比较(男)

马丁号	项　　目	广饶付家 大汶口组	泰安 大汶口组	曲阜 西夏侯组	广饶五村 周—汉代组	安阳殷代组
1	颅长	170.7(8)	168.7(12)	176.2(9)	185.5(4)	184.5(42)
8	颅宽	143.1(8)	150.1(12)	143.9(9)	145.4(4)	140.5(40)
8/1	颅指数	84.65(8)	90.46(11)	81.97(9)	78.5(4)	76.46(36)
17	颅高	141.7(6)	147.9(11)	147.7(9)	138.6(3)	139.5(39)
17/1	颅长高指数	83.50(5)	88.24(10)	83.91(9)	74.80(3)	75.40(35)
17/8	颧宽高指数	97.13(5)	97.46(11)	105.07(8)	97.06(3)	98.47(33)
9	最小额宽	90.3(9)	91.6(14)	93.9(9)	92.0(4)	91.0(46)
32	额角	83.7(7)	—	83.5(8)	83.4(4)	83.2(34)
45	颧宽	134.5(8)	140.6(8)	139.4(7)	137.6(3)	135.4(21)
46	中面宽	105.6(9)	106.4(11)	102.9(8)	100.9(4)	101.9(29)
48	上面高(sd)	74.2(9)	77.3(10)*	74.3(9)*	74.3(4)	74.0(33)
48/45	上面指数	55.90(6)	55.02(7)*	54.17(7)*	53.99(3)	53.76(18)
48/46	中上面指数	70.41(9)	〔72.69〕	〔72.24〕	73.63(4)	70.93(21)
48/17	垂直颅面指数	52.43(5)	54.13(8)*	50.25(6)*	53.72(3)	53.44(27)
72	面角	87.3(7)	83.6(9)	84.4(8)	83.8(3)	83.9(30)
77	鼻颧角	147.2(9)	149.8(11)	145.0(8)	147.1(4)	144.4(36)
—	颧上颌角(zm<)	131.3(9)	134.7(11)	131.7(8)	125.9(4)	128.8(26)
52/51	眶指数　　右	79.85(9)	81.94(11)	77.97(8)	80.35(4)	78.68(33)
54/55	鼻指数	50.49(9)	48.70(8)	48.46(9)	50.34(4)	51.04(36)
—	鼻根指数(ss/sc)	21.44(9)	33.60(9)	31.05(8)	29.92(4)	36.50(37)

表注：泰安大汶口、曲阜西夏侯组数值取自文献〔1〕、〔2〕，安阳殷代组取自文献〔7〕，有“※”者为颜訚测量上面高的校正值(见文献〔8〕表三注)。

方括号中数值是以平均数计算的估计值。

额最小宽——付家组大致有如大汶口组的最小额宽，两者间的组差小于大汶口和西夏侯两组之间的变异。

面宽——以颧宽相比，付家组比大汶口和西夏侯组都明显更狭，而后两组更宽且互相接近。这种情况说明，在付家组和大汶口、西夏侯组之间，在面部宽度上可能存在组间差异。这样的例子在仰韶文化的几组头骨上也存在,如华县和半坡组的面宽比宝鸡组明显更狭。但就本组材料来说,也还有另一种可能,即这种组差是由于测量的例数过少及标本的不完整性引起的。如付家组只包括9具男性头骨,其中虽有8具提供了颧宽值,然而其中有半数颧弓不完整,因此测得的颧宽可能是有些偏小的近似参考值,实际的面宽可能要大一些。为了说明这种可能性,可以参考与颧宽相关性很大的中面宽,在这项测量上,付家组的数值并不显得尤如颧宽那样狭,而是介于大汶口和西夏侯组之间,且与大汶口组的中面宽值很接近,它们都同属很大中面宽的类型。

上面高——付家组上面高与西夏侯组面高校正值几相等,大汶口组则更高。

面部形态指数——根据上面指数,付家组的指数比大汶口和西夏侯组较高一些,这显然受较狭颧宽的影响。尽管如此,与后两组的差异并不大,而且与大汶口组更接近一些。以中面指数估计,付家组比其余两组低一些,但差距不大。垂直颅面指数则介于大汶口和西夏侯组之间,与后两组分别差异不大。因此可以说,付家组与其余两个大汶口组之间在面形上基本相近。

鼻部形态指数——付家组鼻指数稍大于大汶口和西夏侯组而略倾向阔鼻,但其指数与后两组差异不大,都在中鼻型。鼻根指数表示鼻骨在基部突起程度。一般来说,无论付家、大汶口还是西夏侯组皆属于低鼻根性质。但在指数值上,付家组比后两者显得更小,因而鼻突度可能也更弱。

额倾斜度——额倾角可估计额部向后上方弯曲的坡度。付家组角度与西夏侯组几相等,大汶口组则缺乏这项测量。

面部水平方向扁平度——以鼻颧角比较,付家组在鼻颧水平截面上的扁平度很大,其角度在大汶口和西夏侯组之间,与它们相差都不大。以颧上颌角比较,中面水平上的扁平度也大,其角度尤与西夏侯组很接近。这两个项目的测量表明,付家组与大汶口、西夏侯两组都属于面部相当扁平的类型。

面部矢状方向突度——从面角值来看,付家组的突度更弱一些,属平颌型。大汶口和西夏侯组则更接近,属中颌型。

眶形——付家组眶指数在大汶口组和西夏侯组指数值之间,与它们相差不大。类型上,三组都归于中眶型。

根据以上分析,对付家大汶口组与大汶口和西夏侯组之间的形态关系获得如下印象,即由于存在较普遍的枕部畸形,影响了全组的颅部主要直径的测量,使颅形显著变短而归入短颅类型。颅高虽不如大汶口和西夏侯变形颅组那样高,但按颅长高指数分类,仍属典型高颅型。按宽高指数,则与大汶口组相似,接近狭颅型,而西夏侯组则更狭。总之,从受畸形影响的颅形测量上或在颅形一般特征上,与同名文化的大汶口、西夏侯变形颅组有明显的共同性。

在面部形态测量上的共同点更明确,如额部倾斜都在中—直之间,都有很宽的中面宽,绝对和相对面高都属高狭面型,面部水平方向扁平度都大,具有中等高的眶型。鼻形虽有些阔鼻倾向,但都在中鼻型范围内变异。差异较明显的只有面部在矢状方向上的突度比其他两个大汶口组更弱一些,鼻突度也更弱一些。

总之,付家大汶口新石器时代居民的头骨形态特点与鲁中南地区大汶口文化居民的头骨之间存在明显的同质性，证明他们在体质上属于同种系类型。

（三）五村周—春秋—汉代头骨的测量特征

从广饶五村采集可供观察研究的周—汉代头骨只有男性头骨 4 具，其中周代 2 具，春秋时期 1 具，汉代 1 具。由于这几具头骨的基本形态相近，因此在本文中将它们合在一起作为历史时期的一组头骨进行观察比较。在这个历史时期头骨组与同地区付家大汶口新石器时代组之间相隔了整个龙山文化时期的人类学材料。因此，在两者之间的骨骼形态测量特征上存在何种关系是值得考察的问题。由于目前在山东境内还缺乏任何龙山时期人类学材料的调查，在比较材料中只能直接同大汶口时期的资料作一些比较，并增加时代相近的殷代中小墓组测量数据[7]进行考察（见表七）。

首先，广饶五村周—汉代组与大汶口各组在颅形绝对和相对测量上的差异极为明显。其主要原因是后者有普遍的畸形颅，而周—汉代组头骨无任何畸形。就颅指数一项来说，周—汉组属于中颅型，与大汶口文化各组的变形颅组有明显差异。相反，与颅形正常的殷代组颅形比较一致。然而正如前述，大汶口文化各组的短颅型是受枕部畸形的影响形成的。那么它们自然颅型颜訚曾以校正方法进行过推测。据他提供大汶口和西夏侯两组的校正颅指数为 78.71 和 78.20（前者是对变形颅指数的校正值，后者是排除了畸形颅后计算正常颅的指数值）。如果他提供的校正数有一定的可信度，那么大汶口文化居民大概具有中颅型基础。如果是这样的话，周—汉代颅型可能与本地新石器时代的颅型应该有溯源上的关系。

在相对颅高的测定上，五村周—汉组的长高指数比同地区大汶口各组的明显偏低（后者受畸形影响颅高增大），大体上在正颅型和高颅型之间。而这一特征又和殷代组相似（高颅型下界接近正颅型上界）。但在相对颅宽的测定上，无论周—汉组还是殷代组都与大汶口文化各组没有明显的区别（只有西夏侯组表现出了很大的指数值）。如果西夏侯组的测定在技术上没有大的差误的话，那么在这项特征上，大汶口文化各组间可能有较大的变差。

在额部形态上，五村周—汉组的最小额宽与大汶口各组及殷代组没有大的差异，仅西夏侯组更宽一些。据额倾角的测量，五村周—汉组与其他对照各组也很接近，大体上在中斜—直形额之间。

在面形特征上，五村周—汉组之绝对上面高大体上属于较高类型，与付家和西夏侯大汶口组和殷代组都很接近，但大汶口组校正值是更高的类型。然而在面宽（颧宽）绝对值上，周—汉组比大汶口和西夏侯组更狭一些，比殷代组和付家大汶口组又更宽一些。如以中面宽比较，五村周—汉组和殷代组都比大汶口各组狭一些（但依然都属于宽的类型）。这一点在相对面高的测定上也表现出来，即五村周—汉组与殷代组的上面指数很接近，但都低于大汶口各组。然而其间的组间差异变化幅度并不大，略高于 2 个指数单位，显示了它们在面型上基本同类。中面指数的比较也大体如此，周—汉组虽属最高，但与大汶口、西夏侯及殷代组的差别不大。在垂直颅面指数上，五村周—汉组与殷代组很接近，且也都在其余三个大汶口组不大的组间变异范围之内。

比较面部水平方向突度，在鼻颧水平的扁平度上，五村周—汉组比较大，其鼻颧角与付家大汶口组几乎相等，而落在另两个大汶口组的组间差异之内。相比之下，殷代组的扁平度不如它们明显。然而在颧颌水平的扁平度上，五村周—汉组比三个大汶口组明显更小，而殷代组在这个特征上也有类似变小之势。

在面部矢状方向突度上，五村周—汉组的面角与大汶口、西夏侯两组及殷代组都很接近，大体上都可归入中颌型，付家大汶口组的面角则更大一些，达到平颌型。

以眶指数作眶部形态比较，五村周—汉组与其他组相比，都属于中眶型。在测量值上也没有表现出明显差异。

鼻形上，五村周—汉组鼻指数为中鼻型接近阔鼻下界，这个特点与付家大汶口组的特点十分相似，也与殷代组的阔鼻倾向相符。和另两个大汶口组之间，也没有特别明显的差距。以鼻根指数表示鼻突度，所有组都是弱或很弱类型，但此指数值组间差异表现出明显的变动。这可能与该项目的测量在方法、仪器和操作上容易产生较大误差有关，但不排除存在某种组差的可能性。

由以上颅面形态测量特征的组间比较分析，不难看出，广饶五村周—汉组与时代早两三千年的大汶口新石器时代头骨组之间，在额形，面型和鼻型上仍表现出相当明显的共同点，这种共同点也可能包括具有共同的中颅型基础。另一方面，在以上这些特征上，五村周—汉组与大体同时期的殷代人头骨之间，也表现出清楚的相似性，尤其在某些面形特征上，如面宽有些变窄，颧颌面水平的面部突度有些变大等，与殷代组的趋势相似。而这样的变异趋势，可能使它们在面形上具有更接近同地域华北类型的特点。例如据步达生的测量，现代华北人的颧宽更狭(132.7)，中面宽也是如此(97.9)。又据步氏自己设计的下面扁平度角(zm-ns-zm)，甘肃史前合并组为144.5，铜石时代组为139.0，现代华北组为137.8[9]。这种类似的变异趋势大概也可能发生在黄河下游地区。由此可见，广饶五村周—汉时期居民尽管与同地区大汶口新石器时代居民之间有一个二三千年的空隔，但两者在体质形态学上的基本延续关系是相当明显的。他们之间的差异大概在周—汉历史时期，表现在某些面部细节特点上，有些更趋向现代方向变异。与殷代人相似可能是一个证明。

四 结 语

本文对广饶付家和五村古墓地出土人骨的性别年龄和体质形态特点进行了鉴定和研究。一共鉴定了付家大汶口文化期墓葬人骨180具，五村大汶口期68具和五村周—春秋—汉代墓21具。并从中采集了20具大汶口期和4具周—汉代头骨进行了观察和测量。

在180具付家大汶口墓人骨鉴定中，能估计性别的111具(62%)，其中男性或可能男性的61具，女性或可能女性的50个，两性比例为1.22∶1，男性稍多于女性。可估计年龄期的约109具(61%)，其中人口死亡年龄高峰在15—35岁的青、壮年期(占76.1%)，可能进入中老年的很少。94具成年个体平均年龄为24.56岁，未成年死亡比例也相当高(15.6%)。以此估计该人口的平均寿命很低。

在68具五村大汶口墓人骨鉴定中，可估计性别者仅占31具(45.6%)，其中男性17具，女性14具，两性比例1.21∶1，与付家大汶口的两性比例几乎相同。可估计年龄者64具(94.1%)，其中尤令人注意的是有一半多个体夭折于未成年，而且又多数死于刚出生婴儿到五、六岁幼童(占未成年死亡总数的69.7%)。如此高的夭折率或与某种特殊致死因素有关，也可能被发掘区是集中埋葬幼儿墓地的一部分。排除这个夭折因素，计算30具成年个体的平均死亡年龄为29.82岁，比付家大汶口墓地的死亡平均年龄高。

五村周—春秋—汉代墓21具人骨中，可估计男性16具，女性4具。死亡年龄皆分布在青年—中年之间，以壮、中年百分比较高。19具成年个体的平均死亡年龄为34.45岁，比两个同区大汶口墓葬人口的平均死亡年龄明显增高。这可能说明，该地区历史时期的生存条件比其新石器时代的条件更稳定。

从头骨形态观察与测量特征的比较，广饶付家大汶口墓地居民在体质上与其他鲁中南大汶口文化居民具有明显的共同点而表现出强烈的同种系类群。五村周—汉代历史时期居民一方面保持着该地区新石器时代居民的一般形态特征，同时在某些细节特征上趋近现代华北地区类型。但由于历史时期材料还很少，而且缺乏龙山时期的资料进行比较，因此对以上初步认识有待收集更多材料补证。

大汶口新石器时代居民种系问题，颜訚认为与现代波利尼西亚人种接近[1]。韩康信等则在《大汶口文化居民的种属问题》一文中，以不同形态距离测定方法，指出大汶口新石器时代居民与仰韶文化居民之间的形态距离比它们同波利尼西亚人种的距离明显更小，而且波利尼西亚人种头骨上的代表特征并未在大汶口头骨上表现出来。因而主张大汶口文化居民在种系上接近现代蒙古人种东亚支系古代类型[8]。

从广饶大汶口头骨上观察到具有普遍枕部畸形。这和鲁中南地区乃至苏北青莲岗文化居民的这一文化特征相同。但在付家墓地的材料中未发现人工拔牙的标本，仅在五村的1例大汶口人骨上拔除了一对上侧门齿。由此可见，拔牙风俗在鲁北地区大汶口居民中似未成俗或已趋消失。这一例子可能用来解释何以在拔牙俗盛行的大汶口居民中存在一部分人不拔牙的原因。很可能即使在拔牙俗最为流行的时代和地区也存在不施行此种风俗的氏族成员。

后记：本文成文过程中，得到张学海、罗勋章、李传荣及其他同志多方关照。文中图版是省所照象室冀介良同志协助拍摄，特此致谢！

参考文献

[1] 颜訚：《大汶口新石器时代人骨的研究报告》，《考古学报》1972年1期，91—122页。
[2] 颜訚：《西夏侯新石器时代人骨的研究报告》，《考古学报》1973年2期，91—126页。
[3] 韩康信、潘其风：《大汶口文化居民的种属问题》，《考古学报》1980年3期，387—402页。
[4] 吴汝康、吴新智、张振标：《人体测量方法》，科学出版社，1984年。
[5] 阿莱克塞夫，吉拜茨：《颅骨测量》(俄文)，苏联《科学》出版社，1964年。
[6] 韩康信、潘其风：《我国拔牙风俗的源流及其意义》，《考古》1981年1期，64—76页。
[7] 韩康信、潘其风：《安阳殷墟中小墓人骨的研究》，《安阳殷墟头骨研究》，50—80页，文物出版社，1984年。
[8] 韩康信、潘其风：《陕县庙底沟二期文化墓葬人骨的研究》，《考古学报》1979年2期，260页(表三注)。
[9] 步达生：《甘肃河南晚石器时代及甘肃史前后期之人类头骨与现代华北及其他人种之比较》古生物志丁种第六号第一册，1928年。

（原发表于《海岱考古》第一辑，山东大学出版社，1989年）

图版一

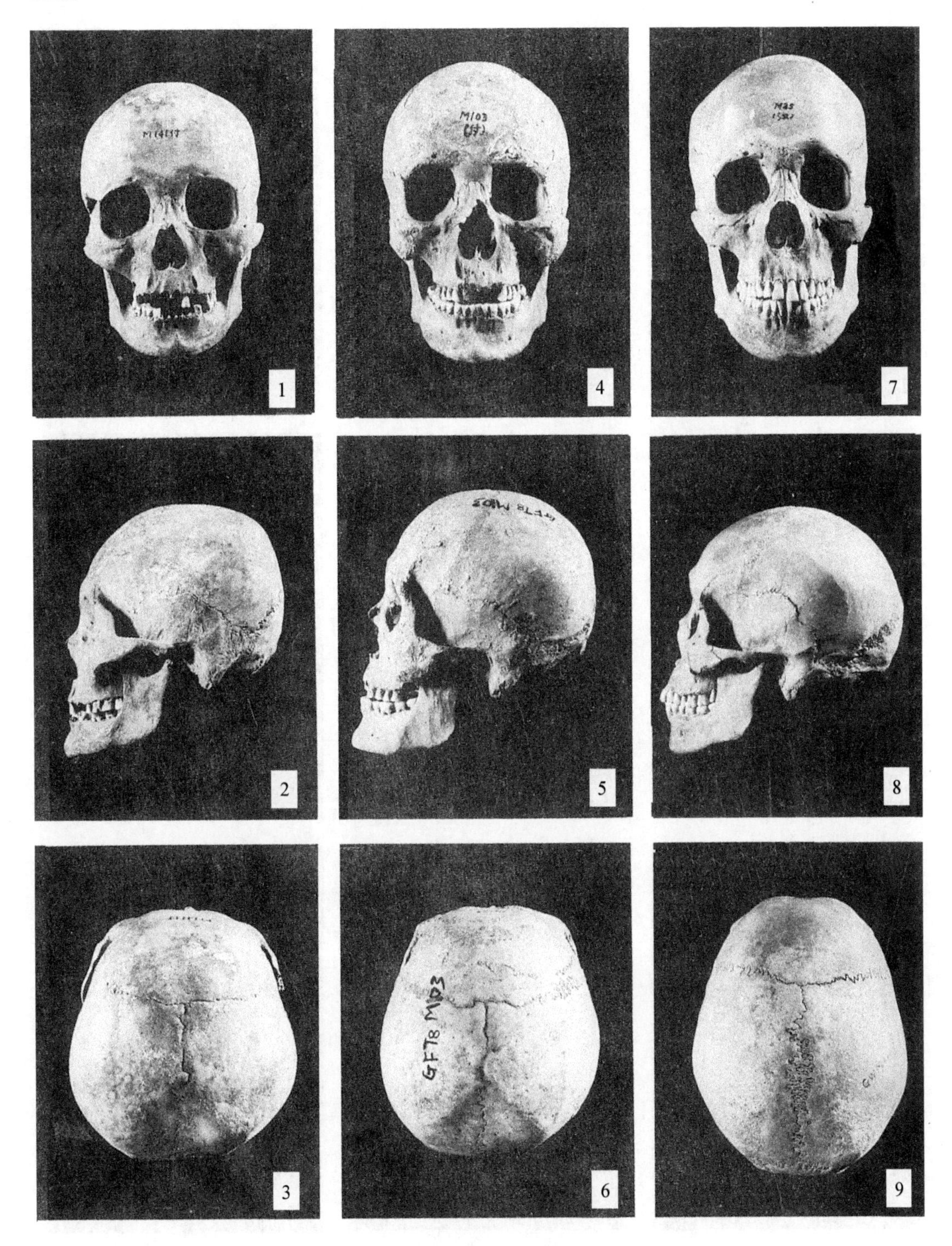

广饶古墓地人类头骨

1—3. 付家大汶口 M141(男)(正面、侧面、顶面) 4—6. 付家大汶口 M103(男)(正面、侧面、顶面) 7—9. 五村汉代 M25(男)(正面、侧面、顶面)

图版二

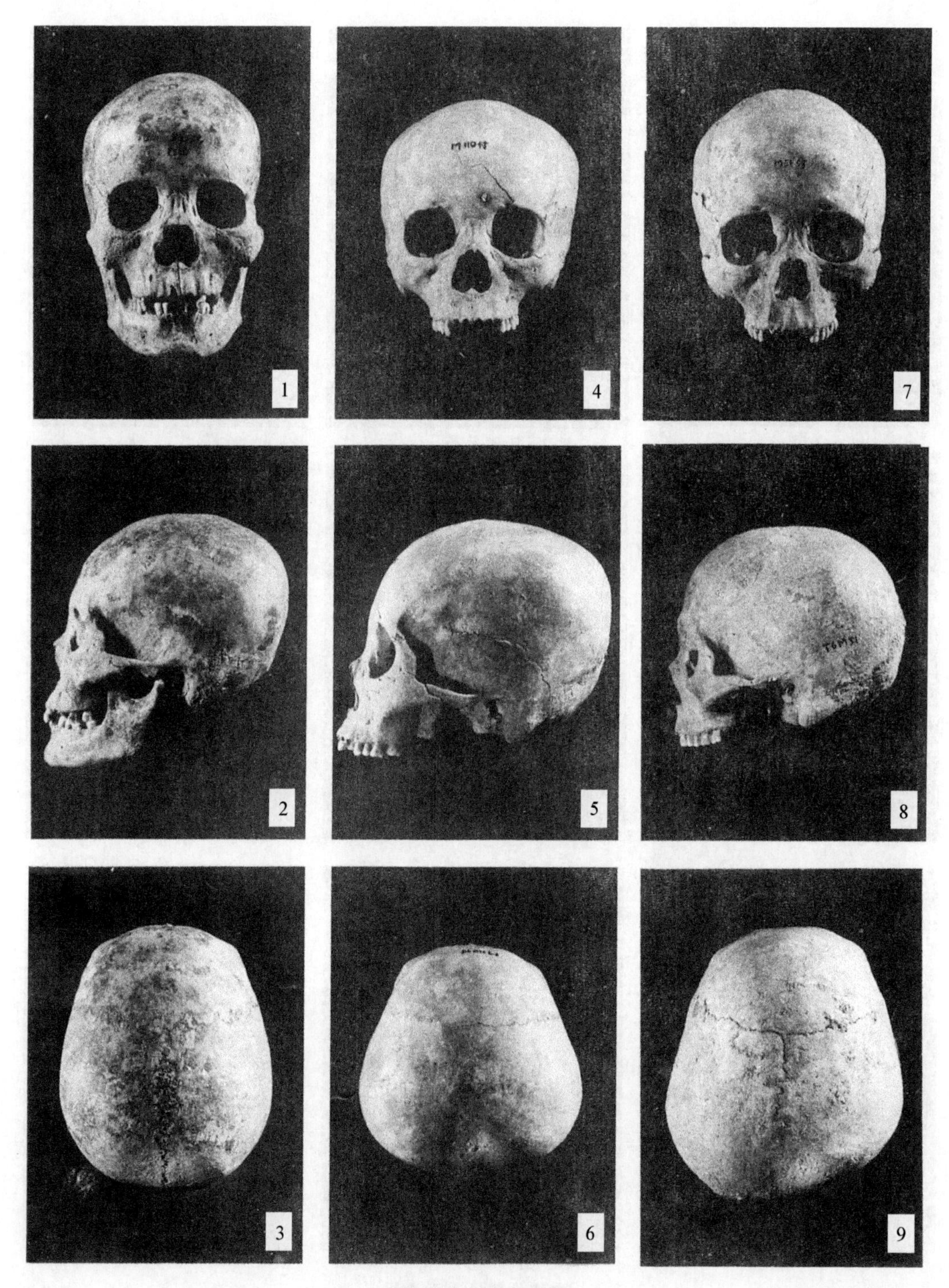

广饶古墓地人类头骨

1—3. 付家大汶口 M139(女)(正面、侧面、顶面) 4—6. 付家大汶口 M110(女)(正面、侧面、顶面) 7—9. 付家大汶口 M51(女)(正面、侧面、顶面)

山东临淄周—汉代人骨体质特征研究及与西日本弥生时代人骨比较概报

前　言

过去，对日本境内不同时期古人骨形质特点及其形成规律的研究是日本学者研究日本人起源的一个重要方面。从20世纪50年代以前清野谦次提出的“混血说”[①]和长谷部言人的“变形说”[②]到其后金关丈夫的“渡来说”[③]和铃木尚的“移行说”[④]已经持续了半个多世纪。他们各自提出的这些学说都无不依赖对日本古人骨的研究。近年来，后继学者的研究逐渐从日本本土转向东亚大陆，特别是期望从中国大陆寻求人类学的比较资料并探寻日本人起源于东亚大陆的具体路线。但是到目前为止，日本学者引用的中国文献主要限于石器时代的人类学资料。究其原因，一方面反映了中日两国人类学者之间对日本人起源问题合作研究不够；另一方面，在中国还缺乏统计学上可信度高的与弥生时代相当的人骨标本的收集。因而对这两个地区古人之间形质人类学的比较难以展开。

60年代以来，山东省的考古学者在山东临淄地区陆续发掘了大量的周—汉代墓葬，并从中采集了一大批人骨，邀请本文作者之一协助鉴定和研究。其后，本文作者之二等日本学者在访华作人类学考察时，在山东省考古所的热情接待下，有机会见到了这批人骨。由于这批人骨的时代大致和日本弥生时代相当，是研究弥生时代人的重要比较资料，因而提出了共同合作研究的愿望。这一建议得到山东省考古所的赞同和支持，并经省和国家文物局批准，签署了三年合作研究协议，其中包括考古学方面的内容。本文的研究涉及这批材料的体质人类学方面（形态和测量学的研究），是这个合作研究的重要组成部分。其他还包括牙齿人类学和遗传因子的调查及考古文化背景的研究等。其目的是通过对临淄古人骨体质人类学的考察，证明其所属的形态类型，并据此和日本绳文时代和弥生时代人骨的体质特点进行比较，探讨他们之间可能存在什么样的人类学关系。在此基础上，讨论日本弥生人起源于中国大陆的可信度及其故乡范围。实际上，这个问题也是亚洲蒙古人种在不同的时期如何向周围地区扩展的重要问题之一。本文是形态测量研究的概要报告。

关键词：山东临淄　周—汉代人　日本弥生人

一、研究材料和方法

（一）材料的来源和数量

本文材料得自山东省文物考古所近10多年以来，在多次发掘临淄地区周—汉代墓葬时采集的人骨。其中主要代表两处相对集中的墓地，即所谓“两醇”工地和“乙烯”生活区。据考古学者的意见，前者属周代墓地，后者则系汉代墓葬。此外，还有其他几个地点人骨数量相对较少。标本地点虽有多处，但基本上都在临淄区的辛店村范围，彼此相距不远。

在这些墓地的人骨中，经笔者之一鉴定过性别年龄的共计436个个体。从中选用了较为完整的头骨107个供观察和测量，其中男性72人，女性35人。形态观察项目中，最大观察例数107，最小例数31。实际用于比较的测量项目中，男性最大例数为67，最小为28；女性最大例数为31，最小为9。

共测量股骨249根，其最大长用于身高的推算。其中，“乙烯”生活区的191根（男性左侧62根，右侧56根；女性左侧36根，右侧37根）。“两醇”工地的54根（男性左侧23根，右侧17根；女性左右侧各7根）。

（二）研究方法

头骨的各种计测项目主要按德国马丁教科书中规定的定义和分类等级[⑤]及吴汝康等的《人体测量方法》[⑥]，少数项目参考了前苏联学者В. Л. Алексеев和Г. Ф. Дебец的《头骨测量学》[⑦]。

骨骼上各种直线、弧线和角度是用体质人类学的专门测量仪器（直脚规、弯脚规、软卷尺、头骨定位器、量角器等）测定的。长骨长度是用测骨盘测量。

骨骼长度、角度和指数的毫米、度和百分比为计量单位。测得个体数据用生物统计学方法计算组的平均值（M）、标准差（SE）、例数（n）及分类出现率（%）等。

组间差异的量化用欧氏形态距离公式计算。即：

$$d_{ik}=\sqrt{\frac{\sum_{j=1}^{m}(X_{ij}-X_{kj})^{2}}{m}}$$

式中，i、k代表测定的头骨测量组别，j代表测量项目，m代表测量的项目数。d_{ik}代表两个比较组之间在欧几里得空间分布的距离。具体选用的头骨测量项目依马丁教科书编号，如1、8、17、52、51、5、40、54、55、48、45、72等依次代表颅长、颅宽、颅高、眶高、眶宽、颅基底长、面基底长、鼻宽、鼻高、上面高、颧宽、面角等。依组间d_{ik}大小排列绘制聚类图和进行聚类分析（Cluster annalysis）。此外，用组间dik值绘制柱状比较图。

用颅、面部测量特征绘制综合多边形图[⑧]、编差折线图及二维平面位置图等进行形态近疏关系的直观比较。

身高推算选用了K. Pearson设计的股骨长身高公式[⑨]（男、女性分开）和M. Trotter和G. Goeser制定的同名骨身高推算公式[⑩]（只有男性，适合蒙古人种）。其公式如下：

K. Pearson $\begin{cases} S_{♂}=81.306+1.880\times \text{Femur} \\ S_{♀}=72.844+1.945\times \text{Femur} \end{cases}$

M. Trotter
G. Gleser $S_{♂}=72.57+2.15\times \text{Femur}$

二、考察结果

(一) 临淄周—汉代墓地人口的性别构成

在全部鉴定的436个个体的人骨中，可估计性别的398个。其中男性267个，女性131个，男女个体比例为267∶131=2∶1，男性比例明显大于女性。

(二) 死亡年龄分布及平均死亡年龄

按可估计年龄的303个个体作近似统计，大约有90.4%死于15—55岁之间。其中，死于青年期(15—23岁)的约占24.1%；死于壮年期(24—35岁)的占25.4%；死于中年期(36—55岁)的占40.9%；死于老年期(大于56岁)的占3.6%；死于未成年期(小于14岁)的占5.9%。

用算术平均数计算的平均死亡年龄为33.2岁(303人)。其中男性平均死亡年龄35.3岁(184人)，女性平均死亡年龄31.9岁(94人)。女性平均死亡年龄比男性低3.4岁。这个差别主要归因于女性在青年期的死的死亡比例(33%)明显高于男性(17.5%)。

(三) 临淄人骨的趋中形态特点和体质类型

据观察和测量综合临淄人骨(主要是头骨)的主要分类特点如下。

(1) 中颅型—高颅型—狭颅型(Mesocrany-hypsicrany-acrocrany)相结合。

(2) 中面型—中眶型—中鼻型(Meseny-mesoconchy-mesorrhiny)相结合。

(3) 眉间突度、鼻根凹陷、鼻骨突度和鼻骨弯曲都比较弱。

(4) 面部水平和矢状方向突度中等和上齿槽突颌型。

(5) 上下颌齿列咬合形式为剪子型(即铗状咬合)最普遍。

(6) 按K. Pearson公式推算的平均身高为：

“乙烯”(汉代) $\begin{cases} S_{♂左}=163.86\ \text{cm}\pm 4.01\ \text{cm}(62\text{人}) \\ S_{♀左}=150.84\ \text{cm}\pm 3.43\ \text{cm}(37\text{人}) \end{cases}$

“两醇”(周代) $\begin{cases} S_{♂左}=163.62\ \text{cm}\pm 3.07\ \text{cm}(23\text{人}) \\ S_{♀左}=152.62\ \text{cm}\pm 3.02\ \text{cm}(7\text{人}) \end{cases}$

“乙烯”和“两醇”的男性身高几乎相同，“两醇”的女性身高则比“乙烯”的稍高，但“两醇”的测定人数很少。

(7) 与亚洲蒙古人种不同地理变异类型相比，临淄头骨的综合形态类型与现代东亚蒙古人种的变异趋势比较接近，与南亚、东北亚和北亚蒙古人种的变异趋势有程度不同的明显偏离，特别和北亚类型的偏离最为明显(图一)。

三、临淄人骨形质特点与日本绳文人和弥生人形质特点的比较结果

将临淄人骨与日本绳文人和弥生人进行比较，可以看到以下诸点。

1. 简便的数量统计，在26项颅、面部测量特征的比较中(临淄与绳文、弥生组之间)，临淄组与西日本弥生组(此弥生组系指北九州—山口地区的弥生人，以下简称“弥生人”)之间相对接近的约20项，占77%。与绳文组接近的仅6项，占23%(图二)。

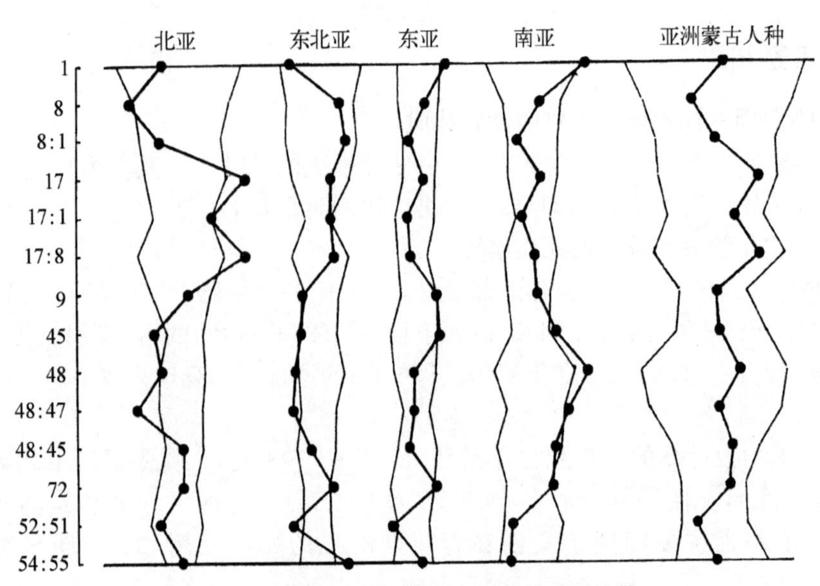

图一　临淄组和现代蒙古人种地域类型比较

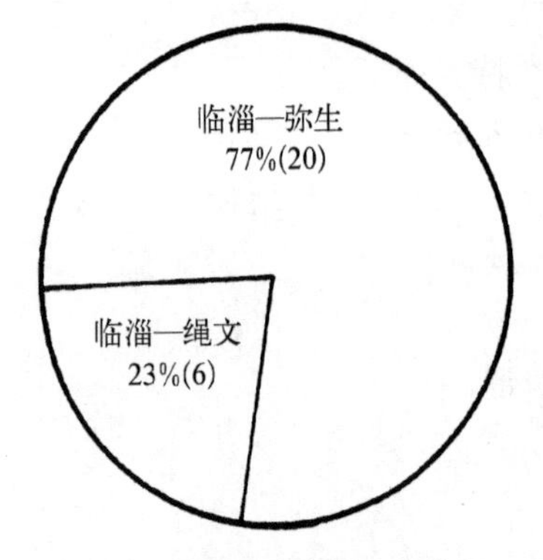

图二　临淄组与绳文、弥生组26项计测近疏比较图

2. 如以脑颅和面颅的8项形态指数的组间平均差异计算，临淄组与弥生组之间仅0.97指数单位，而临淄组与绳文组之间为4.81指数单位，即后者是前者差异的大约5倍。

3. 从变差的内涵分析，临淄组与绳文组之间最明显的差别主要在脑颅和面颅的高度因子的测量上，如颅高、面高、鼻高、眶高、身高等都比绳文组高化。这种变差趋向与弥生组和绳文组之间的种族形态差异方向基本相同，这也是临淄组与弥生组之间表现出明显形态趋同的重要原因（图三；表一）。

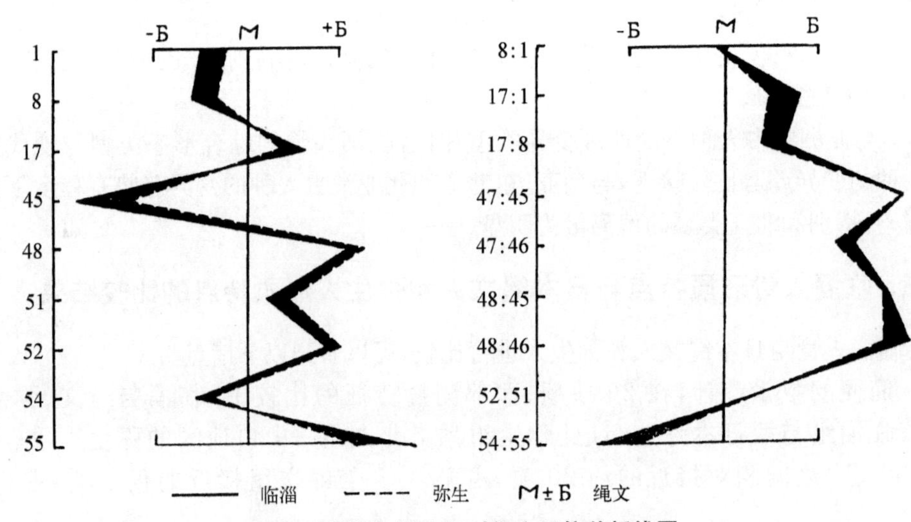

图三　临淄和弥生组对绳文组偏差折线图

表一 临淄、弥生组对绳文组的变差方向(♂)

计测号	临淄		绳文		弥生
1	181.8 mm	↙	184.6	↘	183.4
5	101.2	↙	102.9	↘	101.8
8	141.0	↙	144.2	↘	142.3
9	93.7	↙	97.9	↘	96.3
17	138.8	↖	134.5	↗	137.0
40	96.9	↙	102.6	↘	100.1
45	137.4	↙	145.5	↘	139.8
46	101.6	↙	107.6	↘	104.6
47	121.1	↖	117.1	↗	123.2
48	73.7	↖	68.8	↗	74.3
51	42.9	↖	42.6	↗	43.3
52	34.2	↖	32.7	↗	34.5
54	26.8	↙	27.9	↘	27.1
55	54.7	↖	49.5	↗	52.8
S.	1 638	↖	1 590	↗	1 630
8∶1	77.6%	↙	78.3	↘	77.7
17∶1	76.5	↖	72.9	↗	75.0
17∶8	98.1	↖	93.7	↗	96.3
47∶45	88.2	↖	78.8	↗	88.0
47∶46	119.1	↖	109.1	↗	117.6
48∶45	53.1	↖	46.9	↗	53.0
48∶46	72.2	↖	64.0	↗	71.0
52∶51	79.9	↖	77.4	↗	79.9
54∶55	49.2	↙	56.2	↘	51.3

4. 组间形态距离(dik)的计算和聚类分析证明，临淄组与弥生组之间的综合形态差异(d_{ik}=1.76)不超过日本弥生时代以后各组之间的变差程度(d_{ik}=0.73—2.87)。

5. 用10项主要颅、面部测量特征组成的综合多边形图的比较证实，临淄组与弥生组之间表现出十分近似的图形，与古坟组也是如此，但与绳文组之间存在明显的异形(图四)。

6. 大量测量项目(28项)偏差折线的比较，临淄组与西日本弥生组或北九州—山口地区弥生组之间的偏差幅度相对较小，基本上没有超出临淄组的一个标准差(±σ)的变异范围。与绳文组或绳文型弥生组之间的偏差幅度则明显强烈，这种情况尤其在面部测量特征上很明显(图五)。

7. 与现代亚洲大陆各种蒙古人种比较组在13项绝对测量项目的聚类分析中，无论临淄组还是弥生组都和蒙古人种的东亚类群有比较密切的聚群关系，而且，临淄组与弥生组之间又表现出最近的聚类(图六)。

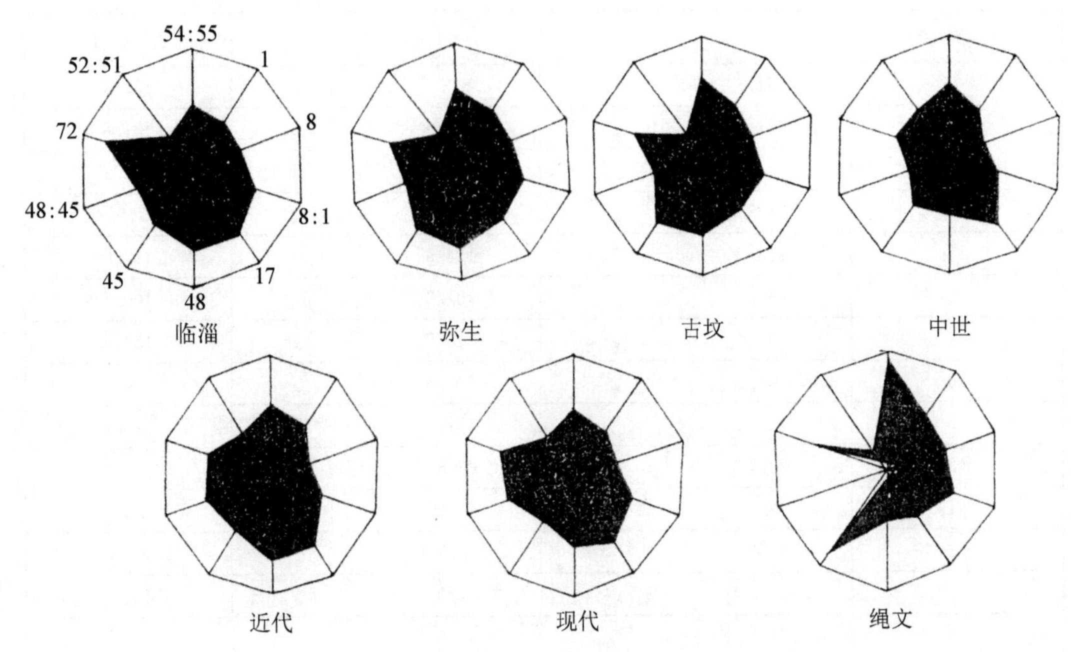

图四　临淄和日本不同时代组综合多边形

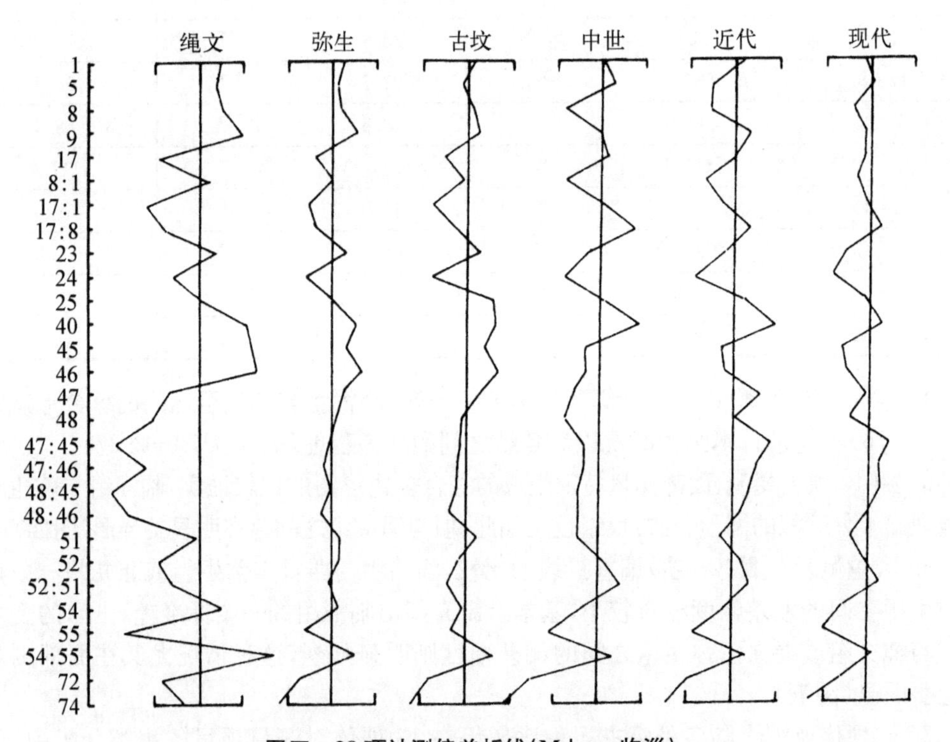

图五　28 项计测偏差折线(M±σ=临淄)

8. 与古代亚洲大陆各种蒙古人种比较组在 13 项绝对测量项目的聚类分析也表明，临淄和弥生组都和代表蒙古人种的古代东亚组群有比较接近的聚类联系。特别是和其中的青铜时代组群表现出比较近的聚群(图七)。

9. 利用某些具有种族鉴别价值的形态指数(如 8∶1—17∶1,8∶1—17∶8,17∶1—17∶8,17∶8—43∶17)进行二维平面位置比较，临淄组和西日本弥生组都位于古代东亚类群分布区，与代表北亚、东北亚和南亚的类群处于相对远离的位置(图八—图一一)。

10. 用股骨长推算的临淄周—汉代男性平均身高(K. Pearson 公式)为 163.8 厘米，女性 151.1 厘米。这样的身高和日本北九州—山口地区弥生人身高(男性 162—164 厘米，女性 150 厘米)很接近。

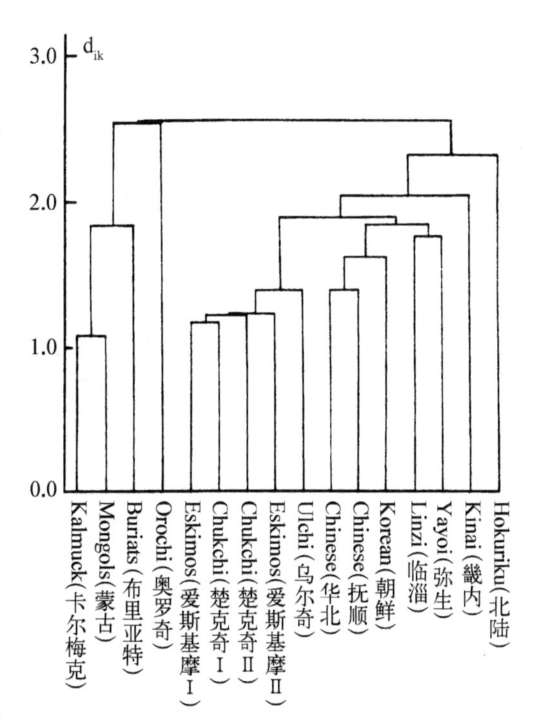

图六　临淄组和东亚不同地点现代组13 项绝对计测项目聚类图

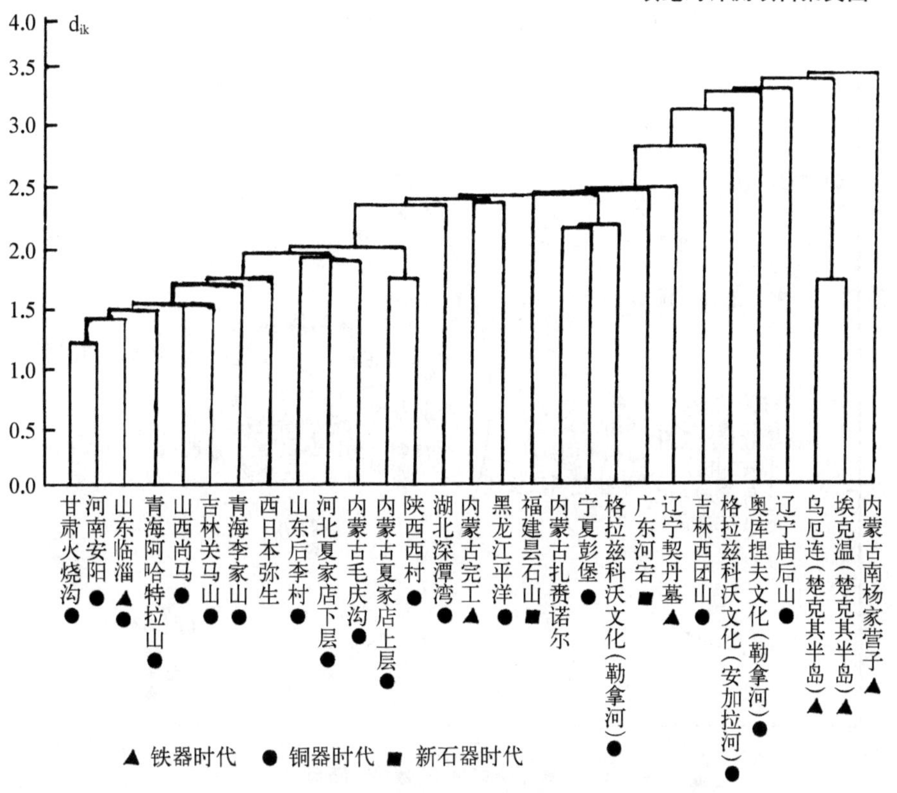

图七　东部亚洲古代组聚类图

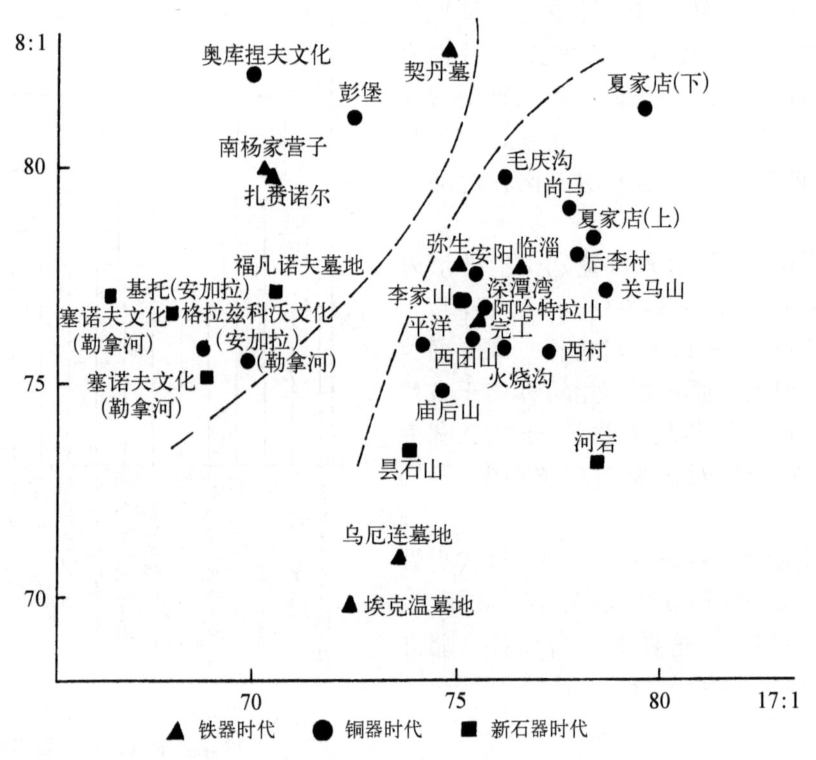

图八　颅指数—长高指数二维平面位置图

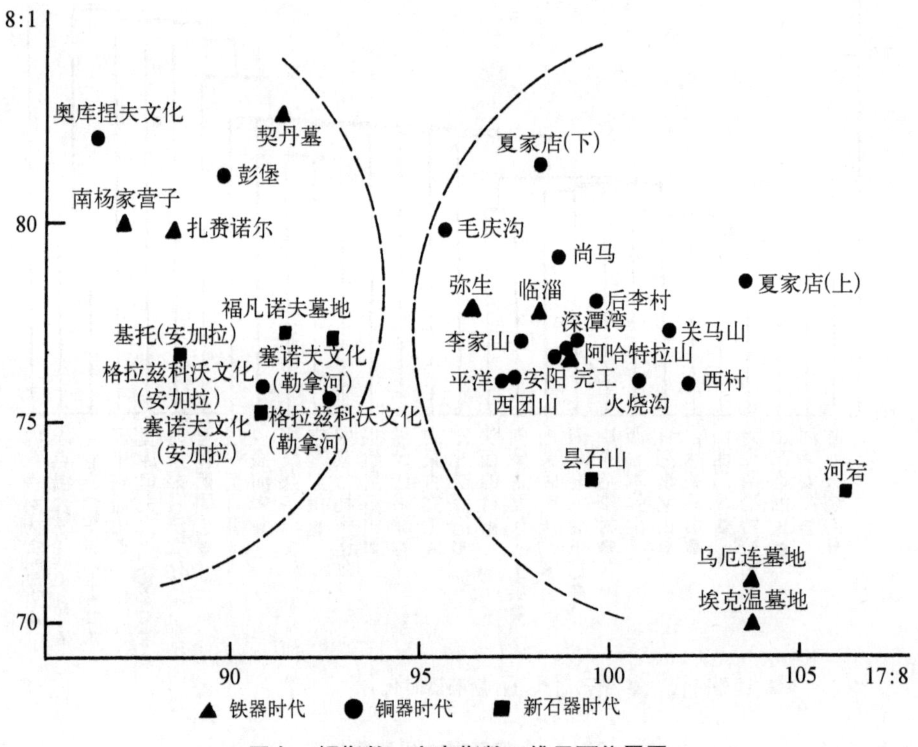

图九　颅指数—宽高指数二维平面位置图

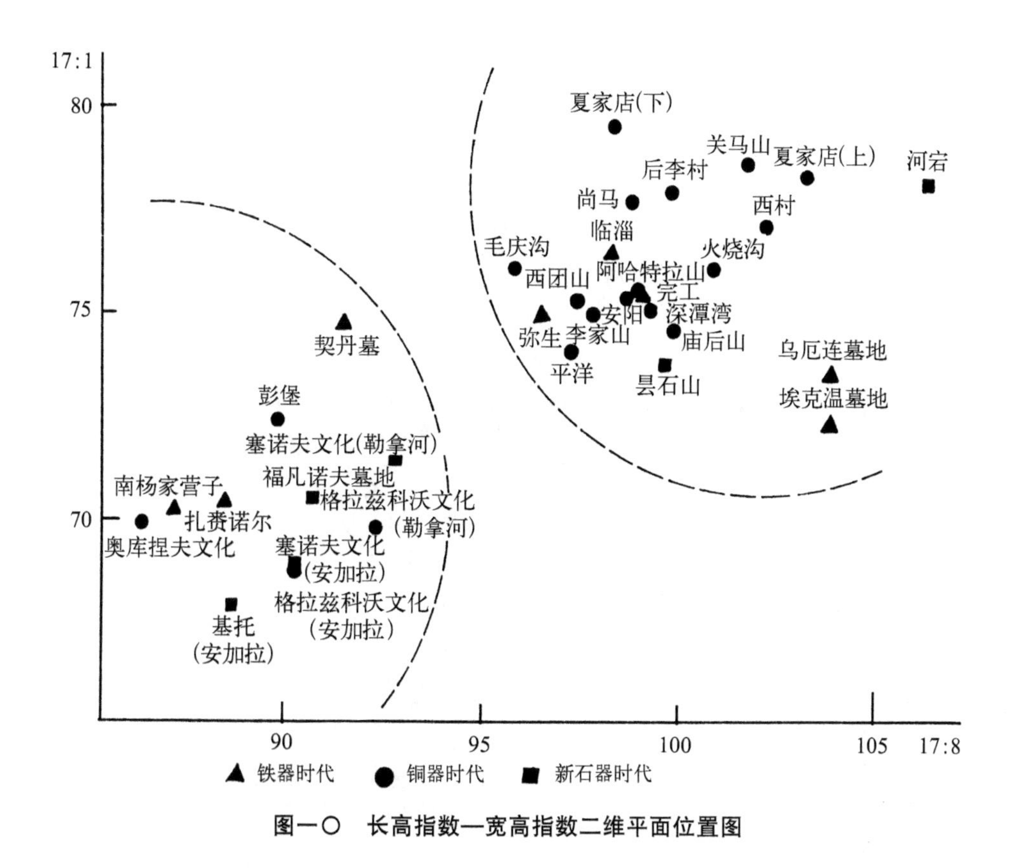

图一〇　长高指数—宽高指数二维平面位置图

四、结论与讨论

根据以上形态和测量的比较研究，临淄周—汉代人的体质特点与现代和古代蒙古人种的东亚类群接近。多种形态量化及作图法的比较又证实，西日本弥生人类群与临淄周—汉代人具有相近的种族形态学基础，因而他们在种族人类学上应该同属蒙古人种的东亚类群。据此推测，他们在东亚大陆应该有最直接的共同或至少非常相近的祖源关系。

如果这个结论和推测是合理的，那么至少对西日本弥生人起源问题的讨论是很有意义的。首先，这是第一次利用了相当日本弥生时代的中国大陆人类学材料，直接对弥生时代材料进行比较研究。其研究结果比较符合金关丈夫等日本学者早先提出的日本人的起源接受了亚洲大陆遗传影响的"渡来说"假设⑪。

其次，本文的研究结果对某些日本学者所主张的弥生人故乡问题提出了不同看法。如有的学者根据现代人免疫球蛋白中包含的特异遗传标志(Gmab^{3}st)的频度调查，认为日本人起源于西伯利亚的贝加尔湖地区⑫。有的学者也据部分人骨测量项目的计算机分析支持这种看法⑬。显而易见，本文的研究并不支持日本人起源的"贝加尔湖说"或北亚说，这至少对西部日本弥生人(系指北九州—山口地区类型)的来源是如此。相反，比较赞成这些渡来弥生人的故乡应该主要在中国大陆的华北地区。他们最近的祖先可能来自早先分布在黄河中下游和地理上更近沿海地区的青铜时代的居民。山东半岛也可能是其中重要的地区。但也不排除这个地区范围可能扩展到近海的江淮地区。目前我们还缺乏这

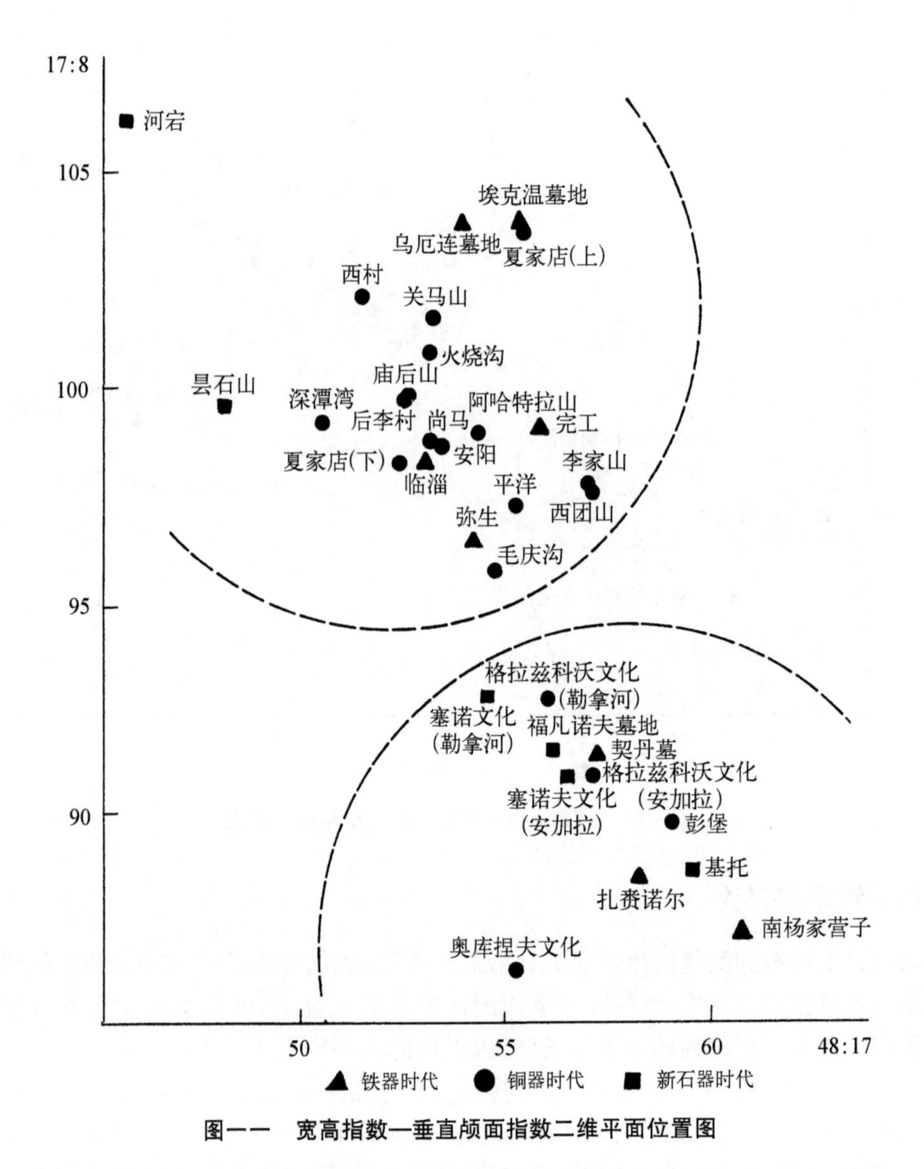

图一一　宽高指数—垂直颅面指数二维平面位置图

个地区的人类学材料，只能期待在这个地区有新的人类学资料的发现和研究（图一二）。

如果本文的研究结果和推测是合理的，那么它可以成为在东亚大陆的历史时期，蒙古人种的东亚类群中的一支曾经向其东部海洋地区扩展的一个证明。但他们究竟通过什么样的方法和路线到达日本海岛，仅靠目前为数很少的人类学比较研究难以解决，这需要依靠各种不同学科进行综合研究。

最后指出，为什么在这些亚洲大陆的古代居民中，在一个时期内有些人投向日本的海岛世界？或许导致他们迁动的原因有社会的也有自然的多种因素，在迁动的时间上也可能是多层次的。这个问题超出了本文的讨论范围。在这里只想简单地指出一点，即渡海迁徙活动大概主要发生在日本的绳文晚期之末—弥生时期前期（距今约 2 300—1 700 年）。这个时间大致和中国的春秋战国—秦汉时期相应，是中国古代史上群雄争霸割据到秦皇武力统一中国的大变动时期，政治的压力和长期连绵不断的战争，促使一些人口四向避乱,或寻求安定生活空间,其中的一些人则渡海到达邻近的海岛世界,同时也把他们最重要的赖以为生的文化和习俗带到了该地区(图一三)。

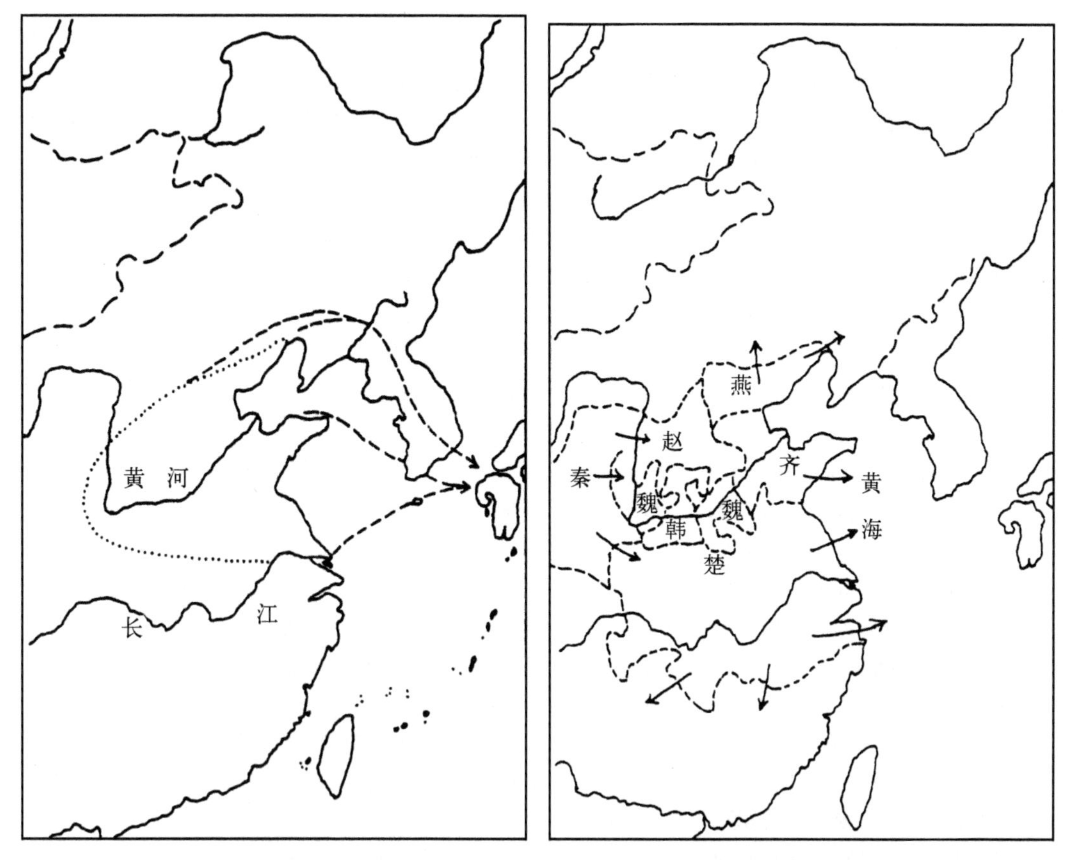

图一二　西日本"渡来系生人"假设故乡图　　图一三　春秋战国时代人口移动方向图

参考文献

① 据清野谦次"混血说",自绳文时代以来占住日本列岛的"原日本人"与来自亚洲大陆的渡来人混血而形成了现代日本人和阿依努人。参见:清野谦次《古代人骨の研究に基づく日本人种论》,岩波书店,东京,1949年;《日本人种论变迁史》,小山书店,东京,1994年。

② 长谷部言人的"变形说"虽也认为原住日本岛的居民受外来人混血的影响,但现代日本人的形成主要由于生活文化的变化影响了咀嚼器官的退化等原因在日本列岛地区发生了形质上小进化的结果。参见:长谷部言人《日本民族の成立》,载新日本史讲座(原始时代),中央公论社,东京,1949年;《日本人の祖先》,岩波书店,东京,1952年。

③ 金关丈夫的"渡来说"是根据西日本弥生人骨的研究,认为在绳文时代末期,从朝鲜半岛渡来了具有高面和高身长的人到日本本州西端和北九州地区并与原住该地区绳文人类型的人混血而形成了具有象土井浜弥生人体质特征的人。此说被认为支持和发展了清野谦次"混血说"。参见:金关丈夫《弥生人种の问题》,载《日本考古学讲座·4·弥生文化》,河出书房,东京,1955年;《日本人种论》(考古学讲座10),雄山阁,东京,1972年。金关丈夫、永井昌文、佐野一:《山口县丰浦郡丰北町土井ケ浜遗

迹出土弥生时代人头骨につこて》,《人类学研究》7卷附1—36,1960年。

④ 铃木尚的"移行说"认为在更新世时期,中国华南的原始蒙古人种向东扩进到日本列岛地区。大约10 000年前,大陆与日本陆桥消失,使原住在日本的绳文人在隔离的生态环境和文化因素的影响下,在体质上发生了变化,经历弥生时代以后各时期,形成了现代日本人。此说支持长谷部言人的"变形说"。参见:铃木尚《日本人の起源》,载《日本历史·别卷2》,岩波书店,东京,1964年;《日本人形质の时代的变化》,《解剖学杂志》第42号13—15页,1967年。Suzuki, H., Microevolutional changes in the Japanese population from the prehistoric age to the present day. *J. Fac. Sci. Univ. Tokyo*, Sec. V, 3: 279-308,1989.铃木尚:《骨か見らた日本人のルーツ》,岩波书店,东京,1983年。

⑤ Martin, R. and K. Saller, Lehrbuch der Anthropologie. 3rd ed., Fischer, Stuttgart, 1956-1966.

⑥ 吴汝康、吴新智:《人体骨骼测量方法》,科学出版社,1965年。

⑦ Алексеев, В. П. Г. Ф. Дебец, 1964: Краниометрия-Методика Антропологических исследований. Изд《Наука》Москва.

⑧ Рогинский, Я. Я. и М. Г. Левин, Основы Антропологии. Изд. Московского Университета, Москва, 1955.

⑨ Pearson, K., Mathematical contributions to the theory of evolution. V. On the reconstruction of the stature of prehisroric races. Ph: 1. Trans. Roy. Soc. London, 192: 169-244, 1899.

⑩ Trotter, M. and G. C. Gleser, A reevalution of stature based on measurements of stature taken during life and of long bones after death. *Am. J. Phys. Anthrop.*, 16(1): 79-123,1958.

⑪ 埴原和郎:《日本人の起源とその形成》,载《日本古代史·1·日本人诞生》,集英社,东京,1986年。埴原和郎:《绳文人上渡来人によゐ"二重构造"》,载《最新日本文化起源论》,东京,1990年。Hanihara, K.,: Dual structure model for the formation of the Japanese population. Japanese as a member of the Asian and Pacific populationns (Intey-national Symposium 4), 245-251, 1992.

⑫ 松本秀雄:《免疫グロブリンの遗传标识Gm遗传子に基づいた蒙古系民族の特征—日本民族の起源について》,《人类学杂志》第95号,1987年。

⑬ 同① Mizogachi, Y., Affinities of the Protohistoric Kofun people of Japan with Pre — and Protohistoric Asian populations. *J. Anthrop. Soc. Nippon*, 96(1): 71-109, 1988.

(责任编辑　新　华)

附　录

山东临淄周—汉代人骨眶上孔和舌下神经管二分的观察与日本人起源问题

本文所指眶上孔(Supraorbital foramen)位于眼眶上缘较靠近内侧部,是眶上神经和血管的孔道。所谓舌下神经管是位于枕大孔前外侧穿过枕骨髁的管道,舌下神经管即由此管道通向颅外。有少数人该管道被增生的细骨桥一分为二,即谓舌下神经管二分(Hypoglossal canal bridging)。

眶上孔和舌下神经管二分这两个解剖学特征的变异已有不少学者在不同人群头骨上进行过调查研究。其中,有些学者的调查指出,在蒙古人种头骨上眶上孔的出现率最为普遍(Laughlin，W. S.，1963；Yamaguchi，B.，1967)。也有的学者指出，在日本北海道的阿依努人中，眶上孔的发生率远低于现代日本人(Teranuma，M.，1938；Dodo，Y.，1974)。

对舌下神经管二分现象，有的学者对一部分高加索人种和蒙古人种标本进行调查后认为，其出现率有很宽的变异范围，因而不具有区分人群的意义(Hauser，G. and G. F. De Stefano，1985)。但是也有学者指出，这种特征早已出现于胎儿发育的末期，因此与遗传背景有密切联系，对人类种群的研究很有意义(Dodo，Y.，1980)。同时指出，有的日本学者把此种特征的出现情况实际作为区分阿依努人和现代日本人之间有效的标志(Kodama，S.，1940；Yamaguchi，B.，1967；Dodo，Y.，1974)。特别是日本学者百百幸雄对这两个特征的出现情况，在总共92个不同地区人类种群中，作了世界性的调查和比较，并得出了几个重要的结论：(1)眶上孔的出现率在蒙古人种中比在高加索人种、澳大利亚土著人和尼格罗人种中更为普遍；(2)舌下神经管二分的出现则在高加索人种和北美蒙古人种中比在澳大利亚土著、尼格罗人种和亚洲蒙古人种中更为普遍；(3)将这两个特征的发生率综合在一起比较，则在判别人类主要种族群上具有更有效的判别价值；(4)据这两个特征综合比较表明，土井浜类型的弥生人、古坟人及近代日本人之间密切接近，与绳文人和现代阿依努人之间相距很远。因此推测，现代日本人主要由来自亚洲大陆的新蒙古人种(neo-Mongoloid)移民的后代组成，绳文人对日本人的形成贡献相对要小(Dodo，Y.，1987)。但是，在百百幸雄的论文里，由于对中国人的资料特别在古代中国人的发生率调查很少，因此两者之间的关系未予讨论。因此，本文在对山东临淄周—汉代人骨的眶上孔和舌下神经管二分发现率调查的基础上，利用百百幸雄的上述研究成果，考察和比较两个地区人类种群之间的关系。这对日本人是否主要由中国大陆移民形成的讨论，可能提供某些有价值的资料。

(一) 材料和方法

本文对山东临淄111县周—汉代人头骨的眶上孔和舌下神经管二分的出现情况进行了观察和统计。但由于眶上孔出现的位置有变异(Kato，N.，and H. Outi，1962)，而且有时和所谓的额孔(常出现在眶上孔的外侧)(frontal foramen)同时出现(机率很小)而易于混淆，因此在这种情况下，只计出现一次。如在只有额孔而无眶上孔的情况下，也计出现一次，也就是将额孔和眶上孔合在一起统计出现率。但无论眶上孔还是额孔，必须其孔向眶腔内开口。这和百百幸雄等学者为简化判定标准和减少观察之间的误差所采用的方法一致(Dodo，Y.，1987；Korey，K. A.，1980)。在百百幸雄的文章内，还把滑车上孔(Supratrochlear foramen)包括在统计内。但实际上此孔的出现极为少有，在我们标本上几乎未观察到此孔单独出现，所以略去不计。

舌下神经管二分是一此孔被增生骨桥完全分隔为二作出记录(分隔不完全的不计)，也同百百幸雄的记录标准相同。这一特征的判断没有困难，应该很少有观察者之间的误差。

出现率的统计除以上规定标准外，以左右侧和男女合在一起计算总的出现频率(%)。

比较资料均转引自百百幸雄论文(Dodo，Y.，1987)。特别是利用文中的两表中92个不同人群发生率绘制的二维散点图(图一)，标示临淄组在这两个特征上综合的位置，直观考察它与不同地理区域的人种群,特别是与日本古、今人群之间的关系。图中的虚线表示的圆圈代表的三个人种群(高加索人种,北美蒙古人种和亚洲蒙古人种)的介区划分也是据该文的,表示这两个特征频率的综合分布在不同人种群中具有不同的变异范围和区分价值(Dodo, Y., 1987)。

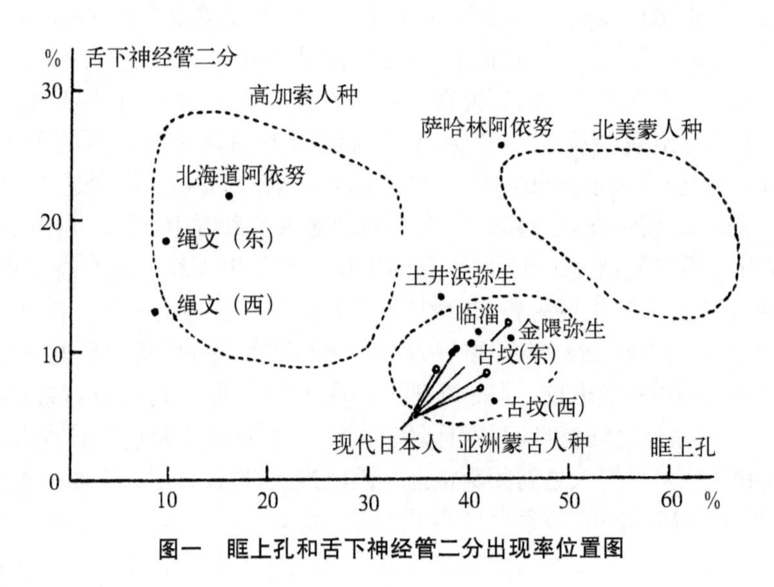

图一　眶上孔和舌下神经管二分出现率位置图

(二) 结果和讨论

对临淄人骨眶上孔和舌下神经管二分发生率统计结果,分别为41.2%和11.5%。并与日本古今各人群的同类出现率列于表一。

表一　临淄组与日本各组眶孔上也和舌下神经管二分出现率

组　群	眶上孔出现率(%)	舌下神经管二分土出现率(%)	资　料　来　源
临淄周—汉代	91/221(41.2)	20/174(11.5)	韩康信
土井浜弥生	71/190(37.4)*	22/156(14.1)	Kanasekiz, 1960
金隈弥生	49/112(43.8)	10/93(10.8)	中桥孝博等,1985
东日本古坟	55/136(40.4)	13/124(10.5)	山口敏,1985
西日本古坟	69/162(42.6)	7/116(6.0)	Mouri,1986
Tohoku 日本人	71/170(41.8)	14/170(8.2)	百百幸雄,1974
关东日本人	70/190(36.8)	16/190(8.4)	百百幸雄,1974
Unko-in 日本人	143/368(38.9)	31/310(10.0)	百百幸雄,1975
北陆日本人	153/370(41.4)	26/369(7.0)	Mouri,1986
畿内日本人	318/326(38.5)*	81/816(9.9)	Akabori,1933
冲伸-奄美日本人	52/118(44.1)	11/92(12.0)	Mouri,1986
Sakishima 日本人	90/270(33.3)	20/222(9.0)	Mouri,1986
北海道阿依努	55/340(16.2)	78/356(21.9)	百百幸雄,1974

续 表

组 群	眶上孔出现率(%)	舌下神经管二分土出现率(%)	资 料 来 源
萨哈林阿依努	33/76(43.4)	20/78(25.6)	Mouri,1986
东日本绳文	15/151(9.9)	20/108(18.5)	百百幸雄,1987
西日本绳文	29/332(8.7)	28/214(13.1)	Mouri,1986

说明：有 * 者不包括额孔。日本各组数据转引自 Dodo，y.，1987。

临淄人骨眶上孔出现率高于高加索人种而较低于北美蒙古人种而处于亚洲蒙古人种的介区范围内。舌下神经管二分的出现率则一般低于高加索人种和北美蒙古人种，也处在亚洲蒙古人种介区内。而这两个特征出现率在二维平面图上的综合位置也正好落在亚洲蒙古人种界圈范围内，显示了临淄人骨的亚洲蒙古人种的性质。

与日本的古今各组出现率相比，临淄组眶上孔出现率(41.2%)与绳文和北海岛的阿依努组的低出现率(8.7%—16.2%，萨哈林阿依努的高出现率除外，它在日本的阿依努中具有特殊的地位)之间存在明显的距离。相反，临淄组的该出现率与弥生和古坟时期组群的出现率(37.4%—43.8%)之间表现出密切的接近，甚至在现代的日本组群的变异范围之内(33.3%—44.1%)。

舌下神经管二分出现率上，临淄组(11.5%)的较低出现率与日本绳文和阿依努的高出现率(13.1%—25.6%)之间也存在明显的距离，相反，和弥生和古坟期的低出现率(6.0%—14.1%)之间有更接近的关系。而且也完全处在现代日本人组群的变异范围(7.0%—12.0%)之内。

这两个特征出现率综合在二维散点图上表现的结果，非常有趣的是临淄组不仅在亚洲蒙古人种的界圈之内，而且表现出与日本的弥生和古坟乃至与现代日本人之间非常密切的关系，好像它处在这些日本古、今各组群包围之中心位置。这一结果，好像有力地暗示，在日本人起源过程中，与中国大陆东部沿海地区的周—汉代人类型的人口之间存在密切的联系，他们在弥生时代以后至现代日本人的形成过程中，有过重要的遗传贡献。这个研究结果和笔者等对山东临淄周—汉代人骨形态测量学的研究结果是完全一致，都一致证明日本弥生人中的一部分来自中国大陆的东部地区。

附：主要参考文献

a. Dodo，Y.，Non-metrical cranial traits in the Hokkaido Ainu and the northern Japanese of recent times. *J. Amthrop. Soc. Nippon*，82：31－53，1974.

b. Dodo，Y.，Appesrance of bony bridging of the hypoglossal canal during the fetal period. J. Anthrop. Soc. Nippon，88：229－238，1980.

c. Dodo，Y.，Supraorbital foramen and hypoglossal canal bridging：The two most suggestive nonmetric canial traits in discriminating major racial grouping of man. *J. Anthrop. Sco. Nippon*，95：19－35，1987.

d. Hauser，G. and G. F，De Stefano，Variations in form of the hypoglossal canal. *Am. J. Phys. Anthrop.*，67：7－12. 1985.

e. Kato, N. and H. Outi, Relation of the supraorbital nerve and vessels to the notch and foramen of the supraorbital margin. *Okajimas Fol. anat. jap.*, 38: 411-424, 1962.

f. Kodama, S., Craniology and osteology of the Ainu. Jinruigaku Senshigaku Koza, 18. Yuzankaku, Tokyo, 1940.(児玉作左衛门《アイヌの头盖学及骨学》载《人类学・先史学讲座,18》雄山阁,东京,1940年)。

g. Korey, K. A., The incidence of bilateral nometric skeletal traits: A reanalysis of sampling procedures. *Am. J. Phys. Anthrop.*, 53: 19-23, 1980.

h. Laughlin, W. S., Eskimos and Aleuts: Their origins and evolution. Science, 142: 633-645, 1963.

i. Teranuma, M., Supraorbital foramen and notches in the Ainu crania. Mitteil. Anat. Inst. Kaiserl. Hokkaido Univ., 5: 21-32, 1938.《寺沼政雄:ア仅頭蓋骨の眼窝上缘に於けゐ孔并に切痕に就て》,《北海道帝国大学医学部解剖学教室研究报告》第5册21—32页,1938年)

j. Yamaguchi, B., A comparative osteological study of the Ainu and the Australian Aborigines. Occas. *Papers, Austral. Inst. Aboriginal Studies*, 10: 1-73, 1967.

(原文发表于《考古》,1997年4期)

图版一

乙烯生活区失号①(男性·成年)

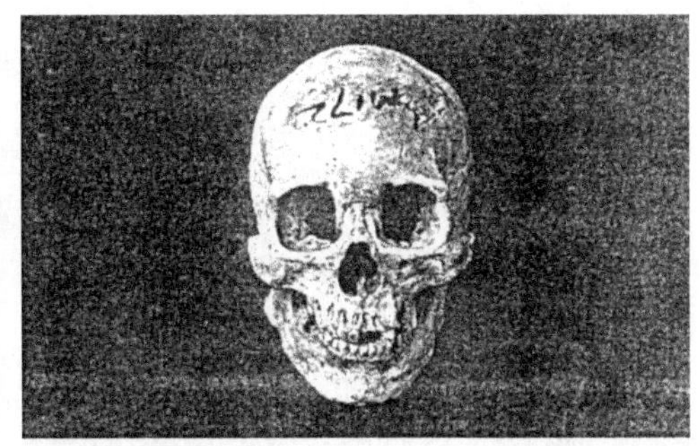

两醇 M172(男性·成年)

两醇 M3015(男性·成年)

两醇 M3063(男性·成年)

乙烯生活区　T706—M36(男性·成年)

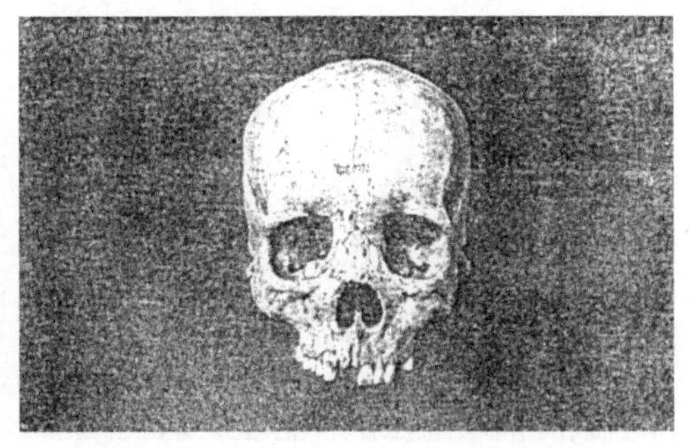

乙烯生活区　T808—M70(男性·成年)

乙烯生活区　M73(男性·成年)

两醇 M1013(男性·成年)

头盖正面(Frontal view of the skull)

图版二

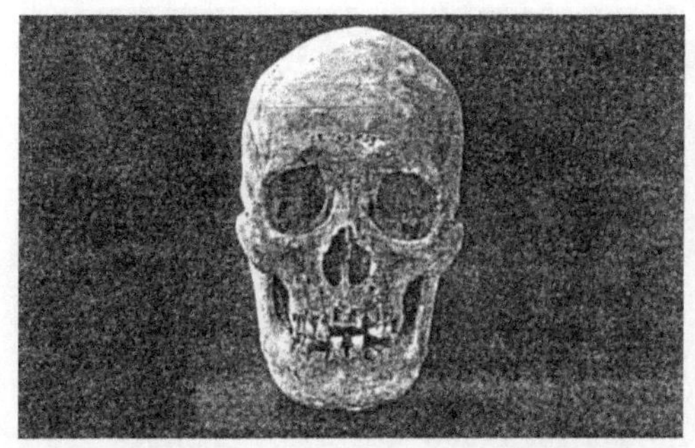
乙烯生活区 T803—M59(男性·成年)

乙烯生活区 T803—M66(男性·成年)

乙烯生活区 T804—M24(男性·成年)

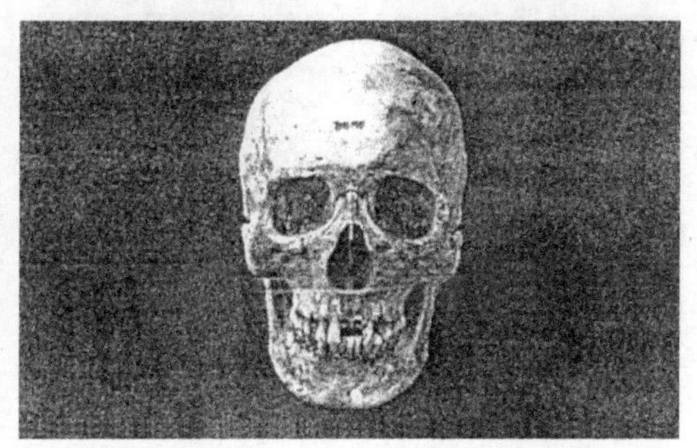
乙烯生活区 T905—M19(男性·成年)

乙烯生活区 T909—M27(男性·成年)

乙烯生活区 T809—M54(男性·成年)

乙烯生活区 T811—M7(男性·成年)

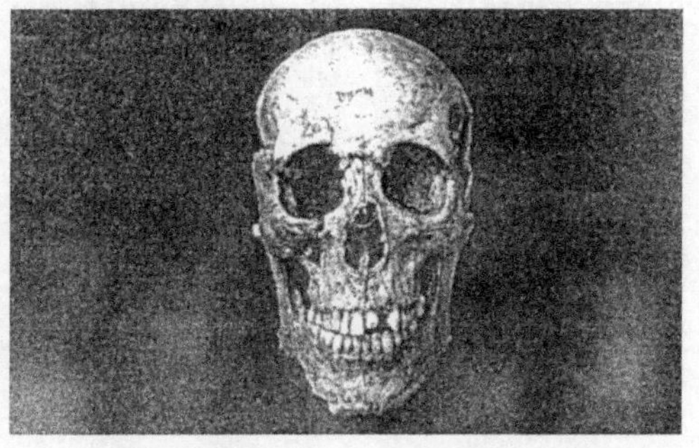
乙烯生活区 T909—M34(男性·成年)

头盖正面(Frontal view of the skull)

图版三

乙烯生活区　T510—M17(女性·成年)

乙烯生活区　T804—M9(女性·成年)

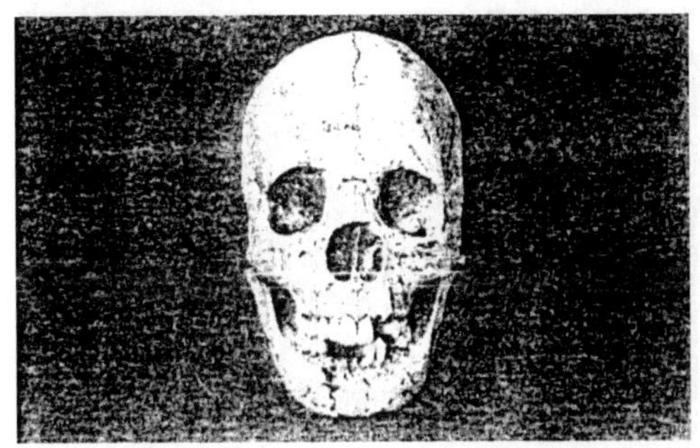

乙烯生活区　T806—M60(女性·成年)

乙烯生活区　T909—M158(女性·成年)

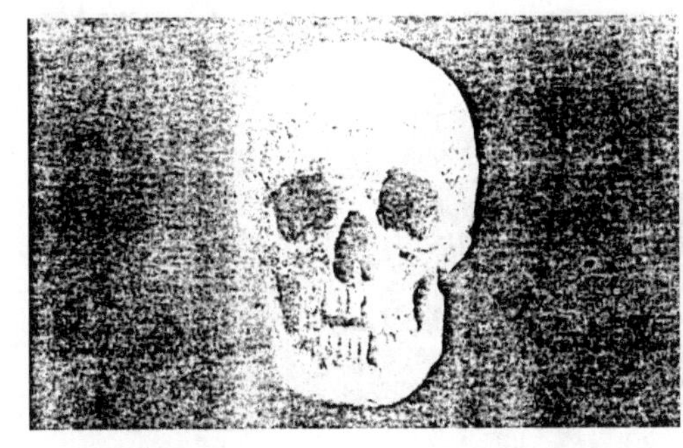

乙烯生活区　T909—M185(女性·成年)

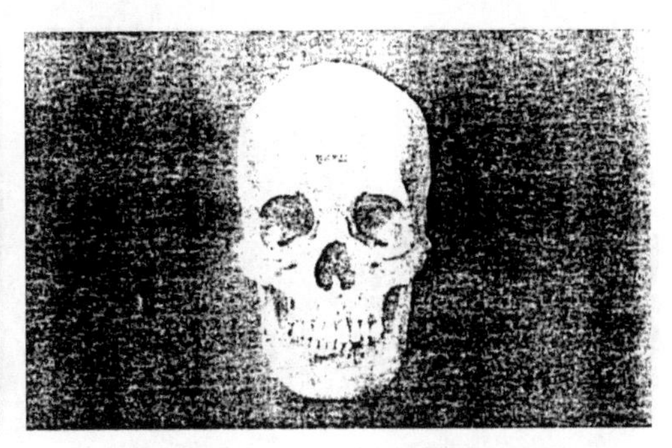

乙烯生活区　T905—M26(女性·成年)

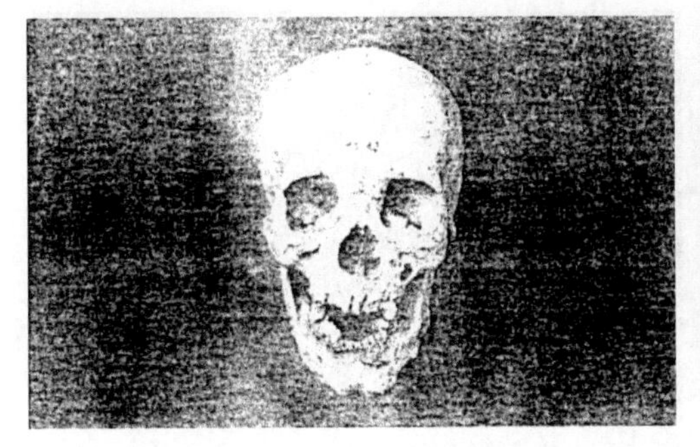

两醇 M3(女性·成年)

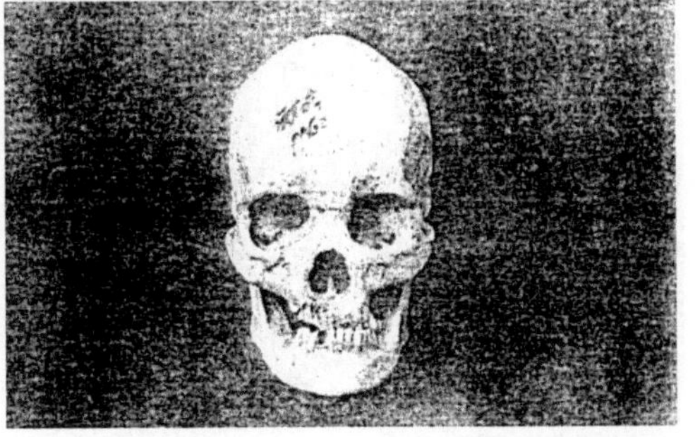

两醇 M62(女性·成年)

头盖正面(Frontal view of the skull)

图版四

乙烯生活区　T509—M17(男性・成年)

乙烯生活区　T514—M13E(男性・成年)

乙烯生活区　T608—M11(男性・成年)

乙烯生活区　T608—M20(男性・成年)

乙烯生活区　T706—M13(男性・成年)

乙烯生活区　T706—M51(男性・成年)

乙烯生活区　T707—M69(男性・成年)

乙烯生活区　T708—M4(男性・成年)

头盖正面(Frontal view of the skull)

主要学术成果

一、专著和文集

1.《中国西北地区古代居民种族研究》(韩康信,谭婧泽,张帆 著)。上海:复旦大学出版社,2005年。

第一部分　青海大通上孙家古墓地人骨的研究

一、前言

二、材料与方法

(一) 人骨材料

(二) 性别年龄鉴定资料

(三) 比较资料

(四) 研究方法

三、比较结果和分析

(一) 墓地人口和性别年龄构成的统计

(二) 头骨形态考察结果

(三) 头骨测量特征变异度的统计学估计

(四) 头骨的种系分析

(五) 身高的测定

(六) 头骨创伤和开颅术的例证

四、结论和讨论

(一) 性别年龄鉴定及死亡年龄分布

(二) 头骨的形态特征

(三) 头骨测量的种系分析

(四) 身高的测定

(五) 头骨上的创伤

(六) 开颅手术证据的发现

第二部分　甘肃玉门火烧沟古墓地人骨的研究

一、前言

二、人口数和性别年龄构成的统计

三、人口死亡和生命表

四、形态观察

五、颅、面形态类型

六、头骨测量特征变异度的估计

七、头骨的种系分析

（一）与现代主要人种支干的比较

（二）与亚洲蒙古人种地区类型的比较

（三）与古代和近代蒙古人种头骨组的比较

（四）头骨测量平均值比较

八、主要结果和讨论

2.《中国远古开颅术》(韩康信，谭婧泽，何传坤 著)。上海：复旦大学出版社，2007 年。

一、前言

二、世界各地古代开颅术的研究

（一）古代开颅术标本发现的地理分布与年代

（二）开颅的方法和形态

（三）手术前后的处理

（四）原始开颅手术的效果

（五）对非手术穿孔的鉴别

（六）手术的部位

（七）原始时期开颅手术的动机

三、中国古代开颅术的发现与研究

（一）中国境内是否存在古代开颅术的长期疑惑

（二）对中国古代开颅术考古发现的认识过程

（三）中国境内开颅术标本的发现和研究

（四）关于中国古代开颅术的起源

四、结论

3.《丝绸之路古代种族研究》(韩康信 著)。乌鲁木齐：新疆人民出版社，2009 年。

新疆古代居民种族研究

孔雀河古墓沟墓地人骨研究

阿拉沟古代丛葬墓人骨研究

焉不拉克古墓人骨种系研究

昭苏土墩墓人骨研究

山普拉古代人骨种系问题

山普拉古代丛葬墓头骨的鉴定复原

楼兰城郊古墓人骨人类学特征

塔吉克香宝宝古墓头骨

察吾呼沟三、四号墓地人骨研究

甘肃玉门火烧沟墓地人骨研究概报

青海大通上孙家寨墓地人骨研究概报

西安北周安伽墓人骨鉴定

太原虞弘墓石椁雕刻人物的种族特征

宁夏固原九龙山——南塬墓地西方人种头骨

4.《宁夏古人类学研究报告集》(韩康信,谭婧泽 著)。北京:科学出版社,2009 年。

海原菜园村新石器时代人骨的性别年龄鉴定与体质类型

固原彭堡于家庄墓地人骨种系特点之研究

彭阳张街春秋战国墓两具人骨

彭阳古城王大户村春秋战国墓人骨的鉴定与种系

中卫——中宁汉代人骨研究

中卫宣河、常乐汉代人骨

吴忠西郊唐墓人骨鉴定研究

吴忠明珠园唐墓人骨

固原唐代史道洛墓人骨研究

固原北周田弘墓人骨研究

固原九龙山——南塬古墓地人骨鉴定报告

固原九龙山——南塬出土高加索人种头骨

固原开城东山坡元代人骨研究

固原开城元代和闽宁西夏未成年头骨的测量观察

闽宁村西夏墓地人骨鉴定报告

银川沙滩明清时代伊斯兰墓葬人骨鉴定

宁夏“北方系”文化居民种族属性讨论

宁夏汉唐人下臼齿三根化调查

5.《新疆洋海墓地头骨的人类学研究》(韩康信,谭婧泽 著)。北京:文物出版社,已交付印。

前言

第一章　骨骼材料来源、收集状况及墓葬分期

第二章　墓地人口性别年龄结构

第三章　头骨上的病理记录

第四章　牙齿异常磨蚀和排列畸形

第五章　头骨上的创伤记录

第六章　头骨上人工穿孔观察记录

第七章　牙齿人类学的研究

第八章　眶上孔和舌下神经管二分的变异调查

第九章　头骨的形态观察与测量

第十章　洋海墓地未成年头骨颅面部生长的测量观察

全文概要

二、单篇论文(依时间为序)

1. 韩康信,张振标,陆庆五.江苏邳县大墩子新石器时代人骨的研究.考古学报,1974,

(2)：125—141.

2. 许春华，韩康信，王令红. 鄂西巨猿化石及其共生的动物群. 古脊椎动物与古人类，1974，(4)：293—309.
3. 韩康信. 沈阳郑家洼子的两具青铜时代人骨. 考古学报，1975，(1)：157—164.
4. 韩康信(署名高建). 与鄂西巨猿共生的南方古猿牙齿化石. 古脊椎动物与古人类，1975，(2)：81—88.
5. 潘其风，韩康信. 赤峰宁城夏家店上层文化人骨研究. 考古学报，1975，(2)：157—169.
6. 韩康信，张振标，陆庆五. 闽侯昙石山遗址人骨. 考古学报，1976，(1)：121—130.
7. 韩康信. 安阳殷代祭祀坑人骨的性别年龄鉴定. 考古，1977，(3)：210—214.
8. 韩康信，潘其风. 陕西华阴横阵的仰韶人骨. 考古，1977，(4)：247—250.
9. 潘其风，韩康信. 人类的童年. 古人类论文集，科学出版社，1978，22—27.
10. 韩康信，潘其风. 庙底沟二期文化人骨的研究. 考古学报，1979，(2)：255—270.
11. 韩康信，潘其风. 大墩子和王因新石器时代人类颌骨的异常变形. 考古，1980，(2)：185—191.
12. 韩康信，潘其风. 殷代人种问题考察. 历史研究，1980，(3)：89—98.
13. 韩康信，潘其风. 我国新石器时代居民种系分布研究. 考古与文物，1980，(2)：84—89.
14. 韩康信，潘其风. 大汶口文化居民的种属问题. 考古学报，1980，(3)：387—402.
15. 韩康信，潘其风. 我国拔牙风俗的源流及其意义. 考古，1981，(1)：64—76.
16. 韩康信，潘其风. 广东佛山河宕新石器时代晚期墓葬人骨. 人类学学报，1982，(1)：42—52.
17. 潘其风，韩康信. 东汉北方草原游牧民族人骨的研究. 考古学报，1982，(1)：117—136.
18. 韩康信. 亳县富庄新石器时代墓葬人骨的观察. 安徽考古学会会刊，1982，(6)：18—20.
19. 潘其风，韩康信. 人骨鉴定. 考古工作手册，文物出版社，1982，314—365.
20. 韩康信. 中国的の拔齿习俗の源流意义. えとのす，1982，(17)：6—10.
21. 韩康信. 对"古代凿齿民"一文的几点资料补充. 江汉考古，1983，(1)：70—71.
22. 韩康信，潘其风. 浙江余姚河姆渡新石器时代人类头骨. 人类学学报，1983，(2)：124—131.
23. 韩康信，潘其风. 古代中国人种成分研究. 考古学报，1884，(2)：245—263.
24. 潘其风，韩康信. 内蒙古桃红巴拉古墓和青海大通匈奴墓人骨的研究. 考古，1984，(2)：335—367.
25. 韩康信. 中国石器时代人种成分的研究. 新中国的考古发现和研究，文物出版社，1984，189—193.
26. 潘其风，韩康信. 柳湾墓地的人骨研究. 青海柳湾(附录一)，文物出版社，1984，261—303.
27. 韩康信，潘其风. 安阳殷墟中小墓人骨的研究. 安阳殷墟头骨研究，文物出版社，1985，50—81.
28. 韩康信，潘其风. 殷墟祭祀坑人头骨的种系. 安阳殷墟头骨研究，文物出版社，1985，

82—108.
29. 韩康信.安阳殷代祭祀坑人骨的性别年龄鉴定.安阳殷墟头骨研究,文物出版社,1985,109—118.
30. 韩康信.安阳殷代头骨的测量说明.安阳殷墟头骨研究,文物出版社,1985,210—375.
31. 潘其风,韩康信.江陵马山一号楚墓人骨的人类学研究.江陵马山一号楚墓附录,文物出版社,1985,108—119.
32. 韩康信.骨骼人类学的鉴定对考古研究的作用.考古与文物,1985,(3):50—54.
33. 韩康信.新疆古代居民种族人类人类学的初步研究.新疆社会科学,1985,(6):61—71.
34. 潘其风,韩康信.吉林骚达沟石棺墓人骨的研究.考古,1985,(10):948—956.
35. 韩康信.新疆孔雀河古墓沟墓地人骨的人类学特征.中国考古学研究——夏鼐先生考古五十年纪念论文集.文物出版社,1986,(3):346—358.
36. 韩康信.新疆孔雀河古墓沟墓地人骨研究.考古学报,1986,(3):361—384.
37. 韩康信.新疆楼兰城郊古墓人骨人类学特征的研究.人类学学报,1986,(3):227—242
38. 韩康信.殷商居民的种族.文史知识,1986,(5):83—87.
39. 韩康信.塔吉克县香宝宝古墓出土的人骨头.新疆文物,1987,(1):32—35.
40. 韩康信,潘其风.新疆昭苏土墩墓古人类学材料的研究.考古学报,1987,(4):503—523.
41. 韩康信.新疆洛浦桑普拉古代丛葬墓头骨的研究与复原.考古与文物,1987,(5):91—99.
42. 潘其风,韩康信.洛阳东汉刑徒墓人骨鉴定.考古,1988,(3):277—283.
43. 韩康信.新疆洛浦山普拉古代丛葬墓人骨的种系问题.人类学学报,1988,(3):239—248.
44. 韩康信.仰韶新石器时代人类学材料种系特征研究中的几个问题.史前研究,1988,240—256.
45. 韩康信.中国新石器时代种族人类学研究.中国原始文化论集,文物出版社,1989,40—45.
46. 韩康信,常兴照.广饶古墓地人类学材料的观察与研究.海岱考古第一辑,山东大学出版社,1989,390—403.
47. 韩康信,潘其风.关于乌孙月氏的种族.西域史论丛第三辑.新疆出版社,1990,1—8.
48. 韩康信.新疆哈密焉不拉克古墓人骨种系成分之研究.考古学报,1990,(3):371—390.
49. 韩康信.九州 の 古人骨 をみろ稻ーその源流への道,中国江南かう 吉野ヶ里.东アジア文化交流史研究会,1990,99—101.
50. 韩康信.山东诸城呈子新石器时代人骨.考古,1990,(7):644—654.
51. 韩康信.青海民和阳山墓地人骨.民和阳山(附录一).文物出版社,1991,160—173.
52. 韩康信.我对日本九州地区古代人骨的考察.文物天地,1991,(1):37—41.
53. 韩康信.新疆古代居民的种族人类学研究和维吾尔族的体质特点.西域研究,1991,(2):1—3.

54. 韩康信，张君. 藏族体质人类学特征及其种源. 文博，1991，(6)：6—15.
55. 韩康信，李天元. 包山楚墓人骨鉴定. 包山楚墓(附录三). 文物出版社，1991，404—461.
56. 韩康信. 西域丝绸之路上古代人种成分. 文物天地，1991，(1)：24—26.
57. 韩康信. 新干商墓出土人牙鉴定. 文物，1991，(10)：24—26.
58. 韩康信. 塞、乌孙、匈奴和突厥之种族人类学特征. 西域研究，1992，(2)：3—23.
59. 韩康信，郑晓瑛. 殷墟祭祀坑人骨种系多变量分析. 考古，1992，(10)：942—949.
60. 韩康信. 新疆古代居民の种族人类学研究. シルヶロート文明交流の过去、现在、未来. ァトネック 学术出版，1993，8—12.
61. 韩康信. 宁夏海原菜园村新石器时代人骨的性别、年龄鉴定与体质类型. 中国考古学论丛——中国社会科学院考古研究所建所 40 周年纪念. 科学出版社，1993，170—181.
62. 韩康信，张君. 陕西资阳马家营石棺墓人骨的鉴定. 陕南考古报告集(附录一). 三秦出版社，1994，347—357.
63. 韩康信. 西乡何家湾仰韶文化居民头骨. 陕南考古报告集(附录一)，三秦出版社，1994，192—200.
64. 韩康信. 阿拉沟古代丛葬墓人骨研究. 丝绸之路古代居民种族人类学研究. 新疆人民出版社，1994，75—175.
65. 韩康信. 长江流域の古代人类. しにガ(Sinica)，1994，(8)：60—65.
66. Han Kangxin. The study of ancient human skeleton from Xinjiang, China. Sino-Platonic Paper. Order from Department of Asian and Middle Eastern Studies, University of Pennsylvania, U. S. A. 1994，(51)：1—9.
67. 韩康信. 宁夏固原彭堡于家庄墓地人骨种系特点之研究. 考古学报，1995，(1)：109—125.
68. 韩康信. 藏族种族探源. 百科知识，1995，(2)：34—35.
69. Han Kangxin. A comparative study of ritual tooth ablation in ancient China and Japan. Anthropological Science, 1996，104(1)：43—46.
70. 韩康信. 新疆古代居民种族人类学研究. 十世纪前的丝绸之路和东西文化交流——沙漠路线考察与乌鲁木奇国际讨论会集. 新世界出版社，1996，335—349.
71. 韩康信，松下孝幸. 山东淄博周-汉人骨的研究与日本弥生人骨的比较概报(附：山东淄博周-汉代人骨眶上孔和舌下神经管二分的观察与日本人起源问题). 考古，1997，(4)：32—45.
72. 韩康信，张君，赵凌霞. 新疆和静察吾呼沟三号和四号墓地人骨种族特征研究. 演化与证实——纪念杨钟健百年诞辰论文集. 海洋出版社，1997，23—38.
73. 张君，韩康信. 尉迟寺新石器时代墓地人骨的观察与鉴定. 人类学学报，1998，(1)：22—31.
74. Han Kangxin. The physical anthropology of the ancient population of the Tarim Basin and surrounding areas. The Bronze age and Early iron age peoples of Eastern

Central Asia-Vol. 2, Genetics and Physical Anthropology, 1998,558—570.

75. 韩康信,中桥孝博. 中国和日本古代仪式拔牙的比较研究. 考古学报,1998,(3): 289—296.
76. 韩康信. 殷墟人骨性别年龄鉴定与俯身葬问题. 中国商文化国际学术讨论会论文集. 中国大百科全书出版社,1998,434—441.
77. 韩康信. 香港东湾仔北遗址新石器时代人骨(简报). 第四纪研究,1999,(2): 84.
78. 韩康信,董新林. 香港东湾仔北遗址出土人骨鉴定. 考古,1999,(6): 18—25.
79. 韩康信,陈星灿. 考古发现的中国古代开颅术证据. 考古,1999,(7): 63—68.
80. 韩康信,张君,赵凌霞. 察吾呼沟三号和四号墓地人骨的体质人类学研究. 新疆察吾呼——大型民族墓地发掘报告(第十章). 东方出版社,1999,299—337.
81. 韩康信. 龙虬庄遗址新石器时代人骨的研究. 龙虬庄——江淮东部新石器时代遗址发掘报告(第七章自然物——人骨). 科学出版社,1999,419—438.
82. 韩康信,谭婧泽. 唐史道洛墓人骨. 原州联合考古队发掘调查报告 1(第五章). 勉诚出版社,2000,264—295.
83. 韩康信,谭婧泽. 北周田弘墓人骨鉴定. 原州联合考古队发掘调查报告 2(第十章). 勉诚出版社,2000,70—77.
84. 韩康信. 山东兖州王因新石器时代人骨的鉴定报告. 山东王因——新石器时代遗址发掘报告(附录一). 科学出版社,2000,70—77.
85. 韩康信. 青海循化阿哈特拉山古墓地人骨研究. 考古学报,2000,(3): 395—420.
86. 韩康信. 山东临淄周——汉代人骨体质特征研究与西日本弥生时代人骨之比较. 探索渡来系弥生人大陆区域的源流. 山东文物考古研究所——土井浜遗跡人类学博物馆,2000,112—163.
87. 韩康信. 甘肃永昌沙井文化人骨种属研究. 永昌西岗柴湾岗沙井文化墓葬发掘报告(附录). 甘肃人民出版社,2001,235—265.
88. 韩康信,张君. 陕西神木大保当汉墓人骨鉴定报告. 神木大保当——汉代城址墓葬考古报告(附录). 科学出版社,2001,132—159.
89. Han Kangxin. A study of human skulls from the cemetery at Ahatla Hill in Xunhua, Qinghai. Chinese Archaeology, 2001,(1): 224—241.
90. 韩康信,尚虹. 山东临淄周-汉代人骨种族属性的讨论. 人类学学报,2001,(4): 282—287.
91. 尚虹,韩康信. 山东新石器时代人类眶顶筛孔样病变. 第 8 届中国古脊椎动物学学术会议论文集. 海洋出版社,2001,281—287.
92. 韩康信. 新疆古代居民种族人类学研究. 新疆古尸. 新疆人民出版社,2001,214—223.
93. Han Kangxin. Physical anthropological studies on the racial affinities of the inhabitants of ancient Xinjiang. The ancient corpres of Xinjiang. 新疆人民出版社,2001,224—241.
94. 尚虹,韩康信,王守功. 山东中南地区周-汉代人骨研究. 人类学学报,2002,(1): 1—13.

95. 韩康信，何传坤. 商代殷墟人类遗骸的鉴定与研究. 石璋如院士百岁祝寿论文集，台北南天书局出版，2002，15—33.

96. 韩康信，何传坤. 中国考古遗址中发现的拔牙习俗研究. 国立台湾博物馆年刊45卷，2002，15—33.

97. 韩康信，赵凌霞. 湖北巨猿牙齿化石龋病观察. 人类学学报，2002，(3)：191—197.

98. 韩康信. 金坛三星村新石器时代人骨研究. 东南文化，2003，(9)：15—21.

99. 韩康信. 北周安伽墓人骨鉴定. 西安北周安伽墓(附录一). 文物出版社，2003，92—102.

100. 尚虹，韩康信，李振先. 广饶新石器时代人类头骨的小变异. 人类学学报，2003，(3)：218—224.

101. 韩康信. 殷墟人骨种系及相关问题. 中国考古学—夏商卷(第六章、第六节). 中国社会科学出版社，2003，360—369.

102. 韩康信，谭婧泽. 闽宁村西夏墓地人骨鉴定报告. 闽宁村西夏墓地(附录一). 科学出版社，2004，157—173.

103. 韩康信. 虞弘墓人骨鉴定. 太原隋虞弘墓(附录一). 文物出版社，2005，183—188.

104. 韩康信，张庆捷. 虞弘墓石椁雕刻人物的种族特征. 太原隋虞弘墓(附录二). 文物出版社，2005，189—198.

105. 韩康信. 中国夏、商、周时期人骨种族特征之研究. 新世纪的中国考古学——王仲殊先生八十华诞纪念论文集. 科学出版社，2005，925—951.

106. 韩康信，谭婧泽，王玲娥. 宁夏吴忠唐墓人骨鉴定研究. 吴忠西部唐墓(附录二). 文物出版社，2006，326—361.

107. 韩康信. 开城墓地出土人骨. 固原开城墓地(第四章). 科学出版社，2006，139—176.

108. 韩康信. 固原开城元代和闽宁西夏未成年头骨的测量观察. 旧石器时代论集——纪念水洞沟遗址发现八十周年. 文物出版社，2006，337—345.

109. 韩康信. 人骨测量与鉴定. 银川沙滩墓地(肆). 科学出版社，2006，58—74.

110. 韩康信. 新疆古代头骨上的穿孔. 吐鲁番研究——第二届吐鲁番国际学术研讨会论文集. 上海辞书出版社，2006，230—239.

111. 韩康信，谭婧泽. 中国古人类的发现和研究. 庆祝何炳棣先生九十华诞论文集. 三秦出版社，2008，20—44.

112. 韩康信，古顺芳，赵亚春. 大同雁北师院北魏墓群人骨鉴定. 大同雁北师院北魏墓(附录二). 文物出版社，2008，205—223.

113. 韩康信，张君. 陕西凤翔南郊唐代墓葬人骨的鉴定与研究. 陕西凤翔隋唐墓——1983—1990年田野发掘报告(附录). 文物出版社，2008，314—325.

114. 韩康信. 固原九龙山——南塬出土高加索人种头骨. 固原南塬汉唐墓地(附录). 文物出版社，2009，135—150.

115. 韩康信. 新疆洋海古人类牙齿人类学研究报告. 第三届吐鲁番学及欧亚游牧民族的起源与迁徙国际学术研讨会论文集(新疆吐鲁番学研究院编). 上海古籍出版社，2010，299—305.

116. 韩康信. 新石器时代骨骼人类学研究. 中国考古学研究的世纪回顾——新石器时代考古卷. 科学出版社,2010,126—137.
117. 韩康信. 中国新石器时代居民种系研究. 中国考古学新石器时代卷(第八章). 中国社会科学出版社,2010,741—779.
118. 韩康信,张君. 李家崖墓葬出土人骨鉴定报告. 李家崖(附录六). 文物出版社,2013,362—374.
119. 韩康信,何传坤. 殷墟祭祀坑人骨眶上孔和舌下神经管二分现象与种族关系. 本文选.
120. 韩康信,张建林. 北周孝陵人骨鉴定. 本文选.
121. 韩康信,孙周勇. 陕西神木新华古代墓地人骨研究. 本文选.
122. 韩康信. 中国境内考古发现的西方人种成分. 本文选.